建筑工程造价

（第 2 版）

主　编　唐明怡　石志锋
参　编　石欣然

U0234901

北京理工大学出版社
BEIJING INSTITUTE OF TECHNOLOGY PRESS

内 容 简 介

本书结合各相关标准及规范，对建筑工程计价的整个程序进行了全面解析。本书共 12 章，主要内容包括建设工程造价概述、建筑工程定额原理、施工定额、建筑工程预算定额、建筑工程造价计算内容及方法、建筑面积工程量计算、分部分项工程费用的计算、装饰工程费用的计算、措施项目费用的计算、工程量清单计价模式概述、房屋建筑与装饰工程工程量计算规范，以及工程计量、合同价款的调整与支付。

本书既可作为普通高等院校建筑工程类专业工程造价类课程教材，也可作为电大、职大、函大、自考及培训班教学用书，同时可供相关从业人员参考。

图书在版编目（CIP）数据

建筑工程造价 / 唐明怡，石志锋主编. —2 版. --
北京：北京理工大学出版社，2023.3
ISBN 978-7-5763-2212-5

Ⅰ. ①建…　Ⅱ. ①唐…　②石…　Ⅲ. ①建筑工程-工程造价　Ⅳ. ①TU723.3

中国国家版本馆 CIP 数据核字（2023）第 050927 号

出版发行 / 北京理工大学出版社有限责任公司
社　　址 / 北京市海淀区中关村南大街 5 号
邮　　编 / 100081
电　　话 / （010）68914775（总编室）
　　　　　 （010）82562903（教材售后服务热线）
　　　　　 （010）68944723（其他图书服务热线）
网　　址 / http：//www.bitpress.com.cn
经　　销 / 全国各地新华书店
印　　刷 / 三河市天利华印刷装订有限公司
开　　本 / 787 毫米×1092 毫米　1/16
印　　张 / 27.75
字　　数 / 668 千字
版　　次 / 2023 年 3 月第 2 版　2023 年 3 月第 1 次印刷
定　　价 / 98.00 元

责任编辑 / 李　薇
文案编辑 / 李　硕
责任校对 / 刘亚男
责任印制 / 李志强

图书出现印装质量问题，请拨打售后服务热线，本社负责调换

前　言

　　"建筑工程造价"是建筑工程类专业的一门专业课程，这门课程的学习需要有建筑识图、建筑构造、建筑材料及建筑施工等课程作为基础，是需要多方面知识综合运用的一门课程，也是一门注重实践的课程，同时还是学习者一直以来都较难掌握的一门课程。

　　随着计价改革的不断深入，国家在2003年、2008年及2013年均推出了清单计价方法的规范。为了能够让造价人员在不断革新的计价形式下尽快掌握最新的计价方法，编者在多年工程造价的经验及参考大量文献的基础上，根据2016年以来国家及地方对计价费用的调整规定，并结合第1版使用过程中读者的反馈意见，再版了本书。

　　本书在编写过程中，力求将基础理论和实际应用相结合。为了让大家尽快掌握建筑工程造价的计算方法，让学习者在学习的过程中不至于感到枯燥和难以坚持，本书针对计价规定和工程量计算规则编写了大量的例题，根据中华人民共和国住房和城乡建设部发布的《建筑安装工程工期定额》（TY 01-89—2016），对第1版书中的相关内容进行了更新，对根据相关文件增设的扬尘污染防治增加费、建筑工人实名制费用、智慧工地费用、新冠疫情常态化防控费、环境保护税等费用进行了讲解。希望初学者能够通过本书的学习尽快掌握并能应用"13计价规范""13计算规范"《江苏省建筑与装饰工程计价定额》（2014）和《江苏省建设工程费用定额》（2014）。

　　本书共分为12章，主要内容包括建设工程造价概述，建筑工程定额原理，施工定额，建筑工程预算定额，建筑工程造价计算内容及方法，建筑面积工程量计算，分部分项工程费用的计算，装饰工程费用的计算，措施项目费用的计算，工程量清单计价模式概述，房屋建筑与装饰工程工程量计算规范，以及工程计量、合同价款的调整与支付。

　　本书第1~4章由光大生态环境设计研究院有限公司石志锋（高级工程师、咨询工程师）编写，第5~12章由南京工业大学土木工程学院唐明怡老师（副教授、一级注册造价工程师、一级注册监理工程师）编写，美国纽约大学在读研究生石欣然完成了本书的文字和图表编辑的工作。另外，本书在编写过程中，参考了国家和江苏省颁发的预算定额、编制依据、造价辅导资料、造价信息、各类预算书籍等，在此一并致谢！

　　目前适逢我国建设工程造价管理的变革时期，相关的法律、法规、规章、制度陆续出台，许多问题有待在实践中逐步解决，加之编者学术水平有限，书中难免存在缺点和疏漏，恳请读者批评指正。

　　为了便于读者自学、练习，与本书配套的《建筑工程造价习题集》（第2版）也将同时出版。

编　者

目　录

第1章 建设工程造价概述

建筑业是国民经济中一个独立的生产部门，建设工程是建筑业生产的产品。产品需要计算价格，建设工程造价就是对建设工程这种产品进行价格计算。

对建设工程进行价格计算贯穿了整个建设程序，其中预算就是对建设工程这种产品在施工之前预先进行价格计算。

工程建设程序：项目建议书→可行性研究→初步设计→施工图设计→建设准备→建设实施→生产准备→竣工验收→交付使用。部分阶段具体内容如下。

(1) 项目建议书阶段：按照有关规定编制初步投资估算（利用投资估算指标），经有关部门批准，作为拟建项目列入国家中长期计划和开展前期工作的控制造价。

(2) 可行性研究阶段：按照有关规定再次编制投资估算，经有关部门批准，即为该项目国家计划控制造价。

(3) 初步设计阶段：按照有关规定编制初步设计总概算（利用概算指标或概算定额），经有关部门批准，即为控制拟建项目工程造价的最高限额。

(4) 施工图设计阶段：按照有关规定编制施工图预算（利用预算定额），用于核实施工图阶段造价是否超过批准的初步设计概算。招投标中，施工单位的投标价、建设单位的招标控制价、中标价都属于施工图预算价。

(5) 建设实施阶段：按照有关规定编制结算，结算价是在预算价的基础上考虑了工程变更因素所组成的价格，计价方式与预算基本一致。

(6) 竣工验收阶段：汇集在工程建设过程中实际花费的全部费用，由建设单位编制竣工决算，如实体现该建设工程的实际造价。结算价是对应于承发包双方的，决算价是对应于投资方和项目法人的。

建设程序和各阶段工程造价确定示意图如图1-1所示。

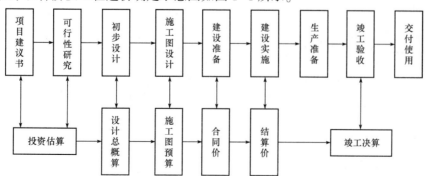

图1-1 建设程序和各阶段工程造价确定示意图

直接准确确定一个还不存在的建设工程的价格（预算）是有很大难度的。为了计价，我们需要研究生产产品的过程（建筑施工过程）。通过对建筑产品的生产过程的研究，我们发现：任何一种建筑产品的生产都消耗了一定的人工、材料和机械。因此，我们转而研究生产产品所消耗的人工量、材料量和机械量，通过确定生产产品直接消耗掉的人工、材料、机械的数量，计算出对应的人工费、材料费和机械费，进而在这些费用的基础上组成产品的价格。

生产产品所消耗的人工量、材料量和机械量目前是通过定额获得的。定额是用来规定生产产品的人工、材料和机械的消耗量的一本书。它反映的是生产关系和生产过程的规律，用现代的科学技术方法找出建筑产品生产和劳动消耗间的数量关系，并且联系生产关系和上层建筑的影响，以寻求最大地节约劳动消耗和提高劳动生产率的途径。

建设工程造价（预算）的含义是使用定额对建筑产品预先进行计价。

1.1 工 程 建 设 概 述

1.1.1 建设工程与工程建设

建设工程是人类有组织、有目的、大规模的经济活动，是固定资产再生产过程中形成综合生产能力或发挥工程效益的工程项目，其经济形态包括建筑、安装工程建设，购置固定资产，以及与此相关的一切其他工作。

建设工程是指建设新的或改造原有的固定资产。固定资产是指在社会再生产过程中，可供较长时间使用，并在使用过程中基本不改变原有实物形态的劳动资料和其他物质资料，它是人类物质财富的积累，是人们从事生产和物质消费的基础。

建设工程的特定含义是通过"建设"来形成新的固定资产，单纯的固定资产购置如购进商品房屋，购进施工机械，购进车辆、船舶等，虽然新增了固定资产，但一般不视为建设工程。建设工程是建设项目从预备、筹建、勘察设计、设备购置、建筑安装、试车调试、竣工投产，直到形成新的固定资产的全部工作。

工程建设是人们用各种施工机具、机械设备对各种建筑材料等进行建造和安装，使之成为固定资产的过程。

1.1.2 建设项目的构成

建设项目是一个有机的整体，为了建设项目的科学管理和经济核算，将建设项目由大到小划分为：建设项目、单项工程、单位工程、分部工程、分项工程。

1. 建设项目

建设项目是指按一个总体设计进行施工的一个或几个单项工程的总体。建设项目在行政上具有独立的组织形式，经济上实行独立核算。例如，新建一个工厂、一所学校、一个住宅小区等都可称为一个建设项目。一个建设项目一般由若干个单项工程组成，特殊情况下也可以只包含一个单项工程。

2. 单项工程

单项工程是建设项目的组成部分，是指具有独立的设计文件，竣工后可以独立发挥生产设计能力或效益的产品车间（联合企业的分厂）、生产线或独立工程。

一个建设项目可以包括若干个单项工程，如一个新建工厂的建设项目，其中的各个生产车间、辅助车间、仓库、住宅等工程都是单项工程。有些比较简单的建设项目本身就是一个单项工程，如只有一个车间的小型工厂、一条森林铁路等。

3. 单位工程

单位工程指不能独立发挥生产能力，但具有独立设计的施工图，可以独立组织施工的工程。例如，某幢住宅中的土建工程是一个单位工程，安装工程又是一个单位工程。

单项工程由若干个单位工程组成。

4. 分部工程

考虑到组成单位工程的各部分是由不同工人用不同工具和材料完成的，可以进一步把单位工程分解为分部工程。土建工程的分部工程是按建设工程的主要部位划分的，如基础工程、主体工程、地面工程等；安装工程的分部工程是按工程的种类划分的，如管道工程、电气工程、通风工程及设备安装工程等。

5. 分项工程

按照不同的施工方法、构造及规格可以把分部工程进一步划分为分项工程。分项工程是能通过较简单的施工过程生产出来的、可以用适当的计量单位计算并便于测定或计算其消耗的工程基本构成要素。在工程造价管理中，将分项工程作为一种"假想的"建筑安装工程产品。

土建工程的分项工程按建设工程的主要工种工程划分，如土方工程、钢筋工程等；安装工程的分项工程按用途或输送不同介质、物料及设备组别划分，如钢管工程、阀门工程等。

1.1.3　建设项目的内容

建设项目一般包括以下 4 个部分的内容：建筑工程，设备安装工程，设备、工器具及生产家具的购置，其他工程建设工作。

1. 建筑工程

建筑工程是指永久性和临时性的建筑物、构筑物的土建、装饰、采暖、通风、给排水、照明工程；动力、电讯导线的敷设工程；设备基础、工业炉砌筑、厂区竖向布置工程；水利工程和其他特殊工程等。

2. 设备安装工程

设备安装工程是指动力、电讯、起重、运输、医疗、试验等设备的装配、安装工程；附属于被安装设备的管线敷设、金属支架、梯台和有关的保温、油漆、测试、试车等工作。

3. 设备、工器具及生产家具的购置

设备、工器具及生产家具的购置是指购置车间、试验室等所应配备的，符合固定资产条件的各种工具、器具、仪器及生产家具。

4. 其他工程建设工作

其他工程建设工作是指在上述内容之外的，在工程建设程序中所发生的工作，如征用土地、拆迁安置、勘察设计、建设单位日常管理、生产职工培训等。

1.2 工程造价概述

1.2.1 工程造价的含义

建设工程预算是指预先计算工程的建设费用，也称工程造价。按照计价的范围和内容的不同，工程造价分为广义的工程造价和狭义的工程造价两种情况。

1. 广义的工程造价

广义的工程造价是指建设一项工程预期开支或实际开支的全部固定资产投资费用。它包括了建设项目所含4个部分内容的费用。在造价问题上的有些论述，如工程决算问题，工程造价管理的改革目标是要努力提高投资效益，对工程造价进行全过程、全方位管理等，基本是建立在广义的工程造价的基础上的。

2. 狭义的工程造价

狭义的工程造价是指建成一项工程，预计或实际在土地市场、设备市场、技术劳务市场及承包市场等交易活动中所形成的建筑安装工程的价格和建筑工程总价格。

1.2.2 建设项目总投资的构成

根据国家发展和改革委员会（以下简称发改委）和原建设部发布的《建设项目经济评价方法与参数（第三版）》（发改投资〔2006〕1325号）的规定，我国现行建设项目总投资由建设投资、建设期贷款利息、固定资产投资方向调节税（根据国务院的决定，自2000年1月1日起新发生的投资额，暂停征收）和流动资金等几项组成。具体构成内容如图1-2所示。

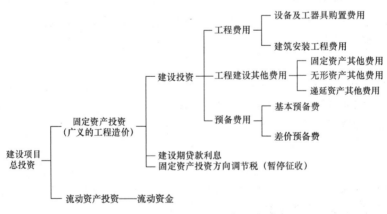

图1-2 建设项目总投资构成图

1.2.2.1 建设投资的构成内容

建设投资由工程费用（设备及工器具购置费用、建筑安装工程费用）、工程建设其他费用和预备费用（基本预备费和价差预备费）组成。

1. 工程费用的组成

1）设备及工器具购置费用

设备及工器具购置费用是由设备购置费和工具、器具及生产家具购置费组成的，它是固定资产投资中的积极部分。在生产性工程建设中，设备及工器具购置费用占工程造价比重的增大，意味着生产技术的进步和资本有机构成的提高。其中，设备购置费由达到固定资产标准的设备、工具、器具的费用组成，工具、器具及生产家具购置费由不够固定资产标准的设备、仪器、工卡模具、器具、生产家具和备品备件等的购置费用组成。

2）建筑安装工程费用（狭义的工程造价）

在工程建设中，建筑安装工程是创造价值的活动。建筑安装工程费用作为建筑安装工程价值的货币表现，也被称为建筑安装工程造价，由建筑工程费和安装工程费两部分构成。

（1）建筑工程费内容。

①各类房屋建筑工程和列入房屋建筑工程预算的供水、供暖、卫生、通风、燃气等设备费用及其装饰工程的费用，列入建筑工程预算的各种管道、电力、电信、电缆导线敷设工程的费用。

②设备基础、支柱、工作台、烟囱、水池水塔、筒仓等建筑工程及各种窑炉的砌筑工程、金属结构工程的费用。

③矿井开凿、井巷延伸、露天矿剥离，石油、天然气钻井，修建铁路、公路、桥梁、水库、堤坝、灌渠及防洪等工程的费用。

（2）安装工程费内容。

①生产、动力、起重、运输、传动、试验、医疗等各种需要安装的机械设备的装配费用，与设备相连的工作平台、梯子、栏杆等装设工程费用，附属于安装设备的管线敷设工程费用，以及安装设备的绝缘防腐、保温、油漆等工程费用。

②对单台设备进行单机试运转，对系统设备进行联动无负荷试运转工作调试的费用。

2. 工程建设其他费用组成

工程建设其他费用是指应在建设项目的建设投资中开支的固定资产其他费用、无形资产其他费用和递延资产其他费用。具体如表 1-1 所示。

表 1-1　工程建设其他费用组成及资产归类

	费用项目名称	资产归类
工程建设其他费用	1. 建设管理费	固定资产其他费用
	2. 建设用地费	
	3. 可行性研究费	
	4. 研究试验费	
	5. 勘察设计费	
	6. 环境影响评价费	
	7. 劳动安全卫生评价费	
	8. 场地准备及临时设施费	
	9. 引进技术和引进设备其他费	
	10. 工程保险费	
	11. 联合试运转费	
	12. 特殊设备安全监督检验费	
	13. 市政公用设施费	
	14. 专利及专有技术使用费	无形资产其他费用
	15. 生产准备及开办费	递延资产其他费用

1）固定资产其他费用

（1）建设管理费。

建设管理费是指建设单位从项目筹建开始直至工程竣工验收合格或交付使用为止发生的项目建设管理费用。费用内容包括：

①建设单位管理费：建设单位发生的管理性质的开支。包括：工作人员工资、工资性补贴、施工现场津贴、职工福利费、住房基金、基本养老保险费、基本医疗保险费、失业保险费、工伤保险费、办公费、差旅交通费、劳动保护费、工具使用费、固定资产使用费、必要的办公及生活用品购置费、必要的通信设备及交通工具购置费、零星固定资产购置费、招募生产工人费、技术图书资料费、业务招待费、设计审查费、工程招标费、合同契约公证费、法律顾问费、咨询费、完工清理费、竣工验收费、印花税和其他管理性质开支。

②工程监理费：建设单位委托工程监理单位实施工程监理的费用。

③工程质量监督费：工程质量监督检验部门检验工程质量而收取的费用。

（2）建设用地费。

建设用地费是指按照《中华人民共和国土地管理法》等规定，建设项目征用土地或租用土地应支付的费用。费用内容包括：

①土地征用及补偿费：经营性建设项目通过出让方式购置的土地使用权（或建设项目通过划拨方式取得无限期的土地使用权）而支付的土地补偿费、安置补偿费、地上附着物和青苗补偿费、余物迁建补偿费、土地登记管理费等；行政事业单位的建设项目通过出让方式取得土地使用权而支付的出让金；建设单位在建设过程中发生的土地复垦费用和土地损失补偿费用；建设期间临时占地补偿费。

②征用耕地按规定一次性缴纳的耕地占用税；征用城镇土地在建设期间按规定每年缴纳的城镇土地使用税；征用城市郊区菜地按规定缴纳的新菜地开发建设基金。

③建设单位租用建设项目土地使用权在建设期支付的租地费用。

（3）可行性研究费。

可行性研究费是指在建设项目前期工作中，编制和评估项目建议书（或预可行性研究报告）、可行性研究报告所需的费用。

（4）研究试验费。

研究试验费是指为本建设项目提供或验证设计数据、资料等进行必要的研究试验及按照设计规定在建设过程中必须进行试验、验证所需的费用。

（5）勘察设计费。

勘察设计费是指委托勘察设计单位进行工程水文地质勘察、工程设计所发生的各项费用。包括：工程勘察费、初步设计费（基础设计费）、施工图设计费（详细设计费）、设计模型制作费。

（6）环境影响评价费。

环境影响评价费是指按照《中华人民共和国环境保护法》《中华人民共和国环境影响评价法》等规定，为全面、详细评价本建设项目对环境可能产生的污染或造成的重大影响所需的费用。包括：编制环境影响报告书（含大纲）、环境影响报告表和评估环境影响报告书（含大纲）、评估环境影响报告表等所需的费用。

（7）劳动安全卫生评价费。

劳动安全卫生评价费是指按照相关规定，为预测和分析建设项目存在的职业危险、危害因素的种类和危险危害程度，并提出先进、科学、合理可行的劳动安全卫生技术和管理对策所需的费用。包括：编制建设项目劳动安全卫生预评价大纲和劳动安全卫生预评价报告书，以及为编制上述文件所进行的工程分析和环境现状调查等所需费用。

（8）场地准备及临时设施费。

场地准备及临时设施费是指建设场地准备费和建设单位临时设施费。费用内容包括：

①场地准备费：建设项目为达到工程开工条件所发生的场地平整和对建设场地余留的有碍于施工建设的设施进行拆除清理的费用。

②临时设施费：为满足施工建设需要而供应到场地界区的、未列入工程费用的临时水、电、路、信、气等其他工程费用和建设单位的现场临时建（构）筑物的搭设、维修、拆除、摊销或建设期间租赁费用，以及施工期间专用公路养护费、维修费。

（9）引进技术和引进设备其他费。

引进技术和引进设备其他费是指引进技术和设备发生的未计入设备费的费用。费用内容包括：

①引进项目图纸资料翻译复制费、备品备件测绘费；

②出国人员费用：包括买方人员出国设计联络、出国考察、联合设计、监造、培训等所发生的旅费、生活费等；

③来华人员费用：包括卖方来华工程技术人员的现场办公费用、往返现场交通费用、接待费用等；

④银行担保及承诺费：引进项目由国内外金融机构出面承担风险和责任担保所发生的费用，以及支付贷款机构的承诺费用。

（10）工程保险费。

工程保险费是指建设项目在建设期间根据需要对建筑工程、安装工程、机器设备和人身安全进行投保而发生的保险费用。包括：建筑安装工程一切险、引进设备财产保险和人身意外伤害险等。

（11）联合试运转费。

联合试运转费是指新建项目或新增加生产能力的工程，在交付生产前按照批准的设计文件所规定的工程质量标准和技术要求，进行整个生产线或装置的负荷联合试运转或局部联动试车所发生的费用净支出（试运转支出大于收入的差额部分费用）。试运转支出包括：试运转所需原材料、燃料及动力消耗，其他物料消耗，工具用具使用费，机械使用费，保险金，施工单位参加试运转人员工资及专家指导费等。试运转收入包括：试运转期间的产品销售收入和其他收入。

（12）特殊设备安全监督检验费。

特殊设备安全监督检验费是指在施工现场组装的锅炉及压力容器、压力管道、消防设备、燃气设备、电梯等特殊设备和设施，由安全监察部门按照有关安全监察条例和实施细则及设计技术要求进行安全检验，应由建设项目支付的、向安全监察部门缴纳的费用。

（13）市政公用设施费。

市政公用设施费是指使用市政公用设施的建设项目，按照项目所在地省一级人民政府有关规定建设或缴纳的市政公用设施建设配套费用，以及绿化工程补偿费用。例如，水增容费、供配电贴费。

2）无形资产其他费用（专利及专有技术使用费）

费用内容包括：

（1）国外设计及技术资料费，引进有效专利、专有技术使用费和技术保密费；

（2）国内有效专利、专有技术使用费用；

（3）商标权、商誉和特许经营权费等。

3）递延资产其他费用（生产准备及开办费）

生产准备及开办费是指建设项目为保证正常生产（或营业、使用）而发生的人员培训费、提前进厂费，以及投产使用必备的生产办公、生活家具用具及工器具等购置费用。费用内容包括：

（1）人员培训费及提前进厂费：自行组织培训或委托其他单位培训的人员工资、工资性补贴、职工福利费、差旅交通费、劳动保护费、学习资料费等；

（2）为保证初期正常生产（或营业、使用）所必需的生产办公、生活家具用具购置费；

（3）为保证初期正常生产（或营业、使用）必需的第一套不够固定资产标准的生产工具、器具、用具购置费，不包括备品备件费。

3. 预备费用的组成

预备费用包括基本预备费和价差预备费。

1）基本预备费

基本预备费是指在项目实施中可能发生难以预料的支出，需要预先预留的费用，又称不可预见费。主要指设计变更及施工过程中可能增加工程量的费用。

计算公式为：

基本预备费=（设备及工器具购置费+建筑安装工程费+工程建设其他费）×基本预备费率

【例1-1】 某建设项目设备及工器具购置费为600万元，建筑安装工程费为1 200万元，工程建设其他费为100万元，建设期贷款利息为20万元，基本预备费率为10%，计算该项目的基本预备费。

【解】 基本预备费=（600+1 200+100）×10%=190万元

答：该项目的基本预备费为190万元。

2）价差预备费

价差预备费的内容包括：人工、设备、材料、施工机具的价差费，建筑安装工程费及工程建设其他费用调整，利率、汇率调整等增加的费用。价差预备费的计算公式为：

$$PF = \sum_{t=1}^{n} I_t \left[(1+f)^m (1+f)^{0.5} (1+f)^{t-1} - 1 \right]$$

式中，PF——价差预备费；

　　n——建设期年份数；

　　I_t——建设期中第t年的投资计划额，包括工程费用、工程建设其他费用及基本预备费，即第t年的静态投资计划额；

　　f——年涨价率；

　　m——建设前期年限（从编制估算到开工建设，单位：年）

　　t——年度数。

【例1-2】 某建设工程项目在建设初期估算的工程费用、工程建设其他费用及基本预备费为5 000万元，按照项目进度计划，建设前期为3年，建设期为2年，第1年投资2 000万元，第2年投资3 000万元，假定投资费用在年度内是均匀投入的，预计建设期内价格总水平上涨率为每年5%，计算该项目建设期的价差预备费。

【解】 计算项目建设期的价差预备费：

第一年价差预备费：$2\,000 \times [(1+5\%)^3 (1+5\%)^{0.5} - 1] = 372.43$万元

第二年价差预备费：$3\,000 \times [(1+5\%)^3 (1+5\%)^{0.5} (1+5\%) - 1] = 736.57$万元

　　该项目建设期的价差预备费 = 372.43+736.57 = 1 109 万元

　　答：该项目建设期的价差预备费为 1 109 万元。

1.2.2.2　固定资产投资的构成内容

　　固定资产投资由建设投资、建设期贷款利息、固定资产投资方向调节税组成。

　　（1）建设期贷款利息：建设项目贷款在建设期内发生并应计入固定资产的贷款利息等财务费用。

　　（2）固定资产投资方向调节税：国家为贯彻产业政策、引导投资方向、调整投资结构而征收的投资方向调整税金，已暂停征收。

1.2.2.3　流动资金和铺底流动资金

　　流动资金是指项目投产后为维持生产经营所必须长期占用的周转金，不包括运营中需要的临时性营运资金。

　　铺底流动资金是指在全部流动资金中，按照国家有关规定必须由企业自己准备的部分，目前要求为全部流动资金的 30%，其余 70% 流动资金可申请短期贷款。

　　非生产经营性建设项目不列流动资金。即：

$$生产性建设项目总投资 = 固定资产投资 + 流动资金$$
$$非生产性建设项目总投资 = 固定资产投资$$

1.2.2.4　静态投资和动态投资

1. 静态投资

　　静态投资是指以某一基准年、月的建设要素的价格为依据所计算出的建设项目投资的瞬时值。它包含了因工程量误差而引起的工程造价的增减。静态投资包括：建筑安装工程费用，设备及工器具购置费用，工程建设其他费用，基本预备费等。计算公式为：

$$静态投资 = 建筑安装工程费用 + 设备及工器具购置费用 + 工程建设其他费用 + 基本预备费$$

2. 动态投资

　　动态投资是指为完成一个工程项目的建设，预计投资需要量的总和（固定资产投资）。它除了包括静态投资所含内容外，还包括建设期贷款利息、固定资产投资方向调节税、价差预备费等。计算公式为：

$$动态投资 = 建筑安装工程费用 + 设备及工器具购置费用 + 工程建设其他费用 + 基本预备费 + 建设期贷款利息 + 固定资产投资方向调节税$$

　　动态投资适应了市场价格运行机制的要求，使投资的计划、估算、控制更加符合实际。

3. 静态投资和动态投资的关系

　　静态投资和动态投资的内容虽然有所区别，但两者有着密切的联系。动态投资包含静态投资，静态投资是动态投资最主要的组成部分，也是动态投资的计算基础。并且，这两个概念的产生都和工程造价的计算直接相关。

1.2.3　工程造价两种含义之间的关系

　　工程造价两种含义之间的关系如下。

　　（1）广义的工程造价是对投资方和项目法人而言的，狭义的工程造价是对承发包双方而言的。

　　（2）广义的工程造价的外延是全方位的，即工程建设所有费用；狭义的工程造价即使是对"交钥匙"工程而言也不是全方位的。例如，建设项目的贷款利息、项目法人本身对项目管理的管理费等都是不可能纳入工程承发包范围的。在总体数目额及内容组成等方面，广义的工程造价总是大于狭义的工程造价的总和。

（3）与两种造价含义相对应，有两种造价管理，一是建设成本的管理，二是承包价格的管理。前者属投资管理范畴，需努力提高投资效益，是投资主体、建设单位需具体从事的，国家对此实施政策指导和监督的管理形式。后者属建筑市场价格管理范畴，国家通过宏观调控、市场管理来使得建筑产品价格总体合理，建筑单位、施工单位对具体项目的工程承包实施微观管理的管理形式。

（4）建设成本的管理要服从于承包价的市场管理，承包价的市场管理要适当顾及建设成本的承受能力。

1.2.4 工程造价的特点

1. 工程造价的大额性

工程项目的工程造价都非常昂贵，动辄数百万、数千万人民币，特大的工程项目造价可达百亿人民币。工程造价的大额性使它关系到有关各方面的重大经济利益，同时也会对国家宏观经济产生重大影响。这就决定了工程造价的特殊地位，也说明了工程造价管理的重要意义。

2. 工程造价的个别性、差异性

建筑工程的特点是先设计后施工，由于建筑工程的用途不同，技术水平、建筑等级和建筑标准的差别，工程所在地气候、地质、地震、水文等自然条件的差异，因此每一个建筑都需要不同的设计。对于采用不同设计建造的建筑，必须单独计算造价，而不能像一般产品那样按品种、规格等批量定价。产品的差异性决定了工程造价的个别性和差异性。

3. 工程造价的层次性

建筑工程包含的内容很多，为了进行计价，首先需要将工程分解到计价的最小单元（分项工程），通过计算分项工程价格汇总得到分部工程价格，分部工程价格汇总得到单位工程价格，单位工程价格汇总得到单项工程的价格。这就是建筑工程计价的层次性特点。

4. 工程造价的动态性

任何一项工程从决策到竣工交付使用，都有一个较长的建设期间，在建设期内，往往由于不可控制因素的原因，造成许多影响工程造价的动态因素，如设计变更，材料、设备价格，工资标准及取费费率的调整，贷款利率、汇率的变化，都必然会影响工程造价的变动。所以，工程计价是伴随着工程建设的进程而不断进行的，它在整个建设期处于不确定的状态，直至竣工决算后才能最终确定工程的实际造价。

1.3 工 程 建 设 定 额 概 述

工程建设定额是建筑产品生产中需消耗的人力、物力与资金的数量规定，是在正常的施工条件下，为完成一定量的合格产品所规定的消耗标准。它反映了一定社会生产力条件下建筑行业的生产与管理水平。

1.3.1　定额的产生和形成

定额是客观存在的，但人们对这种数量关系的认识却不是与其存在和发展同步的，而是随着生产力的发展、生产经验的积累和人类自身认识能力的提高，随着社会生产管理的客观需要由自发到自觉，又由自觉到定额制定和管理这样一个逐步深化和完善的过程。

在人类社会发展的初期，以自给自足为特征的自然经济其目的在于满足生产者家庭或经济单位（如原始氏族、奴隶主或封建主）的消费需要，生产者是分散的、孤立的，生产规模小，社会分工不发达，这使得个体生产者并不需要什么定额，他们往往凭借个人的经验积累进行生产。随着简单商品经济的发展，以交换为目的而进行的商品生产规模日益扩大，生产方式也发生了变化，出现了作坊和手工场。因为这些作坊主或手工场的工头仍然是依据他们自己的经验指挥他人劳动并统计物资消耗，所以并不能科学地反映生产和生产消耗之间的数量关系。这一时期是定额产生的萌芽阶段，是从自发走向自觉形成定额和定额管理雏形的阶段。

19 世纪末 20 世纪初，随着科学管理理论的产生和发展，定额和定额管理才由自觉管理阶段走向了科学制定和科学管理的阶段。

国际公认最早提出定额制度的是美国工程师弗·温·泰勒（1856—1915），当时美国正值工业高速发展的阶段，但由于管理方法陈旧，因此工人的劳动生产率低下，远远落后于当时科学技术成就所应当达到的水平。在这种情况下，泰勒提出了工时定额，以提高工人的劳动生产率。通俗说，就是泰勒对于各种工作制定一个定额（标准），达到就可以拿到基本工资，超过就可以拿到超额工资，而达不到就可能拿不到基本工资。这种模式其实就是我们目前在生产企业中广为采用的计件工资制。例如，泰勒先制定某一工种的定额——一天需生产10 个产品，再根据当地社会工资平均水平确定日工资水平——80 元/天，从而确定生产每件产品的人工工资标准——8 元/件。这样就可以采用按件计价的模式，促进工人为了获得高额工资而努力提高劳动生产率。

为了减少工时消耗，从 1880 年开始，泰勒进行了各种试验，努力把当时科学技术的最新成就应用于企业管理。他着重从工人的操作方法上研究工时的科学利用，把工作时间分成若干组成部分（工序），并利用秒表来记录工人每一动作消耗的时间，制定出工时定额作为衡量工人工作效率的尺度。他还十分重视研究工人的操作方法，对工人在劳动中的操作和动作，逐一记录分析研究，把各种最经济、最有效的动作集中起来，制定出最节约工作时间的所谓标准操作方法，并据以制定更高的工时定额。为了减少工时消耗，使工人完成这些较高的工时定额，泰勒还对工具和设备进行了研究，使工人使用的工具、设备、材料标准化。

泰勒通过研究，提出了一整套系统的、标准的科学管理方法，形成了著名的"泰勒制"。"泰勒制"的核心可以归纳为：制定科学的工时定额，实行标准的操作方法，强化和协调职能管理，以及有差别的计件工资。"泰勒制"给资本主义企业管理带来了根本性变革，对提高劳动效率作出了卓越的科学贡献。

1.3.2　我国建筑工程定额的发展过程

国际上公认最早是由美国工程师泰勒提出的定额制度，而我国在很早以前就存在着定额的制度，不过没有明确定额的形式。在我国古代工程中，一直是很重视工料消耗计算的，并形成了许多则例。这些则例可以看作工料定额的原始形态。我国在北宋时期就由李诚编写了《营造法式》，清朝时工部编写了整套的《工程做法则例》。这些著作对工程的工料消耗量作了较为详细的描述，可以认为是我国定额的前身。由于消耗量存在较为稳定的性质，因此，这些著作中的很多消耗量标准在现今的《仿古建筑及园林定额》中仍具有重要的参考价值，这些著作也仍然是《仿古建筑及园林定额》的重要编制依据。

民国期间，国家一直处于混乱之中，定额在国民经济中未能发挥其重要作用。

1949年后，党和国家对建立和加强劳动定额工作十分重视。我国建筑工程劳动定额工作从无到有，从不健全到逐步健全，经历了一个分散—集中—分散—集中统一领导与分级管理相结合的发展过程。

1999年《中华人民共和国招标投标法》的颁布标志着中国内地建设市场基本形成，对建筑产品的商品属性得到了充分认识。在招投标已经成为工程发包的主要方式之后，工程项目需要新的、更适应市场经济发展的，更有利于建设项目通过市场竞争合理形成造价的计价方式来确定其建造价格。2003年2月，《建设工程工程量清单计价规范》（GB 50500—2003）发布并从2003年7月1日开始实施，这是我国工程计价方式改革历程中的里程碑，标志着我国工程造价的计价方式实现了从传统定额计价向工程量清单计价的转变。随后，于2008年修订了清单计价规范，并于2013年再次对清单计价规范进行了修订。

在我国建设市场逐步放开的改革中，虽然已经制定并推广了工程量清单计价规范，但由于各地实际情况的差异，目前的工程造价计价方式不可避免地出现了双轨并存的局面——在保留传统定额计价方式的基础上，又参照国际惯例引入了工程量清单计价方式。目前，我国的建设工程定额还是工程造价管理的重要手段。随着我国工程造价管理体制改革的不断深入及对国际管理的深入了解，市场自主定价模式必将逐渐占据主导地位。

1.3.3　定额与劳动生产率

定额是一本规定了生产某种合格产品的人工、材料、机械消耗量的一本书，而人、机的消耗量和工人及机械的效率有关，高效率地生产一种产品比低效率地生产同种产品花费的时间少。换言之，定额是规定了生产各种产品的劳动生产率标准的一本书。随着社会的进步，劳动生产率也会变化，那么定额也应该变化。所以说定额是不会一成不变的，它会随着劳动生产率的变化而变化。劳动生产率的变化是渐进的，是在原来基础上的变化，因此，定额也就不断地在原来的基础上改版。

1.3.4　工程建设定额的分类

1. 按主编单位和管理权限分类

按主编单位和管理权限不同，工程建设定额分为以下类别。

（1）全国统一定额。它是由国家有关主管部门综合全国工程建设中技术和施工组织管理的情况编制的；是根据全国范围内社会平均劳动生产率的标准而制定的，在全国都具有参考价值。

（2）地区统一定额。我国幅员辽阔、人口众多，各地区的劳动生产率发展极不平衡。对于具体的地区而言，全国统一定额的针对性不强。因此，各地区在全国统一定额的基础上，制定自己的地区定额。地区定额是在全国统一定额的基础上结合本地区的实际劳动生产率情况制定而成，在本地区的针对性很强，但也只能在本地区内使用。例如，江苏省在

2000 年《全国统一建筑工程预算定额》的基础上制定了 2001 年《江苏省建筑工程单位估价表》；在 2013 年全国《建设工程工程量清单计价规范》出版后，江苏省于 2014 年出版了《江苏省建筑与装饰工程计价定额》。

（3）行业统一定额。它是根据各行业部门专业工程的技术特点，以及施工生产和管理水平编制的，一般只是在本行业和相同专业性质的范围内使用，如由中华人民共和国交通运输部出版的《公路工程预算定额》。

（4）企业定额。它是企业内部制定的本企业的劳动生产率状况标准的定额。前面三种定额都反映的是一定范围内的社会劳动生产率的标准（群体标准），是公开的信息；而企业定额反映的是企业内部劳动生产率的标准（个体标准），属于商业秘密。企业定额在我国目前还处于萌芽状态，但在不久的将来，它将成为市场经济的主流。

（5）补充定额。定额是一本书，一旦出版就固定下来，不易更改，但社会还在不断发展变化，一些新技术、新工艺、新方法还在不断涌现。为了新技术、新工艺、新方法的出现就再版定额肯定是不现实的，那么这些新技术、新工艺、新方法又如何计价呢？就需要制定补充定额，以文件或小册子的形式发布，补充定额享有与正式定额同样的待遇。江苏省于 2007 年出版的《江苏省建筑与装饰、安装、市政工程补充定额》就属于这种类型。

上述各种定额虽然适用于不同的情况，但是它们是一个互相联系、有机的整体，在实际工作中配合使用。

2. 按生产要素消耗内容分类

按生产要素消耗内容不同，工程建设定额分为以下类别。

（1）人工消耗定额（劳动定额）：又称技术定额或时间技术定额，表示在正常施工技术条件下，完成规定计量单位合格产品所必须消耗的活劳动数量标准。

（2）材料消耗定额：在正常施工技术条件下，完成规定计量单位合格产品所必须消耗的一定品种规格的原材料、燃料、半成品或构件的数量标准。

（3）机械台班定额：又称机械使用定额，表示在正常施工技术条件下，完成规定计量单位合格产品所必须消耗的施工机械工作的数量标准。

3. 按定额的编制程序和用途分类

按定额的编制程序和用途不同，工程建设定额分为以下类别。

（1）施工定额：在正常施工技术条件下，以同一性质的施工过程——工序，作为研究对象，表示生产数量与生产要素消耗综合关系编制的定额。施工定额是施工企业为组织、指挥生产和加强管理而在企业内部使用的一种定额，属于企业定额的性质。为了满足组织生产和管理的需要，施工定额的项目划分很细，是工程建设定额中分项最细、定额子目最多的一种定额，也是工程建设定额中的基础性定额。

施工定额是为施工生产而服务的，本身由人工消耗定额、材料消耗定额和机械台班定额 3 个独立的部分组成。定额中只有生产产品的消耗量而没有价格，反映的劳动生产率是平均先进水平。它是编制预算定额的基础。

（2）预算定额：在正常施工技术条件下，以分项工程或结构构件为对象编制的定额。与施工定额不同，预算定额不仅有消耗量标准，而且有价格，反映的劳动生产率是平均合理水平。从编制程序上看，预算定额是以施工定额为基础综合扩大编制的，同时它也是编制概算定额的基础。

预算定额是在编制施工图预算阶段，计算工程造价和计算工程中的人工、材料、机械需要量时使用的。

（3）概算定额：在正常施工技术条件下，以扩大分项工程或扩大结构构件为对象，完成规定计量单位合格产品所必须消耗的人工、材料和机械的数量及资金标准。与预算定额相似的是，概算定额也是既有消耗量也有价格；但与预算定额不同的是，概算定额较概括。概算定额是编制扩大初步设计概算、确定建设项目投资额的依据。概算定额的项目划分粗细，与扩大初步设计的深度相适应，一般是在预算定额的基础上综合扩大而成的，每一综合分项概算定额都包含了数项预算定额。

（4）概算指标：在正常施工技术条件下，以分部工程或单位工程为对象，完成规定计量单位合格产品所必须消耗的人工、材料和机械的数量及资金标准。为了增加概算定额的适用性，也可以建筑物或构筑物的扩大的分部工程或结构构件为对象编制，称为扩大结构定额。概算指标是概算定额的扩大与合并。

由于各种性质的建设定额所需要的人工、材料和机械数量不一样，概算指标通常按工业建筑和民用建筑分别编制。工业建筑又按各工业部门类别、企业大小、车间结构编制，民用建筑按照用途性质、建筑层高、结构类别编制。

概算指标的设定和初步设计的深度相适应，一般是在概算定额和预算定额的基础上编制的，比概算定额更加综合扩大。它是设计单位编制工程概算或建设单位编制年度任务计划、施工准备期间编制材料和机械设备供应计划的依据，也供国家编制年度建设计划参考。

（5）投资估算指标：在正常施工技术条件下，以建设项目或单项工程为对象，完成规定计量单位合格产品所必须消耗的资金标准。投资估算指标是在项目建议书和可行性研究阶段编制的。投资估算指标往往根据历史的预算、决算资料和价格变动等资料编制，但其编制基础仍然离不开预算定额、概算定额。

上述各种定额的相互关系如表1-2所示。

表1-2　各种定额的相互关系

定额分类	施工定额	预算定额	概算定额	概算指标	投资估算指标
对象	工序	分项工程或结构构件	扩大分项工程或扩大结构构件	分部工程或单位工程	建设项目或单项工程
用途	编制施工预算	编制施工图预算	编制扩大初步设计概算	编制初步设计概算	编制投资估算
项目划分	最细	细	较粗	粗	很粗
定额水平	平均先进	平均	平均	平均	平均
定额性质	生产性定额	计价性定额			

4. 按定额专业性质分类

按定额专业性质不同，工程建设定额分为以下类别。

（1）建筑及装饰工程定额：适用于一般工业与民用建筑的新建、扩建、改建工程及其单独装饰工程。

（2）安装工程定额：适用于新建、扩建项目中的机械、电气、热力设备安装工程，炉窑砌筑工程，静置设备与工艺金属结构制作安装工程，工业管道工程，消防及安全防范设备安装工程，给排水、采暖、燃气工程，通风空调工程，自动化控制仪表安装工程，刷油、防腐蚀、绝热工程。

（3）房屋修缮工程预算定额：适用于房屋修缮工程，如电气照明、给排水、卫生器具、采暖、通风空调等的拆除、安装、大（中）维修，以及建筑面积在300 m² 以内的翻建、搭接、增层工程。不适用于新建、扩建工程，单独进行的抗震加固工程。

（4）市政工程预算定额：适用于城镇管辖范围内的新建、扩建及大中修市政工程，不适用于市政工程的小修保养。

（5）仿古建筑及园林工程定额：适用于新建、扩建的仿古建筑及园林绿化工程，不适用于修缮、改建和临时性工程。

1.3.5　工程建设定额的特性

1. 科学性

工程建设定额的科学性包括两重含义。一是指工程建设定额和生产力发展水平相适应，反映出工程建设中生产消费的客观规律；二是指工程建设定额管理在理论、方法和手段上适应现代科学技术和信息社会发展的需要。

工程建设定额的科学性，第一，表现在用科学的态度制定定额，尊重客观实际，力求定额水平合理；第二，表现在制定定额的技术方法上，利用现代科学管理的成就，形成一套系统的、完整的、在实践中行之有效的方法；第三，表现在定额制定和贯彻的一体化，制定是为了提供贯彻的依据，贯彻是为了实现管理的目标，也是对定额的信息反馈。

2. 系统性

工程建设定额是相对独立的系统，它是由多种定额结合而成的有机的整体。它的结构复杂、层次分明、目标明确。

工程建设定额的系统性是由工程建设的特点决定的。按照系统论的观点，工程建设就是庞大的实体系统。工程建设定额是为这个实体系统服务的，因而工程建设本身的多种类、多层次决定了以它为服务对象的工程建设定额的多种类、多层次。从整个国民经济的角度来看，进行固定资产生产和再生产的工程建设，是一个有多项工程集合体的整体，其中包括农林水利、轻纺、机械、煤炭、电力、石油、冶金、化工、建材工业、交通运输、邮电工程，以及商业物资、科学教育文化、卫生体育、社会福利和住宅工程等。这些工程的建设又划分为建设项目、单项工程、单位工程、分部工程和分项工程；在计划和实施过程中又分为规划、可行性研究、设计、施工、竣工交付使用、投入使用后的维修等阶段。与此相适应必然形成工程建设定额的多种类、多层次。

3. 统一性

工程建设定额的统一性，主要是由国家对经济发展的有计划的宏观调控职能决定的。为了使国民经济按照既定的目标发展，就需要借助于某些标准、定额、参数等，对工程建设进行规划、组织、调节、控制。

工程建设定额的统一性按照其影响力和执行范围来看，分为全国统一定额、地区统一定额和行业统一定额等；按照定额的制定、颁布和贯彻使用来看，分为统一的程序、统一的原则、统一的要求和统一的用途。

我国工程建设定额的统一性和工程建设本身的巨大投入和巨大产出有关。它对国民经济的影响不仅表现在投资的总规模和全部建设项目的投资效益等方面，还表现在具体建设项目的投资数额及其投资效益方面。

因此，虽说按不同形式对定额有各种分类，但无论是哪种专业性质的定额，它们的基本原理和表现形式都是统一的，骨架的组成也都是一致的，能了解一类定额的组成，就能明白所有定额的组成。

4. 指导性

随着我国建设市场的不断成熟和规范，工程建设定额尤其是统一定额原来具备的法令性特点逐步弱化，转而成为对整个建设市场和具体建设产品交易的指导作用。

工程建设定额的指导性的客观基础是定额的可行性。只有可行性的定额才能正确地指导客观的交易行为。工程建设定额的指导性体现在两个方面：一是工程建设定额作为国家各地区和行业颁布的指导性依据，可以规范建设市场的交易行为，在具体的建设产品定价过程中也起到相应的参考性作用，同时统一定额还可以作为政府投资项目定价及进行造价控制的重要依据；二是在现行的工程量清单计价方式下，体现交易双方自主定价的特点，承包商报价的主要依据是企业定额，但企业定额的编制和完善仍然离不开统一定额的指导。

5. 稳定性和时效性

定额是对劳动生产率的反映，劳动生产率是会变化的，因而定额也应有一定的时效性，但定额是一定时期技术发展和管理水平的反映，因而在一段时间内应表现出稳定的状态。保持定额的稳定性是维护定额的指导性和有效地贯彻定额所必需的。如果定额失去了稳定性，那么必然造成执行中的困难和混乱，使人们感到没有必要去认真对待它，很容易造成定额指导性的丧失。工程建设定额的不稳定也会给定额的编制工程带来极大的困难，也就是说稳定性是定额存在的前提，但同时定额肯定是有时效的。

本书主要内容是对狭义工程造价而言的，后面若不作特殊说明，则介绍的都是狭义工程造价的内容。

第 2 章　建筑工程定额原理

如第 1 章所述，对产品计价是通过对生产产品所消耗的人工、材料、机械进行计价进而组成产品的价格。人工、材料、机械的价格分别用人工费、材料费和机械费来表达。为了计算生产产品所直接消耗的人工费、材料费和机械费，我们将费用分割成消耗量和单价两块来考虑：

人工费＝人工消耗量×人工工日单价
材料费＝材料消耗量×材料预算单价
机械费＝机械消耗量×机械台班单价

人工和机械消耗量的确定方法与材料消耗量的确定方法不同：前者是通过研究人工和机械的抽象劳动（时间）来确定其消耗量，也就是说对于人工和机械，在考虑其消耗量时，定额是不对其具体劳动加以区分的，区分的只是其消耗的时间；后者则是通过研究具体的劳动来确定其消耗量。正因如此，定额需要对人工和机械的工作时间进行研究。

2.1　工时研究

2.1.1　工时研究的含义

所谓工时研究，是在一定的标准测定条件下，确定工人工作活动所需时间总量的一套程序和方法。其目的是要确定施工的时间标准（时间定额或产量定额）。

对工人和机械的作业时间的研究，是为了把工人和机械在整个生产过程中所消耗的作业时间，根据其性质、范围和具体情况，予以科学的划分、归纳和分析，确定哪些时间属于定额时间，哪些时间为非定额时间；哪些时间可以计价，哪些时间不能计价。进而研究具体措施以减少或消除不能计价的时间，保证工作时间的充分利用，促进劳动生产率的提高。

为了进行工时研究，必须首先对引起工时的工作进行研究，也就是对施工过程进行研究。

2.1.2　施工过程研究

对施工过程的细致分析，使我们能够更深入地确定施工过程各个工序组成的必要性及其顺序的合理性，从而正确地制定各个工序所需要的工时消耗标准。

2.1.2.1　施工过程的概念

施工过程，就是在建筑工地范围内所进行的生产过程，其最终目的是要建造、改建、扩建或拆除工业、民用建筑物和构筑物的全部或其一部分。例如：砌筑墙体、敷设管道等都是施工过程。

建筑安装施工过程与其他物质生产过程一样，也包括一般所说的生产力三要素，即劳动者、劳动对象和劳动工具。

（1）劳动者（工人）是施工过程中最基本的因素。建筑工人以其所担任的工作不同而分为不同的专业工种，如砖瓦工、抹灰工、木工、管道工、电焊工、筑炉工、推土机及铲运机驾驶员等。

建筑工人的专业工种及其技术等级由国家颁发的《工人技术等级标准》确定。工人的技术等级是按其所工作的复杂程度、技术熟练程度、责任大小、劳动强度等确定的。工人的技术等级越高，其技术熟练程度也越高。施工过程中的建筑工人，必须是专业工种工人，其技术等级应与工作物的技术等级相适应，否则会影响施工过程的正常工时消耗。

（2）劳动对象是指施工过程中所使用的建筑材料、半成品、构件和配件等。

（3）劳动工具是施工过程中的工人用以改变劳动对象的手段。施工过程中的劳动工具可分为三大类：手动工具、机具和机械。机具和机械的不同点在于机具不设置床身，操作时拿在工人手中。也有的简单机具没有发动机（如绞磨、千斤顶、滑轮组等），只是用以改变作用力的大小和方向的。在研究施工过程时，应当把机具与机械加以区分。

除了劳动工具外，在许多施工过程中还要使用用具，它能使劳动者、劳动对象、劳动工具和产品处于必要的位置上。例如，在电气安装工程中使用的合梯（人字梯），木工使用的工作台，砖瓦工使用的灰浆槽等。

施工过程中，有时还要借助自然的作用，使劳动对象发生物理和化学变化。例如，混凝土的养护、预应力钢筋的时效、白灰砂浆的气硬过程等。

每个施工过程的结果都获得一定的产品，该产品可能是改变了劳动对象的外表形态，内部结构或性质（由于制作和加工的结果），也可能是改变了劳动对象的空间位置（由于运输和安装的结果）。

施工过程中所获得的产品的尺寸、形状、表面结构、空间位置和质量，必须符合建筑物设计及现行技术规范的标准要求，只有合格的产品才能计入施工过程中消耗工作时间的劳动成果。

2.1.2.2 施工过程的分类

将施工过程进行分类（见表2-1）的目的，是通过对施工过程中的各类活动进行分解，并按其不同的劳动分工，不同的操作方法，不同的工艺特点，以及不同的复杂程度来区别和认识其内容与性质，以便采用技术测定的方法，研究其必需的工作时间消耗，从而取得编制定额和改进施工管理所需要的技术资料。

表2-1 施工过程分类

依 据	分 类	依 据	分 类
1. 按施工过程的完成方法分类	手动过程	3. 按施工过程是否循环分类	循环施工
	机动过程		非循环施工
	半机械化过程		
2. 按施工过程劳动分工的特点分类	个人完成	4. 按施工过程组织上的复杂程度分类	工序
	工人班组完成		工作过程
	施工队完成		综合工作过程

1. 按施工过程的完成方法分类

手动过程只需计算人工消耗量而不需计算机械消耗量，机动过程只需计算机械消耗量而不需计算人工消耗量（操作机械的人的消耗是在机械费中考虑的），半机械化过程则需同时考虑其中的人工和机械消耗量。

2. 按施工过程劳动分工的特点分类

个人完成的施工过程，将个人生产消耗的时间与个人产量挂钩计算产品中的人工消耗量；工人班组完成的施工过程，将班组生产消耗的时间与班组产量挂钩计算产品中的人工消耗量；施工队完成的施工过程，将施工队生产消耗的时间与施工队产量挂钩计算产品中的人工消耗量。

3. 按照施工过程是否循环分类

施工过程的工序或组成部分，如果以同样的次序不断重复，并且每重复一次都可以生产出同一种产品，则称为循环的施工过程。若施工过程的工序或组成部分不是以同样的次序重复，或者生产出来的产品各不相同，则称为非循环的施工过程。

对于循环施工，定额是通过研究其一个循环过程的消耗进而推得整个工作日的消耗；而对于非循环施工，则是通过研究一段时间的消耗进而获得整个工作日的消耗。

4. 按施工过程组织上的复杂程度分类

（1）工序：在组织上分不开的和技术上相同的施工过程，即一个工人（或一个小组）在一个工作地点，对同一个（或几个）劳动对象所完成的一切连续活动的综合，称为工序。工序的主要特征是，劳动者、劳动对象和使用的劳动工具均不发生变化。如果其中有一个条件发生变化，就意味着从一个工序转入另一个工序。产品生产一般要经过若干道工序，如钢筋工程可分为平直、切断、弯曲、绑扎等几道主要工序。

从施工的技术操作和组织的角度看，工序是最简单的施工过程。但是如果从劳动过程的角度看，工序又可以分解为许多操作，而操作本身又由若干动作所组成。若干个操作构成一道工序。每一个操作和动作，都是完成施工工序的一部分。例如，"弯曲钢筋"工序，可分解为以下操作：将钢筋放到工作台上；对准位置；用扳手弯曲钢筋；扳手回原；将弯好的钢筋取出。而"将钢筋放到工作台上"这个操作，又可以分解为以下动作：走到已整直的钢筋堆放处；弯腰拿起钢筋；拿着钢筋走向工作台；把钢筋移到支座前面。

工序可由一个人来完成，也可由班组或施工队的几名工人协同完成。前者称为个人工序，后者则为小组工序。工序可以手动完成，也可由机械操作完成。在机械化的施工工序中，还可以包括由工人自己完成的各项操作和由机器完成的工作两部分。

在编制施工定额时，工序是基本的施工过程，是主要的研究对象。测定定额时只需分解和标定到工序为止。如果进行某项先进技术或新技术的工时研究，就要分解到操作甚至动作为止，从中研究可加以改进操作或节约工时的方法。

（2）工作过程：由同一工人或同一工人班组所完成的在技术操作上相互联系的工序的综合，称为工作过程。其特点是劳动者不变、工作地点不变，而材料和工具可以变换。例如，砌墙和勾缝。

由一个工人完成的工作过程称为个人工作过程，由小组共同完成的工作过程称为小组工作过程。工作过程又分为手动工作过程和机械工作过程两种。在机械工作过程中又分为两种：一种完全机械的工作过程，即全部由机械工序所组成。例如，混凝土预制构件厂集中搅拌混凝土时，原材料运输、上料、搅拌、出料等全部由机械完成；又如，挖土机挖土等。二是部分机械的工作过程，即其中包括一个或几个手工工序。例如，现场搅拌机搅拌混凝土时，用双轮车运材料、人工上料。

（3）综合工作过程：凡是同时进行的，并在组织上彼此有直接关系而又为一个最终产品结合起来的各个工作过程的综合，称为综合工作过程。综合工作过程的特点是人员、工作地点、材料和工具都可以变换。例如，现浇混凝土构件是由调制、运送、浇灌、捣实混凝土4个工作过程组成的。

预算定额中的子目（分项工程）所针对的施工过程往往是工作过程或综合工作过程。

2.1.3　工作时间消耗的分类

工作时间，指的是工作班延续时间（不包括午休）。

人工和机械是通过研究其消耗的时间来决定其价格的，如果没有其他规定，可以想象得到，大家在施工中都会喜欢"磨洋工"——只见时间消耗而不见出产产品。如何避免这种情况的产生？这就需要定额了。定额在这方面相当于给了一个标准：对应于每一个产品定额给了对应的时间标准，完成了产品也就获得了对应定额标准的相关费用，你的效率高，一天你可以获得两天的费用；你的效率低，一天就只能获得半天的费用。

既然定额给了一个计时的标准，我们就需要了解哪些时间可以计价，哪些时间不能计价；可以计价的时间哪些在定额里已计算了，哪些没有计算。对于那些可以计价而定额没有计算的时间，在实际的施工中发生的话要及时以索赔的形式获得补偿。

2.1.3.1　工人工作时间消耗的分类

工人在工作班内消耗的工作时间，按其消耗的性质，基本可以分为两大类：必须消耗的时间和损失的时间。

必须消耗的时间是工人在正常施工条件下，为完成一定产品（工作任务）所消耗的时间。它是制定定额的主要根据。

损失的时间，是与产品生产无关，而与施工组织和技术上的缺点有关，与工人在施工过程的个人过失或某些偶然因素有关的时间消耗。

工人工作时间的分类如图2-1所示。

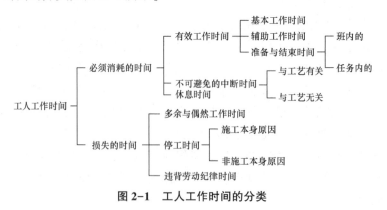

图2-1　工人工作时间的分类

1. 必须消耗的时间

必须消耗的时间包括有效工作时间、不可避免的中断时间和休息时间。

1）有效工作时间

有效工作时间是从生产效果来看与产品生产直接有关的时间消耗，包括基本工作时间、辅助工作时间、准备与结束时间的消耗。这类时间消耗应该计价并在定额中已计算。

（1）基本工作时间是指直接与施工过程的技术操作发生关系的时间消耗。通过基本工作，使劳动对象直接发生变化：可以使材料改变外形，如钢管煨弯；可以改变材料的结构和性质，如混凝土制品；可以使预制构件安装组合成型；可以改变产品的外部及表面的性质，如粉刷、油漆等。基本工作时间的消耗量与任务大小成正比。

（2）辅助工作时间是指与施工过程的技术操作没有直接关系的工序，为了保证基本工作的顺利进行而做的辅助性工作所需消耗的时间。辅助性工作不直接导致产品的形态、性质、结构或位置发生变化。例如，工具磨快、校正、小修、机械上油、移动合梯、转移工作地、搭设临时跳板等均属辅助性工作。它的时间长短与工作量大小有关。

（3）准备与结束时间是指工人为加工一批产品、执行一项特定的工作任务事前准备和事后结束工作所消耗的时间。准备与结束时间一般分为班内的准备与结束时间和任务内的准备与结束时间两种。班内的准备与结束工作，具有经常的、每天的工作时间消耗之特性，如领取料具、工作地点布置、检查安全技术措施、调整和保养机械设备、清理工作地、交接班等。任务内的准备与结束工作，系由工人接受任务的内容所决定，如接受任务书、技术交底、熟悉施工图纸等。准备与结束的工作时间与所担负的工作量大小无关，但往往与工作内容有关。

2）不可避免的中断时间

不可避免的中断时间是指由施工过程的技术操作或组织的、独有的特性而引起的不可避免的或难以避免的中断时间。分为与工艺有关的不可避免的中断时间和与工艺无关的不可避免的中断时间两类。

（1）与工艺有关的不可避免的中断时间，如汽车司机在等待汽车装、卸货时消耗的时间，这种中断是由汽车装、卸货的工作特点决定的，应该计价并考虑入定额，但在实际工作中应尽量缩短此类时间消耗。

（2）与工艺无关的不可避免的中断时间，不是工艺特点决定的，而是其他原因造成的。这部分时间在定额里没有考虑，没有考虑的原因是其原因不明无法计算。这部分时间可否计算要具体分析时间损失的原因，如时间损失是由施工方自身的原因造成的（施工方有责任），不可计价；如时间损失与施工方无关（施工方无责任有损失），可以计价，以索赔形式计价。

3）休息时间

休息时间是指工人在工作过程中，为了恢复体力所必需的短时间的休息，以及他本人由于生理上的要求所必须消耗的时间（如喝水、大小便等）。这种时间是为了保证工人精力充沛地进行工作，所以是包含在定额时间中的。休息时间的长短与劳动强度、工作条件、工作性质有关。劳动强度大、劳动条件差，则休息时间要长。

2. 损失的时间

损失的时间包括多余与偶然工作时间、停工时间、违背劳动纪律时间。

（1）多余与偶然工作时间：包括多余工作引起的时间损失和偶然工作引起的时间损失两种情况。

①多余工作是指工人进行的任务以外的而又不能增加产品数量的工作。对于产品计价来

说，有一个重要的前提——合格产品，不合格产品是不计价的。例如，工人砌筑 1 m³ 墙体，经检验质量不合格，推倒重砌，合格后虽然工人共完成了 2 m³ 墙体的砌墙工作，但只能计算 1 m³ 合格墙体的价格。不合格产品消耗的时间就是多余工作时间。

②偶然工作是指工人在计划任务之外进行的零星的偶然发生的工作。例如，在施工合同中土建施工单位不承建电缆的施工工作，但在实际施工中，甲方要求土建施工单位配合电缆施工单位在构件上开槽，这种工作在当初的合同中是没有的（计划任务之外），且是偶然发生的（甲方要求）、零星的（工作量不大）。由于这种工作能产生产品，因此也应计价，但不适合用定额计价（人工降效严重），实际发生时应采用索赔形式计价较合理。

（2）停工时间：工作班内停止工作所发生的时间损失。停工时间按其性质不同可分为施工本身原因造成的停工时间和非施工本身原因造成的停工时间。施工本身原因，即施工方有责任，不计价；非施工本身原因，施工方无责任、有损失，应以索赔的形式计价。

（3）违背劳动纪律的时间：工人不遵守劳动纪律而造成的时间损失，如迟到早退、擅自离开工作岗位、工作时间内聊天、办私事及个别工人违反劳动纪律而使别的工人无法工作造成的时间损失。这种时间损失不应允许存在，也不应计价。

2.1.3.2 机械工作时间消耗的分类

在机械化施工过程中，对工作时间消耗的分析和研究，除了要对工人工作时间的消耗进行分类研究，还需要分类研究机械工作时间的消耗。

机械工作时间的消耗和工人工作时间的消耗虽然有很多共同点，但也有其自身特点。

机械在工作班内消耗的工作时间按其消耗的性质不同也分为两大类：必须消耗的时间和损失的时间，如图 2-2 所示。

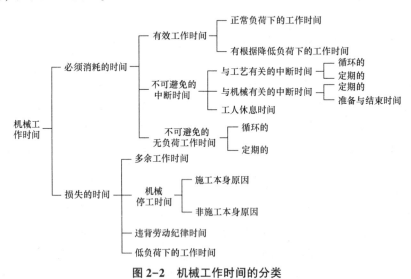

图 2-2　机械工作时间的分类

1. 必须消耗的时间

必须消耗的时间包括有效工作时间、不可避免的中断时间和不可避免的无负荷工作时间。必须消耗的时间全部计入定额。

（1）有效工作时间：包括正常负荷下的工作时间和有根据降低负荷下的工作时间。

①正常负荷下的工作时间是指机械在与机械说明书规定的负荷相符的正常负荷下进行工作的时间。

②有根据降低负荷下的工作时间是在个别情况下由于技术上的原因，机械在低于额定功率、额定吨位下工作的时间。例如，卡车有额定吨位，但由于卡车运送的是泡沫塑料，虽然卡车已装满但仍未达到额定吨位，这种时间消耗属于有根据降低负荷下的工作时间。

（2）不可避免的中断时间：由于施工过程的技术操作和组织的特性而造成的机械工作中断时间。包括与工艺有关的中断时间、与机械有关的中断时间和工人休息时间。

①与工艺有关的中断时间有循环的和定期的两种。循环的不可避免中断，是在机械工作的每一个循环中重复一次，如汽车装货和卸货时的停车；定期的不可避免中断，是经过一定时期重复一次，如喷浆器喷白，从一个工作地点转移到另一工作地点时，喷浆器工作的中断时间。

②与机械有关的中断时间是指使用机械工作的工人在准备与结束工作时而使机械暂停的中断时间；或者在维护保养机械时必须使其停转所发生的中断时间。前者属于准备与结束工作的不可避免的中断时间，后者属于定期的不可避免的中断时间。

③工人休息时间是指工人必需的休息时间。即不可能利用机械的其他不可避免的停转空闲机会，而且组织轮班又不方便所引起的机械工作中断时间。

（3）不可避免的无负荷工作时间：由于施工过程的特性和机械结构的特点所造成的机械无负荷工作时间。一般分为循环的和定期的两类。

①循环的不可避免的无负荷工作时间是指由于施工过程的特性所引起的空转所消耗的时间。它在机械工作的每一个循环中重复一次。例如，铲运机回到铲土地点。

②定期的不可避免的无负荷工作时间是指发生在运货汽车或挖土机等的工作中的无负荷时间。例如，汽车运输货物，汽车必须首先放空车再过来装货。

2. 损失的时间

损失的时间包括多余工作时间、机械停工时间、违背劳动纪律时间和低负荷下的工作时间。

（1）多余工作时间：机械进行任务内和工艺过程内未包括的工作而延续的时间。如搅拌机搅拌混凝土，按规范 90 s 出料，由于工人责任心不足，搅拌了 120 s 才出料，多搅拌的 30 s 属于多余工作时间，不应计价。

（2）机械停工时间：按性质可分为施工本身原因造成的和非施工本身原因造成的机械停工时间。施工本身原因造成的机械停工时间，是指由于施工组织不当而引起的机械停工时间，如临时没有工作面，未能及时供给机械用水、燃料和润滑油，以及机械损坏等所引起的机械停工时间。这种情况施工方有责任，不予计价。非施工本身原因造成的机械停工时间，是指由于外部的影响而引起的机械停工时间，如水源、电源中断（不是施工的原因），以及气候条件（暴雨、冰冻等）的影响而引起的机械停工时间。这种情况施工方无责任，可以计价（现场索赔）。

（3）违背劳动纪律的时间：操作机械的人违背劳动纪律造成的时间损失。人违背了劳动纪律，机械也就停止了工作，这种时间的损失是不可以计价的。

（4）低负荷下的工作时间：由于工人或技术人员的过错所造成的施工机械在降低负荷情况下工作的时间。例如，卡车的额定吨位是 6 吨/车，现在有 60 吨石子要运输，正常情况下需要运 10 车，但由于工人的上料责任心不足，每次上到 5 吨/车就让车子走了，这样就需要运 12 车，这多运的 2 车时间就属于低负荷下的工作时间损失，是不可以计价的。

2.2 技 术 测 定 法（选 讲）

技术测定是一项科学的调查研究工作，运用技术测定法研究施工过程，是制定劳动定额的重要步骤之一。它是通过对施工过程中的具体活动进行实地观察，详细地记录施工中的工人和机械的工作时间消耗、完成产品的数量及有关影响因素，并将记录的结果予以整理，去伪存真，客观地分析各种因素对产品的工作时间消耗量的影响，在取舍的基础上获得可靠的数据资料，从而为制定劳动定额或者标准工时规范提供科学依据。

2.2.1 技术测定法的作用和要求

1. 技术测定法的作用

就技术测定本身来说，其作用主要表现在以下几方面。

1）是制定和修订劳动定额必要的科学方法

采用技术测定法编制劳动定额，具有比较充分的可靠依据，以此确定的定额水平较能符合平均先进的原则，具有较强的说服力。历次编制劳动定额的实践证明，凡主要项目以技术测定资料为编制依据的，定额水平就比较准确稳定。反之，定额水平往往出现偏高或偏低现象，从而削弱了劳动定额对组织生产和按劳分配的积极作用。

2）是加强施工管理的重要手段

采用技术测定法研究施工过程，在施工中实地观察记录各类活动的情况，并对结果进行分析，可以发现施工管理中存在的问题，如劳动力的使用、机械利用率、施工条件等方面是否正常，以便有关部门抓住薄弱环节，拟定改善施工管理的具体措施，不断促进生产过程科学化、合理化。

3）是总结和推广先进经验的有效方式

通过技术测定，可以对先进班组、先进个人、新技术或新机具、新材料、新工艺等，从操作技术、劳动组织、工时利用、机具效能等方面加以系统地总结，从而推动广大工人学习新技术和先进经验。

4）是具体帮助工人班组完成和超额完成劳动定额，不断提高劳动效率的根本途径

通过对长期完不成劳动定额的班组的测定，研究其操作方法、技术水平、工时利用、劳动组织及有关因素，从而找出完不成定额的原因，提出改进措施，创造条件，具体帮助班组完成或超额完成定额。

2. 技术测定的要求

为了使技术测定真正起到上述作用，在开展技术测定的过程中，必须要求技术测定人员做到以下几点。

（1）严肃认真地对待测定工作，保证技术测定工作的科学性。由于基础测定是一项具体、细致和技术性比较强的工作，因此测定人员在测定工作过程中，必须坚守工作岗位，集中精力，详细地观察测定对象的全部活动，并认真记录各类时间消耗和有关影响因素，保证原始记录资料的客观真实性。技术测定人员严肃地对待技术测定工作是十分必要的。粗估概

算，凭空想象或主观臆造，就会失去测定资料的真实性和科学性，也就失去了技术测定的真实意义。

（2）保证测定资料的完整准确。每次测定的工时记录、完成产品数量、因素反映、汇总整理等有关数字、图示、文字说明，必须齐全。在分析整理资料时，消耗工时的分类和统计要准确，影响因素的说明要清楚，有关取舍数字要有技术依据，各种数字不能有误，结论意见和改进措施应提得合理并切合实际。

（3）必须依靠群众来进行工作。技术测定的资料来自工人的生产实践，因此在测定过程中必须自始至终取得工人的支持和合作。测定前要向工人和管理人员讲明测定目的，以利于测定的顺利进行；测定结束之后，应将测定结果告诉他们，征求意见，使测定资料更加完善准确。有条件的单位还可以组织工人进行自我测定，使测定工作广泛开展起来，更好发挥其促进生产的积极作用。要反对那种单纯依靠专业人员，把技术测定工作神秘化的错误做法。

2.2.2　技术测定前的准备工作

1. 确定需要进行计时观察的施工过程

计时观察之前的第一个准备工作，是研究并确定有哪些施工过程需要进行计时观察，对于需要进行计时观察的施工过程要编出详细的目录，拟定工作进度计划，制定组织技术措施，并组织编制定额的专业技术队伍，按计划认真开展工作。

2. 对施工过程进行预研究

对于已确定的施工过程的性质应进行充分的研究，目的是正确地计时观察和收集可靠的原始资料。研究的方法，是全面地对各个施工过程及其所处的技术组织条件进行时间调查和分析，以便设计正常的（标准的）施工条件和分析研究测时数据。

（1）熟悉与该施工过程有关的现行技术规范和技术标准等文件和资料。

（2）了解新采用的工作方法的先进程度，了解已经得到推广的先进施工技术和操作，还应该了解施工过程存在的技术组织方法的缺点和由于某些原因造成的混乱现象。

（3）注意系统地收集完成定额的统计资料和经验资料，以便与计时观察所得的资料进行对比分析。

（4）把施工过程划分为若干个组成部分（一般划分到工序）。例如，混凝土搅拌机拌和混凝土的施工过程可以划分为装料入鼓、搅拌、出料三个工序。施工过程划分的目的是便于计时观察。如果计时观察的目的是研究先进工作法，或是分析影响劳动生产率提高或降低的因素，则必须将施工过程划分到操作以至动作。

（5）确定定时点和施工过程产品的计量单位。

定时点是上下两个相衔接的组成部分之间时间上的分界点。确定定时点，对于保证计时观察的精确性是不容忽视的因素。例如，混凝土搅拌机拌和混凝土的施工过程，装料入鼓这个组成部分，它的开始是工人装料，结束是装料完成。

确定产品计量单位，要能具体地反映产品的数量，并具有最大限度的稳定性。

3. 选择施工的正常条件

绝大多数企业和施工队、班组，在合理组织施工时所处的施工条件，称之为施工的正常条件。选择施工的正常条件是技术测定中的一项重要内容，也是确定定额的依据。

施工条件一般包括：工人的技术等级是否与工作等级相符、工具与设备的种类和质量、工程机械化程度、材料实际需要量、劳动的组织形式、工作报酬形式、工作地点的组织和其准备工作是否及时、安全技术措施的执行情况、气候条件、劳动竞赛开展情况等。所有这些条件，都有可能影响产品生产中的工时消耗。

施工的正常条件应该符合有关的技术规范；符合正确的施工组织和劳动组织条件；符合已经推广的先进的施工方法、施工技术和操作。

4. 选择观察对象

根据测定的目的来选择测定对象：

（1）制定劳动定额，应选择有代表性的班组或个人，包括各类先进的或比较后进的班组或个人；

（2）总结推广先进经验，应选择先进的班组或个人；

（3）帮助后进班组提高工效，应选择长期不能完成定额的班组或个人。

5. 调查所测定施工过程的影响因素

施工过程的影响因素包括技术、组织及自然因素。例如：产品和材料的特征（规格、质量、性能等）；工具和机械性能、型号；劳动组织和分工；施工技术说明（工作内容、要求等），并附施工简图和工作地点平面布置图。

6. 其他准备工作

此外，还必须准备好必要的用具和表格。例如，测时用的秒表或电子计时器，测量产品数量的工、器具，记录和整理测时资料用的各种表格等。如果有条件并且也有必要，还可配备电影摄像和电子记录设备。

2.2.3 计时观察法的分类

对施工过程进行观察、测时，计算实物和劳务产量，记录施工过程所处的施工条件和确定影响工时消耗的因素，是计时观察法的三项主要内容和要求。计算观察法的种类很多，最主要的有三种，如图 2-3 所示。

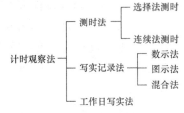

图 2-3 计时观察法的分类

2.2.3.1 测时法

测时法是一种精确度比较高的计时观察法，主要用于测定循环工作的工时消耗，而且测定的主要是"有效工作时间"中的"基本工作时间"。按照测时的具体方式不同分为选择法测时和连续法测时两种类型。

1. 选择法测时

它是间隔选择施工过程中非紧连接的组成部分（工序或操作）测定工时，精确度达 0.5 s。

选择法测时也称间隔法测时。采用选择法测时，当被观察的某一循环工作的组成部分开始时，观察者开动秒表，当该组成部分终止时，则停止秒表，把秒表上指示的延续时间记录到选择法测时记录表上，并把秒表回归到零点。下一组成部分开始时，再开动秒表，如此依次观察，并依次记录下延续时间。

当所测定的工序的延续时间较短时，连续测定比较困难，用选择法测时则方便而简单。这是在标定定额中常用的方法。

表 2-2 为选择法测时记录表示例。

表 2-2　选择法测时记录表示例

测定对象：单斗正铲挖土机挖土（斗容量 1 m³）观察精度：每一循环时间精度：1 s	施工单位名称		工地名称		观察日期	开始时间	终止时间	延续时间	观察号次
	施工过程名称：用正铲挖松土，装上自卸载重汽车 挖土机斗臂回转角度为 120°～180°								

序号	工序或操作名称	每一循环内各组成部分的工时消耗/台秒										记录整理			
		1	2	3	4	5	6	7	8	9	10	延续时间总计	有效循环次数	算术平均值	占一个循环比例/%
1	土斗挖土并提升斗臂	17	15	18	19	19	22	16	18	18	16	178	10	17.8	38.12
2	回转斗臂	12	14	13	25①	10	11	12	11	12	13	108	9	12.0	25.70
3	土斗卸土	5	7	6	5	6	6	5	8	6	5	59	10	5.9	12.63
4	返转斗臂并落下土斗	10	12	11	10	12	10	9	12	10	14	110	10	11.0	23.55
一个循环总计		44	48	48	59	47	49	42	49	46	48			46.7	

注：①由于载重汽车未组织好，因此挖土机需要等候，不能立刻卸土。

在测时中，如有某些工序遇到特殊技术上或组织上的问题而导致工时消耗骤增，在记录表上应加以注明（如表 2-1 中的①），供整理时参考。

由选择法测时所获得的是必须消耗的时间的有效工作时间，而且是选择的某一工序所测定的有效工作时间。最终要获得施工过程的定额时间还需由工序的有效工作时间组成施工过程的有效工作时间，进而形成施工过程的定额时间。

【例 2-1】　对某单斗正铲挖土机挖土（斗容量 1 m³），装上自卸载重汽车的施工过程进行测时，将该施工过程分解为 4 个工序，对每一个工序采用选择法测时（数据见表 2-2），求该施工过程的基本工作时间。

【解】　施工过程的基本工作时间=各组成工序的基本工作时间之和

$$=17.8+12.0+5.9+11.0=46.7 \text{ s}$$

答：该施工过程的基本工作时间为 46.7 s。

2. 连续法测时

连续法测时也称接续法测时，其操作方法是连续测定一个施工过程各工序或操作的延续时间。采用该方法时，每次要记录各工序或操作的终止时间，并计算出本工序的延续时间。

连续法测时由于需要对各组成部分进行连续的时间测定，因此采用的是双针秒表。双针秒表的一个指针一直在转动计时，另一根指针（辅助指针）一开始与主指针同步工作，一旦要计时，按动秒表，辅助针停止在某一时间，记录时间，放开手，停止的指针立即跟上一直转动的那根指针；再次按动秒表，又可以记录下一次的时间。使用这种秒表，只需要记录下各次的终止时间，将两次终止时间相减，即可获得各工序的延续时间。

表 2-3 为连续法测时记录表示例。

表2-3 连续法测时记录表示例

测定对象：混凝土搅拌机拌和混凝土 观察精确度：1 s		施工单位名称		工地名称		观察日期		开始时间		终止时间		延续时间		观察号次
		施工过程名称：混凝土搅拌机（J_5B—500型）拌和混凝土												

序号	工序或操作名称	时间	观察次数																		记录整理		
			1		2		3		4		5		6		7		8		9		10	延续时间总计	有效循环次数	算术平均值
			分	秒	分	秒	分	秒	分	秒	分	秒	分	秒	分	秒	分	秒	分	秒	分	秒	秒	—	秒
1	装料入鼓	终止时间	0	15	2	16	4	20	6	30	8	33	10	39	12	44	14	56	17	4	19	5	148	10	14.8
		延续时间		15		13		13		17		14		15		16		19		12		14			
2	搅拌	终止时间	1	45	3	48	5	55	7	57	10	4	12	9	14	20	16	28	18	33	20	38	915	10	91.5
		延续时间		90		92		95		87		91		90		96		92		89		93			
3	出料	终止时间	2	3	4	7	6	13	8	19	10	24	12	28	14	37	16	52	18	51	20	54	191	10	19.1
		延续时间		18		19		18		22		20		19		17		24		18		16			

连续法测时是一次性完成一个施工过程所包含的各个工序的基本工作时间的测定，而选择法测时往往一次只能完成一个施工过程中的某一个工序的基本工作时间的测定。

【例2-2】 对某混凝土搅拌机搅拌混凝土的施工过程进行测时，将该施工过程分解为3个工序，对每一个工序采用连续法测时（数据见表2-3），求该施工过程的基本工作时间。

【解】 施工过程的基本工作时间=各组成工序的基本工作时间之和

$$= 14.8+91.5+19.1=125.4 \text{ s}$$

答：该施工过程的基本工作时间为125.4 s。

3. 计时观察数据的整理

由于试验方法和试验设备的不完善，周围环境的影响，以及受人的观察力、测量程序等限制，因此试验观测值和真值之间，总是存在一定的差异。

1）真值的确定

所谓真值，是待测物理量客观存在的确定值，也称理论值或定义值。通常真值是无法测得的。若在试验中测量的次数无限多，根据误差的分布定律可知正负误差的出现概率相等，再细致地消除系统误差，将测量值加以平均，可以获得非常接近于真值的数值。但是实际上试验测量的次数总是有限的，用有限测量值求得的平均值只能是近似真值，在科学研究中，数据的分布多属于正态分布，所以通常采用算术平均值来近似真值。

设 x_1，x_2，$\cdots$，x_n 为各次测量值，n 代表测量次数，则算术平均值为

$$\bar{x} = \frac{x_1 + x_2 + \cdots + x_n}{n} = \frac{\sum\limits_{i=1}^{n} x_i}{n} \tag{2-1}$$

2）误差

测量值与真值之差称为测量误差，简称误差。

观察次数越多，取得的时间数据就越充足，误差就越小。所以，观察次数和观察延续时间极大地影响着工时消耗计算的准确性和可靠性。但是，不同的施工过程对精确度的要求是不同的，因而对观察次数和延续时间的要求也不同。在采用测时法的情况下，通常对一个观察对象进行 8~10 次的观测基本可以保证其精确度。

4. 测时法定额时间的确定

测时法测得的是工序的基本工作时间，要确定工序的定额时间，首先要获得工序作业时间，继而加上规范时间得到定额时间。计算公式是：

$$工序作业时间 = 基本工作时间 + 辅助工作时间 \tag{2-2}$$
$$规范时间 = 准备与结束工作时间 + 不可避免的中断时间 + 休息时间 \tag{2-3}$$
$$定额时间 = 工序作业时间 + 规范时间 \tag{2-4}$$

【例 2-3】 对某单斗正铲挖土机挖土（斗容量 1 m^3），装上自卸载重汽车的施工过程进行测时，将该施工过程分解为 4 个工序，对土斗挖土并提升斗臂的工序采用选择法测时（数据见表 2-2），由工时规范查得，该工序的辅助工作时间占基本工作时间的 6%，规范时间占工序作业时间的 12%，求该工序的定额时间。

【解】 工序作业时间 = 基本工作时间 × （1+辅助时间百分比）

$$= 17.8 × （1+6\%） = 18.868 \text{ s}$$

定额时间 = 工序作业时 × （1+规范时间百分比）

$$= 18.868 × （1+12\%） = 21.1 \text{ s}$$

答：该工序的定额时间为 21.1 s。

2.2.3.2　写实记录法

测时法的优点在于实测时所花费的时间比较短，效率比较高；缺点是测定的只是定额时间中的基本工作时间。由基本工作时间获得定额时间，采用的是按比例测算的方式。这种测定方式的准确度直接受到辅助工作时间占工序工作时间的百分比和规范时间占定额时间的百分比的影响。百分比的误差，将直接影响到工序定额时间的误差。

为了尽量减小定额时间的误差，我们可以将测定的时间拉长，测定的时间范围扩大。时间拉长到 1 h 以上，时间范围将不仅包括基本工作时间，而且包括在此时间段内所消耗的所有定额时间。这种测定定额时间的方法称为写实记录法。

与测时法相比，写实记录法的优点是能较真实地反映时间消耗的情况，且可对多人同时进行测时（测时法只能对单人进行测定）。缺点是精确度不及测时法高。

写实记录法根据其记录成果的方式不同又可分为数示法、图示法和混合法。

1. 数示法

数示法是三种写实记录法中精确度较高的一种，可以同时对两个以内的工人进行观察，

将观察的工时消耗记录在专门的数示法写实记录表中。数示法的特征是用数字记录工时消耗，精确度达 5~15 s。表 2-4 为数示法写实记录表示例。

表 2-4　数示法写实记录表示例

| 工地名称 | | | 开始时间 | | 9:00:00 | | 延续时间 | | 65′45″ | | 调查号次 | |
| 施工单位名称 | | | 终止时间 | | 10:05:45 | | 记录日期 | | | | 页次 | |

施工过程：双轮车运土方（运距 150 m）			观察记录						观察记录				
序号	施工过程组成部分名称	时间消耗量	组成部分序号	起止时间		延续时间	完成产品		组成部分序号	起止时间		延续时间	完成产品
				时：分	秒		计量单位	数量		时：分	秒		计量单位	数量
1	装土	25′35″	（开始）	9:00	00				1	38:00	40	3′40″	m³	0.288
2	运输	14′55″	1	02:00	50	2′50″	m³	0.288	2	40:00	20	1′40″	次	1
3	卸土	8′00″	2	05:00	10	2′20″	次	1	3	41:00	20	1′00″		
4	空返	13′25″	3	06:00	30	1′20″			4	43:00	00	1′40″		
5	等候装土	2′10″	4	08:00	30	2′00″			5	45:00	10	2′10″		
6	喝水	1′40″	1	12:00	00	3′30″	m³	0.288	1	49:00	05	3′55″	m³	0.288
			2	14:00	00	2′00″	次	1	2	51:00	50	2′45″	次	1
			3	15:00	00	1′00″			3	53:00	15	1′25″		
			4	16:00	50	1′50″			4	55:00	15	2′00″		
			1	21:00	00	4′10″	m³	0.288	1	59:00	05	3′50″	m³	0.288
			2	23:00	00	2′00″	次	1	2	10:01	05	2′00″	次	1
			3	24:00	10	1′10″			3	02:00	05	1′00″		
			4	26:00	20	2′10″			6	03:00	45	1′40″		
			1	30:00	00	3′40″	m³	0.288	4	05:00	45	2′00″		
			2	32:00	10	2′10″	次	1						
			3	33:00	15	1′05″								
			4	35:00	00	1′45″								
	合计	65′45″				35′00″						30′45″		

2. 图示法

用图示法可同时对三个以内的工人进行观察，将观察资料记入图示法写实记录表中（见表 2-5）。其中时间消耗资料记录在表的中部，表的中部是由 60 个小纵列组成的网格，每一小纵列的长度代表 1 min。观察开始后根据各组成部分的延续时间用横线画出相应的长度，横线的起止点与该组成部分的开始和结束时间相对应；每一个工序所对应的行中间设置了一根辅助直线，采用在辅助线的上方、辅助线上和辅助线下方画横线的方法就可以实现对同一工序中三个工人工作时间消耗的分别记录。

表 2-5　图示法写实记录表示例

观测对象：五级瓦工1人 三级瓦工1人	施工单位名称	工地名称	观测日期	开始时间 8:00	终止时间 12:00	延续时间 4 h	观测号次 3	页次 3/4
	施工过程名称：砌筑0.54 m厚的块石墙							

序号	工作名称	时间/min（5 10 15 20 25 30 35 40 45 50 55 60）	延续时间/min 个人	总体	产品数量	备注
1	铺设灰浆		16	16		
2	把石块放于墙上		16	16		
3	砌块石		21 / 5	26		
4	砌墙身两侧块石		31	31		完成产品数量按照一个工作班组产量测量
5	砌墙身中心块石		20	20		
6	填缝		2	2		
7	清理		2	2		
8	休息		4 / 3	7		
	总计		60 / 60	120		

3. 混合法

混合法吸取了数示法和图示法两种方法的优点，可以同时对三个以上工人进行观察，记录观察资料的表格仍采用图示法写实记录表。填写表格时，各组成部分延续时间用图示法填写，完成每一组成部分的工人人数则用数字填写在该组成部分时间线段的上面。

混合法计时方法，是将表示分钟数的线段与标在线段上面的工人人数相乘，算出每一组成部分的工时消耗，记入图示法写实记录表工分总计栏，然后将总计垂直相加，计算出工时消耗总量，该总计数应符合参加该施工过程的工人人数乘观察时间（见表 2-6）。

2.2.3.3　工作日写实法

写实记录法相比较测时法精确度下降，但准确度提升。虽然写实记录法已经较测时法准确地反映了一些定额考虑的辅助工作时间、休息时间等，但写实记录法历时还短了一些，不足以准确地反映定额的时间消耗。

工作日写实法的特点就是时间要足够长——8 h。其采用的方法还是写实记录法中的方法，不过时间要用 8 h，也就是一个工作日。对施工过程用一个工作日的时间历程来进行测定，在一个工作日内对发生的所有时间进行记录，然后整理，分析出定额时间，进而建立起自己的施工过程时间消耗量。

工作日写实法在记录时间时也按工时消耗的性质分类记录，定额时间也分为有效工作时间、休息时间和不可避免的中断时间，但不需要将有效工作时间分为基本工作时间、准备与结束工作时间和辅助工作时间，只将有效工作时间划分为适用于技术水平和不适用于技术水平两类来记录。

表 2-6 混合法写实记录表示例

工地名称		开始时间	9：00	延续时间		1 h		观测号次	
施工单位名称		终止时间	10：00	观测日期				页次	
施工过程名称	浇捣混凝土柱	观察对象			四级混凝土工：3人；三级混凝土工：3人					

序号	工作名称	时间/min	时间合计/min	产品数量	备注
1	撒锹		78	1.85 m³	
2	振捣		148	1.85 m³	
3	转移		103	3次	
4	等待混凝土		21		
8	做其他工作		10		
	总计		360		

运用工作日写实法主要有两个目的：一是取得编制定额的基础资料；二是检查定额的执行情况，找出缺点，改进工作。当它被用来达到第一个目的时，工作日写实的结果要获得观察对象在工作班内的工时消耗的全部情况，以及产品数量和影响工时消耗的影响因素，其中工时消耗应该按它的性质分类记录。当它被用来达到第二个目的时，通过工作日写实应该做到：查明工时损失量和引起工时损失的原因，制定消除工时损失、改善劳动组织和工作地点组织的措施；查明熟练工人是否能发挥自己的专长，确定合理的小组编制和合理的小组分工；确定机器在时间利用和生产率方面的情况，找出使用不当的原因，提出改善机器使用情况的技术组织措施；计算工人或机器完成定额的时间百分比和可能百分比。

采用数示法、图示法或混合法记录下一个工作日的时间消耗后，将记录结果整理后填入工作日写实结果表中（见表2-7）。

表 2-7 工作日写实结果表

工作日写实结果表	观察的对象和工地：造船厂工地甲种宿舍							
	工作队（小组）：小组　　　　　工种：瓦工							
施工过程名称：砌筑2砖厚混水墙 观察日期：1984年7月20日 工作班：自8：00到17：00，共8 h	工作队（小组）的工人组成							
	1级	2级	3级	4级	5级	6级	7级	共计
				2		2		4

续表

号次	工 时 平 衡 表			劳动组织的主要缺点
	工时消耗种类	消耗量/工分	百分比/%	
1. 定额时间				（1）架子工搭设脚手板的工作没有保证质量，同时架子工的工作未按计划进度完成，以致影响了砌砖工人的工作
1	适用于技术水平的有效工作	1 120	58.3	
2	不适用于技术水平的有效工作	67	3.5	
3	有效工作共计	1 187	61.8	
3	休息	176	9.2	（2）由于灰浆搅拌机时有故障，使灰浆不能及时供应
5	不可避免的中断			
Ⅰ	必需消耗的时间共计	1 363	71.0	
2. 非定额时间				（3）工长和工地技术人员，对于工人工作指导不及时，并缺乏经常的检查、督促，致使砌砖返工，架子工搭设脚手板后，也未校验。又由于没有及时指示，而造成砌砖工停工
6	由于砖层砌筑不正确而加以更改	49	2.6	
7	由于架子工把脚手板铺得太差而加以修正	54	2.8	
8	多余与偶然工作共计	103	5.4	
9	因为没有灰浆而停工	112	5.9	
10	因脚手板准备不及时而停工	64	3.3	
11	因工长耽误指示而停工	100	5.2	
12	施工本身原因而停工共计	276	14.4	
13	因雨停工	96	5.0	（4）由于工人宿舍距施工地点远，工人经常迟到
14	因电流中断而停工	12	0.6	
15	非施工本身原因而停工共计	108	5.6	
16	工作班开始时迟到	34	1.7	
17	午后迟到	36	1.9	
18	违背劳动纪律共计	70	3.6	
Ⅱ	损失时间共计	557	29.0	
Ⅲ	总共消耗的时间	1 920	100	
	现行定额总消耗时间	1 718	100	

完成工作数量：6.66 千块　　　　测定者：

完成定额情况的计算

序号	定额编号	定额子目	计量单位	完成工作数量	定额工时消耗		备注
					单位	总计	
1		2 砖混水墙	千块	6.66	4.3	28.64	现行定额为 4.3 工时/千块

完成定额情况	实际：$\frac{60\times28.64}{1\,920}\times100\%=89.5\%$
	可能：$\frac{60\times28.64}{1\,363}\times100\%=126\%$

建议和结论

建议	1. 建议工长和技术人员加强对砌砖工人工作的指导，并及时检查督促 2. 工人开始工作前要先检验脚手板，工地领导和安全技术人员必须负责贯彻技术安全措施 3. 立即修好灰浆搅拌机 4. 采取措施，消除上班迟到现象
结论	全工作日中实际损失占29%，原因主要是施工技术人员指导不力。如果能够保证对工人小组的工作给予切实有效的指导，改善施工组织管理，劳动生产率就可以提高36.5%

【例2-4】 对某小组砌筑2砖厚混水墙的施工过程进行定额时间的测定，经过8 h的跟踪测定，整理数据如下（具体数据见表2-7）：有效工作时间1 187 min，休息时间176 min，多余和偶然工作时间103 min，施工本身原因停工276 min，非施工本身原因停工108 min，违背劳动纪律时间70 min，求该施工过程的定额时间。

【解】 定额时间＝有效工作时间＋不可避免的中断时间＋休息时间

$$= 1\ 187 + 0 + 176$$

$$= 1\ 363\ \text{min}$$

答：该施工过程的定额时间为1 363 min。

表2-7是对某一小组的施工过程进行观测所得到的结果。根据定额的原理，定额所测定的时间标准不应该仅依据一个个体的结果来确定，而应该依据群体的结果来确定。也就是说，为了得到定额的时间标准，需要对同一施工过程针对不同的对象进行多次观测，多次观测的结果汇总在工作日写实结果汇总表（见表2-8）中。

表2-8　工作日写实结果汇总表　　　　单位：min

施工单位名称											测定时间：		
施工过程名称		砌筑2砖厚混水墙												
序号	工时消耗分类	小组编号及人数（总数28人）										加权平均值	备注
		第1组	第2组	第3组	第4组	第5组	第6组	第7组	第8组	第9组	第10组		
		4人	2人	2人	3人	4人	3人	2人	2人	4人	2人	28人	
定额时间													
1	适用于技术水平的有效工作	58.3	67.3	67.7	50.3	56.9	50.6	77.1	62.8	75.9	53.1	61.5	
2	不适用于技术水平的有效工作	3.5	17.3	7.6	31.7	0	21.8	0	6.5	12.8	3.6	10.5	
	有效工作共计	61.8	84.6	75.3	82.0	56.9	72.4	77.1	69.3	88.7	56.7	72.0	
3	休息	9.2	9.0	8.7	10.9	10.8	11.4	8.6	17.8	11.3	13.4	11.0	
定额时间合计		71.0	93.6	84.0	92.9	67.7	83.8	85.7	87.1	100	70.1	83.0	
非定额时间													
4	多余和偶然工作共计	5.4	5.2	6.7	0	0	3.3	6.9	0	0	0	2.5	
5	施工本身原因而停工共计	14.4	0	6.3	2.6	26.0	3.8	4.4	11.3	0	29.9	10.2	
6	非施工本身原因而停工共计	5.6	0	1.3	3.6	6.3	9.1	3.0	0	0	0	3.4	
7	违背劳动纪律时间共计	3.6	1.2	1.7	0.9	0	0	0	1.6	0	0	0.9	
非定额时间共计		29.0	6.4	16.0	7.1	32.3	16.2	14.3	12.9	0	29.9	17.0	
总共消耗时间		100	100	100	100	100	100	100	100	100	100	100	
完成定额	实际	89.5	115	107	113	95	98	102	110	116	97	103.5	
	可能	126	123	128	122	140	117	199	126	116	138	131.2	

由于工作日写实法所获得的时间最能反映施工的实际时间消耗情况，因此，工作日写实法是我国目前广为采用的基本定额测定方法。

第3章 施工定额

施工定额和预算定额是目前使用较多的两种定额，作为一个优秀的施工造价人员，应该学会熟练地使用这两种定额。这两种定额反映了两种不同的劳动生产率水平：施工定额是企业定额，反映了企业施工的平均先进水平；预算定额是社会性定额，反映的是社会平均合理水平。使用施工定额和工人计价，使用预算定额和甲方计价，除了可以获取预算定额水平的合理利润，还可以获得两种定额水平差异的额外利润。

目前，相当多的施工企业缺乏自己的施工定额，这是施工管理的薄弱环节。施工企业应根据本企业的具体条件和可能挖掘的潜力，根据市场的需求和竞争环境，根据国家有关政策、法律和规范、制度，自己编织定额，自行决定定额的水平。同时，施工企业应将施工定额的水平对外作为商业秘密进行保密。

在市场经济条件下，国家定额和地区定额不再是强加给施工企业的约束和指令，而是对企业的施工定额管理进行引导，从而实现对工程造价的宏观调控。

3.1 施工定额的作用

1. 施工定额是施工单位计划管理的依据

施工定额在企业计划管理方面的作用，表现在它既是企业编制施工组织设计的依据，也是企业编制施工作业计划的依据。

施工组织设计内容包括：所建工程的资源需要量；使用这些资源的最佳时间安排；施工现场平面规划。

施工定额规定了施工生产产品的人工、材料、机械等资源的需要量标准，利用施工定额即可算出所建工程的资源需要量。用总资源量除以单位时间的资源量获得所需时间，对单位时间的资源量进行调整即可获得资源的最佳时间安排。施工现场的平面规划将影响到相关资源的需要量，因此，对现场进行平面规划应在施工定额的指导下进行。

【例3-1】 某浇筑1 000 m³满堂混凝土基础的工作，混凝土为非泵送商品混凝土，强度等级为C20，按混凝土工配备10人考虑。计算该工程的资源需要量和完成该项工作需要的时间（塔吊台班不计算）。

【解】 经查建筑施工定额知：浇筑1 m³的C20满堂基础（商品混凝土、非泵送）的人工消耗量为 0.39 工日，C20 混凝土为 1.02 m³，塑料薄膜为 1.87 m²，水为 1.15 m³，插入式混凝土振动器为 0.069 台班，机动翻斗车（1 t）为 0.131 台班

人工需要量：1 000×0.39＝390 工日

材料需要量：C20 混凝土＝1 000×1.02＝1 020 m³

塑料薄膜＝1 000×1.87＝1 870 m²

水＝1 000×1.15＝1 150 m³

机械需要量：混凝土振动器＝1 000×0.069＝69 台班

机动翻斗车＝1 000×0.131＝131 台班

按人工配备计算所需时间：390÷10＝39 天

按人工时间配备机械：灰浆拌和机＝69÷39≈2 台

机动翻斗车＝131÷39≈4 辆

答：该工程需要人工 390 工日，C20 混凝土 1 020 m³，塑料薄膜 1 870 m²，水 1 150 m³，混凝土振动器 69 台班，机动翻斗车 131 台班，按混凝土工配备 10 人考虑，工程所需时间为 39 天，混凝土振动器需配备 2 台，机动翻斗车需配备 4 辆。

上例说明了施工定额在施工组织设计的资源需要量和时间安排中所起的作用，施工组织设计中的资源需要量是完全通过施工定额计算出来的，作为最佳的时间安排则需要结合施工中的知识和施工定额计算而得。施工现场平面规划并不是施工定额决定的，相反，它是由施工作出的规划，而一旦施工作出了规划，就将对计价产生影响。例如，原材料的运距就是由施工平面规划所决定的。

施工作业计划内容包括：本月（旬）应完成的施工任务；完成施工任务的资源需要量；提高劳动生产率；节约措施计划。

施工组织设计是在施工之前对整个工程制订的全局计划，但在实际的施工中，由于各方面的原因，工程的发展不可能与计划完全相符，因此，在实际施工中，应根据工程的实际情况及时地调整计划——施工作业计划。施工作业计划是阶段性的施工组织设计。施工作业计划中完成任务和资源需要量是根据施工组织设计和施工定额计算而得。

【例 3-2】 已知例 3-1 中满堂混凝土基础浇筑工程需要人工 390 工日，C20 混凝土 1 020 m³，塑料薄膜 1 870 m²，水 1 150 m³，混凝土振动器 69 台班，机动翻斗车 131 台班，按混凝土工配备 10 人考虑，工程所需时间为 39 天，混凝土振动器需配备 2 台，机动翻斗车需配备 4 辆。工程按平均进度考虑，请计算本月应完成的施工任务和对应的人工费、材料费和机械费。

【解】 本月应完成的施工任务，即浇筑的混凝土量：$\dfrac{1\ 000}{39}×30＝769.2$ m³

人工需要量：769.2×0.39＝300 工日

材料需要量：C20 混凝土＝769.2×1.02＝784.6 m³

塑料薄膜＝769.2×1.87＝1 438.4 m²

水＝769.2×1.15＝884.6 m³

机械需要量：混凝土振动器＝769.2×0.069＝53.1 台班

机动翻斗车＝769.2×0.131＝100.8 台班

需要人工费：300×82＝24 600.00 元

需要材料费：784.6 m³×333.00 元/m³+1 438.4 m²×0.80 元/m²+884.6 m³×4.70 元/m³ = 266 580.14 元

需要机械费：53.1 台班×11.87 元/台班+100.8 台班×190.03 元/台班 = 19 785.32 元

答：本月应完成 769.2 m³ 混凝土的浇筑工作。完成该工程需要人工费 24 600.00 元，材料费 266 580.14 元，机械费 19 785.32 元。

施工作业计划内容中的第三部分，指的是施工单位可以在自己的施工作业计划中献计献策，以达到提高劳动生产率和节约的目的，由此而产生的收益，可以与甲方协商按比例进行分配。

【例 3-3】 某甲方需要在一山坡上建设一建筑物，对此项目采用了招标方式来确定最终的承建商，某施工单位经招投标活动后最终被确定为中标方。由于建筑物位于山坡上，原材料和机械设备无法一次运送就位，该施工单位在投标书中的施工方案中考虑材料和设备运送到山坡下后，采用垂直吊装机械将材料和设备吊放到山坡上，再采用人力运输的方式将材料和设备运送到建筑物附近进行堆放。因为这个方案，该施工单位在报价中计算了 80 万的材料、设备二次搬运费。最终施工方以 3 780 万中标。在准备开始施工前，施工方发现当地的人都是采用毛驴进行物品的运送，受此启发，施工单位的材料二次搬运全部改用毛驴进行，最终只花费了 20 万元。但施工方并未就方案的变更和甲方进行协商。最终，工程结束时，甲方委托的审计单位只认可 20 万的二次搬运费，要扣除当初报价中的 60 万元的二次搬运费。请问：

（1）审计单位的做法正确吗？说明理由。

（2）施工方正确的做法是什么？

答：（1）审计单位的做法是正确的。理由如下：

在合同签订过程中有两个法定的程序，要约和承诺。对于法定程序中的具体内容视同合同内容。投标属于要约，施工方在要约中明确说明其采用吊装机械结合人力的方式进行材料和设备的二次搬运，实际施工中采用的是毛驴运送，该行为视为工程变更，变更应遵循变更的程序，施工方未按程序就履行了变更的事实，视同违约，故而审计单位扣除其违约所得是合理的。

（2）施工方的正确做法是：在施工作业计划中将此想法提出，同意由自己承担由于变更而带来的一切风险，如果变更产生收益，提出与甲方的利益分配比例。该提议经甲方确认后就完成了变更，最终结算时，施工方必将获得其商定的额外收益。

2. 施工定额是组织和指挥生产的有效工具

企业组织和指挥施工，是按照作业计划通过下达施工任务书和限额领料单来实现的。

施工任务书：既是下达施工任务的技术文件，也是班、组经济核算的原始凭证。它表明了应完成的施工任务，也记录着班、组实际完成任务的情况，并且进行班、组工人的工资结算。施工任务书上的计量单位、产量定额和计件单位，均需取自施工定额，工资结算也要根据施工定额的完成情况计算。

限额领料单：施工队随施工任务单同时签发的领取材料的凭证，根据施工任务的材料定额填写。其中，领料的数量是班组为完成规定的工程任务消耗材料的最高限额，领料的最高限额是根据施工任务和施工定额计算而得。

3. 施工定额是计算工人劳动报酬的依据

施工定额是衡量工人劳动数量和质量，提供成果和效益的标准。所以，施工定额是计算工人工资的依据。这样，才能做到完成定额好的，工资报酬就多，达不到定额的，工资报酬就会减少。真正实现多劳多得、少劳少得的分配原则。

4. 施工定额有利于推广先进技术

施工定额水平中包含着某些已成熟的先进的施工技术和经验，工人要达到和超过定额，就必须掌握和运用这些先进技术；要想大幅度超过定额，就必须创造性地劳动，不断改进工具和改进技术操作方法，注意原材料的节约，避免浪费。当施工定额明确要求采用某些较先进的施工工具和施工方法时，贯彻施工定额就意味着推广先进技术。

5. 施工定额是编制施工预算、加强企业成本管理的基础

施工定额中的消耗量直接反映了施工中所消耗的人、材、机的情况，只需将有关的量与相应的单价相乘即可获得施工人工费、材料费和机械费，进而获得施工造价。利用施工定额编制造价，既要反映设计图纸的要求，也要考虑在现有条件下可能采取的节约人工、材料和降低成本的各项具体措施。这就有效地控制了人力、物力消耗，节约了成本开支。严格执行施工定额不仅可以起到控制消耗、降低成本和费用的作用，而且可以为贯彻经济核算制、加强班组核算和增加盈利创造良好的条件。

3.2 施工定额中"三量"的确定

施工定额中的"三量"是指人工、机械、材料三者的定额消耗数量。

3.2.1 劳动消耗定额

3.2.1.1 概念

劳动消耗定额指的是在正常的技术条件、合理的劳动组织下生产单位合格产品所消耗的合理活劳动时间，或者是活劳动一定的时间所生产的合理产品数量。也就是说经过了定额测定，我们将获得一个定额时间和一个定额时间内的产量，将这两者联系起来就获得了定额（标准）。根据联系的情况有时间定额和产量定额两种形式。

1. 时间定额

时间定额指的是生产单位合格产品所消耗的工日数。对于人工而言，工分指 1 min，工时指 1 h，而工日则代表 1 天（以 8 h 计）。也就是说时间定额规定了生产单位产品所需要的工日标准。

时间定额的对象可以是一人也可以是多人。

【例 3-4】 对一工人挖土的工作进行定额测定，该工人经过 3 天的工作（其中 4 h 为损失的时间），挖了 25 m³的土方，计算该工人的时间定额。

【解】 消耗总工日数 = (3×8-4)÷8 = 2.5 工日

完成产量数 = 25 m³

时间定额 = 2.5÷25 = 0.10 工日/m³

答：该工人的时间定额为 0.10 工日/m³。

【例 3-5】 对一 3 人小组进行砌墙施工过程的定额测定，3 人经过 3 天的工作，砌筑完成 8 m³的合格墙体，计算该组工人的时间定额。

【解】 消耗总工日数 = 3×3 = 9 工日

完成产量数 = 8 m³

时间定额 = 9÷8 = 1.125 工日/m³

答：该组工人的时间定额为 1.125 工日/m³。

2. 产量定额

产量定额与时间定额同为定额（标准），只不过角度不同。时间定额规定的是生产单位产品所需的时间，而产量定额正好相反，它规定的是单位时间生产的产品的数量。

【例 3-6】 对一工人挖土的工作进行定额测定，该工人经过 3 天的工作（其中 4 h 为损失的时间），挖了 25 m³ 的土方，计算该工人的产量定额。

【解】 消耗总工日数 = (3×8-4)÷8 = 2.5 工日

完成产量数 = 25 m³

产量定额 = 25÷2.5 = 10 m³/工日

答：该工人的产量定额为 10 m³/工日。

从时间定额和产量定额的定义可以看出，两者互为倒数关系。

当然，不管是时间定额还是产量定额，都给了我们一个标准，而这个标准的应用是有前提的：正常的技术条件、合理的劳动组织、合格产品。没有了这些前提，这个标准将毫无意义；前提不同，使用这个结果也是不恰当的。所以后面我们就会明白为什么定额要换算，为什么有时候不能使用土建定额，而要使用装饰、修缮定额。

3.2.1.2 制定劳动定额的方法

1. 技术测定法

技术测定法是最基本的方法，也是我们到目前一直介绍的方法，即通过测定定额的方法，可以用工作日写实法，也可以用测时法和写实记录法，形成定额时间，然后将这段时间内生产的产品进行记录，建立起时间定额或产量定额。

这种方法看起来很简单，但存在一个定额水平的问题，也就是说定额的测定不可能是一个个体水平，而必须是一个群体水平的反映。既然是群体，那一个定额子目就必须测若干对象才能获得真正意义上的科学的消耗量。由此带来的问题是费时费力费钱（从第 2 章的内容知道，测定定额时间是出于逼近真值的考虑，一个对象往往要测定 8~10 次）。因此，在最基本的技术测定法之外，还有一些较简便的定额测定法。

2. 比较类推法

对于一些类型相同的项目，可以采用比较类推法来测定定额。方法是取其中之一为基本项目，通过比较其他项目与基本项目的不同来推得其他项目的定额。但这种方法要注意基本项目一定要选择恰当，结果要进行一些微调。计算公式：

$$t = p \times t_0$$

式中，t——其他项目工时消耗；

P——耗工时比例；

t_0——基本项目工时消耗。

【例 3-7】 人工挖地槽干土，已知作为基本项目的一类土在 1.5 m、3 m、4 m 及 4 m 以上 4 种情况的工时消耗，同时已获得几种不同土壤的耗工时比例（见表 3-1）。用比较类推法计算其余状态下的工时消耗。

表 3-1　不同土壤的耗工时比例

土壤类别	耗工时比例 p	各挖地槽干土深度所需工时/（工时·m^{-3}）			
		1.5 m	3 m	4 m	4 m 以上
一类土（基本项目）	1.00	0.18	0.26	0.31	0.38
二类土	1.25				
三类土	1.96				
四类土	2.80				

【解】　根据 $t = p \times t_0$；二类土 $p = 1.25$；三类土 $p = 1.96$；四类土 $p = 2.80$ 可进行计算。

答：计算结果如表 3-2 所示。

表 3-2　计算结果

土壤类别	耗工时比例 p	各挖地槽干土深度所需工时/（工时·m^{-3}）			
		1.5 m	3 m	4 m	4 m 以上
一类土（基本项目）	1.00	0.18	0.26	0.31	0.38
二类土	1.25	1.25×0.18	1.25×0.26	1.25×0.31	1.25×0.38
三类土	1.96	1.96×0.18	1.96×0.26	1.96×0.31	1.96×0.38
四类土	2.80	2.80×0.18	2.80×0.26	2.80×0.31	2.80×0.38

3. 统计分析法

统计分析法与技术测定法很相似，不同的是技术测定法有意识地在某一段时间内对工时消耗进行测定，一次性投入较大；而统计分析法采用的是"细水长流"的方法，让施工单位在其施工中建立起数据采集的制度，然后根据积累的数据获得工时消耗。

【例 3-8】　某公交公司拟采用统计分析法测定 1 路车的定额水平，最终希望确定司机一天所跑的次数和一天应该完成的营业额，由此确定司机应完成的定额水平。请你设计统计分析的方法。

答：在 1 路车起点和终点站各设置一执勤人员，负责记录下 1 路车的到站和离站时间，比如：1 路车 6:00 从起点站出发，6:40 到达终点站，6:42 分从终点站出发，7:30 回到起点站，7:32 分再次出发……，用 7:32 减去 6:00 得到 1 h 32 min，就得到了 1 路车跑一个来回所需时间；一天工作结束后，再将车开到指定地点收集刷卡和投币的数额，就可以得到一天的营业额。经过长年累月的记录，就可以得到延续时间的真值及一天正常所能跑车的次数和一天正常完成的营业额，由此也就确定了司机工作的定额水平。

统计分析法的优点在于减少重复劳动，将定额的集中测定转化为分别测定，将专门的定额测定工作转化为施工中的一个工序；但采用这种方法的准确性不易保证，需要对施工单位和班组、原始数据的获得和统计分析做好事先控制、事后处理的工作。

4. 经验估计法

测定时间确定定额消耗的方法利用的是经济学中关于"社会必要劳动时间决定产品价值"的观点，产品价格应该围绕着价值受市场影响而波动，最终必将回归价值。技术测定法测定的是按价值观点确定的价格，一般情况下是科学的，但遇到新技术、新工艺就会出现问题。

新技术、新工艺在一开始出现的时候，拥有该技术的人或单位对该技术占据垄断地位，因此是不可能同意按照正常情况下的定额测定来计价的，换言之，即使你按正常情况测定了，也会处于有价无市的状况（没人做），更别谈拥有技术的人是不会让你来测定其施工技术的工时消耗了。因此，这种情况下就要用到经验估计法。

经验估计法的特点是完全凭借个人的经验，邀请一些有丰富经验的技术专家、施工工人参加，通过对图纸的分析、现场的研究来确定工时消耗。

按照上述特点，可以看出，经验估计法准确度较低（相对于价值而言，价格偏高）。因此，采用经验估计法获得的定额必须及时通过实践检验，实践检验不合理的，应及时修订。

3.2.1.3　劳动定额的应用

【例 3-9】　某瓦工班组 15 人，砌 1.5 砖厚砖基础，需 6 天完成，砌筑砖基础的定额为 1.25 工日/ m^3，计算该班组完成的砌筑工程量。

【解】　总工日数 = 15×6 = 90 工日

　　　　时间定额 = 1.25 工日/m^3

　　　　砌筑工程量 = 90÷1.25 = 72 m^3

答：该班组完成的砌筑工程量为 72 m^3。

【例 3-10】　经查砌双面清水墙时间定额为 1.270 工日/m^3，某包工包料工程砌墙班组砌墙工程量为 100 m^3，需耗费多少定额人工？

【解】　所需定额人工 = 100×1.27 = 127 工日

答：需耗费 127 定额人工。

【例 3-11】　某土方工程，土壤类别为二类土，挖基槽的工程量为 450 m^3，每天有 24 名工人负责施工，时间定额为 0.205 工日/m^3，试计算完成该分项工程的施工天数。

【解】　所需定额人工 = 450×0.205 = 92.25 工日

　　　　施工天数 = 92.25÷24 = 3.84 ≈ 4 天

答：完成该分项工程需要 4 天。

3.2.2　施工机械消耗定额

3.2.2.1　概念

施工机械消耗定额指的是在正常的技术条件、合理的劳动组织下生产单位合格产品所消耗的合理的机械工作时间，或者是机械工作一定的时间所生产的合理产品数量。同样，施工机械消耗定额也有时间定额和产量定额两种形式。

1. 时间定额

时间定额指的是生产单位产品所消耗的机械台班数。对于机械而言，台班代表 1 天（以 8 h 计）。

2. 产量定额

在正常的技术条件、合理的劳动组织下，每一个机械台班时间所生产的合格产品的数量。

3.2.2.2　施工机械消耗定额的编制方法

施工机械消耗定额的编制方法只有一个：技术测定法。循环动作机械和非循环动作机械的测定思路是不同的。

1. 循环动作机械消耗定额

(1) 选择合理的施工单位、工人班组、工作地点及施工组织。

（2）确定机械纯工作 1 h 的正常生产率。

机械纯工作 1 h 正常循环次数＝3 600（s）÷一次循环的正常延续时间

机械纯工作 1 h 正常生产率＝机械纯工作 1 h 正常循环次数×一次循环生产的产品数量

（3）确定机械的正常利用系数。

机械工作与工人工作相似，除了正常负荷下的工作时间（纯工作时间）外，还包括有根据降低负荷下的工作时间、不可避免的中断时间、不可避免的无负荷时间等定额包含的时间。考虑机械正常利用系数是将计算的纯工作时间转化为定额时间。

机械正常利用系数＝机械在一个工作班内纯工作时间÷一个工作班延续时间（8 h）

（4）施工机械消耗定额。

施工机械台班定额＝机械纯工作 1 h 正常生产率×工作班纯工作时间

＝机械纯工作 1 h 正常生产率×工作班延续时间×机械正常利用系数

【例 3-12】 一混凝土搅拌机搅拌一次延续时间为 120 s（包括上料、搅拌、出料时间），一次生产混凝土 0.2 m³，一个工作班的纯工作时间为 4 h，计算该搅拌机的正常利用系数和产量定额。

【解】 机械纯工作 1 h 正常循环次数＝3 600÷120＝30 次

机械纯工作 1 h 正常生产率＝30×0.2＝6 m³

机械正常利用系数＝4÷8＝0.5

搅拌机的产量定额＝6×8×0.5＝24 m³/台班

答：该搅拌机的正常利用系数为 0.5，产量定额为 24 m³/台班。

2. 非循环动作机械消耗定额

（1）选择合理的施工单位、工人班组、工作地点及施工组织。

（2）确定机械纯工作 1 h 的正常生产率。

机械纯工作 1 h 正常生产率＝工作时间内完成的产品数量÷工作时间（h）

（3）确定施工机械的正常利用系数。

机械正常利用系数＝机械在一个工作班内纯工作时间÷一个工作班延续时间（8 h）

（4）施工机械消耗定额。

施工机械台班定额＝机械纯工作 1 h 正常生产率×工作班纯工作时间

＝机械纯工作 1 h 正常生产率×工作班延续时间×机械正常利用系数

【例 3-13】 采用一液压岩石破碎机破碎混凝土，现场观测机器工作了 2 h 完成了 56 m³ 混凝土的破碎工作，一个工作班的纯工作时间为 4 h，计算该液压岩石破碎机的正常利用系数和产量定额。

【解】 机械纯工作 1 h 正常生产率＝56÷2＝28 m³/h

机械正常利用系数＝4÷8＝0.5

液压岩石破碎机的产量定额＝28 m³/h×8 h/台班×0.5＝113 m³/台班

答：该搅拌机的正常利用系数为 0.5，产量定额为 113 m³/台班。

3.2.2.3 机械台班人工配合定额的应用

由于机械必须由工人小组配合，因此机械台班人工配合定额是指机械台班配合用工部分，即机械台班劳动定额。表现形式为：机械台班配合工人小组的人工时间定额或人工产量定额。

$$机械台班人工配合时间定额（工日）＝\frac{小组成员总工日数}{每台班产量}$$

$$机械台班人工配合产量定额 = \frac{每台班产量}{班组总工日数}$$

【例 3-14】 某六层砖混结构办公楼，塔式起重机安装楼板梁，每根梁重 3.15 t，查定额知机械台班产量为 52 根/台班，一个单机作业的定额定员人数为 13 人。计算吊装该楼板梁的机械时间定额、人工配合时间定额和产量定额。

【解】 机械时间定额 = 1÷52 = 0.019 台班/根

人工配合时间定额 = 13÷52 = 0.25 工日/根

人工配合产量定额 = 52÷13 = 4 根/工日

答：吊装该楼板梁的机械时间定额为 0.019 台班/根，人工配合时间定额为 0.25 工日/根，人工配合产量定额为 4 根/工日。

3.2.3　材料消耗定额

3.2.3.1　概念

材料消耗定额指的是在正常的技术条件、合理的劳动组织下生产单位合格产品所消耗的合理的品种、规格的建筑材料（包括半成品、燃料、配件、水、电等）的数量。

材料消耗定额是编制材料需用量计划、运输计划、供应计划，计算仓库面积，签发限额领料单和经济核算的根据。

根据材料消耗情况的不同，可以将材料分为非周转性材料（直接性材料）和周转性材料（措施性材料）。这两种材料的消耗量的计算方法是不同的，在计价中的地位也不一样。直接性材料是不允许随意让利的，而措施性材料可以随意让利。

3.2.3.2　非周转性材料消耗

1. 非周转性材料消耗的组成

非周转性材料是指在建筑工程施工中，一次性消耗并直接构成工程实体的材料，如砖、钢筋、水泥等。非周转性材料消耗组成如图 3-1 所示。

图 3-1　非周转性材料消耗组成

（1）直接用于建筑工程的材料：直接转化到产品中的材料，应计入定额。

（2）不可避免的施工废料：如加工制作中的合理损耗。

（3）不可避免的施工操作损耗：场内运输、场内堆放中的材料损耗，由于不可避免，应计入定额。材料消耗量计算公式如下：

$$材料消耗量 = 材料净用量 + 材料损耗量$$

$$材料损耗率 = \frac{材料损耗量}{材料净用量} \times 100\%$$

则：材料消耗量 = 材料净用量 × （1 + 材料损耗率）

2. 非周转性材料消耗定额的制定

1）现场测定法

现场测定法又称现场观测法，与劳动消耗定额中的技术测定法相似。采用现场测定法来测定生产产品所消耗的原材料的数量，将两者挂钩就获得了材料的消耗定额。

此法通常用于制定材料的损耗量。通过现场的观察，获得必要的现场资料，才能测定出哪些是施工过程中不可避免的损耗，应该计入定额内；哪些材料是施工过程中可以避免的损耗，不应计入定额内。在现场观测中，同时测出合理的材料损耗量，即可据此测定出相应的材料消耗定额。

【例3-15】 一施工班组砌筑1砖厚内墙，经现场观测共使用砖2 660块，M5水泥砂浆1.175 m³，水0.5 m³，最终获得5 m³的砖墙。计算该砖墙的材料消耗量。

【解】 砖消耗量=2 660÷5=532 块/m³

M5水泥砂浆消耗量=1.175/5=0.235 m³/m³

水消耗量=0.5/5=0.1 m³/m³

答：该砖墙消耗砖532块/m³，M5水泥砂浆0.235 m³/m³，水0.1 m³/m³。

2）试验室试验法

试验室试验法是专业材料试验人员，通过试验仪器设备确定材料消耗定额的一种方法。它只适用于在试验室条件下测定混凝土、沥青、砂浆、油漆涂料等材料的消耗定额。

由于试验室工作条件与现场施工条件存在一定的差别，不一定能充分考虑到施工中的某些因素对材料消耗量的影响，因此，对测出的数据还要用观察法进行校核修正。

表3-3为定额中使用试验法获得消耗量的混凝土配合比表（摘自《江苏省建筑与装饰工程计价定额》附录1012页）。

表3-3 使用试验法获得消耗量的混凝土配合比表 计量单位：m³

代码编号			80210106		80210107	
项 目	单位	单价/元	碎石最大粒径16 mm，坍落度35~50 mm			
			混凝土强度等级			
			C25			
			数量	合价/元	数量	合价/元
基 价		元	273.97		269.75	
材料 水泥32.5级	kg	0.31	470.00	145.70		
水泥42.5级	kg	0.35			386.00	135.10
中砂	t	69.37	0.682	47.31	0.775	53.76
碎石5~16 mm	t	68.00	1.176	79.97	1.175	79.90
水	m³	4.70	0.21	0.99	0.21	0.99

3）统计分析法

统计分析法与劳动定额中的统计分析法类似，是指在现场施工中，对分部、分项工程发出的材料数量、完成建筑产品的数量、竣工后剩余材料的数量等资料，进行统计、整理和分析而编制材料消耗定额的方法。这种方法主要是通过工地的工程任务单、限额领料单等有关记录取得所需要的资料，因而不能将施工过程中材料的合理损耗和不合理损耗区别开来，得出的材料消耗量准确性也不高。

4）理论计算法

理论计算法是根据设计图纸、施工规范及材料规格，运用一定的理论计算公式制定材料消耗定额的方法。主要适用于计算按件论块的现成制品材料，如砖石砌体、装饰材料中的砖石、镶贴材料等。其计算方法比较简单，先计算出材料的净耗量，再算出材料的损耗量，然后两者相加即为材料消耗定额。

（1）每 1 m³ 砖砌体材料消耗量的计算公式：

$$砖净用量（块）=\dfrac{1}{（砖长+灰缝）\times（砖宽+灰缝）\times（砖厚+灰缝）}$$

$$砖消耗量=砖净用量\times（1+损耗率）$$

$$砂浆净用量（m^3）=1-砖净用量\times每块砖体积$$

$$砂浆消耗量=砂浆净用量\times（1+损耗率）$$

【例 3-16】　计算用黏土实心砖砌筑 1 m³ 的 1 砖厚内墙（灰缝 10 mm）所需砖、砂浆定额用量（砖、砂浆损耗率按 1% 计算）。

分析：①墙厚砖数指的是墙厚对应于砖长的比例关系。以黏土实心砖（240 mm×115 mm×53 mm）为例，墙厚对应砖数如表 3-4 所示。

表 3-4　墙厚对应砖数表

墙厚砖数	$\dfrac{1}{2}$	$\dfrac{3}{4}$	1	$1\dfrac{1}{2}$	2
墙厚/m	0.115	0.178	0.24	0.365	0.49

②砖墙体积由砖与灰缝共同占据，没有灰缝，用砖墙体积除以一块砖的体积即可获得砖净用量；有灰缝，用砖墙体积除以扩大的一块砖体积获得砖净用量。

【解】　①砖净耗量（块）

$$=\dfrac{1}{（砖长+灰缝）\times（砖宽+灰缝）\times（砖厚+灰缝）}$$

$$=\dfrac{1}{（0.24+0.01）\times（0.115+0.005）\times（0.053+0.01）}$$

$$=529.1 \text{ 块}$$

②砂浆净耗量＝砖墙体积−砖体积

$$=1-0.24\times0.115\times0.053\times529.1$$

$$=0.226 \text{ m}^3$$

③砖消耗量（块）＝砖净用量+砖损耗量

$$=砖净用量\times（1+损耗率）$$

$$=529.1\times（1+1\%）$$

$$=535 \text{ 块}$$

④砂浆消耗量＝砂浆净用量×（1+损耗率）

$$=0.226\times（1+1\%）$$

$$=0.228 \text{ m}^3$$

答：砌筑 1 m³ 的 1 砖厚内墙定额用量砖 535 块，砂浆 0.228 m³。

（2）100 m² 块料面层材料消耗量计算：

$$无嵌缝块料面层材料消耗量=\dfrac{100}{块料长\times块料宽}\times（1+损耗率）$$

$$有嵌缝块料面层材料消耗量=\dfrac{100}{（块料长+灰缝）\times（块料宽+灰缝）}\times（1+损耗率）$$

【例 3-17】　某办公室地面净面积 100 m²，拟粘贴 300 mm×300 mm 的地砖（灰缝 2 mm），计算地砖定额消耗量（地砖损耗率按 2% 计算）。

分析：地面面积由地砖和灰缝共同占据。若没有灰缝，则用地面面积直接除以一块地砖的面积即可获得地砖净用量；若有灰缝，则可以用地面面积除以扩大的一块地砖面积获得地砖净用量。

【解】 $$地砖净用量(块) = \frac{地面面积}{(地砖长+灰缝) \times (地砖宽+灰缝)}$$

$$= \frac{100}{(0.3+0.002) \times (0.3+0.002)}$$

$$= 1\ 096.4\ 块$$

$$地砖定额消耗量 = 地砖净用量 \times (1+损耗率)$$

$$= 1\ 096.4 \times (1+2\%)$$

$$= 1\ 119\ 块$$

答：地砖定额消耗量为 1 119 块。

3.2.3.3 周转性材料消耗定额

周转性材料是指在施工过程中能多次使用、周转的工具型材料，如各种模板、活动支架、脚手架、支撑等。

周转性材料消耗定额应当按照多次使用、分期摊销的方式进行计算。即周转性材料在材料消耗定额中，以摊销量表示。按照周转材料的不同，摊销量的计算方法也不一样，主要分为周转摊销和平均摊销两种，易损耗材料（现浇构件木模板）采用周转摊销方法，而损耗小的材料（定型模板、钢材等）采用平均摊销方法。

1. 现浇构件木模板消耗量计算

1）材料一次使用量

材料一次使用量是指周转性材料在不重复使用条件下的第一次投入量，相当于非周转性消耗材料中的材料用量。通常根据选定的结构设计图纸进行计算。计算公式如下：

$$一次使用量 = (每\ 10\ m^3\ 混凝土和模板接触面积 \times 每\ 1\ m^2\ 接触面积模板用量) \times$$
$$(1+模板制作安装损耗率)$$

2）投入使用总量

由于现浇构件木模板的易耗性，在第一次投入使用结束后（拆模），就会产生损耗，还能用于第二次的材料量小于第一次的材料量。为了便于计算，我们考虑每一次周转的量都与第一次量相同，这就需要在每一次周转时补损，补损的量为损耗掉的量，一直补损到第一次投入的材料消耗完为止。补损的次数与周转次数有关，应等于（周转次数-1）。

周转次数是指周转材料从第一次使用起可重复使用的次数。一般采用现场观测法或统计分析法来测定材料周转次数，或查相关手册。投入使用总量的计算公式如下：

$$投入使用总量 = 一次使用量 + 一次使用量 \times (周转次数-1) \times 补损率$$

3）周转使用量

周转使用量是不考虑其余因素，按投入使用总量计算的每一次周转使用量。计算公式如下：

$$周转使用量 = 投入使用总量 \div 周转次数$$

$$= \frac{一次使用量 + 一次使用量 \times (周转次数-1) \times 补损率}{周转次数}$$

$$= 一次使用量 \times \frac{1+(周转次数-1) \times 补损率}{周转次数}$$

4）材料回收量

材料回收量是在一定周转次数下，每周转使用一次平均可以回收材料的数量。计算公式如下：

$$回收量 = \frac{一次使用量 - (一次使用量 \times 补损率)}{周转次数}$$

$$= 一次使用量 \times \left(\frac{1 - 补损率}{周转次数}\right)$$

5）摊销量

摊销量是周转性材料在重复使用的条件下，一次消耗的材料数量。计算公式如下：

$$摊销量 = 周转使用量 - 回收量$$

【例3-18】　按某施工图计算一层现浇混凝土柱接触面积为 160 m²，混凝土构件体积为 20 m³，采用木模板，每平方米接触面积模板用量为 1.1 m²，模板施工制作安装损耗率为 5%，周转补损率为 10%，周转次数为 8 次，计算所需模板单位面积、单位体积摊销量。

【解】　一次使用量 = 混凝土和模板接触面积 × 每平方米接触面积模板用量 ×

$$（1 + 模板制作安装损耗率）$$
$$= 160 \times 1.1 \times (1 + 5\%)$$
$$= 184.8 \text{ m}^2$$

投入使用总量 = 一次使用量 + 一次使用量 × (周转次数 - 1) × 补损率
$$= 184.8 + 184.8 \times (8 - 1) \times 10\%$$
$$= 314.16 \text{ m}^2$$

周转使用量 = 投入使用总量 ÷ 周转次数
$$= 314.16 \div 8$$
$$= 39.27 \text{ m}^2$$

回收量 = 一次使用量 × $\left(\dfrac{1 - 补损率}{周转次数}\right)$

$$= 184.8 \times \frac{1 - 10\%}{8}$$
$$= 20.79 \text{ m}^2$$

摊销量 = 周转使用量 - 回收量
$$= 39.27 - 20.79$$
$$= 18.48 \text{ m}^2$$

模板单位面积摊销量 = 摊销量 ÷ 模板接触面积
$$= 18.48 \div 160$$
$$= 0.1155 \text{ m}^2/\text{m}^2$$

模板单位体积摊销量 = 摊销量 ÷ 混凝土构件体积
$$= 18.48 \div 20$$
$$= 0.924 \text{ m}^2/\text{m}^3$$

答：所需模板单位面积摊销量为 0.1155 m²/m²，单位体积摊销量为 0.924 m²/m³。

2. 预制构件模板及其他定型构件模板计算

预制构件模板及其他定型构件模板的消耗量计算方法与现浇构件木模板不同，其不考虑每次周转的损耗（因为损耗率很小），按一次使用量除以周转次数以平均摊销的形式计算。

同时，在定额中要比木模板多计算一项回库修理、保养费。计算公式如下：

$$摊销量＝一次使用量÷周转次数$$

【例 3-19】 按某施工图计算一层现浇混凝土和模板接触面积为 160 m^2，采用组合钢模板，每平方米接触面积模板用量为 1.1 m^2，模板施工制作损耗率为 5%，周转次数 50 次，计算所需模板单位面积摊销量。

【解】 一次使用量＝(每 10 层混凝土和模板接触面积×每平方米接触面积模板用量)×
(1+模板制作安装损耗率)

＝160×1.1×(1+5%)

＝184.80 m^2

摊销量＝一次使用量÷周转次数

＝184.80÷50

＝3.696 m^2

模板单位面积摊销量＝3.696÷160

＝0.023 m^2/m^2

答：所需模板单位面积摊销量为 0.023 m^2/m^2。

第4章 建筑工程预算定额

预算定额是规定在正常的施工条件，合理的施工工期、施工工艺及施工组织条件下，消耗在合格质量的分项工程产品上的人工、材料、机械台班的数量及单价的社会平均水平标准。

预算定额在江苏省的具体表现为《江苏省建设与装饰工程计价定额》（2014 版）。

预算定额的作用如下：

（1）编制工程招标控制价（最高投标限价）的依据；

（2）编制工程标底、结算审核的指导；

（3）工程投标报价、企业内部核算、制定企业定额的参考；

（4）编制建筑工程概算定额的依据；

（5）建设行政主管部门调解工程价款争议、合理确定工程造价的依据。

4.1 预算定额中人工费的确定

人工费是指按工资总额构成规定，支付给从事建筑安装工程施工的生产工人和附属生产单位工人的各项费用，采用人工工日消耗量乘以人工工日单价的形式进行计算。

4.1.1 人工工日消耗量的确定

人工的工日数有两种确定方法，一种是以劳动定额为基础确定（本节介绍的方法），一种是以现场观察测定资料为基础计算。

预算定额中人工工日消耗量是由分项工程所综合的各个工序劳动定额包括的基本用工、其他用工两部分组成的。

1. 基本用工

基本用工是完成定额计量单位的主要用工，按工程量乘以相应劳动定额计算，是以施工定额子目综合扩大而得到的。计算公式如下：

$$基本用工 = \sum（综合取定的工程量 \times 劳动定额）$$

例如：工程实际中的砖基础，有 1 砖厚、1.5 砖厚、2 砖厚等之分，用工各不相同。在预算定额中由于不区分厚度，因此需要按照统计的比例加权平均，即公式中的综合取定，得出用工。

2. 其他用工

其他用工通常包括超运距用工、辅助用工和人工幅度差三部分内容。

（1）超运距用工：在定额用工中已考虑将材料从仓库或集中堆放地搬运至操作现场的水平运输用工。劳动定额综合按50 m运距考虑，而预算定额是按150 m考虑的，增加的100 m运距用工就是在预算定额中有而劳动定额中没有的。计算公式如下：

$$超运距用工 = \sum (超运距材料数量 × 超运距劳动定额)$$

需要指出的是，实际工程现场运距超过预算定额取定运距时，可另行计算现场二次搬运费。

（2）辅助用工：技术工种劳动定额内部未包括而在预算定额内又必须考虑的用工。例如，机械土方工程配合用工、材料加工（筛砂、洗石、淋化石膏）用工、电焊点火用工等。计算公式如下：

$$辅助用工 = \sum (材料加工数量 × 相应的加工劳动定额)$$

（3）人工幅度差：在劳动定额中未包括而在正常施工情况下不可避免但又很难精确计算的用工和各种工时损失。例如：各工种间的工序搭接及交叉作业相互配合或影响所产生的停歇用工；施工机械在单位工程之间转移及临时水电线路移动所造成的停工；质量检查和隐蔽工程验收工作的时间；班组操作地点转移用工；工序交接时后一工序对前一工序不可避免的修整用工；施工中不可避免的其他零星用工。计算公式如下：

$$人工幅度差 = (基本用工+超运距用工+辅助用工) × 人工幅度差系数$$

人工幅度差系数一般为10%～15%。

【例4-1】 某砌筑工程，工程量为10 m³，每立方米砌体需要基本用工0.85工日，辅助用工和超运距用工分别是基本用工的25%和15%，人工幅度差系数为10%，计算该砌筑工程的人工工日消耗量。

【解】 人工工日消耗量 = (基本用工+其他用工) × 工程量

       = (基本用工+辅助用工+超运距用工+人工幅度差) × 工程量

       = [(基本用工+辅助用工+超运距用工) ×

       (1+人工幅度差系数)] × 工程量

       = [0.85×(1+25%+15%)×(1+10%)] ×10 = 13.09 工日

答：该砌筑工程的人工工日消耗量为13.09工日。

4.1.2 人工工日单价的确定

1. 人工工日单价的组成

人工工日单价的组成包括以下内容。

（1）计时工资或计件工资：按计时工资标准和工作时间或对已做工作按计件单价支付给个人的劳动报酬。

（2）奖金：对超额劳动和增收节支支付给个人的劳动报酬。例如，节约奖、劳动竞赛奖等。

（3）津贴补贴：为了补偿职工特殊或额外的劳动消耗和因其他特殊原因支付给个人的津贴，以及为了保证职工工资水平不受物价影响支付给个人的物价补贴。例如，流动施工津贴、特殊地区施工津贴、高温（寒）作业临时津贴、高空津贴等。

（4）加班加点工资：按规定支付的在法定节假日工作的加班工资和在法定日工作时间外延时工作的加点工资。

（5）特殊情况下支付的工资：根据国家法律、法规和政策规定，因病、工伤、产假、计划生育、婚丧假、事假、探亲假、定期休假、停工学习、执行国家或社会义务等原因按计时工资标准或计时工资标准的一定比例支付的工资。

2. 人工工日单价的确定

1）定额人工单价发展史

根据前面的介绍，既然牵涉到价格，当然不同时期的人工工日单价是不一样的。以江苏省为例：在 2004 建筑与装饰定额之前，人工工日单价的确定都是不分工种、不分等级，执行统一标准。江苏省在 1990 年土建定额中规定人工工日单价为 4.16 元/工日；1997 年土建定额中规定人工工日单价为 22 元/工日；2001 年土建定额中规定人工工日单价为 26 元/工日。从人工工日单价的变化也再一次验证了我们在第 1 章中介绍的：消耗量可以长期稳定，而价格变化是很大的。定额将消耗量与单价分离也是出于对它们的不同特点的考虑。此外，我们也应该理解最新的计价革命（清单计价）：在企业定额还未形成，招投标采用最低价中标，但低于成本价除外的情况下，社会性的预算定额中的非周转性消耗量不允许竞争（照搬使用），对于周转性材料消耗量，由于周转次数与管理水平有关，因此可以竞争。而定额中的价格只具有参考作用（允许竞争）。

2）预算定额人工单价标准

以江苏省为例：2004 年建筑与装饰定额的人工工日单价的确定方法与以前定额不同，工日单价开始与工人等级挂钩，一类工 28.00 元/工日、二类工 26.00 元/工日、三类工 24.00 元/工日。2014 年《江苏省建筑与装饰工程计价定额》中：一类工 85.00 元/工日、二类工 82.00 元/工日、三类工 77.00 元/工日。

3）人工单价指导标准

随着时间的流逝，定额中的单价将不能反映市场的实际价格情况。各地的造价管理机构会以文件的形式下发最新的人工单价指导标准。

以江苏省为例，江苏省住房和城乡建设厅关于发布建设工程人工工资指导价的通知（苏建函价〔2023〕63 号）：根据《关于对建设工程人工工资单价实行动态管理的通知》（苏建价〔2012〕633 号）精神，我厅组织各市测算了建设工程人工工资指导价，现予以发布，自 2023 年 3 月 1 日起执行。

具体执行人工工日单价情况如表 4-1 所示。

表 4-1 江苏省建设工程人工工资指导价   单位：元

序号	地区	工种		建筑工程	机械台班	点工
1	南京市	包工包料工程	一类工	123	119	135
			二类工	119		
			三类工	110		
		包工不包料工程		158		

序号	地区	工种		建筑工程	机械台班	点工
2	无锡市	包工包料工程	一类工	123	119	135
			二类工	119		
			三类工	110		
		包工不包料工程		158		
3	徐州市	包工包料工程	一类工	122	119	130
			二类工	117		
			三类工	107		
		包工不包料工程		157		
4	常州市	包工包料工程	一类工	123	119	135
			二类工	119		
			三类工	110		
		包工不包料工程		158		
5	苏州市	包工包料工程	一类工	125	119	136
			二类工	121		
			三类工	111		
		包工不包料工程		161		
6	南通市	包工包料工程	一类工	122	119	134
			二类工	118		
			三类工	110		
		包工不包料工程		158		
7	连云港市	包工包料工程	一类工	122	119	130
			二类工	117		
			三类工	107		
		包工不包料工程		157		
8	淮安市	包工包料工程	一类工	122	119	130
			二类工	117		
			三类工	107		
		包工不包料工程		157		
9	盐城市	包工包料工程	一类工	122	119	130
			二类工	117		
			三类工	107		
		包工不包料工程		157		
10	扬州市	包工包料工程	一类工	122	119	134
			二类工	118		
			三类工	110		
		包工不包料工程		158		

续表

序号	地区	工种		建筑工程	机械台班	点工
11	镇江市	包工包料工程	一类工	122	119	134
			二类工	118		
			三类工	110		
		包工不包料工程		158		
12	泰州市	包工包料工程	一类工	122	119	134
			二类工	118		
			三类工	110		
		包工不包料工程		158		
13	宿迁市	包工包料工程	一类工	122	119	130
			二类工	117		
			三类工	107		
		包工不包料工程		157		

4.2　预算定额中材料费的确定

材料费是指施工过程中耗费的原材料、辅助材料、构配件、零件、半成品或成品、工程设备的费用。采用材料消耗量乘以材料预算单价的形式进行计算。

工程设备是指房屋建筑及其配套构成或计划构成永久工程一部分的机电设备、金属结构设备、仪器装置等建筑设备，包括附属工程中电气、采暖、通风空调、给排水、通信及建筑智能等为房屋功能服务的设备，不包括工艺设备。具体划分标准见《建设工程计价设备材料划分标准》（GB/T 50531—2009）。明确由建设单位提供的建筑设备，其设备费用不作为计取税金的基数。

4.2.1　材料消耗量的确定

预算定额中材料也分成非周转性材料和周转性材料。

与施工定额相似，非周转性材料消耗量也是净用量加损耗量，损耗量还是采用净用量乘以损耗率方式获得，计算的方式和施工定额完全相同，唯一可能存在差异的是损耗率的大小，施工定额是平均先进水平，损耗率应较低，预算定额是平均合理水平，损耗率较施工定额稍高；周转性材料的计算方法也与施工定额相同，存在差异的一个是损耗率（制作损耗率、周转损耗率），另一个是周转次数。也就是说施工定额和预算定额的材料消耗量的确定如果硬作区别还是有的，但在实际工作中，一般就不作区别了，即认为两种定额中材料的消耗量的确定方法是一样的。

1. 预算定额中材料的种类

预算定额中的材料，按用途不同划分为以下 4 种。

（1）主要材料：直接构成工程实体的材料，其中也包括成品、半成品的材料。

（2）辅助材料：构成工程实体除主要材料以外的其他材料，如垫木钉子、铅丝等。

（3）周转性材料：脚手架、模板等多次周转使用的不构成工程实体的摊销性材料。

（4）其他材料：用量较少，难以计量的零星材料，如棉纱，编号用的油漆等。

2. 预算定额中材料消耗量的计算方法

1）主要材料、辅助材料、周转性材料消耗量的计算方法

（1）计算法：凡有标准规格的材料，按规范要求计算定额计量单位的耗用量，如砖、块料面层等。凡设计图纸标注尺寸及下料要求的按设计图纸尺寸计算材料净用量，如门窗制作用材料，方、板材等。

（2）换算法：各种胶结、涂料等材料的配合比用料，可以根据要求条件换算，得出材料用量。

（3）测定法：包括试验室试验法和现场观察法。指各种强度等级的混凝土及砌筑砂浆配合比的耗用原材料数量的计算，需按照规范要求试配经过试压合格以后并经过必要的调整后得出的水泥、砂子、石子、水的用量。对新材料、新结构不能用其他方法计算定额消耗用量时，需用现场测定法来确定，根据不同条件可以采用写实记录法和观察法，得出定额的消耗量。

2）其他材料消耗量的计算方法

其他材料消耗量的确定一般按工艺测算，在定额项目材料计算表内列出名称、数量，并依编制期价格以其他材料占主要材料的比率计算出价格，以"元"的形式列在定额材料栏之下（也可不列材料名称及耗用量，以"其他材料费"和"元"的形式列设）。

4.2.2　材料预算单价的确定

4.2.2.1　材料预算单价的组成

材料预算价格的组成包括以下内容。

（1）材料原价：材料、工程设备的出厂价格或商家供应价格。工程设备是指构成或计划构成永久工程一部分的机电设备、金属结构设备、仪器装置及其他类似的设备和装置。

在预算定额中，材料购买只有一种来源的，这种价格就是材料原价。材料的购买有几种来源的，按照不同来源加权平均后获得定额中的材料原价。计算公式如下：

$$材料原价总值 = \sum（各次购买量 \times 各次购买价）$$

$$加权平均原价 = 材料原价总值 \div 材料总量$$

（2）运杂费：材料、工程设备自来源地运至工地仓库或指定堆放地点所发生的全部费用。要了解运杂费，首先要了解材料预算价格所包含的内容。材料预算价格指的是从材料购买地开始一直到施工现场的集中堆放地或仓库之后出库的费用。材料原价只是材料的购买价，材料购买后需要装车运到施工现场，到现场之后需要下材料，堆放在某地点或仓库。从购买地到施工现场的费用为运输费，装车（上力）、下材料（下力）及运至集中地或仓库的费用为杂费。

（3）运输损耗费：材料在运输装卸过程中不可避免的损耗费用。

（4）采购及保管费：为组织采购、供应和保管材料、工程设备过程中所需要的各项费用。包括：采购费、仓储费、保管费、仓储损耗。

采购费与保管费是按照材料到库价格（材料原价+材料运杂费+运输损耗费）的费率进行计算的。江苏省规定：采购、保管费费率各为1%。

综上，材料预算单价的计算公式如下：

材料预算单价=材料原价+运杂费+运输损耗费+采购及保管费

=（材料原价+运杂费）×（1+运输损耗率）×（1+采购保管费率）

4.2.2.2　材料预算单价的取定

1. 原材料的单价取定

预算定额中原材料的单价取定就是由4个组成部分相加形成的。

【例4-2】　某施工队为某工程施工购买水泥，从甲单位购买水泥200 t，单价280元/t；从乙单位购买水泥300 t，单价260元/t；从丙单位第一次购买水泥500 t，单价240元/t；第二次购买水泥500 t，单价235元/t（这里的单价均指材料原价）。采用汽车运输，甲地距工地40 km，乙地距工地60 km，丙地距工地80 km。根据该地区公路运价标准：汽运货物运费为0.4元/（t·km），装、卸费各为10元/t，运输损耗率为1%。求此水泥的预算单价。

分析：该施工队在一项工程上所购买的水泥价格有几种，在计算时分开来是很麻烦的，也无此必要。往往我们是将其转化为一个价格来计算，采用的就是加权平均的方法。然后根据预算单价的组成形成该水泥的预算单价。

【解】　材料原价总值=∑（各次购买量×各次购买单价）

= 200×280+300×260+500×240+500×235

= 371 500 元

材料总量= 200+300+500+500

= 1 500 t

加权平均原价=材料原价总值÷材料总量

= 371 500÷1 500

= 247.67 元/t

材料运杂费=[0.4×（200×40+300×60+1 000×80）+10×2×1 500]÷1 500

= 48.27 元/t

运输损耗费=（247.67+48.27）×1%

= 2.96 元/t

采保费=（247.67+48.27+2.96）×2%

= 5.98 元/t

水泥预算单价= 247.67+48.27+2.96+5.98

= 304.88 元/t

答：此水泥的预算单价为304.88元/t。

2. 配比材料的单价取定

配比材料在定额中是以成品形式来记录其消耗量和单价的。例如，表4-2矩形柱子目中选用的是现浇C30混凝土，混凝土代号80210135，子目中混凝土消耗量为0.985 m³，混凝土单价为264.98元/m³。

表 4-2 自拌混凝土现浇柱构件定额示例

定额编号					6-14	
项 目		单位	单价/元		矩形柱	
					数量	合价/元
综 合 单 价			元		506.05	
其中	人工费		元		157.44	
	材料费		元		275.50	
	机械费		元		10.85	
	管理费		元		42.07	
	利润		元		20.19	
二类工		工日	82.00		1.92	157.44
材料	80210131	现浇混凝土 C20	m³	248.20	(0.985)	(244.48)
	80210132	现浇混凝土 C25	m³	262.07	(0.985)	(258.14)
	80210135	现浇混凝土 C30	m³	264.98	0.985	261.01
	80210136	现浇混凝土 C35	m³	277.79	(0.985)	(273.62)
	80010123	水泥砂浆 1:2	m³	275.64	0.031	8.54
	02090101	塑料薄膜	m²	0.80	0.28	0.22
	31150101	水	m³	4.70	1.22	5.73
机械	99050152	滚筒式混凝土搅拌机（电动）出料容量 400 L	台班	156.81	0.056	8.78
	99052107	混凝土震动器 插入式	台班	11.87	0.112	1.33
	99050503	灰浆拌和机 拌筒容量 200 L	台班	122.64	0.006	0.74

注：预算定额项目中带括号的材料价格供选用，不包括在综合单价内。

264.98 元/m³ 的预算单价的由来参见表 4-3。即采用各组的预算单价乘以各组成成分的数量之和来获得。计算公式如下：

配比材料预算单价 = $\sum$ 定额配比材料各组分用量 × 各组分材料预算单价

表 4-3 现浇混凝土、现场预制混凝土配合比表

代码编号			80210134		80210135	
项 目		单位	碎石最大粒径 31.5 mm，坍落度 35~50 mm			
			混凝土强度等级			
			C30			
			数量	合价/元	数量	合价/元
基 价		元	278.82		264.98	
材料	水泥 32.5 级	kg	0.31	486.00	150.66	
	水泥 42.5 级	kg	0.35			365.00	127.75
	中砂	t	69.37	0.625	43.36	0.69	47.87
	碎石 5~31.5 mm	t	68.00	1.234	83.91	1.301	88.47
	水	m³	4.70	0.19	0.89	0.19	0.89

以 80210135 号混凝土为例：

$$264.98 = 127.75+47.87+88.47+0.89$$
$$= 0.35 \times 365.00+69.37 \times 0.69+68.00 \times 1.301+4.70 \times 0.19$$

3. 2014 计价定额中材料预算单价与除税预算单价的确定

根据财政部、国家税务总局《关于全面推开营业税改征增值税试点的通知》（财税〔2016〕36 号），江苏省建筑业自 2016 年 5 月 1 日起纳入营业税改征增值税（以下简称"营改增"）试点范围。按照住房和城乡建设部办公厅《关于做好建筑业营改增建设工程计价依据调整准备工作的通知》（建办标〔2016〕4 号）的要求，结合江苏省实际，按照"价税分离"的原则，将建设工程计价分为一般计税方法和简易计税方法。除清包工程、甲供工程、合同开工日期在 2016 年 4 月 30 日前的建设工程可采用简易计税方法外，其他一般纳税人提供建筑服务的建设工程，采用一般计税方法。

目前，2014 计价定额中的材料预算单价是按照简易计税方法确定的材料预算单价（含税材料预算单价），在一般计税方法模式下材料的预算单价应为扣除原材料中的税金之后的预算单价（除税材料预算单价）。两种价格之间的关系如表 4-4 所示。

表 4-4 含税材料预算单价与除税预算单价之间的关系

序号	材料编码	材料名称	规格	单位	税率	材料单价/元		出厂价/元		采购及保管费/元		平均税率
						含税单价	除税单价	含税原价	除税原价	含税	除税(无抵扣项)	
	黑色金属（13%）											
1	01010100	钢筋	综合	t	13%	3 885.26	3 447.35	3 806.44	3 368.53	78.82	78.82	12.70%
	五金制品（13%）											
2	03010101	铆钉		十个	13%	0.34	0.30	0.33	0.29	0.01	0.01	12.70%
	水泥、砖瓦、砂石（3%、13%）											
3	04010132	水泥	42.5 级	kg	13%	0.34	0.30	0.33	0.29	0.01	0.01	12.70%
4	04030100	黄砂		t	3%	74	71.89	72.55	70.44	1.45	1.45	2.94%
5	04050204	碎石	5~20 mm	t	3%	70	68.00	68.63	66.63	1.37	1.37	2.94%

4.3 预算定额中施工机具使用费的确定

施工机具使用费是指施工作业所产生的施工机械、仪器仪表使用费或其租赁费，包括施工机械使用费和仪器仪表使用费（用于安装工程，本书不作详细介绍）两部分。施工机械使用费以施工机械台班消耗量乘以施工机械台班单价表示。

4.3.1 施工机械台班消耗量的确定

预算定额中的机械台班消耗量的确定有两种方法。一种是以施工定额为基础确定（本节介绍的方法）；一种是以现场测定资料为基础确定。

根据施工定额确定机械台班消耗量的方法，是指施工定额或劳动定额中机械台班产量加机械台班幅度差获得预算定额中机械台班消耗量的方法；以现场测定资料为基础确定机械台班消耗量的方法，其预算定额中的机械台班量等同于施工定额中的机械台班量。

1. 预算定额机械台班量

预算定额机械台班量包括以下两点。

（1）基本机械台班：完成定额计量单位的主要台班量。按工程量乘以相应机械台班定额计算，相当于施工定额中的机械台班消耗量。计算公式如下：

$$基本机械台班 = \sum（各工序实物工程量 \times 相应的施工机械台班定额）$$

（2）机械台班幅度差：在基本机械台班中未包括而在正常施工情况下不可避免但又很难精确计算的台班用量。例如：正常施工组织条件下不可避免的机械空转时间；施工技术原因的中断及合理的停滞时间；因供电供水故障及水电线路移动检修而发生的运转中断时间；因气候变化或机械本身故障影响工时利用的时间；施工机械转移及配套机械相互影响损失的时间；配合机械施工的工人因与其他工种交叉造成的间歇时间；因检查工程质量造成的机械停歇时间，工程收尾和工程量不饱满造成的机械停歇时间等。

大型机械幅度差系数：土方机械 25%，打桩机械 33%，吊装机械 30%。砂浆、混凝土搅拌机按小组配用，以小组产量计算机械台班产量，不另增加机械幅度差。其他分部工程中如钢筋加工、木材、水磨石等各项专用机械的幅度差为 10%。

综上所述，预算定额机械台班量按下式计算：

$$预算定额机械台班量 = 基本机械台班 \times (1+机械台班幅度差系数)$$

2. 停置台班量的确定

机械台班消耗量中已经考虑了施工中合理的机械停置时间和机械的技术中断时间，但特殊原因造成机械停置，可以计算停置台班。也就是说在计取了定额中的台班量之后，当发生某些特殊情况（如图纸变更）造成机械停置后，施工方有权另外计算停置台班量，按实际停置的天数计算。

注意：台班是按 8 h 计算的，一天 24 h，机械工作台班一天最多可以算 3 个，但停置台班一天只能算 1 个。

4.3.2 施工机械台班单价的确定

4.3.2.1 施工机械台班单价的组成

施工机械台班单价组成包括以下内容。

1. 折旧费

折旧费指施工机械在规定的使用年限内，陆续回收其原值的费用。计算公式如下：

$$台班折旧费 = \frac{机械预算价格 \times (1-残值率) \times 贷款利息系数}{耐用总台班}$$

机械预算价格包含机械出厂价格及从出厂时开始到使用单位验收入库期间的所有费用。按照机械报废规定，机械报废时可回收一部分价值，这部分价值是按照机械原值的一定比例进行取定的，这个比例称为残值率。单位的资金都是一部分自有资金、一部分贷款资金，购买机械设备的贷款资金要考虑利息的因素。耐用总台班指机械在正常施工作业条件下，从投入使用起到报废止，按规定应达到的使用总台班数。计算公式如下：

$$耐用总台班 = 大修间隔台班 \times 大修周期$$

大修间隔台班指的是每两次大修之间应达到的使用台班数。大修周期是将耐用总台班按规定的大修理次数划分成的若干个使用周期。计算公式如下：

$$大修周期 = 寿命期大修理次数 + 1$$

2. 大修理费

大修理费指施工机械按规定的大修理间隔台班进行必要的大修理，以恢复其正常功能所需的费用。台班大修理费是将机械寿命周期内的大修理费用分摊到每一个台班中。计算公式如下：

$$台班大修理费 = \frac{一次大修理费 \times 寿命期内大修理次数}{耐用总台班}$$

3. 经常修理费

经常修理费指施工机械除大修理以外的各级保养和临时故障排除所需的费用，包括为保障机械正常运转所需替换设备与随机配备工具附具的摊销和维护费用，机械运转中日常保养所需润滑与擦拭的材料费用及机械停滞期间的维护和保养费用。台班经常修理费是将寿命周期内所有的经常修理费之和分摊到台班费中。计算公式如下：

$$台班经常修理费 = \frac{一次经常修理费 \times 寿命期内经常修理次数}{耐用总台班}$$

4. 安拆费及场外运费

安拆费指施工机械（大型机械除外）在现场进行安装与拆卸所需的人工、材料和试运转费用，以及机械辅助设施的折旧、搭设、拆除等费用；场外运费指施工机械整体或分体自停放地点运至施工现场或由一施工地点运至另一施工地点的运输、装卸、辅助材料及架线等费用。

机械在运输中交纳的过路、过桥、过隧道费按交通运输部门的规定另行计算。如遇道路桥梁限载、限高，由公安交通管理部门保安护送所发生的费用按实际发生额另行计算。

远征工程在城市之间的机械调运费按公路、铁路、航运部门运输的标准计算。

以下 3 种情况下的机械台班价中未包括安拆及场外运费这项费用：一是金属切削加工机械等固定式机械，不应考虑本项费用；二是不需要拆卸安装的可自行机械（履带式除外），如自行式铲运机、平地机、轮胎式装载机及水平运输机械等，其场外运输费（含回程费）按 1 个台班费计算；三是不适合按台班摊销本项费用的大、特大型机械，可另外计算一次性场外运费和安拆费。

对于大、特大性机械，可另外计算安拆和进退场费，但大型施工机械在一个工程地点只计算一次场外运费（进退场费）及安装、拆卸费。大型施工机械在施工现场内单位工程或幢号之间的拆卸转移，按实际发生次数计算其安装、拆卸费用。机械转移费按其场外运输费用的 75% 计算。

5. 人工费

人工费指机上司机（司炉）和其他操作人员的人工费。

6. 燃料动力费

燃料动力费指施工机械在运转作业中所消耗的各种燃料及水、电费用等。计算公式如下：

$$台班燃料动力费 = 台班燃料动力消耗量 \times 各地规定的相应单价$$

7. 税费

税费指施工机械按照国家规定应缴纳的车船使用税、保险费及年检费等。

4.3.2.2 施工机械台班单价的取定

1. 自有施工机械工作台班单价的取定

自有施工机械工作台班单价是根据施工机械台班定额来取定的。表4-5、表4-6、表4-7摘录自《江苏省施工机械台班2007年单价表》。

表4-5 江苏省施工机械台班2007年单价表示例（一）（含税价）

编码	机械名称	规格型号		机型	台班单价	费用组成						
						折旧费	大修理费	经常修理费	安拆费及场外运费	人工费	燃料动力费	其他费用
					元	元	元	元	元	元	元	元
99010321	履带式单斗挖掘机	斗容量/m³	1	大	1 017.12	160.20	57.73	166.16		205.00	428.03	
99010322			1.5	大	1 052.05	172.00	61.98	178.40		205.00	634.67	
99071101	自卸汽车	载重量/t	2	中	355.73	33.22	5.32	24.45		102.50	177.54	12.70
99071103			5	中	541.80	50.85	8.15	37.42		102.50	322.18	20.70
99050503	灰浆搅拌机	拌筒容量/L	200	小	122.25	2.78	0.80	3.30	5.47	102.50	7.40	
99050506			400	小	126.66	3.45	0.43	1.76	5.47	102.50	13.05	

表4-6 江苏省施工机械台班2007年单价表示例（二）（含税价）

编码	机械名称	规格型号		机型	台班单价	人工及燃料动力用量						
						人工	汽油	柴油	电	煤	木炭	水
					元	工日	kg	kg	kW·h	kg	kg	m³
99010321	履带式单斗挖掘机	斗容量/m³	1	大	1 017.12	2.5		49.03				
99010322			1.5	大	1 052.05	2.5		72.70				
99071101	自卸汽车	载重量/t	2	中	355.73	1.25	17.27					
99071103			5	中	541.80	1.25	31.34					
99050503	灰浆搅拌机	拌筒容量/L	200	小	122.25	1.25			8.61			
99050506			400	小	126.66	1.25			15.17			

注：1. 定额中单价：人工82元/工日，汽油10.64元/kg，柴油9.03元/kg，煤1.10元/kg，电0.89元/kW·h，水4.70元/m³，木柴1.10元/kg。

2. 实际单价与取定单价不同，可按实际调整价差。

表4-7 2007江苏省大、特大型机械场外运输及组装、拆卸费用表示例（含税价）

编号			25-46		25-47	
项目			自升式塔式起重机 2 500 kN·m			
			场外运输费用/元		组装拆卸费/元	
台次单价			28 365.38		24 886.93	
名称	单位	单价/元	数量	合价/元	数量	合价/元
人工	工日	82.00	40.00	3 280.00	120.00	9 840.00
镀锌铁丝 D4.0	kg	4.74	10.00	47.40	50.00	237.00

续表

名称	单位	单价/元	数量	合价/元	数量	合价/元
螺栓	个	0.54			64.00	34.56
草袋	片	0.97	37.00	35.89		
自升式塔式起重机 2 500 kN·m	台班	1 101.53			0.50	550.77
汽车起重机 8 t	台班	695.73	4.00	2 782.92		
汽车起重机 20 t	台班	1 096.10	6.00	6 576.60	5.00	5 480.50
汽车起重机 40 t	台班	1 598.82			5.00	7 994.10
平板拖车组 40 t	台班	1 489.40	1.00	1 489.40		
载货汽车 8 t	台班	554.80	8.00	4 438.40		
载货汽车 15 t	台班	1 008.61	4.00	4 034.44		
回程	%	1	25.00	5 673.08		
枕木	m³	1 208.10	0.006	7.25		
起重机械检测费	元	1			750.00	750.00

注：1. 定额中单价：人工 82 元/工日，汽油 10.64 元/kg，柴油 9.03 元/kg，煤 1.10 元/kg，电 0.89 元/(kW·h)，水 4.70 元/m³，木柴 1.10 元/kg。

2. 实际单价与取定单价不同，可按实调整价差。

3. 自升式塔式起重机中的安装拆卸费及场外运输费用是以塔高 45 m 确定的，超过 45 m 时其相关费用应乘超高系数计算，超高系数=实际塔高/45 m。

2. 自有机械停置台班单价的取定

前面在机械消耗量中我们提到了机械停置的台班量的计算，机械停置的台班单价的计算与工作机械的台班单价的计算也是不同的。机械停置台班单价计算公式如下：

$$机械停置台班单价=机械折旧费+人工费+税费$$

【例 4-3】　由于甲方出现变更，造成施工方两台斗容量为 1 m³ 的履带式单斗挖掘机各停置 3 天，计算由此产生的机械停置费用。

【解】　停置台班量=3 天×1 台班/天·台×2 台

　　　　　　=6 台班

停置台班价=机械折旧费+人工费+税费（查表 4-5）

　　　　　　= 160.20+205.00+0.00

　　　　　　=365.20 元/台班

机械停置费用=停置台班量×停置台班价

　　　　　　=6×365.20

　　　　　　=2 191.20 元

答：由此产生的机械停置费用为 2 191.20 元。

3. 除税机械台班单价的取定

目前，2014 计价定额中的机械台班单价是按照简易计税方法确定的机械台班单价（含税机械台班单价），在一般计税方法模式下机械的台班单价应为扣除增值税可抵扣进项税额之后的台班单价（除税机械台班单价）。对应于表 4-5、表 4-7 中的除税施工机械台班单价如表 4-8、表 4-9 所示。

表 4-8 江苏省除税施工机械台班单价表示例

编码	机械名称	规格型号	机型	除税台班单价	费用组成						
					除税折旧费	除税大修理费	除税经常修理费	除税安拆费及场外运费	人工费	除税燃料动力费	其他费用
				元	元	元	元	元	元	元	元
99010321	履带式单斗挖掘机	斗容量/m³	1	大	943.51	141.77	51.09	166.16		205.00	379.49	
99010322			1.5	大	1153.16	152.21	54.85	178.40		205.00	562.70	
99071101	自卸汽车	载重量/t	2	中	331.26	29.40	4.71	24.45		102.50	157.50	12.70
99071103			5	中	498.65	45.00	7.21	37.42		102.50	285.82	20.70
99050503	灰浆搅拌机	拌筒容量/L	200	小	120.64	2.46	0.71	3.30	5.47	102.50	6.54	
99050506			400	小	124.35	3.05	0.38	1.76	5.47	102.50	11.53	

表 4-9 2007 江苏省大、特大型机械场外运输及组装、拆卸费用表示例（除税价）

编 号			25-46		25-47	
项 目			自升式塔式起重机 2 500 kN·m			
			场外运输费用/元		组装拆卸费/元	
台 次 单 价			26 659.06		23 903.80	
名称	单位	单价/元	数量	合价/元	数量	合价/元
人工	工日	82.00	40.00	3 280.00	120.00	9 840.00
镀锌铁丝 D4.0	kg	4.20	10.00	42.00	50.00	210.00
螺栓	个	0.48			64.00	30.72
草袋	片	0.86	37.00	31.82		
本机使用台班	台班	1 020.86			0.50	510.43
汽车起重机 8 t	台班	653.09	4.00	2 612.36		
汽车起重机 20 t	台班	1 023.26	6.00	6 139.56	5.00	5 116.30
汽车起重机 40 t	台班	1 489.27			5.00	7 446.35
平板拖车组 40 t	台班	1 385.88	1.00	1 385.88		
载货汽车 8 t	台班	511.59	8.00	4 092.72		
载货汽车 15 t	台班	934.12	4.00	3 736.48		
回程	%		25.00	5 331.81		
枕木	m³	1 071.94	0.006	6.43		
起重机械检测费	元		1			750.00

注：1. 定额中单价：人工 82 元/工日，汽油 10.64 元/kg，柴油 9.03 元/kg，煤 1.10 元/kg，电 0.89 元/（kW·h），水 4.70 元/m³，木柴 1.10 元/kg。

2. 实际单价与取定单价不同，可按实调整价差。

3. 自升式塔式起重机中的安装拆卸费及场外运输费用是以塔高 45 m 确定的，超过 45 m 时其相关费用应乘超高系数计算，超高系数=实际塔高/45 m。

4.3.2.3 租赁施工机械费用计算

1. 市场定价

前面介绍的施工机械台班单价是按照自有机械来进行考虑的，在实际的施工工作中存在着大量的租赁机械。租赁机械的费用计算也可以参照自有机械进行，具体方式如下。

租赁双方可按施工机械台班定额中对应的机械台班单价乘 0.8~1.2 的系数再乘租赁时

间计算。由施工方自己操作机械、自己运输机械、自己购买燃料的则应在机械台班单价中扣除相应费用后再乘系数计算。系数由租赁双方合同约定。

2. 信息价

江苏工程造价信息网每季度发布一次"长三角区域三省一市建设工程主要施工机械租赁价格及指数"，选取各代表城市（杭州市、南京市、合肥市、上海市）当季最后一个月发布的施工机械租赁价格进行发布，每季度发布一次。

4.4　预算定额中企业管理费和利润的确定

企业管理费是指施工企业组织施工生产和经营管理所需的费用，利润是指施工企业完成所承包工程获得的盈利。

4.4.1　企业管理费的内容组成

4.4.1.1　一般计税方式下企业管理费的内容组成

企业管理费由以下内容组成。

（1）管理人员工资：按规定支付给管理人员的计时工资、奖金、津贴补助、加班加点工资及特殊情况下支付的工资等。

（2）办公费：企业管理办公用的文具、纸张、账表、印刷、邮电、书报、办公软件、监控、会议、水电、燃气、采暖、降温等费用。

（3）差旅交通费：职工因公出差、调动工作的差旅费、住勤补助费，市内交通费和误餐补助费，职工探亲路费，劳动力招募费，职工退休、退职一次性路费，工伤人员就医路费，工地转移费及管理部门使用的交通工具的油料、燃料等费用。

（4）固定资产使用费：企业及其附属单位使用的属于固定资产的房屋、设备、仪器等的折旧、大修、维修或租赁费。

（5）工具用具使用费：企业施工生产和管理使用不属于固定资产的工具、器具、家具、交通工具和检验、试验、测绘、消防用具等的购置、维修和摊销费，以及支付给工人自备工具的补贴费。

（6）劳动保险和职工福利费：由企业支付的职工退职金、按规定支付给离休干部的经费、集体福利费、夏季防暑降温、冬季取暖补贴、上下班交通补贴等。

（7）劳动保护费：企业按规定发放的劳动保护用品的支出。例如，工作服、手套、防暑降温饮料、高危险工作工种施工作业防护补贴及在有碍身体健康的环境中施工的保健费用等。

（8）工会经费：企业按《工会法》规定的全部职工工资总额比例计提的工会经费。

（9）职工教育经费：按职工工资总额的规定比例计提，企业为职工进行专业技术和职业技能培训，专业技术人员继续教育、职工职业技能鉴定、职业资格认定及根据需要对职工进行各类文化教育所发生的费用。

（10）财产保险费：企业管理用财产、车辆的保险费用。

（11）财务费：企业为施工生产筹集资金或提供预付款担保、履约担保、职工工资支付担保等所发生的各种费用。

（12）税金：企业按规定交纳的房产税、车船使用税、土地使用税、印花税等。

（13）意外伤害保险费：企业为从事危险作业的建筑安装施工人员支付的意外伤害保险费。

（14）工程定位复测费：工程施工过程中进行全部施工测量放线和复测工作的费用。建筑物沉降观测由建设单位直接委托有资质的检测机构完成，费用由建设单位承担，不包含在工程定位复测费中。

（15）检验试验费：施工企业按规定进行建筑材料、构配件等试样的制作、封样、送达和其他为保证工程质量进行的材料检验试验工作所发生的费用。不包括新结构、新材料的试验费，对构件（如幕墙、预制桩、门窗）做破坏性试验所发生的试样费用和根据国家标准和施工验收规范要求对材料、构配件和建筑物工程质量检测检验发生的第三方检测费用，此类检测发生的费用由建设单位承担，在工程建设其他费用中列支。但对施工企业提供的具有合格证明的材料进行检测不合格的，该检测费用由施工企业支付。

（16）非建设单位所为4 h以内的临时停水停电费用。

（17）企业技术研发费：建筑企业为转型升级、提高管理水平所进行的技术、科技研发，信息化建设等费用。

（18）其他费用：业务招待费、远地施工增加费、劳务培训费、绿化费、广告费、公证费、法律顾问费、审计费、咨询费、投标费、保险费、联防费、施工现场生活用水电费等。

（19）附加税：国家税法规定的应计入建筑安装工程造价内的城市建设维护税、教育费附加及地方教育附加。

4.4.1.2　简易计税方式下企业管理费的内容组成

在简易计税方式下企业管理费的内容为一般计税方式下企业管理费内容的前18项。

4.4.2　企业管理费和利润的计算

4.4.2.1　企业管理费和利润的确定方法

建筑工程的企业管理费和利润是以人工费和（除税）施工机具使用费之和为计算基础计取一定的费率而得。一般计税方法的管理费和利润取费标准如表4-10所示，简易计税方法的管理费和利润取费标准如表4-11所示，两者在取费基础和费率方面都存在着不同。

表4-10　建筑工程企业管理费和利润取费标准表（一般计税方法）

序号	工程名称	计算基础	企业管理费费率/%			利润费率/%
			一类工程	二类工程	三类工程	
一	建筑工程	人工费+除税施工机具使用费	32	29	26	12
二	单独预制构件制作		15	13	11	6
三	打预制桩、单独构件吊装		11	9	7	5
四	制作兼打桩		17	15	12	7
五	大型土石方工程		7			4

表4-11　建筑工程企业管理费和利润取费标准表（简易计税方法）

序号	工程名称	计算基础	企业管理费费率/%			利润费率/%
			一类工程	二类工程	三类工程	
一	建筑工程	人工费+施工机具使用费	31	28	25	12
二	单独预制构件制作		15	13	11	6
三	打预制桩、单独构件吊装		11	9	7	5
四	制作兼打桩		15	13	11	7
五	大型土石方工程		6			4

2014 计价定额中的企业管理费按表 4-11 中建筑工程、打桩工程的三类工程标准进行取费，利润不分工程等级按表 4-11 中规定计算。一、二类工程，单独发包的专业工程或采用一般计税方法计价的工程，应根据表 4-10 或 4-11 对企业管理费和利润进行调整后计入综合单价内（参见例 4-4）。

【例 4-4】 某二类工程采用 C30 自拌混凝土浇矩形柱，其他因素与定额完全相同，在简易计税方式下计算该子目的综合单价。

分析：此题主要考的是企业管理费和利润的计算。由于不同工程类别的利润率相同，因此只需对企业管理费进行换算。

【解】 查 6-14 子目（参见表 4-2）得：

换算综合单价 = 原综合单价 - 换出部分价格 + 换入部分价格

$$= 506.05 - 42.07 + (157.44 + 10.85) \times 28\%$$

$$= 511.10 \text{ 元/m}^3$$

答：该子目的综合单价为 511.10 元//m³。

4.4.2.2　工程类别划分

建筑工程的企业管理费和利润是以人工费和（除税）施工机具使用费之和为计算基础计取一定的费率而得的，而取费的费率在建筑工程中是与工程类别挂钩的，建筑工程类别划分标准表如表 4-12 所示。

表 4-12　建筑工程类别划分标准表

工程类别			单位	工程类别划分标准		
				一类	二类	三类
工业建筑	单层	檐口高度	m	≥20	≥16	<16
		跨度	m	≥24	≥18	<18
	多层	檐口高度	m	≥30	≥18	<18
民用建筑	住宅	檐口高度	m	≥62	≥34	<34
		层数	层	≥22	≥12	<12
	公共建筑	檐口高度	m	≥56	≥30	<30
		层数	层	≥18	≥10	<10
构筑物	烟囱	混凝土结构高度	m	≥100	≥50	<50
		砖结构高度	m	≥50	≥30	<30
	水塔	高度	m	≥40	≥30	<30
	筒仓	高度	m	≥30	≥20	<20
	贮池	容积（单体）	m³	≥2 000	≥1 000	<1 000
	栈桥	高度	m	—	≥30	<30
		跨度	m	—	≥30	<30
大型机械吊装工程		檐口高度	m	≥20	≥16	<16
		跨度	m	≥24	≥18	<18
大型土石方工程		单位工程挖或填土（石）方容量	m³	≥5 000		
桩基础工程		预制混凝土（钢板）桩长	m	≥30	≥20	<20
		灌注混凝土桩长	m	≥50	≥30	<30

4.4.4.3　建筑工程类别划分说明

建筑工程类别划分说明如下。

（1）工程类别划分是根据不同的单位工程，按施工难易程度，结合建筑工程项目管理水平确定的。将工程类别与企业管理费挂钩也是考虑到：类别高工程的难度大，相应的管理方面的支出也较高。

（2）不同层数组成的单位工程，当高层部分的面积（竖向切分）占总面积的30%以上时，按高层的指标确定工程类别，不足30%的按低层指标确定工程类别。

（3）建筑物、构筑物高度系指设计室外地面至檐口顶标高（不包括女儿墙，高出屋面电梯间、楼梯间、水箱间等的高度），跨度系指轴线之间的宽度。

（4）工业建筑工程：从事物质生产和直接为生产服务的建筑工程，主要包括生产（加工）车间、试验车间、仓库、独立试验室、化验室、民用锅炉房、变电所和其他生产用建筑工程。

（5）民用建筑工程：直接用于满足人们的物质和文化生活需要的非生产性建筑，主要包括商住楼、综合楼、办公楼、教学楼、宾馆、宿舍及其他民用建筑工程。

（6）构筑物工程：与工业与民用建筑工程相配套且独立于工业与民用建筑的工程，主要包括烟囱、水塔、仓类、池类、栈桥等。

（7）桩基础工程：天然地基上的浅基础不能满足建筑物、构筑物稳定要求而采用的一种深基础，主要包括各种现浇和预制桩。

（8）强夯法加固地基、基础钢筋混凝土支撑和钢支撑均按建筑工程二类标准执行。深层搅拌桩、粉喷桩、基坑锚喷护壁按制作兼打桩三类标准执行。专业预应力张拉施工如主体为一类工程则按一类工程取费；主体为二、三类工程则均按二类工程取费。钢板桩按打预制桩标准取费。

（9）预制构件制作工程类别划分按相应的建筑工程类别划分标准执行。

（10）与建筑物配套的零星项目，如化粪池、检查井、围墙、道路、下水道、挡土墙等，均按三类标准执行。

（11）建筑物加层扩建时要与原建筑物一并考虑套用类别标准。

（12）确定类别时，地下室、半地下室和层高小于2.2 m的楼层均不计算层数。空间可利用的坡屋顶或顶楼的跃层，当净高超过2.1 m部分的水平面积与标准层建筑面积相比达到50%以上时应计算层数。底层车库（不包括地下或半地下车库）在设计室外地面以上部分不小于2.2 m时，应计算层数。

（13）基槽坑回填砂、灰土、碎石工程量不执行大型土石方工程，按相应的主体建筑工程类别标准执行。

（14）凡工程类别标准中，有两个指标控制的，只要满足其中一个指标即可按指标确定工程类别。

（15）单独地下室工程按二类标准取费，如地下室建筑面积大于10 000 m²则按一类标准取费。

（16）有地下室的建筑物，工程类别不低于二类。

（17）多栋建筑物下有连通的地下室时，地上建筑物的工程类别同有地下室的建筑物；其地下室部分的工程类别同单独地下室工程。

（18）桩基工程类别有不同桩长时，按照超过30%根数的设计最大桩长为准。同一单位工程内有不同类型的桩时，应分别计算。

（19）施工现场完成加工制作的钢结构工程费用标准按照建筑工程执行。

（20）加工厂完成制作，到施工现场安装的钢结构工程（包括网架屋面），安全文明施工措施费按单独发包的构件吊装标准执行。加工厂为施工企业自有的，钢结构除安全文明施工措施费外，其他费用标准按建筑工程执行。钢结构为企业成品购入的，钢结构以成品预算价格计入材料费，费用标准按照单独发包的构件吊装工程执行。

（21）在确定工程类别时，对于工程施工难度很大的（如建筑造型、结构复杂，采用新的施工工艺的工程等），以及工程类别标准中未包括的特殊工程，如展览中心、影剧院、体育馆、游泳馆等，由当地工程造价管理部门根据具体情况确定，报上级造价管理部门备案。

【例 4-5】　某桩基工程，共需打 500 根预制管桩，其中设计桩长 40 m 的桩 100 根，35 m 的桩 60 根，25 m 的桩 340 根，请确定该打桩工程的工程类别。

分析：桩基工程类别有不同桩长时，按照超过 30% 根数的设计最大桩长为准。同一单位工程内有不同类型的桩时，应分别计算。

【解】　总桩数 100+60+340＝500 根

桩基工程一类要求桩长大于 30 m，目前满足要求的桩共有 100+60＝160 根

500×30%＝150

160＞150

答：该打桩工程的工程类别为一类。

4.5　预算定额的有关说明

4.5.1　预算定额的适用范围、编制依据及组成

为了贯彻执行住房和城乡建设部的《建设工程工程量清单计价规范》（GB 50500—2013）及《房屋建筑与装饰工程工程量计算规范》（GB 50854—2013），适应江苏省建设工程市场计价的需要，为工程建设各方提供计价依据，省住房和城乡建设厅组织有关人员对《江苏省建筑与装饰工程计价表》（2004 年）进行了修订，形成了《江苏省建筑与装饰工程计价定额》（2014 年）（以下简称本定额）。本定额共分上下两册，与 2014 年《江苏省建设工程费用定额》配套使用。

4.5.1.1　预算定额的适用范围

本定额适用于江苏省行政区域范围内一般工业与民用建筑的新建、扩建、改建工程及其单独装饰工程。国有资金投资的建筑与装饰工程应执行本定额；非国有资金投资的建筑与装饰工程可参照使用本定额；当工程施工合同约定按本定额规定计价时，应遵守本定额的有关规定。

4.5.1.2　本定额的编制依据

本定额的编制依据如下：

（1）《江苏省建筑与装饰工程计价表》（2004 年）；

（2）《全国统一建筑工程基础定额》（GJD—101—95）；

（3）《全国统一建筑装饰装修工程消耗量定额》（GYD—901—2002）；

（4）《建设工程劳动定额　建筑工程》（LD/T 72.1~11—2008）；

（5）《建设工程劳动定额　装饰工程》（LD/T 72.1~4—2008）；

（6）《全国统一建筑安装工程工期定额》（2000 年）；

（7）《全国统一施工机械台班费用编制规则》（2001 年）；

（8）南京市 2013 年下半年建筑工程材料指导价格。

4.5.1.3 本定额的组成

1. 章、节组成

本定额由 24 章及 9 个附录组成（见表 4-13），包括一般工业与民用建筑的工程实体项目和部分措施项目，其中：第一章至第十八章为工程实体项目，第十九章至第二十四章为工程措施项目，不能列出定额项目的措施费用，应按照《江苏省建设工程费用定额》（2014年）的规定进行计算。

表 4-13 2014 年《江苏省建筑与装饰工程计价定额》章、节、子目、页数一览表

章号	各章名称	节数	子目数	页数
	工程实体项目			
第一章	土、石方工程	2	359	1~57 页
第二章	地基处理及边坡支护工程	2	46	58~75 页
第三章	桩基工程	2	94	76~108 页
第四章	砌筑工程	4	112	109~143 页
第五章	钢筋工程	4	51	144~163 页
第六章	混凝土工程	3	441	164~281 页
第七章	金属结构工程	8	63	282~305 页
第八章	构件运输及安装工程	2	153	306~356 页
第九章	木结构工程	3	81	357~376 页
第十章	屋面及防水工程	4	227	377~438 页
第十一章	保温、隔热、防腐工程	2	246	439~498 页
第十二章	厂区道路及排水工程	10	70	499~518 页
第十三章	楼地面工程	6	168	519~566 页
第十四章	墙柱面工程	4	228	567~623 页
第十五章	天棚工程	6	95	624~652 页
第十六章	门窗工程	5	346	653~739 页
第十七章	油漆、涂料、裱糊工程	2	250	740~796 页
第十八章	其他零星工程	17	114	797~841 页
	工程措施项目			
第十九章	建筑物超高增加费用	2	36	842~848 页
第二十章	脚手架工程	2	102	849~873 页
第二十一章	模板工程	4	258	874~956 页
第二十二章	施工排水、降水	2	21	957~961 页
第二十三章	建筑工程垂直运输	4	58	962~974 页
第二十四章	场内二次搬运	2	136	975~994 页
	附录			
一	混凝土及钢筋混凝土构件模板、钢筋含量表	4		996~1 001 页

章号	各章名称	节数	子目数	页数
二	机械台班预算单价取定表	2		1 002~1 011 页
三	混凝土、特种混凝土配合比表	4		1 012~1 058 页
四	砌筑砂浆、抹灰砂浆、其他砂浆配合比表	3		1 059~1 070 页
五	防腐耐酸砂浆配合比表	1		1 071~1 075 页
六	主要建筑材料预算价格取定表	1		1 076~1 106 页
七	抹灰分层厚度及砂浆种类表	4		1 107~1 111 页
八	主要材料、半成品损耗率取定表	1		1 112~1 116 页
九	常用钢材理论重量及形体公式计算表	3		1 117~1 139 页

2. 本定额中的单价组成

本定额中的单价为综合单价，由人工费、材料费、机械费、管理费、利润等五项费用组成，表4-14以本定额中砖砌内墙定额子目为例介绍定额中综合单价的组成。

表4-14　砖砌内墙定额子目示例

工作内容：1. 清理地槽、递砖、调制砂浆、砌砖

　　　　　2. 砌砖过梁、砌平拱、模板制作、安装、拆除

　　　　　3. 安放预制过梁板、垫块、木砖

定额编号				4-41	
项　目		单位	单价/元	1 标准砖内墙	
				标准砖	
				数量	合价/元
综 合 单 价		元		426.57	
其中	人工费	元		108.24	
	材料费	元		270.39	
	机械费	元		5.76	
	管理费	元		28.5	
	利润	元		13.68	
二类工		工日	82.00	1.32	108.24
材料	04135500　标准砖 240×115×53	百块	42.00	5.32	223.44
	04010611　水泥 32.5 级	kg	0.31	0.30	0.09
	80010104　水泥砂浆 M5	m³	180.37	(0.235)	(42.39)
	80010105　水泥砂浆 M7.5	m³	182.23	(0.235)	(42.82)
	80010106　水泥砂浆 M10	m³	191.53	(0.235)	(45.01)
	80050104　混合砂浆 M5	m³	193.00	0.235	45.36
	80050105　混合砂浆 M7.5	m³	195.20	(0.235)	(45.87)
	80050106　混合砂浆 M10	m³	199.56	(0.235)	(46.90)
	31150101　水	m³	4.70	0.106	0.50
	其他材料费				1.00
机械	99050503　灰浆拌和机 拌筒容量 200 L	台班	122.64	0.047	5.76

3. 本定额中的定额子目

本定额中每一个子目有一个编号，编号的前面一位数字代表的是章号，后面数字是子目编号，从1开始顺序编号。例如，4-41代表第四章（砌筑工程）的第41个子目。查定额就可以获得4-41的进一步信息：砌筑1 m³的1标准砖内墙综合单价426.57元，其中人工费108.24元，材料费270.39元，机械费5.76元，管理费28.50元，利润13.68元……

部分预算定额项目在引用了其他项目综合单价时，引用的项目综合单价列入材料费一栏，但其五项费用数据在汇总时已作拆解分析，如表4-15和表4-16所示。材料栏中列入了5-27综合子目，但实际上已将5-27综合子目中的五项费用拆分后放进了9-61的五项费用中。

表4-15 方木梁定额示例

定额编号				9-61	
项 目		单位	单价/元	梁	
				方木	
				数量	合价/元
综 合 单 价			元	2 222.01	
其中	人工费		元	272.40	
	材料费		元	1 833.71	
	机械费		元	11.03	
	企业管理费		元	70.86	
	利润		元	34.01	
二类工		工日	82.00	2.93	240.26
材料	05030600	普通木成材	m³	1 600.00	1.10	1 760.00
	12060334	防腐油	kg	6.00	0.60	3.60
		其他材料费	元			0.55
	5-27	铁件制作	t	9 192.70	0.014	128.70

表4-16 铁件制作定额示例

定额编号				5-27	
项 目		单位	单价/元	铁件制作	
				数量	合价/元
综 合 单 价			元	9 192.70	
其中	人工费		元	2 296.00	
	材料费		元	4 968.25	
	机械费		元	787.54	
	企业管理费		元	770.89	
	利润		元	370.02	
二类工		工日	82.00	28	2 296.00
材料	01270100	型钢	t	4 080.00	1.05	4 284.00
	03410205	电焊条 J422	kg	5.80	30	174.00
	12370305	氧气	m³	3.3	43.50	143.55
	12370336	乙炔气	m³	16.38	18.90	309.58
	11030303	防锈漆	kg	15.00	2.42	36.30
	12030107	油漆溶剂油	kg	14.00	0.25	3.50
		其他材料费	元			17.32
机械	99250306	交流弧焊机 容量40 kV·A	台班	135.37	5.52	747.24
		其他机械费	元			40.30

9-61 中的人工费 272.40 = 240.26 + 0.014 × 2 296.00；

9-61 中的材料费 1 833.71 = 1760.00 + 3.60 + 0.55 + 0.014 × 4 968.25；

9-61 中的机械费 11.03 = 0.014 × 787.54。

4. 定额的使用

按照定额的使用情况，主要有以下三种形式。

（1）完全套用：只有实际施工做法，人工、材料、机械的种类和消耗量与定额水平完全一致，或虽有不同但不允许换算的情况才采用完全套用，也就是直接使用定额中的消耗量信息、管理费费率和利润费率。

（2）换算套用：当实际施工做法的人工、材料、机械的种类和消耗量与定额有出入，又属于允许换算的情况时，一般根据两者的不同来换算获得实际做法的综合单价。

①手工换算的计算公式如下：

换算价格 = 定额价格 − 换出价格 + 换入价格

　　　　 = 定额价格 − 换出部分工程量 × 单价 + 换入部分工程量 × 单价

②计算机软件换算：采用直接代换，将定额中需换算的部分直接用代换部分的数值代入即可。

（3）补充定额：对于一些新技术、新工艺、新方法及定额的缺项子目，定额中没有相近的子目可以套用，就需要作补充定额。补充定额的制定方法如下。

①借：可以看看其他省、其他专业的定额中有无此定额或相近定额，如果有就可以借过来做成补充定额用。但是借的时候要注意，只能借人工、材料、机械的消耗量，然后根据本定额的费用组成形成综合单价。

②测：就是采用前面介绍的定额测定的方法，测定出相关的人工、材料、机械的消耗量，进而获得人工费、材料费、机械费，在人工费、材料费和机械费的基础上组成综合单价。

【例 4-6】　某工程砌筑标准砖 1 砖厚内墙，砌筑砂浆采用水泥砂浆 M5，其余与定额规定相同，求其综合单价。

分析：根据题意，实际施工采用的材料与定额选用材料不同，现在要计算实际情况下的综合单价，很显然要使用定额换算的方法。换算的是变化的部分，人工、材料、机械中只有材料发生变化，管理费、利润与材料无关，故只需换算材料一项。

【解】　查计价定额，相近子目编号为 4-41（见表 4-14）。

换算后综合单价 = 原综合单价 − 原混合砂浆 M5 价格 + 现水泥砂浆 M5 价格

　　　　　　　 = 426.57 − 45.36 + 42.39

　　　　　　　 = 423.60 元/m³

答：换算后的综合单价为 423.60 元/m³。

4.5.2　预算定额的有关规定

预算定额的有关规定如下。

（1）本定额中的综合单价由人工费、材料费、机械费、管理费、利润等五项费用组成。定额项目中带括号的材料价格供选用，不包含在综合单价内。部分定额项目在引用了其他项目综合单价时，引用的项目综合单价列入材料费一栏，但其五项费用数据在项目汇总时已作拆解分析，使用中应予注意。

（2）本定额是按在正常的施工条件下，结合江苏省颁发的地方标准《江苏省建筑安装工程施工技术操作规程》（DGJ 32/27～52—2006）、现行的施工及验收规范和江苏省颁发的部分建筑构、配件通用图做法进行编制。

（3）本定额的装饰项目是按中档装饰水准编制的，设计四星及四星以上宾馆、总统套房、展览馆及公共建筑等对其装修有特殊设计要求和较高艺术造型的装饰工程时，应适当增加人工，增加标准在招标文件或合同中明确，一般控制在10%以内。

（4）家庭室内装饰可以执行本定额，执行本定额时其人工乘以系数1.15。

（5）本定额中未包括的拆除、铲除、拆换、零星修补等项目，应按照《江苏省房屋修缮工程计价表》（2009年）及其配套费用定额执行；未包括的水电安装项目按照《江苏省安装工程计价定额》（2014年）及其配套费用定额执行。因本定额缺项而使用其他专业定额消耗量时，仍按本定额对应的费用定额执行。

（6）本定额中规定的工作内容均包括完成该项目过程的全部工序及施工过程中所需的人工、材料、半成品和机械台班数量。除定额中有规定允许调整外，其余不得因具体工程的施工组织设计、施工方法和工、料、机等耗用与定额有出入而调整定额用量。

（7）本定额中的檐高是指设计室外地面至檐口的高度。檐口高度按以下情况确定（见图4-1）：

①坡（瓦）屋面按檐墙中心线处屋面板面或椽子上表面的高度计算；

②平屋面以檐墙中心线处平屋面的板面高度计算；

③屋面女儿墙、电梯间、楼梯间、水箱等高度不计入。

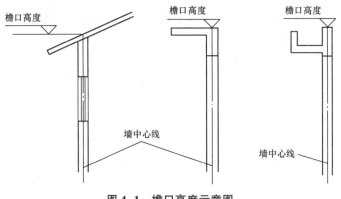

图4-1 檐口高度示意图

（8）本定额人工工资分别按一类工85.00元/工日、二类工82.00元/工日、三类工77.00元/工日计算。每工日按8 h工作制计算。工日中包括基本用工、材料场内运输用工、部分项目的材料加工及人工幅度差。

（9）材料消耗量及有关规定如下。

①本定额中材料预算价格的组成：材料预算价格=[采购原价(包括供销部门手续费和包装费)+场外运输费]×1.02(采购保管费)。

②本定额项目中的主要材料、辅助材料、成品、半成品均按合格的品种、规格加附录中的操作损耗以数量列入定额，其他材料以"其他材料费"按"元"列入。

③周转性材料已按"规范"及"操作规程"的要求以摊销量列入相应项目。

④使用现场集中搅拌混凝土时综合单价应调整。本定额按C25以下的混凝土以32.5级复合硅酸盐水泥、C25以上的混凝土以42.5级硅酸盐水泥、砌筑砂浆与抹灰砂浆以32.5级硅酸盐水泥的配合比列入综合单价。若混凝土实际使用水泥级别与定额取定不符，则竣工结

算时以实际使用的水泥级别按配合比的规定进行调整；若砌筑、抹灰砂浆使用水泥级别与定额取定不符，则不调整水泥用量，应调整价差。本定额各章项目综合单价取定的混凝土、砂浆强度等级，设计与定额不符时可以调整。

【例 4-7】 某工程采用自拌混凝土现浇 C30 混凝土柱，混凝土中的水泥采用 32.5 级水泥，求其子目单价。

【解】 查计价表，相近子目编号为 6-14（见表 4-2）。

换算后子目单价=原子目单价−原 C30 混凝土材料费+现 C30 混凝土消耗量×

现 C30 混凝土材料单价（见表 4-3）

$= 506.05 - 261.01 + 0.985 \times 278.82$

$= 519.68$ 元/m³

答：换算后的子目单价为 519.68 元/m³。

【例 4-8】 某工程砌筑标准砖 1 砖厚内墙，砌筑砂浆采用混合砂浆 M5，砂浆中的水泥采用 42.5 级水泥，已知 32.5 水泥 0.31 元/kg，42.5 水泥 0.35 元/kg，其余与定额规定相同，求其综合单价。

【解】 查计价定额，相近子目编号为 4-41（见表 4-14）。

换算后综合单价=原综合单价+水泥材差（见表 4-17）

$= 426.57 + 0.235 \times 202 \times (0.35 - 0.31)$

$= 428.47$ 元/m³

答：换算后的综合单价为 428.47 元/m³。

表 4-17 砌筑砂浆配合比表

代码编号				80050104		80050105	
项 目	单位/元	单价/元		混合砂浆 砂浆强度等级			
				M5		M7.5	
				数量	合价/元	数量	合价/元
基 价		元		193.00		195.20	
材料	水泥 32.5 级	kg	0.31	202.00	62.62	230.00	71.30
	中砂	t	69.37	1.61	111.69	1.61	111.69
	石灰膏	m³	216.00	0.08	17.28	0.05	10.80
	水	m³	4.70	0.30	1.14	0.30	1.41

⑤本定额中，砂浆按现拌砂浆考虑。如使用预拌砂浆，按定额中相应现拌砂浆定额子目进行套用和换算，并按以下办法对人工工日、材料、机械台班进行调整。

a. 使用湿拌砂浆，扣除人工 0.45 工日/m³（指砂浆用量）；将现拌砂浆换算成湿拌砂浆；扣除相应定额子目中的灰浆拌和机台班。

b. 使用散装干拌（混）砂浆：扣除人工 0.30 工日/m³（指砂浆用量）；干拌（混）砂浆和水的配合比可按砂浆生产企业使用说明的要求计算，编制预算时，应将每立方米现拌砂浆换算成干拌（混）砂浆 1.75 t 及水 0.29 t；扣除相应子目中的灰浆拌和机台班，另增加电 2.15 kW·h/m³（指砂浆用量），该电费计入其他机械费中。

c. 使用袋装干拌（混）砂浆：扣除人工 0.20 工日/m³（指砂浆用量）；干拌（混）砂浆和水的配合比可按砂浆生产企业使用说明的要求计算，编制预算时，应将每立方米现拌砂浆换算成干拌（混）砂浆 1.75 t 及水 0.29 t。

⑥对于本定额项目中的黏土材料，若就地取土，则应扣除黏土价格，另增挖、运土方费用。

⑦对于现浇、预制混凝土构件内的预埋铁件，应另列预埋铁件制作、安装等项目进行计算。

⑧本定额中，凡注明规格的木材及周转木材单价，均已包括方板材改制成定额规格木材或周转木材的加工费。即：

$$木材预算单价=材料原价+材料运杂费+运输损耗费+采购保管费+加工费$$

方板材改制成定额规格木材或周转木材的出材率按91%计算（所购置方板材=定额用量×1.0989），圆木改制成方板材的出材率及加工费另行计算。

⑨本定额项目中的综合单价、附录中的材料预算价格仅反映定额编制期的市场价格水平；编制工程概算、预算、结算时，按工程实际发生的预算价格计入综合单价内。

⑩建设单位供应的材料（甲供材），建设单位完成了采购和运输并将材料运至施工工地仓库交施工单位保管的，施工单位退价时应按实际发生的预算价格除以1.01退给建设单位（1%作为施工单位的现场保管费）。

建设单位供应木材中板材（25 mm厚以内）到现场退价时，如建设单位完成了采购和运输并将材料运至施工工地仓库交施工单位保管的，按定额分析用量和每立方米预算价格除以1.01再减105元（方板材改制成定额规格木材或周转木材的加工费）后的单价退给甲方。

甲供材料和甲供设备费用应在计取现场保管费后，在税前扣除。

注意：营改增后工程造价关于甲供材的处理发生了变化。直接的变化就是甲供材的费用不进工程造价了，间接地将影响到甲乙双方对甲供材的管理方式。

（10）本定额的垂直运输机械费已包含了单位工程在经江苏省调整后的国家定额工期内完成全部工程项目所需要的垂直运输台班费用。

（11）本定额的机械台班单价按《江苏省施工机械台班2007年单价表》取定，其中：人工工资单价82.00元/工日；汽油10.64元/kg；柴油9.03元/kg；煤1.1元/kg；电0.89元/（kW·h）；水4.70元/m³。

（12）本定额中，除脚手架、垂直运输费用定额已注明其适用高度外，其余章节均是按檐口高度在20 m以内编制的。超过20 m时，建筑工程另按建筑物超高增加费用定额计算超高增加费，单独装饰工程则另外计取超高人工降效费。

（13）本定额中的塔吊、施工电梯基础、塔吊电梯与建筑物连接件项目，供编制施工图预算、最高投标限价（招标控制价）、标底使用，投标报价、竣工结算时应根据施工方案进行调整。

（14）为方便承发包双方的工程量计算，本定额在附录一中列出了混凝土构件的模板、钢筋含量表，供参考使用。按设计图纸计算模板接触面积或使用混凝土含模量折算模板面积，同一工程两种方法仅能使用其中一种，不得混用。竣工结算时，使用含模量者，不因与实际接触面积不同进行调整；使用含钢量者，钢筋应按设计图纸计算的质量（工程上一般用"重量"表示"质量"）进行调整，表4-18为混凝土及钢筋混凝土构件模板、钢筋含量表示例。

表4-18 混凝土及钢筋混凝土构件模板、钢筋含量表示例

分类	项目名称	混凝土计量单位	含模量/m²	含钢量/(t·m⁻³)	
				钢筋（φ12 mm以内）	钢筋（φ12 mm以外）
现浇构件					
满堂基础	垫层	m³	0.20		
	无梁式	m³	0.52	0.024	0.056
	有梁式	m³	1.52	0.034	0.079

【**例 4-9**】　某钢筋混凝土现浇单梁，截面尺寸 $b \times h = 300 \text{ mm} \times 400 \text{ mm}$，梁长 3 m，计算该梁的含模量。

分析：钢筋混凝土单梁采用左、下、右三面支模。

【**解**】　$含模量 = \dfrac{构件模板接触面积}{构件混凝土体积}$

$$= \dfrac{3 \times (0.4 + 0.3 + 0.4)}{0.3 \times 0.4 \times 3}$$

$$= 9.17 \text{ m}^2/\text{m}^3$$

答：该梁的含模量为 m^2/m^3。

（15）钢材理论质量与实际质量不符时，钢材数量可以调整，调整系数由施工单位提出资料与建设单位、设计单位共同研究确定。

（16）现场堆放材料有困难，材料不能直接运到单位工程周边需再次中转，建设单位不能按正常合理的施工组织设计提供材料、构件堆放场地和临时设施用地的工程而发生的二次搬运费用，按本定额第二十四章子目执行。

（17）工程施工用水、电（性质类同甲供材），应由建设单位在现场装置水、电表，交施工单位保管使用，施工单位按电表读数乘以单价付给建设单位；如无条件装表计量，由建设单位直接提供水电，在竣工结算时按定额含量乘以单价付给建设单位。生活用电按实际发生金额支付。

注意：若在现场没有装表计量，则按定额含量来扣除水、电费。而定额含量中的水、电费指的是生产用水、电费。无表计量的，生活用电往往难以扣除。因此，现场管理人员为免于工程纠纷起见，最好在现场装表计量。

（18）同时使用两个或两个以上系数时，采用连乘方法计算。

（19）本定额的缺项项目，由施工单位提出实际耗用的人工、材料、机械含量测算资料，经工程所在市工程造价管理处（站）批准并报江苏省建设工程造价管理总站备案后方可执行。

（20）本定额中凡注明"×××以内"者均包括×××本身，"×××以上"者均不包括×××本身。

（21）本定额由江苏省建设工程造价管理总站负责解释。

4.6　工 期 定 额

4.6.1　工期定额的含义和作用

工期定额是指在一定的经济和社会条件下，在一定时期内由建设行政主管部门制定并发布的工程项目建设消耗时间标准。

2016 年 10 月 1 日执行的《建筑安装工程工期定额》（TY 01-89—2016）是在《全国统一建筑安装工程工期定额》（2000 年）基础上，依据国家现行产品标准、设计规范、施工及验收规范、质量评定标准和技术、安全操作规程，按照正常施工条件、常用施工方法、合理劳动组织及平均施工技术装备和管理水平，并结合当前常见结构及规模建筑安装工程的施工情况编制的。

工期定额具有一定的法规性，是编制招标文件的依据，是签订建筑安装工程施工合同、确定合理工期及施工索赔的基础，也是施工企业编制施工组织设计、确定投标工期、安排施工进度的参考，还是预算定额中计算综合脚手架、垂直运输费的重要依据。

4.6.2 《建筑安装工程工期定额》（TY 01-89—2016）的有关规定

1. 工期定额的适用范围和作用

（1）本定额适用于新建和扩建的建筑安装工程。

（2）本定额是国有资金投资工程在可行性研究、初步设计、招标阶段确定工期的依据，非国有资金投资工程参照执行；是签订建筑安装工程施工合同的基础。

2. 工期定额的内容

工期定额包括民用建筑工程、工业及其他建筑工程、构筑物工程、专业工程四部分内容。具体内容划分如表4-19~表4-22所示。

表4-19 民用建筑工程工期定额内容组成

民用建筑工程	一、±0.000以下工程	1. 无地下室工程	
		2. 有地下室工程	
	二、±0.000以上工程	1. 居住建筑	结构类型：（1）砖混结构
		2. 办公建筑	（2）现浇剪力墙结构
		3. 旅馆、酒店建筑	（3）现浇框架结构
		4. 商业建筑	（4）装配式混凝土结构
		5. 文化建筑	结构类型：（1）现浇剪力墙结构
			（2）现浇框架结构
			（3）装配式混凝土结构
		6. 教育建筑	结构类型：（1）砖混结构
			（2）现浇剪力墙结构
			（3）现浇框架结构
			（4）装配式混凝土结构
		7. 体育建筑	结构类型：现浇框架结构
		8. 卫生建筑	结构类型：（1）砖混结构
			（2）现浇剪力墙结构
			（3）现浇框架结构
			（4）装配式混凝土结构
		9. 交通建筑	结构类型：现浇框架结构
		10. 广播电影电视建筑	结构类型：（1）现浇剪力墙结构
			（2）现浇框架结构
			（3）装配式混凝土结构
	三、±0.000以上钢结构工程		
	四、±0.000以上超高层建筑		

表 4-20　工业及其他建筑工程工期定额内容组成

工业及其他建筑工程	一、单层厂房工程		
	二、多层厂房工程		结构类型：现浇框架结构
	三、仓库		结构类型：（1）砖混结构 （2）现浇框架结构
	四、辅助附属设施	1. 降压站工程	结构类型：（1）砖混结构 （2）现浇混凝土结构 （3）预制钢筋混凝土结构
		2. 冷冻机房工程	结构类型：现浇混凝土结构
		3. 冷库、冷藏间工程	结构类型：现浇混凝土结构
		4. 空压机房工程	结构类型：（1）砖混结构 （2）现浇混凝土结构
		5. 变电室工程	
		6. 开闭所工程	
		7. 锅炉房工程	
		8. 服务用房工程	
	五、其他建筑工程	1. 汽车库（无地下室）	结构类型：现浇混凝土结构
		2. 独立地下工程	结构类型：现浇混凝土结构
		3. 室外停车场（地基处理另行考虑）	结构类型：现浇混凝土结构
		4. 园林庭院工程	

表 4-21　构筑物工程工期定额内容组成

构筑物工程	一、烟囱
	二、水塔
	三、钢筋混凝土贮水池
	四、钢筋混凝土污水池
	五、滑模筒仓
	六、冷却塔

表 4-22　专业工程工期定额内容组成

专业工程	一、机械土方工程		
	二、桩基工程	1. 预制混凝土桩；2. 钻孔灌注桩；3. 冲孔灌注桩；4. 人工挖孔桩；5. 钢板桩	
	三、装饰装修工程	1. 住宅工程	
		2. 宾馆、酒店、饭店工程	装修标准：（1）3 星级以内 （2）4 星级 （3）5 星级
		3. 公共建筑工程	
	四、设备安装工程	1. 变电室安装；2. 开闭所安装；3. 降压站安装；4. 发电机房安装；5. 空压站安装；6. 消防自动报警系统安装；7. 消防灭火系统安装；8. 锅炉房安装；9. 热力站安装；10. 通风空调系统安装；11. 冷冻机房安装；12. 冷库、冷藏间安装；13. 起重机安装；14. 金属容器安装	
	五、机械吊装工程	1. 构件吊装工程	
		2. 网架吊装工程	节点形式：（1）空心钢球；（2）螺栓球
	六、钢结构工程		

3. 工期定额说明

（1）本定额工期，是指自开工之日起，到完成各章、节所包含的全部工程内容并达到国家验收标准之日止的日历天数（包括法定节假日）；不包括三通一平、打试验桩、地下障碍物处理、基础施工前的降水和基坑支护、竣工文件编制所需的时间。

（2）我国各地气候条件差别较大，以下省、市、自治区按其省会（首府）气候条件为基准划分为Ⅰ、Ⅱ、Ⅲ类地区，工期天数分别列项。

Ⅰ类地区：上海、江苏、浙江、安徽、福建、江西、湖北、湖南、广东、广西、四川、贵州、云南、重庆、海南。

Ⅱ类地区：北京、天津、河北、山西、山东、河南、陕西、甘肃、宁夏。

Ⅲ类地区：内蒙古、辽宁、吉林、黑龙江、西藏、青海、新疆。

设备安装和机械施工工程执行本定额时不分地区类别。

（3）本定额综合考虑了冬雨季施工、一般气候影响、常规地质条件和节假日等因素。

（4）本定额已综合考虑预拌混凝土和现场搅拌混凝土、预拌砂浆和现场搅拌砂浆的施工因素。

（5）框架-剪力墙结构工期按照剪力墙结构工期计算。

（6）本定额的工期是按照合格产品标准编制的。

工期压缩时，宜组织专家论证，且相应增加压缩工期增加费。

（7）本定额施工工期的调整内容如下：

①施工过程中，遇不可抗力、极端天气或政府政策影响施工进度或暂停施工的，按照实际延误的工期顺延；

②施工过程中发现实际地质情况与地质勘察报告出入较大的，应按照实际地质情况调整工期；

③施工过程中遇到障碍物或古墓、文物、化石、流砂、溶洞、暗河、淤泥、石方、地下水等需要进行特殊处理且影响关键线路时，工期相应顺延；

④合同履行过程中，因非承包人原因发生重大设计变更的，应调整工期；

⑤其他非承包人原因造成的工期延误应予以顺延。

（8）同期施工的群体工程中，一个承包人同时承包2个以上（含2个）单项（位）工程时，工期的计算方法：以一个最大工期的单项（位）工程为基数，另加其他单项（位）工程工期总和乘以相应系数。相应系数的计算：加1个乘以系数0.35；加2个乘以系数0.2；加3个乘以系数0.15；加4个及4个以上的单项（位）工程不另增加工期。

加1个单项（位）工程：$T = T_1 + T_2 \times 0.35$。

加2个单项（位）工程：$T = T_1 + (T_2 + T_3) \times 0.2$。

加3个及以上单项（位）工程：$T = T_1 + (T_2 + T_3 + T_4) \times 0.15$。

其中，T 为工程总工期；T_1、T_2、T_3、T_4 为所有单项（位）工程工期最大的前4个，且 $T_1 \geq T_2 \geq T_3 \geq T_4$。

（9）本定额建筑面积按照《建筑工程建筑面积计算规范》（GB/T 50353—2013）计算；层数以建筑自然层数计算，设备管道层计算层数，出屋面的楼（电）梯间、水箱间不计算层数。

（10）本定额子目中凡注明"××以内（下）"者，均包括"××"本身，"××以外（上）"者，则不包括"××"本身。

（11）超出本定额范围的按照实际情况另行计算工期。

4. 工期定额示例

±0.00 以下无地下室工程工期定额示例见表 4-23。

表 4-23　±0.00 以下无地下室工程工期定额示例

编　号	基础类型	首层建筑面积/m²	工期/天		
			Ⅰ类	Ⅱ类	Ⅲ类
1-9		500 以内	40	45	50
1-10		1 000 以内	45	50	55
1-11		2 000 以内	51	56	61
1-12	筏板基础、满堂基础	3 000 以内	58	63	68
1-13		4 000 以内	72	77	82
1-14		5 000 以内	76	81	86
1-15		10 000 以内	105	110	115
1-16		10 000 以外	130	135	140
…	…	…	…	…	…

±0.00 以下有地下室工程工期定额示例见表 4-24。

表 4-24　±0.00 以下有地下室工程工期定额示例

编　号	层　数	建筑面积/m²	工期/天		
			Ⅰ类	Ⅱ类	Ⅲ类
1-25		1 000 以内	80	85	90
1-26		3 000 以内	105	110	115
1-27		5 000 以内	115	120	125
1-28	1	7 000 以内	125	130	135
1-29		10 000 以内	150	155	160
1-30		10 000 以外	170	175	180
…	…	…	…	…	…

±0.00 以上办公楼工程，现浇剪力墙结构工期定额示例见表 4-25。

表 4-25　±0.00 以上办公楼工程，现浇剪力墙结构工期定额示例

编　号	层　数	建筑面积/m²	工期/天		
			Ⅰ类	Ⅱ类	Ⅲ类
1-229		3 000 以内	175	185	200
1-230	6 以下	6 000 以内	190	200	215
1-231		9 000 以内	205	215	230
1-232		9 000 以外	225	235	250
…	…	…	…	…	…

编　号	层　数	建筑面积/m²	工期/天		
			Ⅰ类	Ⅱ类	Ⅲ类
1-248	16 以下	15 000 以内	360	385	405
1-249		20 000 以内	380	405	425
1-250		25 000 以内	400	425	445
1-251		30 000 以内	420	445	465
1-252		30 000 以外	445	470	490
1-253	20 以下	20 000 以内	430	455	480
1-254		25 000 以内	450	475	500
1-255		30 000 以内	470	495	520
1-256		35 000 以内	490	515	540
1-257		35 000 以外	515	540	565
…	…	…	…	…	…

±0.00 以上办公楼工程，现浇框架结构工期定额示例见表4-26。

表4-26　±0.00 以上办公楼工程，现浇框架结构工期定额示例

编　号	层　数	建筑面积/m²	工期/天		
			Ⅰ类	Ⅱ类	Ⅲ类
1-268	3 以下	1 000 以内	175	185	200
1-269		3 000 以内	190	200	215
1-270		5 000 以内	205	215	230
1-271		5 000 以外	225	235	250
1-272	6 以下	3 000 以内	220	230	245
1-273		6 000 以内	240	250	265
1-274		9 000 以内	255	265	280
1-275		9 000 以外	280	290	305
1-276	8 以下	6 000 以内	260	270	290
1-277		8 000 以内	275	285	305
1-278		10 000 以内	290	300	320
1-279		12 000 以内	305	315	335
1-280		12 000 以外	330	340	360
…	…	…	…	…	…

【例4-10】　南京某现浇框架结构教学楼工程，无地下室，采用筏板基础，±0.00 以上6层，每层建筑面积均为 1 600 m²，请计算该工程工期。

【解】　根据表4-23查1-11得：基础工期 $T_1=51$ 天

总建筑面积=6×1 600=9 600 m²

根据表4-26查1-275得：上部工程工期 $T_2=280$ 天

该工程总工期 $T=T_1+T_2=51+280=331$ 天

答：该工程工期为331天。

第5章 建筑工程造价计算内容及方法

5.1 建筑工程造价的费用组成

1. 按造价形成划分

按造价形成划分，建筑工程造价的费用由分部分项工程费、措施项目费、其他项目费、规费和税金五大部分组成，如图5-1所示。

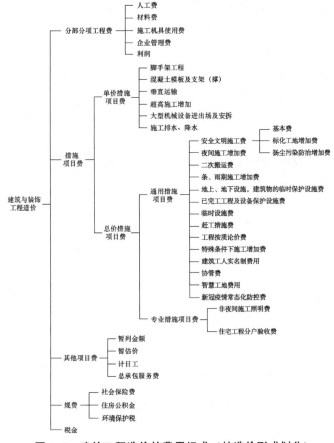

图5-1 建筑工程造价的费用组成（按造价形成划分）

2. 按费用构成要素划分

按费用构成要素划分，建筑工程造价的费用组成如图 5-2 所示。

图 5-2　建筑工程造价的费用组成（按费用构成要素划分）

5.1.1　分部分项工程费的组成及计算方法

分部分项工程费是指施工过程中耗费的构成工程实体性项目的各项费用，由人工费、材料费、施工机具使用费、企业管理费和利润五部分内容组成。计算公式如下：

$$分部分项工程费 = 工程量 \times (除税)综合单价$$

综合单价指的是完成一个规定清单项目所需的人工费、材料费、施工机具使用费、企业管理费、利润及一定范围内的风险费用。

风险费用指的是隐含于已标价工程量清单综合单价中，用于化解承发包双方在工程合同中约定内容和范围内的市场价格波动风险的费用。

1. 人工费

人工费指按工资总额构成规定，支付给从事建筑安装工程施工的生产工人和附属生产单位工人的各项费用。计算公式如下：

$$人工费 = 人工消耗量 \times 人工单价$$

2. 材料费

材料费是指施工过程中耗费的原材料、辅助材料、构配件、零件、半成品或成品、工程设备的费用。计算公式如下：

$$材料费 = 材料消耗量 \times (除税)材料单价$$

3. 施工机具使用费

施工机具使用费是指施工作业所产生的施工机械、仪器仪表使用费或其租赁费，具体内容如下。

（1）施工机械使用费：以施工机械台班耗用量乘以施工机械台班单价表示。

（2）仪器仪表使用费：工程施工所需使用的仪器仪表的摊销及维修费用。计算公式如下：

$$施工机具使用费 = 机械消耗量 \times (除税)机械单价$$

4. 企业管理费

企业管理费是指施工企业组织施工生产和经营管理所需的费用。计算公式如下：

$$企业管理费 = (人工费 + 施工机具使用费) \times 费率$$

5. 利润

利润是指施工企业完成所承包工程获得的盈利。计算公式如下：

$$利润 = (人工费 + 施工机具使用费) \times 费率$$

5.1.2　措施项目费的组成及计算方法

措施项目费是指为完成建设工程施工，发生于该工程施工前和施工过程中的技术、生活、安全、环境保护等方面的费用。

根据现行工程量清单计算规范，措施项目费分为单价措施项目费与总价措施项目费。

5.1.2.1　单价措施项目费的组成及计算方法

单价措施项目是指在现行工程量清单计算规范中有对应工程量计算规则，按人工费、材料费、施工机具使用费、管理费和利润形式组成综合单价的措施项目。

单价措施项目内容根据专业不同而不同，建筑工程包括项目：脚手架工程；混凝土模板及支架（撑）；垂直运输；超高施工增加；大型机械设备进出场及安拆；施工排水、降水。

单价措施项目中各措施项目的工程量清单项目设置、项目特征、计量单位、工程量计算规则及工作内容均按现行工程量清单计算规范执行。计算公式如下：

$$单价措施项目费 = 工程量 \times （除税）综合单价$$

5.1.2.2　总价措施项目费的组成及计算方法

总价措施项目是指在现行工程量清单计算规范中无工程量计算规则，以总价（或计算基础乘费率）计算的措施项目。

总价措施项目费分为通用措施项目费（各专业都可能发生）和专业措施项目费（特定专业发生）。

1. 通用措施项目费的组成

（1）安全文明施工费：为满足安全、文明、绿色施工及环境保护、职工健康生活所需要的各项费用。本项为不可竞争费用。

①安全施工包括内容：安全资料、特殊作业专项方案的编制，安全施工标志的购置及安全宣传的费用；"三宝"（安全帽、安全带、安全网）、"四口"（楼梯口、电梯井口、通道口、预留洞口）、"五临边"（阳台围边、楼板围边、屋面围边、槽坑围边、卸料平台两侧），水平防护架、垂直防护架、外架封闭等防护的费用；施工安全用电的费用，包括配电箱三级配电、两级保护装置要求、外电防护措施；起重机、塔吊等起重设备（含井架、门架）及外用电梯的安全防护措施（含警示标志）费用及卸料平台的临边防护、层间安全门、防护棚等设施费用；建筑工地起重机械的检验检测费用；施工机具防护棚及其围栏的安全保护设施费用；施工安全防护通道的费用；建筑工地起重机械的检验检测费用；施工机具防护棚及其围栏的安全保护设施费用；施工安全防护通道的费用；工人的安全防护用品、用具购置费用；消防设施与消防器材的配置费用；电气保护、安全照明设施费；其他安全防护措施费用。

②文明施工包括内容："五牌一图"的费用；现场围挡的墙面美化（包括内外粉刷、刷白、标语等）、压顶装饰费用；现场厕所便槽刷白、贴面砖，水泥砂浆地面或地砖费用，建筑物内临时便溺设施费用；其他施工现场临时设施的装饰装修、美化措施费用；现场生活卫生设施费用；符合卫生要求的饮水设备、淋浴、消毒等设施费用；生活用洁净燃料费用；防煤气中毒、防蚊虫叮咬等措施费用；施工现场操作场地的硬化费用；现场绿化费用、治安综合治理费

用、现场电子监控设备费用；现场配备医药保健器材、物品费用和急救人员培训费用；用于现场工人的防暑降温费、电风扇、空调等设备及用电费用；其他文明施工措施费用。

③绿色施工包括内容：建筑垃圾分类收集及回收利用费用；夜间焊接作业及大型照明灯具的挡光措施费用；施工现场办公区、生活区使用节水器具及节能灯具增加费用；施工现场基坑降水储存使用、雨水收集系统、冲洗设备用水回收利用设施增加费用；施工现场生活区厕所化粪池、厨房隔油池设置及清理费用；从事有毒、有害、有刺激性气味和强光、噪声手工人员的防护器具费用；现场危险设备、地段、有毒物品存放地安全标识和防护措施费用；厕所、卫生设施、排水沟、阴暗潮湿地带定期消毒费用；保障现场施工人员劳动强度和工作时间符合国家标准《体力劳动强度等级要求》的增加费用等。

④环境保护包括内容：现场施工机械设备降低噪声、防扰民措施费用；水泥和其他易飞扬细颗粒建筑材料密闭存放或采取覆盖措施等费用；工程防扬尘洒水费用；土石方、建渣外运车辆冲洗、防洒漏等费用；现场污染源的控制、生活垃圾清理外运、场地排水排污措施的费用；其他环境保护措施费用。

⑤扬尘污染防治增加费：用于采取移动式降尘喷头、喷淋降尘系统、雾炮机、围墙绿植、环境监测智能化系统等环境保护措施所发生的费用，其他扬尘污染防治措施所需费用包含在安全文明施工费的环境保护费中。

（2）夜间施工增加费：规范、规程要求正常作业而发生的夜班补助、夜间施工降效、夜间照明设施的安拆、摊销、照明用电及夜间施工现场交通标志、安全标牌、警示灯安拆等费用。

（3）二次搬运费：由于施工场地限制而发生的材料、成品、半成品等一次运输不能到达堆放点，必须进行二次或多次搬运的费用。

（4）冬雨季施工增加费：在冬雨季施工期间所增加的费用，包括冬季作业、临时取暖、建筑物门窗洞口封闭及防雨措施、排水、工效降低、防冻等费用，不包括设计要求混凝土内添加防冻剂的费用。

（5）地上、地下设施，建筑物的临时保护设施费：在工程施工过程中，对已建成的地上、地下设施和建筑物进行遮盖、封闭、隔离等必要保护措施产生的费用。

（6）已完工工程及设备保护费：对已完工工程及设备采取的覆盖、包裹、封闭、隔离等必要保护措施所发生的费用。

（7）临时设施费：施工企业为进行工程施工所必需的生活和生产用的临时建筑物、构筑物和其他临时设施的搭设、使用、拆除等费用。

①临时设施：临时宿舍、文化福利及公用事业房屋与构筑物、仓库、办公室、加工场等。

②建筑、装饰、安装、修缮、古建园林工程规定范围内（建筑物沿边起50 m以内，多幢建筑两幢间隔50 m内）围墙、临时道路、水电、管线和轨道垫层等。

③市政工程施工现场在定额基本运距范围内的临时给水、排水、供电、供热线路（不包括变压器、锅炉等设备）、临时道路。不包括交通疏解分流通道、现场与公路（市政道路）的连接道路、道路工程的护栏（围挡），也不包括单独的管道工程或单独的驳岸工程施工需要的沿线简易道路。

建设单位同意在施工就近地点临时修建混凝土构件预制场所发生的费用，应向建设单位结算。

（8）赶工措施费：施工合同工期比现行工期定额提前，施工企业为缩短工期所发生的费用。赶工措施费如施工过程中，发包人要求实际工期比合同工期提前时，由承发包双方另行约定。

（9）工程按质论价费：施工合同约定质量标准超过国家规定，施工企业完成工程质量达到经有权部门鉴定或评定为优质工程所必须增加的施工成本费。

（10）特殊条件下施工增加费：地下不明障碍物、铁路、航空、航运等交通干扰而发生的施工降效费用。

（11）建筑工人实名制费用：封闭式施工现场的进出场门禁系统和生物识别电子打卡设备，非封闭式施工现场的移动定位、电子围栏考勤管理设备，现场显示屏，实名制系统使用及管理费用等。

（12）协管费：由施工单位负责监管协调违建拆除及恢复工作的费用。

（13）智慧工地费：现场安全隐患排查、人员信息动态管理、扬尘管控视频监控、高处作业防护预警、危大工程监测预警及集成平台等设备、软件和管理费用。

（14）新冠疫情常态化防控费：新冠疫情常态化防控费是按照《关于印发房屋市政工程常态化疫情防控指南的通知》（苏建函质安〔2021〕606 号）实施的措施费用。

新冠疫情常态化防控费工作内容及包含范围如下。

①防控物资费：采购口罩、酒精、测温枪、红外体温探测仪、防护服、护目镜、手套、消毒喷壶、电动喷雾器、水银温度计、防疫标语、宣传牌、废弃防疫物资专用回收箱（垃圾桶）等的费用。

②防控人员费：因疫情防控增加的专职消杀人员及现场管理人员的工资。

③防控增加的临时设施费：主要为现场设置的隔离棚、隔离围栏、隔离用集装箱，扩建的工人宿舍等的费用。

④重点人群常态化核酸自费检测费用、交通和时间占用的费用。

2. 专业措施项目费的组成

（1）非夜间施工照明费：为保证工程施工正常进行，在如地下室、地宫等特殊施工部位施工时所采用的照明设备的安拆、维护、摊销及照明用电等费用。

（2）住宅工程分户验收费：按《住宅工程质量分户验收规程》（DGJ 32/TJ 103—2010）的要求对住宅工程进行专门验收（包括蓄水、门窗淋水等）发生的费用。室内空气污染测试不包含在住宅工程分户验收费用中，由建设单位直接委托检测机构完成，由建设单位承担费用。

3. 总价措施项目费的计算方法

总价措施项目中以费率计算的措施项目费率标准见表 5-1～表 5-8，其计费基础为：分部分项工程费+单价措施项目费-（除税）工程设备费；其他总价措施项目，按项计取（二次搬运费，地上、地下设施、建筑物的临时保护设施，特殊条件下施工增加费），综合单价按实际或可能发生的费用进行计算。计算公式如下：

总价措施项目费=［分部分项工程费+单价措施项目费-（除税）工程设备费］×
费率或以项计费

1）安全文明施工费的计算（不可竞争费）

安全文明施工费包括基本费、标化工地增加费、扬尘污染防治增加费三部分费用。

安全文明施工费中的省级标化工地增加费按不同星级计列，具体取费标准如表 5-1、表 5-2 所示。

表5-1　安全文明施工费取费标准表（一般计税方法）

序号	工程名称	计费基础	基本费率/%	省级标化增加费/%			扬尘污染防治增加费/%
				一星级	二星级	三星级	
一	建筑工程	分部分项工程费+单价措施项目费-工程设备费	3.1	0.7	0.77	0.84	0.31
二	单独构件吊装		1.6	—			0.1
三	打预制桩/制作兼打桩		1.5/1.8	0.3/0.4	0.33/0.44	0.36/0.48	0.11/0.2
四	大型土石方		1.5				0.42

注：1. 对于开展市级建筑安全文明施工标准化示范工地创建活动的地区，市级标化工地增加费按对应省级费率乘以系数0.7执行。市级不区分星级时，按一星级省级标化增加费费率乘以系数0.7执行。

2. 建筑工程中的钢结构工程，钢结构为施工企业成品购入或加工厂完成制作，到施工现场安装的，安全文明施工措施费率标准按单独发包的构件吊装工程执行。

3. 大型土石方工程适用各专业中达到大型土石方标准的单位工程。

表5-2　安全文明施工费取费标准表（简易计税方法）

序号	工程名称	计费基础	基本费率/%	省级标化增加费/%			扬尘污染防治增加费/%
				一星级	二星级	三星级	
一	建筑工程	分部分项工程费+单价措施项目费-工程设备费	3.0	0.7	0.77	0.84	0.3
二	单独构件吊装		1.4				0.1
三	打预制桩/制作兼打桩		1.3/1.8	0.3/0.4	0.33/0.44	0.36/0.48	0.1/0.2
四	大型土石方		1.4				0.4

2）工程按质论价费的计算

（1）工程按质论价费用按国优工程、国优专业工程、省优工程、市优工程、市级优质结构工程5个等次计列。

①国优工程包括中国建设工程鲁班奖、中国土木工程詹天佑奖、国家优质工程奖。

②国优专业工程包括中国建筑工程装饰奖、中国钢结构金奖、中国安装工程优质奖（中国安装之星）等。

③省优工程指江苏省优质工程奖"扬子杯"。

④市优工程包括由各设区市建设行政主管部门评定的市级优质工程，如"金陵杯"优质工程奖。

⑤市级优质结构工程包括由各设区市建设行政主管部门评定的市级优质结构工程。

（2）工程按质论价费用作为不可竞争费用，用于创建优质工程。依法必须招标的建设工程，招标控制价（即最高投标限价）按招标文件提出的创建目标足额计列工程按质论价费用；投标报价按照招标文件要求的工程质量创建目标足额计取工程按质论价费用。依法不招标项目根据施工合同中明确的工程质量创建目标计列工程按质论价费用。

（3）建设工程达到合同约定的质量创建目标时，按照达到的质量等次计取按质论价费用；未达到合同约定的质量创建目标时，按照实际获得的质量等次计取按质论价费用；超出合同约定的创建目标时，合同有明确约定的，根据合同的约定确定是否按照实际获得的质量等次计取按质论价费用；合同未明确约定的，由承发包双方协商确定。

工程按质论价费的取费标准如表5-3、表5-4所示。

表 5-3　工程按质论价费取费标准表（一般计税方法）

序号	工程名称	计费基础	费率/%				
			国优工程	国优专业工程	省优工程	市优工程	市级优质结构
一	建筑工程	分部分项工程费+单价措施项目费-除税工程设备费	1.6	1.4	1.3	0.9	0.7

注：1. 国优专业工程按质论价费用仅以获得奖项的专业工程作为取费基础。

　　2. 获得多个奖项时，按可计列的最高等次计算工程按质论价费用，不重复计列。

表 5-4　工程按质论价费取费标准表（简易计税方法）

序号	工程名称	计费基础	费率/%				
			国优工程	国优专业工程	省优工程	市优工程	市级优质结构
一	建筑工程	分部分项工程费+单价措施项目费-工程设备费	1.5	1.3	1.2	0.8	0.6

3）建筑工人实名制费用的计算

建筑工人实名制费用取费标准如表 5-5 所示。

表 5-5　建筑工人实名制费用取费标准表

序号	工程名称	计费基础		费率/%
		一般计税	简易计税	
一	建筑工程	分部分项工程费+单价措施项目费-除税工程设备费	分部分项工程费+单价措施项目费-工程设备费	0.05
二	单独构件吊装、打预制桩/制作兼打桩			0.02
三	人工挖孔桩			0.04
四	大型土石方			0.02

注：1. 建筑工人实名制设备由建筑工人工资专用账户开户银行提供的，建筑工人实名制费用按表中费率乘以系数 0.5 计取。

　　2. 装配式混凝土房屋建筑工程按建筑工程标准计取。

4）新冠疫情常态化防控费的计算

新冠疫情常态化防控费取费标准如表 5-6 所示。

表 5-6　新冠疫情常态化防控费取费标准表

序号	工程名称	计费基础		费率/%
		一般计税	简易计税	
一	建筑工程	分部分项工程费+单价措施项目费-除税工程设备费	分部分项工程费+单价措施项目费-工程设备费	0.3~0.6
二	大型土石方			0.2~0.4

注：装配式混凝土房屋建筑工程按建筑工程标准计费。

5）其余总价措施项目费的计算

其余总价措施项目费的取费标准如表 5-7、表 5-8 所示。

表 5-7　其余总价措施项目费取费标准表（一般计税方法）

项目	计算基础	费率/%	
		建筑工程	单独装饰工程
夜间施工		0~0.1	0~0.1
非夜间施工照明		0.2	0.2
冬、雨期施工	分部分项工程费+单价措施项目费-除税工程设备费	0.05~0.2	0.05~0.1
已完工工程及设备保护		0~0.05	0~0.1
临时设施		1~2.3	0.3~1.2
赶工措施		0.5~2.1	0.5~2
智慧工地		0.08~0.15	0.04~0.08
住宅工程分户验收		0.4	0.1

注：1. 在计取非夜间施工照明费时，建筑工程仅地下室（地宫）部分可计取。

2. 在计取住宅工程分户验收费时，大型土石方工程、桩基工程和地下室部分不计入取费基础。

3. 单独构件吊装、打预制桩/制作兼打桩的建筑工人实名制费用的费率为 0.02%，人工挖孔桩的建筑工人实名制费用的费率为 0.04%。装配式混凝土房屋建筑工程按建筑工程标准计取。建筑工人实名制设备由建筑工人工资专用账户开户银行提供的，建筑工人实名制费用按表中费率乘以系数 0.5 计取。

4. 智慧工地费用不包含高大支模监控和基坑监控，装配式混凝土房屋建筑工程按建筑工程标准计取。

表 5-8　其余总价措施项目费取费标准表（简易计税方法）

项目	计算基础	费率/%	
		建筑工程	单独装饰工程
夜间施工		0~0.1	0~0.1
非夜间施工照明		0.2	0.2
冬、雨期施工	分部分项工程费+单价措施项目费-工程设备费	0.05~0.2	0.05~0.1
已完工工程及设备保护		0~0.05	0~0.1
临时设施		1~2.2	0.3~1.2
赶工措施		0.5~2	0.5~2
智慧工地		0.08~0.15	0.04~0.08
住宅工程分户验收		0.4	0.1

【例 5-1】　某建筑工程，已知无工程设备，招标文件中要求创建省级一星级建筑安全文明施工标准化工地，在投标时，该工程投标价中分部分项工程费为 4 200 万元，单价措施项目费为 300 万元，请按一般计税方法计算该工程的安全文明施工费。

【解】　计算基础=分部分项工程费+单价措施项目费-工程设备费

　　　　　=4 200+300-0=4 500 万元

安全文明施工费=4 500×（3.1%+0.7%）=171.0 万元

答：在一般计税方式下该工程的安全文明施工费为 171.0 万元。

5.1.3　其他项目费的组成及计算方法

1. 其他项目费的组成

（1）暂列金额：建设单位在工程量清单中暂定并包括在合同价款中的一笔款项，用于施工合同签订时尚未明确或不可预见的所需材料、工程设备、服务的采购，施工中可能发生的工程变更、合同约定调整因素出现时的工程价款调整及发生的索赔、现场签证确认等的费用。由建设单位根据工程特点，按有关计价规定估算；施工过程中由建设单位掌握使用，扣除合同价款调整后如有余额，归建设单位。

（2）暂估价：建设单位在工程量清单中提供的用于支付必然发生但暂时不能确定价格的材料的单价及专业工程的金额，包括材料暂估价和专业工程暂估价。材料暂估价在清单综合单价中考虑，不计入暂估价汇总。

（3）计日工：在施工过程中，施工企业完成建设单位提出的施工图纸以外的零星项目或工作所需的费用。

（4）总承包服务费：总承包人为配合、协调建设单位进行的专业工程发包，对建设单位自行采购的材料、工程设备等进行保管及施工现场管理、竣工资料汇总整理等服务所需的费用。总包服务范围由建设单位在招标文件中明示，并且承发包双方在施工合同中约定。

2. 其他项目费的计算方法及有关规定

1）暂列金额、暂估价

暂列金额、暂估价按发包人给定的标准计取。

2）计日工

计日工由承发包双方在合同中约定。

3）总承包服务费

总承包服务费应根据招标文件列出的内容和向总承包人提出的要求，参照下列标准计算：

（1）建设单位仅要求对分包的专业工程进行总承包管理和协调时，按分包的专业工程估算造价的1%计算；

（2）建设单位要求对分包的专业工程进行总承包管理和协调，并同时要求提供配合服务时，根据招标文件中列出的配合服务内容和提出的要求，按分包的专业工程估算造价的2%~3%计算。

注意：在一般计税方式下暂列金额、暂估价、总承包服务费中均不包括增值税可抵扣进项税额。

5.1.4　规费的组成及计算方法

1. 规费的组成

规费是指有权部门规定必须缴纳的费用，为不可竞争费。具体内容如下。

（1）社会保险费：企业应为职工缴纳的养老保险、医疗保险、失业保险、工伤保险和生育保险等五项社会保障方面的费用。为确保施工企业各类从业人员社会保障权益落到实处，省、市有关部门可根据实际情况制定管理办法。

（2）住房公积金：企业应为职工缴纳的住房公积金。

（3）环境保护税：依据《中华人民共和国环境保护税法实施条例》规定，从2018年1月1日起，不再征收"工程排污费"，改征"环境保护税"，建设工程费用定额中的"工程排污费"名称相应调整为"环境保护税"。包括：废气、污水、固体及危险废物和噪声排污费等内容。

2. 规费的计算标准

（1）社会保险费及住房公积金：江苏省目前按表5-9、表5-10标准计取。

表 5-9　社会保险费率及公积金费率标准（一般计税方法）

序号	工程类别	计算基础	社会保险费率/%	公积金费率/%
1	建筑工程	分部分项工程费+措施项目费+其他项目费-除税工程设备费	3.2	0.53
2	单独预制构件制作、单独构件吊装、打预制桩、制作兼打桩		1.3	0.24
3	人工挖孔桩		3	0.53
4	大型土石方		1.3	0.24

注：1. 社会保险费包括养老保险费、失业保险费、医疗保险费、工伤保险费、生育保险费。

2. 点工和包工不包料的社会保险费和公积金已经包含在人工工资单价中。

3. 大型土石方工程适用于各专业中达到大型土石方标准的单位工程。

4. 社会保险费费率和公积金费率将随着社保部门要求和建设工程实际缴纳费率的提高，适时调整。

表 5-10　社会保险费率及公积金费率标准（简易计税方法）

序号	工程类别	计算基础	社会保险费率/%	公积金费率/%
1	建筑工程	分部分项工程费+措施项目费+其他项目费-工程设备费	3	0.5
2	单独预制构件制作、单独构件吊装、打预制桩、制作兼打桩		1.2	0.22
3	人工挖孔桩		2.8	0.5
4	大型土石方		1.2	0.22

【例 5-2】　某建筑工程编制招标控制价，已知无工程设备，分部分项工程费 400 万元，单价措施项目费 32 万元，总价措施项目费 18 万元，其他项目费中暂列金额 10 万元，暂估材料 15 万元，专业工程暂估价 20 万元，总承包服务费 2 万元，计日工费用为 0，不计新冠疫情防控增加费，请按一般计税方法计算该工程的社会保险费。

【解】　分部分项工程费＝400 万元

措施项目费＝单价措施项目费+总价措施项目费

　　　　　＝32+18＝50 万元

其他项目费＝暂列金额+专业工程暂估价+总承包服务费+计日工

　　　　　＝10+20+2+0＝32 万元

计算基础＝分部分项工程费+措施项目费+其他项目费-工程设备费

　　　　＝400+50+32-0＝482 万元

社会保险费＝482×3.2%＝15.424 万元

答：在一般计税方式下该工程的社会保险费为 15.424 万元。

（2）环境保护税：按工程所在地环境保护等部门规定的标准缴纳，按实计取列入。

按照《国家税务总局　江苏省税务局　江苏省生态环境厅关于部分行业环境保护税应纳税额计算方法的公告》（2018 年第 21 号）要求，"环境保护税"由各类建设工程的建设方（含代建方）向税务机关缴纳。据此规定，建设工程招标文件（含招标工程量清单、招标控制价）、投标报价、工程结算等建设工程计价中可不列"环境保护税"。

5.1.5　税金的组成及计算方法

1. 一般计税方法下税金的组成及计算方法

税金是指根据建筑服务销售价格，按规定税率计算的增值税销项税额，为不可竞争费。

税金以除税工程造价为计取基础，费率为 9%，即建设工程造价 = 税前工程造价 ×（1+9%）。

2. 简易计税方法下税金的组成及计算方法

税金是指国家税法规定的应计入建筑安装工程造价内的增值税应纳税额、城市建设维护税、教育费附加及地方教育附加，为不可竞争费。

（1）增值税应纳税额 = 包含增值税可抵扣进项税额的税前工程造价 × 适用税率，税率：3%；

（2）城市建设维护税 = 增值税应纳税额 × 适用税率，税率：市区 7%、县镇 5%、乡村 1%；

（3）教育费附加 = 增值税应纳税额 × 适用税率，税率：3%；

（4）地方教育费附加 = 增值税应纳税额 × 适用税率，税率：2%。

以上 4 项合计，以包含增值税可抵扣进项额的税前工程造价为计费基础，税金费率为：市区 3.36%、县镇 3.30%、乡村 3.18%。如各市另有规定，则按各市规定计取。

5.2　建筑工程施工图预算的编制

施工图预算是施工图设计完成后，以施工图为依据，根据预算定额和设备、材料预算价格进行编制的预算造价，是确定建筑工程预算造价的文件。

5.2.1　施工图预算的编制依据

1. 批准的初步设计概算

经批准的设计概算文件是控制工程拨款和贷款的最高限额，也是控制单位预算的主要依据，若工程预算确定的投资总额超过设计概算，须补做调整设计概算，经原批准机构或部门批准后方可实施。

2. 施工图纸及说明书和标准图集

经审定的施工图纸、说明书和标准图集，完整地反映了工程的具体内容，各分部分项工程的具体做法、结构、尺寸、技术特征和施工做法，是编制施工预算的主要依据。

3. 施工组织设计或施工方案

施工组织设计或施工方案，是由施工企业根据工程特点、现场状况及所具备的施工技术手段、队伍素质和经验等主客观条件制定的综合实施方案，施工图预算的编制应尽可能切合施工组织设计或施工方案的实际情况。施工组织设计或施工方案是编制施工图预算和确定措施项目费用的主要依据之一。

4. 现行预算定额或企业定额

现行建筑工程预算定额或企业定额，是编制预算的基础资料，利用预算定额或企业定额，可以直接获得工程项目所需人工、材料、机械的消耗量及人工费、材料费、机械费、企业管理费、利润。

5. 地区人工工资、材料预算价格及机械台班价格

预算定额中的工资、材料、机械的价格标准代表的是编制定额时期的水平，不是目前市场的实际水平，在编制预算时需要将定额水平价格换算成实际水平价格。

6. 费用定额及取费标准

费用定额及各项取费标准由工程造价管理部门编制颁发。计算工程造价时，应根据工程性质和类别、承包方式及施工企业性质等不同情况分别套用。

7. 预算工作手册和建材五金手册

预算工作手册中提供了工程量计算参考表、工程材料质量表、形体计算公式及编制计价表的一些参考资料；建材五金手册主要介绍了常见的五金商品（包括金属材料、通用配件及器材、工具、建材装潢五金四大类）的品种、规格、性能、用途等实用知识。这些资料可以在计算某些子目工程量、进行定额换算或工料分析时为我们提供帮助。

5.2.2　施工图预算的编制方法

目前主要存在工程量清单计价和计价定额计价两种施工图预算的计价方式。

1. 工程量清单计价方式

按照国家统一的工程量清单计价规范，配套使用江苏省建筑与装饰工程计价定额、费用计算规则，由招标人（发包人）提供工程量数量，投标人（承包人）自主报价，按规定的评标方法评审中标（确定合同价格）的计价方式。

这种计价方式是在招标投标的模式下进行的，投标人所报的分部分项工程单价中包含了人工费、材料费、机械费、企业管理费和利润，而且所有的价格都是市场价。因此，这种计价方式完全符合市场经济的需要和建筑计价市场化的要求。更重要的是，由于采用的是全国统一的计价模式，因此打破了以往定额计价所造成的地域封闭性，有利于形成一个开放的市场。

2. 计价定额计价方式

按照江苏省计价定额和费用计算规则，套用定额子目，计算出分部分项工程费、措施项目费、其他项目费、规费和税金的工程造价计价方式。其中，人工、机械台班单价由省造价管理部门规定，材料按市造价管理部门发布的市场指导价取定。

这种计价方式和传统的计价相同的是：仍然采用套定额的模式，因为套定额，故造成了一定的地域封闭性。不同的是：费用计取的方法不同了，现在的定额计价已具有了市场化的特点。

5.2.3　工程量清单计价的编制步骤

1. 熟悉施工图纸

施工图纸是编制预算的基本依据。只有熟悉图纸，才能了解设计意图，正确地选用定额，准确地计算出工程量。对建筑物的平面布置、外部造型、内部构造、结构类型、应用材料、选用构配件等方面的熟悉程度，将直接影响编制预算的速度和准确性。

2. 熟悉招标文件和工程量清单

工程量清单计价是在招标投标的情况下采用的计价方法，招投标中的招标方将向符合条件的投标方发放招标文件和工程量清单，招标文件直接代表了招标方的意图，投标方的投标要做到有的放矢，熟悉招标文件就是投标成功的不可缺少的一个步骤（在招投标中，规定不实质性招标文件相应的投标文件一概作废标论处）；工程量清单作为招标文件的一个组成部分，对工程中的内容作了详细的描述，投标方只有在透彻了解清单的基础上，才能准确报价。

3. 熟悉现场情况和施工组织设计情况

工程的价格与施工现场的情况及施工方案是紧密相连的，若施工现场条件和施工方案不同，则同一个工程将产生不同的价格。作为计价人员，只有熟悉现场和施工组织设计，才能获得真正意义上的工程造价。

4. 熟悉预算定额

招标方编制工程量清单，投标方填报单价。价格是在使用预算定额的基础上获得的，只有对预算定额的组成、说明和规则有了较准确的了解，才能结合图纸和清单，迅速而准确地确定价格。

5. 列出工程项目

在熟悉图纸和预算定额的基础上，根据清单中的项目特征及预算定额的工程项目划分，列出所需计算的分部分项工程。

6. 计算工程量

清单计价中投标方填报的是清单单价，根据如下公式计算：

清单工程量×清单单价 = $\sum$（计价表分项工程工程量×计价表分项工程综合单价）

为了获得清单单价，首先要计算清单项所包含的计价表各分项工程的工程量、各分项工程的综合单价、清单工程量，然后利用公式：

$$清单单价 = \frac{\sum（计价表分项工程量 \times 计价表分项综合单价）}{清单工程量}$$

计算而得。

由上式可知：获得清单单价需要计算两次工程量，一次是按清单工程量计算规则计算的清单工程量，一次是按计价表计算规则计算的计价表分项工程量。清单计价是针对招投标工程而推出的计价形式，招标方在招标文件中会提供工程量清单，该清单中将给出各清单项的工程量（按清单工程量计算规则计算而得），报价方需要对应每个清单项计算各计价表分项工程的工程量，查定额，方能进行报价。

工程量是编制预算的原始数据，计算工程量是一项繁重而又细致的工作，不仅要求认真、细致、准确，而且要按照一定的计算规则和顺序进行，这样不仅可以避免重算和漏算，同时也便于检查和审查。

7. 套定额

在确定综合单价的过程中，常有以下 3 种情况。

1）直接套用

如果分项工程的名称、材料品种、规格及做法等与定额取定完全一致（或虽不一致，但定额规定不换算者），那么可以直接使用定额中的消耗量及综合单价。

2）换算套用

如果分项工程的名称、材料品种、规格及做法等与定额取定不完全一致，且不一致的部分定额又允许换算，那么可以将定额中的消耗量或综合单价换算成需要的消耗量及综合单价，并在定额编号后加"换"字以示区别。

3）编制补充定额

如果分项工程的名称、材料品种、规格及做法等与定额取定完全不同，那么应采用借定额或定额测定的方法编制补充定额。

8. 计算工程造价

具体计算程序见 5.3 节。

9. 装订成册

将工程的整套预算资料（见第 10 章有关内容）按顺序编排装订成册。

5.2.4 计价定额计价的编制步骤

1. 熟悉施工图纸

熟悉施工图纸是计价表计价的根本。

2. 熟悉现场情况和施工组织设计情况

由于计价定额计价主要针对的是不采用招标投标的工程，因此计价采用的模式还是以往的套定额计价的方法，不需要甲方提供招标文件和工程量清单。

3. 熟悉预算定额

计价定额就是预算定额，使用计价定额计价首要工作就是熟悉计价定额（预算定额）。

4. 列出工程项目

在熟悉图纸和预算定额的基础上，根据预算定额的工程项目划分，列出所需计算的分部分项工程。对于初学者，可以按定额顺序进行列项，避免漏项或重项。

5. 计算工程量

按照所列项目在定额中对应的工程量计算规则计算工程量。

6. 套定额

套定额有 3 种方式：直接套用、换算套用、编制补充定额。

7. 计算工程造价

具体计算程序见 5.3 节。

8. 装订成册

将工程的整套预算资料（见第 10 章有关内容）按顺序编排装订成册。

5.3 建 筑 工 程 造 价 计 算

5.3.1 一般计税方式下工程造价计算程序

1. 工程量清单法计算程序（包工包料）

工程量清单法计算程序（包工包料）如表 5-11 所示。

表 5-11 工程量清单法计算程序（包工包料）

序号	费用名称		计算公式
一	分部分项工程费		清单工程量×除税综合单价
	其中	1. 人工费	人工消耗量×人工单价
		2. 材料费	材料消耗量×除税材料单价
		3. 施工机具使用费	机械消耗量×除税机械单价
		4. 管理费	(1+3)×费率或(1)×费率
		5. 利润	(1+3)×费率或(1)×费率

序号	费用名称		计算公式
二	措施项目费		
	其中	单价措施项目费	清单工程量×除税综合单价
		总价措施项目费	(分部分项工程费+单价措施项目费-除税工程设备费)×费率或以项计费
三	其他项目费		
四	规费		
	其中	1. 社会保险费	(一+二+三-除税工程设备费)×费率
		2. 住房公积金	
		3. 环境保护税	
五	税金		[一+二+三+四-(除税甲供材料费+除税甲供设备费)/1.01]×费率
六	工程造价		一+二+三+四-(除税甲供材料费+除税甲供设备费)/1.01+五

2. 计价定额法计算程序 (包工包料)

计价定额法计算程序 (包工包料) 如表 5-12 所示。

表 5-12　计价定额法计算程序 (包工包料)

序号	费用名称		计算公式
一	分部分项工程费		工程量×除税综合单价
	其中	1. 人工费	人工消耗量×人工单价
		2. 材料费	材料消耗量×除税材料单价
		3. 施工机具使用费	机械消耗量×除税机械单价
		4. 管理费	(1+3)×费率或 (1)×费率
		5. 利润	(1+3)×费率或 (1)×费率
二	措施项目费		
	其中	单价措施项目费	工程量×除税综合单价
		总价措施项目费	(分部分项工程费+单价措施项目费-除税工程设备费)×费率或以项计费
三	其他项目费		
四	规费		
	其中	1. 社会保险费	(一+二+三-除税工程设备费)×费率
		2. 住房公积金	
		3. 环境保护税	
五	税金		[一+二+三+四-(除税甲供材料费+除税甲供设备费)/1.01]×费率
六	工程造价		一+二+三+四-(除税甲供材料费+除税甲供设备费)/1.01+五

5.3.2　简易计税方式下工程造价计算程序

清包工工程 (包工不包料工程)、甲供工程、合同开工日期在 2016 年 4 月 30 日前的建设工程可采用简易计税方法。

1. 工程量清单法计算程序（包工包料）

工程量清单法计算程序（包工包料）如表5-13所示。

表5-13　工程量清单法计算程序（包工包料）

序号	费用名称		计算公式
一	分部分项工程费		清单工程量×综合单价
	其中	1. 人工费	人工消耗量×人工单价
		2. 材料费	材料消耗量×材料单价
		3. 施工机具使用费	机械消耗量×机械单价
		4. 管理费	(1+3)×费率或（1）×费率
		5. 利润	(1+3)×费率或（1）×费率
二	措施项目费		
	其中	单价措施项目费	清单工程量×综合单价
		总价措施项目费	(分部分项工程费+单价措施项目费-工程设备费)×费率 或以项计费
三	其他项目费		
四	规费		
	其中	1. 社会保险费	
		2. 住房公积金	(一+二+三-工程设备费)×费率
		3. 环境保护税	
五	税金		[一+二+三+四-(甲供材料费+甲供设备费)/1.01]×费率
六	工程造价		一+二+三+四-(甲供材料费+甲供设备费)/1.01+五

2. 计价定额法计算程序（包工包料）

计价定额法计算程序（包工包料）如表5-14所示。

表5-14　计价定额法计算程序（包工包料）

序号	费用名称		计算公式
一	分部分项工程费		工程量×综合单价
	其中	1. 人工费	人工消耗量×人工单价
		2. 材料费	材料消耗量×材料单价
		3. 施工机具使用费	机械消耗量×机械单价
		4. 管理费	(1+3)×费率或（1）×费率
		5. 利润	(1+3)×费率或（1）×费率
二	措施项目费		
	其中	单价措施项目费	工程量×综合单价
		总价措施项目费	(分部分项工程费+单价措施项目费-工程设备费)×费率 或以项计费
三	其他项目费		
四	规费		
	其中	1. 社会保险费	
		2. 住房公积金	(一+二+三-工程设备费)×费率
		3. 环境保护税	
五	税金		[一+二+三+四-(甲供材料费+甲供设备费)/1.01]×费率
六	工程造价		一+二+三+四-(甲供材料费+甲供设备费)/1.01+五

3. 包工不包料工程计算程序

包工不包料工程计算程序如表 5-15 所示。

表 5-15　包工不包料工程计算程序

序号	费用名称		计算公式
一	分部分项工程费中人工费		清单人工消耗量×人工单价
二	措施项目费中人工费		
	其中	单价措施项目中人工费	清单人工消耗量×人工单价
三	其他项目费		
四	规　费		
	其中	环境保护税	（一+二+三）×费率
五	税　金		（一+二+三+四）×费率
六	工程造价		一+二+三+四+五

4. 包工包料、包工不包料和点工说明

（1）包工包料：施工企业承包工程用工、材料的方式。

（2）包工不包料：施工企业只承包工程用工的方式。施工企业自带施工机械和周转材料的工程按包工包料标准执行。

（3）点工：适用于在建设工程中由于各种因素所造成的损失、清理等不在定额范围内的用工。

（4）包工不包料、点工的临时设施应由建设单位提供。

【例 5-3】　某单独招标打预制桩工程编制招标控制价，已知无工程设备，分部分项工程费 536 062.01 元，机械进退场费 10 000 元，临时设施费费率 1.5%，安全文明施工措施费按不创建省市文明工地标准计取，环境保护税率 0.1%，社会保险费率 1.3%，住房公积金费率 0.24%，税金按一般计税方式计取，其他未列项目不计取。请按上述条件计算该工程的造价。

【解】　计算过程如表 5-16 所示。

表 5-16　工程造价计算过程表

序号	费用名称			计算公式	金额/元
一	分部分项工程费				536 062.01
二	措施项目费				26 381.86
	其中	单价措施项目费	机械进退场费	10 000	10 000
		总价措施项目费	临时设施费	（一+单价措施项目费-除税工程设备费）×1.5%	8 190.93
			安全文明施工措施费	（一+单价措施项目费-除税工程设备费）×1.5%	8 190.93
三	其他项目费				
四	规　费				9 224.08
	其中	1. 社会保险费		（一+二+三-除税工程设备费）×1.3%	7 311.77
		2. 住房公积金		（一+二+三-除税工程设备费）×0.24%	1 349.87
		3. 环境保护税		（一+二+三-除税工程设备费）×0.1%	562.44
五	税　金			［一+二+三+四-（除税甲供材料费+除税甲供设备费）/1.01］×9%	51 450.12
六	工程造价			一+二+三+四-（除税甲供材料费+除税甲供设备费）/1.01+五	623 118.07

答：该工程的造价为 623 118.07 元。

第6章 建筑面积工程量计算

建筑面积的计算是工程计量的最基础工作，它在工程建设中起着非常重要的作用。首先，在工程建设的众多技术经济指标中，大多数以建筑面积为基数，它是核定估算、概算、预算工程造价的一个重要基础数据，是计算和确定工程造价，并分析工程造价和工程设计合理性的一个基础指标；其次，建筑面积是国家进行建设工程数据统计、固定资产宏观调控的重要指标；最后，建筑面积还是房地产交易、工程承发包交易、建筑工程有关运营费用的核定等的一个关键指标。因此，建筑面积的计算不仅是工程计价的需要，而且在加强建设工程科学管理、促进社会和谐等方面起着非常重要的作用。

我国的建筑面积计算以规则的形式出现，始于 20 世纪 70 年代制定的《建筑面积计算规则》。1982 年，原国家经济委员会对该规则进行了修订。1995 年，原建设部发布了《全国统一建设工程工程量计算规则》（土建 GJDGZ-101—95），其中第 2 章为"建筑面积计算规则"，该规则是对 1982 年修订的《建筑面积计算规则》的再次修订。2005 年，原建设部为了满足工程计价工作的需要，同时与住宅设计规范、房产测量规范的有关内容相协调，对 1995 年的"建筑面积计算规则"进行了系统的修订，并以国家标准的形式发布了《建筑工程建筑面积计算规范》（GB/T 50353—2005）。2013 年，住房和城乡建设部对《建筑工程建筑面积计算规范》进行了修订。

下面以《建筑工程建筑面积计算规范》（GB/T 50353—2013）（以下简称本规范）为例加以说明（本规范自 2014 年 7 月 1 日起贯彻施行）。

6.1 建筑面积计算中的有关术语

建筑面积计算中的有关术语如下。

（1）建筑面积：建筑物（包括墙体）所形成的楼地面面积，包括附属于建筑物的室外阳台、雨篷、檐廊、室外走廊、室外楼梯等的面积。

（2）自然层：按楼地面结构分层的楼层，如图 6-1 所示。

（3）结构层高：楼面或地面结构层上表面至上部结构层上表面之间的垂直距离。

（4）围护结构：围合建筑空间的墙体、门、窗，如图 6-2 所示。

（5）建筑空间：以建筑界面限定的、供人们生活和活动的场所。具备可出入、可利用

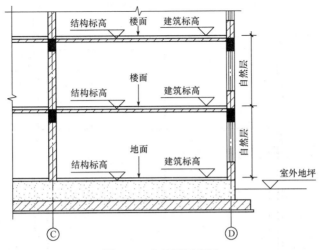

图 6-1 自然层示意图

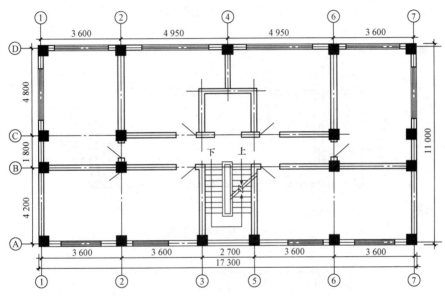

图 6-2 围护结构示意图

条件（设计中可能标明了使用用途，也可能没有标明使用用途或使用用途不明确）的围合空间，均属于建筑空间。例如，架空层、片墙围合等空间都属于建筑空间。

①架空层：仅有结构支撑而无外围护结构的开敞空间层。

②片墙围合：采用一片片墙体围合的空间。

（6）结构净高：楼面或地面结构层上表面至上部结构层下表面之间的垂直距离，如图 6-3 所示。

（7）围护设施：为保障安全而设置的栏杆、栏板等围挡。

（8）地下室：室内地平面低于室外地平面的高度超过室内净高的 1/2 的房间，如图 6-4 所示。

（9）半地下室：室内地平面低于室外地平面的高度超过室内净高的 1/3，且不超过 1/2 的房间，如图 6-5 所示。

（10）架空层：仅有结构支撑而无外围护结构的开敞空间层。

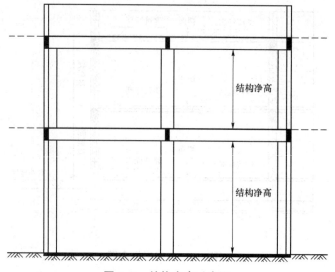

图 6-3　结构净高示意图

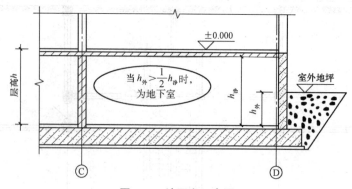

图 6-4　地下室示意图

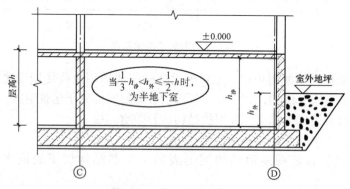

图 6-5　半地下室示意图

（11）走廊：建筑物中的水平交通空间（有顶的走道），如图 6-6 所示。

（12）架空走廊：专门设置在建筑物的二层或二层以上，作为不同建筑物之间水平交通的空间，如图 6-7 所示。

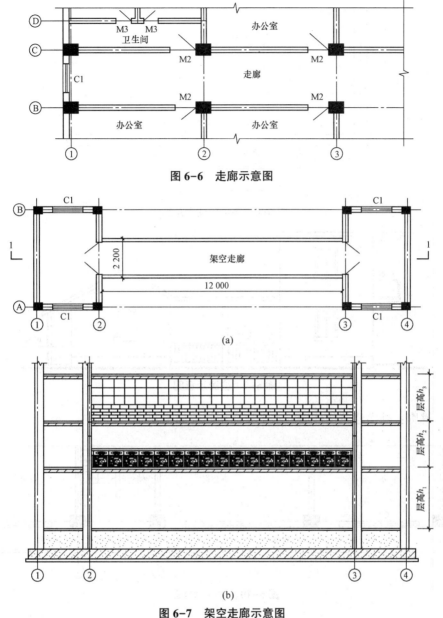

图 6-6　走廊示意图

图 6-7　架空走廊示意图

（a）平面图；（b）1—1 断面图

（13）结构层：整体结构体系中承重的楼板层，包括板、梁等构件。结构层承受整个楼层的全部荷载，并对楼层的隔声、防火等起主要作用。

（14）落地橱窗：突出外墙面且根基落地的橱窗，即在商业建筑临街面设置的下槛落地，可落在室外地坪也可落在室内首层地板，用来展览各种样品的玻璃窗，如图 6-8 所示。

（15）凸窗（飘窗）：凸出建筑物外墙面的窗户。凸窗（飘窗）既作为窗，就有别于楼（地）板的延伸，也就是不能把楼（地）板延伸出去的窗称为凸窗（飘窗）。凸窗（飘窗）的窗台应只是墙面的一部分且距（楼）地面应有一定的高度。

（16）檐廊：建筑物挑檐下的水平交通空间，即附属于建筑物底层外墙有屋檐作为顶盖，其下部一般有柱或栏杆、栏板等的水平交通空间，如图 6-9 所示。

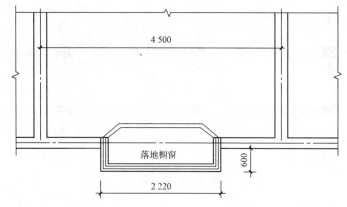

图 6-8　落地橱窗示意图

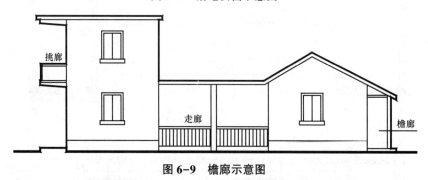

图 6-9　檐廊示意图

（17）挑廊：挑出建筑物外墙的水平交通空间，如图 6-10 所示。

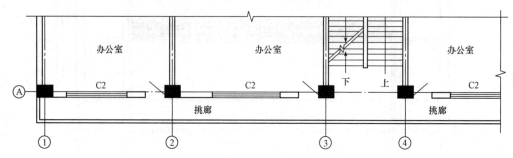

图 6-10　挑廊示意图

（18）门斗：建筑物入口处两道门之间的空间，如图 6-11 所示。

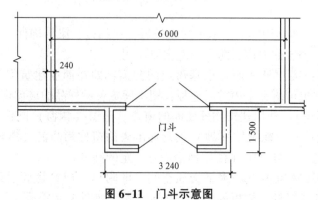

图 6-11　门斗示意图

（19）雨篷：建筑出入口上方、凸出墙体、为遮挡雨水而单独设置的建筑部件，如图 6-12 所示。

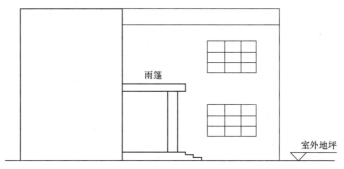

图 6-12　雨篷示意图

（20）门廊：建筑物入口前有天棚的半围合结构，是在建筑物出入口，无门，三面或两面有墙，上部有板（或借用上部楼板）围护的部位，如图 6-13 所示。

（21）楼梯：由连续行走的梯级、休息平台、维护安全的栏杆（或栏板）、扶手及相应的支托结构组成的作为楼层之间垂直交通使用的建筑部件。

（22）阳台：附设于建筑物外墙，设有栏杆或栏板，可供人活动的室外空间，如图 6-14 所示。

图 6-13　门廊示意图

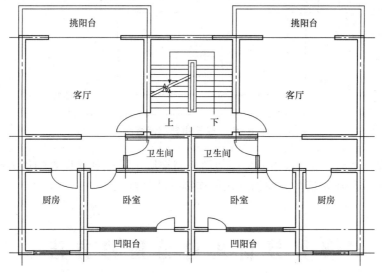

图 6-14　阳台示意图

（23）主体结构：接受、承担和传递建设工程所有上部荷载，维持上部结构整体性、稳定性和安全性的有机联系的构造。

（24）变形缝：防止建筑物在某些因素作用下开裂甚至破坏而预留的构造缝。

变形缝是指在建筑物因温差、不均匀沉降及地震而可能引起结构破坏变形的敏感部位或其他必要的部位，预先设缝将建筑物断开，令断开后建筑物的各部分成为独立的单元，或者是划分为简单、规则的段，并令各段之间的缝达到一定的宽度，以能够适应变形的需要。

根据外界破坏因素的不同，变形缝一般分为伸缩缝、沉降缝、抗震缝 3 种。

（25）骑楼：沿街二层以上用承重柱支撑骑跨在公共人行空间之上，其底层沿街面后退的建筑物，如图6-15所示。

（26）过街楼：当有道路在建筑群穿过时，为保证建筑物之间的功能联系，设置跨越道路上空使两边建筑相连接的建筑物，如图6-16所示

（27）建筑物通道：为穿过建筑物而设置的空间，如图6-16所示。

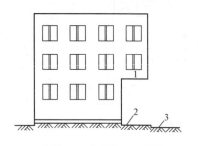 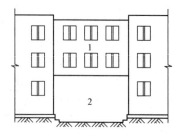

1—骑楼；2—人行道；3—街道。　　　　　　　1—过街楼；2—建筑物通道。

图6-15　骑楼示意图　　　　　**图6-16　过街楼与建筑物通道示意图**

（28）露台：设置在屋面、首层地面或雨篷上的供人室外活动的有围护设施的平台。露台应满足4个条件：一是位置，设置在屋面、地面或雨篷顶；二是可出入；三是有围护设施；四是无盖。这4个条件须同时满足。如果设置在首层并有围护设施的平台，且其上层为同体量阳台，则该平台应视为阳台，按阳台的规则计算建筑面积。

（29）勒脚：在房屋外墙接近地面部分设置的饰面保护构造，如图6-17所示。

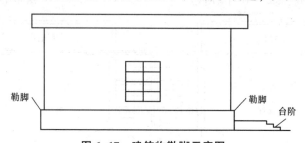

图6-17　建筑物勒脚示意图

（30）台阶：建筑物出入口不同标高地面或同楼层不同标高处设置的供人行走的阶梯式连接构件。室外台阶还包括与建筑物出入口连接处的平台。

6.2　计 算 建 筑 面 积 的 范 围 和 方 法

计算建筑面积的范围和方法如下。

（1）建筑物的建筑面积应按自然层外墙结构外围水平面积之和计算。结构层高为2.20 m及以上的，应计算全面积；结构层高为2.20 m以下的，应计算1/2面积。

注意：建筑面积计算，在主体结构内形成的建筑空间，满足计算面积结构层高要求的均应按本条规定计算建筑面积。主体结构外的室外阳台、雨篷、檐廊、室外走廊、室外楼梯等按相应条款计算建筑面积。当外墙结构本身在一个层高范围内不等厚时，以楼地面结构标高处的外围水平面积计算。

【例6-1】　已知某单层房屋平面图和断面图（见图6-18），请计算结构层高为3.2 m和2.0 m两种情况下该房屋的建筑面积。

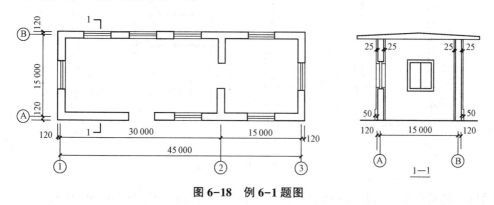

图6-18　例6-1题图

分析：单层建筑物结构层高为2.20 m及以上者应计算全面积；不足2.20 m者应计算1/2面积。计算的尺寸应是结构外围尺寸。

【解】　建筑面积S_1（3.2 m层高）=（45.00+0.24）×（15.00+0.24）=689.46 m²

建筑面积S_2（2.0 m层高）=（45.00+0.24）×（15.00+0.24）÷2=344.73 m²

答：该房屋高度为3.2 m时建筑面积为689.46 m²，高度为2.0 m时建筑面积为344.73 m²。

【例6-2】　已知某房屋平面图和断面图（见图6-19），请计算该房屋建筑面积。

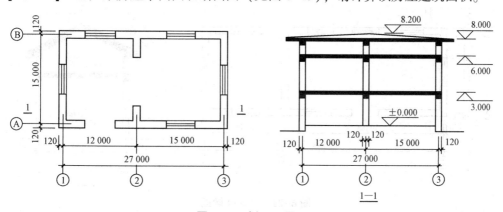

图6-19　例6-2题图

分析：该房屋为三层建筑物，建筑面积应按三层建筑面积之和计算。同时要注意：第三层层高计算应算至8.000 m还是8.200 m，如按前者该层建筑面积按一半计算，如按后者该层应计算全面积。结构层高应取室内地面标高至屋面板最低处板面结构标高之间的垂直距离，由于建筑找坡而增加的高度不算入结构层高的范畴，故应按8.000 m标高计算层高。

【解】　建筑面积S=27.24×15.24×2+27.24×15.24÷2=1 037.84 m²

答：该房屋建筑面积为1 037.84 m²。

（2）建筑物内设有局部楼层时，对于局部楼层的二层及以上楼层，有围护结构的应按其围护结构外围水平面积计算，无围护结构的应按其结构底板水平面积计算。结构层高为2.20 m及以上的，应计算全面积；结构层高为2.20 m以下的，应计算1/2面积。

【例6-3】　已知某房屋平面图和断面图（见图6-20），请计算该房屋建筑面积。

分析：该房屋为建筑物内部存在多层结构的，按规则（2）计算；同时，内部层高未达到2.2 m的计算1/2面积（如内部第三层）。

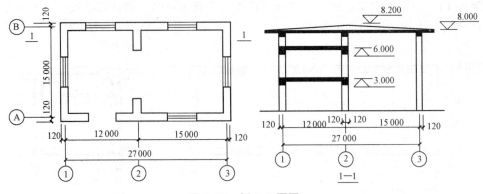

图 6-20 例 6-3 题图

【解】 建筑面积 $S = 27.24 \times 15.24 + 12.24 \times 15.24 + 12.24 \times 15.24 \div 2 = 694.94 \text{ m}^2$

答：该房屋建筑面积为 694.94 m²。

（3）形成建筑空间的坡屋顶，结构净高为 2.10 m 及以上的部位应计算全面积；结构净高为 1.20～2.10 m 的部位应计算 1/2 面积；结构净高为 1.20 m 以下的部位不应计算建筑面积。

【例 6-4】 某砖混结构住宅楼，屋面采用双坡屋面，并利用坡屋顶的空间做阁楼层，屋盖结构层厚度 10 cm，层高、层数等如图 6-21 所示。试计算该住宅的建筑面积。

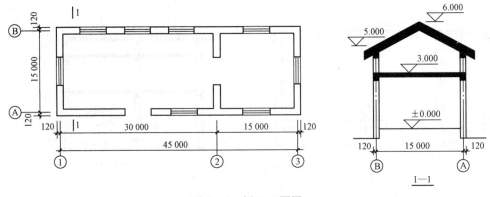

图 6-21 例 6-4 题图

分析：该住宅楼存在坡屋顶，对坡屋顶，首先考虑利不利用，如不利用则不计算面积；如利用，则需要考虑高度。此外，这里的高度是净高（扣除结构层后的高度）。对于本题，檐口部分净高超过 1.2 m 但不足 2.1 m，达到算一半的标准。屋脊部分净高 2.9 m，达到算全面积的标准，要想准确计算面积，首先要求出算一半与全算的分界线（见图 6-22）。

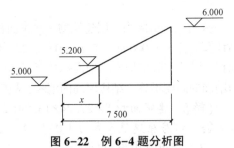

图 6-22 例 6-4 题分析图

【解】 达到 1.2 m、未达到 2.1 m 净高的房屋

宽度 $= 2x + 0.24 = \dfrac{(5.20 - 5.0)}{(6.00 - 5.00)} \times 7.50 \times 2 + 0.24 = 3.24 \text{ m}$

达到 2.1 m 净高的房屋宽度 $= 15.00 - 2x = 15.00 - 3.00 = 12.00 \text{ m}$

阁楼部分建筑面积 $S_1 = 12.00 \times 45.24 + 45.24 \times 3.24 \div 2 = 616.169 \text{ m}^2$

一层建筑面积 $S_2 = 45.24 \times 15.24 = 689.458$ m²

总建筑面积 $S = S_1 + S_2 = 1\ 305.63$ m²

答：该住宅的建筑面积为 1 305.63 m²。

【例 6-5】 例 6-4 中，不给檐口标高，屋面坡度 1：2，其余条件不变。试计算该住宅阁楼部分的建筑面积。

分析：例 6-4 中利用了相似三角形的性质求解算一半建筑面积和全算建筑面积的分界线，本例中直接利用屋面坡度来求分界线。

【解】 达到 2.1 m 净高的房屋宽度 = $(6-5.2) \times 2 \times 2 = 3.2$ m

达到 1.2 m、未达到 2.1 m 净高的房屋宽度 = $(5.2-4.3) \times 2 \times 2 = 3.6$ m

$3.6 + 3.2 = 6.8$ m < 15.24 m

阁楼部分建筑面积 $S = 3.2 \times 45.24 + 3.6 \times 45.24 \div 2 = 226.2$ m²

答：该住宅阁楼部分的建筑面积为 226.2 m²。

（4）场馆看台下的建筑空间，结构净高为 2.10 m 及以上的部位应计算全面积；结构净高为 1.20~2.10 m 的部位应计算 1/2 面积；结构净高为 1.20 m 以下的部位不应计算建筑面积。室内单独设置的有围护设施的悬挑看台，应按看台结构底板水平投影面积计算建筑面积。有顶盖无围护结构的场馆看台应按其顶盖水平投影面积的 1/2 计算面积。

注意：场馆看台下的建筑空间因其上部结构多为斜板，所以采用净高的尺寸划定建筑面积的计算范围和对应规则。室内单独设置的有围护设施的悬挑看台，因其看台上部设有顶盖且可供人使用，所以按看台板的结构底板水平投影计算建筑面积，"有顶盖无围护结构的场馆看台"中所称的"场馆"为专业术语，指各种"场"类建筑，如体育场、足球场、网球场、带看台的风雨操场等。

【例 6-6】 某场馆看台平面图与断面图如图 6-23 所示，L_1、L_2、L_3 分别为 3 000 mm、1 000 mm、1 000 mm，该场馆看台下的空间用来做小卖部，试计算该场馆看台下的建筑面积。

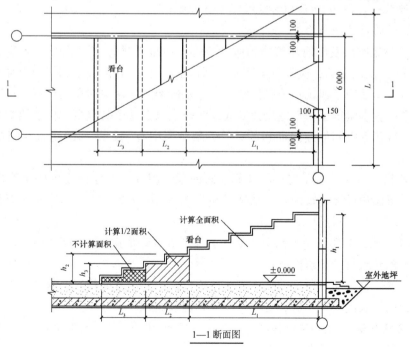

图 6-23　例 6-6 题图

【解】 建筑面积 $S = 6.2 \times 3.25 + 6.2 \times 1 \div 2 = 23.25 \text{ m}^2$

答： 该场馆看台下建筑面积为 23.25 m²。

（5）地下室、半地下室应按其结构外围水平面积计算。结构层高为 2.20 m 及以上的，应计算全面积；结构层高为 2.20 m 以下的，应计算 1/2 面积。

（6）出入口外墙外侧坡道有顶盖的部位，应按其外墙结构外围水平面积的 1/2 计算面积。

出入口坡道分有顶盖出入口坡道和无顶盖出入口坡道，出入口坡道顶盖的挑出长度，为顶盖结构外边线至外墙结构外边线的长度；顶盖以设计图纸为准，对于后来增加及建设单位自行增加的顶盖等，不计算建筑面积。

注意： 顶盖不分材料种类（如钢筋混凝土顶盖、彩钢板顶盖、阳光板顶盖等）。

【例 6-7】 已知某房屋和通向地下室的带有顶盖的坡道侧立面和断面图（见图 6-24），A—A 剖面上坡道出入口外墙外侧外包尺寸为 6 000 mm，侧立面上坡道顶盖结构外边线至外墙结构外边线长度为 4 500 mm，坡道外边线至外墙结构外边线长度为 9 000 mm，请计算该坡道的建筑面积。

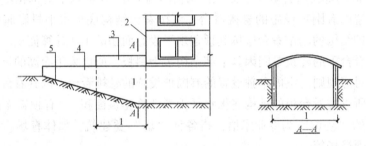

1—带顶盖的坡道区域；2—主体建筑；3—出入口顶盖；4—封闭出入口侧墙；5—出入口坡道。

图 6-24 例 6-7 题图

【解】 坡道建筑面积 $S = 6.00 \times 4.50 \div 2 = 13.500 \text{ m}^2$

答： 该坡道的建筑面积为 13.500 m²。

（7）建筑物架空层及坡地建筑物吊脚架空层，应按其顶板水平投影计算建筑面积。结构层高为 2.20 m 及以上的，应计算全面积；结构层高为 2.20 m 以下的，应计算 1/2 面积。

注意： 本条既适用于建筑物吊脚架空层、深基础架空层建筑面积的计算，也适用于目前部分住宅、学校教学楼等工程在底层架空或在二楼或以上某个甚至多个楼层架空，作为公共活动、停车、绿化等空间的建筑面积的计算。架空层中有围护结构的建筑空间按相关规定计算。

（8）建筑物的门厅、大厅按一层计算建筑面积。门厅、大厅内设置的走廊应按走廊结构地板水平投影面积计算建筑面积。结构层高为 2.20 m 及以上的，应计算全面积；结构层高为 2.20 m 以下的，应计算 1/2 面积。

【例 6-8】 某二层建筑物平面图和断面图如图 6-25 所示，图中墙体厚度均为 200 mm，轴线居中，求该建筑物的建筑面积。

分析： 该建筑物首层大厅部分无板，大厅顶板位于三层楼面位置，这部分大厅按一层计算建筑面积；门厅层高高于一层，也按一层计算建筑面积。

【解】 建筑面积 $S = 15.6 \times 11.9 \times 2 - (4.8 - 0.3) \times (6 - 0.2) + 1.8 \times (3.6 + 0.2) = 352.02 \text{ m}^2$

答： 该建筑物的建筑面积为 352.02 m²。

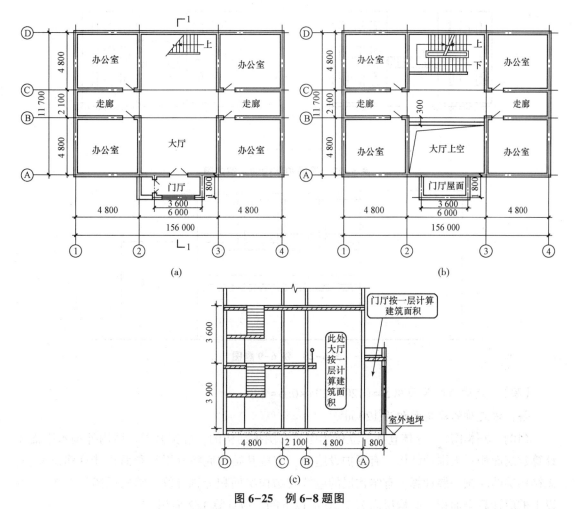

图 6-25　例 6-8 题图

（a）一层平面图；（b）二层平面图；（c）1—1 断面图

（9）建筑物间的架空走廊，有顶盖和围护结构的，应按其围护结构外围水平面积计算全面积（见图 6-26）；无围护结构、有围护设施的，应按其结构底板水平投影面积计算 1/2 面积（见图 6-27）。

图 6-26　有围护结构的架空走廊

【例 6-9】　如图 6-28 所示，A、B 两楼每层层高均为 2.8 m，中间二层、三层为架空走廊，走廊的水平投影面积为 120 m²，计算架空走廊的建筑面积。

分析：二层、三层架空走廊为有顶盖、无围护结构、有围护设施，应按结构底板水平面积的 1/2 计算。

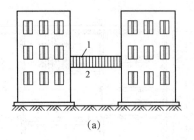 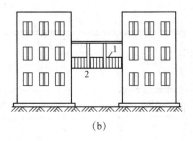

（a）　　　　　　　　　　　　　（b）

1—栏杆；2—架空走廊。

图 6-27　无围护结构的架空走廊

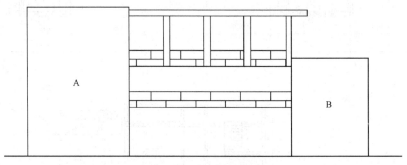

图 6-28　例 6-9 题图

【解】　走廊的建筑面积 $S = (120+120) \times 0.5 = 120$ m²

答：该走廊的建筑面积为 120 m²。

（10）立体书库、立体仓库、立体车库，有围护结构的，应按其围护结构外围水平面积计算建筑面积；无围护结构、有围护设施的，应按其结构底板水平投影面积计算建筑面积。无结构层的应按一层计算，有结构层的应按其结构层面积分别计算。结构层高为 2.20 m 及以上的应计算全面积；结构层高为 2.20 m 以下的，应计算 1/2 面积。

注意：起局部分隔、存储等作用的书架层、货架层或可升降的立体钢结构停车层均不属于结构层，该部分分层不计算建筑面积。

（11）有围护结构的舞台灯光控制室，应按其围护结构外围水平面积计算。结构层高为 2.20 m 及以上的，应计算全面积；结构层高为 2.20 m 以下的，应计算 1/2 面积。

【例 6-10】　计算图 6-29 中某剧院灯光控制室建筑面积（层高 h 为 2 m）。

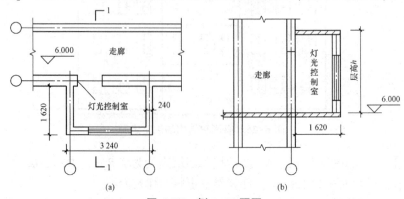

图 6-29　例 6-10 题图

（a）平面图；（b）1—1 断面图

【解】 该控制室的建筑面积 $S = 3.24 \times 1.62 \times 0.5 = 2.6244\ \text{m}^2$

答：该控制室的建筑面积为 $2.6244\ \text{m}^2$。

（12）附属在建筑物外墙的落地橱窗，应按其围护结构外围水平面积计算。结构层高为 2.20 m 及以上的，应计算全面积；结构层高为 2.20 m 以下的，应计算 1/2 面积。

（13）窗台与室内楼地面高差在 0.45 m 以下且结构净高为 2.10 m 及以上的凸（飘）窗，应按其围护结构外围水平面积计算 1/2 面积。

（14）有围护设施的室外走廊（挑廊），应按其结构底板水平投影面积计算 1/2 面积；有围护设施（或柱）的檐廊，应按其围护设施（或柱）外围水平面积计算 1/2 面积。

（15）门斗应按其围护结构外围水平面积计算建筑面积。结构层高为 2.20 m 及以上的，应计算全面积；结构层高为 2.20 m 以下的，应计算 1/2 面积。

（16）门廊应按其顶板水平投影面积的 1/2 计算建筑面积；有柱雨篷的，应按其结构板水平投影面积的 1/2 计算建筑面积；无柱雨篷的结构外边线至外墙结构外边线的宽度为 2.10 m 及以上的，应按雨篷结构板的水平投影面积的 1/2 计算建筑面积。

注意：雨篷划分为有柱雨篷（包括独立柱雨篷、多柱雨篷、柱墙混合支撑雨篷、墙支撑雨篷）和无柱雨篷（悬挑雨篷）。如凸出建筑物，且不单独设立顶盖，利用上层结构板（如楼板、阳台底板）进行遮挡，则不视为雨篷，不计算建筑面积。对于无柱雨篷，如顶盖高度达到或超过两个楼层，也不视为雨篷，不计算建筑面积。

有柱雨篷没有出挑宽度的限制，也不受跨越层数的限制，均计算建筑面积。无柱雨篷的结构板不能跨层，并受出挑宽度的限制，设计出挑宽度大于或等于 2.10 m 时才计算建筑面积。出挑宽度是指雨篷结构外边线至外墙结构外边线的宽度，为弧形或异形时，取最大宽度。

（17）设在建筑物顶部的、有围护结构的楼梯间、水箱间、电梯机房等，结构层高为 2.20 m 及以上的应计算全面积；结构层高为 2.20 m 以下的，应计算 1/2 面积。

（18）围护结构不垂直于水平面的楼层，应按其底板面的外墙外围水平面积计算。结构净高为 2.10 m 及以上的部位应计算全面积；结构净高为 1.20~2.10 m 的部位应计算 1/2 面积；结构净高为 1.20 m 以下的部位不应计算建筑面积。

注意：本条规定对于向内、向外均适用。在划分高度上，本条使用的是结构净高，与其他正常平楼层按层高划分不同，但与斜屋面的划分原则一致。由于目前很多建筑设计追求新、奇、特，造型越来越复杂，很多时候根本无法明确区分什么是围护结构、什么是屋顶，因此对于斜围护结构与斜屋顶采用相同的计算规则，即只要外壳倾斜的，就按结构净高划段，分别计算建筑面积。斜围护结构如图 6-30 所示。

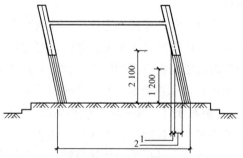

1—计算 1/2 建筑面积部分；2—不计算建筑面积部分。

图 6-30　斜围护结构

【例 6-11】 已知某房屋平面和断面图（见图 6-31），结构层厚度为 100 mm，计算该房屋建筑面积。

【解】 建筑面积 $S = 3.14 \times (6.00 + 0.12)^2 + 3.14 \times (6.30 + 0.12)^2 = 247.03\ \text{m}^2$

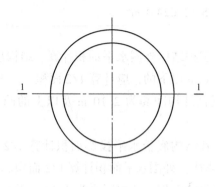

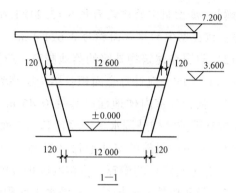

图 6-31　例 6-11 题图

答：该房屋建筑面积为 247.03 m²。

（19）建筑物内的室内楼梯、电梯井、提物井、管道井、通风排气竖井、烟道，应并入建筑物的自然层计算建筑面积。有顶盖的采光井（包括建筑物中的采光井和地下室采光井，见图 6-32）应按一层计算面积，结构净高为 2.10 m 及以上的，应计算全面积；结构净高为 2.10 m 以下的，应计算 1/2 面积。

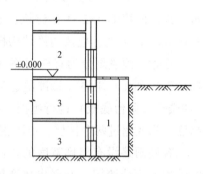

1—采光井；2—室内；3—地下室。

图 6-32　地下室采光井

【例 6-12】　某电梯井平面外包尺寸为 4.5 m×4.5 m，该建筑共 12 层，11 层层高均为 3 m，1 层为设备层，层高 2.0 m。屋顶电梯机房外包尺寸为 6.00 m×8.00 m，层高 4.5 m，求该电梯井与电梯机房总建筑面积。

【解】　电梯井建筑面积 S_1 = 4.5×4.5×11+4.5×4.5÷2 = 232.875 m²

电梯机房建筑面积 S_2 = 6.00×8.00 = 48.000 m²

总建筑面积 S = S_1+S_2 = 280.88 m²

答：该电梯井与电梯机房的总建筑面积为 280.88 m²。

（20）室外楼梯应并入所依附建筑物自然层，并按其水平投影面积的 1/2 计算建筑面积。

注意：室外楼梯作为连接该建筑物层与层之间交通不可缺少的基本部件，无论从其功能还是工程计价的要求来说，都需计算建筑面积。层数为室外楼梯所依附的楼层数，即梯段部分投影到建筑物范围的层数。利用室外楼梯下部的建筑空间不得重复计算建筑面积；利用地势砌筑的为室外踏步，不计算建筑面积。

【例 6-13】　某三层建筑物局部平面图及立面图如图 6-33 所示，每层层高均为 3.0 m，室外楼梯水平投影尺寸为 3.0 m×6.625 m，求该室外楼梯的建筑面积。

分析：室外楼梯应按建筑物所依附的自然层（2 层）计算。

【解】　室外楼梯建筑面积 S = 3×6.625×2×0.5 = 19.875 m²

答：该室外楼梯的建筑面积为 19.875 m²。

（21）在主体结构内的阳台，应按其结构外围水平面积计算全面积；在主体结构外的阳台，应按其结构底板水平投影面积计算 1/2 面积。

注意：建筑物的阳台，不论其形式如何，均以建筑物主体结构为界分别计算建筑面积。

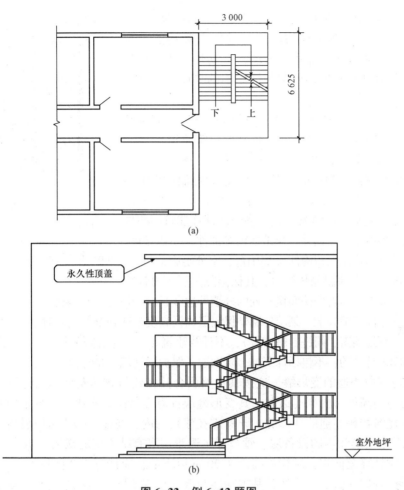

图 6-33 例 6-13 题图

（a）平面图；（b）立面图

（22）有顶盖无围护结构的车棚、货棚、站台、加油站、收费站等，应按其顶盖水平投影面积的 1/2 计算建筑面积。

【例 6-14】 求如图 6-34 所示车棚的建筑面积。

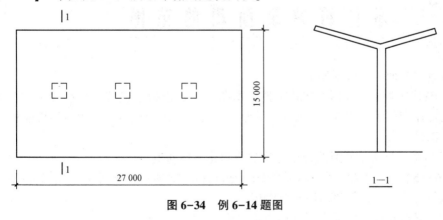

图 6-34 例 6-14 题图

【解】 车棚建筑面积 $S = 0.5 \times 27.00 \times 15.00 = 202.50 \ \mathrm{m}^2$

答： 该车棚的建筑面积为 202.50 m^2。

（23）以幕墙作为围护结构的建筑物，应按幕墙外边线计算建筑面积。

注意：幕墙以其在建筑物中所起的作用和功能来区分，直接作为外墙起围护作用的幕墙，按其外边线计算建筑面积；设置在建筑物墙体外起装饰作用的幕墙，不计算建筑面积。

（24）建筑物的外墙外保温层（见图6-35），应按其保温材料的水平截面积计算，并入自然层建筑面积。

注意：该项规定与计算到外墙外保温层外边线不同。建筑物外墙外侧有保温隔热层的，保温隔热层以保温材料的净厚度乘以外墙结构外边线按建筑物的自然层计算建筑面积，其外墙外边线长度不扣除门窗和建筑物外已计算建筑面积构件（如阳台、室外走廊、门斗、落地橱窗等部件）所占长度。当建筑物外已计算建筑面积构件（如阳台、室外走廊、门斗、落地橱窗等部件）有保温隔热层时，其保温隔热层不再计算

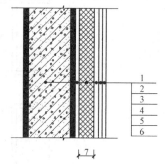

1—墙体；2—黏结胶浆；3—保温材料；
4—标准网；5—加强网；6—抹面胶浆；
7—计算建筑面积部位。

图6-35　建筑物的外墙外保温层详图

建筑面积。外墙是斜面者按楼面楼板处的外墙外边线长度乘以保温材料的净厚度计算。外墙外保温层以沿高度方向满铺为准，某层外墙外保温层铺设高度未达到全部高度时（不包括阳台、室外走廊、门斗、落地橱窗、雨篷、飘窗等），不计算建筑面积。保温隔热层的建筑面积是以保温隔热材料的厚度来计算的，不包括抹灰层、防潮层、保护层（墙）的厚度。

（25）与室内相通的变形缝，应按其自然层合并在建筑物建筑面积内计算。对于高低联跨的建筑物，当高低跨内部连通时，其变形缝应计算在低跨面积内。本规范所指建筑物内的变形缝是与建筑物相连通的变形缝，即暴露在建筑物内、在建筑物内可以看得见的变形缝。

（26）对于建筑物内的设备层、管道层、避难层等有结构层的楼层，结构层高为2.20 m及以上的，应计算全面积；结构层高为2.20 m以下的，应计算1/2面积。

注意：设备层、管道层虽然其基本功能与普通楼层不同，但在结构及施工消耗上并无本质区别，本规范定义自然层为"按楼地面结构分层的楼层"，因此设备、管道楼层归为自然层，其计算规则与普通楼层相同。在吊顶空间内设置管道的，则吊顶空间部分不能被视为设备层、管道层。

6.3 不计算建筑面积的范围

不计算建筑面积的范围如下。

（1）与建筑物不相连通的建筑部件。本条指的是依附于建筑物外墙外不与户室开门连通，起装饰作用的敞开式挑台（廊）、平台，以及不与阳台相通的空调室外机隔板（箱）等设备平台部件。

（2）骑楼、过街楼底层的开放公共空间和建筑物通道。

【例6-15】 已知某房屋平面图和断面图如图6-36所示，该房屋②~③轴间有一穿过建筑物的人行通道，请计算该房屋建筑面积。

分析：穿过建筑物的通道不计算建筑面积。

【解】 建筑面积 $S = 12.24 \times 15.24 \times 4 + 15 \times 15.24 \times 2 = 1\ 203.35\ \text{m}^2$

答：该房屋建筑面积为 $1\ 203.35\ \text{m}^2$。

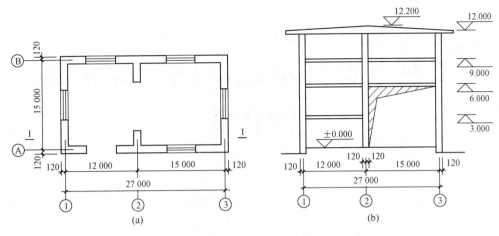

图 6-36　例 6-15 题图

（a）平面图；（b）1—1 断面图

（3）舞台及后台悬挂幕布和布景的天桥、挑台等。即影剧院的舞台及为舞台服务的可供上人维修、悬挂幕布、布置灯光及布景等搭设的天桥和挑台等构件设施。

（4）露台、露天游泳池、花架、屋顶的水箱及装饰性结构构件。

（5）建筑物内的操作平台（见图 6-37）、上料平台、安装箱和罐体的平台。不构成结构层，其主要是为室内构筑物或设备服务的独立上人设施，因此不计算建筑面积。

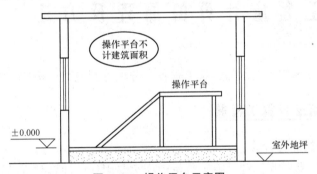

图 6-37　操作平台示意图

（6）勒脚、附墙柱（指的是非结构性装饰柱）、垛、台阶、墙面抹灰、装饰面、镶贴块料面层、装饰性幕墙，主体结构外的空调室外机搁板（箱）、构件、配件，挑出宽度为 2.10 m 以下的无柱雨篷和顶盖高度达到或超过两个楼层的无柱雨篷。

（7）窗台与室内地面高差为 0.45 m 以下且结构净高为 2.10 m 以下的凸（飘）窗，窗台与室内地面高差为 0.45 m 及以上的凸（飘）窗。

（8）室外爬梯、消防专用钢楼梯。室外钢楼梯需要区分具体用途，如专用于消防的楼梯，则不计算建筑面积，如果是建筑物的唯一通道，兼用于消防，则需要按室外楼梯规定计算建筑面积。

（9）无围护结构的观光电梯。

（10）建筑物以外的地下人防通道，独立的烟囱、烟道、地沟、油（水）罐、气柜、水塔、贮油（水）池、贮仓、栈桥等构筑物。

第7章 分部分项工程费用的计算

根据前文介绍，分部分项工程费用等于工程量乘以综合单价，而分部分项工程费用又是获得工程造价的基础。

计算分部分项工程量和计算综合单价都与定额是分不开的，定额中有关于工程量的计算规则和说明，这些计算规则和说明直接决定了如何使用定额（定额是编者编的，但有大量使用者，使用者需要根据说明和计算规则来使用，所以说定额说明就和购买产品所附的使用说明是一样的作用）。因此，要使用定额首先要正确理解工程量计算规则和说明。

7.1 工程量计算的原理及方法

工程量是指计量单位所表示的建筑工程各个分项工程或结构构件的实物数量。

7.1.1 统筹法计算工程量

1. 利用基本数据简化计算

建筑工程中有一些数据，在计算工程量中经常要用到，计算时可以先将基本数据计算出来，在计算与基本数据相关的工程量时，可以在基本数据的基础上计算，达到简化计算的目的。通过对工程的归纳，基本数据主要为3线1面1册。

（1）外墙外边线 $L_{外}$。计算公式如下：

$$L_{外} = 建筑平面图的外围周长之和$$

有了 $L_{外}$ 就可以在计算勒脚、腰线、勾缝、外墙抹灰、散水、明沟等分项工程时减少重复计算工程量。

（2）外墙中心线 $L_{中}$。计算公式如下：

$$L_{中} = L_{外} - 墙厚 \times 4$$

$L_{中}$ 可以用来计算外墙挖地槽（$L_{中} \times$ 断面）、基础垫层（$L_{中} \times$ 断面）、砌筑基础（$L_{中} \times$ 断面）、砌筑墙身（$L_{中} \times$ 断面）、防潮层（$L_{中} \times$ 防潮层宽度）、基础梁（$L_{中} \times$ 断面）、圈梁（$L_{中} \times$ 断面）等分项工程的工程量。

（3）内墙净长线 $L_{内}$。计算公式如下：

$$L_{内} = 建筑平面图中所有内墙净长度之和$$

$L_内$可以用来计算内墙挖地槽、基础垫层、砌筑基础、砌筑墙身、防潮层、基础梁、圈梁等分项工程的工程量。

（4）底层建筑面积 S。计算公式如下：

$$S=建筑物底层平面图勒脚以上结构的外围水平投影面积$$

S 可以用来计算平整场地、地面、楼面、屋面和天棚等分项工程的工程量。

（5）对于一些标准构件，可以采用组织力量一次计算，编制成册，在下次使用时直接查用手册的方法，这样既可以减少每次都逐一计算的烦琐，又保证了准确性。

2. 合理安排计算顺序

工程量计算顺序的安排是否合理，直接关系到预算工作效率的高低。按照通常的习惯，工程量的计算一般是根据施工顺序或定额顺序进行的，在熟练的基础上，也可以根据计算方便的顺序计算工程量。具体就是如果存在一些分项工程的工程量紧密相关，有的要算体积，有的要算面积，有的要算长度的情况下，应按照长度→面积→体积的顺序计算，可避免重复计算和反复计算中可能导致的计算错误。

例如：室内地面工程，存在挖土（体积）、垫层（体积）、找平层（面积）、面层（面积）4 道工序。如果按照施工顺序，将先算体积，后算面积，体积的数据对面积无借鉴作用；反之，先算面层、找平层得到面积，可以采用面积×厚度的方法计算垫层和挖土的体积。

3. 结合工程实际灵活计算

用"线""面""册"的计算方法只是一般常用的工程量计算方法，实际工程中不能死搬硬套，需要根据工程实际情况灵活处理。

（1）如果有关的构件断面形状不唯一，对应的基础"线"也就不能只算一个，需要根据图形分段计算"线"。

（2）基础数据对于许多分项工程有借鉴的作用，但有些不能直接借鉴，需要对基础数据进行调整。例如：$L_内$用于内墙地槽，由于地槽长度是地槽间净长，而 $L_内$ 是墙身间净长，因此需要在 $L_内$ 的基础上减去地槽与墙身的厚度差才能用于地槽的工程量计算。

7.1.2　工程量计算的方法

1. 计算顺序

1）单位工程计算顺序

（1）按照施工顺序的先后来计算工程量。例如，民用建筑按照土方、基础、墙体、混凝土、钢筋、脚手架、地面、楼面、屋面、门窗安装、外抹灰、内抹灰、油漆涂料、玻璃等顺序进行计算。

（2）按定额顺序计算。按照定额上的分章或分部分项工程的顺序进行计算，这种方法对初学者尤其适合。

2）分项工程计算顺序

（1）按照图纸的"先横后竖、先下后上、先左后右"顺序计算。例如，计算基础相关工程量可以采用这种方法。

（2）按照图纸的顺时针方向计算。例如，计算楼地面、屋面等分项工程可以采用这种计算方法。

（3）图纸分项编号顺序计算。例如，计算混凝土构件、门窗构件等可以采用这种计算方法。

2. 计算工程量的步骤

（1）列出计算式。

（2）演算计算式。

（3）调整计量单位。

3. 主要事项

（1）工程量的计算必须与项目对应，按照项目的工程量计算规则进行计算。

（2）工程量计算必须分层分段、按一定的顺序计算，尽量采用统筹法进行计算。

（3）按图纸进行计算，列出工程量计算式。

（4）计算结束后注意自我检查。

7.2 土、石方工程

建筑工程施工的场地和基础、地下室的建筑空间，都是由土、石方工程施工完成的。所谓土、石方工程，即采用人工或机械的方法，对天然土、石体进行必要的挖、运、填，以及配套的平整、夯实、排水、降水等工作内容。土、石方工程施工的特点是人工或机械的劳动强度大，施工条件复杂，施工方案要因地制宜。土、石方工程造价与地基土的类别和施工组织方案关系极为密切。

7.2.1 本节内容概述

本节内容包括人工土、石方和机械土、石方两大部分。

（1）人工土、石方包括：①人工挖一般土方；②3 m<底宽≤7 m 的沟槽挖土或 20 m²<底面积≤150 m² 的基坑人工挖土；③底宽≤3m 且底长>3 倍底宽的沟槽人工挖土；④底面积≤20 m² 的基坑人工挖土；⑤挖淤泥、流砂，支挡土板；⑥人工、人力车运土、石方（碴）；⑦平整场地、打底夯、回填；⑧人工挖石方；⑨人工打眼爆破石方；⑩人工清理槽、坑、地面石方。

（2）机械土、石方包括：推土机推土；铲运机铲土；挖掘机挖土；挖掘机挖底宽≤3 m 且底长>3 倍底宽的沟槽；挖掘机挖底面积≤20 m² 的基坑；支撑下挖土；装载机铲松散土、自装自运土；自卸汽车运土；平整场地、碾压；机械打眼爆破石方；推土机推碴；挖掘机挖碴；自卸汽车运碴。

7.2.2 人工土、石方的有关规定

1. 人工挖土、石方

（1）沟槽、基坑划分。

底宽≤7 m 且底长>3 倍底宽的为沟槽，套用定额计价时，应根据底宽的不同，分别按底宽为 3~7 m、3 m 以内，套用对应的定额子目。工作内容：挖土、装土或抛土，修整底边、边坡，并保持槽坑边两侧距离 1 m 内无弃土。

底长≤3 倍底宽且底面积≤150 m² 的为基坑。套用定额计价时，应根据底面积的不同，分别按底面积为 20~150 m²、20 m² 以内，套用对应的定额子目。工作内容同沟槽土。

凡沟槽底宽 7 m 以上，基坑底面积 150 m² 以上，山坡切土，按挖一般土方或挖一般石方计算。工作内容：挖土、装土或抛土、修整底边、边坡。

（2）土方、地槽、地坑土分为干土、湿土两大类。干土、湿土中又分为一、二、三、四类 4 种，土壤划分如表 7-1 所示。干土、湿土的划分，应以地质勘察资料为准；无资料时以地下常水位为准，常水位以上为干土，常水位以下为湿土。采用人工降低地下水位时，干、湿土的划分仍以常水位为准。

表 7-1　土壤划分

土壤划分	土壤名称	工具鉴别方法
一、二类土	粉土、砂土（粉砂、细砂、中砂、粗砂、砾砂）、粉质黏土、弱中盐碱土、软土（淤泥质土、泥炭、泥炭质土）、软塑红黏土、冲填土	用锹，少许用镐、条锄开挖。机械能全部直接铲挖满载者
三类土	黏土、碎石土（圆砾、角砾）混合土、可塑红黏土、硬塑红黏土、强盐碱土、素填土、压实填土	主要用镐、条锄，少许用锹开挖。机械需部分刨松方能铲挖满载者或可直接铲挖但不能满载者
四类土	碎石土（卵石、碎石、漂石、块石）、坚硬红黏土、超盐碱土、杂填土	全部用镐、条锄挖掘，少许用撬棍挖掘。机械须普遍刨松方能铲挖满载者

（3）挡土板是挖土时对沟槽、基坑侧壁土方的一种支护措施。施工中根据挡土板的情况可以采用密撑或疏撑，不论密撑、疏撑均按定额执行，实际施工中挡土板的材料不同均不调整。

支挡土板的工作内容包括：制作、安装、拆除挡土板，堆放指定地点。

（4）桩间挖土按打桩后坑内挖土相应定额执行。桩间挖土，指桩（不分材质和成桩方式）顶设计标高以下及桩顶设计标高以上 0.50 m 范围内的挖土。

2. 人工运土、石方

人工、人力车运土、石方工作内容：清理道路，铺、移及拆除道板；运土、石，卸土、石，不包括装土。运剩余的松土或挖堆积期在一年以内的堆积土，除按运土方定额执行外，另增加挖一类土的定额项目（工程量按实方计算，若为虚方，则按工程量计算规则的折算方法折算成实方）。取自然土回填时，按土壤类别执行挖土定额。

3. 回填土方

（1）平整场地：建筑场地挖、填土方在 ±300 mm 以内及找平，如图 7-1 所示。

厚度超过 300 mm 按挖一般土方或回填土考虑。

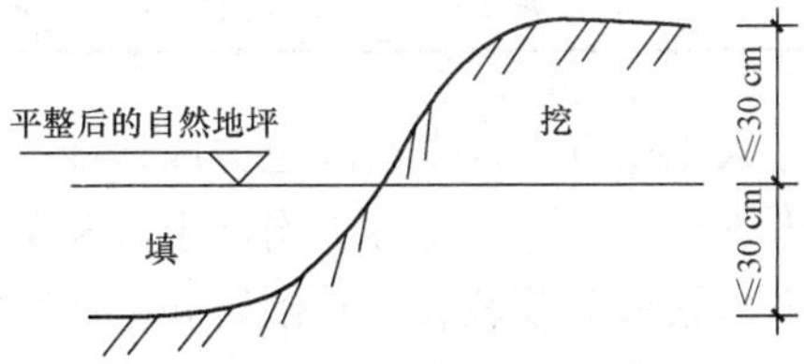

（2）原土打夯："原土"是指自然状态下的地表面或开挖出的槽（坑）底部原状土，对原土进行打夯，可提高密实度。一般用于基底浇筑垫层前或室内回填之前，对原土地基进行加固。

图 7-1　平整场地

原土打夯的工作内容：一夯压半夯（两遍为准）。

（3）回填土：将符合要求的土料填充到需要的部分。根据不同部位对回填土的密实度要求不同，可分为松填和夯填。松填是指将回填土自然堆积或摊平。夯填是指松土分层铺摊，每层厚度 20~30 cm，初步平整后，用人工或电动夯实机密实，但没有密实度要求。一般槽（坑）和室内回填土采用夯填，回填区域如图 7-2 所示。

房心回填：室外地坪和室内地坪之间的回填

室外地坪

基坑回填：设计室外地坪以下的回填

图7-2　回填区域

回填土的工作内容包括：夯填为5 m内取土、碎土、找平、泼水和夯实（一夯压半夯，两遍为准）；松填为5 m内取土、碎土、找平。

（4）余土外运、缺土内运：当挖出的土方大于回填土方时，用于回填后剩下的土称余土，当挖出的土方小于回填所需的土方时，所缺少的土需要从外边取土满足回填土要求称缺土。

4. 人工挖石方

岩石划分如表7-2所示。

表7-2　岩石划分

岩石分类		代表性岩石	开挖方法
极软岩		1. 全风化的各种岩石 2. 各种半成岩	部分用手凿工具，部分用爆破法开挖
软质岩	软岩	1. 强风化的坚硬岩或较硬岩 2. 中等风化—强风化的较软岩 3. 未风化—微风化的页岩、泥岩、泥质砂岩等	用风镐和爆破法开挖
	较软岩	1. 中等风化—强风化的坚硬岩或较硬岩 2. 未风化—微风化的凝灰岩、千枚岩、泥灰岩、砂质泥岩等	用爆破法开挖
硬质岩	较硬岩	1. 微风化的硬质岩 2. 未风化—微风化的大理岩、板岩、石灰岩、白云岩、钙质砂岩等	用爆破法开挖
	坚硬岩	未风化—微风化的花岗岩、闪长岩、辉绿岩、玄武岩、安山岩、片麻岩、石英岩、石英砂岩、硅质砾岩、硅质石灰岩等	用爆破法开挖

人工挖石方根据情况也分成地面一般挖石、沟槽挖石和基坑挖石。关于3种情况的区分与人工挖土的人工土方、沟槽土方和基坑土方相同。人工挖石方根据石头的情况不同分成极软岩、软岩、较软岩、较硬岩和坚硬岩五类。

地面一般挖石工作内容：开凿石方、打碎、修边、集中归堆。

沟槽挖石和基坑挖石工作内容：开凿、槽坑壁打直、底凿平，将石方运出槽、坑边1 m之外。

7.2.3　人工土、石方的工程量计算规则

1. 平整场地

平整场地工程量是按建筑物外墙外边线每边各加2 m，以面积计算。建筑物外墙外边

线：从建筑物地上部分、地下室部分整体考虑，以垂直投影最外边的外墙边线为准，即当地上首层外墙在外时，以地上首层外墙外边线为准；当地下室外墙在外时，以地下室外墙外边线为准；当局部地上首层外墙在外、局部地下室外墙在外时，则以最外边的外墙外边线为准。

【例7-1】 已知某建筑物一层建筑平面图（见图7-3），计算该建筑物平整场地工程量。

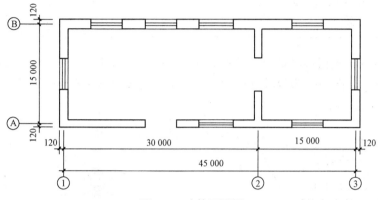

图7-3 建筑平面图

【解】 平整场地工程量 $= S_底 + 2L_外 + 16$

$S_底$（底层建筑面积）$= 15.24 \times 45.24 = 689.46 \ \text{m}^2$

$L_外$（建筑外墙外边线周长）$= 2 \times (15.24 + 45.24) = 120.96 \ \text{m}$

平整场地工程量 $= 689.46 + 2 \times 120.96 + 16 = 947.38 \ \text{m}^2$

答： 该建筑物平整场地工程量为 947.38 m^2。

2. 人工挖土、石方

1）土、石方体积

土、石方体积以挖凿前的天然密实体积（m^3）为准。土方体积如需换算成虚方，按表7-3进行折算。

表7-3 土方体积折算表　　　　　　单位：m^3

虚方体积	天然密实体积	夯实后体积	松填体积
1.00	0.77	0.67	0.83
1.20	0.92	0.80	1.00
1.30	1.00	0.87	1.08
1.50	1.15	1.00	1.25

计算土、石方体积时采用公式计算法。如土体的三维尺寸中有一个方向的尺寸比较大，另外两个方向较小，一般采用先算横断截面积，再乘以长度来计算土体体积（如沟槽土）；如土体的三维尺寸均相差不大，则采用体积计算公式直接计算体积（如基坑土）；至于挖土方，根据开挖土方的情况来选择是采用第一种方法还是第二种方法来计算。

2）基础施工开挖断面尺寸的计算

（1）工作面。

工作面是指人工操作或支撑模板所需的断面宽度，与基础材料和施工工序有关。基础施工所需工作面宽度按表7-4计算。

表7-4　基础施工所需工作面宽度表

基础材料	每边各增加工作面宽度/mm
砖基础	200
浆砌毛石、条石基础	150
混凝土基础垫层支模板	300
混凝土基础支模板	300
基础垂直面做防水层	1 000（防水层面）

基础土方开挖，根据垫层是否支模板，分为两种不同的开挖方式，工作面的计算位置也有所不同，图7-4、图7-5为放坡开挖情况下垫层支模板和不支模板的两种开挖断面图。

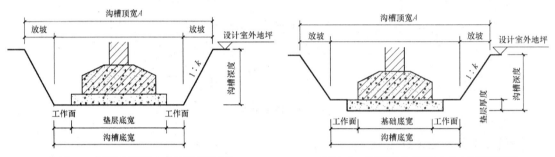

图7-4　垫层支模板土方开挖断面图　　　　图7-5　垫层不支模板土方开挖断面图

（2）开挖断面尺寸。

开挖断面宽度是由基础底（垫层）设计宽度、开挖方式、基础材料及做法所决定的。开挖断面是计算土方工程量的一个基本参数。根据施工方案的不同，开挖断面通常分为图7-6所示的几种情况。

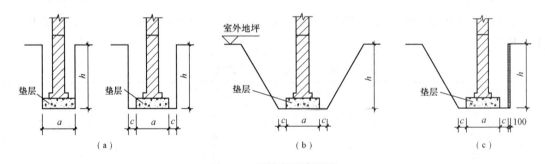

图7-6　开挖断面类型图

（a）不放坡；（b）双面放坡；（c）单面放坡单面支挡土板

①不放坡、不支撑、留工作面。

当基础垫层混凝土原槽浇筑时，可以利用垫层顶面宽作为工作面，因此开挖断面宽度 B（放线宽）即等于垫层宽 a（基础垫层宽）。

当基础垫层支模板浇筑时，必须留工作面，则放线宽为 $a+2c$（c 为工作面每边宽）。

②放坡、留工作面。

土方开挖时，为了防止塌方，保证施工顺利进行，其边壁应采取稳定措施，常用方法是放坡和支撑。

在场地比较开阔的情况下开挖土方时，可以优先采用放坡的方式保持边坡的稳定。放坡的坡度以挖土深度与放坡宽度之比表示，放坡系数为放坡坡度的倒数。放坡坡度根据开挖深度、土壤类别及施工方法（人工或机械）决定。

挖沟槽、基坑、土方需放坡时，以施工组织设计规定计算，施工组织设计无明确规定时，放坡高度、比例按表 7-5 计算。

表 7-5 放坡高度、比例确定表

土壤类别	放坡深度规定/m	高与宽之比			
		人工挖土	机械挖土		
			坑内作业	坑上作业	顺沟槽在坑上作业
一、二类土	超过 1.20	1 : 0.5	1 : 0.33	1 : 0.75	1 : 0.5
三类土	超过 1.50	1 : 0.33	1 : 0.25	1 : 0.67	1 : 0.33
四类土	超过 2.00	1 : 0.25	1 : 0.10	1 : 0.33	1 : 0.25

注：1. 沟槽、基坑中土类别不同时，分别按其土壤类别、放坡比例以不同土类别厚度分别计算。

　　2. 计算放坡时，交接处（见图 7-7）的重复工程量不扣除，原槽、坑做基础垫层时，放坡自垫层上表面开始计算。

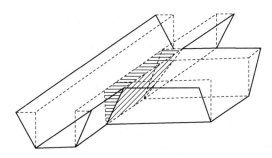

图 7-7 放坡交接处示意图

设坡度系数为 k，则开挖断面宽度 B（放线宽）$= a+2c+2kh$。

③双面支挡土板（不放坡）、留工作面。

每一侧支挡土板的宽按 100 mm 计算。工作面宽 c，基础垫层宽 a，则开挖断面宽 B（放线宽）$= a+2c+200$。

如果单面支挡土板，另一面不放坡，则 $B= a+2c+100$。

④单面支挡土板，留工作面。

除上述情况外，在某些特殊的场地条件下，还可能一边支挡土板，另一边放坡，则放线宽 $B= a+2c+kh+100$。

3）土、石方体积的计算

（1）沟槽工程量。

按照沟槽长度乘以沟槽截面积（m^2）计算。沟槽长度（m），外墙按图示基础中心线长度计算；内墙按图示基础底宽加工作宽度之间净长度计算。沟槽宽度按设计宽度加基础施工所需工作面宽度计算。突出墙面的附墙烟囱、垛等体积并入沟槽土方工程量内。

挖土深度以设计室外标高为起点，如实际自然地面标高与设计地面标高不同时，工程量在竣工结算时调整。

【例 7-2】 图 7-8 为某建筑物的条形基础图，图中轴线为墙中心线，基础墙体为 M5 水泥砂浆砌筑混凝土实心标准砖 1 砖厚墙，室外地面标高为-0.3 m，基础垫层为非原槽浇筑，垫层支模，构造柱底标高为砖基础底面，防潮层采用 20 mm 厚 1 : 2 防水砂浆，防潮层顶标高为-0.06 m，防潮层以上墙体为 KP1 多孔砖墙。求该基础人工挖地槽的工程量（三类干土，考虑放坡）。

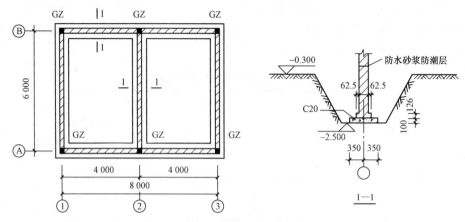

图 7-8　条形基础图

分析：工程量的计算不是孤立的，按照前面章节的介绍，对于分部分项工程费用的计算，我们采用的是工程量×综合单价的形式来计算的。分项工程的工程量计算要和该分项工程的定额子目结合在一起。本例题虽说只要计算挖地槽的工程量，但在计算之前应首先列出定额的子目（列项目），才好根据子目的工程量计算规则计算工程量。

【解】　（1）列项目：人工挖三类深度在 3 m 以内沟槽干土（1-28）

（2）计算工程量：

查表 7-4、表 7-5 得：工作面 $c=300$ mm，放坡系数 $k=0.33$

开挖断面下口宽度 $B_1=a+2c=0.7+2\times0.3=1.3$ m

开挖断面上口宽度 $B=B_1+2kh=1.3+2\times0.33\times(2.5-0.3)=2.752$ m

沟槽断面面积 $S=(B+B_1)\times h\div2=(2.752+1.3)\times2.2\div2=4.4572$ m^2

①、③、Ⓐ、Ⓑ轴（外墙）沟槽长度$=(8+6)\times2=28$ m

②轴（内墙）沟槽长度$=6-1.3=4.7$ m

挖土体积 $V=(28+4.7)\times4.4572=145.75$ m^3

答：该基础挖地槽土的工程量为 145.75 m^3。

在同一槽、坑或沟内有干、湿土时应分别计算，但使用定额时，按槽、坑或沟的全深计算。

【例 7-3】　图 7-9 为某建筑物的条形基础图，图中轴线为墙中心线，基础墙体为混凝土实心标准砖 1 砖厚墙，室外地面标高为 -0.3 m，地下水位在 -1.50 m 处，开挖土方中上部为三类干土，下部为二类湿土。求该基础人工挖地槽的工程量（考虑放坡）。

【解】　（1）列项目：人工挖三类深度在 3 m 以内沟槽干土（1-28）、人工挖二类深度在 3 m 以内沟槽湿土（1-40）

（2）计算工程量：

查表 7-4、表 7-5 得：工作面 $c=300$ mm，干土放坡系数 $k_2=0.33$，湿土放坡系数 $k_1=0.5$

开挖断面湿土下口宽度 $B_1=a+2c=0.7+2\times0.3=1.3$ m

开挖断面湿土上口（干土下口）宽度 $B_2=B_1+2k_1h_1=1.3+2\times0.5\times(2.5-1.5)=2.3$ m

开挖断面干土上口宽度 $B=B_2+2k_2h_2=2.3+2\times0.33\times(1.5-0.3)=3.092$ m

沟槽干土断面面积 $S_干=(B+B_2)×h_2÷2=(3.092+2.3)×1.2÷2=3.235\ 2\ \text{m}^2$

沟槽湿土断面面积 $S_湿=(B_1+B_2)×h_1÷2=(1.3+2.3)×1.0÷2=1.8\ \text{m}^2$

①、③、Ⓐ、Ⓑ轴（外墙）沟槽长度 $=(8+6)×2=28\ \text{m}$

②轴（内墙）沟槽长度 $=6-1.3=4.7\ \text{m}$

挖干土体积 $V_干=(28+4.7)×3.235\ 2=105.79\ \text{m}^3$

挖湿土体积 $V_湿=(28+4.7)×1.8=58.86\ \text{m}^3$

答：该基础人工挖地槽干土的工程量为 $105.79\ \text{m}^3$，人工挖地槽湿土的工程量为 $58.86\ \text{m}^3$。

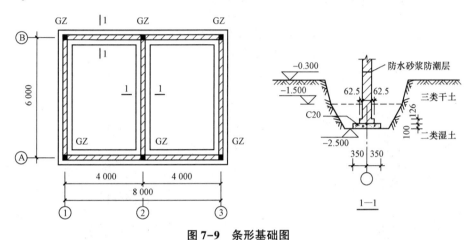

图 7-9　条形基础图

（2）基坑体积。

基坑体积按照基坑的常见形状分为长方体、倒棱台、圆柱体和倒圆台 4 种，如图 7-10 所示。

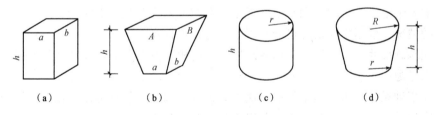

图 7-10　基坑体积常见形状

（a）长方体；（b）倒棱台；（c）圆柱体；（d）倒圆台

长方体 $V=abh$；

倒棱台 $V=\dfrac{h}{6}\left[AB+(A+a)(B+b)+ab\right]$；

圆柱体 $V=\pi r^2 h$；

倒圆台 $V=\dfrac{h}{3}\pi(R^2+r^2+rR)$。

【例 7-4】 图 7-11 为某建筑物的基础图，图中轴线为墙中心线，墙体为混凝土实心标准砖 1 砖厚墙，室外地面标高为 $-0.3\ \text{m}$。求该基础人工挖土的工程量（三类干土，垫层不考虑支模，考虑放坡）。

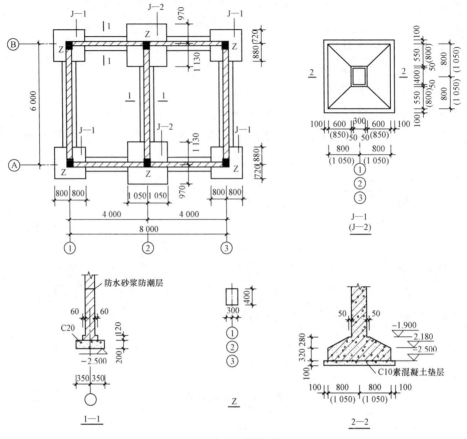

图 7-11　基础图

分析：独立基础的土方往往对应于基坑挖土，条形基础的土方往往对应于沟槽挖土，但实际工程中关于定额子目的套用与定额规定以及施工方法有关。本例所示既有独立基础又有条形基础的情况，根据实际情况可能有以下 3 种处理方式：

①独立基础尺寸不大，且与条形基础挖土深度相差不大，将独立基础和条形基础土方一并按沟槽土考虑；

②独立基础尺寸与条形基础宽度相比相差较大，如条形基础沟槽宽在 3 m 以内而独立基础挖土宽度超过 3 m，独立基础的土方和条形基础土方分开计算；

③独立基础的挖土深度与条形基础的挖土深度相差较大，独立基础与条形基础土方分开计算。

按以上所说，本例中独立基础和条形基础的土方可一并计算，首先要了解该建筑物存在几种挖土。根据有关规定，这里有人工挖沟槽和人工挖基坑两种情况，这两种情况的工程量应分别计算。在本例中独立基础的挖土属于基坑挖土，砖墙下条形基础的挖土是沟槽挖土。

注意：沟槽挖土时，外墙的长度应按净长计算。由于独立基础挖土至-2.600 m，条形基础挖土至-2.500 m，条形基础挖土算净长时应算至独立基础挖土至-2.500 m 标高处的净长。

【解】　（1）列项目：人工挖三类深度在 3 m 以内沟槽干土（1-28）

（2）计算工程量：

①独立基础土方：

按规定查表 7-4、表 7-5 得：工作面 $c = 300$ mm，放坡系数 $k = 0.33$

J-1 开挖断面下口宽度 $B_1 = A_1 = a + 2c = 1.6 + 2 \times 0.3 = 2.2$ m

开挖断面上口宽度 $B = A = B_1 + 2kh = 2.2 + 2 \times 0.33 \times (2.5 - 0.3) = 3.652$ m

J-1 挖土 $V_1 = \dfrac{h}{6}[AB + (A + A_1)(B + B_1) + A_1 B_1] = \dfrac{h}{6}[B^2 + (B + B_1)^2 + B_1^2]$

$$= \frac{2.3}{6}[3.652^2 + (3.652 + 2.2)^2 + 2.2^2] = 19.222 \text{ m}^3$$

J-2 开挖断面下口宽度 $B_1 = A_1 = a + 2c = 2.1 + 2 \times 0.3 = 2.7$ m

开挖断面上口宽度 $B = A = B_1 + 2kh = 2.7 + 2 \times 0.33 \times (2.5 - 0.3) = 4.152$ m

J-2 挖土 $V_2 = \dfrac{2.3}{6}[4.152^2 + (4.152 + 2.7)^2 + 2.7^2] = 26.209 \text{ m}^3$

垫层挖土 $V_3 = 1.8 \times 1.8 \times 0.1 \times 4 + 2.3 \times 2.3 \times 0.1 \times 2 = 2.354$ m³

独立基础挖土体积 $V_{独基土} = 4V_1 + 2V_2 + V_3 = 4 \times 19.222 + 2 \times 26.209 + 2.354 = 131.66$ m³

②条形基础挖土：

开挖断面下口宽度 $B_1 = a + 2c = 0.7 + 2 \times 0.3 = 1.3$ m

开挖断面上口宽度 $B = B_1 + 2kh = 1.3 + 2 \times 0.33 \times (2.5 - 0.3) = 2.752$ m

Ⓐ、Ⓑ轴沟槽长度 $= 2 \times (8 - 2.2 - 2.7) = 6.2$ m

①、③轴沟槽长度 $= 2 \times (6 - 2 \times 1.18) = 7.28$ m

②轴沟槽长度 $= 6 - 2 \times 1.43 = 3.14$ m

总长度 $= 6.2 + 7.28 + 3.14 = 16.62$ m

条形基础挖土体积 $V_{条基土} = (2.752 + 1.3) \times 2.2 \div 2 \times 16.62 = 74.079$ m³

沟槽土体积 $V = V_{独基土} + V_{条基土} = 131.66 + 74.079 = 205.74$ m³

答：该基础挖沟槽土205.74 m³。

（3）管道沟槽工程量。

管沟土方按立方米计算，管沟按图示中心线长度计算，不扣除各类井的长度，井的土方并入；沟底宽度设计有规定的，按设计规定；设计未规定的，按管道结构宽加工作面宽度计算。管沟施工每侧所需工作面宽度按表7-6计算。

表7-6　管沟施工每侧所需工作面宽度计算表　　　　　单位：mm

管道结构宽	≤500	≤1 000	≤2 500	≤2 500
混凝土及钢筋混凝土管道	400	500	600	700
其他材质管道	300	400	500	600

注：1. 管道结构宽：有管座的按基础外缘，无管座的按管道外径。

2. 按该表计算管道沟土方工程量时，各种井类及管道接口等处需加宽增加的土方量不另行计算；底面积大于20 m²的井类，其增加的土方量并入管沟土方内计算。

管道地沟、地槽、基坑深度，按图示槽、坑、垫层底面至室外地坪深度计算。

4）挡土板面积计算

沟槽、基坑需支挡土板，挡土板面积按槽、坑边实际支挡板面积计算（每块挡板的最长边×挡板的最宽边之积）。

5）岩石开凿及爆破工程量，区分石类按下列规定计算

（1）人工凿石按图示尺寸以体积计算。

（2）爆破岩石按图示尺寸以体积计算；基槽、坑深度允许超挖：软质岩300 mm；硬质

岩150 mm。超挖部分岩石并入相应工程量内。爆破后的清理、修整执行人工清理定额。

【例7-5】 已知开挖某沟槽岩石，岩石类别为较软岩，采用机械打眼爆破石方，沟槽长度50 m，沟槽断面如图7-12所示，求该爆破开挖岩石的工程量、综合单价及合价。

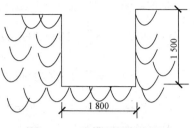

图7-12　沟槽断面示意图

分析：爆破岩石的工程量计算时，应计算超挖部分的岩石。根据表7-2知较软岩属于软质岩，深度超挖300 mm。

【解】 （1）列项目：沟槽爆破较软岩（1-297）

（2）计算工程量：

爆破沟槽土方工程量=1.8×（1.5+0.3）×50＝162.00 m³

（3）套定额，计算结果如表7-7所示。

表7-7　计算结果

序号	定额编号	项目名称	计量单位	工程量	综合单价/元	合价/元
1	1-297	沟槽爆破较软岩	100 m³	1.62	10 976.55	17 782.01
合计						17 782.01

答：该沟槽爆破开挖岩石的合价为17 782.01元。

（3）石方体积折算系数如表7-8所示。

表7-8　石方体积折算系数表

石方类别	天然密实度体积	虚方体积	松填体积	码方
石方	1.0	1.54	1.31	—
块石	1.0	1.75	1.43	1.67
砂夹石	1.0	1.07	0.94	—

3. 回填土

（1）基槽、坑回填土体积=挖土体积-设计室外地坪以下埋设的体积（包括基础垫层、柱、墙基础及柱等）。

【例7-6】 根据例7-2，沟槽土体积为145.75 m³，已知该例题中室外地坪以下埋设的基础体积为19.91 m³，用于回填的土方为堆积期在一年以内的松散土，土方堆积地距离基础50 m，不考虑人、材、机的差价，管理费和利润按建筑工程三类标准计算（本书例题除特殊说明外，均不考虑计算人、材、机的差价，管理费和利润按建筑工程三类标准计算），求该基础回填土的工程量、综合单价及合价。

分析：回填土子目中不包括运土的内容，人工运土、石方子目包括运土、石方，卸土、石方，不包括装土。故在运土前还需增加一个挖土的子目。挖土按人工挖土方子目的相关规定执行。

【解】 （1）列项目：人工挖一类干土（1-1）、人力车运土50 m（1-92）、基础夯填回填土（1-104）

（2）计算工程量：

挖土、运土、回填土工程量 $=145.75-19.91=125.84 \text{ m}^3$

（3）套定额，计算结果如表7-9所示。

表7-9 计算结果

序号	定额编号	项目名称	计量单位	工程量	综合单价/元	合价/元
1	1-1	人工挖一类干土	m³	125.84	10.55	1 327.61
2	1-92	人力车运土 50 m	m³	125.84	20.05	2 523.09
3	1-104	基础夯填回填土	m³	125.84	31.17	3 922.43
合计						7 773.13

答：该基础回填土的合价为 7 773.13 元。

（2）室内回填土体积=主墙间净面积×填土厚度=($S_底$−$L_中$×外墙厚−$L_内$×内墙厚)×(室内外高差−地坪厚度)，不扣除附垛及附墙烟囱等体积。

【例7-7】 例7-2对应的一层建筑平面图如图7-13所示，室内地坪标高±0.00，室外地坪标高−0.300 m，土方堆积地距离房屋50 m。该地面做法：1∶2 水泥砂浆面层 20 mm，C15 混凝土垫层 80 mm，碎石垫层 100 mm，夯填地面土。求地面部分回填土的工程量、综合单价和合价。

分析：首先要了解主墙的定义，主墙是指厚度达到 180 mm 的砖墙、砌块墙或厚度达到 100 mm 的钢筋混凝土剪力墙；其次，室内是挖土还是回填土要将地面层次厚度与室内外高差进行比较，如地面层次厚度大于室内外高差，室内挖土，反之，则回填土，挖土或回填土的厚度是室内外高差和地面层次厚度之间的差。

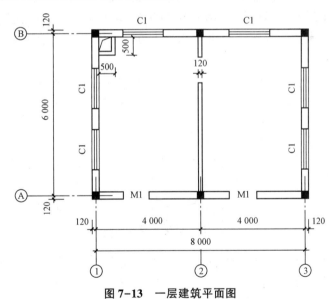

图7-13 一层建筑平面图

【解】 （1）列项目：人工挖一类深度在 1.5 m 以内土方（1-1）、人工运土方 50 m（1-92）、室内回填土（1-102）

（2）计算工程量：

主墙间净面积=(8−0.24)×(6−0.24)=44.697 6 m²

填土厚度=0.3−(0.02+0.08+0.1)=0.1 m

挖土、运土、回填土工程量=44.697 6×0.1=4.47 m³

（3）套定额，计算结果如表7-10所示。

表7-10　计算结果

序号	定额编号	项目名称	计量单位	工程量	综合单价/元	合价/元
1	1-1	人工挖一类干土	m^3	4.47	10.55	47.16
2	1-92	人力车运土50 m	m^3	4.47	20.05	89.62
3	1-102	室内地面夯填回填土	m^3	4.47	28.40	126.95
合计						263.73

答：该地面部分回填土的合价为263.73元。

（3）管道沟槽回填=挖方体积-管外径所占体积。管外径≤500 mm时，不扣除管道所占体积。管径超过500 mm时，按表7-11规定扣除。

表7-11　每米管长扣除土方体积

管道名称	不同公称直径管道扣除土方体积/m^3				
	≤600 mm	≤800 mm	≤1 000 mm	≤1 200 mm	≤1 400 mm
钢管	0.21	0.44	0.71	—	—
铸铁管、石棉水泥管	0.24	0.49	0.77	—	—
混凝土、钢筋混凝土、预应力混凝土管	0.33	0.60	0.92	1.15	1.35

【例7-8】　已知某工程需铺设一公称直径为600 mm（管外径750 mm）的混凝土排水管道，管道总长度为1 200 m，管道沟槽断面图如图7-14所示，人工开挖土方后（二类干土）堆积在沟槽边5 m以内，管道施工结束后回填土方，求该人工开挖管道工程相应土方工程量、综合单价及合价。

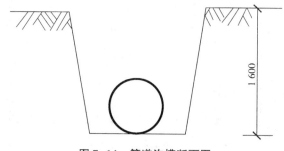

图7-14　管道沟槽断面图

分析：由表7-6知工作面为500 mm，二类土开挖深度1.6 m需要放坡；管道公称直径600 mm，回填土需要扣除管道体积，按照表7-11扣除管道占据土方体积。

【解】　（1）列项目：人工开挖二类沟槽干土（1-24）、原土打底夯（1-100）、沟槽夯填土（1-104）

（2）计算工程量：

沟槽开挖断面下口宽度=0.75+2×0.5=1.75 m

沟槽开挖断面上口宽度=1.75+2×0.5×1.6=3.35 m

人工开挖二类干土3 m深度以内工程量=（1.75+3.35）×1.6÷2×1 200=4 896.00 m^3

原土打底夯工程量=1.75×1 200=2 100.00 m^2

沟槽夯填土工程量＝4 896-0.33×1 200＝4 500.00 m³

（3）套定额，计算结果如表7-12所示。

表7-12 计算结果

序号	定额编号	项目名称	计量单位	工程量	综合单价/元	合价/元
1	1-24	人工挖二类沟槽干土	m³	4 896	33.76	165 288.96
2	1-100	沟槽原土打底夯	10 m²	210	15.08	3 166.80
3	1-104	沟槽夯填土	m³	4 500	31.17	140 265.00
合计						308 720.76

答：该人工开挖管道工程相应土方部分合价为308 720.76元。

【例7-9】 已知某工程需铺设一公称直径为400 mm（管外径480 mm）的混凝土排水管道，管道总长度为100 m，管道沟槽断面图如图7-14所示，人工开挖土方后（二类干土）堆积在沟槽边5 m以内，管道施工结束后回填土方，求该人工开挖管道工程土方开挖和回填的工程量。

分析：管道外径<500 mm，回填土不需要扣除管道体积。

【解】 沟槽开挖断面下口宽度＝0.48+2×0.5＝1.48 m

沟槽开挖断面上口宽度＝1.48+2×0.5×1.6＝3.08 m

人工开挖二类干土3 m深度以内工程量＝（1.48+3.08）×1.6÷2×100＝364.80 m³

沟槽夯填土工程量＝沟槽挖土方工程量＝364.80 m³

答：该人工开挖管道土方和回填土方工程量均为364.80 m³。

4. 余土外运、缺土内运工程量

运土工程量＝挖土工程量-回填土工程量。计算公式如下：

$$V_{运土}=V_{挖土(全部挖土)}-V_{回填(基础、管道、室内)}-V_{其他需土}$$

式中计算结果为正时为余土外运，结果为负时为缺土内运。式中回填土总体积及其他需土体积应为天然密实状态的体积。

【例7-10】 根据例7-2、例7-5和例7-6（不考虑其余土方），计算该工程的外（内）运土工程量。

分析：土方运输定额工程量按实际发生的需运进或运出的土方运输情况计算，以天然密实体积为准。本例中回填土工程量130.31（125.84+4.47）m³是夯实后的体积，应折算成天然密实体积计算。

【解】 挖土工程量＝145.75 m³

回填土工程量＝（125.84+4.47）×1.15＝149.86 m³

运土工程量＝145.75-149.86＝-4.11 m³<0

答：该工程土方为缺土内运，内运土方4.11 m³。

7.2.4 机械土、石方的有关规定

计价定额中机械土、石方子目里的人工是辅助用工，用于：工作面内排水，现场内机械行走道路的养护，配合洒水汽车洒水，清除车、铲斗内积土，现场机械工作时的看护。在机械台班费中已含有的人工，定额中不再表现。

1. 机械挖土

（1）机械土方定额是按三类土计算的；如实际土壤类别不同，则定额中机械台班量乘以表7-13中相应的系数。

表7-13　机械台班系数换算表

项目	三类土	一、二类土	四类土
推土机推土方	1.00	0.84	1.18
铲运机铲运土方	1.00	0.84	1.26
自行式铲运机铲运土方	1.00	0.86	1.09
挖掘机挖土方	1.00	0.84	1.14

【例7-11】　一斗容量0.6 m³以内的正铲挖掘机挖四类土（装车），计算该机械挖土的综合单价。

【解】　查计价定额1-198子目，对机械费、管理费和利润进行换算。

换算单价 = 3 507.35 + （0.14×2 073.02 + 0.18×256.09）×（1 + 25% + 12%）

= 3 968.11 元/1 000 m³

答： 该机械挖四类土的综合单价为3 968.11 元/1 000 m³。

（2）土石方均按天然实体积（自然方）计算；推土机、铲运机推、铲未经压实的堆积土时，按三类土定额项目乘系数0.73。

【例7-12】　用一斗容量10 m³的自行式铲运机铲运现场未经压实的堆积土10 000 m³，运距1 km，计算该铲运机铲运土方的综合单价和合价。

【解】　工程量（按天然密实体积算） = 10 000×0.77 = 7 700 m³

查计价定额1-185子目，对定额子目进行换算。

换算单价 = 13 574.57×0.73 = 9 909.44 元/1 000 m³

合价 = 7.7×9 909.44 = 76 302.69 元

答： 该铲运机铲运土方的综合单价为9 909.44 元/1 000 m³，合价为76 302.69 元。

（3）推土机推土、推石，铲运机运土重车上坡时，如坡度大于5%，其运距按坡度区段斜长乘表7-14所列系数计算。

表7-14　机械重车上坡运距调整系数表

坡度/%	10以内	15以内	20以内	25以内
系数	1.75	2.00	2.25	2.50

【例7-13】　某55 kW履带式推土机推土，一次推土水平距离5 m，重车上坡斜长10 m，斜坡坡度为15%，计算该推土机推土的综合单价。

【解】　换算后推距 = 5 + 2×10 = 25 m

按25 m推距应套用计价定额1-141子目，综合单价为8 366.93 元/1 000 m³。

答： 该推土机推土的综合单价为8 366.93 元/1 000 m³。

（4）机械挖土方工程量，按机械实际完成工程量计算。机械确实挖不到的地方，用人工修边坡、整平的土方工程量套用人工挖一般土方（最多不得超过挖方量的10%）定额，人工乘系数2。机械挖土、石方单位工程量小于2 000 m³或桩间挖土、石方，按相应定额乘系数1.10。

（5）机械挖土均以天然湿度土壤为准，含水率达到或超过25%时，定额人工、机械乘系数1.15；含水率超过40%时另行计算。

（6）支撑下挖土定额适用于有横支撑的深基坑开挖。

（7）挖掘机在垫板上作业时，其人工、机械乘系数1.25，垫板铺设所需的人工、材料、机械消耗另行计算。

（8）推土机推土或铲运机铲土，推土区土层平均厚度小于 300 mm 时，其推土机台班乘系数 1.25，铲运机台班乘系数 1.17。

（9）装载机装原状土，需由推土机破土时，另增加推土机推土项目。

2. 机械运土

（1）本定额自卸汽车运土，对道路的类别及自卸汽车吨位已分别进行综合计算，但未考虑自卸汽车运输中，对道路路面清扫的因素。在施工中，应根据实际情况适当增加清扫路面人工。

（2）自卸汽车运土，按正铲挖掘机考虑，如系反铲挖掘机装车，则自卸汽车运土台班量乘系数 1.10；如系拉铲挖掘机装车，则自卸汽车运土台班量乘系数 1.20。

【例 7-14】　某工程需外运堆积期在一年以内的土方 259.74 m³（现场计量堆积土方体积），采用斗容量 0.6 m³ 以内的反铲挖掘机挖土装车，10 t 自卸汽车运土 5 km，计算该土方外运的综合单价和合价。

分析：堆积期在一年以内的土方按一类土考虑，套用机械挖土子目时需对机械台班量进行换算，工程量需要按折算出的原状土体积计算；计价定额中的自卸汽车为综合类别，不管实际汽车吨位如何均不换算；自卸汽车与反铲挖掘机配合，自卸汽车台班量要换算。

【解】　（1）列项目：反铲挖掘机挖土（1-200）、自卸汽车运土（1-264）

（2）计算工程量：

挖土、运土工程量 = 259.74×0.77 = 200 m³

（3）套定额，计算结果如表 7-15 所示。

表 7-15　计算结果

序号	定额编号	项目名称	计量单位	工程量	综合单价/元	合价/元
1	1-200 换	反铲挖掘机挖土（装车）	1 000 m³	0.2	3 871.38	774.28
2	1-264 换	自卸汽车运土 5 km	1 000 m³	0.2	21 987.74	4 397.55
合计						5 171.83

注：1-200 换：4 548.50-（0.16×3.821×719.55+0.16×0.382×889.19）×1.37 = 3 871.38 元/1 000 m³

1-264 换：20 022.91+0.1×16.213×884.59×1.37 = 21 987.74 元/1 000 m³

答：该土方外运的合价为 5 171.83 元/1 000 m³。

3. 爆破石方

（1）爆破石方定额是按炮眼法松动爆破编制的，不分明炮或闷炮，如实际采用闷炮法爆破，则其覆盖保护材料另行计算。

（2）爆破石方定额是按电雷管导电起爆编制的，如采用火雷管起爆，则雷管数量不变，单价换算，胶质导线扣除，但导火索应另外增加（导火索长度按每个雷管 2.12 m 计算）。

（3）石方爆破中已综合了不同开挖深度、坡面开挖、放炮找平因素，如设计规定爆破有粒径要求，则需增加的人工、材料、机械应由甲、乙双方协商处理。

7.2.5　机械土、石方工程量计算规则

（1）土、石方体积均按天然实体积（自然方）计算；填土按夯实后的体积计算。

（2）机械土、石方运距按下列规定计算。

①推土机运距：按挖方区重心至回填区重心之间的直线距离计算；

②铲运机运距：按挖方区重心至卸土区重心加转向距离 45 m 计算；

③自卸汽车运距：按挖方区重心至填土区（或堆放地点）重心的最短距离计算。

　　所谓挖方区重心是指单位工程中总挖方量的重心点，或单位工程分区挖方量的重心点；回填土（卸土区）重心是指回填土（卸土）总方量的重心点，或多处土方回填区的重心点。

　　（3）建筑场地原土碾压以平方米计算，填土碾压按图示填土厚度以立方米计算。

　　【例7-15】 某地下室平面图及断面图如图7-15所示。设计室外地坪标高为-0.30 m，地下室的室内地坪标高为-1.50 m。基础采用C30钢筋混凝土，垫层为C10素混凝土，垫层底标高为-1.90 m。垫层施工前原土打夯，所有混凝土均采用商品混凝土。地下室墙外壁做防水层。施工组织设计确定用反铲挖掘机（斗容量1 m³）挖土，土壤为三类干土，机械挖土坑上作业，不装车，人工修边坡，土方采用人工装人力车运送至150 m处堆放。计算该工程的挖土和回填土的分部分项工程费。

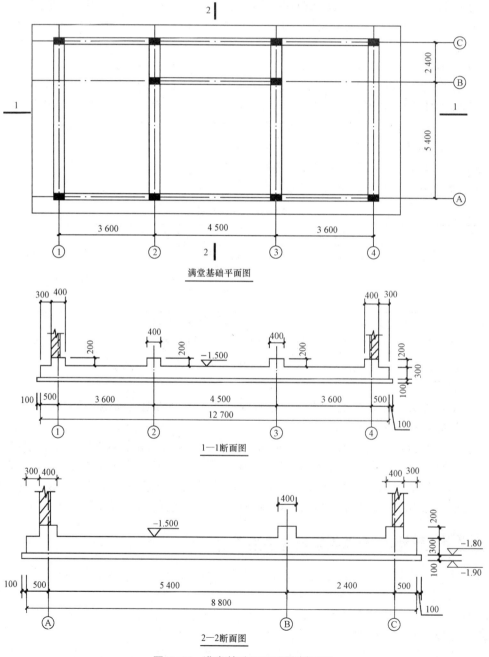

图7-15　满堂基础平面图及断面图

分析：地下室土方工作面按基础垂直面做防水层考虑，每边从防水层面各增加 1 000 mm；机械挖三类土、坑上作业，放坡比例查表 7-5 为 1∶0.67；挖土深度 1.6 m、三类土，根据表 7-5 考虑放坡。

【解】 （1）列项目：反铲挖掘机挖土（1-12）、人工装人力车运出土方 150 m（1-51+1-52×2）、人工装人力车运回土方 150 m（1-51+1-52×2）、机械回填土（1-41）

（2）计算工程量：

①挖土工程量：

下底：长边 $a = 12.7 - 2 \times 0.3 + 2 \times 1 = 14.1$ m

短边 $b = 8.8 - 2 \times 0.3 + 2 \times 1 = 10.2$ m

上底：长边 $A = 14.1 + 2 \times 0.67 \times 1.6 = 16.244$ m

短边 $B = 10.2 + 2 \times 0.67 \times 1.6 = 12.344$ m

挖土总体积 $V = 1.6/6 \times [14.1 \times 10.2 + (14.1 + 16.244) \times (10.2 + 12.344) + 16.244 \times 12.344] = 274.24$ m³

②回填土工程量：

基础垫层体积：$(3.6 \times 2 + 4.5 + 0.6 \times 2) \times (5.4 + 2.4 + 0.6 \times 2) \times 0.1 = 12.9 \times 9 \times 0.1 = 11.610$ m³

满堂基础底板体积：$(3.6 \times 2 + 4.5 + 0.5 \times 2) \times (5.4 + 2.4 + 0.5 \times 2) \times 0.3 = 12.7 \times 8.8 \times 0.3 = 33.528$ m³

室外地坪以下地下室体积：$(3.6 \times 2 + 4.5 + 0.2 \times 2) \times (5.4 + 2.4 + 0.2 \times 2) \times 1.2 = 119.06$ m³

回填土体积 $= 274.24 - 11.610 - 33.528 - 119.06 = 110.04$ m³

（3）套定额，计算结果如表 7-16 所示。

表 7-16 计算结果

序号	定额编号	项目名称	计量单位	工程量	综合单价/元	合价/元
1	1-12	反铲挖掘机挖土	m³	274.24	3 738.09	1 025 133.80
2	1-51+1-52×2	人工运出土	m³	274.24	20.65	5 663.06
3	1-51+1-52×2	人工运回土	m³	110.04	20.65	2 272.33
4	1-41	机械回填土	m³	110.04	12.86	1 415.11
合计						1 034 484.30

答：该工程的挖土和回填土的分部分项工程费为 1 034 484.30 元。

7.3 地基处理和边坡支护

7.3.1 本节内容概述

本节内容包括地基处理、基坑及边坡支护两大部分。

（1）地基处理主要内容包括：强夯法加固地基；深层搅拌桩和粉喷桩；高压旋喷桩；灰土挤密桩；压密注浆。

（2）基坑及边坡支护主要内容包括：基坑锚喷护壁；斜拉锚桩成孔；钢管支撑；打、拔钢板桩。

7.3.2　地基处理的有关规定

地基处理的有关规定如下。

（1）本定额适用于一般工业与民用建筑工程的地基处理及边坡支护。

（2）换填垫层适用于软弱地基的换填材料加固，按 7.5 砌筑工程中的基础垫层相应子目执行。

（3）强夯法加固地基是在天然地基土上或填土地基上进行作业的，如在某一遍夯击后，设计要求需要用外来土（石）填坑时，其土（石）回填工作，另按有关定额执行。本定额不包括强夯前的试夯工作和费用，如设计要求试夯，可按设计要求另行计算。

工作内容：铺路基箱、移动吊车、挂锤、跳点或依次夯击、测放夯点；观测、记录沉降量、推土机平夯坑；压路机及人工找平。

（4）深层搅拌桩不分桩径大小，执行相应子目。设计水泥量不同可换算，其他不调整。

（5）深层搅拌桩（三轴除外）和粉喷桩是按四搅二喷施工编制的，设计为二搅一喷，定额人工、机械乘系数 0.7；六搅三喷，定额人工、机械乘系数 1.4。

（6）三轴搅拌桩按两搅一喷考虑，设计为两搅两喷时，定额人工、机械乘系数 1.15；设计为四搅两喷时，定额人工、机械乘系数 1.4。

（7）深层搅拌桩和粉喷桩定额中已考虑了"四搅两喷"和 2 m 以内的"钻进空搅"因素。超过 2 m 的空搅体积按相应子目人工、深层搅拌机乘系数 0.3 计算，其他不计算。

（8）深搅桩水泥掺入比按 12% 计算，粉喷桩水泥掺入比按 15% 计算，设计要求掺入比与定额不同时，水泥用量按表 7-17 调整，其他不变。

表 7-17　深搅桩和粉喷桩水泥用量调整表

水泥掺入量	水泥掺入比 C/%	8	9	10	11	12	13
	水泥数量 A/(kg·m^{-3})	146.16	164.43	182.70	200.97	219.24	237.51
水泥掺入量	水泥掺入比 C/%	14	15	16	17	18	
	水泥数量 A/(kg·m^{-3})	255.78	274.05	292.32	310.59	328.86	

注：$A = 1\ 800$（土体密度）$\times C$

（9）高压旋喷桩、压密注浆的浆体材料用量可按设计含量调整。高压旋喷桩设计不使用粉煤灰、促进剂时，粉煤灰和促进剂应扣除。

7.3.3　地基处理工程量计算规则

地基处理工程量计算规则如下。

（1）强夯加固地基，以夯锤底面积计算，并根据设计要求的夯击能量和每点夯击数执行相应定额。

【例 7-16】　某工程采用强夯法加固地基，分点布置如图 7-16 所示，每坑一次连续击数为 4 击，设计要求第一遍和第二遍为隔点夯击，用 16 t 重锤从 10 m 高度自由落下，第三遍为满夯，用 16 t 重锤从 6 m 高度自由落下，夯锤底面为圆形，每夯击一遍完成后，应测量场地平均下沉量，然后用土将夯坑填平，才能进行下一次夯击。求该地基加固工程相应工程量、综合单价及合价。

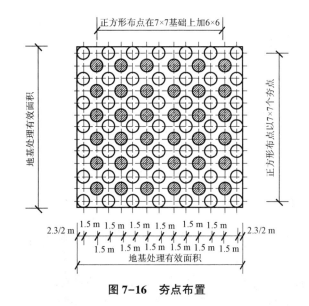

图 7-16　夯点布置

分析：第一遍和第二遍夯击能量为 16×10＝160 t·m，第三遍夯击能量为 16×6＝96 t·m。

【解】　（1）列项目：隔点强夯法加固地基（2-4）、满夯强夯法加固地基（2-2）

（2）计算工程量：

第一遍强夯法加固地基＝3.14×1.15²×（7×7）＝203.48 m²

第二遍强夯法加固地基＝3.14×1.15²×（6×6）＝149.50 m²

隔点、满夯强夯法加固地基＝203.48＋149.50＝352.98 m²

（3）套定额，计算结果如表 7-18 所示。

表 7-18　计算结果

序号	定额编号	项目名称	计量单位	工程量	综合单价/元	合价/元
1	2-4	隔点强夯法加固地基	100 m²	3.53	6 325.25	22 328.13
2	2-2	满夯强夯法加固地基	100 m²	3.53	3 921.24	13 841.98
合计						36 170.11

答：该地基加固工程相应合价为 36 170.11 元。

（2）深层搅拌桩、粉喷桩加固地基，按设计长度另加 500 mm（设计有规定的按设计要求）乘以设计截面积以立方米计算（重叠部分面积不得重复计算），群桩间的搭接不扣除。即：

$$V＝桩径截面积×（设计长度+0.5）×根数$$

对于单轴搅拌桩来说，桩径截面就是一个圆，所以桩径截面积 $S＝\pi r^2$（r 为圆半径）。

对于双轴水泥搅拌桩来说，其桩径截面是由两个圆相交而组成的图形（见图 7-17），所以桩径截面积应按两个圆面积之和减去重叠部分（由两个弓形组成）面积来计算。即：

$$桩径截面积 S＝2\pi r^2+r^2（\sin\theta-\theta）\qquad \theta＝2\arccos[d/(2r)]$$

式中的 θ 必须用弧度来计量；计算时，可把计算器设置在弧度（rad）状态；如 θ 为角度，只需乘 $\left(\dfrac{\pi}{180}\right)$ 就可化为弧度。

对于三轴搅拌桩来说，每次成活桩截面积 S 为 3 个圆面积扣减 4 个重叠的弓形面积（见图 7-18）。

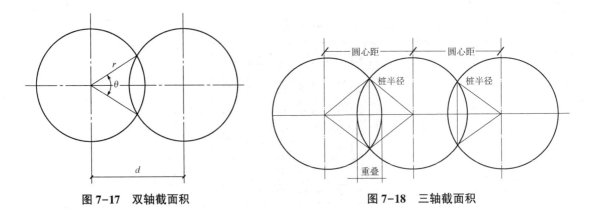

图 7-17 双轴截面积   图 7-18 三轴截面积

（3）高压旋喷桩钻孔长度按自然地面至设计桩底标高以长度计算，喷浆按设计加固桩的截面面积乘设计桩长以体积计算。

（4）灰土挤密桩按设计图示尺寸以体积计算（包括桩尖）。

（5）压密注浆钻孔按设计长度计算。注浆工程量按以下方式计算：设计图纸注明加固土体体积的，按注明的加固体积计算；设计图纸按布点形式图示土体加固范围的，则按两孔间距的一半作为扩散尺寸，以布点边线各加扩散半径形成计算平面，计算注浆体积；如果设计图纸上注浆点在钻孔灌注桩之间，按两注浆孔距的一半作为每孔的扩散半径，以此圆柱体体积计算。

【例 7-17】 某工程采用单轴水泥土深层搅拌法加固地基，搅拌桩直径为 500 mm，桩顶设计标高为-1.900 m，室外地坪标高-0.300 m，桩长 5.5 m，搅拌桩采用 42.5 普通硅酸盐水泥，掺量为土重的 15%，搅拌桩施工速度不大于 0.6 m/min，须进行全长复喷复搅，工程总桩数为 540 根，桩施工完成后，挖至相应标高，上设 200 mm 厚 3：7 人工级配砂石（最大粒径 30 mm）褥垫层，具体做法见图 7-19，计算该深层搅拌桩的综合单价与合价。

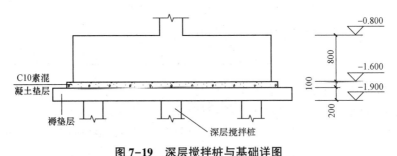

图 7-19 深层搅拌桩与基础详图

分析：搅拌桩一次施工需要二搅一拌，本例中要求全长复喷复搅，即采用的是四搅二拌的施工方法；本例中的深层搅拌桩存在 1.1 m 的钻进空搅因素，因定额中本身包含了 2 m 以内的钻进空搅因素，该部分空搅内容不需另外计算；定额中搅拌桩的水泥掺入比按 12% 考虑，本例中水泥掺量为 15%，需要对水泥用量进行换算。

【解】 （1）列项目：单轴深层搅拌桩（2-10）

（2）计算工程量：

搅拌桩工程量=3.14×0.25²×（5.5+0.5）×540=635.85 m³

（3）套定额，计算结果如表 7-19 所示。

表 7-19　计算结果

序号	定额编号	项目名称	计量单位	工程量	综合单价/元	合价/元
1	2-10 换	单轴深层搅拌桩	m³	635.85	253.76	161 353.30
合计						161 353.30

注：2-10 换：(61.60+66.91)×(1+11%+7%)+82.93-76.73+274.05×0.35=253.76 元/m³

答：该深层搅拌桩的合价为 161 353.30 元/m³。

【**例 7-18**】　某工程采用三轴深层搅拌桩做止水帷幕，搅拌桩直径为 850 mm，桩轴距 600 mm，设计桩长 5.5 m，具体做法如图 7-20 所示，计算该深层搅拌桩的工程量。

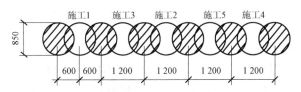

图 7-20　三轴深层搅拌桩止水帷幕平面示意图

【**解**】　(1) 一次成活桩截面积计算：

圆面积：$S_1=(0.85/2)^2×3.141\ 6×3=1.702\ 4$ m²

圆心角：$\theta=2×\arccos(0.3/0.425)=90.198\ 3°$

一个扇形面积：$S_2=(0.85/2)^2×3.141\ 6×(90.198\ 3/360)=0.142\ 3$ m²

三角形面积：$S_3=2×\sqrt{0.425^2-0.3^2}×0.3/2=0.090\ 3$ m²

一个弓形面积：$S_4=S_2-S_3=0.142\ 3-0.090\ 3=0.052$ m²

一次成活桩截面积：$S=S_1-4×S_4=1.702\ 4-0.052×4=1.494\ 4$ m²

(2) 止水帷幕桩工程量计算：

搅拌桩工程量=5×1.494 4×(5.5+0.5)=44.83 m³

答：该深层搅拌桩的工程量为 44.83 m³。

7.3.4　基坑及边坡支护的有关规定

1. 基坑锚喷护壁

(1) 成孔子目是按水平成孔编制的，垂直成孔按水平成孔人工乘系数 1.20 执行；钻孔土为耕植土时，其钻孔人工乘系数 0.80。

(2) 钻孔内放置钢筋按 7.6 钢筋工程中钢筋制安子目执行。

(3) 注浆子目是按素水泥浆编制的，如采用砂浆注浆，材料应换算。

(4) 喷射混凝土子目如设计有喷射混凝土配合比，则按设计配合比调整材料用量（损耗为 30%）。

(5) 锚杆制安子目中的锚杆直径按 20 mm 计算，挂钢筋网子目中的钢筋网距 500 mm，直径和网距不同时应调整。

(6) 挂钢筋网子目中考虑了安装镀锌铁丝网的内容，如实际无镀锌铁丝网时应扣除镀锌铁丝网。

2. 斜拉锚桩

(1) 斜拉锚桩是指深基坑围护中，锚接围护桩体的斜拉桩。

（2）该部分收录了斜拉锚桩成孔子目，内容包括定位、护壁钻孔、挖泥浆池、安放钢筋。注浆工作按基坑锚喷护壁中的注浆定额套用；孔内安放钢筋按 7.6 钢筋工程中钢筋制安子目执行。

3. 基坑钢管支撑

（1）为周转摊销材料，其场内运输、回库保养均已包括在内。支撑处需挖运土方、围檩与基坑护壁的填充混凝土未包括在内，发生时应按实另行计算。场外运输按金属Ⅲ类构件计算。

（2）使用时间以全部安装完成起到开始拆除止 4 个月的日历天为准，超过 4 个月按每延长一天的定额执行。

4. 打、拔钢板桩

（1）单位工程打桩工程量小于 50 t 时，人工、机械乘系数 1.25。场内运输超过 300 m 时，应按相应构件运输子目执行，并扣除打桩子目中的场内运输费。

（2）打临时性钢板桩租金应另行计算，但钢板桩摊销量应扣除。若钢板桩打入超过一年或基底为基岩者，则另行处理。

（3）打槽钢或钢轨，其机械使用量乘系数 0.77，钢板桩单价换算，数量不变。

（4）钢板桩的场外运输按金属结构工程Ⅱ类构件计算。

（5）打、拔钢板桩中的安、拆导向夹具定额采用的是振动沉拔桩机，如用轨道式柴油打桩机施工，则按定额括号内价格进行换算。

5. 其他

（1）采用桩进行地基处理时，按 7.4 节中的相应子目执行。

（2）本章未列混凝土支撑，若发生，则按相应混凝土构件定额执行。

7.3.4　基坑及边坡支护工程量计算规则

（1）基坑锚喷护壁成孔、斜拉锚桩成孔及孔内注浆按设计图示尺寸以长度计算。护壁喷射混凝土按设计图示尺寸以面积计算。

（2）土钉支护钉土锚杆按设计图示尺寸以长度计算。挂钢筋网按设计图示以面积计算。

（3）基坑钢管支撑以坑内的钢立柱、支撑、围檩、活络接头、法兰盘、预埋铁件的合并质量计算。

（4）打、拔钢板桩按设计钢板桩质量计算。

（5）安、拆导向夹具按 10 延长米计算。

【例 7-19】　某 19 m 长边坡工程采用土钉支护，其边坡断面图如图 7-21 所示。根据岩土工程勘察报告中土层的情况以及工程经验，采用 4 排锚杆加固。第一排土钉端部标高为 -1.2 m（坑外地面标高为 -0.3 m），第二排土钉端部标高为 -2.1 m，第三排土钉端部标高为 -3.0 m，第四排土钉端部标高为 -3.9 m，水平间距 0.9 m，第一列和

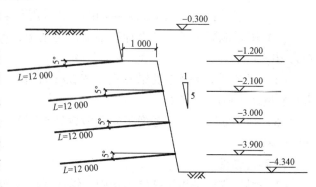

图 7-21　土钉支护边坡断面图

最后一列土钉中心距离边坡边缘 0.5 m。第一、二、三、四排土钉长 12 m，土钉与水平面夹角为 5°，直径 22 mm（HRB335），孔径 100 mm，杆筋送入钻孔后，采用二次注浆，水泥选用 42.5 级普通硅酸盐水泥，一次注浆压力 0.4~0.8 MPa，二次注浆压力 1.2~1.5 MPa，注浆量不小于 40 L/m。边坡满铺 10 mm×10 mm×0.9 mm 镀锌铁丝网，外挂直径 8 mm、间距 450 mm 的 HPB235 钢筋网，混凝土面板采用 C20 喷射混凝土，厚度为 120 mm。计算该土钉支护的综合单价与合价。

分析：（1）锚杆和土钉。锚杆是一种设置于钻孔内，端部伸入稳定土层中的钢筋或钢绞线与孔内注浆体组成的受拉杆体，它一端与工程构筑物相连，另一端锚入土层中，通常对其施加预应力，以承受由土压力、水压力、或风荷载等所产生的拉力，用以维护构筑物的稳定；土钉用来加固或同时锚固现场原位土体的细长杆件。通常采取土中钻孔、置入变形钢筋即带肋钢筋并沿孔全长注浆的方法做成。土钉依靠与土体之间的界面黏结力或摩擦力，在土体发生变形条件下被动受力，并主要承受拉力作用。如上所说，本例属于土钉，而不是锚杆，套用定额时不能套用土锚杆子目，而是根据规定套用钢筋制安子目。

（2）土钉墙的施工工艺流程为：钻孔，安放钢筋，压力注浆，挂镀锌铁丝网、焊接钢筋网，喷射混凝土。根据定额规定，每一步对应一个定额子目。

【解】（1）列项目：水平成孔（2-25）、钢筋制安（5-2）、一次注浆（2-26）、再次注浆（2-27）、挂钢筋网（2-32）、喷射混凝土（2-28、2-29）

（2）计算工程量：

边坡长度方向一排土钉数量 =（19-1）÷0.9+1=21 个

水平成孔、一次注浆、再次注浆工程量 =21×4×12=1 008 m

钢筋制安工程量 =3.85×10^{-3}×1 008=3.880 8 t

挂钢筋网、喷射混凝土工程量 $=19\times(4.34-0.3)\times\dfrac{\sqrt{5^2+1^2}}{5}+19\times1=97.280$ m^2

（3）套定额，计算结果如表 7-20 所示。

表 7-20　计算结果

序号	定额编号	项目名称	计量单位	工程量	综合单价/元	合价/元
1	2-25	水平成孔	100 m	10.08	2 244.28	22 622.34
2	5-2	钢筋制安	t	3.8808	4 998.87	19 399.61
3	2-26	一次注浆	100 m	10.08	5 246.47	52 884.42
4	2-27	再次注浆	100 m	10.08	3 921.40	39 527.71
5	2-32 换	挂钢筋网	100 m²	0.9728	2 078.54	2 022.00
6	2-28 换	喷射混凝土 120 mm	100 m²	0.9728	11 817.25	11 495.82
合计						147 951.90

注：2-28 换：10 984.61+416.32×2=11 817.25 元/m³。

2-32 换：2 006.63-647.22+0.161×0.5÷0.45×4 020.00=2 078.54 元/m³。

答：该土钉支护的合价为 147 951.90 元。

7.4 桩基工程

7.4.1 本节内容概述

本节内容包括打桩工程及灌注桩两大部分。

（1）打桩工程主要内容包括：打预制钢筋混凝土方桩、送桩；打预制离心管桩、送桩；静力压预制钢筋混凝土方桩、送桩；静力压预制钢筋混凝土离心管桩（空心方桩）、送桩；电焊接桩。

（2）灌注桩主要内容包括：回旋钻机钻孔；旋挖钻机钻孔；混凝土搅拌及运输、泥浆运输；长螺旋钻孔灌注混凝土桩；钻盘式钻机灌注混凝土桩；打孔沉管灌注桩；打孔夯扩灌注混凝土桩；灌注桩后注浆；人工挖孔桩；人工凿预留桩头、截断桩。

7.4.2 桩基工程基本规定

桩基工程基本规定如下。

（1）定额适用于一般工业与民用建筑的桩基础，不适用于支架上、室内打桩。打试桩可按相应定额项目的人工、机械乘系数2，试桩期间的停置台班结算时应按实调整。

（2）本定额的打桩机的类别、规格在执行中不换算。打桩机及为打桩机配套的施工机械的进（退）场费和组装、拆卸费用，另按实际进场机械的类别、规格计算。

（3）本定额不包括打桩、送桩后场地隆起土的清除及填桩孔的处理（包括填的材料），现场实际发生时，应另行计算。

（4）凿出后的桩端部钢筋与底板或承台钢筋焊接应按相应定额执行。

（5）坑内钢筋混凝土支撑需截断，按截断桩定额执行。

（6）因设计修改在桩间补打桩时，补打桩按相应打桩定额子目人工、机械乘系数1.15。

7.4.3 打桩工程的规定

打桩工程的规定如下。

（1）预制钢筋混凝土桩的制作费，另按相关章节规定计算。打桩如设计有接桩，另按接桩定额执行。

（2）本定额土壤级别已综合考虑，执行中不换算。子目中桩长度是指包括桩尖及接桩（是指按设计要求，按桩的总长分节预制，运至现场先将第一根桩打入，将第二根桩垂直吊起和第一根桩相连接后再继续打桩，这一过程称为接桩）后的总长度。

（3）电焊接桩钢材用量，设计与定额不同时，按设计用量乘系数1.05调整，人工、材料、机械消耗量不变。

（4）每个单位工程的打（灌注）桩工程量小于表7-21规定的数量时，其人工、机械（包括送桩）按相应定额项目乘系数1.25。

表 7-21　单位工程打桩工程量下限表

项目	工程量/m³
预制钢筋混凝土方桩	150
预制钢筋混凝土离心管桩（空心方桩）	50
打孔灌注混凝土桩	60
打孔灌注砂桩、碎石桩、砂石桩	100
钻孔灌注混凝土桩	60

（5）本定额以打直桩为准，如打斜桩，斜度在 1：6 以内者，按相应定额项目人工、机械乘系数 1.25；斜度大于 1：6 者，按相应定额项目人工、机械乘系数 1.43。

（6）地面打桩坡度以小于 15°为准，大于 15°打桩按相应项目人工、机械乘系数 1.15。如在基坑内（基坑深度大于 1.15 m）打桩或在地坪上打坑槽内（坑槽深度大于 1.0 m）桩，则按相应定额项目人工、机械乘系数 1.11。

（7）打（静力压）预制方桩、离心管桩子目中已包含 300 m 以内的场内运输，实际超过 300 m 时，应按构件运输相应定额执行，并扣除定额内的场内运输费。

（8）定额中收录的打预制离心管桩（空心方桩）、送桩子目是按离心管桩考虑的，离心管桩按成品考虑，成品单价中已包含接桩螺栓的费用。

利用打桩机械和送桩器将预制桩打（或送）至地下设计要求的位置，这一过程称为送桩。

管桩接头采用螺栓+电焊（2-27），其接桩螺栓已含在管桩单价中，其费用是接点周边设计用钢板焊接的费用。如设计不使用钢板，则扣除螺栓接桩子目中型钢、电焊条、电焊机台班费用。

使用电焊接桩子目时，接桩的打桩机械应与打桩时的打桩机械锤重相匹配。如打（静力压）预制空心方桩，则将相应离心管桩子目中的打桩机械乘系数 1.1。

（9）静力压桩 12 m 以内的接桩按接桩定额执行，12 m 以上的接桩其人工及打桩机械已包括在相应打桩项目内，因此 12 m 以上桩接桩只计接桩的材料费和电焊机的费用。采用静力压桩的，如需接桩，桩长在 12 m 以内的，套用压桩和接桩的子目；桩长在 12 m 以上的，套用压桩和接桩子目时，需要对接桩子目进行换算，只计算接桩子目中的材料费和电焊机的费用。

7.4.4　打桩工程量计算规则

打桩工程量计算规则如下。

（1）打预制桩（方桩、离心管桩）按体积计算。按设计桩长（包括桩尖，不扣除桩尖虚体积）乘截面面积以立方米计算；管桩（空心方桩）的空心体积应扣除，管桩（空心方桩）的空心部分设计要求灌注混凝土或其他填充材料时，应另行计算。

（2）接桩：按每个接头计算。

（3）送桩：送桩按桩截面面积乘以送桩长度（自桩顶面至自然地坪另加 500 mm）以体积计算。

【例 7-20】　某单位工程桩基础，采用静力压 C30 混凝土预制实心方桩（见图 7-22），桩场内运输距离为 200 m，桩截面 400 mm×400 mm，每根桩分为两段，采用 L 76×6 角钢接桩（每个桩接头型钢设计用量 12.4 kg），设计桩长 19 m（含桩尖长度），共计 50 根桩。平均自然地面以下送桩深度 2 m。请根据上述已知条件及 14 年计价定额规定，计算打桩（桩制作费不考虑）、接桩及送桩的综合单价及其合价。

分析：静力压预制混凝土方桩，12 m 以上桩接桩只计接桩的材料费和电焊机的费用。打预制桩的三类工程的管理费和利润费率标准为 7% 和 5%。

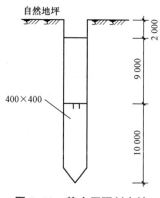

图 7-22　静力压预制方桩

【解】 （1）列项目：静力压预制钢筋混凝土方桩（3-15）、方桩包角钢接桩（3-25）、送桩（3-19）

（2）计算工程量：

静力压预制钢筋混凝土方桩工程量 $V = a^2 Ln = 0.4^2 \times 19 \times 50 = 152.00 \ \text{m}^3 > 150 \ \text{m}^3$

方桩包角钢接桩工程量 = 50 个

送桩工程量 = $a^2 L_{送} n = 0.4^2 \times (2 + 0.5) \times 50 = 20.00 \ \text{m}^3$

（3）套定额，计算结果如表 7-22 所示。

表 7-22　计算结果

序号	定额编号	项目名称	计量单位	工程量	综合单价/元	合价/元
1	3-15	静力压预制方桩 30 以内	m³	152.00	239.17	36 353.84
2	3-25 换	方桩包角钢接桩	个	400	103.72	41 488.00
3	3-19	送桩	m³	20.00	188.04	3 760.80
合计						81 602.64

注：3-25 换：205.47-179.52+0.012 4×1.05×4 080.00+22.01×(1+7%+5%) = 103.72 元/个

答：该打桩工程的合价为 81 602.64 元。

【例 7-21】 某单独招标打桩工程，断面及示意图如图 7-23 所示，设计静力压预应力圆形管桩 75 根，设计桩长 18 m，桩外径 400 mm，壁厚 35 mm，自然地面标高 -0.45 m，桩顶标高 -2.1 m，螺栓加焊接接桩，管桩接桩接点周边设计用钢板，不使用桩尖，成品管桩市场信息价为 1 800 元/m³。本工程人工单价、除成品管桩外其他材料单价、机械台班单价按计价定额执行不调整，请计算打桩工程的综合单价和合价。

分析：打预制桩定额中未计入预制桩的制作费，但计入了操作损耗，对于成品（管）桩，需对其 0.01 m³ 操作损耗的成品单价进行换算。

【解】 （1）列项目：静力压桩（3-21）、电焊接桩（3-27）、送桩（3-23）、成品桩（补）

（2）计算工程量：

静力压桩工程量 $V = n(\pi R^2 - \pi r^2)h = 75 \times 3.14 \times (0.2^2 - 0.165^2) \times 18 = 54.15 \ \text{m}^3 > 50 \ \text{m}^3$

电焊接桩工程量 = 75 个

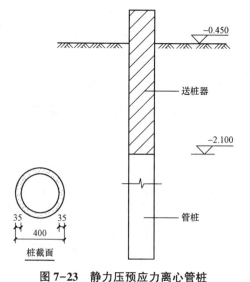

图 7-23　静力压预应力离心管桩

送桩工程量 = $n(\pi R^2 - \pi r^2)h = 75 \times 3.14 \times (0.2^2 - 0.165^2) \times (2.1 - 0.45 + 0.5) = 6.47 \ \text{m}^3$

（3）套定额，计算结果如表7-23所示。

表 7-23　计算结果

序号	定额编号	项目名称	计量单位	工程量	综合单价/元	合价/元
1	3-21 换	静力离心管桩18 m长	m³	54.15	299.45	16 215.22
2	3-27 换	电焊接桩	个	75	66.71	5 003.25
3	3-23	送桩	m³	6.47	290.90	1 882.12
4	补	成品桩	m³	54.15	1 800	97 470.00
合计						120 570.59

注：3-21 换：294.45+0.01×（1 800-1 300）= 299.45 元/m³

3-27 换：55.91+9.64×（1+7%+5%）= 66.71 元/个

答：打桩工程的合价为120 570.59 元。

7.4.5　灌注桩的规定

灌注桩的规定如下。

（1）本定额各种灌注桩中的材料用量预算暂按表7-24 内的充盈系数和操作损耗计算，结算时充盈系数按打桩记录灌入量进行调整，操作损耗不变。

$$换算后的充盈系数=\frac{实际灌注混凝土量}{按设计图计算混凝土量×(1+操作损耗率)}$$

表 7-24　灌注桩充盈系数和操作损耗表

项目名称	充盈系数	操作损耗率/%
打孔沉管灌注混凝土桩	1.20	1.50
打孔沉管灌注砂（碎石）桩	1.20	2.00
打孔沉管灌注砂石桩	1.20	2.00
钻孔灌注混凝土桩（土孔）	1.20	1.50
钻孔灌注混凝土桩（岩石孔）	1.10	1.50
打孔沉管夯扩灌注混凝土桩	1.15	2.00

各种灌注桩中设计钢筋笼时，按定额第5章钢筋笼定额执行；设计混凝土强度、等级或砂、石级配与定额取定不同时，应按设计要求调整材料，其他不变。

（2）钻孔灌注桩。

①钻孔深度是按50 m以内综合编制的，超过50 m桩，钻孔人工、机械乘系数1.10。

②钻孔灌注桩钻土孔含极软岩，钻入岩石以软岩为准。钻入较软岩时，人工、机械乘系数1.15；钻入较硬岩以上时，应另行调整人工、机械用量。

③回旋钻机钻孔灌注桩中的钻土孔是以自身钻出的黏土及灌入的自来水进行的护壁，施工现场如无自来水供应，改用水泵抽水时，应扣除定额中水费，另赠水泵台班费，需外购黏土者，按实际购置量另行计算。

挖蓄泥浆池及地沟土方已含在钻孔的人工中，但砌泥浆池的人工及耗用材料暂按2.00 元/m³桩计算，结算时按实调整。

（3）长螺旋钻孔灌注混凝土桩、钻盘式钻机灌注混凝土桩如使用预拌混凝土，混凝土增加损耗0.5%。泵送混凝土，人工乘系数0.4，增加混凝土输送泵车台班0.008，混凝土搅拌机和机动翻斗车扣除；非泵送混凝土，人工乘系数0.6，混凝土搅拌机扣除。

（4）钻盘式钻机灌注混凝土桩发生空旋时，空旋项目是采用将相应的灌注桩子目换算而得，换算的方法是人工乘系数0.3，混凝土、混凝土搅拌机、机动翻斗车扣除，其他不变。

（5）打孔沉管灌注桩（混凝土桩，砂桩，碎石桩，砂石桩）。

①分单打、复打，第一次按单打桩定额执行，在单打的基础上再次打，按复打桩定额执行（定额中没有专门的复打定额，复打是套用单打定额换算而得，如复打灌注混凝土桩是将人工、机械乘系数0.93，混凝土灌入量1.015 m³/m³，其他不变）。

②打孔灌注桩定额中使用预制钢筋混凝土桩尖时，钢筋混凝土桩尖另加，定额中包含的活瓣桩尖摊销费应扣除（打孔夯扩灌注桩中没有活瓣桩尖摊销费的就不需扣除）。

③打孔沉管灌注桩中遇有空沉管时，空沉管项目是采用将相应的打桩子目换算之后而得，如打孔沉管灌注混凝土桩空沉管是将相应项目人工乘系数0.3计算，混凝土、混凝土搅拌机、机动翻斗车扣除，其他不变。

（6）打孔夯扩灌注桩一次夯扩执行一次夯扩定额，再次夯扩时，应执行二次夯扩定额，最后在管内灌注混凝土到设计高度按一次夯扩定额执行。

（7）灌注桩后注浆。

①注浆管埋设定额按桩底注浆考虑，如设计采用侧向注浆，则人工和机械乘系数1.2。

②灌注桩后注浆的注浆管、声测管埋设，注浆管、声测管如遇材质、规格不同，可以换算，其余不变。

（8）人工挖孔桩。

①人工挖孔灌注混凝土桩的挖孔深度是按15 m以内综合编制的，超过15 m的桩，挖孔人工、机械乘系数1.20。

②人工挖井坑岩石以软岩为准；如挖井坑中遇流砂、坑涌（或坑位推移）、地下潜水等，根据工程情况，另行处理。

③混凝土井壁中的钢筋未包括在混凝土井壁子目中，应按相应定额另行计算。

（9）人工凿预留桩头、截断桩。

①凿桩工作内容：准备工具、划线、凿桩头混凝土、露出钢筋、清除碎碴、运出坑1 m外。

②截断桩工作内容：准备工具、划线、砸破混凝土、锯断钢筋、混凝土块体运出坑外。

③凿桩头、截断桩如遇独立基础群桩，其人工乘系数1.3；凿深层搅拌桩按凿灌注混凝土桩定额乘系数0.4执行。

④截断桩中的钢筋截断不论采用何种方法，均按定额执行。

7.4.6 灌注桩工程量计算规则

1. 钻孔灌注桩

1）泥浆护壁钻孔灌注桩

（1）钻孔：钻土孔与钻岩石孔工程量应分别计算。钻土孔自自然地面至岩石表面之深度乘设计桩截面面积以立方米计算；钻岩石孔以入岩深度乘桩截面面积以立方米计算。

（2）灌混凝土：土孔和岩石孔中灌混凝土应分别计算。混凝土灌入量以设计桩长（含桩尖长）另加一个直径（设计有规定的，按设计要求）乘桩截面面积以体积计算；地下室基础超灌高度按现场具体情况另行计算。

（3）泥浆池：以体积计算，等于灌注的混凝土的体积。

（4）泥浆外运：以体积计算，等于钻孔的体积。

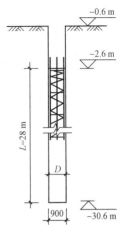

【例 7-22】　图 7-24 为某单独招标打桩工程。设计钻孔灌注混凝土桩 25 根，桩径 900 mm，设计桩长 28 m，入软岩 1.5 m，自然地面标高 -0.6 m，桩顶标高 -2.60 m，C30 非泵送混凝土，根据地质情况土孔混凝土充盈系数为 1.25，岩石孔混凝土充盈系数为 1.1，不考虑桩内的钢筋，以自身的黏土及灌入的自来水进行护壁，砌泥浆池，泥浆外运按 8 km 算，桩头不需凿除。请计算打桩工程的综合单价和合价。

分析：钻孔灌注桩钻土孔含极软岩，钻入岩石以软岩为准；灌注桩中的材料用量预算暂按表 7-24 内的充盈系数和操作损耗计算，结算时充盈系数按打桩记录灌入量进行调整，操作损耗不变。

图 7-24　钻孔灌注混凝土桩

【解】　（1）列项目：钻土孔（3-29）、钻岩石孔（3-32）、土孔浇混凝土（3-44）、岩石孔浇混凝土（3-46）、泥浆外运 8 km 内（3-41+3-42×3）、砌泥浆池（补）

（2）计算工程量：

钻土孔工程量 $V_{土孔} = 25 \times 3.14 \times 0.45^2 \times (30.6-0.6-1.5) = 453.04$ m³

钻岩石孔工程量 $V_{岩石孔} = 25 \times 3.14 \times 0.45^2 \times 1.5 = 23.84$ m³

土孔混凝土工程量 $V_{土孔混凝土} = 25 \times 3.14 \times 0.45^2 \times (28+0.9-1.5) = 435.56$ m³

岩石孔混凝土工程量 $V_{岩石孔混凝土} = 25 \times 3.14 \times 0.45^2 \times 1.5 = 23.84$ m³

泥浆外运工程量 $V_{泥浆} = V_{土孔} + V_{岩石孔} = 453.04 + 23.84 = 476.88$ m³

砌泥浆池工程量 $V_{泥浆池} = V_{土孔混凝土} + V_{岩石孔混凝土} = 435.56 + 23.84 = 459.40$ m³

（3）套定额，计算结果如表 7-25 所示。

表 7-25　计算结果

序号	定额编号	项目名称	计量单位	工程量	综合单价/元	合价/元
1	3-29	钻土孔（直径 1 000 以内）	m³	453.04	291.09	131 875.41
2	3-32	钻岩石孔（直径 1 000 以内）软岩	m³	23.84	1 084.57	25 856.15
3	3-44 换	土孔混凝土	m³	435.56	513.86	223 816.86
4	3-46	岩石孔混凝土	m³	23.84	455.46	10 858.17
5	3-41+3-42×3	泥浆外运	m³	476.88	122.62	58 475.03
6	补	砌泥浆池	m³	459.40	2.00	918.80
合计						451 800.42

注：3-44 换：495.85-432.07+1.25×1.02（预拌混凝土，混凝土增加损耗 0.5%）×353.00=513.86 元/m³

答：打桩工程的合价为 451 800.42 元。

2）长螺旋或钻盘式钻孔灌注桩

这两种灌注桩的工程量均按体积计算。按设计桩长（含桩尖）另加 500 mm（设计有规定，按设计要求）再乘螺旋外径或设计截面积以立方米计算。

2. 打孔沉管、夯扩灌注桩

（1）灌注混凝土、砂、碎石桩使用活瓣桩尖时，单打、复打桩体积均按设计桩长（包括桩尖）另加 250 mm（设计有规定，按设计要求）乘标准管外径截面面积以体积计算。使用预制钢筋混凝土桩尖时，单打、复打桩体积均按设计桩长（不包括预制桩尖）另加 250 mm 乘标准管外径以体积计算。即：

$$V=管外径截面积×(设计桩长+加灌长度)$$

式中，设计桩长根据设计图纸长度确定，如使用活瓣桩尖包括活瓣桩尖长度，使用预制钢筋混凝土桩尖则不包括；加灌长度用来满足混凝土灌注充盈量，按设计规定，无规定时，按 0.25 m 计取。

（2）打孔、沉管灌注桩空沉管部分，按空沉管的实体积计算。

（3）夯扩桩体积分别按每次设计夯扩前投料长度（不包括预制桩尖）乘标准管内径体积计算，最后管内灌注混凝土按设计桩长另加 250 mm 乘标准管外径体积计算。即：

$$V_1(一、二次夯扩)=标准管内径截面积×设计夯扩投料长度(不包括预制桩尖)$$

$$V_2(最后管内灌注混凝土)=标准管外径截面积×(设计桩长+0.25)$$

式中，设计夯扩投料长度按设计规定计算。

（4）打孔灌注桩、夯扩桩使用预制钢筋混凝土桩尖的，桩尖个数另列项目计算，单打、复打的桩尖按单打、复打次数之和计算，桩尖费用另计。

【例 7-23】 某单独招标打桩工程示意图如图 7-25 所示，设计 C30 振动沉管灌注混凝土桩 20 根，单打，桩径 450 mm（桩管外径 426 mm）桩设计长度 20 m，预制混凝土桩尖 180 元/个，经现场打桩记录单打实际灌注混凝土 70 m³，其余不计，现计算打桩的综合单价及合价。

分析：该题作为单位打桩工程，打桩工程量小于表 7-21 中规定的下限值，其子目人工、机械按相应定额项目乘系数 1.25 进行换算；灌注桩中的混凝土充盈系数应按实调整；定额打桩子目是按活瓣桩尖考虑的，本题

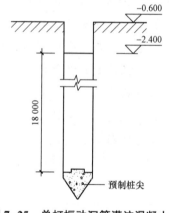

图 7-25 单打振动沉管灌注混凝土桩

中为预制桩尖，要进行换算，换算采用将打桩子目中活瓣桩尖摊销费扣除，另单独计算预制桩尖的费用。

$$换算后的充盈系数=\frac{实际灌注混凝土量}{按设计图计算混凝土量×(1+操作损耗率)}$$

【解】（1）列项目：打桩（3-55）、预制桩尖（补）

（2）计算工程量：

打桩工程量 $V=n\pi r^2 h=20×3.14×0.213^2×(18+0.25)=52.00$ m³ < 60 m³

预制桩尖工程量 = 20 个

（3）套定额，计算结果如表 7-26 所示。

表 7-26　计算结果

序号	定额编号	项目名称	计量单位	工程量	综合单价/元	合价/元
1	3-55 换	打振动沉管灌注桩 15 m 以上	m³	52.00	661.31	34 388.12
2	补	预制桩尖	个	20	180	3 600
合计						37 988.12

注：3-55 换：$1.25 \times (97.02 + 91.99) \times (1 + 11\% + 7\%) + 349.01 - 334.44 + \dfrac{70}{52.00} \times 274.58 - 1.68 = 661.31$ 元/m³

答：打桩工程的合价为 37 988.12 元。

【例 7-24】　某打桩工程如图 7-25 所示，设计 C30 振动沉管灌注混凝土桩 20 根，复打一次，桩径 450 mm（桩管外径 426 mm）桩设计长度 18 m，预制混凝土桩尖 180 元/个，其余不计，现计算打桩的综合单价及合价。

分析：由于本例中沉管灌注桩是复打，还存在空沉管，根据施工经验，第一次沉管后浇筑混凝土必须浇至室外地坪，如单打桩长按 18.25 m 计算，则单打后在 -2.15 ~ -0.6 m 范围就是土，再次沉管就会将土与混凝土混合在一起，这在施工中是不允许的。

【解】　（1）列项目：单打桩（3-55）、复打桩（3-55）、空沉管（3-55）、预制桩尖（补）

（2）计算工程量：

单打工程量 $V_1 = n\pi r^2 h = 20 \times 3.14 \times 0.213^2 \times (18 + 2.4 - 0.6) = 56.41$ m³

复打工程量 $V_2 = 20 \times 3.14 \times 0.213^2 \times (18 + 0.25) = 52.00$ m³

空沉管工程量 $V_3 = 20 \times 3.14 \times 0.213^2 \times (2.4 - 0.6 - 0.25) = 4.42$ m³

预制桩尖工程量 = 2 × 20 = 40 个

（3）套定额，计算结果如表 7-27 所示。

表 7-27　计算结果

序号	定额编号	项目名称	计量单位	工程量	综合单价/元	合价/元
1	3-55 换	打振动沉管灌注桩 15 m 以上	m³	56.41	577.92	32 600.47
2	3-55 换	复打沉管灌注桩 15 m 以上	m³	52.00	499.01	25 948.52
3	3-55 换	空沉管	m³	4.42	132.48	585.56
4	补	预制桩尖	个	40	180	7 200
合计						66 334.55

注：3-55 换单打：$579.60 - 1.68 = 577.92$/m³（桩尖换算）

　　3-55 换复打：$349.01 - 334.44 + 1.015 \times 274.58 + 0.93 \times (97.02 + 91.99) \times (1 + 11\% + 7\%) - 1.68 = 499.01$ 元/m³（按计价定额桩 94 页附注换算）

　　3-55 换空沉管：$356.81 - 334.44 - 1.68 + (0.3 \times 97.02 + 65.63) \times (1 + 11\% + 7\%) = 132.48$ 元/m³（按计价定额桩 94 页附注换算）

答：打桩的合价为 66 334.55 元。

【例 7-25】　根据某工程地质情况，采用振动打拔桩机打无桩尖夯扩桩基础，如图 7-26 所示，共 50 根。夯扩参数如下：桩管外径 426 mm，标准管壁厚 8 mm，采用二次夯扩施工工艺，设计第一次夯扩投料长度为 3.2 m，第二次夯扩投料长度为 1.2 m，夯扩头直径为 0.95 m，夯扩头进入持力层 2.0 m。桩身混凝土强度等级 C30，混凝土充盈系数 1.35，钢筋不计，要求计算其分部分项工程费用。

分析：打孔夯扩灌注桩一次夯扩执行一次夯扩定额，再次夯扩时，应执行二次夯扩定额，最后在管内灌注混凝土到设计高度按一次夯扩定额执行；打孔夯扩桩本定额中未对空沉管部分进行说明，由于工作内容中没有考虑空沉管，按照沉管灌注桩的思路，空沉管部分应该单独计费，本题参照沉管灌注桩部分关于空沉管的规定进行解答；打孔夯扩灌注混凝土桩的定额充盈系数为1.15，操作损耗率为2%；夯扩桩体积分别按每次设计夯扩前投料长度（不包括预制桩尖）乘标准管内径以体积计算，最后管内灌注混凝土按设计桩长另加250 mm乘标准管外径以体积计算。

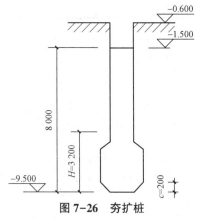

图 7-26　夯扩桩

【解】（1）列项目：一次夯扩（3-76）、二次夯扩（3-80）、管内灌注混凝土（3-76）、空沉管（3-76）

（2）计算工程量：

一次夯扩工程量 $V_1 = n\pi r^2 h = 50 \times 3.14 \times 0.205^2$（以标准管内径为准）$\times 3.2$（一次夯扩投料长度）$= 21.11 \text{ m}^3$

二次夯扩工程量 $V_2 = 50 \times 3.14 \times 0.205^2 \times 1.2 = 7.92 \text{ m}^3$

管内灌注混凝土工程量 $V_3 = 50 \times 3.14 \times 0.213^2 \times (8+0.25) = 58.76 \text{ m}^3$

空沉管工程量 $= V_3 = n\pi r^2 h = 50 \times 3.14 \times 0.213^2$（以标准管外径为准）$\times (1.5-0.6-0.25)$（未投料长度）$= 4.63 \text{ m}^3$

（3）套定额，计算结果如表7-28所示。

表 7-28　计算结果

序号	定额编号	项目名称	计量单位	工程量	综合单价/元	合价/元
1	3-76	一次夯扩	m³	21.11	819.76	17 305.13
2	3-80	二次夯扩	m³	7.92	918.88	7 277.53
3	3-76 换1	管内灌注混凝土	m³	58.76	875.78	51 460.83
4	3-76 换2	空沉管	m³	4.63	263.86	1 221.67
合计						77 265.16

注：3-76 换1：819.76-322.08+1.35×1.02×274.58＝875.78 元/m³

3-76 换2：（0.3×185.57+115.98+30.02）×（1+11%+7%）+347.97-322.08＝263.86 元/m³

答：打桩的合价为 77 265.16 元。

3. 灌注桩后注浆

（1）桩底注浆的注浆管埋设、声测管埋设按打桩前的自然地坪标高至设计桩底标高的长度另加0.2 m，按长度计算。桩侧注浆的注浆管埋设，按打桩前的自然地坪标高至设计桩侧注浆位置另加0.2 m，按长度计算。

（2）灌注桩后注浆按设计注入水泥用量，以质量计算。

【例7-26】某工程采用后压浆钻孔灌注桩基础如图7-27所示，桩端持力层为粉砂夹粉土层，灌注桩数量共计165根，桩径800 mm，桩顶相对标高-8.500 m，桩底标高-26.500 m，混凝土灌注高度高出桩顶设计标高1.0 m，场地自然地面标高-0.600 m，桩身混凝土强度等级C30，充盈系数1.2，采用泵送商品混凝土，以自身黏土及灌入的自来水进行护壁，砖砌泥浆池，泥浆运距按 5 km 以内考虑，后注浆钻孔灌注桩采用桩端桩侧复式注浆，后注浆竖向增强段为桩端以上 8 m，桩端终止注浆压力值为 2 MPa，单桩注浆量 2.0 t，钢筋不计，计算该分部分项工程费用。

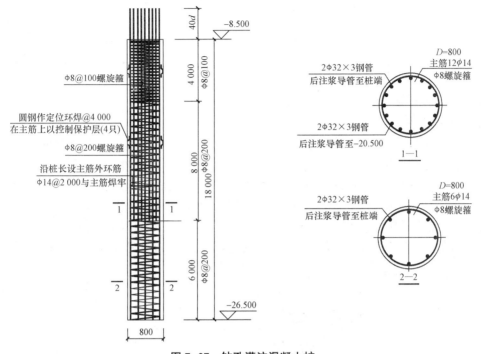

图 7-27　钻孔灌注混凝土桩

【解】　（1）列项目：钻土孔（3-29）、土孔浇混凝土（3-43）、泥浆外运 8 km 内（3-41）、砌泥浆池（补）、桩端注浆管埋设（3-82）、桩侧注浆管埋设（3-82）、桩底（侧）后注浆（3-84）

（2）计算工程量：

钻土孔工程量 $V_{土孔}=165×3.14×0.4^2×(26.5-0.6)=2\,147.01\ m^3$

土孔混凝土工程量 $V_{土孔混凝土}=165×3.14×0.4^2×(26.5-8.5+1)=1\,575.02\ m^3$

泥浆外运工程量 $V_{泥浆}=V_{土孔}=2\,147.01\ m^3$

砌泥浆池工程量 $V_{泥浆池}=V_{土孔混凝土}=1\,575.02\ m^3$

桩端注浆管埋设工程量：$165×2×(26.5-0.6+0.2)=8\,613\ m$

桩侧注浆管埋设工程量：$165×2×(20.5-0.6+0.2)=6\,633\ m$

桩底（侧）后注浆工程量：$165×2=330\ t$

（3）套定额，计算结果如表 7-29 所示。

表 7-29　计算结果

序号	定额编号	项目名称	计量单位	工程量	综合单价/元	合价/元
1	3-29	钻土孔（直径 1 000 以内）	m³	2 147.01	300.96	646 164.13
2	3-43	土孔混凝土	m³	1 575.02	492.79	776 154.11
3	3-41	泥浆外运	m³	2 147.01	112.21	240 915.99
4	补	砌泥浆池	m³	1 575.02	2.00	3 150.04

序号	定额编号	项目名称	计量单位	工程量	综合单价/元	合价/元
5	3-82	桩端注浆管埋设	100 m	86.13	1 690.08	145 566.59
6	3-82 换	桩侧注浆管埋设	100 m	66.33	1 766.09	117 144.75
7	3-84	桩底（侧）后注浆	t	330	1 049.36	346 288.80
合计						2 275 384.41

注：3-82 换：1 690.08+（284.90+37.16）×0.2×1.18＝1 766.09 元/100 m

答： 打桩工程的合价为 2 275 384.41 元。

4. 人工挖孔桩

人工挖孔灌注混凝土桩包括挖井坑土、挖井坑岩石、砖砌井壁、混凝土井壁、井壁内灌注混凝土，均按图示尺寸以体积计算。设计要求超灌时，另行增加超灌工程量。

【例7-27】 图7-28为某单独招标打桩工程。设计人工挖孔灌注混凝土桩25根，桩径900 mm，施工中做钢护筒（摊销使用），桩入软岩1.8 m，自然地面标高-0.3 m，桩顶标高-1.80 m，桩混凝土为C30混凝土现场自拌，混凝土护壁为C20混凝土现场自拌，不考虑桩内的钢筋，混凝土超灌0.5 m，桩头不需凿除。请计算人工挖孔桩工程的综合单价和合价。

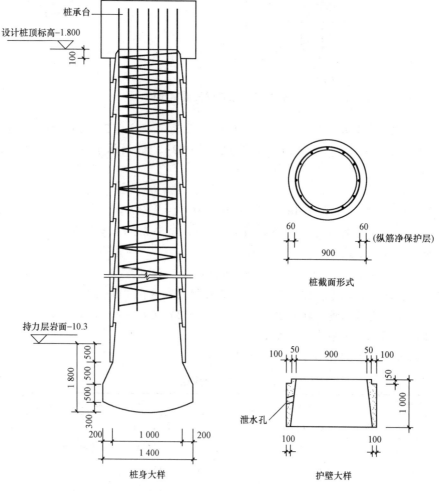

图7-28 人工挖孔桩

分析：最下一节护壁高度为 1 m，其余各节护壁净高均为 0.95 m（存在 0.05 m 的搭接），护壁总高 10.5 m，共设 11 节护壁；计算护壁体积时采用护壁外包尺寸的圆柱体扣除内部空心的 11 个圆台体积；计算混凝土体积时只算到 -1.3 m 标高；计算桩底扩大头缺球体积时采用公式 $V=\dfrac{\pi h}{6}(3a^2+h^2)$，其中 a 为平切圆半径，h 为缺球的高（见图 7-29）。

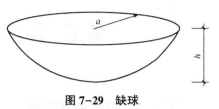

图 7-29　缺球

【解】　（1）列项目：人工挖井坑土（3-85）、人工挖井坑岩石（3-86）、混凝土井壁（3-88）、井壁内灌注混凝土（3-89）

（2）计算工程量：

人工挖井坑土工程量 $V_{土}=25\times3.14\times(0.45+0.15)^2\times(10.3-0.3)=282.60$ m³

人工挖井坑岩石工程量：

带护壁部分工程量 $V_1=25\times3.14\times(0.45+0.15)^2\times0.5=14.130$ m³

扩大头圆台部分工程量 $V_2=25\times\dfrac{3.14\times0.5}{3}\times(0.5^2+0.7^2+0.5\times0.7)=14.261$ m³

扩大头圆柱部分工程量 $V_3=25\times3.14\times0.7^2\times0.5=19.233$ m³

扩大头缺球体部分工程量 $V_4=25\times\dfrac{3.14\times0.3}{6}\times(3\times0.7^2+0.3^2)=6.123$ m³

$V_{岩石}=V_1+V_2+V_3+V_4=14.130+14.261+19.233+6.123=53.747$ m³

护壁体积计算：

护壁外包体积 $V_{外包}=25\times3.14\times0.6^2\times(10.3-0.3+0.5)=296.730$ m³

护壁内空心体积 $V_{空心}=25\times\dfrac{3.14\times0.95}{3}\times(0.45^2+0.5^2+0.45\times0.5)\times10+25\times\dfrac{3.14\times1}{3}\times(0.45^2+0.5^2+0.45\times0.5)=186.143$ m³

$V_{护壁}=V_{外包}-V_{空心}=296.730-186.143=110.587$ m³

井壁内混凝土体积 $V_{混凝土}=V_{空心}-1$ m 高圆台体积 $+V_2+V_3+V_4=186.143-25\times\dfrac{3.14\times1}{3}\times(0.45^2+0.5^2+0.45\times0.5)+14.261+19.233+6.123=208.03$ m³

（3）套定额，计算结果如表 7-30 所示。

表 7-30　计算结果

序号	定额编号	项目名称	计量单位	工程量	综合单价/元	合价/元
1	3-85	人工挖井坑土	m³	282.60	176.58	49 901.51
2	3-86	人工挖井坑岩石	m³	53.75	328.76	17 670.85
3	3-88	混凝土井壁	m³	110.59	1 455.33	160 944.94
4	3-89	井壁内灌注混凝土	m³	208.03	534.75	111 244.04
合计						339 761.34

答：人工挖孔桩工程的合价为 339 761.34 元。

7.4.7　凿桩头、截断桩的工程量计算规则

凿灌注混凝土桩头按体积计算，凿、截断预制方（管）桩均以根计算。

7.5 砌筑工程

7.5.1 本节内容概述

本节内容包括砌砖、砌石、构筑物和基础垫层四部分。

（1）砌砖包括：砖基础、砖柱；砌块墙、多孔砖墙；砖砌外墙；砖砌内墙；空斗墙、空花墙；填充墙、墙面砌贴砖；墙基防潮及其他。

（2）砌石包括：毛石基础、护坡、墙身；方整石墙、柱、台阶；荒料毛石加工。

（3）构筑物包括：烟囱砖基础、筒身及砖加工；烟囱内衬；烟道砌砖及烟道内衬；砖水塔。

（4）基础垫层包括灰土、炉渣、道碴、碎石、碎砖、毛石、碎石（道碴）和砂（石屑）、砂等材料垫层的内容。

7.5.2 砌砖工程有关规定

1. 基本规定

（1）定额中根据市场的情况，收录了标准砖、多孔砖和砌块砖几种类型的砌筑内容。

（2）各种砖砌体的砖、砌块是按表7-31所示规格编制的，规格不同时，可以换算。

表 7-31　砖、砌块规格表

砖名称	长×宽×高（mm×mm×mm）
标准砖	240×115×53
七五配砖	190×190×40
KP1多孔砖	240×115×90
多孔砖	240×240×115、240×115×115
KM1空心砖	190×190×90、190×90×90
三孔砖	190×190×90
六孔砖	190×190×140
九孔砖	190×190×190
页岩模数多孔砖	240×190×90、240×140×90 240×90×90、190×120×90
普通混凝土小型空心砌块（双孔）	390×190×190
普通混凝土小型空心砌块（单孔）	190×190×190、190×190×90
硅酸盐空心砌块（单孔）	190×190×90
粉煤灰硅酸盐砌块	880×430×240、580×430×240（长×高×厚） 430×430×240、280×430×240
加气混凝土块	600×240×150、600×200×250、600×100×250

（3）砌砖、块定额中已包括了门、窗框与砌体的原浆勾缝在内，砌筑砂浆强度等级按设计规定应分别套用。

（4）门窗洞口侧埋预埋混凝土块，定额中已综合考虑。实际施工不同时，不作调整（相关定额子目增加其他材料费 1 元/m³）。

（5）除标准砖墙外（有专门的弧形墙子目），本定额的其他品种砖弧形墙其弧形部分是套直形墙体换算而得的，换算是在直形墙的基础上每立方米砌体按相应定额人工增加 15%，砖增加 5%，其他不变。

（6）砖砌体内钢筋加固及转角、内外墙的搭接钢筋，按设计图示钢筋长度以单位理论质量计算，执行第 5 章的"砌体、板缝内加固钢筋"子目。

（7）砖砌挡土墙以顶面宽度按相应墙厚内墙定额执行，顶面宽度超过 1 砖厚按砖基础定额执行。

（8）零星砌砖是指砖砌门蹲、房上烟囱、地垄墙、水槽、水池脚、垃圾箱、台阶面上矮墙、花台、煤箱、垃圾箱、容积在 3 m³ 内的水池、大小便槽（包括踏步）、阳台栏板等砌体。零星砌砖定额中收录了标准砖和多孔砖两种材料的内容。

2. 砖基础、砖柱

（1）砖基础收录了直形和圆弧形砖基础两个子目，砖柱收录了方形和圆形两个子目。砖基础和砖柱定额中均按标准砖砌筑考虑。

（2）砖基础与墙身的划分。

①基础与墙（柱）身使用同一种材料时，以设计室内地面（有地下室者，以地下室室内设计地面）为界，以下为基础，以上为墙（柱）身。

②基础与墙身使用不同材料时，不同材料的分界线位于设计室内地面高度 ±300 mm 以内，以不同材料为分界线（见图 7-30），超过 ±300 mm，以设计室内地面为界。

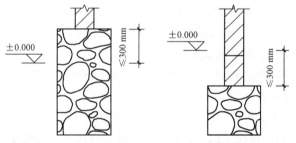

图 7-30　以不同材料分界作为基础与墙身分界线

③围墙以设计室外地坪为分界线，以下为基础，以上为墙身。围墙基础与墙身的材料品种相同时，工程量合并计算套用相应墙的定额。

（3）砖柱柱基与柱身砌体品种相同时，柱基、柱身工程量合并套用"砖柱"定额；砖柱柱基与柱身砌体品种不同时，应分开计算并分别套用相应定额。

（4）砖基础深度自设计室外地面至砖基础底表面超过 1.5 m，其超过部分每 1 m³ 砌体增加人工 0.041 工日。

3. 砌块墙、多孔砖墙

（1）本节收录了粉煤灰硅酸盐砌块、加气混凝土砌块、普通混凝土小型空心砌块、轻骨料混凝土小型空心砌块、多孔砖、三孔砖、六孔砖、九孔砖、KP1 多孔砖、KM1 多孔砖、页岩模数多孔砖的内容。

（2）蒸压加气混凝土砌块根据施工方法的不同，分为普通砂浆砌筑加气混凝土砌块墙（指主要靠普通砂浆或专用砌筑砂浆黏结，砂浆灰缝厚度不超过15 mm）和薄层砂浆砌筑加气混凝土砌块墙（简称薄灰砌筑法，使用专用黏结砂浆和专用铁件连接，砂浆灰缝一般为3~4 mm）。定额分别按蒸压加气混凝土砌块和蒸压砂加气混凝土砌块列入子目，实际砌块种类与定额不同，可以替换。

（3）普通砂浆砌筑加气混凝土砌块墙收录了用于无水房间、底无混凝土坎台和用于多水房间、底有混凝土坎台两类情况，前者中包含了坎台的内容，后者没有包含坎台的内容。

（4）砌块墙、多孔砖墙中，窗台虎头砖、腰线、门窗洞边接茬用标准砖已包括在定额内。

（5）砌块墙墙身内的砌过梁、压顶、檐口等处实砌砖，另按相应零星砌砖定额执行，而墙顶梁底、板底的补砌挤紧的斜砌砖在定额中已综合考虑，实际施工中不论实斜砌砖或是细石混凝土、砂浆塞缝处理，均不得另行计算。

（6）砌砖使用配砖与定额不同时，不作调整。

4. 砌筑标准砖

（1）标准砖砌筑墙体，定额中有砌筑内墙与砌筑外墙之分。普通砂浆砌筑标准砖墙定额收录了直形墙和1砖弧形墙子目，但轻质砂浆砌筑标准砖墙属于本定额新增子目，未考虑弧形墙内容，可参照非标准砖墙弧形墙处理。

（2）砖砌圆形水池按弧形外墙定额执行。

（3）标准砖墙不分清、混水墙及艺术形式复杂程度。砖券、砖过梁、砖圈梁、腰线、砖垛、砖挑檐、附墙烟囱等因素已综合在定额内，不得另立项目计算。阳台砖隔断按相应内墙定额执行。地下室外墙、内墙均按内墙定额执行。

5. 砌筑空斗墙、空花墙

（1）空斗墙中门窗立边、门窗过梁、窗台、墙角、檩条下、楼板下、踢脚线部分和屋檐处的实砌砖已包括在定额内，不得另立项目计算。空斗墙中遇有实砌钢筋砖圈梁及单面附垛时，应另列项目按零星砌砖定额执行。

（2）空花墙是用砖砌成各种镂空花式的墙，定额含量中已扣除镂空部位的费用。

6. 填充墙、墙面砌贴砖

（1）定额中的填充墙就是俗称的夹心墙，内部是1砖厚，外部是1/2砖厚，中间填充炉渣或炉渣混凝土。定额子目中包含了填充料的内容，填充材料不同应换算，人工、机械不变。

（2）墙面砌贴砖收录了贴砌1/4砖和1/2砖两个子目，砌贴砖和砌筑墙体的不同在于：贴砌部分和原墙体之间还有砂浆黏结。

7. 墙基防潮及其他

（1）墙基防潮层中收录了防水砂浆和防水混凝土6 cm厚两个子目，设计砂浆、混凝土配合比不同单价应换算，墙基防潮层的模板、钢筋应按定额第21章、第5章有关规定另行计算。

（2）定额中砖砌围墙是按标准砖实砌围墙考虑的。

①围墙基础与墙身的材料品种相同时，工程量应合并计算套用相应墙的定额。

②围墙基础与墙身的材料品种不同时，其基础与墙身应分别套用定额。

③围墙分别计算基础和墙身时，以设计室外地坪为分界线，以下为基础，以上为墙身。

（3）定额中砖砌台阶、砖砌地沟均考虑采用标准砖砌筑。零星砌砖收录了标准砖和多孔砖两个子目。

（4）框架外表面镶贴砖部分，按零星砌砖子目计算。

（5）加气混凝土、硅酸盐砌块、小型空心砌块墙砌体中设计钢筋砖过梁时，应另行计算，套用零星砌砖定额。

7.5.3 砌砖工程工程量计算规则

1. 一般规则

（1）墙体工程量按设计图示尺寸以体积计算。应扣除门窗、洞口、嵌入墙内的钢筋混凝土柱、梁、圈梁、挑梁、过梁及凹进墙内的壁龛、管槽、暖气槽、消火栓所占体积。不扣除梁头、板头、檩头、垫木、木楞头、沿椽木、木砖、门窗走头、砖砌体内加固钢筋、木筋、铁件、钢管及单个面积不大于 0.3 m² 的孔洞所占的体积。凸出墙面的腰线、挑檐、压顶、窗台线、虎头砖、门窗套的体积亦不增加。凸出墙面的砖垛并入墙体体积内计算。

（2）附墙烟囱、通风道、垃圾道按其外型体积并入所依附的墙体积内合并计算，不扣除每个横截面在 0.1 m² 以内的孔洞体积。

2. 砖基础、砖柱

1）砖基础

（1）计算方法。

砖基础工程量为基础断面积乘基础长度以体积计算，计量单位为 m³。基础断面积的计算公式如下：

$$基础断面积 = 基础墙高 \times 基础墙宽 + 大放脚面积$$

式中，大放脚面积可分割成若干个 0.062 5 m(a) × 0.063 m(h) = 0.003 937 5 m² 面积的小方块，小方块个数取决于大放脚的形式和层数。

为计算方便，也可将大放脚面积折算成一段等面积的基础墙，这段基础墙高度叫折加高度。折加高度的计算公式如下：

$$折加高度 = 大放脚面积 \div 基础墙高度$$

$$基础断面积 = 基础墙宽 \times (设计基础高度 + 折加高度)$$

砖砌大放脚折加高度如表 7-32 所示。

大放脚的形式（见图 7-31）有两种：等高式和间隔式。在等高式和间隔式中，每步大放脚宽始终等于 1/4 砖长，即（砖长 240+灰缝 10）×1/4 = 62.5 mm；等高式的大放脚高等于 2 皮砖加 2 灰缝，即 53×2+10×2 = 126 mm，间隔式等于 1 皮砖加 1 灰缝（63 mm）与 2 皮砖加 2 灰缝（126 mm）间隔设置。

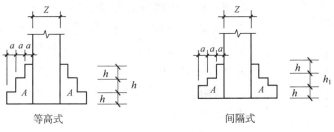

图 7-31 大放脚形式

表7-32　砖砌大放脚折加高度表

大放脚层数	放脚形式	双面系数			单面系数		
		折加高度/m		增加断面 /m²	折加高度/m		增加面积 /m²
		11.5	24		11.5	24	
1	等高式	0.137	0.066	0.015 8	0.069	0.033	0.007 9
	间隔式	0.137	0.066	0.015 8	0.069	0.033	0.007 9
2	等高式	0.411	0.197	0.047 3	0.206	0.099	0.023 7
	间隔式	0.343	0.164	0.039 4	0.171	0.082	0.019 7
3	等高式	0.822	0.394	0.094 5	0.411	0.197	0.047 3
	间隔式	0.685	0.328	0.078 8	0.343	0.164	0.039 4
4	等高式	1.370	0.656	0.157 5	0.685	0.328	0.078 8
	间隔式	1.096	0.525	0.126 0	0.548	0.263	0.063 0
5	等高式	2.055	0.985	0.236 3	1.028	0.493	0.118 1
	间隔式	1.643	0.788	0.189 0	0.822	0.394	0.094 5
6	等高式	2.876	1.378	0.330 8	1.438	0.689	0.165 4
	间隔式	2.260	1.083	0.259 9	1.130	0.542	0.129 9
7	等高式	3.835	1.838	0.441 0	1.918	0.919	0.220 5
	间隔式	3.93	1.444	0.346 5	1.507	0.722	0.173 3

（2）基础长度的确定。

①外墙墙基按外墙中心线长度计算（遇有偏轴线时，应将轴线移为中心线计算）。

②内墙墙基按内墙墙基最上一步净长度计算。基础大放脚T形接头处重叠部分及嵌入基础的钢筋、铁件、管道、基础防水砂浆防潮层、通过基础单个面积在0.3 m²以内空洞所占的体积不扣除，但靠墙暖气沟的挑檐亦不增加。附墙垛基础宽出部分体积，并入所依附的基础工程量内。

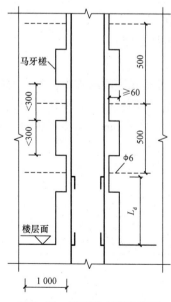

图7-32　马牙槎立面构造图

2）砖柱

砖柱按设计图示尺寸以体积计算。扣除混凝土及钢筋混凝土梁垫、梁头、板头所占体积。

【例7-28】　计算图7-32所示砖基础的工程量（马牙槎按5皮1收60 mm）。

分析：基础与墙身是不同的材料，且不同材料分界线与±0.00 m距离为0.06 m，则基础与墙身的分界线为-0.06 m位置；标准砖墙身有外墙和内墙之分，标准砖基础不分内、外，故内、外墙下基础工程量可合并计算；计算基础工程量时，应扣除其中的柱梁等混凝土构件的体积，本例中需要扣除构造柱的体积。

【解】　基础横断面面积$S = 0.24 \times (2.5 - 0.1 - 0.06 + 0.066) = 0.577\ 44\ m^2$

基础长度$L = (8+6) \times 2 + (6-0.24) = 33.76\ m$

基础外形体积$V_{外形} = S \times L = 0.577\ 44 \times 33.76 = 19.494\ m^3$

扣除构造柱体积 $V_{构造柱}=(0.24×0.24×6+0.24×0.03×14)×2.34=1.044$ m³

基础体积 $V=V_{外形}-V_{构造柱}=19.494-1.044=18.45$ m³

答：图 7-32 所示砖基础的工程量为 18.45 m³。

【例 7-29】 计算图 7-33 所示基础部分砖基础的工程量。

分析：图 7-33 所示砖基础在独立基础之间，因此它们的长度均按净长计算。按题目情况，砖基础可以用独立基础之间体积加上 A 区域体积计算。

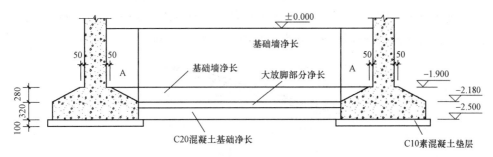

图 7-33 基础部分净长计算图

【解】 独立基础之间断面积 $S=0.24×(2.3+0.066)=0.567\ 8$ m²

独立基础之间净长 $L=(6-2×0.88)×2+(6-2×1.13)+(8-2×0.8-2.1)×2=20.82$ m

①、③轴 J-1 上 A 区域砖基础体积 $V_1=[0.05×1.9+(1.9+2.18)×0.55÷2]×0.24×4=1.168$ m³

②轴 J-2 上 A 区域砖基础体积 $V_2=[0.05×1.9+(1.9+2.18)×0.8÷2]×0.24×2=0.829$ m³

Ⓐ、Ⓑ轴 J-1 上 A 区域砖基础体积 $V_3=[0.05×1.9+(1.9+2.18)×0.6÷2]×0.24×4=1.266$ m³

Ⓐ、Ⓑ轴 J-2 上 A 区域砖基础体积 $V_4=[0.05×1.9+(1.9+2.18)×0.85÷2]×0.24×4=1.756$ m³

砖基础体积 $V=S×L+V_1+V_2+V_3+V_4=0.567\ 8×20.82+1.168+0.829+1.266+1.756=16.84$ m³

答：图 7-33 所示基础部分砖基础的体积为 16.84 m³。

3. 实砌砖墙（砌块墙、多孔砖墙、标准砖墙）

1）工程量

工程量以体积计算，V=墙体计算厚度×墙体长度×墙体高度-应扣体积+应并入体积。

2）墙体计算厚度

（1）标准砖墙计算厚度按表 7-33 计算。

表 7-33 标准砖墙计算厚度表

标准砖	1/4	1/2	3/4	1	1 1/2	2
砖墙计算厚度/mm	53	115	178	240	365	490

（2）多孔砖、空心砖墙、加气混凝土、硅酸盐砌块、小型空心砌块墙均按砖或砌块的厚度计算，不扣除砖或砌块本身的空心部分体积。

3）墙体长度

外墙按中心线长度，框架间墙及内墙按净长计算。

4）墙体高度

砖墙设计有明确高度时以设计高度计算，未明确高度时按下列规定计算。

（1）外墙的高度。

①坡（斜）屋面无屋架、无檐口天棚者，算至屋面板底；有屋架且室内外均有天棚者，算至屋架下弦底面另加200 mm；有屋架无天棚者，算至屋架下弦底面另加300 mm，出檐宽度超过600 mm时按实砌高度计算。计算示意图分别如图7-34~图7-36所示。

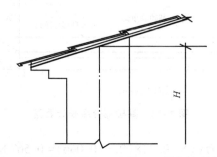

图7-34 坡（斜）屋面无屋架、无檐口天棚外墙高度计算示意图

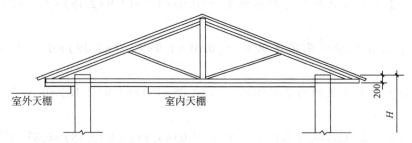

图7-35 坡（斜）屋面有屋架且室内外均有天棚外墙高度计算示意图

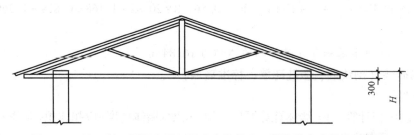

图7-36 坡（斜）屋面有屋架且室内外均无天棚外墙高度计算示意图

②平屋面有现浇钢筋混凝土平板楼层者，算至平板底面；当墙高遇有同方向框架梁、肋形板梁时，应算至梁底面。

③女儿墙高度从屋面板上表面算至女儿墙顶面（如有混凝土压顶，则算至压顶下表面）。

（2）内墙高度。

①坡（斜）屋面内墙位于屋架下弦者，其高度算至屋架下弦底；无屋架者（见图7-37），算至天棚底另加100 mm。

图 7-37　无屋架坡（斜）屋面内墙高度计算示意图

②平屋面有钢筋混凝土楼板隔层者，算至钢筋混凝土楼板底（同一墙上板厚不同时，按平均高度计算）；有同方向框架梁时，算至梁底面。

5）砖砌地下室

砖砌地下室墙身及基础按设计图示以体积计算，内、外墙身工程量合并计算按相应内墙定额执行。墙身外侧面砌贴砖按设计厚度以体积计算。

【例 7-30】　某一层办公室底层平面及基础断面图如图 7-38 所示，层高为 3.3 m，楼面为 100 mm 厚现浇板，圈梁为 240 mm×250 mm，用 M5 混合砂浆砌标准 1 砖厚墙，构造柱截面 240 mm×240 mm，留马牙槎（5 皮 1 收），基础用 M7.5 水泥砂浆砌筑，室外地坪-0.2 m，在-0.06 m 标高处设置-20 mm 厚 1：2 防水砂浆防潮层，M1 尺寸 900 mm×2 000 mm，C1 尺寸 1 500 mm×1 500 mm，请按计价定额计算砌筑工程的综合单价和合价。

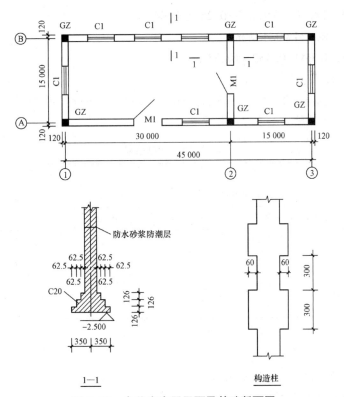

图 7-38　办公室底层平面及基础断面图

【解】　（1）列项目：砖基础（4-1）、砖基础超深增加费（补）、砖砌外墙（4-35）、砖砌内墙（4-41）、防水砂浆防潮层（4-52）

（2）工程量计算：

①砖基础：

基础横断面面积 $S = 0.24 \times (2.5 + 0.394) = 0.694\ 6\ \text{m}^2$

基础长度 $L = (45 + 15) \times 2 + (15 - 0.24) = 134.76\ \text{m}$

基础外形体积 $V_{外形} = S \times L = 0.694\ 6 \times 134.76 = 93.604\ \text{m}^3$

构造柱占据体积：

$S_{构造柱} = 0.24 \times 0.24 \times 6 + 0.24 \times 0.03 \times 14 = 0.446\ 4\ \text{m}^2$

$V_{构造柱} = 0.446\ 4 \times 2.5 = 1.116\ \text{m}^3$

基础体积 $V = V_{外形} - V_{构造柱} = 93.604 - 1.116 = 92.488\ \text{m}^3$

其中自室外地面至砖基础底超过 1.5 m 体积：$92.488 - 1.7 \times 134.76 \times 0.24 + 1.116 \div 2.5 \times 1.7 = 38.26\ \text{m}^3$

②砖外墙：

外墙：$(45 + 15) \times 2 \times 0.24 \times (3.3 - 0.25) = 87.84\ \text{m}^3$

扣构造柱：$(0.24 \times 0.24 \times 6 + 0.24 \times 0.03 \times 12) \times (3.3 - 0.25) = 1.318\ \text{m}^3$

扣门窗：$(1.5 \times 1.5 \times 8 + 0.9 \times 2) \times 0.24 = 4.752\ \text{m}^3$

合计：$87.84 - 1.318 - 4.752 = 81.77\ \text{m}^3$

③砖内墙：

内墙：$(15 - 0.24) \times 0.24 \times (3.3 - 0.25) = 10.804\ \text{m}^3$

扣构造柱：$0.24 \times 0.03 \times 2 \times (3.3 - 0.25) = 0.044\ \text{m}^3$

扣门窗：$0.9 \times 2 \times 0.24 = 0.432\ \text{m}^3$

合计：$10.804 - 0.044 - 0.432 = 10.33\ \text{m}^3$

④防水砂浆防潮层：

防潮层面积 $S_{防潮层} = 0.24 \times L_{防潮层} - S_{构造柱} = 0.24 \times 130 - 0.446\ 4 = 30.75\ \text{m}^2$

（3）套定额，计算结果如表7-34所示。

表7-34　计算结果

序号	定额编号	项目名称	计量单位	工程量	综合单价/元	合价/元
1	4-1换	M7.5水泥砂浆砖基础	m³	92.488	406.70	37 614.87
2	补	砖基础超深增加人工	m³	38.26	4.61	176.38
3	4-35	M5混合砂浆砖外墙	m³	81.77	442.66	36 196.31
4	4-41	M5混合砂浆砖内墙	m³	10.33	426.57	4 406.47
5	4-52	防水砂浆防潮层	10 m²	3.075	173.94	534.87
合计						78 928.90

注：4-1换：$406.25 - 43.65 + 0.242 \times 182.23 = 406.70$ 元/m³

补：$0.041 \times 82 \times (1 + 25\% + 12\%) = 4.61$ 元/m³

答：该砌筑工程的合价为 78 928.90 元。

4. 空斗墙、空花墙的计算

（1）空斗墙：按设计图示尺寸以空斗墙外形体积计算。墙角、内外墙交接处、门窗洞口立边、窗台砖、屋檐处的实砌部分体积，并入空斗墙体积内。空斗墙的窗间墙、窗台下、楼板下、梁头下等的实砌部分，按零星砌砖定额计算。

（2）空花墙：按设计图示尺寸以空斗墙外形体积计算，不扣除空洞部分体积。空花墙外有实砌墙，实砌部分应以体积另列项目计算。

5. 填充墙、墙面砌贴砖

（1）填充墙按设计图示尺寸以填充墙外形体积计算，其实砌部分及填充料已包括在定额内，不另计算。

（2）墙身外侧面砌贴砖按设计厚度以体积计算。

6. 其他

（1）墙基防潮层按墙基顶面水平宽度乘长度以面积计算，有附垛时将附垛面积并入墙基内。

（2）围墙：砖砌围墙按设计图示尺寸以体积计算，其围墙附垛及砖压顶应并入墙身体积内；砖围墙上有混凝土花格、混凝土压顶时，混凝土花格及压顶应按第 6 章相应子目计算，其围墙高度算至混凝土压顶下表面。

（3）砖砌台阶按水平投影面积以面积计算。

（4）砖砌地沟沟底与沟壁工程量合并以体积计算。

7.5.4　砌石工程有关规定

砌石工程有关规定如下。

（1）计价定额中设置了毛石砌体、方整石砌体、荒料毛石加工三部分内容。毛石系指无规则的乱毛石，方整石系指已加工好有面、有线的商品整石（方整石砌体不得再套荒料毛石加工项目）。

（2）计价定额中毛石砌体收录了基础、护坡和墙身的内容。毛石台阶按毛石基础定额执行。毛石护坡计价定额中按垂直高度在 3.60 m 以内编制，如护坡垂直高度超过 3.60 m，则其超过部门人工乘系数 1.20。

（3）方整石砌体收录了柱、墙、台阶、窗台和腰线的内容。方整石墙单面出垛并入墙身工程量内，双面出墙垛按柱计算。

（4）毛石、方整石零星砌体按窗台下墙相应定额执行，人工乘系数 1.10。毛石地沟、水池按窗台下石墙定额执行。毛石、方整石围墙按相应墙定额执行。标准砖镶砌门、窗口立边、窗台虎头砖、钢筋砖过梁等按实砌砖体积另列项目计算，套用砌砖工程中"小型砌体"定额。

（5）石墙（包括窗台下墙）按单面清水考虑，双面清水人工乘系数 1.24，双面混水人工乘系数 0.92。

（6）计价定额中石基础、石墙是按直形考虑的，砌筑圆弧形基础、墙（含砖、石混合砌体），人工按相应项目乘系数 1.10，其他不变。

（7）荒料毛石加工包括打荒、錾凿和剁斧。打荒指将表面凸出部分打去，錾凿是粗加工，剁斧是细加工。錾凿包括打荒，剁斧包括打荒、錾凿，打荒、錾凿、剁斧不能同时列入。

（8）窗台、腰线、压顶、门窗过梁剁斧，按计价定额对应子目人工乘系数 1.5，其他不变。

7.5.5　砌石工程工程量计算规则

砌石工程工程量计算规则如下。

（1）砌筑毛石砌体、方整石砌体，不论是基础、柱、墙，还是台阶、腰线，一概按图示尺寸以体积计算。

（2）毛石砌体打荒、錾凿、剁斧按砌体裸露外表面积计算。

7.5.6　构筑物工程有关规定

1. 砖烟囱

砖砌烟囱由基础、筒身与烟道、内衬及隔热层、烟道附属设施等组成。

1）基础

（1）砖烟囱毛石砌体基础按水塔的相应项目执行。

（2）砖烟囱基础与砖筒身的划分以基础大放脚的扩大顶面为界，以上为筒身，以下为基础。

2）筒身与烟道

烟囱筒身多采用圆锥形，外表面倾斜度为 2%~3%，筒身下部底座高 3~8 m，呈圆柱形。筒身按高度划分成若干段，每段为 10 m 左右，由下而上逐段减薄。筒身内部砌有支承内衬的牛腿（挑砖），其上砌筑内衬材料。

烟道是连接炉体与烟囱的过烟通道，它以炉体外第一道闸门与炉体分界，从第一道闸门至烟囱筒身外皮为烟道范围。烟道由拱顶、砖侧墙和基础垫层组成。烟道中的钢筋混凝土构件，应按钢筋混凝土分部相应定额计算。

当筒体内温度大于 100 ℃时，筒身因内、外温差而产生拉应力。为了抵消拉应力，应在筒外设紧箍圈，间距 0.5~1.5 m。

（1）砖烟囱筒身原浆勾缝和烟囱帽抹灰，已包括在定额内，不另计算。如设计加浆勾缝者，可按计价定额 14.1.6 砖石墙面勾缝项目计算，原浆勾缝的工、料不予扣除。

（2）砖烟囱的钢筋混凝土圈梁和过梁，按实体积计算，套用其他章节的相应项目执行。

（3）烟囱的钢筋混凝土集灰斗（包括分隔墙、水平隔墙、柱、梁等）应按其他章节相应项目计算。

（4）砖烟囱、烟道及砖内衬，设计采用加工楔形砖时，其加工楔形砖的数量应按施工组织设计数量，另列项目按楔形砖加工相应定额计算。

（5）砖烟囱砌体内采用钢筋加固者，应根据设计质量按第 4 章"砌体、板缝内加固钢筋"定额计算。

3）内衬及隔热层

为了保护筒身、烟道，一般在其内部应设置内衬及隔热层。内衬材料常用普通黏土砖、耐火砖、耐酸砖。隔热材料用高炉煤水渣、渣棉、膨胀蛭石等。内衬与筒壁之间的隔热层厚度应为 80~200 mm。内衬沿高度 1.5~2.5 m 向筒壁挑出一圈防沉带，以阻止隔热层下沉。防沉带与筒壁间应有 10 mm 缝隙。

黏土砖和耐火砖通常采用混合砂浆 M5.0 和 M7.5 砌筑。耐酸砖则使用耐酸沥青石英粉砌筑砂浆。

4）烟道附属设施

烟道附属设施包括爬梯、信号灯平台和避雷装置。

2. 砖水塔

（1）砖水塔包括基础、塔身（支筒）、水箱等三大部分。

（2）砖水塔塔身与基础以扩大部分顶面为分界。基础部分套用相应基础定额。

（3）与塔顶、槽底（或斜壁）相连的圈梁之间的直壁为水槽内、外壁；设保温水槽的外保护壁为外壁；直接承受水侧压力的水槽壁为内壁。非保温水箱的水槽壁按内壁计算。

7.5.7　构筑物工程工程量计算规则

1. 砖烟囱

（1）砖烟囱基础：按设计图示尺寸以体积计算。

（2）烟囱筒身：不分方形、圆形均以体积计算，应扣除孔洞及钢筋混凝土过梁、圈梁所占体积。筒身体积应以筒壁平均中心线长度乘厚度乘高度。圆筒壁周长不同时，可按下式分段计算：

$$V = \sum HC\pi D$$

式中，V——筒身体积；

　　　H——每段筒身垂直高度；

　　　C——每段筒壁砖厚度；

　　　D——每段筒壁中心线的平均直径。

（3）烟囱内衬：按不同种类烟囱内衬，以实体积计算，并扣除各种孔洞所占的体积。

（4）填料按烟囱筒身与内衬之间的体积计算，扣除各种孔洞所占的体积，但不扣除连接横砖（防沉带）的体积。填料所需的人工已包括在砌内衬定额内。

为了内衬的稳定及防止隔热材料下沉，内衬伸入筒身的连接横砖，已包括在内衬定额内，不另计算。

为防止酸性凝液渗入内衬与混凝土筒身间，而在内衬上抹水泥排水坡的，其工料已包括在定额内，不另计算。

2. 砖水塔

（1）基础：各种基础均以实体积计算（包括基础底板和筒座）。

（2）塔身：计算规则包括以下两点。

①砖砌塔身不分厚度、直径均以图示实砌体积计算，扣除门窗洞口和钢筋混凝土构件所占体积，砖平拱（碹）、砖出檐并入塔身体积内。砖碹胎板工、料已包括在定额内，不另计算。

②砖砌塔身设置的钢筋混凝土圈梁以实体积计算，按其他章节相应项目计算。

（3）水槽内、外壁：均以图示实砌体积计算。

7.5.8　基础垫层工程有关规定

1）混凝土垫层

混凝土垫层应另行执行计价定额混凝土工程中相应子目。

2）整板基础下垫层

整板基础下垫层采用压路机碾压时，人工乘系数 0.9、垫层材料乘系数 1.15、增加光轮压路机（8 t）0.022 台班，同时扣除定额中的电动打夯机台班（已有压路机的子目除外）。

3）碎石垫层

碎石垫层如采用道碴或砾石，数量不变，价格换算。

4）碎石和砂垫层

（1）级配与定额不符，应对砂、石材料用量进行换算，其余不变。

（2）定额中材料的取定。

①灰土、砂、碎（砖）石等单一材料，定额用量按下式取定：

定额材料用量(体积)=定额单位×压实系数×(1+损耗率)

定额材料用量(质量)=定额单位×压实系数×密度×(1+损耗率)

压实系数=虚铺厚度/压实厚度

②多种材料混合垫层则用混合物的半成品数量编入定额，其压实系数如表7-35所示，以砂石为例：

定额碎石材料用量(质量)=碎石体积×压实系数×密度×(1+损耗率)

定额砂材料用量(质量)=(砂材料用量+填缝隙用砂)×(1+损耗率)

其中，砂材料用量(质量)=砂体积×压实系数×密度×(1+含水率)÷膨胀系数；

填缝隙用砂(质量)=缝隙体积×密实度×压实系数×密度×(1+含水率)÷膨胀系数。

③碎石或碎砖灌浆垫层，其砂浆或砂的用量按下式计算：

$$砂浆(砂)=(碎石比重-碎石密度×压实系数)÷碎石比重×填充密实度×$$
$$(1+损耗率)×定额计量单位$$

(3) 砂的密度按 1.46 t/m³计算，碎石的密度按 1.50 t/m³计算，碎石的比重按 2.70 t/m³计算，碎石空隙率定额取为44%，碎石的空隙用砂填，填砂的密实度定额取为90%，灌浆的密实度定额取为80%，砂的含水率定额取为5%、膨胀系数定额取为1.18。

5) 垫层材料压实系数

定额中垫层材料压实系数取定如表7-35所示。

表7-35 垫层材料压实系数取定表

名称	虚铺厚/cm	压实厚/cm	压实系数	说明
黏土	21	15	1.400	
砂			1.130	试验测定
碎(砾)石			1.080	
天然级配砂石			1.200	
碎砖			1.300	
干铺炉渣			1.200	
灰土	15~25	10~15	1.600	按地面规范
石灰炉(矿)渣	16	11	1.455	
水泥石灰、炉(矿)渣	16	11	1.455	
人工级配砂石			1.040	

【例7-31】 计算例7-17中褥垫层的综合单价(已知褥垫层采用电动夯实机夯实，砂的密度按 1.46 t/m³计算，砂的含水率取为5%、膨胀系数取为1.18；碎石的密度按 1.50 t/m³计算，碎石的比重按 2.70 t/m³计算，石子的空隙用砂填的密实度为90%，碎石损耗率为2%，砂子损耗率为3%，压实系数取1.04，其余同定额规定)。

【解】 (1) 列项目：褥垫层 (4-107)

(2) 材料耗用量计算：

石子的孔隙率为：(2.7-1.5)×100%/2.7=44.4%，取44%

①碎石消耗量：0.7×1.04×1.5×1.02=1.11 t

②黄砂用量：0.3×1.04×1.46×(1+5%)÷1.18=0.405 t

填缝隙用黄砂：0.7×44%×0.9×1.04×1.46×(1+5%)÷1.18=0.375 t

合计共用黄砂：（0.405+0.375）×（1+3%）=0.80 t

（3）综合单价计算。

褥垫层 4-107 换：198.64−49.60+1.11×62−72.52+0.80×74=204.54 元/m³

答：例 7-17 中的褥垫层综合单价为 204.54 元/m³。

7.5.9 基础垫层工程工程量计算规则

（1）基础垫层按图示尺寸以体积计算。

（2）外墙基础垫层长度按外墙中心线长度计算，内墙基础垫层长度按内墙基础垫层净长计算。

【例 7-32】 计算图 7-8 基础中垫层的工程量。

【解】 垫层断面面积 $S=0.7×0.1=0.07$ m²

垫层长度：外墙=2×（6+8）=28 m

内墙=6−2×0.35=5.3 m

垫层体积 $V=0.07×（28+5.3）=2.331$ m³

答：图 7-8 基础中垫层的工程量为 2.331 m³。

7.6 钢 筋 工 程

7.6.1 本节内容概述

本节内容包括现浇构件、预制构件、预应力构件及其他四部分。

（1）现浇构件：现浇混凝土构件普通钢筋；冷轧带肋钢筋；成型冷轧扭钢筋；钢筋笼；桩内主筋与底板钢筋焊接。

（2）预制构件：现场预制混凝土构件钢筋；加工厂预制混凝土构件钢筋；点焊钢筋网片。

（3）预应力构件：先张法、后张法钢筋；后张法钢丝束、钢绞线束钢筋。

（4）其他：砌体、板缝内加固钢筋；铁件制作；铁件安装；地脚螺栓制作；端头螺杆螺帽制作；电渣压力焊；镦粗直螺纹接头；冷压套管接头；混凝土内植拉结筋；混凝土内植结构钢筋；弯曲成型钢筋场外运输。

7.6.2 钢筋工程有关规定

1. 基本规定

（1）钢筋工程以钢筋的不同规格，不分品种地按现浇构件钢筋、现场预制构件钢筋、加工厂预制构件钢筋、预应力构件钢筋、点焊网片分别编制定额项目。

（2）钢筋工程内容包括：除锈、平直、制作、绑扎（点焊）、安装及浇灌混凝土时维护钢筋用工。

（3）钢筋搭接所耗用的电焊条、电焊机、铅丝和钢筋余头损耗已包括在定额内，设计图纸注明的钢筋接头长度及未注明的钢筋接头按规范的搭接长度应计入设计钢筋用量中。

（4）对构筑物工程，其钢筋可按表7-36所列系数调整定额中人工和机械用量。

表7-36 构筑物钢筋工程系数调整表

项目	构筑物					
系数范围	烟囱烟道	水塔水箱	贮仓		栈桥通廊	水池油池
			矩形	圆形		
人工机械调整系数	1.70	1.70	1.25	1.50	1.20	1.20

（5）钢筋制作、绑扎需拆分者，制作按45%、绑扎按55%计算。

（6）钢筋、铁件在加工厂制作时，由加工厂至现场的运输费应另列项目计算。在现场制作的不计算此项费用。

（7）铁件是指质量在50 kg以内的预埋铁件。

（8）管桩与承台连接所用的钢筋和钢板分别按钢筋笼和铁件执行（见图7-39）。

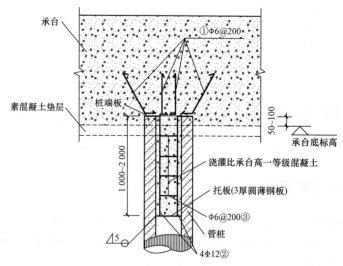

图7-39 管桩与地下室底板连接构造图

（9）非预应力钢筋不包括冷加工，设计要求冷加工时，应另行处理。预应力钢筋设计要求人工时效处理时，应另行计算。

（10）混凝土柱中埋设的钢柱，其制作、安装应按相应的钢结构制作、安装定额执行。

（11）基础中，多层钢筋的型钢支架、垫铁、撑筋、马凳等按已审定的施工组织设计合并用量计算，按金属结构的钢平台、走道制、安定额执行。现浇楼板中设置的撑筋按已审定的施工组织设计用量与现浇构件钢筋用量合并计算。

2. 现浇构件钢筋

（1）层高超过3.6 m，在8 m以内现浇构件钢筋子目人工乘系数1.03，12 m以内人工乘系数1.08，12 m以上人工乘系数1.13。

（2）成型冷轧扭钢筋是指由生产厂家制作成型的冷轧扭钢筋。

（3）刚性屋面、细石混凝土楼面中的冷拔钢丝按相应的冷轧带肋钢筋子目执行，钢筋单价换算，其他不变。

3. 预制构件钢筋

预制构件点焊钢筋网片已综合考虑了不同直径点焊在一起的因素，如点焊钢筋直径粗细比在 2 以上，则其定额工日按该构件中主筋的相应子目乘系数 1.25，其他不变（主筋指网片中最粗的钢筋）。

4. 预应力构件钢筋

1）先张法、后张法钢筋

（1）先张法预应力构件中的预应力、非预应力钢筋工程量应合并计算，按预应力钢筋定额执行（梁、大型屋面板、F 板执行 $\phi 5$ 外的定额，其余 $\phi 5$ 内定额）；后张法预应力钢筋与非预应力钢筋分别计算。

（2）后张法钢筋的锚固是按钢筋帮条焊 V 形垫块编制的，如采用其他方法锚固，则应另行计算。

2）后张法钢丝束、钢绞线束钢筋

（1）后张法预应力钢丝束、钢绞线束不分单跨、多跨及单向双向布筋，当构件长在 60 m 以内时，均按定额执行。

（2）定额中预应力筋按直径 5 mm 的碳素钢丝或直径 15～15.24 mm 的钢绞线编制的，采用其他规格时另行调整。

（3）定额按一端张拉考虑，当两端张拉时，有黏结锚具基价乘系数 1.14，无黏结锚具乘系数 1.07。使用转角器张拉的锚具定额人工和机械乘系数 1.1。

（4）当钢绞线束用于地面预制构件时，应扣除定额中张拉平台摊销费。

（5）单位工程后张法预应力钢丝束、钢绞线束平均每层结构设计用量在 3 t 以内，且设计总用量在 30 t 以内时，定额人工及机械台班有黏结张拉乘系数 1.63；无黏结张拉乘系数 1.80。

（6）本定额无黏结钢绞线束以净重计量，若以毛重（含封油包塑的质量）计量，则按净重与毛重之比 1∶1.08 进行换算。

（7）波纹管安装费已包括在相应的项目内，接头处波纹套管已在材料数量中考虑，不得另行计算。

5. 其他

（1）粗钢筋接头采用电渣压力焊、直螺纹、套管接头等接头者，应分别执行接头定额。若计算了钢筋接头，则不能再计算钢筋搭接长度。

（2）墙转角和搭接处安放钢筋及通筋（包括抗震筋），均按砌体内加固钢筋定额执行。

（3）接桩角钢套按铁件定额，人工、电焊机乘系数 0.7，其他不变。

（4）预制柱上钢牛腿按铁件定额执行。

（5）铁件安装定额中已含 1% 铁件损耗量在内，单件铁件质量大于 10 kg 时损耗量取消不计。锚入混凝土内部分定额按弯钩加焊横筋编制，如为加焊锚板仍按定额执行。

（6）地脚螺栓制作子目中未包含地脚螺栓的螺母的材料费，如使用材料费另计。

（7）植筋钻孔深度按 15d 考虑，设计不同时，植筋胶用量按下式调整：$3.14\times[(D^2-d^2)/4]\times L\times 1.1$，式中 L 为钻孔深度，D 为钻孔直径，d 为螺纹钢筋直径。机械台班含量按设计钻孔深度比例调整。

7.6.3　钢筋工程工程量计算规则

钢筋工程应区别现浇构件、预制构件、加工厂预制构件、预应力构件、点焊网片等及不同规格，分别按设计展开长度（展开长度、保护层、搭接长度应符合规范规定）乘单位理论质量计算。

编制预算时，钢筋工程量可暂按构件体积（或水平投影面积、外围面积、延长米）×钢筋含量（含钢量）计算，详见定额附录一。结算工程量计算应按设计图示、标准图集和规范要求计算，当设计图示、标准图集和规范要求不明确时按下列规则计算。

1. 现浇构件、预制构件钢筋

1）钢筋直（弯）、弯钩、圆柱、柱螺旋箍筋及其他长度的计算

（1）梁、板为简支，钢筋为带肋钢筋时，可按下列规定计算。

直钢筋（见图 7-40）净长 $=L-2C$。

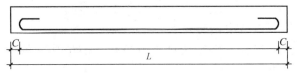

图 7-40 直钢筋

弯起钢筋（见图 7-41）净长 $=L-2C+2\times0.414H'$（当 $\theta=30°$ 时，公式内 $0.414H'$ 改为 $0.268H'$；当 $\theta=60°$ 时，公式内 $0.414H'$ 改为 $0.577H'$）。

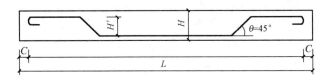

图 7-41 弯起钢筋

弯起钢筋两端带直钩（见图 7-42）净长 $=L-2C+2H''+2\times0.414H'$（当 $\theta=30°$ 时，公式内 $0.3414H'$ 改为 $0.268H'$；当 $\theta=60°$ 时，公式内 $0.414H'$ 改为 $0.577H'$）。

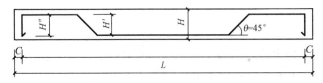

图 7-42 弯起钢筋两端带直钩

采用光圆钢筋时，除按上述计算长度外，在钢筋末端应设 180°弯钩，每只弯钩增加 $6.25d$；末端需设 90°、135°弯折时，其弯起部分长度按设计尺寸计算。

（2）箍筋末端应设 135°弯钩，弯钩平直部分的长度 e，一般不应小于箍筋直径的 5 倍；对有抗震要求的结构不应小于箍筋直径的 10 倍（见图 7-43）。

当平直部分为 $5d$ 时，箍筋长度 $L=(a-2c+2d)\times2+(b-2c+2d)\times2+14d$；

当平直部分为 $10d$ 时，箍筋长度 $L=(a-2c+2d)\times2+(b-2c+2d)\times2+24d$；

（3）弯起钢筋终弯点外应留有锚固长度，在受拉区不应小于 $20d$；在受压区不应小于 $10d$。弯起钢筋斜长按表 7-37 系数计算。

表 7-37　弯起钢筋斜长系数表

弯起角度	$\theta=30°$	$\theta=45°$	$\theta=60°$
斜边长度 s	$2h_0$	$1.414\,h_0$	$1.155\,h_0$
底边长度 l	$1.732\,h_0$	h_0	$0.577\,h_0$
斜长比底长增加	$0.268\,h_0$	$0.414\,h_0$	$0.577\,h_0$

（4）箍筋、板筋排列根数 $=\dfrac{L-100\text{ mm}}{\text{设计间距}}+1$，但在加密区的根数按设计另增。其中，$L=$ 柱、梁、板净长。柱、梁净长计算方法同混凝土，其中柱不扣板厚。板净长指主（次）梁与主（次）梁之间的净长。计算中有小数时，向上舍入（如 4.1 取 5）。

（5）圆柱、柱螺旋箍筋长度计算：$L=\sqrt{\left[\pi(D-2C+2d)\right]^2+h^2}\times n$。其中，$D=$ 圆桩、柱直径，$C=$ 主筋保护层厚度，$d=$ 箍筋直径，$h=$ 箍筋间距，$n=$ 箍筋道数 = 柱、桩中箍筋配置长度 $\div h+1$。

【例 7-33】　某工程采用钻孔灌注桩，成孔孔径 $D=500$ mm，钢筋笼如图 7-44 所示，其中 $L=28$ m，$L_1=6$ m，$L_2=12$ m，$L_3=8$ m，加密区螺旋钢筋 $\phi8@100$，非加密区螺旋钢筋 $\phi8@200$，焊接加劲箍采用 1 根 16 mm 的 HRB400 钢间距 2 000 mm，主筋采用直径为 16 mm 的 HRB400 钢，主筋定尺长度为 8 m，接头采用冷压套筒接头，箍筋采用双面焊焊接接头，接头长度 5d，桩头预留钢筋长度为 35d，求该灌注桩钢筋工程部分的工程量、综合单价和合价。

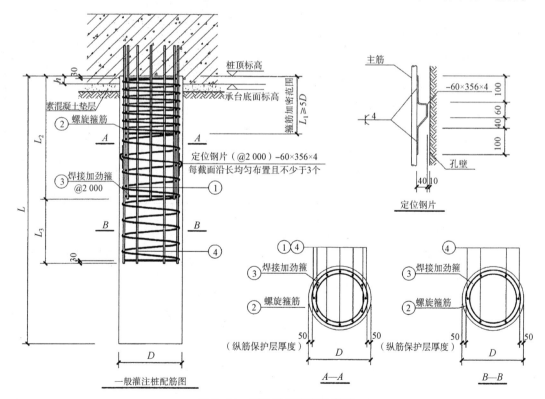

图 7-44　灌注桩钢筋笼示意图

【解】　（1）列项目：钢筋笼（5-6）、冷压套筒接头（5-37）、铁件制作（5-27）、铁件安装（5-28）

（2）计算工程量，钢筋工程量如表7-38所示。

表7-38　钢筋工程量

序号	钢筋型号	线密度/(kg·m⁻¹)	长度/m	数量	总质量/kg
1	φ16	1.578	$12+8+35\times0.016=20.56$	6	194.7
2	φ16	1.578	$12+35\times0.016=12.56$	6	118.9
3	φ8	0.395	$\sqrt{[3.14\times(0.5-2\times0.05+2\times0.008)]^2+0.1^2}=0.74$	121	35.4
4	φ8	0.395	$\sqrt{[3.14\times(0.5-2\times0.05+2\times0.008)]^2+0.2^2}=0.76$	41	12.3
5	φ8	0.395	$3.14\times(0.5-2\times0.05-2\times0.016)+5\times0.008=1.20$	11	5.2
小计					366.5

注：螺旋箍筋加密区箍筋根数=（12-0.03）÷0.1+1=120.7，取为121根；非加密区箍筋根数=（8-0.03）÷0.2=40.85，取为41根。

加劲箍箍筋根数=（12+8-2×0.03）÷2+1=10.97，取为11根。

冷压套管接头工程量：20.56÷8-1=1.57 取为2

12.56÷8-1=0.57 取为1

2×6+1×6=18个

铁件制作、安装工程量：4 mm 钢板面密度31.4 kg/m²

（20-2×0.03）÷2-1=8.97，取为9

0.06×0.356×31.4×9×3=18.1 kg

（3）套定额，计算结果如表7-39所示。

表7-39　计算结果

序号	定额编号	项目名称	计量单位	工程量	综合单价/元	合价/元
1	5-6	钢筋笼	t	0.367	5 432.56	1 993.75
2	5-37	冷压套筒接头	每10个接头	1.8	120.17	216.31
3	5-27	铁件制作	t	0.018	9 192.70	165.47
4	5-28	铁件安装	t	0.018	3 463.13	62.34
合计						2 437.87

答：该灌注桩钢筋工程部分的合价为2 437.87元。

（6）其他：有设计者按设计要求，当设计无具体要求时，按图7-45规定计算。

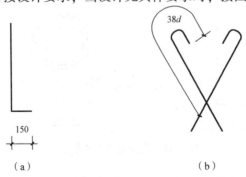

图7-45　柱底插筋与斜筋挑钩

（a）柱底插筋；（b）斜盘挑钩

2）搭接长度

计算钢筋工程量时，搭接长度按规范规定计算。当梁、板（包括整板基础）φ8 以上的钢筋未设计搭接位置时，预算书暂按每 9 m 一个双面电焊接头考虑，结算时应按钢筋实际定尺长度调整搭接个数，搭接方式按已审定的施工组织设计确定。

3）灌注桩、方桩

桩顶部破碎混凝土后主筋与底板钢筋焊接分别分为灌注桩、方桩（离心管桩、空心方桩按方桩），以桩的根数计算。每根桩端焊接钢筋根数不调整。

2. 预应力构件钢筋

1）先张法、后张法钢筋

预应力钢筋的工程量按质量以吨计算。质量按理论线密度乘预应力钢筋长度进行计算。预应力钢筋长度按设计图规定的预应力钢筋预留孔道长度，根据不同锚具类型分别按下列规定计算。

（1）低合金钢筋两端采用螺杆锚具时，预应力钢筋按预留孔道长度减 350 mm，螺杆另行计算。

（2）低合金钢筋一端采用墩头插片，另一端螺杆锚具时，预应力钢筋长度按预留孔道长度计算。

（3）低合金钢筋一端采用墩头插片，另一端采用帮条锚具时，预应力钢筋增加 150 mm，两端均用帮条锚具时，预应力钢筋按共增加 300 mm 计算。

（4）低合金钢筋采用后张混凝土自锚时，预应力钢筋长度按增加 350 mm 计算。

（5）低合金钢筋（钢绞线）采用 JM、XM、QM 型锚具，孔道长度不大于 20 m 时，钢筋长度按增加 1 m 计算，孔道长度大于 20 m 时，钢筋长度按增加 1.8 m 计算。

（6）碳素钢丝采用锥形锚具，孔道长度不大于 20 m 时，钢丝束长度按孔道长度增加 1 m 计算，孔道长度大于 20 m 时，钢丝束长度按增加 1.8 m 计算。

（7）碳素钢丝采用墩头锚具时，钢丝束长度按孔道长度增加 0.35 m 计算。

2）后张法钢丝束、钢绞线束钢筋

后张法预应力钢丝束、钢绞线束按设计图纸预应力筋的结构长度（即孔道长度）加操作长度之和乘钢材理论线密度计算（无黏结钢绞线封油包塑的质量不计算），其操作长度按下列规定计算。

（1）钢丝束采用墩头锚具时，不论一端张拉还是两端张拉，均不增加操作长度（即结构长度等于计算长度）。

（2）钢丝束采用锥形锚具时，一端张拉为 1.0 m，两端张拉为 1.6 m。

（3）有黏结钢绞线采用多根夹片锚具时，一端张拉为 0.9 m，两端张拉为 1.5 m。

（4）无黏结预应力钢绞线采用单根夹片锚具时，一端张拉为 0.6 m，两端张拉为 0.8 m。

（5）使用转角器（变角张拉工艺）张拉操作长度应在定额规定的结构长度及操作长度基础上另外增加操作长度；无黏结钢绞线每个张拉端增加 0.60 m，有黏结钢绞线每个张拉端增加 1.00 m。

（6）特殊张拉的预应力筋，其操作长度应按实计算。

当曲线张拉时，后张法预应力钢丝束、钢绞线计算长度可按直线长度乘下列系数确定：梁高 1.50 m 内，乘 1.015；梁高在 1.50 m 以上，乘 1.025；10 m 以内跨度的梁，当矢高 650 mm 以上时，乘 1.02。

后张法预应力钢丝束、钢绞线锚具，按设计规定所穿钢丝或钢绞线的孔数计算（每孔均包括了张拉端和固定端的锚具），波纹管按设计图以延长米计算。

3. 其他

（1）电渣压力焊、直螺纹、冷压套管挤压等接头以"个"计算。预算书中，底板、梁暂按每 9 m 一个接头的 50% 计算；柱按自然层每根钢筋 1 个接头计算。结算时应按钢筋实际接头个数计算。

（2）铁件按设计尺寸以质量计算，不扣除孔眼、切肢、切角、切边的质量。在计算不规则或多边形钢板质量时均以矩形面积计算。

（3）在加工厂制作的铁件（包括半成品铁件）、已弯曲成型钢筋的场外运输按吨计算。各种砌体内的钢筋加固分绑扎、不绑扎以质量计算。

（4）地脚螺栓制作、端头螺杆螺帽制作按设计尺寸以质量计算。地脚螺栓安装按模板工程中设备螺栓安装子目执行。

（5）植筋按设计数量以根数计算。

【例 7-34】 图 7-46 为某地上三层带地下一层现浇框架柱平法施工图的一部分，结构层高均为 3.50 m，混凝土框架设计抗震等级为三级。已知柱混凝土强度等级为 C25，整板基础厚度为 800 mm，每层的框架梁高均为 500 mm，梁保护层 25 mm，现浇板厚均为 100 mm，板保护层 20 mm。柱中纵向钢筋均采用闪光对焊接头，每层均分两批接头，柱外侧钢筋全部伸入梁内锚固。请根据 2014 计价定额有关规定，计算一根边柱 KZ2 的钢筋用量（箍筋为 HPB235 普通钢筋，其余均为 HRB335 普通螺纹钢筋；$l_a = 37d$，$l_{abE} = 38d$，$l_{aE} = 43d$，钢筋保护层 30 mm；主筋伸入整板基础距板底 100 mm 处，基础内箍筋 2 根；其余未知条件执行《16G101—1 规范》和《16G101—3 规范》）。注：长度计算时保留三位小数；质量保留两位小数。

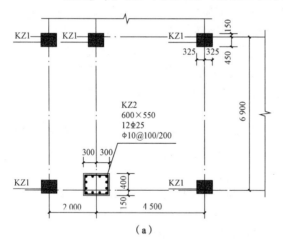

图 7-46 局部柱平法施工图与层高

（a）施工图；（b）层高

屋面	10.47	—
3	6.97	3.5
2	3.47	3.5
1	−0.03	3.5
−1	−3.53	3.5
层号	标高/mm	层高/m

分析：（1）根据图 7-47 知：

①基础高度 $> l_{aE}(l_a)$，柱插筋全部伸至基础底部弯折 max（6d，150），其中，若基础为独基、条基，且基础高度 $\geq 1\ 400$ mm，可只角筋伸至基础底部弯折，其余钢筋伸至 $l_{aE}(l_a)$ 截断。

②基础高度 $\leq l_{aE}(l_a)$，柱插筋全部伸至基础底部弯折 15d。本例中基础高度 800 mm，$l_{aE} = 43d = 43 \times 25 = 1\ 075$ mm，则插筋构造按②规定。

（2）根据图 7-48 知，3 种钢筋连接方式中只有绑扎搭接存在钢筋的接头部位重叠长度，机械连接和对焊接头都不存在接头部位的重叠长度，算工程量时可以不必研究柱钢筋的具体搭接情况（施工研究），直接按层高计算钢筋长度即可。

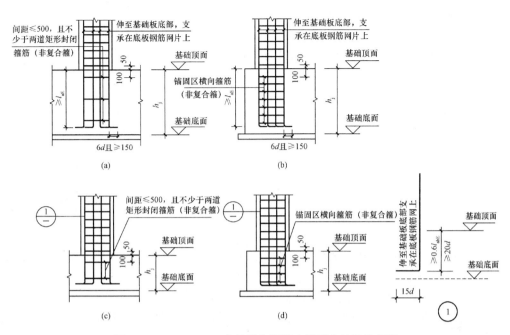

图 7-47　16G101—3 中柱纵向钢筋在基础中的构造规定

（a）保护层厚度>5d，基础高度满足直锚；（b）保护层厚度≤5d，基础高度满足直锚；
（c）保护层厚度>5d，基础高度不满足直锚；（d）保护层厚度≤5d，基础高度不满足直锚

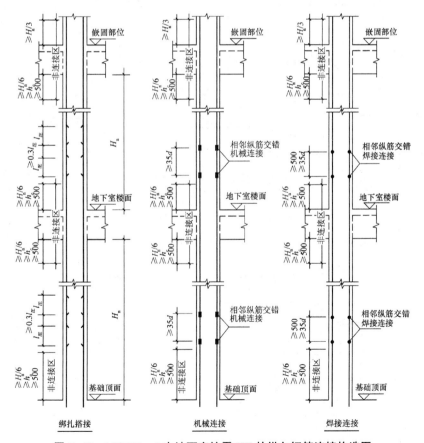

图 7-48　16G101—1 中地下室抗震 KZ 的纵向钢筋连接构造图

（3）根据图7-49知：

①直锚长度$\geqslant l_{aE}$，中柱纵筋伸至柱顶。

②直锚长度$< l_{aE}$，伸至柱顶弯折12d或伸至柱顶加锚头（锚板）。

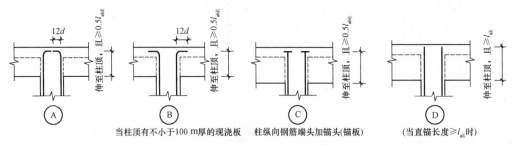

图7-49　顶层中柱柱顶钢筋构造图

（4）根据图7-50知，边柱和角柱纵向钢筋有5种节点构造，这5种节点不同之处在于柱的外侧钢筋的处理，柱的内侧钢筋的做法同中柱构造。外侧钢筋的5个节点应配合使用。

①Ⓐ节点，单独使用，或与其余②③做法配合使用。

②柱包梁：Ⓑ+Ⓓ节点和Ⓒ+Ⓓ节点，其中深入梁内的柱外侧纵筋不宜少于外侧全部纵筋面积的65%。

③梁包柱：Ⓔ节点。根据题中柱外侧钢筋全部伸入梁内锚固，故应选择Ⓑ或Ⓒ节点做法。计算柱外侧纵向钢筋配筋率为$\dfrac{3.14 \times 25^2}{600 \times 550} \times 100\% = 0.6\% < 1.2\%$，因此，外侧柱筋伸入梁中不需要分批截断。

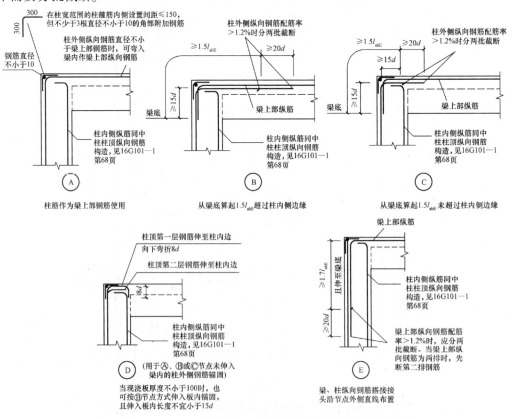

图7-50　16G101—1中抗震 KZ 边柱和角柱柱顶纵向钢筋构造图

（5）边柱与角柱内侧钢筋按图 7-49 构造，由于 $l_{aE}>400$，因此应选择弯锚做法。

（6）由于本例中柱纵筋直径为 25 mm，按图 7-50 构造，需要在角部附加钢筋。

（7）柱箍筋数量计算：基础内为题目已知，按图 7-51，$H_n=3.5-0.5=3.0$ m，max（柱长边尺寸，$H_n/6$，500）= max（600，500，500）= 600。负一层：底部加密区长度 = $H_n/3=1$ m，顶部加密区长度 = $H_梁$+max（柱长边尺寸，$H_n/6$，500）= 0.5+0.6=1.1 m，非加密区长度 = 层高-加密区长度 = 3.5-2.1=1.4 m。一～三层：底部加密区长度 = max（柱长边尺寸，$H_n/6$，500）= 0.6 m，顶部加密区长度 = $H_梁$+max（柱长边尺寸，$H_n/6$，500）= 0.5+0.6=1.1 m，非加密区长度 = 层高-加密区长度 = 3.5-1.7=1.8 m。

（8）角部附加筋在柱箍筋内侧设置，间距≤150 mm，根数 =（600-2×30）/150+1=5 根。

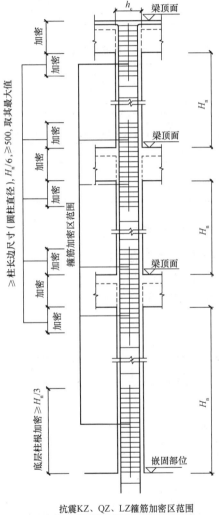

图 7-51 16G101—1 中抗震 KZ、QZ、LZ 箍筋加密区范围

【解】 表 7-39 为 KZ2 中纵筋、箍筋及附加钢筋计算表，表 7-40 为柱中箍筋根数计算表。

表 7-40 钢筋计算表

序号	规格	简图	单根长度计算式/m	单根长度/m	根数	总长度/m	线密度/(kg·m⁻¹)	质量/kg
1	25		$15d+(0.8-0.1)+(3.5\times4-0.5)+1.5l_{abE}$	16	4	64	3.85	246.4
2	25		$15d+(0.8-0.1)+(3.5\times4-0.5)+(0.5-0.025)+12d$	15.35	8	123.6	3.85	472.78
3	10		$0.3+0.3$	0.6	3	1.8	0.617	1.11
4	10		$0.6-2\times0.03$	0.54	1	0.54	0.617	0.33
5	10		$(0.55-2\times0.03+2\times0.01)\times2+(0.6-2\times0.03+2\times0.01)\times2+24\times0.01$	2.38	112	266.56	0.617	164.47

表 7-41 箍筋根数计算表

层数	标高范围/m	计算式	根数
基础	$-4.33\sim-3.53$	已知	2
负一层	$-3.53\sim-0.03$	$1/0.1+1+(0.5+0.6)/0.1+1+1.4/0.2-1$	29
一层	$-0.03\sim3.47$	$0.6/0.1+1+(0.5+0.6)/0.1+1+1.8/0.2-1$	27
二层	$3.47\sim6.97$	同一层	27
三层	$6.97\sim10.47$	同一层	27
小计			112

答： KZ2 柱中钢筋质量如表 7-40 所示。

【例 7-35】 某三类建筑工程现浇框架梁 KL1 如图 7-52 所示，混凝土 C25，弯起筋采用 45°弯起，梁保护层厚度 25 mm，$l_{abE}=38d$，$l_{aE}=43d$，其余未知条件执行《16G101—1 规范》，计算钢筋工程量、计价定额综合单价和复价。

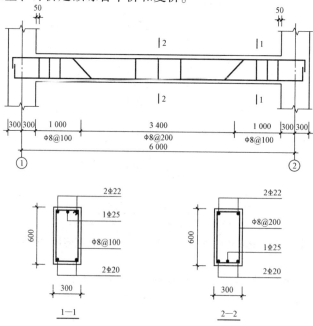

图 7-52 KL1 详图

分析：以直径 20 mm 钢筋计算，$l_{aE}=43d=860$ mm>600 mm，本例不能采用端支座直锚，应该采用端支座弯锚（见图 7-53）。

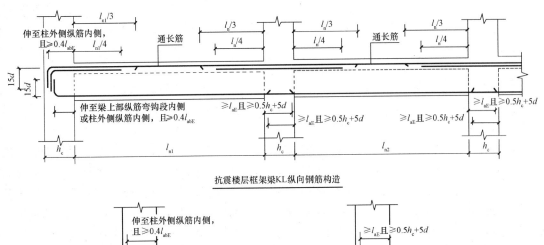

抗震楼层框架梁KL纵向钢筋构造

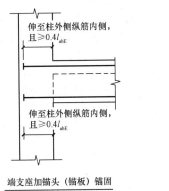

端支座加锚头（锚板）锚固

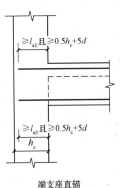

端支座直锚

图 7-53　KL1 节点详图

【解】　（1）列项目：$\phi12$ 以内现浇普通钢筋（5-1）、$\phi25$ 以内现浇普通钢筋（5-2）

（2）计算工程量，如表 7-42 所示。

表 7-42　钢筋工程量

序号	钢筋型号	线密度/(kg·m⁻¹)	长度/m	数量	总质量/kg
1	$\phi20$	2.466	$6-0.6+2\times(0.4\times38\times0.02+15\times0.02)=6.61$	2	32.6
2	$\phi25$	3.850	$6-0.6+2\times(0.4\times38\times0.025+15\times0.025)+2\times0.414\times0.55=7.37$	1	28.4
3	$\phi22$	2.984	$6-0.6+2\times(0.4\times38\times0.022+15\times0.022)=6.73$	2	40.2
小计					101
1	$\phi8$	0.395	$(0.3-2\times0.025+2\times0.008)\times2+(0.6-2\times0.025+2\times0.008)\times2+24\times0.008=1.856$	38	28
小计					28

注：加密区箍筋根数＝950÷100+1＝10.5，取为 11 根；非加密区箍筋根数＝（3 400-2×200）÷200+1＝16 根；合计 2×11+16＝38 根。

（3）套定额，计算结果如表 7-43 所示。

表 7-43　计算结果

序号	定额编号	项目名称	计量单位	工程量	综合单价/元	合价/元
1	5-1	现浇混凝土构件钢筋 φ12 以内	t	0.028	5 470.72	153.18
2	5-2	现浇混凝土构件钢筋 φ25 以内	t	0.101	4 998.87	504.89
合计						658.07

答：φ12 以内的钢筋 28 kg，φ25 以内钢筋 101 kg，合价 658.07 元。

【例 7-36】 某现浇 C25 混凝土有梁板楼板平面配筋图（见图 7-54），请根据《混凝土结构施工图平面整体表示方法制图规则和构造详图（现浇混凝土框架、剪力墙、梁、板）》（国家建筑标准设计图集 16G101—1）有关构造要求，以及本题给定条件，计算该楼面板钢筋总用量。其中板厚 100 mm，钢筋保护层厚度 15 mm，钢筋锚固长度 $l_{ab}=35d$；板底部设置双向受力筋，板支座上部非贯通纵筋原位标注值为支座中线向跨内的伸出长度；板支座上部钢筋按充分利用钢筋的抗拉强度考虑支座锚固构造；分布筋长度为轴线间距离，分布筋根数为布筋范围除以板筋间距。钢筋长度计算保留三位小数；质量保留两位小数。温度筋、马凳筋等不计。

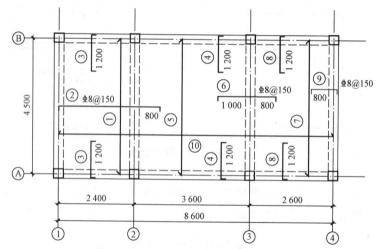

说明：1. 板底筋、负筋受力筋未注明均为⚌8@200
　　　2. 未注明梁宽均为250 mm，高600 mm
　　　3. 未注明板支座负筋分布钢筋为 φ6@200
钢筋理论线密度：φ6=0.222 kg/m，⚌8=0.395 kg/m

图 7-54　现浇板配筋详图

分析：（1）根据图 7-55，板上部钢筋向跨内伸出长度按设计标注，如本例中③号钢筋 1 200；下部钢筋应 ≥5d 且至少到梁中线（≥l_a 适用于梁板式装换层的板），5d 为 40 mm，到梁中线长度为 125 mm，故按 125 mm 长度计算。

（2）根据图 7-56，端部支座为梁适用节点 a，根据题意，板支座上部钢筋按充分利用钢筋的抗拉强度考虑支座锚固构造，故伸入支座水平段 ≥0.6l_{ab}。总长度为 0.6l_{ab}+15d = 0.6×35×8+15×8 = 288 mm。

（3）板中分布钢筋长度为同方向支座筋净距每边加 150 mm；板中抗温度、收缩应力构造钢筋长度为同方向支座筋净距每边加 l_l。本例中未分布钢筋，故每边加 150 mm。分布筋的目的是和支座筋形成比较稳固的钢筋骨架，如果有支座筋起到该作用，相应的分布筋可不做，如③号钢筋的分布筋。

（4）分布钢筋的根数=配置分布筋的长度/设计间距。

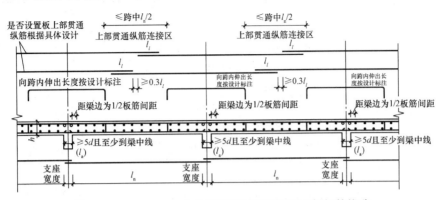

图 7-55　16G101—1 中有梁楼盖楼面板和屋面板钢筋构造

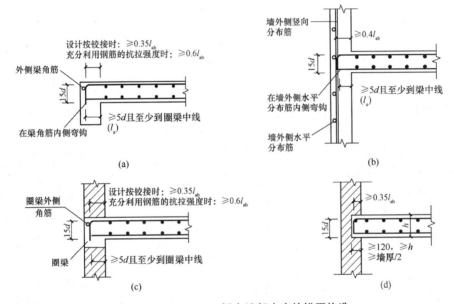

图 7-56　16G101—1 板在端部支座的锚固构造

（括号内的锚固长度 l_a 用于梁板式转换层的板）

（a）端部支座为梁；（b）端部支座为剪力墙；（c）端部支座为砌体墙的圈梁；（d）端部支座为砌体墙

【**解**】　计算工程量，如表 7-44 所示。

表 7-44　工程量计算

钢筋编号	钢筋名称	规格	单根长度计算式	单根长度/m	根数	总长度/m
1 号	底筋	8	长度：4 500 mm 根数：（2 400−125×2−10）/200+1=12	4.500	12	54.000
2 号	负筋受力筋	8	长度：2 400−125+288+800+100−15=3 448 mm 根数：（4 500−125×2−100）/150+1=29	3.448	29	99.992
	分布筋	6	长度：4 500−2×1 200+2×150=2 400 根数：（2 400−250）/200=11 根数：（800−125）/200=4	2.4	15	36.00

续表

钢筋编号	钢筋名称	规格	单根长度计算式	单根长度/m	根数	总长度/m
3号	端支座负筋	8	长度：1 200−125+288+85＝1 448 mm 根数：[（2 400−125×2−100）/200+1]×2＝24	1.448	24	34.752
	分布筋	6	用2号筋代势，不计	无		
4号	端支座负筋	8	长度：1 200−125+288+85＝1 448 mm 根数：[（3 600−125×2−100）/200+1]×2＝36	1.448	36	52.128
	分布筋	6	长度：3 600−800−1 000+2×150＝2 100 mm 根数：（1 200−125）/200×2＝6×2＝12	2 100	12	25.2
5号	底筋	8	长度：4 500 mm 根数：（3 600−125×2−100）/200+1＝22	4.500	18	81.000
6号	中间支座负筋	8	长度：1 000+800+（100−15）×2＝1 970 mm 根数：（4 500−125×2−100）/150+1＝29	1.970	29	57.130
	分布筋	6	长度：2 400 mm（同2号） 根数：（1 000−125）/200＝5 根数：（800−125）/200＝4	2.4	9	21.600
7号	底筋	8	长度：4 500 mm 根数：（2 600−125×2−100）/200+1＝13	4.500	13	58.500
8号	端支应负筋	8	长度：1 200−125+288+85＝1 448 mm 根数：[（2 600−125×2−100）/200+1]×2＝26	1.448	26	37.648
	分布筋	6	长度：2 600−2×800+2×150＝1 300 mm 根数：[（1 200−125）/200]×2＝12	1.300	12	15.600
9号	端支座负筋	8	长度：800−125+288+85＝1 048 mm 根数：（4 500−125×2−100）/150+1＝29	1.048	29	30.392
	分布筋	6	长度：2 400 mm（同2号） 根数：（800−125）/200＝4	2 400	4	9.600
10号	底筋8		长度：2 400+3 600+2 600＝8 600 mm 根数：（4 500−125×2−100）/200+1＝22	8.600	22	189.200
合并		8	54.000+99.992+34.752+52.128+81.000+57.130+ 58.500+37.648+30.392+189.200			694.742
		6	36.00+25.2+21.6+15.6+9.6			108.000

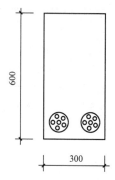

图7-57 例7-37题图

直径8 mm钢筋质量为0.395×694.742＝274.42 kg

直径6 mm钢筋质量为0.222×108.000＝23.98 kg

答：直径8 mm钢筋质量为274.42 kg，直径6 mm钢筋质量为23.98 kg。

【例7-37】 某三类建筑工程大梁断面如图7-57所示，梁长18 m，共计10根，纵向受力钢筋采用2组6×7+IWS钢绞线（直径15 mm）组成的后张法有黏结预应力钢绞线束，φ50波纹管，采用多根夹片锚具一端直线张拉方法施工，其余不计。请计算该大梁预应力钢绞线项目的工程量、计价定额综合单价及复价。

分析：该单位工程钢绞线束设计用量在 3 t 以内，按计价定额规定，子目人工及机械台班乘以系数 1.63；波纹管换算的是不同直径的波纹管的材料费。

【解】　（1）列项目：钢绞线束（5-21）、锚具（5-22）、波纹管（5-20）

（2）计算工程量：

查五金手册得：钢绞线的线密度 0.871 2 kg/m；

钢绞线：0.871 2×（18+0.9）×6×2×10＝1 976 kg

锚具：6×2×10＝120 孔

波纹管：18×2×10＝360 m

（3）套定额，计算结果如表 7-45 所示。

表 7-45　计算结果

序号	定额编号	项目名称	计量单位	工程量	综合单价/元	合价/元
1	5-21 换	后张法有粘结钢绞线束	t	1.976	13 299.59	26 279.99
2	5-22 换	后张法有粘结钢绞线锚具	10 孔	12	1 496.91	17 962.92
3	5-20 换	φ50 波纹管	10 m	36	72.15	2 597.40
合计						46 840.31

注：5-21 换：（2 654.34+439.33）×1.63×（1+25%+12%）+6 391.12＝13 299.59 元/t

5-22 换：（214.84+127.48）×1.63×（1+25%+12%）+732.48＝1 496.91 元/10 孔

答：钢绞线工程复价合计 46 840.31 元。

7.7　混凝土工程

7.7.1　本节内容概述

本节内容包括自拌混凝土构件、预拌混凝土泵送构件和预拌混凝土非泵送构件三部分。

（1）自拌混凝土构件包括：现浇构件（基础、柱、梁、墙、板、其他）；现场预制构件（桩、柱、梁、屋架、板、其他）；加工厂预制构件；构筑物 [烟囱、水塔、贮水（油）池、贮仓、钢筋混凝土支架及地沟、栈桥]。

（2）预拌混凝土泵送构件包括：泵送现浇构件（基础、柱、梁、墙、板、其他）；泵送预制构件（桩、柱、梁）；泵送构筑物 [烟囱、水塔、贮水（油）池、贮仓、钢筋混凝土支架、栈桥]。

（3）预拌混凝土非泵送构件包括：非泵送现浇构件（基础、柱、梁、墙、板、其他）；现场非泵送预制构件（桩、柱、梁、屋架、板、其他）；非泵送构筑物 [烟囱、水塔、贮水（油）池、贮仓、钢筋混凝土支架及地沟、栈桥]。

7.7.2　混凝土工程基本规定

混凝土工程基本规定如下。

（1）混凝土石子粒径取定：设计有规定的按设计规定，无设计规定按表 7-46 规定计算。

表 7-46　混凝土石子粒径取定表

石子粒径/mm	构件名称
5~16	预制板类构件、预制小型构件
5~31.5	现浇构件：矩形柱（构造柱除外）、圆柱、多边形柱（L、T、+形柱除外）、框架梁、单梁、连续梁、地下室防水混凝土墙
5~20	除以上构件外均用此粒径
5~50	基础垫层、各种基础、道路、挡土墙、地下室墙、大体积混凝土

（2）现场集中搅拌混凝土按自拌混凝土相关子目执行，其中混凝土配合比应调整为现场集中搅拌混凝土配合比执行，混凝土拌合楼的费用另行计算。

【例 7-38】　某工程采用现场集中搅拌混凝土（非泵送）浇筑无梁式条形基础，C30 混凝土，碎石粒径 31.5 mm，水泥 42.5 级，其余不计，请计算该条形基础部分综合单价。

分析：计价定额附录三为混凝土、特种混凝土配合比表，表中收录了普通混凝土 [含现浇混凝土、现场预制混凝土，现浇、现场预制掺高效减水剂高强度混凝土，现浇灌注桩混凝土（沉管桩、钻孔桩），加工厂预制混凝土]；防水混凝土；现场集中搅拌混凝土（含非泵送混凝土，泵送混凝土，泵送混凝土坍落度调整表）；特种混凝土 [含石灰炉（矿）渣（保温用）混凝土，泡沫加气混凝土] 的配合比表。

【解】　查计价定额 6-3 子目，将现浇混凝土配合比（80210144）换算成现场集中搅拌混凝土（非泵送）配合比（80213032）。

换算单价 = 373.32 - 239.68 + 1.015×270.09 = 407.79 元/m³

答：该无梁式条形基础的混凝土工程部分综合单价为 407.78 元/m³。

（3）现场预制构件，如在加工厂制作，混凝土配合比按加工厂配合比计算；加工厂构件及商品混凝土改在现场制作，混凝土配合比按现场配合比计算；其工料、机械台班不调整。

【例 7-39】　某打桩工程采用预制桩，加工厂制作，C30 混凝土，碎石粒径 31.5 mm，水泥 42.5 级，其余不计，请计算该预制桩的混凝土工程部分综合单价。

分析：由于计价定额加工厂预制构件中没有预制桩的子目，按计价定额规定，套用现场预制构件中预制桩的子目，但要将该子目中的混凝土换算成加工厂配合比的混凝土的费用。

【解】　查计价定额 6-60 子目，将现场预制配合比（80210135）换算成加工厂混凝土配合比（80212745）。

换算单价 = 448.84 - 268.95 + 1.015×258.55 = 442.32 元/m³

答：该预制桩的混凝土工程部分综合单价为 442.32 元/m³。

（4）小型混凝土构件，系指单体体积在 0.05 m³ 以内的未列出定额的构件。

（5）构筑物中混凝土、抗渗混凝土已按常用的强度等级列入基价，设计与子目取定不符时，调整综合单价。

（6）混凝土垫层厚度按 150 mm 以内为准，超过 150 mm 的，按混凝土基础相应定额执行。

7.7.3　自拌混凝土有关规定

7.7.3.1　现浇构件

1. 混凝土垫层及基础

本部分收录了混凝土垫层、条形基础（毛石混凝土、无梁式混凝土、有梁式混凝土）、桩承台（独立柱基）、高颈杯形基础、满堂基础（有梁式、无梁式）、箱形基础、设备基础（毛石混凝土块体、混凝土块体）、灌浆内容。

1）混凝土垫层

混凝土垫层是指砖、石、混凝土、钢筋混凝土等基础下的混凝土垫层。

2）条形基础

混凝土条形基础在定额中分为无梁式和有梁式（见图 7-58、图 7-59）。

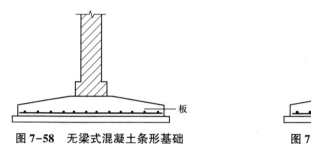

图 7-58　无梁式混凝土条形基础

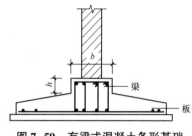

图 7-59　有梁式混凝土条形基础

无梁式混凝土条形基础：基础底板上无肋（梁）。

有梁式混凝土条形基础：混凝土基础中设置梁的配筋结构。一般有突出基面的称明梁，暗藏在基础中的称暗梁。要注意的是，暗藏在基础中的暗梁式条形基础不能套用有梁基础定额子目，而要套用无梁式基础定额子目。也就是说有梁式条形基础底板有肋，且肋部配置有纵向钢筋和箍筋。

有梁式混凝土条形基础，其基础扩大面积以上肋高与肋宽之比 $h:b \leqslant 4:1$ 的条形基础，肋的体积与基础合并计算，执行有梁式条形基础定额子目。当 $h:b>4:1$ 时，基础扩大面以上的肋的体积按钢筋混凝土墙计算，扩大面以下的按无梁式条形基础计算。

3）桩承台（独立柱基）、高颈杯形基础

采用桩基础时需要在桩顶浇筑承台作为桩基础的一个组成部分。桩基工程是在定额第 3 章中计算的，而桩承台则在混凝土工程中计算其混凝土部分的内容。

独立柱基按基础构造（几何形状）不同划分为独立基础和杯形基础（见图 7-60）。

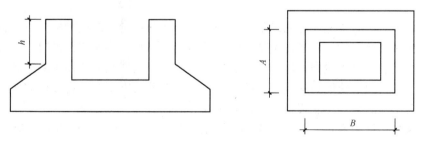

图 7-60　杯形基础

独立基础是现浇基础、现浇柱情况下采用的柱基形式，指的是基础扩大面顶面以下部分的实体，有长方体、正方体、截方锥体、梯形（踏步）体、截圆锥体及平浅柱基础等形式。

杯形基础是预制柱情况下采用的柱基形式，套用独立柱基项目。杯口外壁高度大于杯口外长边的杯形基础，套用"高颈杯形基础"项目（$B>A$，$h>B$）。

4）筏形基础（俗称满堂基础）

满堂基础（见图 7-61）按构造不同又分为无梁式和有梁式（包括反梁），仅带边肋者或仅有楼梯基础梁者，按无梁式满堂基础套用子目。

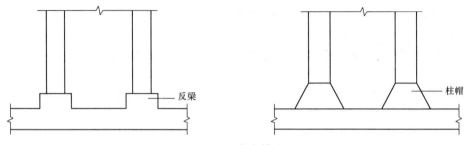

图 7-61　满堂基础

5）箱形基础

箱形基础是指上有顶盖，下有底板，中间有纵、横墙板或柱联结成整体的基础。它具有较大的强度和刚度，多用于高层建筑。

箱形基础的工程量应分解计算。底板执行满堂基础定额；顶盖板、隔板与柱分别执行板、墙与柱的定额子目。

6）设备基础

设备基础是基础工程中的一种较特殊的基础形式，是为工业与民用建筑工程中安装设备所设计的基础。对于一般无强烈振动的设备，当受力均匀、体积较大时，常做成无筋或毛石混凝土块体基础。受力不均、振动强烈的设备基础，则常做成钢筋混凝土或框架式基础。

设备基础的几何形状，大部分以块体形式表现，其组成有混凝土主体，沟、孔、槽及地脚螺栓。计价定额中的设备基础指的是块体形式的设备基础。

框架式的设备基础则由多种结构构件组成，如基础、柱、梁、板或者墙。使用定额时分别套用基础、柱、梁、板或者墙的相关子目。

7）灌浆

灌浆包括一次灌浆和二次灌浆。一次灌浆：机械经过初找平、找正合格后，对地脚螺栓预留孔的灌浆。二次灌浆：机械经过按规定找平、找正合格后，对机械的基础与底座平面之间的灌浆。

一次灌浆和二次灌浆是针对动设备安装来说的，因为动设备的地脚螺栓不是像静设备那样直接固定在基础之中的，而是在做基础时事先留有预留孔，待安装设备时，设备根据中心线安装好位置之后，放进地脚螺栓进行固定的。所以，一次灌浆就是使用灌浆料把预留孔与地脚螺栓浇筑在一起，使地脚螺栓固定的过程，而二次灌浆则是在地脚螺栓固定，动设备精找正后，进行垫铁灌浆，使灌浆料与垫铁固定在一起的过程。

一般建筑物构件中毛石混凝土的毛石掺量按 15% 计算，构筑物中毛石混凝土的毛石掺量是按 20% 计算的，当设计要求不同时，可按比例换算毛石、混凝土数量。

【例 7-40】　某三类建筑工程设计采用毛石混凝土基础，规定其中毛石掺量为 20%，其余不计，请计算该毛石混凝土的综合单价。

【解】　查计价定额 6-2 子目，对毛石、混凝土数量按比例换算。

$$换算单价 = 344.64 - 22.45 + \frac{20}{15} \times 0.449 \times 50.00 - 203.79 + \frac{80}{85} \times 0.863 \times 236.14 = 340.13 \text{ 元/m}^3$$

答：该毛石混凝土的综合单价为 340.13 元/m³。

2. 柱、梁、墙、板

（1）现浇钢筋混凝土柱按其形状、用途和特点不同，分为矩形柱、圆形（多边形）柱、异形柱（L、T、+形柱）和构造柱，劲性混凝土柱按矩形柱定额执行。

（2）现浇柱、墙子目中，均已按规范规定综合考虑了底部铺垫 1∶2 水泥砂浆的用量。

（3）室内净高超过 8 m 的现浇柱、梁、墙、板（各种板）的人工工日分别乘系数：净高在 12 m 以内取 1.18；净高在 18 m 以内取 1.25。

（4）L、T、+形柱的两边之和超过 2 000 mm，按直形墙相应子目执行。

（5）现浇钢筋混凝土梁按其形状、用途和特点不同，可分为基础梁（地坑支撑梁）、单梁（框架梁、连续梁）、异形梁（挑梁）、圈梁、过梁和拱形梁。有梁板不套用梁的子目，而是将梁板体积加在一起套用板中的有梁板的子目。

（6）弧形梁按相应的直形梁子目执行（不换算）；大于 10° 的斜梁按相应子目人工乘系数 1.10，其余不变。

（7）现浇挑梁按挑梁计算，其压入墙身部分按圈梁计算；挑梁与单、框架梁连接时，其挑梁应并入相应梁内计算。

（8）锚固带、花篮梁二次浇捣部分执行圈梁子目。

（9）依附于梁、板、墙（包括阳台梁、圈过梁、挑檐板、混凝土栏板、混凝土墙外侧）上的混凝土线条（包括弧形线条）按小型构件定额执行（梁、板、墙宽算至线条内侧）。

（10）现浇混凝土墙按其形状、用途和特点不同，可分为挡土墙和地下室墙（毛石混凝土、混凝土）、地面以上直（圆）形墙（墙厚 200 mm 以内、200 mm 以外）、后浇墙带、电梯井壁、大钢模板墙、滑模板墙。

（11）当地下室墙或挡土墙仅一面有模板时，混凝土含量可调增。有后浇墙带时，后浇部分另执行后浇墙带子目。

（12）现浇混凝土板按其形状、用途和特点不同，可分为有梁板、无梁板、平板、拱板、后浇板带、空心楼板、现浇空心楼板内筒芯高强薄壁管（直径 200 mm 以内、500 mm 以内、700 mm 以内、1 000 mm 以内）、现浇空心楼板内筒芯无机阻燃型箱体（箱体高度 200 mm 以内、300 mm 以内、300 mm 以外）。

（13）有梁板又称肋形楼板，是由一个方向或两个方向的梁与板连成一体的板构成的。厨房间、卫生间墙下设计有素混凝土防水坎时，将板与防水坎合并执行有梁板定额。有后浇板带时，后浇板带（包括主、次梁）另按后浇墙、板带定额执行。

（14）无梁楼板是将楼板直接支承在墙、柱上。为增加柱的支承面积和减小板的跨度，在柱顶上加柱帽和托板，柱子一般按正方格布置。

（15）砖混结构中圈梁上的板、预制板缝宽度在 100 mm 以上的现浇板缝按平板计算。

（16）有梁板、平板为斜板，其坡度大于 10° 时，人工乘系数 1.03，大于 45° 则另行处理；阶梯教室、体育看台底板为斜板时按有梁板子目执行，底板为锯齿形时按有梁板人工乘系数 1.10 执行。

（17）现浇空心楼板内筒芯高强薄壁管子目中已包含管子安装费，接头处套管已在材料数量中考虑，不得另行计算。铺设的管子如品种不同，价格可换算，数量不变。

3. 其他

本部分收录了楼梯（直形、圆弧形），水平挑檐（板式雨篷），复式雨篷，阳台，楼梯、雨篷、阳台、台阶混凝土含量每增减，地沟，栏板，扶手、下嵌轴线柱，门框，柱接柱及框架柱接头，天、檐沟竖向挑板，压顶，小型构件的内容。

（1）计价定额中楼梯设置了直形和圆弧形楼梯（包括圆形楼梯和弧形楼梯）两个子目。直形楼梯包括休息平台、平台梁、斜梁及楼梯梁。圆弧形楼梯包括圆弧形楼段、圆弧形边梁及与楼板连接的平台。

（2）雨篷。

①雨篷在计价定额中设置了板式雨篷和复式雨篷两个子目。雨篷3个檐边往上翻的为复式雨篷，仅为平板的为板式雨篷。

②雨篷挑出超过1.5 m，柱式雨篷，不执行雨篷子目，另按相应有梁板和柱子目执行。

③飘窗的上下挑板按板式雨篷子目执行。

④现浇挑檐、天沟与板（包括屋面板、楼板）连接时，以外墙面为分界线，与圈梁（包括其他梁）连接时，以梁外边线为分界线。外墙边线以外或梁外边线以外为挑檐、天沟。底板按板式雨篷子目执行，侧板按天、檐沟竖向挑板子目执行。

（3）阳台。

①阳台按与外墙面的关系不同可分为挑阳台、凹阳台；按其在建筑中所处的位置不同可分为中间阳台和转角阳台。对于伸出墙外的牛腿、檐口梁，已包括在定额项目内，不得另行计算其工程量，但嵌入墙内的梁应单独计算工程量。

②阳台挑出超过1.80 m，不执行阳台子目，另按相应有梁板子目执行。

③阳台子目中没有包含栏板的内容，栏板需要另套子目计算。

（4）楼梯、雨篷、阳台、台阶的工程量均按面积计算。这与混凝土按体积计算的思路不符，故计价定额规定楼梯、雨篷、阳台设计混凝土用量与定额不符的，需要按设计用量加1.5%损耗套用相应子目对楼梯、雨篷、阳台的混凝土含量进行调整。

（5）现浇扶手、下嵌、轴线柱子目中的现浇扶手、下嵌、轴线柱混凝土含量各占1/3。下嵌、扶手之间的栏杆芯，另按有关分部相应制作子目执行。设计木扶手的子目中混凝土扶手应扣除，另增加木扶手。

（6）盥洗槽，小便槽挡板等按小型构件定额执行。

（7）台阶与平台的分界线以最上层台阶的外口减300 mm宽度为准，台阶宽以外部分并入地面工程量计算。台阶的设计混凝土用量超过定额含量时，按设计用量加1.5%损耗进行调整。

7.7.3.2 现场预制构件有关规定

1. 桩、柱

本部分收录了方桩、矩形柱（每一构件3 m³以内、3 m³以外）、Ⅰ形柱、双肢柱（空格柱）的内容。

（1）现场预制板桩的按现场预制方桩子目套用，人工乘系数1.2，其余不变。

（2）现场预制围墙柱按现场预制相应矩形柱，人工乘系数1.4，其余不变。

（3）预制柱上有钢牛腿，其钢牛腿按铁件制作、安装按钢墙架安装子目执行。

2. 梁

本部分收录了矩形梁（托架梁）、拱形梁（异形梁）、过梁、吊车梁（T形、鱼腹式）、风道梁的内容。

弧形梁按相应梁定额执行。

3. 屋架

本部分收录了拱（梯）形屋架、组合屋架、薄腹屋架、三角形屋架、锯齿形屋架和门式钢架的内容。

4. 板

本部分收录了平板（隔断板）、槽形板、楼梯段、天窗端壁板的内容。

5. 其他

本部分收录了天窗架、支撑腹杆（天窗上下档）、漏空花格窗（花格芯）、栏杆芯和小型构件的内容。

7.7.3.3　加工厂预制构件有关规定

本部分收录了矩形梁、异形梁、T 形吊车梁、过梁、围墙柱、天窗架、F 形板、平板、圆孔板、槽形板、大型屋面板、大墙板、大型多孔墙板、檐沟、天沟、天窗侧板、网架板、天窗端壁板、沟盖板、矩形檩条、支撑腹杆（天窗上、下档）、烟道（通风道）、楼梯段、楼梯（斜梁、踏步板）、漏空花格窗（花格芯）、栏杆芯、小型构件的内容。

（1）加工厂预制构件其他材料费中已综合考虑了掺入早强剂的费用，现浇构件和现场预制构件未考虑使用早强剂费用，设计需使用时，可以另行计算早强剂增加费用。

（2）加工厂预制构件采用蒸汽养护时，立窑、养护池养护费用另行计算。

（3）花格窗、芯为水泥砂浆者，其混凝土单价应调整成水泥砂浆单价，其余不变。

7.7.3.4　构筑物的有关规定

（1）烟囱：本部分收录了毛石混凝土基础、混凝土基础、钢筋混凝土基础、钢筋混凝土筒身（高度 60 m 以内、80 m 以内、100 m 以内、120 m 以内、150 m 以内、180 m 以内、210 m 以内）的内容。

（2）水塔：本部分收录了方形（钢模）钢筋混凝土基础、圆形（木模）钢筋混凝土基础、筒式塔身、柱式塔身、钢筋混凝土水塔（塔顶及槽底、钢筋混凝土圈梁及压顶、水槽内壁、水槽外壁、回廊平台）、倒锥壳水塔筒身滑模混凝土（高度 20 m 以内、25 m 以内、30 m 以内）、倒锥壳水塔水箱制作（容积在 200 m³ 以内、300 m³ 以内、400 m³、500 m³ 以内）、倒锥壳水塔环梁浇制的内容。

钢筋混凝土水塔、砖水塔基础采用毛石混凝土、混凝土基础按烟囱相应项目执行。

（3）贮水（油）池：本部分收录了混凝土池底（平底、锥形底）、钢筋混凝土池底（平底、锥形底）、钢筋混凝土圆形池壁（壁厚 15 cm 以内、25 cm 以内、30 cm 以内）、钢筋混凝土矩形池壁（壁厚 15 cm 以内、25 cm 以内、30 cm 以内）、钢筋混凝土池盖（无梁盖、肋形盖、球形盖）、无梁盖池柱、沉淀池水槽、壁基梁的内容。

①钢筋混凝土贮水（油）池的壁高在地面以上超过 3.6 m，钢筋混凝土池壁、无梁盖池柱子目每立方米混凝土增加人工 0.18 工日。

②无梁盖柱包括柱帽及柱座。

③沉淀池基础按水塔基础相应定额执行，水槽不包括相连接的矩形梁，矩形梁按钢筋混凝土分部矩形梁定额执行。

④壁基梁是指池壁与坡底或锥形底上相衔接的池壁基础梁。

（4）贮仓：本部分包括矩形仓立壁（壁厚 20 cm 以内、30 cm 以内）、矩形仓漏斗（壁厚 15 cm 以内、壁厚 25 cm 以内）、圆形仓底板、圆形仓顶板、圆形仓筒壁 30 m 以内（内滑升模板，内径 8 m 以内、10 m 以内、12 m 以内、16 m 以内）的内容。

①贮仓基础执行混凝土现浇构件相关子目。

②贮仓圆形立壁按贮水（油）池圆形壁相应子目执行。

（5）钢筋混凝土支架及地沟：本部分包括捣制支架（柱、梁，柱、梁带操作台），预制支架（框架型，Ⅰ、T、Ⅱ、Y型），混凝土、钢筋混凝土地沟（底、壁、顶）的内容。

①现浇支架不分形状均执行捣制支架子目。支架操作台上的栏杆、扶梯应另按第7章相应子目计算。

②钢筋混凝土烟道按地沟相应定额执行。

③构筑物中的混凝土、钢筋混凝土地沟是指建筑物室外的地沟，室内钢筋混凝土地沟按现浇构件相应项目执行。

（6）栈桥：本部分包括栈桥高度在12 m以内（柱、连系梁，有梁板）、栈桥高度在20 m以内（柱、连系梁，有梁板）、高度超过20 m每增加2 m的内容。

增加高度不足2 m按2 m计算（仅指柱、连系梁体积）。

7.7.4 预拌混凝土构件有关规定

7.7.4.1 泵送混凝土构件

泵送混凝土定额中已综合考虑了输送泵车台班、布拆管及清洗人工、甬管摊销费、冲洗费。当输送高度超过30 m时，输送泵车台班（含30 m以内）乘1.10；输送高度超过50 m时，输送泵车台班（含50 m以内）乘1.25；输送高度超过100 m时，输送泵车台班（含100 m以内）乘1.35；输送高度超过150 m时，输送泵车台班（含150 m以内）乘1.45；输送高度超过200 m时，输送泵车台班（含200 m以内）乘1.55.

（1）泵送现浇构件与自拌混凝土现浇构件子目内容基本相同，取消了自拌构件中的二次灌浆、现浇空心楼板内筒芯高强薄壁管（直径200 mm以内、500 mm以内、700 mm以内、1 000 mm以内）、现浇空心楼板内筒芯无机阻燃型箱体（箱体高度200 mm以内、300 mm以内、300 mm以外）和台阶的内容。

（2）泵送预制构件与自拌混凝土现场预制构件子目及规定基本相同，取消了屋架、板、其他部分的内容

（3）泵送构筑物与自拌混凝土构筑物构件子目基本相同，取消了钢筋混凝土地沟（底、壁、顶）的内容。

7.7.4.2 非泵送混凝土构件

（1）非泵送现浇构件与自拌混凝土现浇构件子目内容基本相同，取消了自拌构件中的二次灌浆、现浇空心楼板内筒芯高强薄壁管（直径200 mm以内、500 mm以内、700 mm以内、1 000 mm以内）、现浇空心楼板内筒芯无机阻燃型箱体（箱体高度200 mm以内、300 mm以内、300 mm以外）和台阶的内容。

（2）其余子目内容以及规定同自拌混凝土相关构件。

7.7.5 混凝土工程工程量计算规则

混凝土工程工程量计算与自拌混凝土构件、商品混凝土泵送构件和商品混凝土非泵送构件无关，而是根据现浇、预制还是构筑物采用不同的计算方法。

7.7.5.1 现浇混凝土构件

混凝土工程量除另有规定者外，均按图示尺寸以体积计算。不扣除构件内钢筋、支架、螺栓孔、螺栓、预埋铁件及墙、板中0.3 m² 内的孔洞所占体积。留洞所增加工、料不再另增费用。

1. 混凝土基础垫层

（1）按图示尺寸以体积计算，不扣除伸入承台基础的桩头所占体积。

（2）外墙基础垫层长度按外墙中心线长度计算，内墙基础垫层长度按内墙基础垫层净长计算。

2. 基础

1）钢筋混凝土条形基础

钢筋混凝土条形基础的工程量根据图示尺寸以体积计算。即：

$$条形基础体积 = 基础断面积 \times 基础长度$$

基础长度：外墙下条形基础按外墙中心线长度，内墙下条形基础按基底、有斜坡的按斜坡间的中心线长度、有梁部分按梁净长计算，独立柱基间条形基础按基底净长计算。

2）独立柱基、桩承台

独立柱基、桩承台的工程量按图示尺寸以体积计算至基础扩大顶面。

杯形基础的混凝土工程量也是按图示尺寸以体积计算（扣除杯槽体积）。

【例 7-41】　用计价定额计算图 7-7 所示基础（垫层混凝土 C10，基础混凝土 C20，现场自拌、三类工程）的工程量、综合单价和复价。

分析：混凝土垫层厚度按 150 mm 以内为准，超过 150 mm 的，按混凝土基础相应定额执行。本例中条形基础下混凝土厚度为 200 mm，应按混凝土基础计算。

【解】　（1）列项目：混凝土垫层（6-1）、无梁式混凝土条形基础（6-3）、独立柱基（6-8）

（2）计算工程量：

①垫层工程量：

J-1 工程量 $V_1 = 1.8 \times 1.8 \times 0.1 \times 4 = 1.296$ m³

J-2 工程量 $V_2 = 2.3 \times 2.3 \times 0.1 \times 2 = 1.058$ m³

垫层工程量 $V_{垫层} = 1.296 + 1.058 = 2.354$ m³

②条形基础工程量：

$V_{条基} = 0.7 \times 0.2 \times [(4-0.8-1.05) \times 4 + (6-2 \times 0.88) \times 2 + (6-2 \times 1.13)] = 2.92$ m³

③独立柱基：

J-1：$4 \times \{1.6 \times 1.6 \times 0.32 + 0.28 \div 6 \times [0.4 \times 0.5 + 1.6 \times 1.6 + (1.6+0.4) \times (1.6+0.5)]\} = 4.576$ m³

J-2：$2 \times \{2.1 \times 2.1 \times 0.32 + 0.28 \div 6 \times [0.4 \times 0.5 + 2.1 \times 2.1 + (2.1+0.4) \times (2.1+0.5)]\} = 3.859$ m³

小计：4.576+3.859 = 8.44 m³

（3）套定额，计算结果如表 7-47 所示。

表 7-47　计算结果

序号	定额编号	项目名称	计量单位	工程量	综合单价/元	合价/元
1	6-1	混凝土垫层	m³	2.354	385.69	907.91
2	6-3	C20 无梁式混凝土条形基础	m³	2.92	373.32	1 090.09
3	6-8	C20 独立柱基	m³	8.44	371.51	3 135.54
合计						5 133.54

答：图7-7所示混凝土垫层及基础的总价为5 133.54元。

3）满堂基础

无梁式满堂基础体积=（底板面积×板厚）+柱帽总体积。其中柱帽总体积=柱帽个数×单个柱帽体积。

有梁式满堂基础的体积=基础底板面积×板厚+梁截面面积×梁长。

梁和柱的分界：柱高应从柱基上表面计算，即从梁的上表面计算，不能从底板的上表面计算。

4）箱形基础

箱形基础的工程量应分解计算。其各个分解子目的工程量均按图示尺寸以体积计算。

5）设备基础

设备基础的工程量按图示尺寸以体积计算。

6）二次灌浆

二次灌浆的工程量按灌浆实际体积计算。

3. 柱

（1）现浇柱的混凝土工程量，均按实际体积计算。依附于柱上的牛腿和升板的柱帽，按图示尺寸计算后并入柱的体积内，但依附于柱上的是悬臂梁，则以柱的侧面为界，界线以外部分，悬臂梁的体积按实际计算后执行梁的定额子目。

（2）现浇混凝土劲性柱按体积计算，型钢所占混凝土体积应扣除。

（3）柱的工程量按以下公式计算：柱的体积=柱的断面面积×柱高。

（4）计算钢筋混凝土现浇柱高时，应按照以下4种情况正确确定：

①有梁板的柱高，应自柱基上表面（或楼板上表面）至上一层楼板上表面之间的高度计算，不扣除板厚；

②无梁板的柱高，自柱基上表面（或楼板上表面）至柱帽下表面的高度计算；

③有预制板的框架柱柱高自柱基上表面至柱顶高度计算；

④构造柱按全高计算，与砖墙嵌接部分的混凝土体积并入柱身体积内计算。

4. 梁

（1）各类梁的工程量均按图示尺寸以体积计算。

（2）梁的工程量按以下公式计算：梁体积=梁长×梁断面面积。

（3）计算钢筋混凝土现浇梁长时，应按照以下两种情况正确确定：

①梁与柱连接时，梁长算至柱侧面；

②主梁与次梁连接时，次梁长算至主梁侧面；伸入砖墙内的梁头、梁垫体积并入梁体积内计算。

（4）圈梁、过梁应分别计算，过梁长度按图示尺寸，图纸无明确表示时，按门窗洞口外围宽另加500 mm计算。平板与砖墙上混凝土圈梁相交时，圈梁高应算至板底面。

5. 板

（1）按图示面积乘板厚以体积计算（梁板交接处不得重复计算），不扣除单个面积0.3 m²以内的柱、垛及孔洞所占体积，应扣除构件中压型钢板所占体积。各类板伸入墙内的板头并入板体积内计算。

（2）有梁板按梁（包括主、次梁）、板体积之和计算，有后浇板带时，后浇板带（包括主、次梁）应扣除。厨房间、卫生间墙下设计有素混凝土防水坎时，工程量应并入板内。

（3）无梁板按板和柱帽之和计算。

（4）平板按实体积计算。

（5）空调板、天沟底板、飘窗上下挑板按板式雨篷以板底水平投影面积计算，侧板按天、檐沟竖向挑板以体积计算。

（6）后浇墙、板带（包括主、次梁）按设计图示尺寸以体积计算。

（7）现浇混凝土空心楼板按图示面积乘以板厚以体积计算，其中空心管、箱体及空心部分体积扣除。

（8）现浇混凝土空心楼板内筒芯按设计图示中心线长度计算；无机阻燃型箱体按设计图示数量计算。

6. 墙

（1）外墙按图示中心线（内墙按净长）乘墙高、墙厚以体积计算，应扣除门、窗洞口及 0.3 m² 外的孔洞体积。单面墙垛其突出部分并入墙体体积内计算，双面墙垛（包括墙）按柱计算。弧形墙按弧线长度乘墙高、墙厚计算，地下室墙有后浇墙带时，后浇墙带应扣除。梯形断面墙按上口与下口的平均宽度计算。

（2）墙高的确定：

①墙与梁平行重叠，墙高算至梁顶面；当设计梁宽超过墙宽时，梁、墙分别按相应定额计算；

②墙与板相交，墙高算至板底面；

③屋面混凝土女儿墙按直（圆）形墙以体积计算。

【例 7-42】 某三类建筑的全现浇框架主体结构工程如图 7-62 所示，采用组合钢模板，图中轴线为柱中，现浇 C30 商品混凝土泵送，板厚 100 mm，用计价定额计算柱、梁、板的混凝土工程量及综合单价和复价。

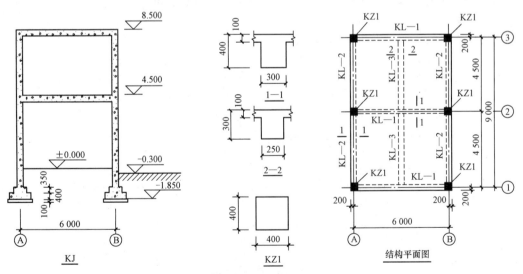

图 7-62 现浇框架图

分析：混凝土工程首先要区分是自拌、预拌泵送还是预拌非泵送，本例为预拌泵送；然后分构件考虑，本例设计构件为柱、梁、板，根据定额规定，柱分矩形、圆形和异形，有梁板是将梁板放在一起套定额，故而分为矩形柱和有梁板两类构件；室内净高超过 8 m 的现浇柱、梁、墙、板（各种板）的人工工日分别乘系数：净高在 12 m 以内 1.18；净高在 18 m

以内 1.25。本例中净高一层 4.5+0.3-0.1=4.7 m，二层 8.5-4.5-0.1=3.9 m，都在 8 m 范围内，故而将两次工程量合并套定额。

【解】 （1）列项目：现浇商品混凝土矩形柱（6-190）、现浇商品混凝土有梁板（6-207）

（2）计算工程量：

现浇矩形柱：6×0.4×0.4×(8.5+1.85-0.4-0.35)=9.22 m³

现浇有梁板：KL—1：3×0.3×(0.4-0.1)×(6-2×0.2)=1.512 m³

KL—2：4×0.3×0.3×(4.5-2×0.2)=1.476 m³

KL—3：2×0.25×(0.3-0.1)×(4.5+0.2-0.3-0.15)=0.425 m³

B：(6+0.4)×(9+0.4)×0.1=6.016 m³

小计：(1.512+1.476+0.425+6.016)×2=18.86 m³

（3）套定额，计算结果如表 7-48 所示。

表 7-48　计算结果

序号	定额编号	项目名称	计量单位	工程量	综合单价/元	合价/元
1	6-190	C30 矩形柱	m³	9.22	488.12	4 500.47
2	6-207	C30 有梁板	m³	18.86	461.46	8 703.14
合计						13 203.61

答：现浇矩形柱体积 9.22 m³，现浇有梁板体积 18.86 m³，柱、梁、板部分的合价为 13 203.61 元。

【例 7-43】 如图 7-63 所示某一层三类建筑楼层结构图，设计室外地面到板底高度为 4.2 m，轴线为梁（墙）中，混凝土为 C25 现场自拌，板厚 100 mm，钢筋和粉刷不考虑。计算现浇混凝土有梁板、圈梁的混凝土工程量、综合单价和合价。

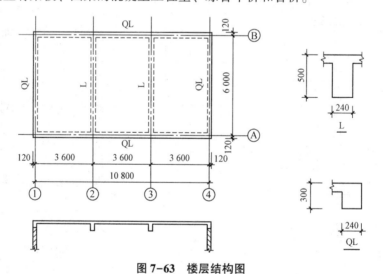

图 7-63　楼层结构图

分析：本例中四周为圈梁，②、③轴设置有与板一起现浇的肋梁，按照定额规定，肋梁和现浇板应放在一起按有梁板计算，圈梁应单独套定额计算。如果本例中②、③轴没有肋梁，则应套用圈梁和平板定额。

【解】 （1）列项目：现浇圈梁（6-21）、现浇有梁板（6-32）

（2）计算工程量：

圈梁：$0.24×(0.3-0.1)×[(10.8+6)×2-0.24×4]=1.57$ m³

有梁板：L：$0.24×(0.5-0.1)×(6+2×0.12)×2=1.198$ m³

　　　　　B：$(10.8+0.24)×(6+0.24)×0.1=6.889$ m³

　　　　　小计：$1.198+6.889=8.0$ m³

（3）套定额，计算结果如表 7-49 所示。

表 7-49　计算结果

序号	定额编号	项目名称	计量单位	工程量	综合单价/元	合价/元
1	6-21 换	C25 圈梁	m³	1.57	505.73	794.00
2	6-32 换	C25 有梁板	m³	8.09	427.33	3 457.10
		合计				4 251.10

注：6-21 换：$498.27-258.54+1.015×262.07=505.73$ 元/m³

　　6-32 换：$430.43-276.61+273.51=427.33$ 元/m³

答：现浇圈梁体积 1.57 m³，现浇有梁板体积 8.09 m³，混凝土部分的合价为 4 251.10 元。

7. 其他

（1）楼梯、雨篷、阳台工程量计算。

①整体楼梯按水平投影面积计算，不扣除宽度在 500 mm 以内的楼梯井，伸入墙内部分不另增加，楼梯与楼板连接时，楼梯算至楼梯梁外侧面。当现浇楼板无梯梁连接时，以楼梯的最后一个踏步边缘加 300 mm 为界。

当 $C≤50$ cm 时，投影面积为

$$S=L×A$$

当 $C>50$ cm 时，投影面积为

$$S=L×A-C×X$$

式中，S——楼梯的水平投影面积；

　　　L——楼梯长度；

　　　A——楼梯宽；

　　　C——楼梯井宽度；

　　　X——楼梯井长度。

②现浇钢筋混凝土阳台、雨篷，工程量均按伸出墙外的板底水平投影面积计算。伸出外墙的牛腿不另计算。

③混凝土雨篷、阳台、楼梯、台阶的混凝土含量调整，按设计用量加 1.5% 损耗与定额含量的差值进行计算。

【例 7-44】某宿舍楼楼梯如图 7-64 所示，三类工程，轴线墙中，墙厚 200 mm，混凝土标号为 C25，现场自拌混凝土，楼梯斜板厚 90 mm，要求按计价定额计算楼梯和雨篷的混凝土浇捣工程量，并计算定额综合单价和复价。

分析：整体楼梯包括休息平台、平台梁、斜梁及楼梯梁，但不包含楼梯柱，因此对定额混凝土含量进行调整时不考虑楼梯柱的混凝土体积。

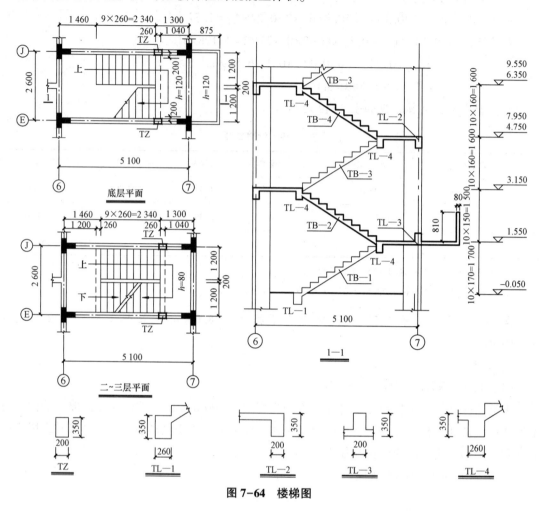

图 7-64　楼梯图

【解】　（1）列项目：混凝土楼梯（6-45），混凝土复式雨篷（6-48），楼梯、雨篷混凝土含量调整（6-50）

（2）计算工程量：

混凝土楼梯：$(2.6-0.2)\times(0.26+2.34+1.3-0.1)\times3=27.36$ m^2

混凝土复式雨篷：$(0.875-0.1)\times(2.6+0.2)=2.17$ m^2

楼梯、雨篷混凝土含量调整

楼梯：TL—1：$0.26\times0.35\times(1.2-0.1)=0.100$ m^3

　　　TL—2：$0.2\times0.35\times(2.6-2\times0.2)\times2=0.308$ m^3

　　　TL—3：$0.2\times0.35\times(2.6-2\times0.2)=0.154$ m^3

　　　TL—4：$0.26\times0.35\times(2.6-0.2)\times6=1.310$ m^3

一层休息平台：$(1.04-0.1)\times(2.6+0.2)\times0.12=0.316$ m^3

二~三层休息平台：$0.94\times2.8\times0.08\times2=0.421$ m^3

TB—1 斜板：$0.09\times\sqrt{2.34^2+(9\times0.17)^2}\times1.1=0.277$ m^3

TB—2 斜板：$0.09\times\sqrt{2.34^2+(9\times0.15)^2}\times1.1=0.267$ m^3

TB—3、TB—4 斜板：$0.09 \times \sqrt{2.34^2 + (9 \times 0.16)^2} \times 1.1 \times 4 = 1.088$ m³

TB—1 踏步：$0.26 \times 0.17 \div 2 \times 1.1 \times 9 = 0.219$ m³

TB—2 踏步：$0.26 \times 0.15 \div 2 \times 1.1 \times 9 = 0.193$ m³

TB—3、TB—4 踏步：$0.26 \times 0.16 \div 2 \times 1.1 \times 9 \times 4 = 0.824$ m³

设计含量：$5.477 \times 1.015 = 5.559$ m³

定额含量：$27.36 \div 10 \times 2.06 = 5.636$ m³

楼梯应调减混凝土含量：$5.636 - 5.559 = 0.077$ m³

雨篷：设计含量：$[(0.875 - 0.1) \times 2.8 \times 0.12 + (0.775 \times 2 + 2.8 - 0.08 \times 2) \times 0.81 \times 0.08] \times 1.015 = 0.540$ m³

定额含量：$2.17 \div 10 \times 1.11 = 0.241$ m³

雨篷应调增混凝土含量：$0.540 - 0.241 = 0.299$ m³

小计：$0.299 - 0.077 = 0.22$ m³

（3）套定额，计算结果如表 7-50 所示。

表 7-50 计算结果

序号	定额编号	项目名称	计量单位	工程量	综合单价/元	合价/元
1	6-45 换	C25 混凝土楼梯	10 m²	2.736	1 056.71	2 891.16
2	6-48 换	C25 混凝土复式雨篷	10 m²	0.217	591.49	128.35
3	6-50 换	楼梯、雨篷混凝土含量调整	m³	0.22	514.16	113.12
合计						3 132.63

注：6-45 换：$1\,026.32 - 524.72 + 555.11 = 1\,056.71$ 元/m³

6-48 换：$575.12 - 282.74 + 299.11 = 591.49$ 元/m³

6-50 换：$499.41 - 254.72 + 269.47 = 514.16$ 元/m³

答：现浇混凝土楼梯 27.36 m²，现浇复式雨篷 2.17 m²，混凝土部分的合价为 3 132.63 元。

（2）阳台、檐廊栏杆的轴线柱、下嵌、扶手以扶手的长度按延长米计算。

（3）混凝土栏板、竖向挑板以体积计算。栏板的斜长如图纸无规定时，按水平长度乘系数 1.18 计算。

（4）地沟底、壁分别计算，沟底按基础垫层计算，沟壁以体积计算。

（5）台阶以水平投影面积计算。设计混凝土用量超过定额含量时，应调整。

【例 7-45】 如图 7-65 所示现浇混凝土台阶和梯带，混凝土为 C20 现场自拌，不考虑混凝土含量的调整。计算该台阶和梯带的混凝土工程量、综合单价和合价。

分析：梯带不包含在台阶之内，按小型构件套用定额。台阶工程量不包括平台。

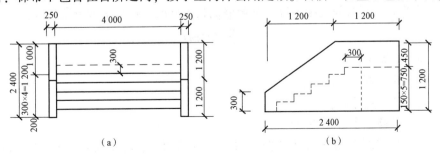

（a）　　　　　　　　　　　　　　　　（b）

图 7-65 台阶示意图

（a）平面图；（b）左侧立面图

【解】 （1）列项目：台阶（6-59）、小型构件（6-58）

（2）计算工程量：

台阶：（0.3×5）×4 = 6 m²

梯带：（2.4×1.2 - 1.2×0.9÷2）×0.25×2 = 1.17 m³

（3）套定额，计算结果如表 7-51 所示。

表 7-51　计算结果

序号	定额编号	项目名称	计量单位	工程量	综合单价/元	合价/元
1	6-59	台阶	10 m²	0.6	745.93	447.56
2	6-58	小型构件	m³	1.17	566.76	663.11
合计						1 110.67

答： 该台阶和梯带的混凝土合价为 1 110.67 元。

（6）预制钢筋混凝土框架的梁、柱现浇接头，按设计断面以体积计算。

7.7.5.2　现场、加工厂预制混凝土构件

（1）混凝土工程量均按图示尺寸以体积计算，扣除圆孔板内圆孔体积，不扣除构件内钢筋、铁件、后张法预应力钢筋灌浆孔及板内 0.3 m² 以内的孔洞所占体积。

（2）预制桩按桩全长（包括桩尖）乘设计桩断面积（不扣除桩尖虚体积）以体积计算。

（3）混凝土与钢构件组合的构件，混凝土按构件以体积计算，钢拉杆按第 7 章中相应子目执行。

（4）漏空混凝土花格窗、花格芯按外形面积计算。

（5）天窗架、端壁、檩条、支撑、楼梯、板类及厚度在 50 mm 以内的薄型构件按设计图纸加定额规定的场外运输、安装损耗以体积计算。

7.7.5.3　构筑物工程

混凝土工程量除另有规定者外，均按图示尺寸以体积计算。不扣除构件内钢筋、支架、螺栓孔、螺栓、预埋铁件及壁、板中 0.3 m² 以内的孔洞所占体积。留洞所增加工、料不再另增费用。

1. 烟囱

1）烟囱基础

（1）砖基础以下的钢筋混凝土或混凝土底板基础，按本节烟囱基础相应定额执行。

（2）钢筋混凝土烟囱基础，包括基础底板及筒座，筒座以上为筒身，按体积计算。

2）混凝土烟囱筒壁

（1）烟囱筒壁不分方形、圆形均按体积计算，应扣除 0.3 m² 以外孔洞所占体积。筒壁体积应以筒壁平均中心线长度乘厚度。圆筒壁周长不同时，可按下式分段计算：

$$V = \sum HC\pi D$$

式中，V——筒壁体积；

　　　H——每段筒壁垂直高度；

　　　C——每段筒壁厚度；

　　　D——每段筒壁中心线的平均直径。

（2）砖烟囱的钢筋混凝土圈梁和过梁，按实际体积计算，套用现浇构件分部的相应定额。

（3）烟囱的钢筋混凝土集灰斗（包括分隔墙、水平隔墙、柱、梁等），应按现浇构件分部相应定额计算。

3）烟道混凝土

（1）烟道中的钢筋混凝土构件，应按现浇构件分部相应定额计算。

（2）钢筋混凝土烟道，可按本分部地沟定额按顶板、壁板、底板分别计算，但架空烟道不能套用。

2. 水塔

1）基础

各种基础按设计图示尺寸以体积计算（包括基础底板和塔座），塔座以上为塔身，以下为基础。

2）塔身

（1）钢筋混凝土筒式塔身以筒座上表面或基础底板上表面为分界线；柱式塔身以柱脚与基础底板或梁交界处为分界线，与基础底板相连接的梁并入基础内计算。

（2）钢筋混凝土筒式塔身与水箱是以水箱底部的圈梁为分界线，圈梁底以下为筒式塔身。水箱的槽底（包括圈梁）、塔顶、水箱（槽）壁工程量均应按体积计算。

（3）钢筋混凝土筒式塔身以实际体积计算。应扣除门窗体积，依附于筒身的过梁、雨篷、挑檐等工程量并入筒壁体积内按筒式塔身计算；柱式塔身不分斜柱、直柱和梁，均按体积合并计算，按柱式塔身定额执行。

（4）钢筋混凝土、砖塔身内设置的钢筋混凝土平台、回廊以体积计算。平台、回廊上设置的钢栏杆及内部爬梯按金属结构工程相应子目执行。

（5）砖砌筒身设置的钢筋混凝土圈梁以体积计算，按现浇构件相应定额执行。

3）塔顶及槽底

（1）钢筋混凝土塔顶及槽底的工程量合并计算。塔顶包括顶板和圈梁，槽底包括底板、挑出斜壁和圈梁。回廊及平台另行计算。

（2）槽底不分平底、拱底，塔顶不分锥形、球形，均按本定额执行。

4）水槽内、外壁

（1）与塔顶、槽底（或斜壁）相连系的圈梁之间的直壁为水槽内、外壁；设保温水槽的外保护壁为外壁；直接承受水侧压力的水槽壁为内壁。非保温水箱是水槽壁按内壁计算。

（2）水槽内、外壁以体积计算，依附于外壁的柱、梁等并入外壁体积中计算。

5）倒锥形水塔

基础按相应水塔基础的规定计算，其筒身、水箱、环梁混凝土以体积计算。

3. 贮水（油）池

（1）池底为平底执行平底定额，其平底体积应包括池壁下部的扩大部分；池底有斜坡者，执行锥形底定额。均按图示尺寸以体积计算。

（2）池壁有壁基梁时，锥形底应算至壁基梁底面，池壁应从壁基梁上口开始，壁基梁应从锥形底上表面算至池壁下口；无壁基梁时锥形底算至坡上表面，池壁应从锥形底的上表面开始。

（3）无梁池盖柱的柱高，应由池底上表面算至池盖的下表面，柱帽和柱座应并在池内柱的体积内。

（4）池壁应分别按不同厚度计算，其高度不包括池壁上下处的扩大部分，无扩大部分时，则自池底上表面（或壁基梁上表面）至池盖下表面。

（5）无梁盖应包括与池壁相连的扩大部分的体积；肋形盖应包括主、次梁及盖板部分的体积；球形盖应自池壁顶面以上，包括边侧梁的体积在内。

（6）各类池盖中的进入孔、透气管、水池盖及与盖相连的结构，均包括在定额内，不另计算。

（7）沉淀池水槽系指池壁上的环形溢水槽及纵横、U形水槽，但不包括与水槽相连接的矩形梁；矩形梁可按现浇构件分部的矩形梁定额计算。

4. 贮仓

1）矩形仓

矩形仓分立壁和斜壁，各按不同厚度计算体积，立壁和斜壁以相互交点的水平线为分界线；壁上圈梁并入斜壁工程量内。基础、支撑漏斗的柱和柱间的连系梁分别按混凝土分部的相应定额计算。

2）圆形仓

（1）本计价定额适用于高度在 30 m 以下、库壁厚度不变、上下断面一致、采用钢滑模施工工艺的圆形贮仓，如盐仓、粮仓、水泥库等。

（2）圆形仓工程量应分仓底板、顶板、仓壁三部分计算。

（3）圆形仓底板以下的钢筋混凝土柱、梁、基础按现浇构件结构分部的相应定额计算。

（4）仓顶板的梁与挑檐板计入仓顶板体积计算，按仓顶板定额执行。

（5）仓壁高度按基础顶面至仓顶板底面（锥壳顶板和压型钢板-混凝土组合顶板至仓顶环梁上表面）高度计算，不扣除 0.3 m^2 以内的孔洞所占体积。附壁柱、环梁（圈过梁）、两仓连接处的墙壁计入仓壁体积。

5. 地沟及支架

（1）本计价定额适用于室外的方形（封闭式）、槽形（开口式）、阶梯形（变截面式）的地沟。底、壁、顶应分别按体积计算。

（2）沟壁与底的分界，以底板上表面为界。沟壁与顶的分界以顶板下表面为界。上薄下厚的壁按平均厚度计算；阶梯形的壁按加权平均厚度计算；八字角部分的数量并入沟壁工程量内。

（3）地沟预制顶板，按预制结构分部相应定额计算。

（4）支架均以体积计算（包括支架各组成部分），框架型或 A 字型支架应将柱、梁的体积合并计算；支架带操作平台者，其支架与操作台的体积亦合并计算。

（5）支架基础应按现浇构件结构分部的相应定额计算。

6. 栈桥

（1）柱、连系梁（包括斜梁）体积合并，肋梁与板的体积合并均按图示尺寸以体积计算。

（2）栈桥斜桥部分不论板顶高度如何均按板高在 12 m 以内定额执行。

（3）板顶高度超过 20 m，每增加 2 m 仅指柱、连系梁的体积（不包括有梁板）。

7.8 金 属 结 构 工 程

7.8.1 本节内容概述

本节内容包括：钢柱制作；钢屋架、钢托架、钢桁架、网架制作；钢梁、钢吊车梁制作；钢制动梁、支撑、檩条、墙架、挡风架制作；钢平台、钢梯子、钢栏杆制作；钢拉杆制作、钢漏斗制安、型钢制作；钢屋架、钢桁架、钢托架现场制作平台摊销；其他。

7.8.2 有关规定

有关规定如下。

（1）金属构件不论在专业加工厂、附属企业加工厂还是现场制作，均执行本定额，在现场制作需搭设操作平台，其平台摊销费按本章相应子目执行。

（2）本定额中各种钢材数量除定额已注明为钢筋综合、不锈钢管、不锈钢网架球的之外，均以型钢表示。实际不论使用何种型材，计价定额中的钢材总数量和其他人工、材料、机械（除另有说明外）均不变。

（3）本定额的制作均按焊接编制，局部制作用螺栓或铆钉连接，亦按本定额执行（螺栓不增加，电焊条、电焊机也不扣除）。轻钢檩条拉杆安装用的螺帽、圆钢剪刀撑用的花篮螺栓，以及螺栓球网架的高强螺栓、紧定钉，已列入本章相应定额中，执行时按设计用量调整。

（4）本定额除注明者外，均包括现场内（工厂内）的材料运输、下料、加工、组装及成品堆放等全部工序。加工点至安装点的构件运输，除购入构件外应另按第 8 章构件运输定额相应项目计算。

（5）金属构件制作项目中，均包括刷一遍防锈漆在内。

（6）金属结构制作定额中的钢材品种系按普通钢材为准，如用锰钢等低合金钢者，其制作人工乘系数 1.1。

（7）劲性混凝土柱、梁、板内，用钢板、型钢焊接而成的 H、T 型钢柱、梁等构件，按 H、T 型钢构件制作定额执行，截面由单根成品型钢构成的构件按成品型钢构件制作定额执行。

（8）本定额各子目均未包括焊缝无损探伤（如 X 光透视、超声波探伤、磁粉探伤、着色探伤等），亦未包括探伤固定支架制作和被检工件的退磁。

（9）轻钢檩条拉杆按檩条钢拉杆定额执行；木屋架、钢筋混凝土组合屋架拉杆按屋架钢拉杆定额执行。

（10）钢屋架单榀质量在 0.5 t 以下者，按轻型屋架定额执行。

（11）天窗挡风架、柱侧挡风板、挡雨板支架制作均按挡风架定额执行。

（12）钢漏斗、晒衣架、钢盖板等制作、安装一体的定额项目中已包括安装费在内，但未包括场外运输。角钢、圆钢焊制的入口截流沟篦盖制作、安装，按设计质量执行钢盖板制安定额。

（13）零星钢构件制作是指质量 50 kg 以内的其他零星铁件制作。

（14）薄壁方钢管、薄壁槽钢、成品 H 型钢檩条及车棚等小间距钢管、角钢槽钢等单根型钢檩条的制作，按 C、Z 型轻钢檩条制作执行。由双 C、双I、双 L 型钢之间断续焊接或通过连接板焊接的檩条，由圆钢或角钢焊接成片形、三角形截面的檩条按型钢檩条制作定额执行。

（15）弧形构件（不包括螺旋式钢梯、圆形钢漏斗、钢管柱）的制作人工、机械乘系数 1.2。

（16）网架中的焊接空心球、螺栓球、锥头等热加工已含在网架制作工作内容中，不锈钢球按成品半球焊接考虑。

不锈钢网架定额按不锈钢管90%（损耗率6%）、不锈钢网架球10%（不计损耗）的质量比例计算，应按设计质量比例调整，损耗率不变。

（17）钢结构表面喷砂与抛丸除锈定额按照 S_{a2} 级考虑。如果设计要求 $S_{a2.5}$ 级，定额乘系数 1.2；设计要求 S_{a3} 级，定额乘系数 1.4。

7.8.3　工程量计算规则

工程量计算规则如下。

（1）金属结构制作按图示钢材尺寸以质量计算，不扣除孔眼、切肢、切角、切边的质量，电焊条、铆钉、螺栓、紧定钉等质量不计入工程量。计算不规则或多边形钢板时，以其外接矩形面积乘以厚度再乘以理论密度计算。如图 7-66 中钢板面积 $S=b×h$。

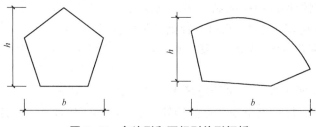

图 7-66　多边形和不规则外形钢板

（2）实腹柱、钢梁、吊车梁、H 型梁、T 型钢构件按图示尺寸计算，其中钢梁、吊车梁腹板、翼板宽度按图示尺寸每边增加 8 mm 计算。主要是对重要受力构件为确保其钢材材质稳定、焊件边缘平整而进行边缘加工时的刨削量，以保证构件的焊缝质量和构件强度。

（3）钢柱制作工程量包括依附于柱上的牛腿及悬臂梁质量；制动梁的制作工程量包括制动梁、制动桁架、制动板质量；墙架的制作工程量包括墙架柱、墙架梁及连接柱杆质量，轻钢结构中的门框、雨篷的梁柱按墙架定额执行。

（4）钢平台、走道应包括楼梯、平台、栏杆合并计算，钢梯应包括踏步、栏杆合并计算。栏杆是指平台、阳台、走廊和楼梯的单独栏杆。

（5）钢漏斗制作工程量，矩形按图示分片，圆形按图示展开尺寸，并依钢板宽度分段计算，每段均以其上口长度（圆形以分段展开上口长度）与钢板宽度，按矩形计算，依附漏斗的型钢并入漏斗质量内计算。

（6）轻钢檩条以设计型号、规格按质量计算（质量＝设计长度×理论线密度），檩条间的 C 型钢、方钢管、角钢撑杆、窗框并入轻钢檩条计算。

（7）轻钢檩条的圆钢拉杆按檩条钢拉杆定额执行，套在圆钢拉杆上作为撑杆用的钢管，其质量并入轻钢檩条钢拉杆内计算。

（8）檩条间圆钢钢拉杆定额中的螺母质量、圆钢剪刀撑定额中的花篮螺栓、螺栓球网架定额中的高强螺栓质量不计入工程量，但应按设计用量对定额含量进行调整。

（9）金属构件中的剪力栓钉安装，按设计套数执行第 8 章相应子目。

（10）网架制作中：螺栓球按设计球径、锥头按设计尺寸计算质量，高强螺栓、紧定钉的质量不计算工程量，设计用量与定额含量不同时应调整；空心焊接球矩形下料余量定额已考虑，按设计质量计算，不锈钢网架按设计质量计算。

（11）机械喷砂、抛丸除锈的工程量同相应构件制作的工程量。

【例 7-46】　某工程钢屋架如图 7-67 所示，计算钢屋架工程量（已知等边角钢 70×7 的理论线密度为 7.398 kg/m，等边角钢 50×5 的理论线密度为 3.77 kg/m）。

分析：查定额附录常用钢材理论质量表知：直径 16 mm 的钢筋的理论线密度为 1.58 kg/m，8 mm 厚的钢板的理论面密度为 62.80 kg/m²。

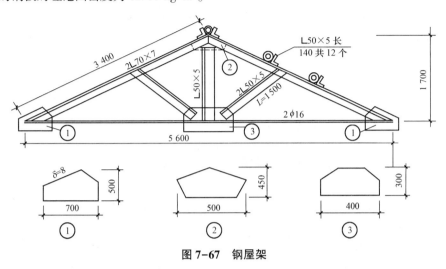

图 7-67　钢屋架

【解】　上弦质量=3.40×2×2×7.398=100.61 kg
　　　　下弦质量=5.60×2×1.58=17.70 kg
　　　　立杆质量=1.70×3.77=6.41 kg
　　　　斜撑质量=1.50×2×2×3.77=22.62 kg
　　　　①号连接板质量=0.7×0.5×2×62.80=43.96 kg
　　　　②号连接板质量=0.5×0.45×62.80=14.13 kg
　　　　③号连接板质量=0.4×0.3×62.80=7.54 kg
　　　　檩托质量=0.14×12×3.77=6.33 kg
　　　　屋架工程量=100.61+17.70+6.41+22.62+43.96+14.13+7.54+6.33=219.30 kg

答：该屋架工程量为 219.30 kg。

【例 7-47】　围墙需施工一钢栏杆，采用现场制作安装，施工图纸如图 7-68 所示，计算有关栏杆的工程量（型钢理论密度 7.85 t/m³）。

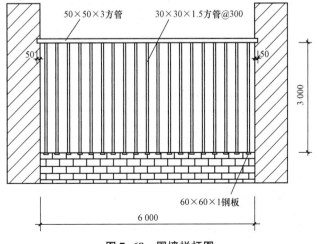

图 7-68　围墙栏杆图

分析：本例是求除去砌体部分的工程量，图中有栏杆和钢板两部分型材，钢板是栏杆安装的连接件。栏杆按定额分成制作和安装两部分计算，而钢板作为连接件是含在安装内容中的，安装是计价定额第8章内容，因此本例主要计算栏杆的制作工程量。

【解】 采用的是空心型材，要计算质量可采用理论密度乘体积。

$50×50×3$ 方管：$7.85×(0.05×0.05-0.044×0.044)×6.1=0.027$ t

$30×30×1.5$ 方管：数量：$6÷0.3-1=19$ 根

质量：$7.85×(0.03×0.03-0.027×0.027)×3×19=0.077$ t

合计：$0.027+0.077=0.104$ t

答：该围墙栏杆工程量为 0.104 t。

7.9 构 件 运 输 及 安 装 工 程

7.9.1 本节内容概述

本节内容包括构件运输、构件安装。

构件运输包括：混凝土构件；金属构件；门窗构件。

构件安装包括：混凝土构件；金属构件。

7.9.2 构件运输有关规定

构件运输有关规定如下。

（1）计价定额中构件运输按照构件的运输类别（见表 7-52、表 7-53）和运输距离的不同分设不同的子目。场内、场外运输在计价定额中不作区分（场内运输距离是指现场堆放或预制地点到吊装地点的运输距离；场外运输距离是指在施工现场以外的加工场地至施工现场堆放距离）。场内、外运输的距离均以可行驶的实际距离计算。

表 7-52 混凝土构件

类别	项 目
Ⅰ类	各类屋架、桁架、托架、梁、柱、桩、薄腹梁、风道梁
Ⅱ类	大型屋面板、槽形板、肋形板、天沟板、空心板、平板、楼梯、檩条、阳台、门窗过梁、小型构件
Ⅲ类	天窗架、端壁架、挡风架、侧板、上下挡、各种支撑
Ⅳ类	全装配式内外墙板、楼顶板、大型墙板

表 7-53 金属构件

类别	项 目
Ⅰ类	钢柱、钢梁、屋架、托架梁、防风桁架
Ⅱ类	吊车梁、制动梁、型（轻）钢檩条、钢拉杆、钢栏杆、盖板、垃圾出灰门、篦子、爬梯、平台、扶梯、烟囱紧固箍
Ⅲ类	墙架、挡风架、天窗架、不锈钢网架、组合檩条、钢支撑、上下挡、轻型屋架、滚动支架、悬挂支架、管道支架、零星金属构件

（2）本定额综合考虑了城镇、现场运输道路等级、上下坡等各种因素，不得因道路条件不同而调整定额。

（3）构件运输过程中，如遇道路、桥梁限载而发生的加固、拓宽、公安交通管理部门的保安护送、过路、过桥等费用，应另行处理。

（4）构件场外运输距离在 45 km 以上时，除装车、卸车外，其运输分项不执行本定额，根据市场价格协商确定。

7.9.3　构件安装有关规定

1. 构件安装中关于场内运输距离的规定及超出运距的计算

（1）现场预制构件已包括机械回转半径 15 m 以内的构件翻身就位在内。中心回转半径 15 m 以内是指行走吊装机械（如沿轨道行走的塔式起重机和沿安装路线走的起重机）和固定点安装的机械（如卷扬机，固定的塔式起重机）其行走路线或固定点中心半径回转 15 m 以内地面范围内距离。建筑物地面以上各层构件安装，不论距离远近，已包括在定额的构件安装内容中，不受 15 m 的限制。

现场预制构件受条件限制不能就位预制，运距在 150 m 以内，每立方米构件另加场内运输人工 0.12 工日，材料 4.10 元，机械 29.35 元。

（2）加工厂预制构件安装，定额中已包括 500 m 以内的场内运输费。

加工厂预制构件超过 500 m 时，应将相应项目中场内运输费扣除，另按 1 km 内相应构件运输定额执行。

（3）金属构件安装定额工作内容中未包括场内运输的，如现场实际发生场内运输按下列方法计算：单件在 0.5 t 以内，运距在 150 m 以内，每吨构件另加运输人工 0.08 工日，材料 8.56 元，机械 14.72 元；单件在 0.5 t 以上的金属构件按定额的相应定额执行。

（4）场内运距超过以上规定时，应扣去上列费用，另按 1 km 以内的构件运输定额执行。

2. 构件安装的规定

（1）定额中的塔式起重机台班均已包括在计价定额第 23 章垂直运输机械费定额中。

（2）本安装定额均不包括为安装工作需要所搭设的脚手架，若发生应按计价定额第 20 章规定计算。

（3）金属构件安装中轻钢檩条拉杆安装是按螺栓考虑的，其余构件拼装或安装均按电焊考虑，设计用连接螺栓，其螺栓按设计用量另行计算（人工不再增加），安装定额中相应的电焊条、电焊机应扣除。

（4）钢柱安装在混凝土柱上（或混凝土柱内），其人工、吊装机械乘系数 1.43。混凝土柱安装后，如有钢牛腿和悬臂梁与其焊接，则钢牛腿和悬臂梁执行钢墙架安装定额，钢牛腿执行铁件制作定额。

（5）钢管柱安装执行钢柱定额，其中人工乘系数 0.5.

（6）钢屋架单榀质量在 0.5 t 以下者，按轻钢屋架子目执行。

（7）构件安装项目中所列垫铁，是为了校正构件偏差用的，凡设计图纸中的连续铁件、拉板等不属于垫铁范围的，应按计价定额第 7 章相应子目执行。

（8）钢屋架、钢天窗架拼装项目的使用。

①钢屋架、钢天窗架在构件厂制作，运到现场后发生拼装的应按相应拼装定额执行；运到现场后不发生拼装，不得套用该拼装定额。

②凡在现场制作的钢屋架、钢天窗架，不论拼与不拼均不得拼装定额。

（9）小型构件安装包括：沟盖板、通气道、垃圾道、楼梯踏步板、隔断板及单体体积小于 0.1 m³的构件安装。

（10）钢网架安装定额按平面网格结构编制，如设计为球壳、筒壳或其他曲面状，其安装定额人工乘系数 1.2。

（11）网架安装定额中未考虑地面拼装平台费用，若发生，可执行钢屋架、钢桁架、钢托架现场制作平台摊销子目。对需要搭设满堂支撑架的，满堂支撑架按脚手架工程的规定执行。

3. 其他

（1）矩形、工型、空格型、双肢柱、管道支架预制钢筋混凝土构件安装，均按混凝土柱安装定额执行。

（2）预制钢筋混凝土柱、梁通过焊接形成的框架结构，其柱安装按框架柱计算，梁安装按框架梁计算，框架梁与柱的接头现浇混凝土部分按计价定额第 6 章相应项目另行计算。预制柱、梁一次制作成型的框架按连体框架柱梁定额执行。

（3）预制钢筋混凝土多层柱安装，第一层的柱按柱安装定额执行，二层及二层以上柱按柱接柱定额执行。

（4）单（双）悬臂梁式柱按门式刚架定额执行。

（5）定额子目内既列有"履带式起重机"又列有"塔式起重机"的，可根据不同的垂直运输机械选用：

①选用卷扬机（带塔）施工的，套用"履带式起重机（汽车式起重机）"定额子目；

②选用塔式起重机施工的，套用"塔式起重机"定额子目。

（6）空心板灌缝包括灌横、纵向缝在内，也包括标准砖砖墙与搁置空心板块数之间相差 6 cm 宽板缝的灌混凝土在内，空心板端头堵塞孔洞的材料费已含在定额中，均不得另外计算。

4. 构件安装项目机械的规定

（1）本定额混凝土构件安装是按履带式起重机、塔式起重机编制的，如施工组织设计中用轮胎式起重机或汽车式起重机，经建设单位认可后，可按履带式起重机相应项目套用，其中人工、吊装机械乘系数 1.18；轮胎式起重机或汽车起重机的起重吨位，按履带式起重机相近的起重吨位套用，台班单价换算。

（2）履带式起重机（汽车式起重机）安装点高度以 20 m 以内为准，超过 20 m 在 30 m 以内，人工、吊装机械台班（子目中履带式起重机小于 25 t 者应调整到 25 t）乘系数 1.20；超过 30 m 在 40 m 以内，人工、吊装机械台班（子目中履带式起重机小于 50 t 者应调整到 50 t）乘系数 1.40；超过 40 m，按实际情况处理。

（3）单层厂房屋盖系统构件如必须在跨外安装时，按相应构件安装定额中的人工、吊装机械台班乘系数 1.18。用塔吊安装时，不乘此系数。

7.9.4 工程量计算规则

工程量计算规则如下。

（1）一般场外运输、安装工程量计算方法与构件制作工程量计算方法相同（即：运输、安装工程量=制作工程量）。但对于天窗架、天窗端壁、桁条、支撑、踏步板、板类及厚度在 50 mm 以内的薄形构件，由于在运输、安装过程中易发生损耗（损耗率见表 7-54），工程量按下列规定计算：

制作、场外运输工程量=设计工程量×1.018

安装工程量=设计工程量×1.01

表 7-54　预制钢筋混凝土构件场内、外运输、安装损耗率

名　称	场外运输/%	场内运输/%	安装/%
天窗架、天窗端壁、桁条、支撑、踏步板、板类及厚度在 50 mm 以内的薄形构件	0.8	0.5	0.5

（2）加气混凝土板（块）、硅酸盐块运输每立方米折合钢筋混凝土体积 0.4 m³ 按 II 类构件运输计算。

（3）木门窗运输按门窗洞口的面积（包括框、扇在内）以 100 m² 计算，带纱扇另增洞口面积的 40% 计算。

（4）预制构件安装后接头灌缝工程量均按预制钢筋混凝土构件实体积计算，柱与柱基的接头灌缝按单根柱的体积计算。

（5）组合屋架安装，以混凝土实际体积计算，钢拉杆部分不另计算。

（6）成品铸铁地沟盖板安装，按盖板铺设水平面积计算，定额是按盖板厚度 20 mm 计算的，厚度不同，人工含量按比例调整。角钢、圆钢焊接的入口截流篦盖制作、安装，按设计质量执行第 7 章钢盖板制作、安装定额。

【例 7-48】　某工程按施工图计算混凝土天窗架和天窗端壁共计 50 m³，加工厂制作，场外运输 10 km，场内运输 500 m，请计算混凝土天窗架和天窗端壁运输、安装工程量，并套用子目，计算定额的合价。

分析：查表 7-51，混凝土天窗架和天窗端壁属于 III 类预制构件；加工厂预制构件安装子目中包含了 500 m 内的场内运输，故本例不需另行计算场内运输费。但对天窗架、天窗端壁、桁条、支撑、踏步板、板类及厚度在 50 mm 以内的薄形构件，由于在运输、安装过程中易发生损耗（损耗率见表 7-53），工程量按下列规定计算：

制作、场外运输工程量=设计工程量×1.018

安装工程量=设计工程量×1.01

【解】　（1）列项目：构件场外运输（8-15）、构件安装（8-80）

（2）计算工程量：

混凝土天窗架场外运输工程量：50×1.018=50.9 m³

混凝土天窗架安装工程量：50×1.01=50.5 m³

（3）套定额，计算结果如表 7-55 所示。

表 7-55　计算结果

序号	定额编号	项目名称	计量单位	工程量	综合单价/元	合价/元
1	8-15	III 类预制构件运输 10 km 以内	m³	50.9	269.03	13 693.63
2	8-80	天窗架、端壁安装	m³	50.5	877.41	44 309.21
合计						58 002.84

答：混凝土天窗架和天窗端壁运输工程量为 50.9 m³，安装工程量为 50.5 m³，合价为 58 002.84 元。

【例 7-49】　某工程在构件厂制作钢屋架 20 榀，每榀重 0.48 t，从构件厂一次性将钢屋架运送到安装地点安装，距离为 10 km，安装高度 25 m，试计算钢屋架运输、安装（采用履带吊安装）的合价。

分析：履带式起重机安装点高度以 20 m 以内为准，超过 20 m 在 30 m 以内，人工、吊装机械台班（子目中履带式起重机小于 25 t 者应调整到 25 t）乘系数 1.20；25 t 履带式起重机的台班单价根据定额附录中机械台班预算单价确定表确定。

【解】（1）列项目：构件场外运输（8-27）、构件安装（8-122）

（2）计算工程量（同制作工程量）：

安装工程量 0.48×20=9.6 t

运输工程量 0.48×20=9.6 t

（3）套定额，计算结果如表 7-56 所示。

表 7-56　计算结果

序号	定额编号	项目名称	计量单位	工程量	综合单价/元	合价/元
1	8-27	Ⅰ类金属构件运输 10 km 以内	t	9.6	104.18	1 000.13
2	8-122 换	轻型屋架塔式起重机安装	t	9.6	1 222.88	11 739.65
合计						12 739.78

注：8-122 换：1 158.14-335.50×1.37+(285.36×0.2+0.3×1.2×904.68)×1.37=1 222.88 元/t

答：钢屋架运输、安装的合价为 12 739.78 元。

7.10　木结构工程

7.10.1　本节内容概述

本节内容包括门、木结构和附表。

门包括：厂库房大门；特种门。

木结构包括：木屋架；屋面木基层；木柱、木梁、木楼梯。

附表：厂库房大门、特种门五金、铁件配件表。

7.10.2　有关规定

有关规定如下。

（1）本节中均以一、二类木种为准，如采用三、四类木种（木材木种划分见表 7-57），木门制作人工和机械费乘系数 1.3，木门安装人工乘系数 1.15，其他项目人工和机械费乘系数 1.35。

表 7-57　木材木种划分

一类	红松、水桐木、樟子松
二类	白松、杉木（方杉、冷杉）、杨木、铁杉、柳木、花旗松、椴木
三类	青松、黄花松、秋子松、马尾松、东北榆木、柏木、苦楝木、梓木、黄菠萝、椿木、楠木（桢楠、润楠）、柚木、樟木、山毛榉、栓木、白木、云香木、枫木
四类	栎木（柞木）、檀木、色木、槐木、荔木、麻栗木（麻栎、青刚）、桦木、荷木、水曲柳、柳桉、华北榆木、核桃楸、克隆、门格里斯

（2）木材规格是按已成型的两个切断面规格料编制的，两个切断面以前的锯缝损耗按本定额总说明中有关规定应另外计算。

（3）本节中注明的木材断面或厚度均以毛料为准，如设计图纸注明的断面或厚度为净料时，应增加断面刨光损耗：一面刨光加 3 mm，两面刨光加 5 mm，圆木按直径增加 5 mm。

（4）本章中的木材是以自然干燥条件下的木材编制的，需要烘干时，其烘干费用及损耗由各市确定。

（5）厂库房大门。

①推拉企、错口木板大门和推拉钢木大门除按子目执行外，另按附表增加滑轮组费用，单扇推拉门费用减半。

②本节定额中铁件、钢骨架用量与设计不符，应按施工图调整（铁件是指门闩、门插销、铁扁担，铁扁担相当于半个铰链）。

（6）特种门。

成品门扇已包括一般五金费在内，若装锁则另计。

（7）木结构。

①木屋架。

a. 气楼屋架、马尾、折角和正交部分半屋架应并入屋架的体积内计算，按屋架定额计算（见图 7-69）。

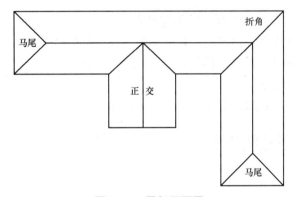

图 7-69　屋架平面图

马尾：四坡水屋架建筑物的两端屋面的端头坡面部分。

折角：构成 L 形的坡屋顶建筑横向和竖向相交的部分。

正交部分：构成丁字形的坡屋顶建筑横向和竖向相交的部分。

b. 圆木屋架中附属于屋架的夹板、垫木等并入相应的屋架制作项目中计算；与屋架连接的挑檐木、支撑等为圆木的工程量并入屋架体积内计算，与圆木屋架连接的挑檐木、支撑等为方木时，方木部分按矩形檩木计算。

②屋面木基层。

屋面木基层是指铺设在屋架上面的檩条、椽子、屋面板等，这些构件有的起承重作用，有的起围护及承重作用。屋面木基层的构造要根据其屋面防水材料种类而定。例如：平瓦屋面木基层，它的基本构造是在屋架上铺设檩条，檩条上铺屋面板（或钉椽子），屋面板上铺油毡（椽子）、（顺水条）、挂瓦等。

a. 檩托木（或垫木）并入檩木计算，不另列项目。

b. 定额中檩木未进行刨光处理，如檩木刨光者，其定额人工乘系数 1.4。檩木上钉三角木按 50 mm×75 mm 对开考虑，规格不符时，木材换算，其他不变。

c. 椽子定额亦未考虑刨光，如刨光，每 10 m² 增加人工 0.12 工日。9-52 椽子为 40 mm×50 mm@400 mm（其中椽子料为 0.059 m³，挂瓦条为 0.019 m³，规格 25 mm×20 mm@300 mm），如改用圆木椽子，减去成材 0.059 m³，增加圆木 0.078 m³（φ70 对开，中距 300 mm），铁钉 0.27 kg、人工 0.06 工日；9-53 椽子为 40 mm×60 mm@200 mm；9-54 半圆椽为 φ70 对开@200 mm，如与设计不符，可按比例换算椽子料。

d. 封檐板：在平瓦屋面的檐口部分，往往是将附木挑出又称挑檐木，各挑檐木间钉上檐口檩条，在檐口檩条外侧钉有通长的封檐板，或者将椽子伸出，在椽子端头处也可钉通长的封檐板。

博风板：在房屋端部，将檩条端部挑出山墙，为了美观，可在檩条端部处钉通长的博风板（又称封山板），博风板的规格与封檐板相同。

定额中封檐板、博风板是按 200 mm×20 mm 考虑的，规格不符时，木材换算，其他不变。

③木柱、木梁、木楼梯。

a. 木柱、木梁定额中木料以混水为准，如刨光，人工乘系数 1.4。

b. 木柱、木梁定额中安装考虑采用铁件安装，实际不用铁件，取消铁件，另增加铁钉 3.5 kg。

（8）厂库房大门、特种门五金、铁件配件表。

①附表中的五金铁件是按标准图用量列出的，仅作备料参考。

②厂库房大门中的每樘铁件是指门轨（包括上、下轨）、轨道连接件、门轴等，设计质量与定额不符时应调整数量。

③平开门设计不用滑轮时，滑轮、轴承费用扣除。

7.10.3 工程量计算规则

1. 门

门制作、安装工程量按门洞口面积计算。无框厂库房大门、特种门按设计门扇外围面积计算。

2. 木屋架

木屋架的制作安装工程量，按以下规定计算。

（1）木屋架不论圆、方木，其制作安装均按设计断面以体积计算，游沿木、风撑、剪刀撑、水平撑、夹板、垫木等木料并入相应屋架体积内，木屋架的后配长度及配制损耗已包括在定额内。

（2）圆木屋架刨光时，圆木按直径增加 5 mm 计算，附属于屋架的夹板、垫木等已并入相应的屋架制作项目中，不另计算；与屋架连接的挑檐木、支撑等工程量并入屋架体积内计算。

（3）气楼屋架、马尾、折角和正交部分的半屋架应并入相连接的整榀屋架体积内计算。

3. 屋面木基层

（1）檩木按体积计算，简支檩木长度按设计图示中距增加 200 mm 计算，如两端出山，檩条长度算至博风板。连续檩条的长度按设计长度计算，接头长度按全部连续檩木的总体积的 5% 计算。檩托木（或垫木）工程量并入檩木计算。

（2）屋面木基层，按屋面斜面积计算，不扣除附墙烟囱、风道、风帽底座和屋顶小气窗所占面积，小气窗出檐与木基层重叠部分亦不增加，气楼屋面的屋檐突出部分的面积并入计算。

（3）封檐板按图示檐口外围长度计算，博风板按水平投影长度乘屋面坡度系数 C 后，单坡加 300 mm，双坡加 500 mm 计算。

4. 木柱、木梁、木楼梯

（1）木柱、木梁制作安装均按设计断面竣工木料以体积计算，其后备长度及配制损耗已包括在子目内。

（2）木楼梯（包括休息平台和靠墙踢脚板）按水平投影面积计算，不扣除宽度 300 mm以内的楼梯井，伸入墙内部分的面积亦不另计算。

【例 7-50】 某单层房屋的黏土瓦屋面木基层如图 7-70 所示，屋面坡度 1：2，连续方木檩条断面 120 mm×180 mm@1 000 mm（每个支承点下放置檩条托木，断面 120 mm×120 mm×240 mm），上钉方木椽子 40 mm×60 mm@400 mm 和挂瓦条 30 mm×30 mm@330 mm，端头钉三角木 60 mm×75 mm 对开，封檐板和博风板不带落水线，断面 200 mm×20 mm。封檐板和博风板露面部分刨光，其余木材不刨光，计算该屋面木基层的工程量、综合单价和合价。

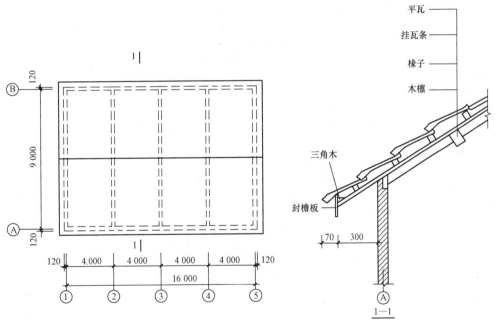

图 7-70 屋面木基层

【解】 （1）列项目：檩条（9-42）、椽子及挂瓦条（9-52）、三角木（9-55）、封檐板、博风板（9-59）

（2）计算工程量：

①檩条：

根数：$9 \times \dfrac{\sqrt{5}}{2} \div 1 + 1 = 11$ 根

檩条体积：$0.12 \times 0.18 \times (16.24 + 2 \times 0.3) \times 11 \times 1.05$（接头）$= 4.201 \ \mathrm{m}^3$

檩条托木体积：0.12×0.12×0.24×11×5＝0.190 m³

小计：4.39 m³

②椽子及挂瓦条：$(16.24+2×0.3)×(9.24+2×0.3)×\frac{\sqrt{5}}{2}=185.26$ m²

③三角木：$(16.24+0.6)×2=33.68$ m

④封檐板和博风板：封檐板：$(16.24+2×0.30)×2=33.68$ m

$$博风板：[(9.24+2×0.32)×\frac{\sqrt{5}}{2}+0.5]×2=23.092 \text{ m}$$

小计：56.77 m

（3）套定额，计算结果如表7-58所示。

表7-58　计算结果

序号	定额编号	项目名称	计量单位	工程量	综合单价/元	合价/元
1	9-42	方木檩条120×180@1 000	m³	4.39	2 149.96	9 438.32
2	9-52 换	椽子及挂瓦条	10 m²	18.526	212.49	3 936.59
3	9-55 换	檩木上钉三角木60×75 对开	10 m	3.368	45.54	153.38
4	9-59 换	封檐板、博风板不带落水线	10 m	5.677	139.49	791.88
合计						14 320.17

注：方木椽子断面换算：$40×50：40×60=0.059：x$　$x=0.070 8$ m³

　　挂瓦条断面换算$25×20：30×30=0.019：y$　$y=0.034 2$ m³

　　挂瓦条间距换算$300：330=z：0.034 2$　$z=0.031 1$ m³

　　换算后普通成材用量$0.070 8+0.031 1=0.102$ m³

　　9-52 换：$174.09+(0.102-0.078)×1 600=212.49$ 元/10 m²

　　9-55 换：$41.54+(0.06×0.075÷2×10-0.02)×1 600=45.54$ 元/10 m

　　9-59 换：$126.65-76.80+203×23÷(200×20)×0.048×1 600=139.49$ 元/10 m

答：该屋面木基层合价14 320.17元。

7.11 屋面及防水工程

7.11.1 本节内容概述

本节内容包括：屋面防水；平面、立面及其他防水；伸缩缝、止水带；屋面排水。

屋面防水包括：瓦屋面及彩钢板屋面；卷材屋面；屋面找平层；刚性防水屋面；涂膜屋面。

平面、立面及其他防水包括：涂刷油类；防水砂浆；粘贴卷材、纤维布。

伸缩缝、止水带包括：伸缩缝；盖缝；止水带。

屋面排水包括：PVC排水管；铸铁管排水；玻璃钢管排水。

7.11.2　有关规定

1. 屋面防水

屋面防水分为瓦屋面、卷材屋面、屋面找平层、刚性防水屋面、涂膜屋面五部分。

1）瓦屋面

（1）瓦安装构造图如图 7-71 所示。瓦材规格与定额不同时，瓦的数量可以换算，其他不变。换算公式：

$$换算后瓦的数量 = \frac{10 \text{ m}^2}{瓦有效长度 \times 瓦有效宽度} \times 1.025 （操作损耗）$$

（2）瓦的计算有效面积和计算有效长度分别为：黏土（水泥）瓦 315 mm×215 mm，黏土（水泥）脊瓦 350 mm，瓦规格不同，数量可换算，其他不变。

（3）定额 10-1 子目以不穿铁丝钉铁钉为准，需穿铁丝钉铁钉者另按 10-3 子目增加。在陶土波形瓦上穿铁丝钉铁钉者，按 10-3 基价乘系数 1.50。

（4）斜板上水泥砂浆粉挂瓦条，设计断面、间距与定额不符按比例换算。

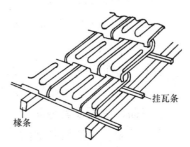

图 7-71　瓦安装构造图

（5）彩钢复合板面板与底板间采用保温时，执行相应的屋面保温、隔热子目。

（6）彩钢板屋面，屋脊不带背托时，彩钢屋脊数量乘系数 0.5，人工乘系数 0.7。屋脊、天沟展开宽与定额不同时，彩钢屋脊、天沟按比例调整，其他不变。

2）卷材屋面

（1）PVC 卷材屋面包括刷冷底子油一遍，但不包括天沟、泛水、屋脊、檐口等处的附加层在内，其附加层应另行计算。其他卷材屋面均包括附加层；接头、收缝材料已列入定额内。

（2）本节以石油沥青、石油沥青玛碲脂为准，设计使用煤沥青、煤沥青玛碲脂，材料调整。

（3）高聚物、高分子防水卷材粘贴，实际使用的黏结剂与本定额不同，单价可以换算，其他不变。

（4）关于卷材铺贴方式的规定如下。

满铺：即为满粘法（全粘法），铺贴防水卷材时，卷材与基层采用全部粘贴的施工方法。

空铺：铺贴防水卷材时，卷材与基层仅在四周一定宽度内粘贴，其余部分不粘贴的施工方法。

条铺：铺贴防水卷材时，卷材与基层采用条状粘贴的施工方法，每幅卷材与基层粘贴面不少于两条，每条宽度不小于 150 mm。

点铺：铺贴防水卷材时，卷材与基层采用点状粘贴的施工方法。每平方米粘贴不少于 5 个点，每个点面积为 100 mm×100 mm。

3）屋面找平层

（1）收录了细石混凝土（有分格缝）、泵送预拌细石混凝土（有分格缝）、非泵送预拌细石混凝土（有分格缝）、水泥砂浆（有分格缝）、防水砂浆（有分格缝）几种类型的屋面找平层。

（2）无分格缝的屋面找平层按楼地面工程相应子目执行。

4）刚性防水屋面

（1）收录了防水砂浆（有、无分格缝）、细石混凝土（有、无分格缝）、泵送预拌细石混凝土（有、无分格缝）、非泵送预拌细石混凝土（有、无分格缝）、水泥砂浆（有、无分格缝）、石灰砂浆隔离层几种类型。

（2）屋面细石混凝土内设计钢筋网，另按钢筋工程相应子目执行。

（3）刚性防水层屋面定额项目是按苏J9501图集做法编制，防水砂浆、细石混凝土、水泥砂浆有分格缝项目中均已包括分隔缝及嵌缝油膏在内，细石混凝土项目中还包括了干铺油毡滑动层，设计要求与图集不符时应按定额规定换算。

5）涂膜屋面

冷胶"二布三涂"项目，其"三涂"是指涂膜构成的防水层数，并非指涂刷遍数，每一涂层的厚度必须符合规范（每一涂层刷二至三遍）要求。

2. 平面、立面及其他防水

（1）平面、立面及其他防水是指楼地面及墙面的防水，分为涂刷、砂浆、粘贴卷材三部分，既适用于建筑物（包括地下室）又适用于构筑物。

（2）各种卷材的防水层均已包括刷冷底子油一遍和平、立面交界处的附加层工料在内。

（3）防水砂浆厚度均按2 cm计算，设计厚度与定额不同时，砂浆按比例调整，其他不变。配合比不同，单价调整。

（4）聚氯乙烯胶泥粘贴设计厚度与定额不符胶泥用量可以调整，其他不变。

3. 伸缩缝、止水带

（1）伸缩缝项目中，除已注明规格可调整外，其余项目均不调整。

（2）玛碲脂伸缩缝断面以150 mm×30 mm计算，设计不同，材料按比例调整，人工不变。

（3）建筑油膏、聚氯乙烯胶泥嵌伸缩缝断面以30 mm×20 mm计算，沥青砂浆断面以150 mm×30 mm计算，如设计不同，材料按比例换算，人工不变。

（4）聚氨酯、硅酮、丙烯酸酯伸缩缝断面以30 mm×20 mm计算，如设计不同，材料按比例换算，人工不变。

（5）盖缝如用预制混凝土盖板，按混凝土部分的有关子目另行计算。

（6）地面变形缝盖板宽度以140 mm计算，如设计所用规格不同，材料按比例调整，其他不变。

（7）楼地面抗震缝钢板宽度以180 mm计算，花纹硬橡胶板宽以320 mm计算，如设计所用规格不同，材料按比例调整，其他不变。

（8）钢（铜）板止水带按3 mm×450 mm计算，设计宽、厚度不同时，按设计用量加5%损耗调整含量，其他不变。

（9）橡胶止水带规格不同，单价换算；使用塑料止水带，止水带单价换算，含量不变。

4. 屋面排水

（1）收录了PVC管、铸铁管和玻璃钢管排水的内容。

（2）铸铁水落管出水口设计弯头者，另增弯头价格。

（3）屋面排水定额中，阳台出水口至落水管中心线斜长按 1 m 计算，设计斜长不同，调整定额中 PVC 管的用量，规格不同应调整，使用只数应与阳台只数配套。

7.11.3　工程量计算规则

1. 屋面防水

（1）瓦屋面按图示尺寸的水平投影面积乘屋面坡度系数 C 以面积计算（瓦出线已包括在内），不扣除房上烟囱、风帽底座、风道、屋面小气窗、斜沟等所占面积，屋面小气窗的出檐部分也不增加。屋面坡度系数示意图如图 7-72 所示。

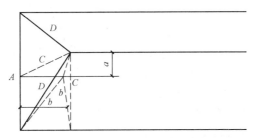

图 7-72　屋面坡度系数示意图

瓦材规格与定额不同时，瓦的数量可以换算，其他不变。换算公式如下：

$$换算后瓦的数量 = \frac{10 \text{ m}^2}{瓦有效长度×瓦有效宽度} × 1.025（操作损耗）$$

（2）瓦屋面的屋脊、蝴蝶瓦的檐口花边、滴水应另列项目按延长米计算，四坡屋面斜脊长度中的 b 乘偶延长系数 D 以延长米计算，山墙泛水长度 = AC，瓦穿铁丝、钉铁钉、水泥砂浆粉挂瓦条按每 10 m² 斜面积计算。

屋面坡度延长米系数表如表 7-59 所示。

表 7-59　屋面坡度延长米系数表

坡度比例 a/b	角度 Q	延长系数 C	隅延长系数 D
1/1	45°	1.414 2	1.732 1
1/1.5	33°40′	1.201 5	1.562 0
1/2	26°34′	1.118 0	1.500 0
1/2.5	21°48′	1.077 0	1.469 7
1/3	18°26′	1.054 1	1.453 0

注：屋面坡度大于45°时，按设计斜面积计算。

（3）彩钢夹芯板、彩钢复合板屋面按实铺面积以平方米计算，支架、槽铝、角铝等均包括在定额内。

（4）彩板屋脊、天沟、泛水、包角、山头按设计长度以延长米计算，堵头已包含在定额内。

【例 7-51】　图 7-70 所示屋面黏土平瓦规格为 420 mm×332 mm，单价为 2.8 元/块，长向搭接 75 mm，宽向搭接 32 mm，黏土脊瓦规格为 432 mm×228 mm，长向搭接 75 mm，单价 3.0 元/块。计算平瓦屋面的工程量、综合单价和合价。

【解】 （1）列项：平瓦屋面（10-1）、脊瓦（10-2）

（2）计算工程量：

瓦屋面面积=（16.24+2×0.37）×（9.24+2×0.37）×1.118=189.46 m²

脊瓦长度=16.24+2×0.37=16.98 m

（3）套定额，计算结果如表7-60所示。

表7-60　计算结果

序号	定额编号	项目名称	计量单位	工程量	综合单价/元	合价/元
1	10-1 换	铺黏土平瓦	10 m²	18.946	331.92	6 288.56
2	10-2 换	铺脊瓦	10 m	1.698	143.22	243.19
合计						6 531.75

注：黏土平瓦的数量：每 10 m² = $\dfrac{10}{(0.42-0.075)×(0.332-0.032)}$ ×1.025=99.03≈99 块

10-1 换：434.72-380.00+0.99×280=331.92 元/10 m²

脊瓦的数量：每 10 m=10 m/（0.432-0.075）×1.025=28.71≈29 块/10 m

10-2 换：131.22-75.00+0.29×300=143.22 元/10 m

答：该屋面平瓦部分的合价为 6 531.75 元。

（5）卷材屋面工程量按以下规定计算。

①卷材屋面按图示尺寸的水平投影面积乘规定的坡度系数以面积计算，但不扣除房上烟囱、风帽底座、风道所占面积。女儿墙、伸缩缝、天窗等处的弯起高度按图示尺寸计算并入屋面工程量内；如图纸无规定时，伸缩缝、女儿墙的弯起高度按 250 mm 计算，天窗弯起高度按 500 mm 计算并入屋面工程量内；檐沟、天沟按展开面积并入屋面工程量内。

②油毡屋面均不包括附加层在内，附加层按设计尺寸和层数另行计算。

（6）刚性屋面防水按设计图示尺寸以面积计算，不扣除房上烟囱、风帽底座、风道等所占面积。

（7）涂膜屋面工程量计算同卷材屋面。

2. 平面、立面及其他防水

平面、立面及其他防水工程量按以下规定计算。

（1）涂刷油类防水按设计涂刷面积计算。

（2）防水砂浆防水按设计抹灰面积计算，扣除凸出地面的构筑物、设备基础及室内铁道所占的面积。不扣除附墙垛、柱、间壁墙、附墙烟囱及 0.3 m² 以内孔洞所占的面积。

（3）粘贴卷材、布类。

①平面：建筑物地面、地下室防水层按主墙（承重墙）间净面积计算，扣除凸出地面的构筑物、柱、设备基础等所占面积，不扣除附墙垛、间壁墙、附墙烟囱及0.3 m² 以内孔洞所占的面积。与墙间连接处高度在 300 mm 以内者，按展开面积计算并入平面工程量内，超过 300 mm 时，按立面防水层计算。

②立面：墙身防水层按图示尺寸扣除立面孔洞所占面积（0.3 m² 以内孔洞不扣）以面积计算。

③构筑物防水层按设计图示尺寸以面积计算，不扣除 0.3 m² 以内孔洞面积。

3. 伸缩缝、止水带

伸缩缝、止水带按延长米计算，外墙伸缩缝在墙内、外双面填缝者，工程量应按双面计算。

4. 屋面排水工程

屋面排水工程工程量按以下规定计算。

（1）玻璃钢、PVC、铸铁水落管、檐沟均按图示尺寸以延长米计算。水斗、女儿墙弯头、铸铁落水口（带罩）均按只计算。

（2）屋面排水定额中，阳台 PVC 管通落水管按只计算，每只阳台出水口至落水管中心线斜长按 1 m 计算（内含两只 135 弯头，1 只异径三通），设计长度不同应增减，弯头不变，规格不同应调整。

【例 7-52】 试计算某三类工程，采用檐沟外排水的六根 φ100 铸铁水落管的工程量（檐口滴水处标高 12.8 m，室外地面-0.3 m），并计算综合单价和复价。

【解】 （1）列项目：水落管（10-211）、水口（10-214）、水斗（10-216）

（2）计算工程量：

φ100 铸铁水落管：（12.80+0.3）×6＝78.60 m

φ100 铸铁落水口：6 只

φ100 铸铁水斗：6 只

（3）套定额，计算结果如表 7-61 所示。

表 7-61 计算结果

序号	定额编号	项目名称	计量单位	工程量	综合单价/元	合价/元
1	10-211	铸铁水落管	10 m	7.86	1 065.14	8 372.00
2	10-214	铸铁落水口	10 只	0.6	458.09	274.85
3	10-216	铸铁水斗	10 只	0.6	1 246.01	747.61
合计						9 394.46

答：该水落管部分的合价为 9 394.46 元。

7.12 保温、隔热、防腐工程

7.12.1 本节内容概述

本节内容包括保温隔热工程和防腐工程。

保温隔热工程包括：屋、楼地面；墙、柱、天棚及其他。

防腐工程包括：整体面层；平面砌块料面层；池、沟槽砌块料；耐酸防腐涂料；烟囱、烟道内涂刷隔绝层。

7.12.2 有关规定

有关规定如下。

（1）外墙聚苯颗粒保温的基层，按墙柱面工程相应子目执行。

（2）凡保温、隔热工程用于地面时，增加电动夯实机0.04台班/m³。

（3）整体面层和平面块料面层，适用于楼地面、平台的防腐面层。整体面层厚度、砌块料面层的规格、结合层厚度、灰缝宽度，各种胶泥、砂浆、混凝土配合比，设计与定额不符时应换算，但人工、机械不变。

块料面层贴结合层厚度、灰缝宽度取定如下：

树脂胶泥、树脂砂浆结合层6 mm，灰缝宽度3 mm；

水玻璃胶泥水玻璃砂浆结合6 mm，灰缝宽度4 mm；

硫黄胶泥、硫黄砂浆结合层6 mm，灰缝厚度5 mm；

花岗岩及其他条石结合层15 mm，灰缝宽度8 mm。

（4）块料面层以平面为准，立面铺砌人工乘1.38系数，踢脚板人工乘1.56系数，块料乘1.01系数，其他不变。

（5）本章中浇灌混凝土的项目需立模时，按混凝土垫层项目的含模量计算，按条形基础定额执行。

7.12.3 工程量计算规则

工程量计算规则如下。

（1）保温隔热工程工程量按以下规定计算。

①保温隔热层按隔热材料净厚度（不包括胶结材料厚度）乘设计图示面积按体积计算。

②地墙隔热层，按围护结构墙体内净面积计算，不扣除0.3 m²以内孔洞所占的面积。

③软木、聚苯乙烯泡沫板铺贴平顶以图示长乘宽乘厚的体积以立方米计算。

④屋面架空隔热板、天棚保温（沥青贴软木除外）层，按图示尺寸实铺面积计算。

⑤墙体隔热：外墙按隔热层中心线、内墙按隔热层净长乘图示尺寸的高度（如图纸无注明高度时，则下部由地坪隔热层算起，带阁楼时算至阁楼板顶止；无阁楼时则算至檐口）及厚度以体积计算，应扣除冷藏门洞口和管道穿墙洞口所占的体积。

⑥门口周围的隔热部分，按图示部位，分别套用墙体或地坪的相应定额以体积计算。

⑦软木、泡沫塑料板铺贴柱帽、梁面，以图示尺寸按体积计算。

⑧梁头、管道周围及其他零星隔热工程，均按实际尺寸以体积计算，套用柱帽、梁面定额。

⑨池槽隔热层按图示池槽保温隔热层的长、宽及厚度以体积计算，其中池壁按墙面计算，池底按地面计算。

⑩包柱隔热层，按图示柱的隔热层中心线的展开长度乘图示尺寸高度及厚度以立方米计算。

（2）防腐工程项目应区分不同防腐材料种类及厚度，按设计实铺面积计算，应扣除凸出地面的构筑物、设备基础所占的面积。砖垛等突出墙面部分，按展开面积计算并入墙面防腐工程量内。

（3）踢脚板按实铺长度乘以高度按面积计算。应扣除门洞所占面积并相应增加侧壁展开面积。

（4）平面砌筑双层耐酸块料时，按单层面积乘系数2.0计算。

（5）防腐卷材接缝附加层收头等工料，已计入定额中，不另行计算。

（6）烟囱内表面涂抹隔绝层，按筒身内壁的面积计算，并扣除孔洞面积。

【例7-53】 某耐酸池平面及断面如图7-73所示，在350 mm厚的钢筋混凝土基层上粉25 mm耐酸沥青砂浆，用6 mm厚的耐酸沥青胶泥结合层贴耐酸瓷砖，树脂胶泥勾缝，瓷砖规格 230 mm×113 mm×65 mm，灰缝宽度 3 mm，其余与定额规定相同。请计算工程量和定额综合单价及合价。

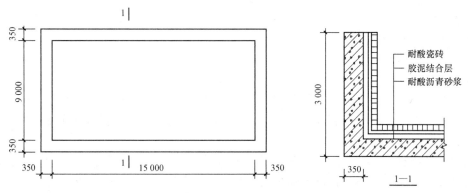

图 7-73　耐酸池平面及断面

分析：防腐工程项目应区分不同防腐材料种类及厚度，按设计实铺面积计算，即工程量应按照建筑尺寸进行计算（主要针对立面，平面一般还按结构尺寸计算）。

【解】　（1）列项：耐酸砂浆（11-64，11-65）、池底贴耐酸瓷砖（11-159）、池壁贴耐酸瓷砖（11-159）

（2）计算工程量：

耐酸沥青砂浆：$15.0×9.0+(15.0+9.0)×2×(3.0-0.35-0.025)=261.00 \ m^2$

池底贴耐酸瓷砖：$15.0×9.0=135.00 \ m^2$

池壁贴耐酸瓷砖$(15.0+9.0-0.096×2)×2×(3.0-0.35-0.096)=121.61 \ m^2$

（3）套定额，计算结果如表 7-62 所示。

表 7-62　计算结果

序号	定额编号	项目名称	计量单位	工程量	综合单价/元	合价/元
1	11-64，11-65	耐酸沥青砂浆 25 mm	10 m²	26.1	926.75	24 188.18
2	11-159	池底贴耐酸瓷砖	10 m²	13.5	3 607.25	48 697.88
3	11-159 换	池壁贴耐酸瓷砖	10 m²	12.161	4 055.70	49 321.37
合计						122 207.43

注：11-159 换（立面人工乘以 1.38，块料乘以 1.01）：$3\ 607.25+826.56×0.38×(1+25\%+12\%)+0.01×1\ 814.40=4\ 055.70$ 元/10 m²。

答：该耐酸池工程合价为 122 207.43 元。

7.13　厂区道路及排水工程

7.13.1　本节内容概述

本节内容包括：整理路床、路肩及边沟砌筑；道路垫层；铺预制混凝土块、道板面层；

铺设预制混凝土路牙沿、混凝土面层；排水系统中钢筋混凝土井、池、其他；排水系统中砖砌窨井；井、池壁抹灰、道路伸缩缝；混凝土排水管铺设；PVC 排水管铺设；各种检查井综合定额。

7.13.2　有关规定

有关规定如下。

（1）本定额适用于一般工业与民用建筑物（构筑物）所在的厂区或住宅小区内的道路、广场及排水。如该部分是按市政工程标准设计的，执行市政定额，设计图纸未注明的，仍按本节定额执行。

（2）除各种检查综合定额子目外，其余各部分中未包含土方和管道基础，未包括的项目（如土方、垫层、面层和管道基础等），应按本定额其他分部的相应项目执行。

（3）厂区道路。

①停车场、球场、晒场按道路相应子目执行，其压路机台班乘系数 1.2。整理路床用压路机碾压，按相应子目基价乘系数 0.5，压路机碾压按土石方工程相应项目执行。

②定额中收录了乱毛石浆砌边沟的子目，如砖砌、毛石浆砌边沟按砌筑工程相应子目执行。

③定额中收录了铺块料路面的内容，如预制块（砖）规格不同，数量、单价均应换算。

④定额中收录的混凝土路牙和路沿是按预制路牙和路沿考虑的，如路牙、路沿规格长度不同时，数量、单价均应换算，其他不变。

⑤道路伸缩缝定额中锯缝机锯缝应注意按设计深度变化执行定额，同时聚氯乙烯胶泥嵌缝应注意按缝断面比例换算价格（基价按比例换算）。

（4）排水工程。

①本节定额中的管道铺设不论采用人工或机械工均执行本定额。

②钢筋混凝土井池壁和砖砌井池壁项目中未包括井池壁内需安装的 U 形铁爬梯和琵琶弯材料费（但安装的人工费已包括在内），执行定额时 U 形铁爬梯及琵琶弯材料应另外计算。

③定额中混凝土井盖及井座、板是按成品考虑的，如为现场制作应按设计图纸套用相应定额。

④定额中收录了铸铁盖板安装和钢纤维井盖及井座安装的子目，如规格不同，则仅调整材料价格，其余不变。

⑤检查井综合子目中，挖土、回填土、运土项目未综合在内，应按土石方工程的相应子目执行。

⑥检查井综合子目中综合了井盖及井座的内容，综合了钢纤维井盖及井座的是按钢纤维成品价计算的，如用其他成品材料，套用相应定额；如在现场制作混凝土井盖及井座，按设计图纸套用相应定额。

⑦检查井综合定额中涉及的脚手架和模板列出供参考，对深度每增减 100 mm 子目中的脚手架需结合井的深度综合考虑。

7.13.3　工程量计算规则

工程量计算规则如下。

（1）整理路床、路肩和道路垫层、面层均按设计图示尺寸以面积计算，不扣除窨井所占面积。

（2）路牙（沿）以延长米计算。

（3）钢筋混凝土井（池）底、壁、顶和砖砌井（池）壁不分厚度以实体积计算，池壁与排水管道连接的壁上孔洞其排水管径在 300 mm 以内所占的壁体积不予扣除；超过 300 mm 时，应予扣除。所有井（池）壁孔洞上部砖券已包括在定额内，不另计算。井（池）底、壁抹灰合并计算。

（4）路面伸缩缝锯缝、嵌缝均按延长米计算。

（5）混凝土、PVC 排水管工程量按不同管径分别按延长米计算，长度按两井间净长度计算。

【例 7-54】　某单位施工停车场（土方不考虑），该停车场面积 30 m×120 m，做法为：片石垫层 25 cm 厚，道碴垫层 15 cm 厚，C30 混凝土面层 15 cm 厚，路床用 12 t 光轮压路机碾压，长边方向每间隔 20 m 留伸缩缝（锯缝），深度 100 mm，采用聚氯乙烯胶泥嵌缝，嵌缝断面 100 mm×6 mm，请计算其工程量和定额综合单价及合价。

分析：停车场、球场、晒场按本节相应项目执行，其压路机台班乘系数 1.2；整理路床用压路机碾压，按相应项目基价乘系数 0.5。

【解】　（1）列项目：路床原土碾压（1-284）、片石垫层（12-5）、道碴垫层（12-7）、混凝土面层（12-18）、锯缝机锯缝（12-37）、胶泥嵌缝（12-39）

（2）计算工程量：

路床原土碾压、片石垫层、道碴垫层、混凝土面层：30×120＝3 600 m²

锯缝、嵌缝：30×（120÷20-1）＝150 m

（3）套定额，计算结果如表 7-63 所示。

表 7-63　计算结果

序号	定额编号	项目名称	计量单位	工程量	综合单价/元	合价/元
1	1-284 换	路床原土碾压	1 000 m²	3.6	117.16	421.78
2	12-5 换	道路片石垫层 20 cm	10 m²	360	395.29	14 2304.40
3	12-7 换	道碴垫层 10 cm	10 m²	360	231.87	83 473.20
4	12-18 换	C30 混凝土面层 10 cm	10 m²	360	704.87	253 753.20
5	12-37 换	锯缝机锯缝深度 5 cm	10 m	15	194.88	2 923.20
6	12-39 换	胶泥嵌缝	10 m	15	90.48	1 357.20
合计						484 232.98

注：1-284 换：234.31×0.5＝117.16 元/1 000 m²；

12-5 换：321.50+0.2×8.31×1.37+（14.16+0.2×0.52×1.37）×5＝395.29 元/10 m²

12-7 换：158.53+0.2×8.31×1.37+（14.07+0.2×0.52×1.37）×5＝231.87 元/10 m²

12-18 换：499.07+41.16×5＝704.87 元/10 m²

12-37 换：93.53+20.27×5＝194.88 元/10 m

12-39 换：37.70×100×6/（50×5）＝90.48 元/10 m

答：该停车场工程合价为 484 232.98 元。

第8章 装饰工程费用的计算

8.1 楼地面工程

楼地面是工业与民用建筑底层地面和楼层地面（楼面）的总称，包括室外散水、台阶、明沟、坡道等附属工程。根据构造做法，楼面主要有附加层、找平层、结合层和面层，地面主要有基层、垫层、附加层、结合层和面层。

8.1.1 本节内容概述

本节内容包括：垫层；找平层；整体面层；块料面层；木地板、栏杆、扶手；散水、斜坡、明沟。

垫层收录了灰土、砂、砂石、毛石、碎砖、碎石、道碴、混凝土及商品混凝土的内容。

找平层收录了水泥砂浆、细石混凝土和沥青砂浆的内容。

整体面层收录了水泥砂浆、无砂面层、水磨石面层、水泥豆石浆、钢屑水泥浆、自流平地面和抗静电地面的内容，同时收录了水泥砂浆、水磨石楼梯、台阶、踢脚线部分的内容。

块料面层包括：石材块料面层；石材块料面层多色简单图案拼贴；缸砖、马赛克、凹凸假麻石块；地砖、橡胶塑料板；玻璃；镶嵌铜条；镶贴面酸洗、打蜡。

木地板、栏杆、扶手包括：木地板；踢脚线；抗静电活动地板；地毯；栏杆、扶手。

散水、斜坡、明沟收录了混凝土散水、大门混凝土斜坡、水泥砂浆搓牙、混凝土和砖明沟的内容。

8.1.2 楼地面工程基本规定

楼地面工程基本规定如下。

（1）本章中各种混凝土、砂浆强度等级、抹灰厚度，设计与定额规定不同时，可以换算。

（2）通往地下室车道的土方、垫层、混凝土、钢筋混凝土按相应子目执行。

（3）楼地面工程不含铁件内容，如发生另行计算，按相应子目执行。

8.1.3 垫层的规定及工程量计算规则

1. 垫层的规定

（1）楼地面工程中的垫层仅适用于地面工程相关项目，不用于基础工程中的垫层。

（2）除去混凝土垫层（混凝土振捣器振捣），其余材料垫层采用的是电动夯实机夯实，设计采用压路机碾压时，每 1 m³ 相应的垫层材料乘系数 1.15，人工乘系数 0.9，增加光轮压路机 8 t 0.022 台班，扣除电动打夯机。

（3）在原土上需打底夯者应另按土方工程中的打底夯定额执行。

（4）13-9 为碎石干铺子目，设计碎石干铺需灌砂浆时，另增人工 0.25 工日，砂浆 0.32 m³，水 0.30 m³，灰浆搅拌机 200 L 0.064 台班，同时扣除定额中碎石 5~16 mm 0.12 t，碎石 5~40 mm 0.04 t。

2. 垫层的工程量计算规则

地面垫层：按室内主墙间净面积乘设计厚度以体积计算，应扣除凸出地面的构筑物、设备基础、室内铁道、地沟等所占体积，不扣除柱、垛、间壁墙、附墙烟囱及面积在 0.3 m² 以内孔洞所占体积，但门洞、空圈、暖气包槽、壁龛的开口部分亦不增加。

【例 8-1】 某一层建筑平面图如图 8-1 所示，室内地坪标高 ±0.00，室外地坪标高 −0.45 m，土方堆积地距离房屋 150 m。该地面做法：1:2 水泥砂浆面层 20 mm，C15 自拌混凝土垫层（不分格）80 mm，碎石垫层 100 mm，夯填地面土。踢脚线：120 mm 高水泥砂浆踢脚线。Z：300 mm×300 mm，M1：1 200 mm×2 000 mm。台阶：100 mm 碎石垫层，C15 自拌混凝土，1:2 水泥砂浆面层。散水：C15 自拌混凝土 600 mm 宽，按苏 J08-2006 图集施工（不考虑模板），踏步高 150 mm。求地面土方及垫层部分工程量、综合单价和合价。

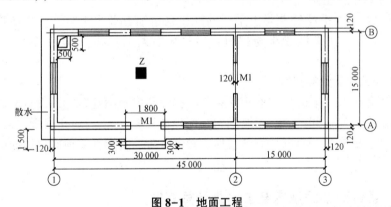

图 8-1 地面工程

分析：平台的工程量合并到地面中一并计算。

【解】（1）列项目：挖回填土（1-1）、人工运回填土（1-92+1-95×2）、夯填地面土（1-102）、碎石垫层（13-9）、混凝土垫层（13-11）

（2）计算工程量：

地面及平台面积 $S = (45-0.24) \times (15-0.24) + 0.6 \times 1.8 = 661.70 \ \text{m}^2$

挖回填土、人工运回填土、夯填地面土 $V_1 = S \times (0.45-0.1-0.08-0.02) = 165.43 \ \text{m}^3$

碎石垫层 $V_2 = S \times 0.1 + 1.62 \times 0.1 = 66.33 \ \text{m}^3$

混凝土垫层 $V_3 = S \times 0.08 = 52.94 \ \text{m}^3$

（3）套定额，计算结果如表8-1所示。

表8-1　计算结果

序号	定额编号	项目名称	计量单位	工程量	综合单价/元	合价/元
1	1-1	人工挖一类回填土	m³	165.43	10.55	1 745.29
2	1-92+1-95×2	人工运回填土150 m以内	m³	165.43	28.49	4 713.10
3	1-102	夯填地面土	m³	165.43	28.40	4 698.21
4	13-9	碎石垫层	m³	66.33	171.45	11 372.28
5	13-11	C15混凝土垫层	m³	52.94	395.95	20 961.59
合计						43 490.47

答：该地面土方及垫层部分工程的合价为43 490.47元。

8.1.4　找平层的规定及工程量计算规则

1. 找平层的规定

（1）本部分内容用于单独计算找平层的内容，定额子目中已含找平层内容的，不得再计算找平层部分的内容。

（2）细石混凝土找平层中设计有钢筋者，钢筋按7.6钢筋工程的相应项目执行。

（3）细石混凝土找平层的混凝土是按自拌考虑的，采用预拌泵送细石混凝土时，材料换算，13-18中人工扣减0.53工日，增加泵管摊销费0.1元，扣除混凝土搅拌机，增加泵车0.004台班；13-19中人工扣减0.07工日，增加泵管摊销费0.01元，扣除混凝土搅拌机，增加泵车0.000 5台班。

（4）细石混凝土找平层的混凝土采用预拌非泵送细石混凝土时，材料换算，13-18中人工扣减0.34工日，扣除混凝土搅拌机；13-19中人工扣减0.04工日，扣除混凝土搅拌机。

2. 找平层的工程量计算规则

找平层的工程量按主墙间净空面积计算，应扣除凸出地面建筑物、设备基础、地沟等所占面积，不扣除柱、垛、间壁墙、附墙烟囱及面积在0.3 m²以内的孔洞所占面积，但门洞、空圈、暖气包槽、壁龛的开口部分亦不增加。看台台阶、阶梯教室地面整体面层按展开后的净面积计算。

8.1.5　整体面层的规定及工程量计算规则

1. 整体面层的规定

（1）本章整体面层子目中均包括基层与装饰面层。找平层砂浆设计厚度不同，按每增、减5 mm找平层调整。黏结层砂浆厚度与定额不符时，按设计厚度调整。地面防潮层按8.6中相应项目执行。

（2）整体面层中的楼地面项目，均不包括踢脚线工料。设计踢脚线高度与定额取定不同时，材料按比例调整，其他不变。

（3）楼地面工程中的水泥砂浆、水磨石楼梯包括踏步、踢脚板、踢脚线、平台、堵头，不包括楼梯底抹灰（楼梯底抹灰另按8.3中相应项目执行）。

（4）螺旋形、圆弧形楼梯整体面层按楼梯定额执行，人工乘系数1.2，其他不变。

（5）拱形楼板上表面粉面按地面相应定额人工乘系数 2。

（6）看台台阶、阶梯教室采用水泥砂浆面层执行地面面层相应项目，人工乘系数 1.6，其他不变。

（7）水磨石面层。

①水磨石面层定额项目已包括酸洗打蜡工料，设计不进行酸洗打蜡的，应扣除定额中的酸洗打蜡材料费及人工 0.51 工日/10 m²，除水磨石面层之外的其余项目均不包括酸洗打蜡，应另列项目计算。

②水磨石面层定额中包括找平层砂浆在内，面层厚度设计与定额不符时，水泥石子浆每增减 1 mm 增减 0.01 m³，其余不变。

③彩色镜面磨石系指高级水磨石，除质量要求达到规范要求外，其操作工艺一般应按"五浆五磨"研磨、七道"抛光"工序施工。

④彩色水磨石已按氧化铁红颜料编制，如采用氧化铁黄或氧化铬绿彩色石子浆，颜料单价应调整。

⑤水磨石整体面层嵌条定额按嵌玻璃条考虑，设计用金属嵌条，应扣除定额中的玻璃数量，金属嵌条按设计长度以 10 延长米执行 13-105 子目（13-105 定额子目内人工费是按金属嵌条与玻璃嵌条补差方法编制的），金属嵌条品种、规格不同时，其材料单价应换算。

⑥看台台阶、阶梯教室地面做的是水磨石时，按 13-30 白石子浆不嵌条水磨石楼地面子目执行，人工乘系数 2.2，磨石机乘系数 0.4，其他不变。

【例 8-2】 某工程有 118 m² 彩色水磨石楼地面，设计构造为：素水泥浆一道；15 mm 厚 1:3 水泥砂浆找平层；14 mm 厚 1:2 白水泥加氧化铁黄彩色石子浆（单价 982.71 元/m²），氧化铁黄 7 元/kg，采用 2 mm×14 mm 铜嵌条（单价为 5 元/m），按图纸计算铜条用量为 2.1 m/m²。如不进行酸洗打蜡及成品保护，求其定额合价（不考虑管理费和利润费率的调整）。

【解】 （1）列项目：水磨石楼地面（13-32）、找平层厚度调整（13-17）、镶嵌铜条（13-105）

（2）计算工程量：

水磨石楼地面、找平层 $S = 118$ m²

镶嵌铜条 $= 2.1 \times 118 = 247.8$ m

（3）套定额，计算结果如表 8-2 所示。

表 8-2 计算结果

序号	定额编号	项目名称	计量单位	工程量	综合单价/元	合价/元
1	13-32 换	水磨石楼地面	10 m²	11.8	923.40	10 896.12
2	13-17	找平层厚度减 5 mm	10 m²	-11.8	28.51	-336.42
2	13-105 换	镶嵌铜条	10 m	24.78	60.03	1 487.54
合计						12 047.24

注：13-32 换：1 006.17-0.51×82×(1+25%+12%)-168.28+(0.173-0.01)×982.71-10.56-1.95+0.3×7-(0.45+2.3+2+0.7+0.8+0.72)=923.40 元/10 m²

13-105 换：65.33-58.30+5×10.6=60.03 元/m

答：该水磨石楼地面工程的合价为 12 047.24 元。

2. 整体面层的工程量计算规则

（1）均按主墙间净空面积计算，应扣除凸出地面建筑物、设备基础、地沟等所占面积，不扣除柱、垛、间壁墙、附墙烟囱及面积在 0.3 m² 以内的孔洞所占面积，但门洞、空圈、暖气包槽、壁龛的开口部分亦不增加。看台台阶、阶梯教室地面整体面层按展开后的净面积计算。

（2）整体面层楼梯工程量按水平投影面积计算，包括踏步、踢脚板、踢脚线、中间休息平台、梯板侧面及堵头。楼梯井宽在 200 mm 以内者不扣除，超过 200 mm 者，应扣除其面积，楼梯间与走廊连接的，应算至楼梯梁的外侧。

（3）台阶（包括踏步及最上一步踏步口外延 300 mm）整体面层按水平投影面积计算。

（4）水泥砂浆、水磨石踢脚线按延长米计算。其洞口、门口长度不予扣除，但洞口、门口、垛、附墙烟囱等侧壁也不增加。

【例 8-3】 根据例 8-1 题意。求楼地面工程和台阶部分的工程量、综合单价和合价。

分析：水泥砂浆踢脚线高度与定额不符，材料按比例换算，其他不变。

【解】 （1）列项目：水泥砂浆面层（13-22）、水泥砂浆踢脚线（13-27）、混凝土台阶（6-59）、台阶面层（13-25）、混凝土散水（13-163）

（2）计算工程量：

水泥砂浆地面 $S = (45-0.24) \times (15-0.24) + 0.6 \times 1.8 = 661.70$ m²

水泥砂浆踢脚线：$(45-0.24-0.12) \times 2 + (15-0.24) \times 4 = 148.3$ m

混凝土台阶、台阶粉面：$1.8 \times 0.9 = 1.62$ m²

混凝土散水：$[(45.24+0.6+15.24+0.6) \times 2 - 1.8] \times 0.6 = 121.56 \times 0.6 = 72.94$ m²

（3）套定额，计算结果如表 8-3 所示。

表 8-3 计算结果

序号	定额编号	项目名称	计量单位	工程量	综合单价/元	合价/元
1	13-22	水泥砂浆地面厚 20 mm	10 m²	66.17	165.31	10 938.56
2	13-27 换	水泥砂浆踢脚线 120 mm	10 m	14.83	60.96	904.04
3	6-59 换	C15 混凝土台阶	10 m²	0.162	714.67	115.78
4	13-25	台阶粉面	10 m²	0.162	408.18	66.13
5	13-163 换	混凝土散水	10 m²	7.294	537.31	3 919.14
合计						15 943.65

注：13-27 换：$62.94 - 9.92 + 9.92 \times (120/150) = 60.96$ 元/10 m

6-59 换：$745.93 - 415.19 + 1.63 \times 235.54 = 714.67$ 元/10 m²

13-163 换：$622.39 - 170.43 + 0.66 \times 193.14 - 53.54 + 0.202 \times 56.51 = 537.31$ 元/10 m²

答：该楼地面工程、台阶和散水部分工程的合价为15 943.65 元。

8.1.6 块料面层的规定及工程量计算规则

1. 块料面层的有关规定

1）石材镶贴

（1）块料面层中的楼地面项目，不包括踢脚线工料。设计踢脚线高度与定额取定不同时，材料按比例调整，其他不变。

（2）石材块料面板镶贴不分品种、拼色，均执行相应子目。包括镶贴一道墙四周的镶边线（阴、阳角处含 45°角），设计有两条或两条以上镶边者，按相应定额子目人工乘系数

1.10（工程量按镶边的工程量计算），矩形分色镶贴的小方块，仍按定额执行。

（3）石材块料面板局部切除并分色镶贴成折线图案者称"简单图案镶贴"。切除分色镶贴成弧线形图案者称"复杂图案镶贴"，该两种图案镶贴应分别套用定额。定额中直接设置了"简单图案镶贴"的子目，对于"复杂图案镶贴"，采用"简单图案镶贴"子目换算而得。换算方式：人工乘系数 1.20，其弧形部分的石材损耗可按实际调整。凡市场供应的拼花石材成品铺贴，均按拼花石材产品安装定额执行。

（4）石材块料面板镶贴及切割费用已包括在定额内，但石材磨边未包括在内。设计磨边者，按 8.6 相应子目执行。

（5）石材块料面层设计弧形贴面时，其弧形部分的石材损耗可按实调整，并按弧形图示尺寸每 10 m 另外增加：切割人工 0.6 工日，合金钢切割锯片 0.14 片，石料切割机 0.60 台班。

（6）现场锯割石材块料面板粘贴在螺旋形、圆弧形楼梯面，按实际情况另行处理。

（7）石材块料地面是以成品镶贴为准的。若为现场五面剁斧，底面斩凿，现场加工后镶贴，人工乘系数 1.65，其他不变。

2）缸砖、地砖

（1）定额中粘贴缸砖采用的是 152 mm×152 mm 的缸砖，分为勾缝和不勾缝两种做法。如粘贴 100 mm×100 mm 缸砖，勾缝的在定额基础上人工乘系数 1.43，1∶1 水泥砂浆改为 0.074 m³；不勾缝的在定额基础上人工乘系数 1.43。

（2）当地面遇到弧形墙面时，其弧形部分的地砖损耗可按实调整，并按弧形图示尺寸每 10 m 增加切贴人工 0.3 工日。

（3）设计弧形贴面时，其弧形部分的地砖损耗可按实调整，并按弧形图示尺寸每 10 m 另外增加：切割人工 0.6 工日，合金钢切割锯片 0.14 片，石料切割机 0.60 台班。

（4）地砖收录了多色简单图案镶贴的子目，如采用多色复杂图案（弧形型）镶贴，人工乘系数 1.2，其弧形部分的地砖损耗可按实调整。

（5）螺旋形、圆弧形楼梯贴块料面层按相应项目人工乘系数 1.2，块料面层材料乘系数 1.1，其他不变。

3）镶嵌铜条

（1）楼梯、台阶、地面上切割石材面嵌铜条均执行镶嵌铜条相应子目。嵌入的铜条规格不符时，单价应换算。如切割石材面嵌弧形铜条，人工、合金钢切割锯片、石料切割机乘系数 1.20。

（2）楼梯、台阶不包括防滑条，设计用防滑条者，按相应子目执行。

（3）防滑条定额中金刚砂防滑条以单线为准，双线定额单价乘 2.0；马赛克防滑条套用缸砖防滑条定额，马赛克防滑条增加马赛克 0.41 m²（两块马赛克宽），宽度不同，马赛克按比例换算。

4）特殊地面要求

对石材块料面板地面或特殊地面要求需成品保护者，不论采用何种材料进行保护，均按相应子目执行，但必须是实际发生时才能计算。

2. 块料面层的工程量计算规则

（1）按图示尺寸以实铺面积计算，应扣除凸出地面的构筑物、设备基础、柱、间壁墙等不做面层的部分，0.3 m² 以内的孔洞面积不扣除。门洞、空圈、暖气包槽、壁龛的开口部分的工程量另增并入相应的面层内计算。

（2）块料面层踢脚线，按图示尺寸以实贴延长米计算，门洞扣除，侧壁另加。

（3）地面、石材面嵌金属和楼梯防滑条均按延长米计算。

【例8-4】 如图8-1所示地面、平台及台阶粘贴米黄色镜面同质地砖，设计的构造为：素水泥浆一道；20 mm厚1∶3水泥砂浆找平层，5 mm厚1∶2水泥砂浆粘贴500 mm×500 mm×5 mm镜面同质地砖（预算价35元/块）。踢脚线150 mm高。台阶及平台侧面不贴同质砖，粉15 mm 1∶3水泥砂浆底层，5 mm 1∶2水泥砂浆面层。同质砖面层进行酸洗打蜡。用2014计价定额计算同质地砖的工程量、综合单价和合价。

分析：2014计价定额中对于地砖的工程量按面积计算，材料用量也是按面积计算，面砖规格不同，通过定额子目来区分，故而只要是在同一定额子目中，不需要根据地砖的具体大小对材料用量进行换算，但需要对地砖单价进行换算。500 mm×500 mm的地砖1 m²可粘贴4块，对应的单价为35×4＝140元/m²。

【解】 （1）列项目：地面贴地砖（13-83）、台阶贴地砖（13-93）、同质砖踢脚线（13-95）、地面酸洗打蜡（13-110）、台阶酸洗打蜡（13-111）

（2）计算工程量：

地面同质砖：$(45-0.24-0.12)×(15-0.24)-0.3×0.3-0.5×0.5+1.2×0.12+1.2×0.24+1.8×0.6=660.06 \text{ m}^2$

台阶同质砖、酸洗打蜡：$1.8×(3×0.3+3×0.15)=2.43 \text{ m}^2$

踢脚线：$(45-0.24-0.12)×2+(15-0.24)×4-3×1.2+2×0.12+2×0.24=145.44 \text{ m}$

（3）套定额，计算结果如表8-4所示。

表8-4 计算结果

序号	定额编号	项目名称	计量单位	工程量	综合单价/元	合价/元
1	13-83换	地面500×500镜面同质砖	10 m²	66.006	1 897.32	125 234.50
2	13-93换	台阶同质地砖	10 m²	0.243	2 219.94	539.45
3	13-95换	同质砖踢脚线150 mm	10 m	14.544	343.07	4 989.61
4	13-110	地面酸洗打蜡	10 m²	66.006	57.02	3 763.66
5	13-111	台阶酸洗打蜡	10 m²	0.243	79.47	19.31
合计						134 546.53

注：13-83换：979.32-510+10.2×140＝1 897.32元/10 m²

13-93换：1272.24-526.50+10.53×140＝2 219.94元/10 m²

13-95换：205.37-76.50+1.53×140＝343.07元/10 m²

答：该块料面层的合价为134 546.53元。

（4）简单、复杂图案镶贴的工程量按简单复杂图案的矩形面积计算，在计算该图案之外的面积时，也按矩形面积扣除。

【例8-5】 某混凝土楼面上采用干硬性水泥砂浆粘贴供货商供应的600 mm×600 mm的花岗岩板材，要求对格对缝，施工单位现场切割，考虑切割后剩余板材的充分使用，具体情况如图8-2所示，在①-②轴和Ⓐ-Ⓑ轴的中心处设置一紫罗红花岗岩圆环，大圆半径1 800 mm，小圆半径1 200 mm，其余部位粘贴黑金砂花岗岩。已知花岗岩市场价格：黑金砂300元/m²，紫罗红600元/m²，不考虑其他材料差价，不计算踢脚线。贴好后进行酸洗打蜡。未作说明的均按计价定额规定不作调整，按2014计价定额计算该楼面的综合单价和合价。

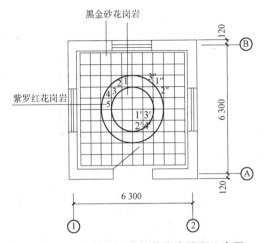

图 8-2 现场制作图案的花岗岩楼面示意图

【解】 （1）列项目：花岗岩楼面（13-44）、花岗岩图案楼面（13-54）、楼面酸洗打蜡（13-110）

（2）计算工程量：

大面积黑金砂楼面：$(6.3-0.24)\times(6.3-0.24)-3.6\times3.6=23.76$ m^2

中间图案面积：$3.6\times3.6=12.96$ m^2

楼面酸洗打蜡的面积：$23.76+12.96=36.72$ m^2

（3）套定额，计算结果如表 8-5 所示。

表 8-5 计算结果

序号	定额编号	项目名称	计量单位	工程量	综合单价/元	合价/元
1	13-44 换	花岗岩楼面	10 m^2	2.376	3 617.15	8 594.35
2	13-54 换	花岗岩图案楼面	10 m^2	1.296	6 164.54	7 989.24
3	13-110	楼面酸洗打蜡	10 m^2	3.672	57.02	209.38
合计						16 792.97

注：13-44 换：$3\ 107.15-2\ 550+10.2\times300=3\ 617.15$ 元/10 m^2

13-54 换：按实调整图案部分的损耗率：

（1）按实计算图案部分花岗岩板材的面积（2%为施工切割损耗）

圆环紫罗红花岗岩部分：$S_1=[1(1)+1(2)+1(3)+1(4)+1(5)]\times4\times0.6\times0.6\times1.02=7.34$ m^2

黑金砂部分：$S_2=[1(1')+1(2')+1(3')+0.5(4')+1(1'')+0.5(2'')+0.5(3'')]\times4\times0.6\times0.6\times1.02=8.08$ m^2

（2）计算紫罗红、黑金砂在计价表子目中的含量

紫罗红花岗岩含量：$7.34\div12.96\times10=5.66$ m^2/10 m^2

黑金砂花岗岩含量：$8.08\div12.96\times10=6.23$ m^2/10 m^2

13-54 换：$3\ 526.34+0.2\times449.65\times(1+25\%+12\%)-2\ 750+5.66\times600+6.23\times300=6\ 164.54$ 元/10 m^2

答：该楼面的合价为 16 792.97 元。

（5）成品拼花石材铺贴：按设计图案的面积计算，在计算该图案之外的面积时，也按设计图案面积扣除。

【例 8-6】 某大厦装修二楼会议室楼面。具体做法如下：现浇混凝土板上做 40 mm 厚 C20 细石混凝土找平，20 mm 厚 1∶2 防水砂浆上铺设花岗岩（见图 8-3），需进行酸洗打蜡和成品保护。其他按计价定额规定不作调整。请按有关规定和已知条件计算花岗岩楼面的综合单价和合价。

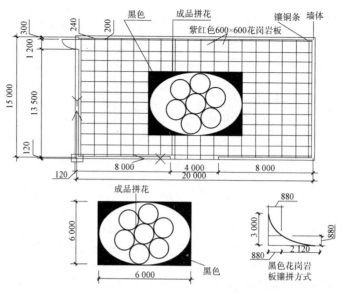

图8-3　成品拼花的花岗岩楼面示意图

【解】　（1）列项目：细石混凝土找平层（13-18）、楼面贴紫红色花岗岩（13-47）、楼面贴黑色花岗岩弧形贴面（13-47）、弧形贴面弧长增加（附注）、拼花石材成品安装（13-60）、楼面酸洗打蜡（13-110）、楼面成品保护（18-75）

（2）计算工程量：

细石混凝土找平层：$20 \times 15 = 300$ m²

楼面贴紫红色花岗岩：$300 - 6 \times 6 = 274$ m²

楼面贴黑色花岗岩弧形贴面：$36 - 3.14 \times 3 \times 3 = 7.74$ m²

弧形贴面弧长增加：$3.14 \times 6 = 18.84$ m

拼花石材成品安装：$3.14 \times 3 \times 3 = 28.26$ m²

花岗岩面酸洗打蜡、成品保护：300 m²

（3）套定额，计算结果如表8-6所示。

表8-6　计算结果

序号	定额编号	项目名称	计量单位	工程量	综合单价/元	合价/元
1	13-18	细石混凝土找平层	10 m²	30	206.97	6 209.10
2	13-47 换1	楼面贴紫红色花岗岩	10 m²	27.4	3 132.09	85 819.27
3	13-47 换2	楼面贴黑色花岗岩弧形贴面	10 m²	0.774	6 519.59	5 046.16
4	附注	弧形贴面弧长增加	10 m	1.884	93.15	175.49
5	13-60 换	拼花石材成品安装	10 m²	2.826	15 935.11	45 032.62
6	13-110	楼面酸洗打蜡	10 m²	30	57.02	1 710.60
7	18-75	楼面成品保护	10 m²	30	18.32	549.60
合计						144 542.84

注：13-47 换1：3 096.69-48.41+0.202×414.89（p1061）= 3 132.09 元/10 m²

　　13-47 换2：按实调整图案部分的损耗率：$S = (0.88 \times 3 + 0.88 \times 2.12) \times 4 \times 1.02 = 18.38$ m²

　　计算在计价定额子目中的含量：18.38÷7.74×10=23.75 m²/10 m²

　　13-47 换2：3 096.69-48.41+0.202×414.89-2 550+23.75×250=6 519.59 元/10 m²

　　附注：$(0.6 \times 85 + 0.6 \times 14.69) \times (1 + 25\% + 12\%) + 0.14 \times 80 = 93.15$ 元/10 m

　　13-60 换：15 899.71-48.41+0.202×414.89=15 935.11 元/10 m²

答：该花岗岩楼面的合价为 144 542.84 元。

（6）楼梯、台阶（包括两侧）按展开实铺面积计算，踏步板、踢脚板、休息平台、踢脚线、堵头工程量合并计算，套用楼梯相应定额。

【例 8-7】 某工程二层楼建筑，楼梯间如图 8-4 所示，贴面采用水泥砂浆贴花岗岩，踏步面伸出踢面 30 mm，踏步嵌 3 mm×40 mm×1 mm 防滑铜条，铜条距两端 150 mm，墙面贴 150 mm 高踢脚线，梯井侧面不考虑贴花岗岩，扶手为钢栏杆成品，硬木扶手，起点距踏步 150 mm，其他未说明的均按计价定额执行，按 2014 计价定额计算综合单价和合价。

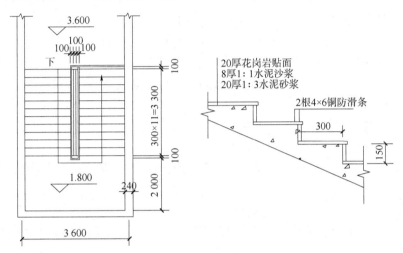

图 8-4 花岗岩楼梯平面及断面图

【解】（1）列项目：花岗岩楼梯（13-48）、防滑铜条（13-106）

（2）计算工程量：

①踏步板长、踢脚板长：（3.6-0.24-0.1）÷2＝1.63 m

踏步板宽：0.3+0.02+0.03＝0.35 m

踢脚板高：0.15-0.02＝0.13 m

踏步面积：1.63×0.35×11×2+（3.6-0.24）×0.35×2+0.13×1.63×12×2＝19.989 m²

休息平台面积：（3.6-0.24）×（2.1-0.3）＝6.048 m²

踢脚线面积：3.6×（1+4）^{1/2}÷2×0.15×2+[（2.1-0.3）×2+（3.6-0.24）+0.3×2]×0.15＝2.341 m²

堵头面积：0.3×0.15÷2×12×2＝0.54 m²

楼梯石材工程量：19.989+6.048+2.341+0.54＝28.92 m²

②铜条工程量：（1.63-0.15×2）×12×2＝31.92 m

（3）套定额，计算结果如表 8-7 所示。

表 8-7　计算结果

序号	定额编号	项目名称	计量单位	工程量	综合单价/元	合价/元
1	13-48	花岗岩楼梯	10 m²	2.892	3 497.12	10 113.67
2	13-106	防滑铜条	10 m	3.192	490.02	1 564.14
合计						11 677.81

答：该花岗岩楼梯面层的合价为 11 677.81 元。

8.1.7 木地板、地毯的规定及工程量计算规则

1. 木地板、地毯的有关规定

1）木地板

（1）木地板中的楞木0.082 m³，横撑0.033 m³，木垫块0.02 m³，楞木中距400 mm，横撑中距800 mm。设计与定额不符，按比例调整用量。不设木垫块应扣除。

木楞与混凝土楼板用膨胀螺栓连接，按设计用量另增膨胀螺栓、电锤0.4台班。

坞龙骨水泥砂浆厚度为50 mm，设计与定额不符，砂浆用量按比例调整。

（2）木地板悬浮安装是在毛地板或水泥砂浆基层上拼装的。

（3）硬木拼花地板中的拼花包括方格、人字形等在内。

（4）复合木板拼装，板与板之间直接拼装，不使用黏结剂。

2）木踢脚线

（1）定额中踢脚线按150 mm×20 mm毛料计算，设计断面不同，材积按比例换算。

（2）设计踢脚线安装在墙面木龙骨上时，应扣除木砖成材0.009 m³。

（3）成品踢脚线按$h = 100$ mm取定，实际高度不同时，踢脚线和万能胶用量可按比例调整。

3）地毯

（1）标准客房铺设地毯设计不拼接时，定额中地毯应按房间主墙间净面积调整含量，其他不变。

（2）地毯分色、镶边无专门子目，分别套用普通定额子目，人工乘系数1.10；定额中地毯收口采用铝收口条，设计不用铝收口条者，应扣除铝收口条及钢钉，其他不变。

（3）地毯压棍安装中的压棍、材料不同时应换算；楼梯地毯压铜防滑板按镶嵌铜条有关项目执行。

2. 木地板、地毯的工程量计算规则

楼地面铺设木地板、地毯以实铺面积计算。楼梯地毯压棍安装以套计算。

【例8-8】某市一学院舞蹈教室，木地板楼面，木龙骨与现浇楼板用M8×80膨胀螺栓固定@400 mm×800 mm，不设木垫块。做法如图8-5所示，面积328 m²。硬木踢脚线设计长度80 m，毛料断面120 mm×20 mm，钉在砖墙上，润油粉、刮腻子、双组分混合型聚氨酯清漆三遍。已知膨胀螺栓为966套，请计算木地板楼面工程的分部分项工程费（未作说明的按计价表规定不作调整）。

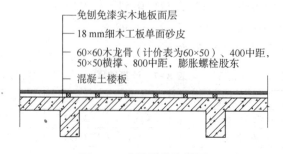

图8-5　木地板做法详图

【解】　（1）列项目：铺设木楞及木工板（13-114）、免漆免刨实木地板安装（13-

117）、硬木踢脚线（13-127）、踢脚线油漆（17-39）

（2）计算工程量：

铺设木楞、免漆免刨实木地板：308 m²

硬木踢脚线、踢脚线油漆：80 m

（3）套定额，计算结果如表8-8所示。

表8-8　计算结果

序号	定额编号	项目名称	计量单位	工程量	综合单价/元	合价/元
1	13-114 换	铺设木楞及木工板	10 m²	30.8	812.65	25 029.62
2	13-117	免漆免刨地板安装	10 m²	30.8	3 235.90	99 665.72
3	13-127 换	硬木踢脚线	10 m	8	141.09	1 128.72
4	17-39	踢脚线油漆	10 m	8	117.83	942.64
合计						126 766.70

注：13-114 换：

膨胀螺栓含量：966÷308×10×1.02＝32 套/10 m²

木龙骨含量：(60×60)/(60×50)×0.082＝0.098 4 m³

减少木材含量：0.082+0.02-0.098 4＝0.003 6 m³

13-114 换：1 313.92-(507.27-323.98)(水泥砂浆圬龙骨)+32×0.6(p1079)+0.4×8.34(p1007)×(1+25%+12%)-0.003 6×1 600-735(毛地板)+10.5×38(p1085)＝812.65 元/10 m²

13-127 换：

硬木成材含量：(120×20)/(150×20)×0.033＝0.026 4 m³

13-127 换：158.25-85.8+0.026 4×2 600＝141.09 元/10 m

答：该木地板楼面的合价为 126 766.70 元。

【例8-9】某房屋平面布置如图8-6所示，除卫生间外，其余部分采用固定式单层地毯铺设，不允许拼接，计算该分项工程的工程量、综合单价和合价（未作说明的按计价表规定不作调整）。

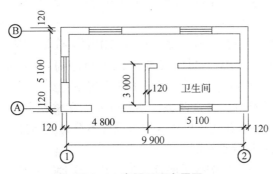

图8-6　房屋平面布置图

【解】（1）列项目：楼面地毯（13-135）

（2）计算工程量：

地毯面积（实铺面积）：(9.9-0.24)×(5.1-0.24)-5.04×3＝31.83 m²

（3）套定额，计算结果如表8-9所示。

表 8-9　计算结果

序号	定额编号	项目名称	计量单位	工程量	综合单价/元	合价/元
1	13-135 换	楼地面铺单层固定地毯	10 m²	3.183	925.84	2 946.95
		合计				2 946.95

注：主墙间净面积：$(9.9-0.24)×(5.1-0.24)=46.95$ m²

房屋地毯损耗为：$46.95÷31.83×10×1.1=16.23$ m²

13-135 换：$716.64-440+16.23×40=925.84$ 元/10 m²

答：该房间楼面地毯工程的合价为 2 946.95 元。

8.1.8　栏杆、扶手的规定及工程量计算规则

1. 栏杆、扶手的有关规定

（1）扶手、栏杆、栏板适用于楼梯、走廊及其他装饰栏杆、栏板、扶手，栏杆定额项目中包括了弯头的制作、安装。

设计栏杆、栏板的材料、规格、用量与定额不同，可以调整。定额中栏杆、栏板与楼梯踏步的连接按预埋件焊接考虑，设计用膨胀螺栓连接时，每 10 m 另增人工 0.35 工日，M10×100 膨胀螺栓 10 只，铁件 1.25 kg，合金钢钻头 0.13 只，电锤 0.13 台班。

（2）铝合金栏杆、扶手中的铝合金型材、玻璃的含量按设计用量调整。

（3）玻璃栏板、不锈钢管扶手。

①铜管扶手按不锈钢管扶手相应子目执行，价格换算，其他不变。

②弧弯玻璃栏板按相应子目执行，玻璃价格换算，其他不变。

③不锈钢管，玻璃含量按设计用量调整。

（4）木扶手制作安装。

①硬木扶手制作按《楼梯》苏 J05-2006④～⑥24（净料 150 mm×50 mm，扁铁按40 mm×4 mm）编制的，弯头材积已包括在内（损耗为 12%）。设计断面不符时，材积按比例换算。扁铁可调整（设计用量加 6%）损耗。

②设计成品木扶手安装，每 10 m 按相应定额扣除制作人工 2.85 工日，定额中硬木成材扣除，按括号内的价格换算。

③靠墙木扶手按 125 mm×55 mm 编制，设计与定额不符时，按比例换算。

（5）13-155 木栏杆、木扶手制作安装定额子目中每 10 m 的硬木成材定额含量为 0.35 m³，其中木栏杆含量为 0.12 m³ 计算，木扶手包括弯头含量为 0.09 m³，小立柱含量为 0.14 m³，设计用量不符时，含量调整，不用硬木，单价换算。

（6）定额 13-156 中铸铁花式栏板片含量与设计不符时应调整。

2. 栏杆、扶手的工程量计算规则

栏杆、扶手、扶手下托板均按扶手的延长米计算，楼梯踏步部分的栏杆与扶手应按水平投影长度乘系数 1.18 计算。

【例 8-10】　某宾馆一层楼梯栏杆如图 8-7 所示，采用型钢栏杆，成品榉木扶手，设计要求栏杆 25×25×1.5 方管与楼梯用 M8×80 膨胀螺栓连接。成品木扶手批腻子、刷聚酯封闭漆、透明底漆各二遍，聚酯哑光漆三遍。型钢栏杆刷红丹防锈漆一遍，黑色调和漆三遍。成品榉木扶手价格 80 元/m（未作说明的按计价表规定不作调整）。计算该栏杆的综合单价（理论线密度：25×4 扁钢为 0.79 kg/m；25×25×1.5 方管为 1.18 kg/m，损耗率 6%）。

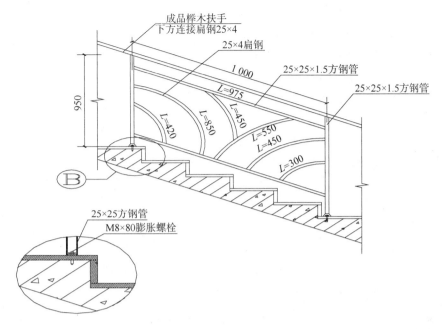

B大样图　（初级题，方管与楼梯连接按预埋焊接件考虑）

图8-7　楼梯栏杆做法图

【解】　（1）列项目：木扶手型钢栏杆（13-153）

（2）套定额：

计算型钢定额含量：

25×4扁钢：（1+0.42+0.85+0.45+0.55+0.45+0.3）×1.06×0.79×10＝33.41 kg/10 m

25×25×1.5方管：（0.95+0.975×2）×1.06×1.18×10＝36.27 kg/10 m

设计栏杆、栏板的材料、规格、用量与定额不同，可以调整。定额中栏杆、栏板与楼梯踏步的连接是按预埋件焊接考虑的，设计用膨胀螺栓连接时，每10 m另增人工0.35工日，M10×100膨胀螺栓10只，铁件1.25 kg，合金钢钻头0.13只，电锤0.13台班。

铁件制作5-27：9 192.70 元/t

设计成品木扶手安装，每10 m按相应定额扣除制作人工2.85工日，定额中硬木成材扣除，按括号内的价格换算。

13-153换：1 823.9-2.85×85×（1+25%+12%）-247+10.6×80-203.15（扁钢）-218.65（圆钢）+4.25×33.41+6.07（p1100）×36.27+0.35×85×（1+25%+12%）+10×0.6+1.25÷1 000×9 192.70+0.13×15+0.13×8.34×（1+25%+12%）＝2 095.05 元/10 m

答：该栏杆综合单价为2 095.05 元/10 m。

8.1.9　散水、斜坡、明沟的规定及工程量计算规则

1. 散水、斜坡、明沟的有关规定

（1）散水、斜坡、明沟按《室外工程》苏J08—2006编制，均包括挖（填）土、垫层、砌筑、抹面。采用其他图集时，材料可以调整，其他不变。大门斜坡抹灰设计搓牙者，另增1：2水泥砂浆0.068 m³，人工1.75工日，拌和机0.01台班。

（2）散水带明沟者，散水、明沟应分别套用。明沟带混凝土预制盖板者，其盖板应另行计算（明沟排水口处有沟头者，沟头另计）。

2. 散水、斜坡、明沟的工程量计算规则

（1）斜坡、散水、搓牙均按水平投影面积计算，明沟与散水连在一起时，明沟按宽300 mm 计算，其余为散水，散水、明沟应分开计算。散水、明沟应扣除踏步、斜坡、花台等的长度。

（2）明沟按图示尺寸以延长米计算。

【例 8-11】 根据例 8-1 题意，求散水部分的工程量、综合单价和合价。

分析：散水、斜坡、明沟按《室外工程》苏 J08—2006 编制，均包括挖（填）土、垫层、砌筑、抹面。

【解】 （1）列项目：混凝土散水（13-163）

（2）计算工程量：

混凝土散水：$0.6 \times [(45.24+0.6+15.24+0.6) \times 2-1.8] = 72.94$ m^2

（3）套定额，计算结果如表 8-10 所示。

表 8-10 计算结果

序号	定额编号	项目名称	计量单位	工程量	综合单价/元	合价/元
1	13-163	C15 混凝土散水	10 m^2	7.294	389.00	2 837.37
合计						2 837.37

答：该楼地面工程、台阶和散水部分工程的合价为 2 837.37 元。

8.2 墙 柱 面 工 程

8.2.1 本节内容概述

本节内容包括：一般抹灰、装饰抹灰、镶贴块料面层及幕墙、木装修及其他。

一般抹灰包括：石膏砂浆；水泥砂浆；保温砂浆及抗裂基层；混合砂浆；其他砂浆；砖石墙面勾缝。

装饰抹灰包括：水刷石；干粘石；斩假石；嵌缝及其他。

镶嵌块料面层及幕墙包括：瓷砖；外墙釉面砖、金属面砖；陶瓷锦砖；凹凸假麻石；波形面砖、劈离砖；文化石；石材块料面板；幕墙及封边。

木装修及其他包括：墙面、梁柱面木龙骨骨架；金属龙骨；墙、柱梁面夹板基层；墙、柱梁面各种面层；网塑夹芯板墙、GRC 板；彩钢夹芯板墙。

8.2.2 墙柱面工程基本规定

墙柱面工程基本规定如下。

（1）计价定额第 14 章墙柱面工程按中级抹灰考虑，设计砂浆品种、饰面材料规格与定额取定不同时，应按设计调整，但人工数量不变。

（2）外墙保温材料品种不同，可根据相应子目进行换算调整。地下室外墙粘贴保温板，可参照相应子目，材料可换算，其他不变。柱梁面粘贴复合保温板可参照墙面执行。

（3）本节均不包括抹灰脚手架费用，脚手架费用按脚手架工程相应子目执行。

8.2.3　墙柱面抹灰工程的有关规定及工程量计算规则

1. 墙柱面抹灰工程的有关规定

（1）墙、柱抹灰所取定的砂浆品种、厚度详见定额附录七。设计砂浆品种、厚度与定额不同均应调整。砂浆用量按比例调整。外墙面砖基层刮糙处理，如基层处理设计采用保温砂浆时，此部分砂浆作相应换算，其他不变。

（2）石灰砂浆、混合砂浆粉刷中已包括水泥护角线，不另行计算。

（3）外墙面窗间墙、窗下墙同时抹灰，按外墙抹灰相应子目执行，单独圈梁抹灰（包括门、窗洞口顶部）按腰线子目执行，附着在混凝土梁上的混凝土线条抹灰按混凝土装饰线条抹灰子目执行。但窗间墙单独抹灰，按相应人工乘系数 1.15。

（4）高在 3.60 m 以内的围墙抹灰均按内墙面相应抹灰子目执行。

（5）计价定额第 14 章墙柱面工程中，混凝土墙、柱、梁面的抹灰底层已包括刷一道素水泥浆在内，设计刷两道，每增一道按本章 14-78、14-79 相应项目执行。

（6）外墙内表面的抹灰按内墙面抹灰子目执行；砌块墙面的抹灰按混凝土墙面相应抹灰子目执行。

（7）阳台、雨篷。

①阳台、雨篷抹水泥砂浆子目为单项定额中的综合子目，定额内容包括顶面、底面、侧面及牛腿的全部抹灰。

②阳台、雨篷侧面镶贴块料面层时，定额内扣除人工 3.23 工日，1:2.5 水泥砂浆 0.047 m³，1:3 水泥砂浆 0.070 m³。块料面层以展开面积按相应子目计算。

③阳台、雨篷装饰抹灰仅其边的垂直面抹水刷石（或干粘石、剁假石）。

（8）水泥砂浆和混合砂浆刮糙子目，按刮糙成活考虑，遍数不调整。

（9）假面砖墙面水泥砂浆定额中使用的是红土粉，如用矿物质颜料，品种调整。

（10）干粘石面如为彩色石子按彩色单价计算，每 10 m² 另加颜料 2.70 kg。

（11）斩假石。

①斩假石已包括底、面抹灰内容。

②圆柱面剁假石，按柱梁面子目每 10 m² 增加人工 0.64 工日。

③斩假石墙面以分格为准，如不分格者，人工乘系数 0.75，并取消普通成材用量。

（12）在圆弧形墙面、梁面抹灰，按相应定额子目人工乘系数 1.18（工程量按其弧形面积计算）。

2. 墙柱面抹灰工程的工程量计算规则

1）内墙面抹灰

（1）内墙面抹灰面积应扣除门窗洞口和空圈所占的面积，不扣除踢脚线、挂镜线、0.3 m² 以内的孔洞和墙与构件交接处的面积；但其洞口侧壁和顶面抹灰亦不增加。垛的侧面抹灰面积应并入内墙面工程量内计算。

内墙面抹灰长度，以主墙间的图示净长计算，不扣除间壁所占的面积。其高度按实际抹灰高度确定，不扣除间壁所占的面积。

（2）柱和单梁的抹灰按结构展开面积计算，柱与梁或梁与梁接头的面积不予扣除。砖墙面中平墙面的混凝土柱、梁等的抹灰（包括侧壁）应并入墙面抹灰工程量内计算。凸出墙面的混凝土柱、梁面（包括侧壁）抹灰工程量应单独计算，按相应子目执行。

（3）厕所、浴室隔断抹灰工程量，按单面垂直投影面积乘系数2.3计算。

2）外墙抹灰

（1）外墙面抹灰面积按外墙面的垂直投影面积计算，应扣除门窗洞口和空圈所占的面积，不扣除0.3 m² 以内的孔洞面积。但门窗洞口、空圈的侧壁、顶面及垛等抹灰，应按结构展开面积并入墙面抹灰中计算。外墙面不同品种砂浆抹灰，应分别计算按相应子目执行。

（2）外墙窗间墙与窗下墙均抹灰，以展开面积计算。

（3）挑沿、天沟、腰线、扶手、单独门窗套、窗台线、压顶等，均以结构尺寸展开面积计算。窗台线与腰线连接时，并入腰线内计算。

（4）外窗台抹灰长度，如设计图纸无规定时，可按窗洞口宽度两边共加20 cm计算。窗台展开宽度一砖墙按36 cm计算，每增加半砖宽则累增12 cm。

单独圈梁抹灰（包括门、窗洞口顶部）、附着在混凝土梁上的混凝土装饰线条抹灰均以展开面积计算。

（5）阳台、雨篷抹灰按水平投影面积计算。定额中已包括顶面、底面、侧面及牛腿的全部抹灰面积。阳台栏杆、栏板、垂直遮阳板抹灰另列项目计算。栏板以单面垂直投影面积乘系数2.1计算。

（6）水平遮阳板顶面、侧面抹灰按其水平投影面积乘系数1.5计算，板底面积并入天棚抹灰内计算。

（7）勾缝按墙面垂直投影面积计算，应扣除墙裙、腰线和挑沿的抹灰面积，不扣除门、窗套、零星抹灰和门、窗洞口等面积，但垛的侧面、门窗洞侧壁和顶面的面积亦不增加。

【例8-12】 某一层建筑如图8-8所示，Z直径为600 mm，M1洞口尺寸1 200 mm× 2 000 mm×60 mm，外侧平齐安装，C1尺寸1 200 mm×1 500 mm×80 mm，居中安装。墙内部采用15 mm 1∶1∶6混合砂浆找平，5 mm 1∶0.3∶3混合砂浆抹面，墙内侧做150 mm高水泥砂浆踢脚线。外部墙面和混凝土柱采用12 mm 1∶3水泥砂浆找平，8 mm 1∶2.5水泥砂浆抹面，外墙抹灰面内采用3 mm玻璃条分隔嵌缝，用2014计价定额计算墙、柱面部分粉刷的工程量、综合单价和合价。

分析：（1）水泥砂浆和混合砂浆抹灰按不同构件不同部位进行区分，柱和墙面要分套不同定额，墙面又分为混凝土墙面和砖墙面，进一步又分外墙面和内墙面，故而本例分为外墙面抹灰、内墙面抹灰和柱面抹灰3种情况；又因为本例中外墙抹灰面采用玻璃条分隔嵌缝，需要再套一个分隔嵌缝的子目。

（2）工程量计算方面：内墙面抹灰高度应按实际抹灰高度计算，但不扣除踢脚线面积，不增加洞口侧壁和顶面抹灰面积；外墙面抹灰面积按外墙面的垂直投影面积计算，需要增加洞口侧壁和顶面抹灰。

（3）查定额附录1107~1108页知，本例中抹灰品种与抹灰厚度均与定额取定一致，故含量和单价均不需要换算。

【解】 （1）列项目：外墙内表面抹混合砂浆（14-38）、柱面抹水泥砂浆（14-22）、外墙外表面抹水泥砂浆（14-8）、外墙抹灰面玻璃条嵌缝（14-76）

（2）计算工程量：

外墙内表面抹混合砂浆：$[(45-0.24+15-0.24)\times2+8\times0.24]\times3.5-1.2\times1.5\times8-1.2\times2=$ 406.56 m²

柱面抹水泥砂浆：$3.1416\times0.6\times3.5\times2=13.19$ m²

外墙外表面抹水泥砂浆：$(45.24+15.24)\times2\times3.8-1.2\times1.5\times8-1.2\times2+2\times(1.2+1.5)\times$ $(0.24-0.08)\div2\times8=446.30$ m²

墙面嵌缝：$(45.24+15.24)\times2\times3.8=459.65$ m²

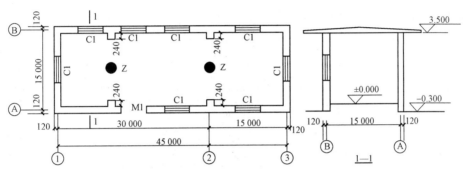

图 8-8　墙、柱面工程图

（3）套定额，计算结果如表 8-11 所示。

表 8-11　计算结果

序号	定额编号	项目名称	计量单位	工程量	综合单价/元	合价/元
1	14-38	外墙内表面抹混合砂浆	10 m²	40.656	209.95	8 535.73
2	14-22	柱面抹水泥砂浆	10 m²	1.319	382.25	504.19
3	14-8	外墙外表面抹水泥砂浆	10 m²	44.63	254.64	11 364.58
4	14-76	外墙抹灰面玻璃条嵌缝	10 m²	45.965	57.72	2 653.10
合计						23 057.60

答：该墙、柱面抹灰工程的合价为 23 057.60 元。

8.2.4　挂、贴块料面层工程的有关规定及工程量计算规则

1. 挂、贴块料面层的有关规定

（1）墙、柱镶贴块料面层所取定的砂浆品种、厚度详见定额附录七。设计砂浆品种、厚度与定额不同时均应调整。砂浆用量按比例调整。

（2）窗间墙单独镶贴块料面层，按外墙子目相应人工乘系数 1.15 计算。

（3）在圆弧形墙面、梁面镶贴块料面层（包括挂贴、干挂石材块料面板），按相应定额子目人工乘 1.18 计算（工程量按其弧形面积计算）。块料面层中带有弧边的石材损耗，应按实调整，每 10 m 弧形部分，切贴人工增加 0.6 工日，合金钢切割片 0.14 片，石料切割机 0.6 台班。

【例 8-13】　某工程有圆弧形外墙面，拟采用素水泥浆粘贴 200 mm×50 mm 外墙面砖（密缝），工程量 174 m²，其中顶端弧边长 190 m（其面积为 22 m²）。粘贴面砖构造：刷 901 胶素水泥浆 2 道。10 mm 1∶3 水泥砂浆刮糙，5 mm 厚素水泥浆粘贴外墙砖。经合理计算弧边部分的实际损耗率为 15%，未作说明的按计价定额规定，求外墙面砖的分部分项工程费。

【解】 （1）列项目：圆弧形外墙面贴面砖（14-97）、增加一道素水泥浆（14-78）、弧形贴面（14-97）、弧边增加费（附注）

（2）计算工程量：

圆弧形外墙面贴面砖：174-22＝153 m²

增加一道素水泥浆：174 m²

弧形贴面：22 m²

弧边增加：190 m

（3）套定额，计算结果如表8-12所示。

表8-12　计算结果

序号	定额编号	项目名称	计量单位	工程量	综合单价/元	合价/元
1	14-97 换1	圆弧形外墙面贴面砖	10 m²	15.3	3 128.13	47 547.58
2	14-78 换	增加一道素水泥浆	10 m²	17.4	18.18	316.33
3	14-97 换2	弧形贴面	10 m²	2.2	3 415.63	7 514.39
4	附注	弧边增加费	10 m	19	93.14	1 769.66
合计						57 147.96

注：14-97 换1：3 024.71-27.8+24.11+0.18×434.35×（1+25%+12%）＝3 128.13 元/10 m²

14-78 换：15.75+0.18×9.84×（1+25%+12%）＝18.18 元/10 m²

14-97 换2：3 024.71-27.8+24.11+0.18×434.35×（1+25%+12%）-2 357.50+10×（1+15%）×230＝3 415.63 元/10 m²

附注：（0.6×85+0.6×14.69）×（1+25%+12%）+0.14×80＝93.14 元/10 m

答： 该墙、柱面装饰工程合价为 57 147.96 元。

（4）门窗洞口侧边、附墙垛等小面粘贴块料面层时，门窗洞口侧边、附墙垛等小面排版规格小于块料原规格并需要裁剪的块料面层项目，可套用柱、梁、零星项目。

（5）内外墙贴面砖的规格与定额取定规格不符时，数量应按下式确定：

$$实际数量 = \frac{10m^2 \times (1+相应损耗率)}{(砖长+灰缝宽) \times (砖宽+灰缝厚)}$$

（6）面砖、花砖腰线规格与定额不同时，其数量、单价应换算。贴面砂浆用素水泥浆，基价中应扣除混合砂浆，增加括号内的价格。

（7）大规格面砖。

①墙砖规格不同可换算含量。

②大规格面砖按密缝考虑，如留缝，面砖含量换算，增加密封胶，人工不变。

③不锈钢挂件设计用量不同可调整。

④如采用化学螺栓干挂，可套用相应膨胀螺栓干挂子目，换算相应的膨胀螺栓材料。

⑤水泥钉改用膨胀螺栓可换算材料。

⑥铁件、钢骨架制作安装按设计用量另套相应子目。

（8）外墙釉面砖、金属面砖。

①面砖规格不大于 90 mm×45 mm 时，定额子目人工乘系数 1.2。

②基层处理设计采用保温砂浆时，可对 1:3 水泥砂浆作相应换算，其他不变。

（9）石材块料面板均不包括磨边，设计要求磨边或墙、柱面贴石材装饰线条者，按8.6相应子目执行。设计线条重叠数次，套用相应"装饰线条"数次。

（10）石材块料面板。

①石材块料面板上钻孔成槽由供应商完成的，扣除基价中人工的 10% 和其他材料费。

②挂帖石材的钢筋应按设计用量加 2% 损耗后进行调整。

③铁件制作安装按设计用量另套相应子目。

④碎拼石材块料面板用于零星项目时，子目人工乘系数 1.15。

⑤干挂金山石（120 mm 厚）按相应干挂石材的项目执行，人工乘系数 1.2，取消切割机与切割锯片，石材单价换算。

⑥干挂石材的勾缝宽以 6 mm 以内为准，超过者石材、密封胶用量换算。

（11）幕墙及封边。

①设计铝合金型材用量与定额不符，型材按设计用量加 7% 损耗调整。设计立柱、横梁采用钢型材时，钢型材按设计用量加 5% 损耗调整。

②所有干挂石材、面砖、玻璃幕墙、金属板幕墙子目中不含钢骨架、预埋（后置）铁件的制作安装费，按设计用量另套相应定额。设计镀锌连接铁件用量与定额不符，按照设计用量加 1% 损耗调整。

③场外运输按相应门窗运输子目基价乘系数 1.5 计算。

④玻璃规格、拉索系统、铁件与定额不符时应按设计规格用量调整。

⑤铝板幕墙中的成品铝单板安装折边面积计入材料单价中；铝塑板用量包括裁切、安装折边损耗，实际不同时按实调整，如购入成品铝塑板，每 10 m² 计量单位成品铝塑板用量按 10.2 m² 计算。

⑥自然层连接包括每层上下镀锌板，设计钢骨架、防火岩棉、防火胶泥、镀锌板的用量和做法与定额不符应调整。

⑦封边指幕墙端壁（两端与顶端）与墙面的封边，封边材料不同应调整。

（12）干挂石材及大规格面砖所用的干挂胶（AB 胶）每组的用量组成为：A 组 1.33 kg，B 组 0.67 kg。

2. 挂、贴块料面层的工程量计算规则

（1）内、外墙面、柱梁面、零星项目镶贴块料面层均按块料面层的建筑尺寸（各块料面层+粘贴砂浆=25 mm）面积计算。门窗洞口面积扣除，侧壁、附垛贴面应并入墙面工程量中。内墙面腰线花砖按延长米计算。

【例 8-14】 某居民家庭室内卫生间墙面装饰如图 8-9 所示，12 mm 厚 1:2.5 防水砂浆底层、5 mm 厚素水泥浆结合层贴瓷砖，瓷砖规格 200 mm×300 mm×8 mm，瓷砖价格 8 元/块，窗侧四周需贴瓷砖（用 200 mm×300 mm×8 mm 瓷砖裁剪而成），阳角 45° 磨边对缝（磨边费用不计）；门洞处不贴瓷砖；门洞口尺寸 800 mm×2 000 mm、窗洞口尺寸 1 200 mm×1 400 mm。图示尺寸除大样图外均为结构净尺寸，其余未作说明的按 14 计价定额规定，计算该瓷砖工程的分部分项工程费。

【解】 （1）列项目：墙面贴瓷砖（14-80）、窗侧壁贴瓷砖（14-81）

（2）计算工程量：

墙面贴瓷砖：$6.12 + 10.14 + 6.07 = 22.33$ m²

A 立面：$2.95 \times 2.6 - (1.4 - 0.05) \times (1.2 - 0.05) = 6.12$ m²

B、D 立面：$1.95 \times 2.6 \times 2 = 10.14$ m²

C 立面：$2.95 \times 2.6 - 0.8 \times 2 = 6.07$ m²

窗侧壁贴瓷砖 A 立面：$0.125 \times (1.4 - 0.05 + 1.2 - 0.05) \times 2 = 0.63$ m²

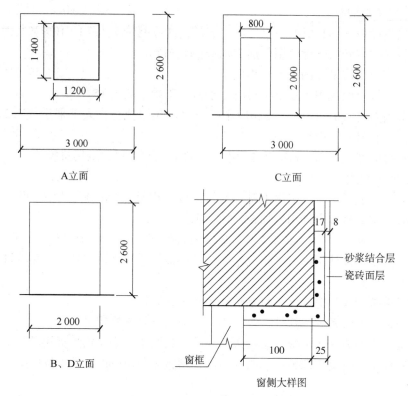

图8-9 卫生间墙面尺寸及装饰做法图

（3）套定额，计算结果如表8-13所示。

表8-13 计算结果

序号	定额编号	项目名称	计量单位	工程量	综合单价/元	合价/元
1	14-80 换	墙面贴瓷砖	10 m²	2.233	2 046.30	4 569.39
2	14-81 换	窗侧壁贴瓷砖	10 m²	0.063	2 235.83	140.86
合计						4 710.25

注：14-80 换：2 621.93+0.15×373.15×（1+25%+12%）-32.59+0.136×387.57-15.94+24.11-2 050+10.25×[1÷（0.2×0.3）]×8=2 046.30 元/10 m²

14-81 换：2 807.09+0.15×472.6×（1+25%+12%）-31.15+0.13×387.57-15.94+25.53-2 100+10.5×[1÷（0.2×0.3）]×8=2 235.83 元/10 m²

答：该墙、柱面装饰工程合价为 4 710.25 元。

（2）窗台、腰线、门窗套、天沟、挑檐、盥洗槽、池脚等块料面层镶贴，均以建筑尺寸的展开面积（包括砂浆及块料面层厚度）按零星项目计算。

（3）石材块料面板挂、贴均按面层的建筑尺寸（包括干挂空间、砂浆、板厚度）展开面积计算。

（4）石材圆柱面按石材面外围周长乘柱高（应扣除柱墩、柱帽、腰线高度）以面积计算。石材圆柱形柱墩、柱帽、腰线按其石材圆柱面外围周长乘高度以面积计算。

【例8-15】 某底层会议室有两个相同的混凝土圆柱，直径 $D=600$ mm，全高 3 500 mm，柱帽、柱墩密缝挂贴进口黑金砂花岗岩，柱身圆柱面挂贴六拼进口米黄花岗岩，板厚 25 mm，灌缝 1∶1 水泥砂浆 50 mm 厚，板缝嵌云石胶。具体尺寸如图 8-10 所示。使用 14 计价定额对该花岗岩柱面计算分部分项工程费（人工费、机械费、材料单价按计价定额不调整，云石胶费用不计，其余未作说明的按计价定额规定）。

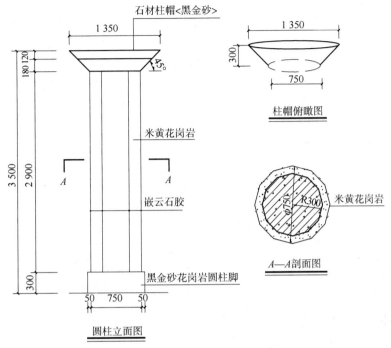

图8-10 花岗岩柱面装饰做法图

【解】 （1）列项目：六拼米黄柱身（14-132）、黑金砂柱墩（14-134）、黑金砂柱帽（14-135）

（2）计算工程量：

六拼米黄柱身：$3.14×0.75×2.9×2=13.66$ m²

黑金砂柱墩：$(3.14×0.85×0.3+3.14×0.425^2-3.14×0.375^2)×2=1.85$ m²

黑金砂柱帽：$3.14×(0.3^2+0.3^2)^{1/2}×(0.375+0.675)×2=2.80$ m²

（3）套定额，计算结果如表8-14所示。

表8-14 计算结果

序号	定额编号	项目名称	计量单位	工程量	综合单价/元	合价/元
1	14-132 换	六拼米黄柱身	10 m²	1.366	18 545.13	25 332.65
2	14-134 换	黑金砂柱墩	10 m²	0.185	28 291.99	5 234.02
3	14-135 换	黑金砂柱帽	10 m²	0.28	31 721.49	8 882.02
合计						39 448.69

注：14-132 换：$18\ 526.71-154.91+0.562×308.42=18\ 545.13$ 元/10 m²

14-134 换：$28\ 273.57-154.91+0.562×308.42=28\ 291.99$ 元/10 m²

14-135 换：$31\ 703.07-154.91+0.562×308.42=31\ 721.49$ 元/10 m²

答：该柱面装饰工程合价为 39 448.69 元。

（5）幕墙以框外围面积计算。幕墙与建筑顶端、两端的封边按图示尺寸以面积计算，自然层的水平隔离与建筑物的连接按延长米计算（连接层包括上、下镀锌钢板在内）。幕墙上下设计有窗者，计算幕墙面积时，窗面积不扣除，但每 10 m² 窗面积另增加人工 5 个工日，增加的窗料及五金按实计算（幕墙上铝合金窗不再另外计算）。其中：全玻璃幕墙以结构外边按玻璃（带肋）展开面积计算，支座处隐藏部分玻璃合并计算。

【例 8-16】 某单位单独施工外墙铝合金隐框玻璃幕墙工程（见图 8-11），室内地坪标高为±0.00，该工程的室内外高差为 1 m，主料采用 180 系列（180 mm×50 mm）、边框料 180 mm×35 mm，5 mm 厚真空镀膜玻璃，1 断面铝材综合线密度 8.82 kg/m，2 断面铝材综合线密度 6.12 kg/m，3 断面铝材综合线密度 4.00 kg/m，4 断面铝材综合线密度 3.02 kg/m，顶端采用 8K 不锈钢镜面板厚 1.2 mm 封边（不锈钢展开宽度为 800 mm），每扇窗户需要增加窗料 2.5 kg，不考虑窗用五金，不考虑侧边与下边的封边处理，自然层连接仅考虑一层。其余未说明的按 14 计价定额规定，请计算该幕墙工程的分部分项工程费。

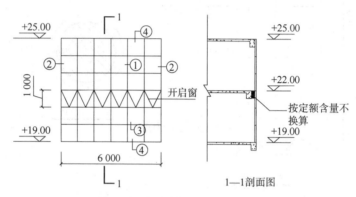

图 8-11 幕墙做法立面及剖面图

【解】 （1）列项目：铝合金隐框玻璃幕墙制安（14-152）、窗增加部分（说明）、幕墙自然层连接（14-165）、幕墙顶端封边（14-166）

（2）计算工程量：

铝合金隐框玻璃幕墙制安：6×(25-19)=36 m²

窗增加部分：6×1=6 m²

幕墙自然层连接：6 m

幕墙顶端封边：0.8×6=4.8 m²

（3）套定额，计算结果如表 8-15 所示。

表 8-15 计算结果

序号	定额编号	项目名称	计量单位	工程量	综合单价/元	合价/元
1	14-152	铝合金隐框玻璃幕墙制安	10 m²	3.6	8 766.38	31 558.97
2	说明	窗增加部分	10 m²	0.6	1 119.75	671.85
3	14-165	幕墙自然层连接	10 m	0.6	688.88	413.33
4	14-166	幕墙顶端封边	10 m²	0.48	2 672.09	1 282.60
		合计				33 926.75

注：铝材量：[6×5×8.82+6×2×6.12+(6-0.05×5-0.035×2)×5×4+(6-0.05×5-0.035×2)×2×3.02]×(1+7%)/3.6＝144.43 kg/m²

14-152 换：8 449.68-2 788.55+144.43×21.5＝8 766.38 元/10 m²

增加窗料：2.5×6/0.6＝25 kg/m²

说明：5×85×(1+25%+12%)+25×21.5＝1 119.75 元/10 m²

答：该幕墙工程合价为 33 926.75 元。

8.2.5　墙、柱面木装饰及柱面包钢板工程的有关规定及工程量计算规则

1. 墙、柱面木装饰及柱面包钢板的有关规定

本章定额中各种隔断、墙裙的龙骨、衬板基层、面层是按常用做法编制的。其防潮层、龙骨、基层、面层均应分开列项。墙面防潮层按屋面及防水工程分部相应项目执行，面层的装饰线条（如墙裙压顶线、压条、踢脚线、阴角线、阳角线、门窗贴脸等）均应按其他零星工程分部的有关项目执行。

1）墙面、梁柱面木龙骨骨架

（1）墙面、墙裙木龙骨断面是按 24 mm×30 mm、间距 300 mm×300 mm 考虑的，设计断面、间距与定额不符时，应按比例调整。龙骨与墙面固定不用木砖改用木针时，定额中普通成材应扣除 0.04 m³/10 m²。

（2）方形柱梁面、圆柱面、方柱包圆形木龙骨断面分别按 24 mm×30 mm、40 mm×45 mm、40 mm×50 mm 考虑，设计规格与定额不符时，应按比例调整（未设计规格者按定额执行）。

（3）定额中墙面、梁柱面木龙骨的损耗率为 5%。

2）金属龙骨

（1）竖龙骨间距按 400 mm 考虑，穿芯龙骨间距按 600 mm 考虑，设计间距不同时，可换算含量，损耗按 6% 计算。

（2）卡式竖龙骨间距按 300 mm 考虑，横向卡式龙骨间距按 600 mm 考虑，设计间距不同时，可换算含量，损耗按 6% 计算。

（3）定额中铝合金龙骨每 10 m² 含 40.28 kg（包括 7% 损耗在内）考虑，设计规格、间距与定额不符时，应按比例调整，其他不变。

3）木饰面子目的木基层

木饰面子目的木基层均未含防火材料，设计要求刷防火涂料，按相应子目执行。

4）墙、柱梁面夹板基层

（1）在基层板上再做一层凸面夹板时，每 10 m² 另加夹板 10.5 m²，人工 1.90 工日，工程量按设计层数及设计面积计算。

（2）设计采用基层板材料不同可换算。

（3）定额按钉在木龙骨上考虑，设计钉在钢龙骨上，铁钉与自攻螺栓替换，人工乘系数 1.05。

5）墙、柱梁面各种面层

（1）胶合板。

①设计采用胶合板不同材料可换算。

②在有凹凸基层夹板上钉（贴）胶合板面层，按相应子目执行，每 10 m² 人工乘系数 1.30、胶合板用量改为 11.00 m²。

（2）切片板。

①在有凹凸基层夹板上镶贴切片板面层时，按墙面定额人工乘系数 1.30、切片板含量乘系数 1.05 计算，其他不变。

②设计普通切片板斜拼纹者，每 10 m² 斜拼纹按墙面定额人工乘系数 1.30、切片板含量

乘系数 1.05 计算，其他不变。

（3）成品多层木质饰面板、成品多层复合装饰面板。

①配套挂件、嵌缝胶与设计材料、用量不同时可换算。

②胶用量损耗按 10%计算。

③安装柱梁面人工乘系数 1.1。

④成品装饰面板现场安装，需做龙骨、基层板时，套用墙面相应子目。

（4）不锈钢镜面板设计楼缝处用卡口槽时，每 10 m 缝另增加人工 0.18 工日，不锈钢板 0.45 m²。不锈钢板含铣槽折边等钣金加工费。

（5）粘贴装饰板、铝塑板、切片皮。

①设计采用装饰板不同材料可换算。

②铝塑板含裁剪、抽槽、折边等加工损耗。

③粘贴切片皮仅贴门的侧面，封边及装饰线条灯处时，人工乘系数 3，其他不变。

（6）合成革、布艺、墙毯面。

①设计装饰面上钉压条时，按相应子目执行。

②皮革装饰面为购入产品，包含裁剪、含背衬布、走边线等，如为传统现场裁剪皮革，含量按 12 m²/10 m²执行。

③皮革、布艺、地毯、背衬板、海绵等材料不同时可换算。

④柱面人工增加 0.09 工日/10 m²。

（7）玻璃面层。

①面层设计钉压条，按相应子目执行；面层设计有不锈钢装饰钉时，装饰钉按个另行计算。

②玻璃镜面设计木边框时，边框材积按设计用量加 5%损耗计算，人工增 3.2 工日/10 m²。

③边框设计包不锈钢板，按包不锈钢板的展开面积计算，套用相应镜面不锈钢金属装饰线条子目。

④成品玻璃材料不同可换算。

⑤玻璃粘贴在夹板基层上墙面定额，如为玻璃粘贴在夹板基层上柱面人工增加 0.11 工日/10 m²。

⑥玻璃粘贴在砂浆砖面墙面，如为玻璃粘贴在砂浆砖面柱面人工增加 0.58 工日/10 m²。

（8）硬木板条墙面硬木板条厚度不同时，木材用量应换算，其他不变；竹片墙面，竹片板条加工不同时，单价应换算，其他不变。

网塑夹芯板之间设置加固方钢立柱、横梁应根据设计要求按相应子目执行。

彩钢夹芯板墙定额中的铝材按做双层天沟板编制，做单层天沟时，应扣除铝槽 1.83 m、角铝 3.33 m、铝拉铆钉 35 只，其他不变。单面打胶时，玻璃胶用量减半。

本定额未包括玻璃、石材的车边、磨边费用。石材车边、磨边按相应子目执行；玻璃车边费用按市场加工费另行计算。

2. 墙、柱木装饰及柱包钢板的工程量计算规则

1）墙、墙裙、柱（梁）面

木装饰龙骨、衬板、面层及粘贴切片板按净面积计算，并扣除门、窗洞口及 0.3 m² 以上的孔洞所占的面积，附墙垛及门、窗侧壁并入墙面工程量内计算。

单独门、窗套按相应子目计算，柱、梁按展开宽度乘净长计算。

2）不锈钢镜面、各种装饰板面

这些面均按展开面积计算。若地面天棚面有柱帽、柱脚，则高度应从柱脚上表面至柱帽下表面计算。柱帽、柱脚按面层的展开面积计算，套用柱帽、柱脚子目。

【例 8-17】 某单位 2 楼会议室内的一面墙做 2 100 mm 高的凹凸木墙裙（见图 8-12），墙裙的木龙骨（包括踢脚线）截面 30×50 mm，间距 350 mm×350 mm，木楞与主墙用木针固定，该木墙裙长 12 m，采用双层多层夹板基层（杨木芯十二厘板），其中底层多层夹板满铺，二层多层夹板面积为 12 m²，在凹凸面层贴普通切片板（不含踢脚线部分），其中斜拼 12 m²，踢脚线 150 mm 高。踢脚线用 δ=12 mm 细木工板基层，面层贴普通切片板。油漆：润油粉两遍，刮腻子，漆片硝基清漆，磨退出亮 。50 mm×70 mm 压顶线 18 元/m，墙裙压顶线和油漆不计，未说明内容按计价定额规定，请按 14 计价定额计算墙裙的分部分项工程费。

【解】 （1）列项目：木龙骨基层墙面、墙裙（14-168）、底层多层夹板基层（14-185）、多层夹板基层上加做一层夹板（附注）、普通切片板贴凹凸夹板（14-193）、普通切片板斜拼贴凹凸夹板（14-193）、衬板上贴切片板踢脚线（13-131）

图 8-12 右侧标注：
墙
压顶线（成品）50×70 mm
木楞30×50 mm@350 mm
双层多层夹板
普通切片板
15×15 红松压顶线
踢脚线
2 100
墙裙

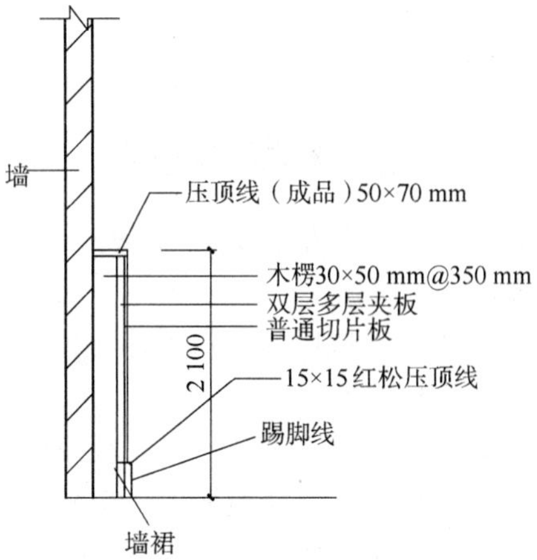

图 8-12　墙裙做法构造图

（2）计算工程量：

木龙骨基层墙面、墙裙：$(2.1-0.05)×12=24.6$ m²

底层多层夹板基层：$(2.1-0.05-0.15)×12=22.8$ m²

多层夹板基层上加做一层夹板：12 m²

普通切片板贴凹凸夹板：$22.8-12=10.8$ m

普通切片板斜拼贴凹凸夹板：12 m²

衬板上贴切片板踢脚线：12 m

（3）套定额，计算结果如表 8-16 所示。

表 8-16　计算结果

序号	定额编号	项目名称	计量单位	工程量	综合单价/元	合价/元
1	14-168 换	木龙骨基层墙面、墙裙	10 m²	2.46	436.15	1 072.93
2	14-185 换	底层多层夹板基层	10 m²	2.28	476.94	1 087.42
3	附注	夹板基层上加做一层夹板	10 m²	1.2	557.26	668.71
4	14-193 换 1	普通切片板贴凹凸夹板	10 m²	1.08	470.11	507.72
5	14-193 换 2	普通切片板斜拼贴凹凸夹板	10 m²	1.2	479.56	575.47
6	13-131 换	衬板上贴切片板踢脚线	10 m	1.2	185.42	222.50
合计						3 559.28

注：14-168 换：439.87-177.60+(0.111-0.04)×(30×50)/(24×30)×(300×300)/(350×350)×1600=436.15 元/10 m²

14-185 换：539.94-399.0+10.5×32=476.94 元/10 m²

附注：10.5×32+1.9×85×1.37=557.26 元/10 m²

14-193 换 1：418.74+1.2×0.3×85×1.37+0.05×10.5×18=470.11 元/10 m²

14-193 换 2：418.74+1.2×0.3×85×1.37+0.1×10.5×18=479.56 元/10 m²

13-131 换：199.82-14.4=185.42 元/10 m

答： 该墙裙的分部分项工程费为 3 559.28 元。

8.3 天棚工程

8.3.1 本节内容概述

本节内容包括：天棚龙骨；天棚面层及饰面；雨篷；采光天棚；天棚检修道；天棚抹灰。

天棚龙骨包括：方木龙骨；轻钢龙骨；铝合金轻钢龙骨；铝合金方板龙骨；铝合金条板龙骨；天棚吊筋。

天棚面层及饰面包括：夹板面层；纸面石膏板面层；切片板面层；铝合金方板面层；铝合金条板面层；铝塑板面层；矿棉板面层；其他面层。

雨篷包括：铝合金扣板雨篷；钢化夹胶玻璃雨篷。

采光天棚收录了钢结构和铝结构玻璃采光天棚两个子目。

天棚检修道包括：有吊杆天棚检修道；无吊杆天棚检修道；活动走道板。

天棚抹灰包括：抹灰面层；贴缝及装饰线。

8.3.2 吊顶工程的有关规定及工程量计算规则

1. 吊顶工程的有关规定

天棚的骨架（龙骨）基层分为简单、复杂两种。

（1）简单型：每间面层在同一标高上为简单型。

（2）复杂型：每间面层不在同一标高平面上，其高差在 100 mm 或 100 mm 以上，但必须满足不同标高的少数面积占该间面积的 15% 以上。

（3）圆弧形、拱形的天棚龙骨套用复杂型龙骨子目，龙骨用量按设计进行调整，人工和机械按复杂型天棚子目乘系数 1.8 计算。

天棚吊筋、龙骨与面层应分开计算，按设计套用相应定额。

1）吊筋

（1）木吊筋。

①木龙骨中已包含木吊筋的内容。

设计采用钢吊筋，钢筋吊筋按天棚吊筋子目执行，木龙骨中普通木成材含量分别调整为 0.063 m³（15-1）、0.075 m³（15-2）、0.161 m³（15-3）、0.124 m³（15-4）。

②木吊筋高度的取定：搁在墙上或混凝土梁上为 450 mm，断面按 50 mm×50 mm，吊在混凝土楼板上为 300 mm，断面按 50 mm×40 mm 设计高度，断面不同，按比例调整吊筋用量。

③定额中木吊筋按简单型考虑，复杂型按相应子目人工乘系数 1.20 计算，增加普通成材 0.02 m³/10 m²。

（2）钢吊筋。

①本定额金属吊筋是按膨胀螺栓连接在楼板上考虑的，设计吊筋与楼板底面预埋铁件焊接时也执行本定额。

②天棚钢吊筋按每 13 根/10 m² 计算，设计根数不同时按比例调整定额基价。铝合金条

板子目中的天棚吊筋按 8.5 根/10 m² 计算。

③定额吊筋高度按 1 m（面层至混凝土板底表面）计算，高度不同吊筋按比例调整，其他不变。

④设计采用直径为 4 mm 的吊筋套用直径 6 mm 吊筋子目，对吊筋进行换算，其他不变。

⑤吊筋的安装人工 0.67 工日/10 m² 已经包括在相应定额的龙骨安装人工中。设计小房间（厨房、厕所）内不用吊筋时，不能计算吊筋项目，并扣除相应定额中人工含量 0.67 工日/10 m²。

（3）全丝杆天棚吊筋：其吊筋安装人工已包含在相应子目龙骨安装的人工中。天棚面层至楼板低按高 1.05 m 计算，设计高度不同，吊筋按比例调整，其他不变。

2）龙骨

（1）本定额中的木龙骨、金属龙骨是按面层龙骨的方格尺寸取定的，其龙骨、断面的取定如下。

①木龙骨断面搁在墙上大龙骨 50 mm×70 mm，中龙骨 50 mm×50 mm，吊在混凝土板下，大、中龙骨 50 mm×40 mm。

②U 形轻钢龙骨、T 形铝合金龙骨定额中大、中、小龙骨断面的规定（高×宽×厚）：

U 形轻钢龙骨上人型 $\begin{cases} 大龙骨 & 60\ mm×27\ mm×1.5\ mm \\ 中龙骨 & 50\ mm×20\ mm×0.5\ mm \\ 小龙骨 & 25\ mm×20\ mm×0.5\ mm \end{cases}$

不上人型 $\begin{cases} 大龙骨 & 50\ mm×15\ mm×1.2\ mm \\ 中龙骨 & 50\ mm×20\ mm×0.5\ mm \\ 小龙骨 & 25\ mm×20\ mm×0.5\ mm \end{cases}$

T 形铝合金龙骨上人型 $\begin{cases} 轻钢大龙骨 & 60\ mm×27\ mm×1.5\ mm \\ 铝合金 T 形主龙骨 & 20\ mm×35\ mm×0.8\ mm \\ 铝合金 T 形付龙骨 & 20\ mm×22\ mm×0.6\ mm \end{cases}$

不上人型 $\begin{cases} 轻钢大龙骨 & 45\ mm×15\ mm×1.2\ mm \\ 铝合金 T 形主龙骨 & 20\ mm×35\ mm×0.8\ mm \\ 铝合金 T 形付龙骨 & 20\ mm×22\ mm×0.6\ mm \end{cases}$

设计与定额不符时，应按设计长度用量加下列损耗调整定额中的含量：木龙骨 6%；轻钢龙骨 6%；铝合金龙骨 7%。

（2）在设计面层的龙骨方格尺寸在无法套用定额的情况下，可按下列方法调整定额中龙骨含量，其他不变。

①木龙骨含量调整：

a. 计算出设计图纸，大、中、小龙骨（含横撑）的普通成材材积；

b. 按工程量计算规则计算出该天棚的龙骨面积；

c. 计算每 10 m² 的天棚的龙骨含量 $= \dfrac{设计普通成材材积×1.06}{天棚龙骨面积}×10$；

d. 计算出大、中、小龙骨每 10 m² 的含量代入相应定额，重新组合天棚龙骨的综合单价即可。

②U 形轻钢龙骨及 T 形铝合金龙骨的调整：

a. 按房间号计算出主墙间的水平投影面积；

b. 按图纸和规范要求，计算出相应房号内大、中、小龙骨的长度用量；

c. 计算每 10 m² 的大、中、小铝合金龙骨含量；

d. 大龙骨含量 $= \dfrac{\text{计算的大龙骨长度} \times 1.07}{\text{计算的房间面积}} \times 10$（中、小龙骨含量计算方法同大龙骨）。

（3）方木龙骨定额中未包括刨光人工和机械。龙骨需要单面刨光时，每 10 m² 增加人工 0.06 工日，机械单面压刨机 0.074 个台班。

（4）本定额轻钢、铝合金龙骨是按双层编制的，设计为单层龙骨（大、中龙骨均在同一平面上）在套用定额时，应扣除定额中的小（付）龙骨及配件，人工乘系数 0.87，其他不变，设计小（付）龙骨用中龙骨代替时，其单价应调整。

（5）方板、条板铝合金龙骨的使用。

凡方板天棚应配套使用方板铝合金龙骨，龙骨项目以面板的尺寸确定。凡条板天棚面层应配套使用条板铝合金龙骨。

3）装饰面层

（1）定额中面层安装设有凹凸子目的，凹凸指的是龙筋不在同一平面上的项目。

（2）定额中的胶合板面层是按三夹板面层考虑的。夹板面层、切片板面层、铝合金方板面层、铝合金条板面层、钙塑板面层的面层材料不同时，材料换算，其他不变。

（3）定额中关于切片板、钙塑板、矿棉板、防火板面层贴在基层板上的子目，均未包括基层板的内容，如设置基层板，可套用相应面层板子目计算。

（4）定额中竹片贴在胶合板上子目中已包含胶合板内容，胶合板材料不同时，胶合板单价换算，其他不变。

（5）金属饰面板贴基层板底、镜面玻璃面层贴基层板底定额中已包括基层内容在内，金属板面层、玻璃面层、板底基层材料不同时，材料换算，其他不变；玻璃面层中已包含 3% 的安装损耗；如玻璃面层设计用不锈钢带帽螺钉，按设计用量另行计算，其他不变。

（6）防火板贴在基层板上是按平面贴板考虑的，如在凹凸面上贴板，人工乘系数 1.20，板损耗增加 5%。

（7）塑料扣板面层子目中已包括木龙骨在内，但未包括吊筋，设计钢筋吊筋，按设计个数套用天棚吊筋子目。

（8）胶合板面层在现场钻吸声孔时，按钻孔板部分的面积，每 10 m² 增加人工 0.64 工日计算。

（9）木方格吊顶天棚设计有金属吊杆时，钢筋吊杆按天棚吊筋子目执行。吊筋个数按设计用量。设计吊杆为木、不锈钢管，按设计长度另行计算；方格龙骨断面按 35 mm × 45 mm 考虑，方格尺寸按 200 mm×200 mm 计算，设计断面与定额不符时，按比例调整。

定额天棚每间以在同一平面上为准，天棚面层设计有圆弧形、拱形时，按其圆弧形、拱形部分的面积：圆弧形面层定额人工应乘系数 1.15 计算；拱形面层的人工按相应子目乘系数 1.5 计算。

木质骨架及面层的上表面，未包括刷防火漆，设计要求刷防火漆时，应按油漆、涂料、裱糊工程中定额子目计算。天棚面层中回光槽按其他零星工程中定额执行。

2. 吊顶工程的工程量计算规则

1）吊筋

天棚龙骨的吊筋按每 10 m² 龙骨面积套用相应子目计算；全丝杆的天棚吊筋按主墙间的

水平投影面积计算。

2）龙骨

天棚龙骨的面积按主墙间的水平投影面积计算。圆弧形、拱形的天棚龙骨应按其弧形或拱形部分的水平投影面积计算。

3）面层

（1）本定额天棚饰面的面积按净面积计算，不扣除间壁墙、检修孔、附墙烟囱、柱垛和管道所占面积，但应扣除独立柱，0.3 m² 以上灯饰面积（石膏板、夹板天棚面层的灯饰面积不扣除）与天棚连接的窗帘盒面积。整体金属板中间开孔的灯饰面积不扣除。

（2）天棚中假梁、折线、叠线等圆弧形、拱形、特殊艺术形式的天棚饰面，按展开面积计算。

【例8-18】　某房间主墙间净尺寸为 6 m×3 m，房间中有一 600 mm×600 mm 的柱子，采用木龙骨夹板吊平顶（吊在混凝土板下），木吊筋为 40 mm×50 mm，高度为 350 mm，大龙骨断面 55 mm×40 mm，中距 600 mm（沿 3 m 方向布置），中龙骨断面 45 mm×40 mm，中距 300 mm（双向布置），未说明部分按计价定额规定，请计算该房间吊筋和木龙骨的分部分项工程费。

【解】　（1）列项目：木龙骨（15-3）

（2）计算工程量：

木龙骨：6×3＝18 m²

（3）套定额，计算结果见表8-17。

表8-17　计算结果

序号	定额编号	项目名称	计量单位	工程量	综合单价/元	合价/元
1	15-3 换	木龙骨	10 m²	1.8	612.70	1 102.86
合计						1 102.86

注：木吊筋材积：350÷300×（0.218-0.161）＝0.066 5 m³

　　大龙骨材积：（6÷0.6+1）×3×0.055×0.04×（1+6%）＝0.077 m³

　　中龙骨材积：［（3÷0.3+1）×6+（6÷0.3+1）×3］×0.045×0.04×（1+6%）＝0.246 m³

　　普通木成材含量：（0.077+0.246）÷18×10+0.066 5＝0.246 m³

　　15-3 换：567.90-348.8+0.246×1 600＝612.70 元/10 m²

答：该房屋吊筋和木龙骨的分部分项工程费为 1 102.86 元。

【例8-19】　某天棚吊顶工程，采用装配式 U 形（不上人型）轻钢龙骨，方格为 400 mm×600 mm。吊筋用 φ6，每 15 根/10 m²，面层用纸面石膏板。地面至天棚面层净高为 3 m，天棚面的阴、阳角线暂不考虑，平面尺寸及简易做法如图8-13所示。用 2014 计价定额计算该企业完成天棚龙骨面层（不包括粘贴胶带及油漆）的综合单价及合价。

分析：天棚钢吊筋按计算，设计根数不同时按比例调整定额基价。定额吊筋高度按 1 m（面层至混凝土板底表面）计算，高度不同时吊筋按比例调整，其他不变。

【解】　（1）列项目：吊筋1（15-33）、吊筋2（15-33）、复杂型轻钢龙骨（15-8）、凹凸型天棚面层（15-46）

（2）计算工程量：

吊筋1：（45-0.24-12）×（15-0.24-6）＝286.98 m²

吊筋2：（45-0.24）×（15-0.24）-286.98＝373.68 m²

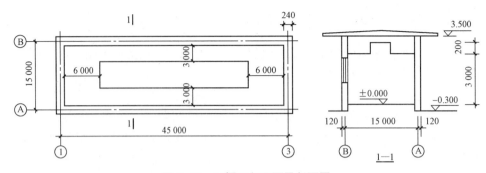

图 8-13 天棚工程平面及剖面图

方板龙骨：$(45-0.24) \times (15-0.24) = 660.66 \ m^2$

$286.98 \div 660.66 = 43.4\% > 15\%$

纸面石膏板：$660.66 + 0.2 \times (45-12.24+15-6.24) \times 2 = 826.74 \ m^2$

（3）套定额，计算结果如表 8-18 所示。

表 8-18 计算结果

序号	定额编号	项目名称	计量单位	工程量	综合单价/元	合价/元
1	15-33 换 1	吊筋 $h = 0.3 \ m$	$10 \ m^2$	28.698	47.98	1 376.93
2	15-33 换 2	吊筋 $h = 0.5 \ m$	$10 \ m^2$	37.368	50.72	1 895.30
3	15-8	复杂型轻钢龙骨 500×500	$10 \ m^2$	66.066	639.87	42 273.65
4	15-46	纸面石膏板	$10 \ m^2$	82.674	306.47	25 337.10
合计						70 882.98

注：15-33 换 1：$(49.87-8.84+2.2 \times 0.05 \div 0.75 \times 4.02) \times 15 \div 13 = 47.98$ 元/10 m^2

15-33 换 2：$(49.87-8.84+2.2 \times 0.05 \div 0.75 \times 4.02) \times 15 \div 13 = 50.72$ 元/ 10 m^2

答：该天棚龙骨面层部分合价为 70 882.98 元。

8.3.3 雨篷、采光天棚和天棚检修道的有关规定及工程量计算规则

1. 雨篷、采光天棚和天棚检修道的有关规定

（1）铝合金扣板雨篷定额中包含了定位、弹线、选料、下料、安装骨架、拼装或安装面层等全部操作过程。雨篷底吊铝骨架铝条天棚、铝合金扣板雨篷子目设计不用角钢骨架，应扣除角钢、膨胀螺栓及电锤用量。

（2）钢化夹胶玻璃雨篷定额中包括了驳接件安装、玻璃安装、玻璃缝打胶、清理的内容。爪件等用量应按设计调整；型钢用量不同时应调整设计用量，型钢如发生喷氟碳漆，费用另计；连接铁件如为后置，则增加电锤 520 W 台班 0.248 台班/10 m^2，化学锚栓费用另计；如设计有斜拉杆，则高强销锚费用按设计用量另计。

（3）采光天棚定额中包括定位、弹线、选料、下料、切割、钻孔、安装骨架、框料、放胶垫、装玻璃、上螺栓、周边塞口、打洞、剔槎、清扫等全部操作过程。设计铝合金型材用量与定额不符时，应按设计用量加 7% 损耗调整含量，其他不变；型钢用量不同时应按设计调整；玻璃品种不同时，材料换算，其他不变。

（4）天棚检修道。

① 上人型天棚吊顶检修道分为固定、活动两种，应按设计分别套用定额。

②固定走道板的铁件按相应子目计算。

③固定走道板的宽度按 500 mm，厚度按 30 mm 计算，不同时可换算。活动走道板每 10 m 按 5 m 长计算，前后可以移动（间隔放置），设计不同时应调整。

2. 雨篷、采光天棚和天棚检修道的工程量计算规则

铝合金扣板雨篷、钢化夹胶玻璃雨篷均按水平投影面积计算。

8.3.4　抹灰天棚的有关规定及工程量计算规则

1. 抹灰天棚的有关规定

（1）天棚面的抹灰按中级抹灰考虑，所取定的砂浆品种、厚度见定额附录七。设计砂浆品种（纸筋石灰浆除外）厚度与定额不同时均应按比例调整，但人工数量不变。

（2）天棚与墙面交接处，如抹小园角，人工已包括在定额中，每 10 m^2 天棚抹面增加底层砂浆 0.005 m^3，200 L 砂浆搅拌机 0.001 台班。

（3）拱形楼板天棚面抹灰按相应定额子目人工乘系数 1.5 计算。

2. 抹灰天棚的工程量计算规则

（1）天棚面抹灰按主墙间天棚水平投影面积计算，不扣除间壁墙、垛、柱、附墙烟囱、检查洞、通风洞、管道等所占面积。

（2）密肋梁、井字梁、带梁天棚抹灰面积，按展开面积计算，并入天棚抹灰工程量内。斜天棚抹灰按斜面积计算。

（3）天棚抹面如抹小圆角者，人工已包括在定额中，材料、机械按附注增加，如带装饰线者，其线分别按三道线以内或五道线以内，以延长米计算（线角的道数以每一个突出的阳角为一道线）。

（4）楼梯底面、水平遮阳板底面和沿口天棚，并入相应的工程量计算。混凝土楼梯、螺旋楼梯的底板为斜板时，按其水平投影面积（包括休息平台）乘系数 1.18 计算，底板为锯齿形时（包括预制踏步板），按其水平投影面积乘系数 1.5 计算。

【例 8-20】　计算图 7-63 所示天棚的抹灰工程量（板厚 100 mm）。

【解】　（1）天棚面积：$(10.8-0.24) \times (6-0.24) = 60.83$ m^2

（2）L 梁面积：$(0.5-0.1) \times (6-0.24) \times 4 = 9.22$ m^2

（3）合计：70.05 m^2

答：该图所示天棚的抹灰工程量为 70.05 m^2。

8.4　门窗工程

8.4.1　本节内容概述

本节内容包括：购入构件成品安装；铝合金门窗制作、安装；木门、窗框扇制安；装饰木门扇；门、窗五金配件安装。

购入构件成品安装包括：铝合金门窗；塑钢门窗及塑钢、铝合金纱窗；彩板门窗；电子感应门及旋转门；卷帘门、拉栅门；成品木门。

铝合金门窗制作、安装包括：门；窗；无框玻璃门扇；门窗框包不锈钢板。

木门、窗框扇制安包括：普通木窗；纱窗扇；工业木窗；木百叶窗；无框窗扇、圆形窗；半玻木门；镶板门；胶合板门；企口板门；纱门扇；全玻自由门、半截百叶门。

装饰木扇包括：细木工板实心门扇；其他木门扇；门扇上包金属软包面。

门、窗五金配件安装包括：门窗特殊五金；铝合金五金配件；木门窗五金配件。

8.4.2 购入构件成品安装的有关规定及工程量计算规则

1. 购入构件成品安装的有关规定

（1）购入构件成品安装门窗单价中，除地弹簧、门夹、管子、拉手等特殊五金外，玻璃及一般五金已包括在相应的成品单价中，一般五金的安装人工已包括在定额内，特殊五金和安装人工应按"门、窗配件安装"的相应子目执行。

（2）方钢管、不锈钢管防盗窗内如穿钢筋，则费用另计。

（3）卷帘门不论实腹式、冲孔空腹式、电化铝合金、有色电化铝合金，均执行铝合金卷帘门定额。铝合金、鱼鳞状、不锈钢管卷帘门，金属拉栅门，电动伸缩门和不锈钢自动门子目门单价中已经包括各种配件价格。

（4）彩钢卷帘门和防火卷帘门定额中不包括卷帘罩及提升装置，如发生则另行计算。

（5）成品木门的木门框的安装是按框与墙内预埋木砖连接考虑的，设计用膨胀螺栓连接时，扣除木砖，膨胀螺栓按设计用量另外增加（每 10 个膨胀螺栓增加电锤 0.123 台班）。

2. 购入构件成品安装的工程量计算规则

购入成品的各种铝合金门窗安装，按门窗洞口面积计算，购入成品的木门扇安装，按购入门扇的净面积计算。

8.4.3 铝合金门窗制作、安装的有关规定及工程量计算规则

1. 铝合金门窗制作、安装的有关规定

（1）铝合金门窗制作、安装是按在构件厂制作，现场安装编制的，但构件厂至现场的运输费用应按当地交通部门的规定运费执行（运费不进入取费基价）。

（2）铝合金门窗制作型材颜色分为普通铝合金型材和断桥隔热铝合金型材两种，应按设计分别套用相应子目。各种铝合金型材含量的取定定额仅为暂定。设计型材的含量与定额不符，应按设计用量加 6% 制作损耗调整。

（3）铝合金门窗用料定额附表（定额 P723～P739）中的数量已包括 6% 损耗在内，表中加括号的用量即为本定额的取定用量。

例如，双扇推拉窗，定额是按 90 系列，型材厚 1.35～1.4 mm 型号制定，并取定外框尺寸 1 450 mm×1 450 mm 计算的，铝合金型材含量为 542.26 kg。假若实际采用 90 系列 1.5 mm 厚的型号，外框尺寸 1 450 mm×1 550 mm，则铝合金型材含量应调整为 613.21 kg（见定额中附表）。

（4）铝合金门窗的五金应按"门、窗五金配件安装"另列项目计算。

（5）门窗框与墙或柱的连接是按镀锌铁脚、尼龙膨胀螺钉连接考虑的，设计不同时，

定额中的铁脚、螺栓应扣除，其他连接件另外增加。

（6）无框玻璃门扇。

①固定玻璃的单片玻璃面积超过 6 m² 时，每 10 m² 增加人工 1.43 工日，其他材料费 5.0 元。

②门夹用量与设计不符时，数量应调整。门夹如采用角夹、曲夹，则应扣除不锈钢上下门夹，另套用相应子目。

③侧亮不带门夹，按固定门子目执行。门上带亮玻璃执行固定门项目，上亮与门扇的骨架横撑应另列项目计算。

2. 铝合金门窗制作、安装的工程量计算规则

（1）现场铝合金门窗扇制作、安装工程量按其洞口面积计算。平面为圆弧形或异形者按展开面积计算。

（2）各种卷帘门按实际制作面积计算，卷帘门上有小门时，其卷帘门工程量应扣除小门面积。卷帘门上的小门按扇计算。卷帘门上电动提升装置以套计算，手动装置的材料、安装人工已包括在相应的定额内，不另增加。

（3）无框玻璃门按其洞口面积计算。无框玻璃门中，部分为固定门扇、部分为开启门扇时，工程量应分别计算。无框门上带亮子时，其亮子与固定门扇合并计算。

8.4.4　门窗框包不锈钢板的有关规定及工程量计算规则

1. 门窗框包不锈钢板的有关规定

（1）工作内容：定位、放线、木骨架制作、固定骨架、钉木基层、粘贴不锈钢板面层、打胶、嵌缝、表面清洁等全部操作过程。

（2）门窗框包不锈钢板定额包括门窗骨架在内，应按其骨架的品种分别套用相应定额。门窗框基层衬板品种不同，应调整。

（3）无框玻璃门的钢骨架横撑外包不锈钢板按门框包不锈钢板子目执行。

2. 门窗框包不锈钢板的工程量计算规则

（1）门窗框包不锈钢板均按不锈钢的展开面积计算，木门扇上包金属面或软包面均以门扇净面积计算。无框玻璃门上亮子与门扇之间的钢骨架横撑（外包不锈钢板），按横撑包不锈钢板的展开面积计算。

（2）门窗扇包镀锌铁皮，按门窗洞口面积计算：门窗框包镀锌铁皮、钉橡皮条、钉毛毡按图示门窗洞口尺寸以延长米计算。

8.4.5　木门、窗框扇制安的有关规定及工程量计算规则

1. 木门、窗框扇制安的有关规定

（1）本部分收录了一般木门窗制安及成品木门框扇的安装，制作是按机械和手工操作综合编制的。

（2）本部分定额均以一、二类木种为准，如采用三、四类木种（具体木材木种划分见表 7-56），则分别乘系数：木门、窗制作人工和机械费乘系数 1.30，木门、窗安装人工乘系数 1.15。

（3）木材规格是按已成型的两个切断面规格料编制的，两个切断面以前的锯缝损耗按 4.3.2 规定另外计算。

（4）本部分定额中注明的木材断面或厚度均以毛料为准，如设计图纸注明的断面或厚度为净料时，应增加断面刨光损耗：一面刨光加 3 mm，两面刨光加 5 mm，圆木按直径增加 5 mm。

（5）本部分定额中的木材是以自然干燥条件下的木材编制的，需要烘干时，其烘干费用及损耗由各市确定。

（6）本部分定额中门、窗框扇断面除注明者外均是按《木窗图集》苏 J73-2 常用项目的Ⅲ级断面编制的，其具体取定尺寸如表 8-19 所示。

表 8-19　门窗断面尺寸表

门窗	门窗类型	边框断面（含刨光损耗）		扇立梃断面（含刨光损耗）	
		定额取定断面/mm	截面积/cm²	定额取定断面/mm	截面积/cm²
门	半截玻璃门	55×100	55	50×100	50
	冒头板门	55×100	55	45×100	45
	双面胶合板门	55×100	55	38×60	22.80
	纱门	—	—	35×100	35
	全玻自由门	70×140（Ⅰ级）	98	50×120	60
	拼板门	55×100	55	50×100	50
	平开、推拉木门	—	—	60×120	72
窗	平开窗	55×100	55	45×65	29.25
	纱窗	—	—	35×65	22.75
	工业木窗	55×120（Ⅱ级）	66	—	—

①设计框、扇断面与定额不同时，应按比例换算。框料以边立框断面为准（框裁口处如为钉条者，应加贴条断面），扇料以立梃断面为准。换算公式如下（断面积均以 10 m² 为计量单位）：

$$换算后框、扇断面材积=\frac{设计断面积（净料加刨光损耗）}{定额断面积}×相应项目定额材积$$

或　　　　　[设计断面积-定额断面积]×相应项目框、扇每增减 10 cm² 的材积

②木窗。

a. 定额中框料是按单裁口考虑的，如装纱窗扇，则框料断面为 55 mm×120 mm，双裁口，普通木窗、有腰单扇玻璃窗相应增加人工 0.29 工日，普通成材 0.071 m³；无腰双扇玻璃窗相应增加人工 0.37 工日，普通成材 0.045 m³；有腰双扇玻璃窗相应增加人工 0.37 工日，普通成材 0.049 m³；无腰多扇玻璃窗相应增加人工 0.22 工日，普通成材 0.038 m³；有腰多扇玻璃窗相应增加人工 0.22 工日，普通成材 0.042 m³。

b. 工业木窗定额中窗框立梃断面以 66 cm² 为准，扇边梃断面以 29.25 cm² 为准，当涉及断面不同时，普通成材按比例调整。

c. 木百叶窗框料断面以 46.75 cm² 为准，如与设计断面不符，则成材按比例调整，其中矩形固定百叶窗成材为 0.413 m³/10 m²，圆形、半圆、多边形固定百叶窗成材为 0.432 m³/10 m²。

d. 无框窗扇满板边梃断面以 27 cm 为准，如与设计断面不符，则普通成材可按比例调整，普通成材定额含量为 0.166 m³/10 m²。

e. 圆形、半圆形玻璃窗以安装 L 折角铁为准。如不安 L 折角铁，则每 10 m² 圆形、半圆形玻璃窗减安装人工 0.61 工日、五金费 5.03 元。

③木门。

a. 门框制作为单裁口，断面以 55 cm 为准。如做双裁口，设计断面不同时，制作成材可按比例调整。

半截玻璃门（无腰单扇）每 10 m² 增加制作人工 0.19 工日；半截玻璃门（无腰双扇）每 10 m² 增加制作人工 0.13 工日；半截玻璃门（有腰单扇）每 10 m² 增加制作人工 0.21 工日；半截玻璃门（有腰双扇）每 10 m² 增加制作人工 0.15 工日。

五冒头镶板门（无腰单扇、无腰双扇）每 10 m² 增加制作人工 0.20 工日；五冒头镶板门（有腰单扇）每 10 m² 增加制作人工 0.22 工日；五冒头镶板门（有腰双扇）每 10 m² 增加制作人工 0.15 工日。

三冒头镶板门（无腰单扇）每 10 m² 增加制作人工 0.19 工日；三冒头镶板门（无腰双扇）每 10 m² 增加制作人工 0.14 工日；三冒头镶板门（有腰单扇）每 10 m² 增加制作人工 0.21 工日；三冒头镶板门（有腰双扇）每 10 m² 增加制作人工 0.15 工日。

胶合板门（无腰单扇）每 10 m² 增加制作人工 0.19 工日；胶合板门（无腰双扇）每 10 m² 增加制作人工 0.11 工日；胶合板门（有腰单扇）每 10 m² 增加制作人工 0.21 工日；胶合板门（有腰双扇）每 10 m² 增加制作人工 0.15 工日。

企口板门（无腰单扇）每 10 m² 增加制作人工 0.18 工日；企口板门（无腰双扇）每 10 m² 增加制作人工 0.12 工日；企口板门（有腰单扇）每 10 m² 增加制作人工 0.21 工日；企口板门（有腰双扇）每 10 m² 增加制作人工 0.15 工日。

b. 半截玻璃门门扇边梃以 50 cm² 为准（无腰单扇半截玻璃门成材含量 0.249 m³/10 m²；无腰双扇半截玻璃门成材含量 0.273 m³/10 m²；有腰单扇半截玻璃门成材含量 0.242 m³/10 m²；有腰双扇半截玻璃门成材含量 0.254 m³/10 m²），门肚板厚度以 17 mm 为准（无腰单扇半截玻璃门成材含量 0.05 m³/10 m²；无腰双扇半截玻璃门成材含量 0.051 m³/10 m²；有腰单扇半截玻璃门成材含量 0.037 m³/10 m²；有腰双扇半截玻璃门成材含量 0.038 m³/10 m²）。设计断面或厚度不同时，制作成材可按比例调整。

c. 镶板门门扇边梃以 45 cm² 为准（无腰单扇五冒头镶板门成材含量 0.216 m³/10 m²；无腰双扇五冒头镶板门成材含量 0.246 m³/10 m²；有腰单扇五冒头镶板门成材含量 0.221 m³/10 m²；有腰双扇五冒头镶板门成材含量 0.236 m³/10 m²；无腰单扇三冒头镶板门成材含量 0.109 m³/10 m²；无腰双扇三冒头镶板门成材含量 0.229 m³/10 m²；有腰单扇三冒头镶板门成材含量 0.184 m³/10 m²；有腰双扇三冒头镶板门成材含量 0.208 m³/10 m²），门肚板厚度以 17 mm 为准（无腰单扇五冒头镶板门成材含量 0.112 m³/10 m²；无腰双扇五冒头镶板门成材含量 0.114 m³/10 m²；有腰单扇五冒头镶板门成材含量 0.092 m³/10 m²；有腰双扇五冒头镶板门成材含量 0.095 m³/10 m²；无腰单扇三冒头镶板门成材含量 0.115 m³/10 m²；无腰双扇三冒头镶板门成材含量 0.113 m³/10 m²；有腰单扇三冒头镶板门成材含量 0.095 m³/10 m²；有腰双扇三冒头镶板门成材含量 0.094 m³/10 m²）。设计断面或厚度不同时，制作成材可按比例调整。

d. 胶合板门门扇上如做通风百叶口时，每 10 m² 洞口面积增加人工 0.94 工日，普通成材 0.027 m³。

e. 企口板门门扇边梃以 50 cm² 为准（无腰单扇企口板门成材含量 0.209 m³/10 m²；无腰双扇企口板门成材含量 0.246 m³/10 m²；有腰单扇企口板门成材含量 0.21 m³/10 m²；有腰双扇企口板门成材含量 0.236 m³/10 m²），企口板厚度以 20 mm 为准（无腰单扇企口板门成材含量 0.137 m³/10 m²；无腰双扇企口板门成材含量 0.14 m³/10 m²；有腰单扇企口板门成材含量 0.111 m³/10 m²；有腰双扇企口板门成材含量 0.113 m³/10 m²）。设计断面或厚度不同时，制作成材可按比例调整。

f. 半截百叶门的门框断面以 55 cm² 为准，门扇边梃断面以 45 cm² 为准（成材含量 0.239 m³/10 m²）。设计断面不同时，制作成材可按比例调整。

（7）胶合板门的基价是按四八尺（1.22 m×2.44 m）编制的，剩余的边角料残值已考虑回收，如建设单位供应胶合板，按两倍门扇数量张数供应，每张裁下的边角料全部退还给建设单位（但残值回收取消）。若使用三七尺（0.91 m×2.13 m）胶合板，则定额基价应按括号内的含量换算，并相应扣除定额中的胶合板边角料残值回收值。

【例 8-21】 某无腰单扇胶合板门，胶合板为甲供，其余同计价定额规定，请计算该门扇制作的综合单价。

【解】 查计价定额 16-198，取消残值回收。

胶合板门的综合单价：981.28+47.32＝1 028.60 元/10 m²

答：该门扇制作的综合单价为 1 028.60 元/10 m²。

【例 8-22】 某无腰单扇胶合板门，胶合板为乙供三七尺板，其余同计价定额规定，请计算该门扇制作的综合单价。

【解】 查计价定额 16-198，将四八尺板换算成三七尺并取消残值回收。

胶合板门的综合单价：981.28-（360.84-47.32）+234.84＝902.60 元/10 m²

答：该门扇制作的综合单价为 902.60 元/10 m²。

（8）门窗框、扇包镀锌铁皮，如使用 24# 镀锌铁皮，定额人工乘系数 1.1，如使用黑铁皮，定额人工乘系数 1.25；门、窗扇如使用单面包白铁皮，工料乘系数 0.67。

（9）门窗制作安装的五金、铁件配件按"门窗五金配件安装"相应项目执行，安装人工已包括在相应定额内。设计门、窗玻璃品种、厚度与定额不符时，单价应调整，数量不变。

（10）木质送风口、回风口的制作安装按木质百叶窗定额执行。

（11）设计门、窗的艺术造型有特殊要求时，因设计差异变化较大，其制作、安装应按实际情况另行处理。

（12）本部分定额子目如涉及钢骨架或者铁件的制作安装，另行套用相应子目。

2. 木门、窗框扇制安的工程量计算规则

（1）各类木门窗（包括纱门、纱窗）制作、安装工程量均按门窗洞口面积计算。

（2）连门窗的工程量应分别计算，套用相应门、窗定额，窗的宽度算至门框外侧。

（3）普通窗上部带有半圆窗的工程量应按普通窗和半圆窗分别计算，其以普通窗和半圆窗之间的横框上边线为分界线。

（4）无框窗扇按扇的外围面积计算。

8.4.6 门窗五金配件安装的有关规定及工程量计算规则

1. 门窗五金配件安装的有关规定

门窗五金配件安装子目中，五金规格、品种与设计不符时应调整。

1）门窗特殊五金

（1）地弹簧安装定额，如涉及用重型地弹簧，则人工乘系数 1.2，地弹簧单价换算。

（2）移门导轨一扇门为一组，一组包括滑轮两只，导轨 1.5 m。

（3）电子磁卡门地锁、无框门加地锁安装，按地弹簧安装定额执行，地弹簧扣除，地锁另加。

（4）铰链、插销品种不同时，单价换算。

（5）长度在 400 mm 以内，直径在 50 mm 以内的管子拉手、有机玻璃拉手，相应定额人工乘系数 0.8。

2）铝合金五金配件

（1）连接螺钉已包括在相应单价中。

（2）购入成品铝合金窗五金费已包括在铝合金单价中，不得套用本部分定额。

3）木木窗五金配件

（1）半截百叶门五金件参照镶板门（无腰单扇）套用。

（2）门不装插销者，应扣除插销费用。

2. 门窗五金配件安装的工程量计算规则

门窗五金配件安装根据具体配件情况以"个""只""把""副""套""组""扇""樘"等进行计算。

【例 8-23】 已知某一层建筑的 M1 为有腰单扇无纱五冒镶板门，规格为 900 mm× 2 700 mm，框设计断面 60 mm×120 mm，共 10 樘，现场制作安装，门扇规格与定额相同，框设计断面均指净料，全部安装规格为 170 mm×50 mm 的锌合金执手锁，用 2014 计价定额计算门的工程量、综合单价和合价。

【解】 （1）列项目：门框制作（16-161）、门扇制作（16-162）、门框安装（16-163）、门扇安装（16-164）、一般五金件（16-339）、门锁（16-312）

（2）计算工程量：

门框制作安装、门扇制作安装：0.9×2.7×10＝24.3 m²

五金配件、门锁：10 樘（把）

（3）套定额，计算结果如表 8-20 所示。

表 8-20　计算结果

序号	定额编号	项目名称	计量单位	工程量	综合单价/元	合价/元
1	16-161 换	门框制作	10 m²	2.43	637.04 元	1 548.01
2	16-162	门扇制作	10 m²	2.43	814.24	1 978.60
3	16-163	门框安装	10 m²	2.43	63.45	154.18
4	16-164	门扇安装	10 m²	2.43	229.20	556.96
5	16-339	五金配件	樘	10	72.15	721.50
6	16-312	门锁	把	10	96.34	963.40
合计						5 590.09

注：16-161 换：507.84-299.20+（63×125）÷（55×100）×0.187×1600＝637.04 元/10 m²

答：该门的合价为 5 590.09 元。

8.5 油 漆 、 涂 料 、 裱 糊 工 程

8.5.1 本节内容概述

本节内容包括油漆、涂料和裱糊饰面。

油漆、涂料包括：木材面油漆；金属面油漆；抹灰面油漆、涂料。

裱糊饰面包括：金（银）、铜（培）箔；墙纸；墙布。

8.5.2 基本规定

基本规定如下。

（1）本定额中涂料、油漆工程均采用手工操作，喷塑、喷涂、喷油采用机械喷枪操作，实际施工操作方法不同时，均按本定额执行。

（2）油漆项目中已包括钉眼刷防锈漆的工、料并综合了各种油漆的颜色，设计油漆颜色与定额不符时，人工、材料均不调整。

（3）本定额已综合考虑分色及门窗内外分色的因素，如果需做美术图案者，可按实计算。

（4）定额中规定的喷、涂刷的遍数，如与设计不同，则可按每增减一遍相应定额子目执行。石膏板面套用抹灰面定额。

（5）本定额对硝基清漆磨退出亮定额子目未具体要求刷理遍数，但应达到漆膜面上的白雾光消除、磨退出亮。

（6）木材面油漆设计有漂白处理时，由甲乙双方另行协商。

8.5.3 木材面油漆的有关规定和工程量计算规则

1. 木材面油漆的有关规定

（1）木材面油漆内容组成如表 8-21 所示。

表 8-21　木材面油漆内容组成

木材面油漆	（1）调和漆；（2）磁漆；（3）清漆；（4）聚氨酯漆（清漆、色聚氨酯漆、面层哑光聚氨酯漆）；（5）硝基清漆；（6）丙烯酸清漆	①单层木门；②单层木窗；③木扶手；④其他木材面；⑤踢脚线（考虑刷漆遍数）
	（7）防火涂料	①单层木门；②单层木窗；③木扶手；④其他木材面；⑤踢脚线；⑥隔断、隔墙（间壁）、护壁木龙骨；⑦木圆柱；⑧木方柱；⑨木地板；⑩天棚（考虑刷防火涂料遍数）
	（8）地板漆	①地板漆；②打硬蜡；③打软白蜡；④聚氨酯清漆；⑤酚醛调和漆；⑥酚醛清漆（考虑刷漆遍数）
	（9）黑板漆、防腐漆	①木材面黑板漆二遍；②抹灰面黑板漆二遍；③天棚混凝土面喷刷黑漆三遍；④玻璃面黑板漆二遍；⑤木材面刷防腐油一遍

（2）定额中收录了聚氨酯清漆和面层哑光聚氨酯漆的子目，若设计亚光聚氨酯清漆，则套用聚氨酯清漆相关子目，其材料单价调整，其他不变。

（3）色聚氨酯漆已经综合考虑不同色彩的因素，均按本定额执行。

2. 木材面油漆的工程量计算规则

（1）各种木材面的油漆工程量按构件的工程量乘相应系数计算，其具体系数如下。

①套用单层木门定额的项目工程量乘表 8-22 中的系数。

表 8-22　单层木门油漆系数

项目名称	系数	工程量计算方法
单层木门	1.00	按洞口面积计算
带上亮木门	0.96	
双层（一玻一纱）木门	1.36	
单层全玻门	0.83	
单层半玻门	0.90	
不包括门套的单层门扇	0.81	
凹凸线条几何图案造型单层木门	1.05	
木百叶门	1.50	
半木百叶门	1.25	
厂库房大门、钢木大门	1.30	
双层（单裁口）木门	2.00	

注：1. 门、窗贴脸、披水条、盖口条的油漆已包括在相应定额内，不予调整。

2. 双扇木门按相应单扇木门项目乘系数 0.9。

3. 厂库房木大门、钢木大门上的钢骨架、零星铁件油漆已包含在系数内，不另计算。

【例 8-24】　对例 8-23 的门采用聚氨酯漆油漆三遍，计算该门的油漆工程量。

【解】　油漆工程量 $=0.9×2.7×10×0.96=23.328$ m^2

答：该门的油漆工程量为 23.328 m^2。

②套用单层木窗定额的项目工程量乘表 8-23 中的系数。

表 8-23　单层木窗油漆系数

项目名称	系数	工程量计算方法
单层玻璃窗	1.00	按洞口面积计算
双层（一玻一纱）窗	1.36	
双层（单裁口）窗	2.00	
三层（二玻一纱）窗	2.60	
单层组合窗	0.83	
双层组合窗	1.13	
木百叶窗	1.50	
不包括窗套的单层木窗扇	0.81	

③套用木扶手定额的项目工程量乘表 8-24 中的系数。

表 8-24　木扶手油漆系数

项目名称	系数	工程量计算方法
木扶手（不带托板）	1.00	按延长米
木扶手（带托板）	2.60	
窗帘盒（箱）	2.04	
窗帘棍	0.35	
装饰线条宽在 150 mm 以内	0.35	
装饰线条宽在 150 mm 以外	0.52	
封檐板、顺水板	1.74	

④套用其他木材面定额的项目工程量乘表 8-25 中的系数。

表 8-25　其他木材面油漆系数

项目名称	系数	工程量计算方法
纤维板、木板、胶合板天棚	1.00	长×宽
木方格吊顶天棚	1.20	
鱼鳞板墙	2.48	
暖气罩	1.28	
木间壁木隔断	1.90	外围面积 长（斜长）×高
玻璃间壁露明墙筋	1.65	
木栅栏、木栏杆（带扶手）	1.82	
零星木装修	1.10	展开面积

⑤套用木墙裙定额的项目工程量乘表 8-26 中的系数。

表 8-26　木墙裙油漆系数

项目名称	系数	工程量计算方法
木墙裙	1.00	净长×高
有凹凸、线条几何图案的木墙裙	1.05	

⑥套用木地板定额的项目工程量乘表 8-27 中的系数。

表 8-27　木地板油漆系数

项目名称	系数	工程量计算方法
木地板	1.00	长×宽
木楼梯（不包括底面）	2.30	水平投影面积

（2）踢脚线按延长米计算，如踢脚线与墙裙油漆材料相同，应合并在墙裙工程量中。

（3）橱、台、柜工程量计算按展开面积计算。零星木装修、梁、柱饰面按展开面积计算。

（4）窗台板、筒子板（门、窗套），不论有无拼花图案和线条均按展开面积计算。

（5）刷防火涂料计算规则如下：

①隔壁、护壁木龙骨按其面层正立面投影面积计算；

②柱木龙骨按其面层外围面积计算；

③天棚龙骨按其水平投影面积计算；

④木地板中木龙骨及木龙骨带毛地板按地板面积计算；

⑤隔壁、护壁、柱、天棚面层及木地板刷防火漆，执行其他木材面刷防火涂料相应子目。

8.5.4　金属面油漆的有关规定和工程量计算规则

1. 金属面油漆的有关规定

（1）金属面油漆内容组成如表 8-28 所示。

表 8-28　金属面油漆内容组成

金属面油漆	（1）调和漆、防锈漆、银粉漆；（2）磁漆	①单层钢门窗；②金属面（考虑刷漆遍数）
	（3）防火涂料	①薄型；②厚型（考虑防火时间）
	（4）沥青漆	①金属平板屋面；②金属面（考虑刷漆遍数）
	5）其他漆	①磷化底漆及锌黄底漆各一遍（平板屋面）；②金属氟碳漆喷涂（抹灰面、金属面）；③环氧富锌漆（金属面第一遍、第二遍）

（2）调和漆、防锈漆、银粉漆、磁漆金属面油漆子目针对的是原材料 5 kg/m 以上及金属板材面的大型构件；原材料 5 kg/m 以内为小型构件，套用相关子目时调和漆、防锈漆、银粉漆、磁漆用量乘系数 1.02，人工乘系数 1.1 予以调整。

（3）防火涂料、沥青漆、金属氟碳漆、环氧富锌漆金属面油漆子目针对的是原材料 5 kg/m 以上的大型构件；原材料 5 kg/m 以内为小型构件，套用相关子目时防火涂料、沥青漆、聚氨酯金属氟碳面漆、环氧富锌漆用量乘系数 1.02，人工乘系数 1.1 予以调整。

（4）网架上刷防火涂料时，人工乘系数 1.4。

（5）涂刷金属面防火涂料厚度应达到国家防火规范的要求。

2. 金属面油漆的工程量计算规则

（1）套用单层钢门窗定额的项目工程量乘表 8-29 中的系数。

表 8-29　金属单层钢门窗油漆系数

项目名称	系数	工程量计算方法
单层钢门窗	1.00	洞口面积
双层钢门窗	1.50	
单钢门窗带纱门窗扇	1.10	
钢百叶门窗	2.74	
半截百叶钢门	2.22	
满钢门或包铁皮门	1.63	

项目名称	系数	工程量计算方法
钢折叠门	2.30	框（扇）外围面积
射线防护门	3.00	
厂库房平开、推拉门	1.70	
间壁	1.90	长×宽
平板屋面	0.74	斜长×宽
瓦垄板屋面	0.89	
镀锌铁皮排水、伸缩缝盖板	0.78	展开面积
吸气罩	1.63	水平投影面积

（2）其他金属面油漆，按构件油漆部分表面积计算。

（3）金属面油漆项目调整为按展开面积计算，为减少计算工作量，且承发包双方协商一致，可参照表 8-30 确定展开面积与质量换算系数。

表 8-30　展开面积与质量换算系数

序号	项目	每吨展开面积/m²
1	钢屋架、天窗架、挡风架、屋架梁、支撑、檩条	38.00
2	墙架（空腹式）	19.00
3	墙架（格板式）	31.16
4	钢柱、吊车梁、花式梁柱、空花结构	23.94
5	刚操作台、走台、制动梁、钢梁车挡	26.98
6	钢栅栏门、栏杆、窗栅	64.98
7	钢爬梯	44.84
8	踏步式钢扶梯	39.90
9	零星铁件	50.16

注：本表中数据为经验数据，具体项目可能差异较大，仅作参考。

【例 8-25】　根据例 8-10 题意，计算该栏杆油漆部分的分部分项工程费。

【解】　（1）列项目：扶手聚氨酯清漆（17-35）、栏杆调和漆一遍（17-132）、栏杆调和漆二遍（17-133）、栏杆防锈漆一遍（17-135）

（2）计算工程量：

扶手清漆：$1×1=1$ m²

栏杆油漆：$0.2+0.29=0.49$ m²

25×4 扁钢油漆表面积：$0.025×1+(0.025+0.004)×2×(0.42+0.85+0.45+0.55+0.42+0.30)=0.2$ m²

25 mm×25 mm×1.5 mm 方钢管油漆表面积：$(0.025+0.025)×2×(0.95+0.975+0.975)=0.29$ m²

（3）套定额，计算结果如表 8-31 所示。

表 8-31 计算结果

序号	定额编号	项目名称	计量单位	工程量	综合单价/元	合价/元
1	17-35	扶手聚氨酯清漆	10 m²	0.1	194.41	19.44
2	17-132 换	调和漆一遍	10 m²	0.049	48.27	2.37
3	17-133 换	调和漆二遍	10 m²	0.049	44.11	2.16
4	17-135 换	防锈漆一遍	10 m²	0.049	60.46	2.96
合计						26.93

注：17-132 换：45.21+0.1×20.4×1.37+13.05×0.02 小型构件 =48.27 元/10 m²

17-133 换：41.19+0.1×19.55×1.37+11.96×0.02=44.11 元/10 m²

17-135 换：57.23+0.1×20.40×1.37+21.9×0.02=60.46 元/10 m²

答： 该栏杆油漆部分的分部分项工程费为 26.93 元。

8.5.5 抹灰面油漆的有关规定和工程量计算规则

1. 抹灰面油漆的有关规定

（1）抹灰面油漆内容组成如表 8-32 所示。

表 8-32 抹灰面油漆内容组成

抹灰面油漆、涂料	（1）调和漆	①墙、柱、天棚抹灰面；②拉毛面
	（2）封油刮腻子、封底、贴胶带	①满批腻子（抹灰面）；夹板面）；②901 胶白水泥满批腻子（抹灰面、石膏板面；刮糙面）；③清水混凝土面满批二遍 901 胶白水泥腻子；④板面钉眼封点防锈漆；⑤清油封底；⑥天棚墙面板缝贴自粘胶带
	（3）乳胶漆	①内墙面；②柱、梁及天棚面；③天棚复杂面；④内墙面在刮糙面上；⑤夹板面；⑥混凝土花格窗栏杆花饰；⑦阳台雨篷隔板等小面积；⑧石膏线；⑨水性水泥漆二遍抹灰面；⑩外墙苯丙乳胶漆（抹灰面、混凝土墙、拉毛墙）（考虑涂刷遍数）
	（4）外墙涂料	①外墙批抗裂腻子；②外墙弹性涂料；③外墙溶剂涂料光面；④外墙溶剂涂料毛面（考虑涂刷遍数）
	（5）喷涂	①外墙彩砂喷涂（抹灰面、混凝土面）；②砂胶喷涂墙、柱面；③砂胶喷涂天棚面；④外墙乳液型涂料（光面、毛面）；⑤多彩涂料墙柱面（抹灰面、木材面）；⑥多彩涂料天棚面（考虑涂刷遍数）
	（6）真石漆	①胶带分格；②木条分格
	（7）浮雕喷涂料	①内墙（大点、小点）；②外墙（大点、小点）
	（8）刷（喷）浆	①白水泥浆二遍（抹灰光面；混凝土花格窗、栏杆栏板、混凝土构件、阳台、雨篷；腰线、檐口线、门窗套、窗台板）；②喷刷石灰浆二遍；③刷石灰大白浆二遍；④防霉涂料三遍

（2）本定额抹灰面乳胶漆、裱糊墙纸饰面是根据现行工艺，将墙面封油刮腻子、清油封底、乳胶漆涂刷及墙纸裱糊分列子目，本定额乳胶漆、裱糊墙纸子目已包括再次找补腻子在内。

（3）901胶白水泥满批腻子子目（定额17-168~17-171）适用于只批腻子，不做乳胶漆的情况。且适用的是墙面批腻子，如柱、梁、天棚面上批腻子，套用相应定额人工乘系数1.10。

（4）清水混凝土面满批二遍901胶白水泥腻子（定额17-172）仅适用于装饰性混凝土面，一般混凝土面不抹灰，只批腻子的，按该定额乘系数0.7执行。

（5）乳胶漆。

①定额收录了抹灰面、刮糙面和夹板面乳胶漆子目，均为批腻子、刷乳胶漆各三遍。

②每增减批一遍腻子，人工增减0.32工日，腻子材料增减30%；每增减刷一遍乳胶漆，人工增减0.165工日，乳胶漆增减1.2 kg。

③在柱、梁、天棚面上批腻子、刷乳胶漆按墙面定额执行，人工乘系数1.10，其余不变。

④抹灰面刷乳胶漆收录了天棚复杂面子目，该天棚复杂面指不在同一平面的两个层面，若不在同一平面的层面为3个以上（含3个层面），则每10 m²增加批腻子人工0.15工日，其他不变。

⑤只有在胶合板上刷乳胶漆才能套用夹板面刷乳胶漆，石膏板上刷乳胶漆应套用抹灰面刷乳胶漆。

（6）外墙彩砂喷涂定额，如不用彩砂涂料，单价应调整。

（7）浮雕喷涂料小点、大点规格划分如下：

小点：点面积在1.2 cm²以下；

大点：点面积在1.2 cm²以上（含1.2 cm²）。

（8）刷（喷）浆。

①水质涂料不分抹灰面、砖墙面、混凝土面均执行本定额。

②在拉毛墙上刷（喷）浆时，按抹灰面（光面）项目，工料乘系数1.25。

③预制混凝土构件刷石灰浆或大白浆均执行抹灰面相应子目，刷一遍仍执行本定额（定额子目按刷二遍收录）。

（9）涂料定额是按常规品种编制的，设计用的品种与定额不符，单价可以换算，可以根据不同的涂料调整定额含量，其余不变。

2. 抹灰面油漆的工程量计算规则

（1）天棚、墙、柱、梁面的喷（刷）涂料和抹灰面乳胶漆，工程量按实喷（刷）面积计算，但不扣除0.3 m²以内的孔洞面积。

（2）抹灰面的油漆、涂料、刷浆工程量等于抹灰的工程量。

（3）部分混凝土板底、预制混凝土构件的油漆、涂料、刷浆的工程量按下列方法（见表8-33）计算，套用抹灰面相应子目。

表8-33 抹灰面定额工程量计算表

项目名称	系数	工程量计算方法
槽形板、混凝土折板底面	1.30	长×宽
有梁板底（含梁底、侧面）	1.30	
混凝土板底楼梯底（斜板）	1.18	水平投影面积
混凝土板底楼梯底（锯齿形）	1.50	

项目名称		系数	工程量计算方法
混凝土花格窗、栏杆		2.00	长×宽
遮阳板、栏板		2.10	长×宽（高）
混凝土预制构件	屋架、天窗架	40 m²	
	柱、梁、支撑	12 m²	每立方米构件
	其他	20 m²	

【例 8-26】 对例 8-19 的天棚纸面石膏板刷乳胶漆（土建三类），工作内容为：板缝自粘胶带 700 m、满批 901 胶白水泥腻子三遍、刷乳胶漆三遍。求该天棚油漆工程的工程量、综合单价和合价。

分析：石膏板上刷乳胶漆应套用抹灰面刷乳胶漆。定额收录的抹灰面乳胶漆子目，为批腻子、刷乳胶漆各三遍。每增减批一遍腻子，人工增减 0.32 工日，腻子材料增减 30%；每增减刷一遍乳胶漆，人工增减 0.165 工日，乳胶漆增减 1.2 kg。在柱、梁、天棚面上批腻子、刷乳胶漆按墙面定额执行，人工乘系数 1.10，其余不变。

【解】 （1）列项目：天棚贴自粘胶带（17-175）、天棚面满批腻子、乳胶漆各三遍（17-177）

（2）计算工程量：

油漆面积 = 天棚面层面积 = 826.74 m²

（3）套定额，计算结果如表 8-34 所示。

表 8-34　计算结果

序号	定额编号	项目名称	计量单位	工程量	综合单价/元	合价/元
1	17-175	天棚贴自粘胶带	10 m	70	77.11	5397.70
2	17-177 换	满批腻子、乳胶漆各三遍	10 m²	82.674	273.66	22 624.57
		合计				28 022.27

注：17-177 换：255.26+0.1×134.30×1.37 = 273.66 元/10 m²

答： 该天棚油漆工程的合价为 28 022.27 元。

8.5.6　裱糊饰面的有关规定和工程量计算规则

1. 裱糊饰面的有关规定

（1）裱糊饰面内容组成如表 8-35 所示。

表 8-35　裱糊饰面内容组成

裱糊饰面	1）金（银）、铜（培）箔	①墙柱面；②天棚面；③普通造型面；④异型造型面
	2）墙纸	①贴墙纸（对花、不对花）；②贴金属墙纸（区分墙面；柱面；天棚面粘贴）
	3）墙布	①柱面；②天棚面；③墙面

（2）裱糊金（银、铜、铝）箔饰面。

①实际使用的金（银、铜、铝）箔规格与定额不符时，按下列方法调整箔的用量，并

相应调整材料费，其他不变。

调整后箔的用量（张）＝定额中箔的每张面积×定额用量（张)/实际使用箔的每张面积

②普通、异型造型面可根据实际消耗量调整。

2. 裱糊饰面的工程量计算规则

按设计图示尺寸以面积计算。

8.6　其他零星工程

8.6.1　本节内容概述

本节内容包括：招牌、灯箱面层；美术字安装；压条、装饰条线；镜面玻璃；卫生间配件；门窗套；木窗台板；木盖板；暖气罩；天棚面零星项目；灯带、灯槽；窗帘盒；窗帘、窗帘轨道；石材面防护剂；成品保护；隔断；柜类、货架。

招牌、灯箱面层收录了有机玻璃、灯箱布、镀锌钢板面层、挂装铝塑板和细木工板基层上粘贴铝塑板五种情况。

美术字安装根据每个字的面积（0.2 m²以内、0.5 m²以内、0.5 m²以外）分别收录了有机玻璃字安装和金属字安装两类情况。

压条、装饰条线收录了成品装饰条安装，石材装饰线，磨边、开孔、打胶加工三种情况。

镜面玻璃收录了无基层和细木工板基层成品镜面玻璃安装两个子目。

卫生间配件收录了不锈钢管浴帘杆、不锈钢管浴缸拉手、不锈钢管毛巾架和石材洗漱台四个子目。

门窗套收录了普通切片板面窗套、成品木饰面板面窗套、普通切片板门套（双层细木工板、木龙骨加单层细木工板）、成品木饰面板门套和筒子板六个子目。

木窗台板收录了细木工板、切片板窗台板两个子目。

木盖板收录了方形和圆形木盖板两个子目。

暖气罩收录了幕墙式和明式暖气罩两个子目。

天棚面零星项目收录了艺术灯盘、艺术角花、检修孔、灯孔等七个子目。

灯带、灯槽收录了平顶灯带和回光灯槽两个子目。

窗帘盒收录了暗窗帘盒和明窗帘盒两个子目。

窗帘、窗帘轨道收录了提花窗纱、窗帘布、成品窗帘安装（亚麻布垂直、塑料平行）、水波幔帘和窗帘轨道安装六个子目。

石材面防护剂只收录了石材面刷防护剂一个子目。

成品保护收录了石材及木地板面（地面、台阶）、铝合金幕墙、铝合金门窗、石材及木墙面和金属饰面成品保护六个子目。

隔断收录了铝合金玻璃隔断、不锈钢包边框全玻璃隔断、铝合金板隔断、玻璃砖隔断、浴厕隔断、成品卫生间、塑钢隔断等十二个子目。

柜类、货架收录了柜台、货架、收银台、酒吧台、吊柜、背柜、壁柜、矮柜、衣柜、书柜、酒柜等内容。

8.6.2 有关规定

有关规定如下。

（1）本定额中除铁件、钢骨架已包括刷防锈漆一遍外，其余均未包括油漆、防火漆的工料，如设计涂刷油漆、防火漆，按油漆相应定额子目套用。

（2）本定额招牌不区分平面型、箱体型、简单型、复杂型。各类招牌、灯箱的钢骨架基层制作、安装套用相应子目，按吨计量。

（3）招牌、灯箱内灯具未包括在内。

（4）字体安装均以成品安装为准，不分字体均执行本定额。即使是外文或拼音字母，也应以中文意译的单字或单词进行计量，不应以字符计量。亚克力等橡、塑字安装套用有机玻璃字安装子目。

（5）本定额装饰线条安装为线条成品安装，定额均以安装在墙面上为准。设计安装在天棚面层时，按以下规定执行（但墙、顶交界处的角线除外）：钉在木龙骨基层上，其人工按相应定额乘系数1.34；钉在钢龙骨基层上人工按相应子目乘系数1.68；钉木装饰线条图案者人工乘系数1.50（木龙骨基层上）及1.80（钢龙骨基层上）。设计装饰线条成品规格与定额不同应换算，但含量不变。

金属装饰条安装是按成品线条考虑的，折板等加工费用计入材料单价中。

踢脚线包阴角按阴角线相应子目执行，墙裙踢脚线包阳角按木压顶线子目执行。

（6）石材装饰线条均以成品安装为准。石材装饰线条磨边、异型加工等均包括在成品线条的单价中，不再另计。

（7）本定额中的石材磨边是按在加工厂无法加工而必须在现场制作加工考虑的，实际由外单位加工时，应另行计算。

现场弧形石材磨边时，人工、机械乘系数1.30。

石材开孔是指每个洞面积在0.015 m^2以内的孔洞，每个石材孔洞超过时，基价乘系数1.30。

（8）卫生间配件中设计使用钢材用量与定额不符，按实际用量调整。

（9）门窗套不做细木工板基层的，扣除普通成材及细木工板含量，人工扣除2.5工日/10 m^2，扣除电锤机械费。

（10）木窗台板子目中的窗台板按28 mm厚度计算，板厚不同，按比例换算；木盖板厚度以40 mm为准（板材0.44 m^3），当设计厚度不同时，木材可以换算，其他不变。

（11）GRG材质灯盘（角花）套用石膏浮雕艺术灯盘（角花）子目。

（12）灯孔中的轻钢龙骨含量按设计图示尺寸调整。

（13）灯带、灯槽。

①曲线形平顶灯带人工乘系数1.50，其他不变。

②平顶灯带、回光灯槽增加的龙骨已在复杂天棚中考虑。

③平顶灯带按展开宽度600 mm考虑，回光灯槽按展开宽度500 mm考虑，不同规格按比例换算。

（14）窗帘盒。

①弧线形窗帘盒人工乘系数1.20。

②暗窗帘盒按展开宽度 400 mm 考虑，明窗帘盒按细木工板基础展开宽度 500 mm 考虑（其中顶板 200 mm，挂板 300 mm），不同规格按比例换算。

（15）窗帘、窗帘轨道。

①金属、木质、塑料材质垂直百叶帘套用亚麻布垂直百叶帘子目。

②金属、木质平行百叶帘套用塑料平行百叶帘子目。

③弧线形窗帘轨道人工乘系数 1.20。

（16）石材面刷防护剂是指通过刷、喷、涂、滚等方法，使石材防护剂均匀分布在石材表面或渗透到石材内部形成的一种保护，使石材具有防水、防污、耐酸碱、抗老化、抗冻融、抗生物侵蚀等功能，从而达到提高石材使用寿命和装饰性能的效果。

实际使用的防护剂品种与定额不同，单价调整，其他不变。

（17）成品保护是指在已做好的项目面层上覆盖保护层，保护层的材料不同不得换算，实际施工中未覆盖的不得计算成品保护。

定额中未收录楼梯面进行成品保护的子目，如遇楼梯进行成品保护，按台阶基价乘系数 0.9 执行。

（18）隔断。

①铝合金玻璃隔断中的铝合金型材规格是按 76.30 mm×44.50 mm、间距 1 000 mm×500 mm 计算的，设计规格不符时，含量按比例换算，其他不变。

②不锈钢包边框全玻璃隔断。

a. 分为底座和钢化玻璃两个子目计算。底座是按钢骨架考虑的，钢材设计用量与定额不符，钢骨架按设计用量调整。底座不是钢骨架，应按设计换算。

b. 隔断玻璃边框木材断面按 125 mm×75 mm 计算，断面不同，按比例换算。

c. 玻璃厚度不同，应换算。

d. 边框含量按 12.8 m/10 m² 计算，不锈钢含量与设计不符，按设计展开面积加 5%损耗调整。

③木骨架三夹板面层浴厕隔断。

a. 隔断的木材应按设计用量加 5%损耗按实调整。

b. 铁件数量与定额不符，含量应调整。

④铝合金隔断，套用塑钢隔断相应子目，替换材料，其他不变。

（19）货柜、柜类定额中未考虑面板拼花及饰面板上贴其他材料的花饰、造型艺术品，货架、柜类图见定额附件（定额 P831~841）。该部分定额子目仅供参考使用。

（20）石材的镜面处理另行计算。

8.6.3 工程量计算规则

工程量计算规则如下。

（1）灯箱的面层按展开面积计算。

（2）招牌字按每个字面积在 0.2 m² 以内、0.5 m² 以内、0.5 m² 以外三个子目划分，字不论安装在何种墙面或其他部位均按字的个数计算。以字体尺寸的最大外围面积计算。

（3）单线木压条、木花式线条、木曲线条、金属装饰条及多线木装饰条、石材线等安装均按外围延长米计算。

【例 8-27】 图 8-3 所示天棚与墙相接处采用 60 mm×60 mm 红松阴角线条，凹凸处阴角采用 15 mm×15 mm 红松阴角线条，线条均为成品，安装完成后采用清漆油漆三遍。计算线条安装的工程量、综合单价和合价。

分析：本定额装饰线条安装为线条成品安装，定额均以安装在墙面上为准。设计安装在天棚面层时，按以下规定执行（但墙、顶交界处的角线除外）：钉在木龙骨基层上，其人工按相应定额乘系数 1.34；钉在钢龙骨基层上人工按相应子目乘系数 1.68。

装饰线条宽度在 150 mm 以内工程量按延长米乘系数 0.35 计算，套用木扶手定额。

【解】 （1）列项目：15 mm×15 mm 阴角线（18-19）、60 mm×60 mm 阴角线（18-21）、清漆三遍（17-23）

（2）计算工程量：

15×15 阴角线：[(45-0.24-12)+(15-0.24-6)]×2=83.04 m

60×60 阴角线：[(45-0.24)+(15-0.24)]×2=119.04 m

油漆工程量：(83.04+119.04)×0.35=70.728 m

（3）套定额，计算结果如表 8-36 所示。

表 8-36 计算结果

序号	定额编号	项目名称	计量单位	工程量	综合单价/元	合价/元
1	18-19 换	15×15 红松阴角线	100 m	0.830 4	622.76	517.14
2	18-21	60×60 红松阴角线	100 m	1.190 4	966.70	1 150.76
3	17-23	清漆三遍	10 m	7.072 8	146.07	1 033.12
合计						2 701.02

注：18-19 换：458.84+0.68×175.95×1.37=622.76 元/100 m

答：该线条安装工程的合价为 2 701.02 元。

【例 8-28】 根据例 8-17 题意，请按 14 计价定额计算压顶线及墙裙油漆部分的分部分项工程费。

【解】 （1）列项目：墙裙压顶线（18-22）、硝基清漆（17-79）

（2）计算工程量：

墙裙压顶线：12 m

硝基清漆：2.1×12×1.05(凹凸墙裙)=26.46 m²

（3）套定额，计算结果如表 8-37 所示。

表 8-37 计算结果

序号	定额编号	项目名称	计量单位	工程量	综合单价/元	合价/元
1	18-22 换	墙裙压顶线	100 m	0.12	2 279.48	273.54
2	17-79	硝基清漆	10 m²	2.646	1 096.69	2 901.84
合计						3 175.38

注：18-22 换：629.48-330+110×18=2 279.48 元/100 m

答：该压顶线及墙裙油漆部分的分部分项工程费为 3 175.38 元。

（4）石材及块料磨边、胶合板刨边、打硅酮密封胶，均按延长米计算。

【例 8-29】 根据例 8-14 题意，计算该墙面墙砖磨边对缝的分部分项工程费。

【解】 （1）列项目：线条磨边（18-34）

（2）计算工程量：

线条磨边：(1.4-0.05+1.2-0.05)×2×2=10 m

（3）套定额，计算结果如表8-38所示。

表8-38　计算结果

序号	定额编号	项目名称	计量单位	工程量	综合单价/元	合价/元
1	18-34	线条磨边	10 m	1	81.52	81.52
		合计				81.52

答：该墙面墙砖磨边对缝的分部分项工程费为81.52元。

【例8-30】 根据例8-15题意，计算该花岗岩柱面板缝嵌云石胶的分部分项工程费。

【解】 （1）列项目：板缝嵌云石胶（18-38）

（2）计算工程量：

云石胶：2.9×6×2=34.8 m

（3）套定额，计算结果如表8-39所示。

表8-39　计算结果

序号	定额编号	项目名称	计量单位	工程量	综合单价/元	合价/元
1	18-38	板缝嵌云石胶	10 m	3.48	25.62	89.16
		合计				89.16

答：该花岗岩柱面板缝嵌云石胶的分部分项工程费为89.16元。

（5）门窗套、筒子板按面层展开面积计算。窗台板按面积计算。如图纸未注明窗台板长度，则可按窗框外围两边共加100 mm计算；窗口凸出墙面的宽度按抹灰面另加30 mm计算。

【例8-31】 图8-14为图8-2中门窗的内部装饰详图（土建三类），门做筒子板和贴脸，窗在内部做筒子板和贴脸，贴脸采用50 mm×5 mm成品木线条（5元/m），45°斜角连接，门筒子板采用双层细木工板、九厘板、普通切片板，窗筒子板采用细木工板、普通切片板面，筒子板与贴脸采用清漆油漆三遍。计算门窗内部装饰的工程量、综合单价和合价。

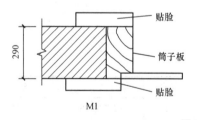
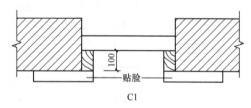

图8-14　门窗套及贴脸

【解】 （1）列项目：贴脸安装（18-13）、窗筒子板安装（18-45）、门筒子板安装（18-47）、筒子板油漆（17-24）

（2）计算工程量：

贴脸：M1贴脸：(2×2+1.2+2×0.05)×2=10.6 m

　　　 C1贴脸：(1.2+1.5+2×0.05)×2×8=44.8 m

小计：55.4 m

筒子板：门：(1.2+2×2)×0.29=1.51 m²

　　　　　窗：(1.2+1.5)×0.1×2×8=4.32 m²

小计：5.83 m²

油漆：5.83 m²（贴脸部分油漆含在门窗油漆中，不另计算）

（3）套定额，计算结果如表 8-40 所示。

表 8-40 计算结果

序号	定额编号	项目名称	计量单位	工程量	综合单价/元	合价/元
1	18-13 换	贴脸条宽在 50 mm 以内	100 m	0.554	643.72-378.00+ 108×5＝805.72	446.37
2	18-45	窗筒子板安装	10 m²	0.432	1 461.83	631.51
3	18-47	门筒子板安装	10 m²	0.151	2 242.95	338.69
4	17-24	筒子板油漆	10 m²	0.583	423.97	247.17
合计						1 663.74

注：18-13 换：643.72-378.00+108×5＝805.72 元/100 m

答：该门窗内部装饰的合价为 1663.74 元。

（6）暖气罩按外框投影面积计算。

（7）窗帘盒及窗帘轨按延长米计算，如设计图纸未注明尺寸，则可按洞口尺寸加 30 cm 计算。

（8）窗帘装饰布。

①窗帘布、窗纱布、垂直窗帘的工程量按展开面积计算。

②窗水波幔帘按延长米计算。

（9）石膏浮雕灯盘、角花按个数计算，检修孔、灯孔、开洞按个数计算，灯带按延长米计算，灯槽按中心线延长米计算。

（10）石材防护剂按实际涂刷面积计算。成品保护层按相应子目工程量计算。台阶、楼梯按水平投影面积计算。

（11）卫生间配件。

①石材洗漱台板工程量按展开面积计算。

②浴帘杆按数量以每 10 支计算，浴缸拉手及毛巾架按数量以每 10 副计算。

③无基层成品镜面玻璃、有基层成品镜面玻璃，均按玻璃外围面积计算。镜框线条另计。

（12）隔断的计算。

①半玻璃隔断是指上部为玻璃隔断，下部为其他墙体，其工程量按半玻璃设计边框外边线以面积计算。

②全玻璃隔断是指其高度自下横档底算至上横档顶面，宽度按两边立框外边以面积计算。

③玻璃砖隔断：按玻璃砖格式框外围面积计算。

④浴厕木隔断，其高度自下横档底算至上横档顶面以面积计算。门扇面积并入隔断面积内计算。

⑤塑钢隔断按框外围面积计算。

（13）货架、柜橱类均以正立面的高（包括脚的高度在内）乘以宽以面积计算。收银台以"个"计算，其他以延长米为单位计算。

第9章 措施项目费用的计算

9.1 建筑物超高增加费用

本节包括建筑物超高增加费和装饰工程超高人工降效系数两部分内容。

9.1.1 建筑工程建筑物超高增加费用

1. 建筑物超高增加费有关规定

（1）建筑物设计室外地面至檐口的高度（不包括女儿墙、屋顶水箱、突出屋面的电梯间、楼梯间等的高度）超过 20 m 或建筑物超过 6 层时，应计算超高费。

（2）超高费内容目前包括：人工降效、除垂直运输机械外的机械降效系数、高压水泵摊销、上下联络通信等所需费用。超高费包干使用，不论实际发生多少，均按本定额执行，不调整。

①人工降效：根据檐高在 20 m 左右的工程人工消耗量指标，考虑到精装修工程基本单独发包，土建项目往往只承担公共部分的简单装修，人工降效的人工含量按每 1 m^2 建筑面积 3.5 工日计算。

人工降效幅度为 20~30 m 降效幅度 5%，20~40 m 降效幅度 7.5%，20~50 m 降效幅度 10%，以上每增 10 m 降效幅度增加 2.5%，以此类推，20~200 m 降效幅度 47.5%。

②高层施工人工降效对应的机械降效系数：根据工程已结算资料，机械费（不包含垂直运输费）不超过工程造价的 5%。考虑到在基础部分机械费用较多，以及去除地面水平运输机械，20 m 以上部分机械费用按 5%×30% = 1.5% 计算。工程造价按檐高 20 m 建筑物 1 300元/m^2 考虑。20 m 部分机械费为 1.5%×1 300 = 19.5 元/m^2。

机械降效幅度为 20~30 m 降效幅度 5%，20~40 m 降效幅度 7.5%，20~50 m 降效幅度 10%，以上每增 10 m 降效幅度增加 2.5%，以此类推，20~200 m 降效幅度 47.5%。

③高压水泵摊销：高压水泵配置按照消防要求，必须一台使用，一台备用。按泵扬程进行分级，同扬程泵含量取定相同。定额中按 50%工作台班，50%停置台班进行考虑。

④上下联络通信：按 20 m 以上每层施工天数 15 天，每天一个台班，每层建筑面积约 1 000 m^2 考虑。

高度在 50 m 以内用 3 个对讲机：3×15/1 000 = 0.05 台班/m^2，人工 0.05 工日/m^2。

高度在 100 m 以内用 5 个对讲机：$5 \times 15/1\,000 = 0.08$ 台班/m^2，人工 0.08 工日/m^2。

高度在 200 m 以内用 7 个对讲机：$7 \times 15/1\,000 = 0.11$ 台班/m^2，人工 0.11 工日/m^2。

⑤檐口高度超过 200 m 的建筑物，超高费可按照每增加 10 m。人工降效系数、机械降效系数增加 2.5%；水泵按照扬程调整机型的原则另行计算。

【例 9-1】　某超高层建筑，檐口高度为 210 m，高压水泵采用电动多级离心清水泵，出口直径 150 mm，扬程 180 m 以上。请用 2014 计价定额计算每 1 平方米建筑面积的超高费综合单价。

分析：定额中收录的最高的檐高为 200 m，超过 200 m，超高费可按照每增加 10 m 人工降效系数、机械降效系数增加 2.5% 计算。水泵按照扬程调整机型的原则另行计算。

【解】　套用定额 19-18，对人工消耗量、机械降效费进行换算。

人工费：$(1.77+3.5 \times 2.5\%) \times 82 = 152.32$ 元

机械费：$19.61+19.5 \times 2.5\% = 20.10$ 元

综合单价 $= (152.32+20.1) \times (1+25\%+12\%) = 236.22$ 元/m^2

答：该建筑每平方米建筑面积的超高费综合单价为 236.22 元。

（3）超高费按下列规定计算。

①整层超高费：楼层整个超过 20 m 或层数超过 6 层部分应按其超过部分的建筑面积计算整层超高费。

②层高超高费：楼层整个超过 20 m 或 6 层以上楼层，如该层层高超过 3.6 m，则层高每增高 1 m（不足 0.1 m 按 0.1 m 计算，高度不足 1 m 按比例计算），按相应定额的 20% 计算层高超高费。

③每米增高超高费：建筑物檐高超过 20 m，但其最高一层或其中一层楼面未超过 20 m 且在 6 层以内时，则该楼层在 20 m 以上部分的超高费，每超过 1 m（不足 0.1 m 按 0.1 m 计算，高度不足 1 m 按比例计算）按相应定额的 20% 计算。

（4）同一建筑物中有 2 个或 2 个以上的不同檐口高度时，应分别按不同高度竖向切面的建筑面积套用定额。

（5）单层建筑物（无楼隔层者）高度超过 20 m，其超过部分除构件安装按定额第 8 章的规定执行外，另再按本章相应项目计算每增高 1 m 的层高超高费。

2. 工程量计算规则

建筑物超高费以超高 20 m 或 6 层部分的建筑面积（m^2）计算。

【例 9-2】　某 6 层建筑，每层建筑面积均为 1 000 m^2，图 9-1 给出了房屋分层高度，计算该建筑的超高费。

分析：（1）能否计算超高费有两个指标，一是层数（6 层以上），二是檐高（20 m 以上），只要达到其中一个指标即可计算超高费。本例中层数正好 6 层，未达标，檐高 24.3 m，超过 20 m，可以计算超高费。

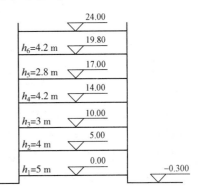

图 9-1　房屋分层高度图

（2）超高费的计算不外乎3种情况，整层超高、层高超高、每米增高。本例中6层底板标高19.80 m，似乎未达到20 m，但檐高是从室外地坪算起的，因此加上0.3 m的室内外高差，6层的底板为20.10 m，该层为整层超高；同时，该层层高4.2 m，可以再计算一个层高超高；而5层则可计算每米增高的超高费。

【解】（1）列项目：整层超高费（19-1）、层高超高费（19-1）、每米增高超高费（19-1）。

（2）计算工程量：1 000 m^2

（3）套定额，计算结果如表9-1所示。

表9-1 计算结果

序号	定额编号	项目名称	计量单位	工程量	综合单价/元	合价/元
1	19-1	建筑物高度20~30 m以内超高	m^2	1 000	29.30	29 300.00
2	19-1 换×0.6	层高超高0.6 m的超高费	m^2	1 000	3.516	3 516.00
3	19-1 换×0.1	增高0.1 m的超高费	m^2	1 000	0.586	586.00
合计						33 402.00

注：19-1 换：29.30×0.2＝5.86 元/m^2

答： 该建筑的超高费合计33 402.00元。

【例9-3】 某框架结构教学楼工程，主、附楼楼层分层高度如图9-2所示。主楼为19层，每层建筑面积为1 200 m^2；附楼为6层，每层建筑面积1 600 m^2。主、附楼底层层高为5.0 m，19层层高为4.0 m；其余各层层高均为3.0 m。试计算该土建工程的超高费用。

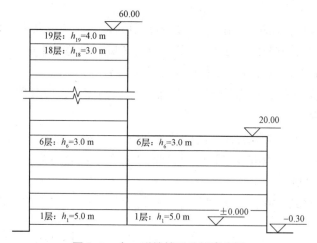

图9-2 主、附楼楼层分层高度图

分析：（1）同一建筑物中有2个或2个以上的不同檐口高度时，应分别按不同高度竖向切面的建筑面积套用定额。本例中主楼和附楼分开算超高费。

（2）本例中附楼顶板高度20 m，层数6层，似乎没达标，但加上室内外高差0.30 m，是超过20 m的，要计算超高费，不过计算的是每米增高费，增加0.30 m。

（3）一层层高5 m不需要计算超高费，因为超高费计算的前提条件是房屋高度要超过20 m或超过6层，超高费只对超过部分计算，未超过部分一概不算。

【解】（1）列项目：整层超高费（19-5）、层高超高费（19-5）、每米增高超高费

（19-5）、每米增高费（19-1）

（2）计算工程量：

整层超高费工程量：（19-6）×1 200=15 600 m²

层高超高工程量（超高 0.40 m）：1 200 m²

每米增高工程量（增高 0.30 m）：1 200 m²

每米增高工程量（增高 0.30 m）：1 600 m²

（3）套定额，计算结果如表 9-2 所示。

表 9-2　计算结果

序号	定额编号	项目名称	计量单位	工程量	综合单价/元	合价/元
1	19-5	建筑物高度 20~30 m 以内超高	m²	15 600	77.66	1 211 496.00
2	19-5 换×0.4	层高超高 0.4 m 的超高费	m²	1 200	6.21	7 452.00
3	19-5 换×0.3	增高 0.3 m 的超高费	m²	1 200	4.66	5 592.00
4	19-1 换×0.3	增高 0.3 m 的超高费	m²	1 600	1.76	2 816.00
合计						1 227 356.00

注：19-5 换：77.66×0.2=15.53 元/m²；19-1 换：29.30×0.2=5.86 元/m²

答：该建筑的超高费合计 1 227 356.00 元。

9.1.2　装饰工程超高人工降效系数

1. 单独装饰工程超高人工降效有关说明

单独装饰工程中超高增加定额以人工降效系数的形式表示。因建筑物装饰装修标准差异较大，单位建筑面积的人工含量差异也大，不适合用建筑面积的形式来表示。

（1）"高度"和"层数"，只要其中一个指标达到规定，即可套用该项目。

（2）当同一个楼层中的楼面和天棚不在同一计算段内时，按天棚面标高段为准计算。

2. 工程量计算规则

（1）单独装饰工程超高人工降效，以超过 20 m 部分或 6 层部分的工日分段计算。

（2）计价定额的计算表中所列建筑物最高为 200 m，超过此高度每 10 m 按比上个计算段的比例基数递增 2.5% 推算。

【例 9-4】　某单独装饰工程，为图 9-2 所示主楼 19 层进行装修，该层装修项目合计人工工日数为 800 工日。已知该层顶面相对标高为 60.0 m，室内外高差为 0.30 m，该层天棚板底净高为 3.5 m，人工工资为 90 元/工日，管理费 42%，利润 15%。计算该项目的超高人工降效费。

分析：（1）首先要确定分段系数，按层数应该套用 19-22，按高度 19 层顶高 60.3 m 应该套用 19-23，按底板高 56.3 m 应该套用 19-22。

（2）当同一个楼层中的楼面和天棚不在同一计算段内时，按天棚面标高段为准计算。60.3 m 不是天棚高度，是顶板高度，扣除吊顶空间和结构层厚度后可得天棚高度为 59.5 m。

（3）两个指标中取大值，目前两个指标都是套用 19-22。

【解】　天棚板底至室外地坪总高为 60.0+0.3-4.0+3.5=59.8<60 m，人工降效按 19-22 计算。

第 19 层超高人工降效费：800×90×12.5%×（1+42%+15%）=14 130.00 元

答：该项目的超高人工降效费为 14 130.00 元。

9.2 脚手架工程

9.2.1 本节内容概述

本节内容包括：脚手架工程；建筑物檐高超过 20 m 脚手架材料增加费。

脚手架工程包括：①综合脚手架；②单项脚手架。

建筑物檐高超过 20 m 脚手架材料增加费包括：①综合脚手架；②单项脚手架。

9.2.2 脚手架工程基本规定

单项脚手架适用于单独地下室、装配式和多（单）层工业厂房、仓库、独立的展览馆、体育馆、影剧院、礼堂、饭堂（包括附属厨房）、锅炉房、檐高未超过 3.60 m 的单层建筑、超过 3.60 m 高的屋顶构架、构筑物和单独装饰工程等。由于这些工程的单位建筑面积脚手架含量个体差异大，不适宜以综合脚手架形式表现，因此采用单项脚手架。除此之外的单位工程均执行综合脚手架项目。

9.2.3 综合脚手架工程有关规定及工程量计算规则

1. 综合脚手架工程的有关规定

（1）综合脚手架综合了外墙砌筑脚手架（含外墙面的一面抹灰脚手架）、内墙砌筑和柱、梁、墙、天棚抹灰脚手架在内。一般的多层、小高层、高层的住宅、综合楼（办公楼）、医院、商场等建筑工程项目均可以使用综合脚手架。

综合脚手架内容组成如表 9-3 所示。

表 9-3 综合脚手架内容组成

| 综合脚手架 | 檐高在 12 m 以内 | 层高在 3.6 m 以内，层高在 5 m 以内，层高在 8 m 以内，层高在 8 m 以上每增高 1 m |
| | 檐高在 12 m 以上 | |

注：超过 8 m 每增高 1 m，按每增高 1 m 的比例换算（不足 0.1 m 按 0.1 m 计算）。

（2）综合脚手架项目仅包括脚手架本身的搭拆，不包括建筑物洞口临边、电器防护设施等费用，以上费用已在安全文明施工措施费中列支。

（3）单位工程在执行综合脚手架时，遇有下列情况应另列项目计算，以下项目不再计算单项脚手架超过 20 m 材料增加费。

①各种基础自设计室外地面起深度超过 1.50 m（砖基础至大放脚砖基底面、钢筋混凝土基础至垫层上表面），同时混凝土条形基础底宽超过 3 m、满堂基础或独立柱基（包括设备基础）混凝土底面积超过 16 m² 时计算砌墙、混凝土浇捣脚手架。砖基础以垂直面积按单项脚手架中里架子、混凝土浇捣按相应满堂脚手架定额执行。

②层高超过 3.60 m 的钢筋混凝土框架柱、梁、墙混凝土浇捣脚手架按单项定额规定计算。

③独立柱、单梁、墙高度超过 3.60 m 时，混凝土浇捣脚手架按单项定额规定计算。

④施工现场需搭设高压线防护架、金属过道防护棚脚手架按单项定额规定执行。

⑤屋面坡度大于 45°时，屋面基层、盖瓦的脚手架费用应另行计算。

⑥未计算到建筑面积的室外柱、梁等，其高度超过 3.60 m 时，应另按单项脚手架相应定额计算。

⑦地下室的综合脚手架按檐高在 12 m 以内的综合脚手架相应定额乘系数 0.5 执行。

⑧檐高 20 m 以下采用悬挑脚手架的可计取悬挑脚手架增加费用，20 m 以上悬挑脚手架增加费已包括在脚手架超过材料增加费中。

2. 综合脚手架工程的工程量计算规则

工程量按建筑面积计算，单位工程中不同层高的建筑面积应分别计算。

9.2.4　单项脚手架工程有关规定及工程量计算规则

1. 单项脚手架工程的有关规定

（1）单项脚手架的分类和适用范围如表 9-4 所示。

表 9-4　单项脚手架工程的分类和适用范围

单项脚手架	砌筑脚手架、外墙镶（挂）贴脚手架	砌墙脚手架	里架子（高度 3.60 m 以内）	
			外架子（高度 3.60 m 以外）	单排脚手架（12 m 以内）
				双排脚手架（12 m、20 m 以内）
		外墙镶（挂）贴脚手架（适用单独外装饰工程）	双排外架子（12 m、20 m 以内）	
			吊篮脚手架（使用费、安拆费）	
		悬挑脚手架增加费		
	斜道	高度 12 m 以内、20 m 以内		
	满堂脚手架、抹灰脚手架	满堂脚手架	基本层（高 5 m 以内、高 8 m 以内）	
			8 m 以上增加层	
		抹灰脚手架	高在 3.60 m 以内	
			高度超过 3.60 m（5 m 以内、12 m 以内）	
		高在 3.60 m 以上单独柱、梁、墙、油（水）池壁混凝土浇捣脚手架		
		满堂支撑架	搭设、拆除	
			使用费	
	单层轻钢厂房脚手架	柱梁安装		
		屋面瓦安装		
		墙板、门窗、雨篷等其他安装（单层墙板、双层墙板）		
	高压线防护架、烟囱、水塔脚手架、金属过道防护棚	高压线防护架		
		烟囱、水塔脚手架（高 10 m 以内、20 m 以内、30 m 以内、40 m 以内、50 m 以内、60 m 以内）		
		金属过道防护棚（工期 5 个月、每增减 1 个月）		
	电梯井字架	搭设高度 20、30、40、50、60、80、100 m 以内		

（2）本部分定额适用于综合脚手架以外的檐高在 20 m 以内的建筑物，突出主体建筑物顶的女儿墙、电梯间、楼梯间、水箱等不计入檐口高度，前后檐高不同，按平均高度计算。

檐高在 20 m 以上的建筑物，脚手架除按本定额计算外，其超过部分所需增加的脚手架加固措施等费用，均按超高脚手架材料增加费子目执行。构筑物、烟囱、水塔、电梯井按其相应子目执行。

（3）除高压线防护架外，本定额已按扣件式钢管脚手架编制，实际施工中不论使用何种脚手架材料，均按本定额执行。

（4）砌墙脚手架。

①凡砌筑高度超过 1.5 m 的砌体（柱、墙、基础等）均需计算砌墙脚手架。

②砖基础自设计室外地坪至垫层（或混凝土基础）上表面的深度超过 1.50 m 时，按相应砌墙脚手架执行。

③外墙脚手架包括一面抹灰脚手架在内，另一面墙可计算抹灰脚手架。内墙砌体高度在 3.60 m 以内者，套用里脚手架；高度超过 3.60 m 者，套用外脚手架。

④山墙自设计室外地坪至山尖 1/2 处高度超过 3.60 m 时，该整个外山墙按相应外脚手架计算，内山墙按单排外架子计算。

⑤独立砖（石）柱高度在 3.60 m 以内者，执行砌墙脚手架里架子；柱高超过 3.60 m 者，执行砌墙脚手架外架子（单排）。

⑥突出屋面部分的烟囱，高度超过 1.50 m 时，其脚手架按 12 m 以内单排外脚手架计算。

⑦建筑物外墙设计采用幕墙装饰，不需要砌筑墙体，根据施工方案需搭设外围防护脚手架的，且幕墙施工不利用外防护架，应按砌墙脚手架相应子目另计防护脚手架费。

（5）满堂脚手架、抹灰脚手架。

①本定额满堂脚手架不适用于满堂扣件式钢管支撑架（简称满堂支撑架），满堂支撑架应按搭设方案计价。

②满堂脚手架定额中分为 5 m 基本层、8 m 基本层与增加层，高度超过 8 m 时，每增加 2 m，计算一层增加层，计算公式如下：

$$增加层数 = \frac{室内净高（m）-8\ m}{2\ m}$$

增加层数计算结果保留整数，小数在 0.6 m 以内舍去，在 0.6 以上进位。

③高度在 3.60 m 以内的墙面、天棚、柱、梁抹灰（包括钉间壁、钉天棚）用的脚手架费用套用 3.60 m 以内的抹灰脚手架。

④高度超过 3.60 m 时抹灰。

a. 室内（包括地下室）净高超过 3.60 m 时，天棚需抹灰（包括钉天棚），应按满堂脚手架计算，但其内墙抹灰不再计算脚手架；满堂脚手架高度以室内地坪面（或楼面）至天棚面或屋面板的底面为准（斜的天棚或屋面板按平均高度计算）。

b. 室内净高超过 3.60 m 时，天棚单独抹灰，按满堂脚手架相应项目乘系数 0.7。

c. 高度在 3.60 m 以上的内墙面抹灰（包括钉间壁）时，如无满堂脚手架可以利用，则根据高度套用 5 m 以内或 12 m 以内的抹灰脚手架。

d. 抹灰脚手架搭设高度在 12 m 以上时，高度每增加 1 m，按 12 m 以内定额子目基价乘系数 1.05 进行递增。

⑤天棚面层高度在 3.60 m 以内，吊筋与楼层的连接点高度超过 3.60 m 时，应按满堂脚手架相应定额综合单价乘系数 0.60 计算。

⑥单独用于内墙粘贴、干挂花岗岩（大理石）的脚手架按抹灰脚手架执行，其中材料费柱面项目乘系数 0.6，其他项目乘系数 0.3。

⑦天棚、柱、梁、墙面不抹灰但满批腻子时，脚手架执行同抹灰脚手架。

⑧墙、柱梁面刷浆、油漆的脚手架按抹灰脚手架相应定额乘系数 0.10 计算。室内天棚净高超过 3.60 m 的板下勾缝、刷浆、油漆可另行计算一次脚手架费用，按满堂脚手架相应项目乘系数 0.10 计算。

（6）混凝土浇捣脚手架。

①钢筋混凝土基础自设计室外地坪至垫层上表面的深度超过 1.50 m，同时条形基础底宽超过 3.0 m、独立基础或满堂基础及大型设备基础的底面积超过 16 m^2 的混凝土浇捣脚手架，按满堂脚手架相应定额乘系数 0.3 计算脚手架费用（使用泵送混凝土者，混凝土浇捣脚手架不得计算）。

②现浇钢筋混凝土独立柱、单梁、墙高度超过 3.60 m 时，应套柱、梁、墙混凝土浇捣脚手架子目。该脚手架子目中包括支模、扎筋所用的脚手架在内。

③层高超过 3.60 m 的钢筋混凝土框架柱、墙（楼板、屋面板为现浇板）所增加的混凝土浇捣脚手架费用，按满堂脚手架相应子目乘系数 0.3 执行；层高超过 3.60 m 的钢筋混凝土框架柱、梁、墙（楼板、屋面板为预制空心板）所增加的混凝土浇捣脚手架费用，按满堂脚手架相应子目乘系数 0.4 执行。

④高在 3.60 m 以上时，单独柱、梁、墙、油（水）池壁混凝土浇捣脚手架子目包括支模、扎钢筋所用的脚手架在内。

（7）满堂支撑架。

①满堂支撑架适用于架体顶部承受钢结构、钢筋混凝土等施工荷载，对支撑结构起支撑平台作用的扣件式脚手架。脚手架周转材料使用量大时，可区分租赁和自备材料两种情况计算，施工过程中对满堂支撑架的使用时间、材料的投入情况应及时核实并办理好相关手续，租赁费用应由甲乙双方协商进行核定后结算，乙方自备材料按定额中满堂支撑架使用费计算。

②定额中满堂支撑架使用费中已考虑脚手板，如现场支撑顶为拼装等需满铺木板时，费用另计。

③满堂支撑架使用寿命按 42 个月考虑，按实际使用时间摊销，残值按 10% 考虑。

（8）其他脚手架。

①外墙镶（挂）贴脚手架定额适用于单独外装饰工程脚手架搭设。

②悬挑脚手架增加费：因建筑物高度超过脚手架允许搭设高度，建筑物外形要求或工期要求，根据施工组织设计需采用型钢悬挑脚手架时，除计算脚手架费用外，还应计算外架子悬挑脚手架增加费。

③斜道：计价定额按高 12 m 以内和高 20 m 以内分套不同的子目，用于行走和运送材料，如斜道只用于行走而不运送材料，其费用按斜道基价乘系数 0.6 计算。

④单层轻钢厂房脚手架适用于单层轻钢厂房钢结构施工用脚手架，分钢柱梁安装脚手架、屋面瓦等水平结构安装脚手架和墙板、门窗、雨篷、天沟等竖向结构安装脚手架，不包括厂房内土建、装饰工作脚手架，实际发生时另执行相关子目。

⑤瓦屋面坡度大于 45° 时，屋面基层、盖瓦的脚手架费用应另按实际计算。

⑥高压线防护架：按宽 5 m、高 13 m 为准，当高、宽度不同时，可按比例换算。施工

期按 5 个月计算，每增减 1 个月，每 10 m 高压线防护架增减费用 116.42 元。

⑦烟囱、水塔脚手架：烟囱、水塔高度在 30 m 以下，其下口直径按 5 m 计算；30 m 以上，下口直径按 8 m 计算。如直径大于 5 m 或 8 m，每增加直径 1 m 按其相应基价乘系数 1.1 计算。

⑧金属过道防护棚。

a. 金属过道防护棚以一面利用外脚手架计算，如搭设独立防护棚，乘系数 1.13。

b. 金属过道防护棚以铺单层竹笆片计算，如施工高层建筑搭设双层竹笆片，则每 10 m^2 增加 148.79 元，施工期每增减一个月，每 10 m^2 增减费用 14.99 元。

⑨电梯井字架：当结构施工搭设的电梯井脚手架延续至电梯设备安装使用时，套用安装用电梯井脚手架时应扣除定额中的人工及机械。

⑩构件吊装脚手架按表 9-5 执行，单层轻钢厂房钢构件吊装脚手架按单层轻钢厂房钢结构施工用脚手架执行，不再按表 9-5 执行。

表 9-5　构件吊装脚手架费用

混凝土构件/（元·m^{-3}）				钢构件/（元·t^{-1}）			
柱	梁	屋架	其他	柱	梁	屋架	其他
1.58	1.65	3.20	2.30	0.70	1.00	1.5	1.00

2. 单项脚手架工程的工程量计算规则

1）砌筑脚手架工程量计算规则

（1）砖基础按基础（单面）垂直投影面积计算，不扣除洞口、空圈、车辆通道、变形缝等所占面积。

（2）砌墙脚手架均按墙面（单面）垂直投影面积计算，不扣除门、窗洞口、空圈、车辆通道、变形缝等所占面积。

①外墙脚手架按外墙外边线长度乘外墙高度以面积计算。如外墙有挑阳台，则每只阳台计算一个侧面宽度，计入外墙面长度内，二户阳台连在一起的也算一个侧面；外墙高度指室外设计地坪至檐口（或女儿墙上表面）高度，坡屋面至屋面板下（或橼子顶面）墙中心高度，山墙算至山尖 1/2 处的高度。

②内墙脚手架以内墙净长乘内墙净高计算。有山尖者，算至山尖 1/2 处的高度；有地下室者，自地下室室内地坪算至墙顶面高度。

③砌石墙到顶的脚手架，工程量按砌墙相应脚手架乘系数 1.50 计算。

（3）独立砖（石）柱高度在 3.60 m 以内者，脚手架以柱的结构外围周长乘柱高计算；柱高超过 3.60 m 者，以柱的结构外围周长加 3.60 m，再乘柱高计算。

（4）突出屋面部分的烟囱，其脚手架按外围周长加 3.60 m，再乘实砌高度计算。

（5）同一建筑物高度不同时，按建筑物的竖向不同高度分别计算。

2）抹灰脚手架工程量计算规则

（1）钢筋混凝土单梁、柱、墙，按以下规定计算脚手架。

单梁：以梁净长乘地坪（或楼面）至梁顶面高度计算。

柱：以柱结构外围周长加 3.60 m，再乘柱高计算。

墙：以墙净长乘地坪（或楼面）至板底高度计算。

（2）墙面抹灰：以墙净长乘净高计算。柱和墙相连时，柱面突出墙面部分并入墙面工程量内计算。

（3）当有满堂脚手架可以利用时，不再计算墙、柱、梁面抹灰脚手架。

（4）天棚抹灰高度在 3.60 m 以内时，按天棚抹灰面（不扣除柱、梁所占面积）以面积计算。

（5）室内挑台栏板外侧共享空间的装饰无满堂脚手架利用时，按地面（或楼面）至顶层栏板顶面高度乘栏板长度以面积计算，套用相应抹灰脚手架定额。

3）满堂脚手架工程量计算规则

按室内净面积计算满堂脚手架，不扣除柱、垛、附墙烟囱所占面积。

4）现浇钢筋混凝土脚手架工程量计算规则

（1）钢筋混凝土基础的混凝土浇捣脚手架应按槽、坑土方规定放工作面后的底面积计算工程量。

（2）现浇钢筋混凝土独立柱的浇捣脚手架以柱的结构周长加 3.60 m，再乘柱高计算；单梁的浇捣脚手架按梁的净长乘地面（或楼面）至梁顶面的高度计算；墙的浇捣脚手架以墙的净长乘墙高计算。

（3）现浇框架结构超过 3.60 m 的混凝土浇捣脚手架工程量以框架轴线水平投影面积计算。

5）其他脚手架工程量计算规则

（1）贮仓脚手架，不分单筒或贮仓组，高度超过 3.60 m 时，均按外边线周长乘设计室外地坪至贮仓上口之间高度以面积计算。高度在 12 m 以内时，套用高度 12 m 以内双排外脚手架乘系数 0.7 执行；高度超过 12 m 时，套高度在 20 m 以内双排外脚手架乘系数 0.7 执行（均包括外表面抹灰脚手架在内）。贮仓内表面抹灰按抹灰脚手架工程量计算规则执行。

（2）外墙镶（挂）贴脚手架工程量计算规则：

①同砌筑脚手架中的外墙脚手架；

②吊篮脚手架按装修墙面垂直投影面积以平方米计算（计算高度从室外地坪至设计高度），安拆费按施工组织设计或实际数量确定。

（3）外架子悬挑脚手架增加费按悬挑脚手架部分的垂直投影面积计算。

（4）满堂支撑架搭拆按脚手钢管质量计算；使用费（包括搭设、使用和拆除时间，不计算现场囤积和转运时间）按脚手钢管质量和使用天数计算。

（5）单层轻钢厂房脚手架柱梁、屋面瓦等水平结构安装按厂房水平投影面积计算，墙板、门窗、雨篷等竖向结构安装按厂房垂直投影面积计算。

（6）高压线防护架按搭设长度以延长米计算。

（7）金属过道防护棚按搭设水平投影面积以平方米计算。

（8）斜道、烟囱、水塔、电梯井脚手架区别不同高度以座计算。滑升模板施工的烟囱、水塔，其脚手架费用已包括在滑模计价定额内，不另计算脚手架。烟囱内壁抹灰是否搭设脚手架，按施工组织设计规定办理，其费用按相应满堂脚手架执行，人工增加 20%，其余不变。

（9）高度超过 3.60 m 的贮水（油）池，其混凝土浇捣脚手架按外壁周长乘以池的壁高以平方米计算，按池壁混凝土浇捣脚手架项目执行，抹灰者按抹灰脚手架另计。

【例 9—5】　图 9-3 为某现浇单层框架结构房屋的建筑平面图及 1—1 断面图，轴线为柱中，图中墙上均有梁，柱截面 400 mm×400 mm，梁截面 300×400 mm 外墙上梁外侧与墙外侧平齐，内墙上梁居中，墙厚 240 mm，板厚 100 mm，计算该房屋地面以上部分砌墙、抹灰、混凝土浇捣脚手架工程量、综合单价和合价。

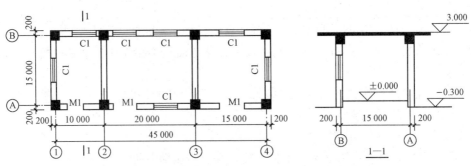

图9-3 单层框架结构房屋的平面图及断面图

分析：檐高未超过3.60 m的单层建筑，套用单项脚手架。墙面抹灰脚手架：以墙净长乘以净高计算。柱和墙相连时，柱面突出墙面部分并入墙面工程量内计算。天棚抹灰脚手架：天棚抹灰高度在3.60 m以内，按天棚抹灰面（不扣除柱、梁所占面积）以平方米计算。层高超过3.60 m的钢筋混凝土框架需要计算混凝土浇捣脚手架，本例中层高只有3 m，故不需要计算混凝土浇捣脚手架。

【解】 （1）列项：砌墙双排外架子（20-11）、砌墙里架子（20-9）、3.6 m以内抹灰脚手架（20-23）

（2）计算工程量：

砌墙外架子：(45.4+15.4)×2×(3.0+0.3)=401.28 m²

砌墙里架子：(15.00-2×0.2)×2×(3.0-0.4)=75.92 m²

内墙粉刷脚手架（包括外墙内部粉刷）：[(45.4-4×0.24)×2+(15.4-2×0.24)×6]×(3.0-0.1)=517.36 m²

天棚粉刷脚手架：(45.4-0.24×4)×(15.4-0.24×2)=663.04 m²

3.6 m以内抹灰脚手架：517.36+663.04=1 180.4 m²

（3）套定额，计算结果如表9-6所示。

表9-6 计算结果

序号	定额编号	项目名称	计量单位	工程量	综合单价/元	合价/元
1	20-11	砌筑外墙脚手架	10 m²	40.128	185.31	7 436.12
2	20-9	砌筑内墙脚手架	10 m²	7.592	16.33	123.98
3	20-23	3.6 m以内抹灰脚手架	10 m²	118.04	3.9	460.36
合计						8 020.46

注：外墙外侧的粉刷脚手架含在外墙砌筑脚手架中。

答：该脚手架工程的合价为8 020.46元。

【例9-6】 将上例中檐口标高改为8.50 m，计算该房屋的地面以上部分砌墙、抹灰、混凝土浇捣脚手架工程量、综合单价和合价。

分析：檐高超过3.60 m的单层建筑应套用综合脚手架。计算了综合脚手架后，还可以计算超过3.60 m的混凝土浇捣单项脚手架。综合脚手架基本层高在8 m以内，超过8 m每增高1 m，按每增高1 m的比例换算（不足0.1 m按0.1 m计算）。满堂脚手架基本层高在8 m以内，超过8 m按增加层计算，本例余数不足0.6，不算增加层。层高超过3.60 m的钢筋混凝土框架柱、墙（楼板、屋面板为现浇板）所增加的混凝土浇捣脚手架费用，按满堂脚手架相应子目乘系数 0.3 执行。

【解】 （1）列项目：综合脚手架（20-3+20-4×0.5）、混凝土浇捣满堂脚手架（20-21）

（2）计算工程量：

综合脚手架工程量：45.4×15.4＝699.16 m²

混凝土浇捣脚手架工程量：45.0×15.0＝675.0 m²

（3）套定额，计算结果如表 9-7 所示。

表 9-7 计算结果

序号	定额编号	项目名称	计量单位	工程量	综合单价/元	合价/元
1	20-3+20-4×0.5	综合脚手架	1 m²建筑面积	699.16	83.66	58 491.73
2	20-21×0.3	混凝土浇捣脚手架	10 m²	67.5	58.52	3 970.35
合计						62 462.08

答：该工程的脚手架合价为 62 462.08 元。

9.2.5 脚手架檐高超 20 m 脚手架材料增加费的有关规定及工程量计算规则

1. 脚手架檐高超 20 m 脚手架材料增加费的有关规定

（1）檐高超 20 m 脚手架材料增加费组成内容如表 9-8 所示。

表 9-8 檐高超 20 m 脚手架材料增加费组成内容

建筑物檐高超 20 m 脚手架材料增加费	综合脚手架	建筑物檐高 20～30 m、20～40 m、20～50 m、20～60 m、20～70 m、20～80 m、20～90 m、20～100 m、20～110 m、20～120 m、20～130 m、20～140 m、20～150 m、20～160 m、20～170 m、20～180 m、20～190 m、20～200 m
	单项脚手架	砌墙脚手架材料增加费（建筑物檐高 30～200 m 以内每 10 m 一个子目）
		装饰脚手架材料增加费（建筑物檐高 30～200 m 以内每 10 m 一个子目）

（2）本定额中脚手架是按建筑物檐高在 20 m 以内编制的，檐高超过 20 m 时应计算脚手架材料增加费。

（3）檐高超过 20 m 脚手架材料增加费内容包括：脚手架使用周期延长摊销费、脚手架加固。脚手架材料增加费包干使用，无论实际发生多少，均按本章执行，不调整。

（4）檐高超过 20 m 脚手架材料增加费按下列规定计算。

①综合脚手架。

a. 整层超高费：楼层整个超过 20 m 的应按其超过部分的建筑面积计算脚手架材料增加费。

b. 层高超高费：楼层整个超过 20 m 且该层层高超过 3.6 m，每增高 0.1 m 按增高 1 m 的比例换算（不足 0.1 m 按 0.1 m 计算），按相应项目执行，计算脚手架材料增加费。

c. 每米增高超高费：建筑物檐高高度超过 20 m，但其最高一层或其中一层楼层楼面未超过 20 m，而顶面超过 20 m 时，则该楼层在 20 m 以上部分仅能计算每增高 1 m 的增加费。

d. 同一建筑物中有 2 个或 2 个以上的不同檐口高度时，应分别按不同高度竖向切面的建筑面积套用相应子目。

e. 单层建筑物（无楼隔层者）高度超过 20 m，其超过部分除构件安装按第 8 章的规定执行外，其余按本章相应项目计算脚手架材料增加费。

②单项脚手架。

a. 分为建筑物檐高超 20 m 砌墙脚手架材料增加费和建筑物檐高超 20 m 装饰脚手架材

料增加费两部分内容。

b. 檐高超过20 m的建筑物，应根据外墙脚手架计算规则按全部外墙脚手架面积计算。

c. 同一建筑物中有2个或2个以上的不同檐口高度时，应分别按不同高度竖向切面的外脚手架面积套用相应子目。

2. 檐高超过20 m脚手架材料增加费的工程量计算规则

1）综合脚手架

以建筑物超过20 m部分建筑面积计算。

2）单项脚手架

同外墙脚手架计算规则，从设计室外地面起算。

【例9-7】 某6层现浇框架结构房屋，柱下独立基础，基础埋深1.40 m，框架轴线平面尺寸为24 m×9 m，平面外包尺寸24.24 m×9.24 m，计算图9-1所示房屋脚手架工程的工程量、综合单价和合价。

分析：综合脚手架套用定额时首先考虑檐口高度，本例为檐高在12 m以上，其次考虑每一层的层高，根据不同的层高范围（3.60 m以内、5 m以内、8 m以内、层高在8 m上每增高1 m）套用不同的定额子目。本例计算了综合脚手架，又另外计算了单项混凝土浇捣脚手架，但不再计算单项混凝土浇捣脚手架超过20 m材料增加费。

【解】 （1）列项目：综合脚手架层高3.6 m以内（20-5）、综合脚手架层高5 m以内（20-6）、满堂脚手架5 m层（20-20）、整层超高脚手架材料增加费（20-49）、层高超高脚手架材料增加费（20-49）、每米增高脚手架材料增加费（20-49）

（2）计算工程量：

综合脚手架层高3.6 m以内：24.24×9.24×2＝447.96 m²

综合脚手架层高5 m以内：24.24×9.24×4＝895.91 m²

满堂脚手架5 m层：24×9×4＝864 m²

整层超高脚手架材料增加费：24.24×9.24＝223.98 m²

层高超高脚手架材料增加费：223.98 m²

每米增高脚手架材料增加费：24.24×9.24＝223.98 m²

（3）套定额，计算结果如表9-9所示。

表9-9 计算结果

序号	定额编号	项目名称	计量单位	工程量	综合单价/元	合价/元
1	20-5	综合脚手架层高3.6 m以内	1 m² 建筑面积	447.96	21.41	9 590.82
2	20-6	综合脚手架层高5 m以内	1 m² 建筑面积	895.91	64.02	57 356.16
3	20-20 换	满堂脚手架5 m层	10 m²	86.4	47.06	4 065.98
4	20-49	整层超高脚手架材料增加费	1 m² 建筑面积	223.98	9.05	2 027.02
5	20-49 换×0.6	层高超高脚手架材料增加费	1 m² 建筑面积	223.98	1.09	244.14
6	20-49 换×0.1	每米增高脚手架材料增加费	1 m² 建筑面积	223.98	0.18	40.32
合计						73 324.44

注：20-20 换：156.85×0.3＝47.06 元/10 m²

20-49 换：9.05×0.2＝1.81 元/m²

答：该工程的脚手架合价为73 324.44 元。

【例9-8】 计算图8-10所示某单独装饰工程湿挂花岗岩柱的脚手架费用（人工费、机械费、材料单价、管理费率和利润费率按计价定额不调整，其余未作说明的按计价定额规定）。

分析：单独装饰工程应套用单项脚手架。单独用于内墙粘贴、干挂花岗岩（大理石）的脚手架按抹灰脚手架执行，其中材料费柱面项目乘系数0.6，其他项目乘系数0.3。

【解】 （1）列项目：3.6 m 以内抹灰脚手架（20-23）

（2）计算工程量：

抹灰脚手架：$(3.1416×0.6+3.6)×3.5=19.20$ m²

（3）套定额，计算结果如表9-10所示。

表9-10　计算结果

序号	定额编号	项目名称	计量单位	工程量	计算综合单价/元	合价/元
1	20-23 换	湿挂花岗岩脚手架	10 m²	1.920	3.9-1.53+0.6×1.53=3.29	6.32
合计						6.32

注：20-23 换：$3.9-1.53+0.6×1.53=3.29$ 元/10 m²

答：该工程的脚手架合价为6.32元。

9.3 模板工程

9.3.1 本节内容概述

本节内容包括：现浇构件模板、现场预制构件模板、加工厂预制构件模板和构筑物工程模板。

现浇构件模板包括：基础；柱；梁；墙；板；其他；混凝土、砖底胎模及砖侧模。

现场预制构件模板包括：桩、柱；梁；屋架、天窗架及端壁；板、楼梯段及其他。

加工厂预制构件模板包括：①一般构件；②预应力构件。

构筑物工程模板包括：①烟囱（基础，滑升模板钢筋混凝土烟囱）；②水塔［钢筋混凝土水塔，倒锥壳水塔，贮水（油）池，贮仓，钢筋混凝土支架及地沟，栈桥］。

9.3.2 基本规定

基本规定如下。

（1）现浇构件模板子目按不同构件分别编制了组合钢模板配钢支撑、复合木模板配钢支撑，使用时，任选一种套用。

（2）预制构件模板子目，按不同构件，分别以组合钢模板、复合木模板、木模板、定型钢模板、长线台钢拉模、加工厂预制构件配混凝土地模、现场预制构件配砖胎模、长线台配混凝土地胎模编制，使用其他模板时，不予换算。

（3）模板工程内容包括清理、场内运输、安装、刷隔离剂、浇灌混凝土时模板维护、拆模、集中堆放、场外运输。木模板包括制作（预制构件包括刨光、现浇构件不包括刨光）；组合钢模板、复合木模板包括装箱。

（4）现浇钢筋混凝土柱、梁、墙、板的支模高度以净高（底层无地下室者高需另加室内外高差）在3.60 m以内为准，净高超过3.60 m的构件其钢支撑、零星卡具及模板人工分别乘表9-11中的系数。根据施工规范要求属于高大支模的，其费用另行计算。

表9-11　构件净高超过3.6 m增加系数

增加内容	净高	
	5 m以内	8 m以内
独立柱、梁、板钢支撑及零星卡具	1.10	1.30
框架柱（墙）、梁、板钢支撑及零星卡具	1.07	1.15
模板人工（不分框架和独立柱梁板）	1.30	1.60

注：轴线未形成封闭框架的柱、梁、板称独立柱、梁、板。

（5）柱、梁、板的支模高度净高：无地下室底层是指设计室外地面至上层板底面、楼层板顶面至上层板底面；墙的支模高度净高：整板基础板顶面（或反梁顶面）至上层板底面、楼层板顶面至上层板底面。

（6）设计T、L、+形柱（见图9-4），两边之和在2 000 mm以内按T、L、+形柱相应子目执行，其余按直形墙相应定额执行。

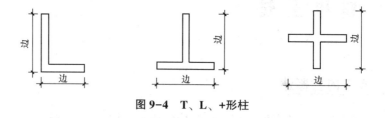

图9-4　T、L、+形柱

（7）模板项目中，仅列出周转木材而无钢支撑的项目，其支撑量已含在周转木材中，模板与支撑按7:3拆分。

（8）模板材料已包含砂浆垫块与钢筋绑扎用的22号镀锌铁丝在内，现浇构件和现场预制构件不用砂浆垫块，而改用塑料卡，每10 m²模板另加塑料卡费用每只0.2元，计30只。

（9）本章的混凝土、钢筋混凝土地沟是指建筑物室外的地沟，室内钢筋混凝土地沟按本章相应项目执行。

（10）现浇有梁板、无梁板、平板、楼梯、雨篷及阳台，设计底面不抹灰者，增加模板缝贴胶带纸人工0.27工日/10 m²。

9.3.3　现浇构件模板有关规定及工程量计算规则

1. 现浇构件模板有关规定

现浇构件除部分项目采用全木模和塑壳模外，均编制了组合钢模板和复合木模板两种。

1）基础

（1）收录了混凝土垫层，无梁式条形基础，有梁式条形基础，无梁式钢筋混凝土满堂基础，有梁式钢筋混凝土满堂基础，各种柱基、桩承台，块体设备基础，设备基础螺栓套孔，设备螺栓安装和二次灌浆的内容。

（2）条形基础、设备基础、栏板、地沟如遇圆弧形，除按相应定额的复合模板执行外，其人工、复合模板乘系数 1.30，其余不变（其他弧形构件按相应定额执行）。

（3）凸出整板基础上、下表面的弧形梁，按复合木模板子目执行，人工、复合木模板乘系数 1.30，其他不变；下表面的弧形反梁采用砖侧模，则按相应定额执行，砖侧模增加人工 0.55 工日/10 m²。

（4）基础部分收录了设备基础螺栓套孔和设备螺栓安装及二次灌浆的子目。设备螺栓安装仅适用于无螺栓孔（螺栓直接预埋在混凝土中）的螺栓安装。螺栓如由施工企业制作，则应另按铁件制作子目执行。

（5）二次灌浆仅适用于设计螺栓孔内灌浆和基础与设备之间的空隙灌浆。

2）柱

（1）收录了矩形柱，T、L、+形柱，圆、多边形柱，构造柱的内容。

（2）周长大于 3.60 m 的柱，每 10 m² 模板应另增加对拉螺栓 7.46 kg。

3）梁

（1）收录了基础梁、挑梁、单梁、连续梁、框架梁、拱形梁、弧形梁、异形梁、圈梁、地坑支撑梁、过梁的内容。

（2）基础梁的含模量数据中是考虑了底模的。

（3）斜梁坡度大于 10°时，人工乘系数 1.15，支撑乘系数 1.20，其他不变。

（4）砖墙基上条形防潮层模板按圈梁定额执行。圈梁未设置弧形圈梁的子目，弧形圈梁按复合模板合计工日乘系数 1.5，周转木材乘系数 3，其余不变。

4）墙

（1）收录了地下室内墙、地下室外墙、直形墙、电梯井壁、大钢模墙板、建筑滑升墙模板、弧形墙等内容。

（2）地上墙、地下室内墙定额中对拉螺栓是周转使用的摊销量，考虑了 PVC 穿墙套管；地下室外墙、屋面水箱按止水螺栓考虑，以一次性使用量列入定额。

（3）地下室外墙墙厚每增减 50 mm，增减止水螺栓 1.9 kg。

（4）地下室后浇墙带的模板应按已审定的施工组织设计另行计算，但混凝土墙体模板含量不扣。

5）板

（1）收录了现浇板厚度在 10 cm、20 cm、30 cm、50 cm 以内，双向密肋塑料模板，拱形板，现浇板带模板、支撑增加费，整板基础后浇带铺设热镀锌铁丝网，现浇空心楼板（现浇空心板厚度 500 mm 以内）等内容。

（2）坡度大于 10°的斜板（包括肋形板）人工乘系数 1.30、支撑乘系数 1.50，大于 45°的另行处理。

（3）现浇无梁板遇有柱帽，每个柱帽不分大小另增 1.18 工日。

（4）有梁板中的弧形梁模板按弧形梁定额执行（含模量=肋形板含模量），其弧形板部分的模板按板定额执行。

（5）阶梯教室、体育看台板（包括斜梁、板或斜梁、锯齿形板）按相应板厚定额执行，人工乘系数 1.20，支撑及零星卡具乘系数 1.10。

（6）定额中现浇板收录的最大厚度为 50 cm，如厚度超过 50 cm，则另行考虑。

（7）双向密肋塑料模板（计价定额 20-64、20-65）。

①塑料模板是按租用形式编制的，租用费按 1.10 元/（m² · 天）计算，往返运费是按模板租赁费的 10%计算的，并综合考虑相应塑料模板的破损费用。

②定额中肋梁模板已计算在内，不再另外计算费用。

③每只塑料模板租赁费=每只塑模的面积×使用天数×塑模每天每平方米租费及往返运费+每只塑模摊销损耗费用。

（8）后浇板带模板、支撑增加费（计价定额 20-67、20-68），整板基础后浇带铺设热镀锌铁丝网（计价定额 21-69）中已将后浇带的垃圾清理防护费包括在内。

后浇板带工期按立最底层的支撑开始至拆最高层的支撑止（不足半个月不计算工期，超过半个月算一个月工期）。

6）其他

（1）收录了楼梯，水平挑檐、板式雨篷，复式雨篷，阳台，圆弧形楼梯，台阶，圆弧形板式雨篷，圆弧形复式雨篷，圆弧形阳台，竖向挑板、栏板，栏杆，檐沟小型构件，池槽，地沟，压顶，门框，框架柱接头的内容。

（2）雨篷挑出超过 1.5 m 者，其柱、梁、板按相应定额执行。复式雨篷的翻边内口从篷上表面到翻边顶端超过 250 mm 时，其超过部分按竖向挑板定额执行（超过部分的含模量也按竖向挑板含模量计算）。

（3）栏杆设计为木扶手，其木扶手应另外增加，模板工、料、机不扣。

（4）飘窗上下挑板、空调板按板式雨篷模板执行。

（5）混凝土线条按小型构件定额执行。

7）混凝土、砖底胎模及砖侧模

（1）收录了混凝土底模、混凝土胎模、标准砖底模、标准砖胎模、标准砖侧模、标准半砖侧模的内容。

（2）砖侧模不抹灰应扣除定额中 1 : 2 水泥砂浆用量，其余不变。

2. 现浇混凝土构件模板工程量计算规则

（1）现浇混凝土及钢筋混凝土模板工程量除另有规定者外，均按混凝土与模板的接触面积计算。若使用含模量计算模板接触面积，其工程量=构件体积×相应项目含模量（含模量详见附录）。在本定额附录一列出了混凝土构件的模板含量表，此表主要是为提供快速报价服务的。在编制工程预结算时，通常应按照模板接触面积计算工程量。特别要注意这两种模板工程量的方法在同一份预算书中不得混用，只能选取其一。

【例 9-9】 用计价定额按接触面积计算图 9-5 所示现浇条形基础的复合木模板工程量及综合单价和合价。

分析：本例中条形基础存在突出基础表面的肋（梁），应按有梁式条形基础子目计算。*S*=混凝土与模板的接触面积=基础支模长度×支模高度。根据基础断面情况，斜面不需要支模，支模区域为基础侧面 200 mm 高部位和突出肋（梁）300 mm 高部位。支模长度不能按外墙中心线、内墙净长线来计算，而应按实际支模长度计算，如本例中外墙的外侧按外包长度计算，外墙的内侧和内墙两侧按净长度计算。

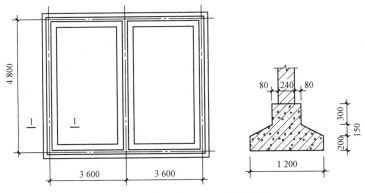

图 9-5　条形基础平面及断面图

【解】　(1) 列项目：有梁式带形基础复合模板 (21-6)

(2) 计算工程量：

外墙下：

基础底板 S = (3.6×2+0.6×2)×2×0.2+(4.8+0.6×2)×2×0.2+(3.6-0.6×2)×4×0.2+(4.8-0.6×2)×2×0.2 = 9.12 m²

基础梁 S = (3.6×2+0.2×2)×2×0.3+(4.8+0.2×2)×2×0.3+(3.6-0.2×2)×4×0.3+(4.8-0.2×2)×2×0.3 = 14.16 m²

内墙下：

基础底板 S = (4.8-0.6×2)×2×0.2 = 1.44 m²

基础梁 S = (4.8-0.2×2)×2×0.3 = 2.64 m²

基础模板工程 = 9.12+14.16+1.44+2.64 = 27.36 m²

(3) 套定额，计算结果如表 9-12 所示。

表 9-12　计算结果

序号	定额编号	项目名称	计量单位	工程量	综合单价/元	合价/元
1	21-6	有梁式带形基础复合模板	10 m²	2.736	570.92	1 562.04
合计						1 562.04

答：现浇条形基础复合木模板部分的合价为 1 562.04 元。

(2) 混凝土满堂基础底板面积在 1 000 m² 内，若使用含模量计算模板面积，基础有砖侧模时，砖侧模的费用应另外增加，同时扣除相应的模板面积（总量不得超过总含模量）；超过 1 000 m² 时，按混凝土接触面积计算。

(3) 钢筋混凝土墙、板上单孔面积在 0.3 m² 以内的孔洞，不予扣除，洞侧壁模板不另增加，但突出墙面的侧壁模板应相应增加。单孔面积在 0.3 m² 以外的孔洞，应予扣除，洞侧壁模板面积并入墙、板模板工程量之内计算。

(4) 现浇钢筋混凝土框架分别按柱、梁、墙、板有关规定计算，墙上单面附墙柱、暗梁、暗柱并入墙内工程量计算，双面附墙柱按柱计算，但后浇墙、板带的工程量不扣除。现浇混凝土空心楼板的模板工程量，不适用含模量表，宜按接触面积计算。

【例 9-10】　用计价定额按接触面积计算图 7-56 所示柱、梁、板部分组合钢模板的工程量及综合单价和合价。

分析： 现浇钢筋混凝土柱、梁、墙、板的支模高度以净高（底层无地下室者高需另加室内外高差）在 3.60 m 以内为准，净高超过 3.60 m 的构件其钢支撑、零星卡具及模板人工应乘系数调整。由于一层和二层的净高在同一个换算区间，故可将一层和二层相同构件的工程量合并计算。柱模板面积=柱周长×柱高（有板时算至板底，无板时算至楼面）－梁头所占面积；梁头所占面积=梁宽×梁底至板底高度。有梁板模板工程量=板底面积（含肋梁底面积）+板侧面积+梁侧面积－柱头所占面积。板底面积应扣除单孔面积在 0.3 m² 以上的孔洞和楼梯水平投影面积，不扣除后浇带面积；板侧面积=板周长×板厚+单孔面积在 0.3 m² 以上的孔洞侧壁面积；梁侧面积=梁长度（主梁算至柱边，次梁算至主梁边）×梁底面至板底高度－次梁梁头所占面积；次梁梁头所占面积=次梁宽×次梁底至板底高度。

【解】（1）列项目：矩形柱组合钢模板（21-26）、有梁板组合钢模板（21-56）

（2）计算工程量：

现浇柱：6×4×0.4×(8.5+1.85-0.4-0.35-2×0.1)-0.3×0.3×14×2=87.72 m²

现浇有梁板：KL—1：3×0.3×(6-0.4)×3×2-0.25×0.2×4×2=29.84 m²

KL—2：0.3×3×(4.5-2×0.2)×4×2=29.52 m²

KL—3：(0.2×2+0.25)×(4.5+0.2-0.3-0.15)×2×2=11.05 m²

B：[6.4×9.4-0.4×0.4×6-0.3×5.6×3-0.3×4.1×4-0.25×4.25×2+(6.4×2+9.4×2)×0.1]×2=100.55 m²

小计：29.84+29.52+11.05+100.55=170.96 m²

（3）套定额，计算结果如表 9-13 所示。

表 9-13　计算结果

序号	定额编号	项目名称	计量单位	工程量	综合单价/元	合价/元
1	21-26 换	矩形柱组合钢模板	10 m²	8.772	706.18	6 194.61
2	21-56 换	C30 有梁板组合钢模板	10 m²	17.096	547.89	9 366.73
合计						1 5561.34

注：21-26 换：581.58+0.07×(14.96+17.32)+0.3×297.66×1.37=706.18 元/10 m²

21-56 换：461.37+0.07×(24.26+17.67)+0.3×203.36×1.37=547.89 元/10 m²

答： 现浇柱模板面积 87.72 m²，现浇有梁板模板面积 170.96 m²，模板部分的合价为 15 561.34 元。

【例 9-11】 用计价定额按含模量计算图 7-56 所示工程的模板工程量。

【解】 查计价定额附录一：矩形柱的含模量 13.33 m²/m³；有梁板的含模量 10.70 m²/m³。由例 7-42 得现浇柱体积 9.22 m³，现浇有梁板体积 18.86 m³。

现浇柱模板：13.33×9.22=122.90 m²

现浇有梁板模板：10.70×18.86=201.80 m²

答： 用含模量计算，现浇柱模板 122.90 m²，现浇有梁板模板 201.80 m²。

（5）设备螺栓套孔或设备螺栓分别按不同深度以"个"计算；二次灌浆，按实灌体积计算。

（6）预制混凝土板间或边补现浇板缝，缝宽在 100 mm 以上者，模板按平板定额计算。

（7）构造柱外露均应按图示外露部分计算面积（锯齿形，则按锯齿形最宽面计算模板宽度），构造柱与墙接触面不计算模板面积。

【例 9-12】　某工程在图 9-6 中所示位置设置了构造柱，尺寸为 240 mm×240 mm，柱支模高度为 3.5 m，墙厚度为 240 mm。求构造柱模板工程量。

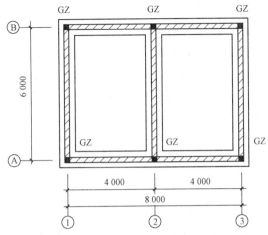

图 9-6　构造柱平面位置示意图

分析：构造柱按图示外露部分的最大宽度乘柱高计算模板面积。构造柱与墙接触面不计算模板面积，即构造柱与砖墙咬口模板工程量=混凝土外露面的最大宽度×柱高。

注意：以角柱为例，混凝土工程量计算时，每一个马牙槎的增加尺寸计 30 mm，即马牙槎宽度平均值。而在模板工程量计算中，每个马牙槎边的增加宽度计 60 mm，为马牙槎最宽值。

【解】　计算工程量。

角柱：[（0.24+0.06）×2+0.06×2]×3.5×4=10.08 m²

边柱：[（0.24+0.06×2）+0.06×4]×3.5×2=4.20 m²

合计：10.08+4.20=14.28 m²

答：构造柱模板工程量为 14.28 m²。

（8）现浇混凝土雨篷、阳台、水平挑板，按图示挑出墙面以外板底尺寸的水平投影面积计算（附在阳台梁上的混凝土线条不计算水平投影面积）。挑出墙外的牛腿及板边模板已包括在内。复式雨篷挑口内侧净高超过 250 mm 时，其超过部分按挑檐定额计算（超过部分的含模量按天沟含模量计算）。

（9）整体直形楼梯包括楼梯段、中间休息平台、平台梁、斜梁及楼梯与楼板连接的梁，按水平投影面积计算，不扣除宽度小于 500 mm 的楼梯井，伸入墙内部分不另增加。

【例 9-13】　计算图 7-64 中楼梯、雨篷部分复合木模板的工程量、综合单价和合价。

分析：（1）现浇混凝土雨篷、阳台、水平挑板，按图示挑出墙面以外板底尺寸的水平投影面积计算（附在阳台梁上的混凝土线条不计算水平投影面积）。挑出墙外的牛腿及板边模板已包括在内。复式雨篷挑口内侧净高超过 250 mm 时，其超过部分按挑檐定额计算（超过部分的含模量按天沟含模量计算）。

（2）整体直形楼梯包括楼梯段、中间休息平台、平台梁、斜梁及楼梯与楼板连接的梁，按水平投影面积计算，不扣除宽度小于 500 mm 的楼梯井，伸入墙内部分不另增加。

【解】　（1）列项目：直形楼梯复合木模板（21-74）、复式雨篷复合木模板（21-78）、挑檐木模板（21-89）

（2）计算工程量：

直形楼梯：$(2.6-0.2)\times(0.26+2.34+1.3-0.1)\times3=27.36$ m²

雨篷：$(0.875-0.1)\times(2.6+0.2)=2.17$ m²

挑檐：$[0.775\times2+2.6+(0.775-0.08)\times2+(2.6-0.08\times2)]\times(0.81-0.25)=4.47$ m²

（3）套定额，计算结果如表9-14所示。

表9-14　计算结果

序号	定额编号	项目名称	计量单位	工程量	综合单价/元	合价/元
1	21-74	直形楼梯模板	10 m²	2.736	1 613.02	4 413.22
2	21-78	复式雨篷模板	10 m²	0.217	1 136.07	246.53
3	21-89	挑檐模板	10 m²	0.447	729.06	325.89
合计						4 985.64

答：楼梯和雨篷部分的模板合价为4 985.64元。

（10）圆弧形楼梯按楼梯的水平投影面积计算，包括圆弧形梯段、休息平台、平台梁、斜梁及楼梯与楼板连接的梁。

（11）台阶按水平投影面积计算。

【例9-14】　如图7-65所示现浇混凝土台阶和梯带。用计价定额计算该台阶和梯带的模板工程量、综合单价和合价。

【解】　（1）列项目：台阶模板（21-82）、小型构件模板（21-89）

（2）计算工程量：

台阶：$(0.3\times5)\times4=6$ m²

梯带：$(2.4\times1.2-1.2\times0.9\div2)\times4-[1\times0.75+(0.3\times0.15)\times(1+2+3+4)]\times2=6.96$ m²

（3）套定额，计算结果如表9-15所示。

表9-15　计算结果

序号	定额编号	项目名称	计量单位	工程量	综合单价/元	合价/元
1	21-82	台阶模板	10 m²	0.6	277.44	166.46
2	21-89	小型构件模板	10 m²	0.696	729.06	507.43
合计						673.89

答：该台阶和梯带的模板工程合价为673.89元。

（12）楼板后浇带以延长米计算（整板基础的后浇带不包括在内）。

（13）现浇圆弧形构件除定额已注明者外，均按垂直圆弧形的面积计算。

（14）栏杆按扶手的延长米计算，栏板竖向挑板按模板接触面积计算。栏杆、栏板的斜长按水平投影长度乘系数1.18计算。

（15）劲性混凝土柱模板，按现浇柱定额执行。

（16）砖侧模分别不同厚度，按砌筑面积计算。

（17）后浇板带模板、支撑增加费，工程量按后浇板带设计长度以延长米计算。

（18）整板基础后浇带铺设镀锌铁丝网，按实铺面积计算。

9.3.4　现场预制构件模板有关规定及工程量计算规则

1. 现场预制构件模板有关规定

（1）现场预制构件除工形柱的底模为砖胎模外，其余构件的底模按砖底模考虑，侧模除弧形梁编制了木模板外，其余分别编制了组合钢模板和复合木模板等内容。

（2）桩、柱收录了方桩、矩形柱单体 2 m³ 以内、矩形柱单体 2 m³ 以外、工形柱、双肢柱、空格柱等内容。

（3）梁收录了矩形梁、异形梁（T、+）、弧形梁、吊车梁（T 形）、吊车梁鱼腹式、托架梁和风道梁等内容。

（4）屋架、天窗架及端壁收录了拱（梯）形组合屋架、锯齿形组合屋架、三角形屋架、薄腹屋架、门式钢架、天窗架、天窗端壁等内容。

（5）板、楼梯段及其他。

① 本部分收录了小型构件、支撑腹杆天窗上下档、预制栏杆芯、隔断板、槽形板、有框漏空花格窗、花格芯、平板及地沟盖板、楼梯段等内容。

② 小型构件适用于洗脸盆、水槽及体积小于 0.05 m³ 的零星构件。

2. 现场预制构件模板有关规定

（1）现场预制构件模板工程量，除另有规定外，均按模板接触面积计算。使用含模量计算模板面积者，其工程量＝构件体积×相应项目的含模量。砖地模费用已包括在定额含量中，不再另行计算。

（2）预制桩不扣除桩尖虚体积。

（3）漏空花格窗、花格芯按外围面积计算。

（4）加工厂预制构件有此项目，而现场预制无此项目，实际在现场预制时，模板按加工厂预制模板子目执行。现场预制构件有此项目，加工厂预制构件无此项目，实际在加工厂预制时，其模板按现场预制模板子目执行。

9.3.5　加工厂预制构件模板有关规定及工程量计算规则

1. 加工厂预制构件模板有关规定

（1）加工厂预制构件的底模按混凝土底模或混凝土胎模考虑，侧模则按定型钢模板或组合钢模板列入子目。

（2）一般构件。

① 本部分收录矩形梁，T、L、+异形梁，基础梁，过梁，T 形吊车梁，围墙柱，天窗架，天窗端壁，平板及地沟盖板，空心板，槽形板，大型屋面板，F 形板，矩形檩条，槽、天沟，烟道，通风垃圾道，楼梯段，楼梯斜梁，L 形楼梯踏步，漏空花格窗，花格，固定天窗，支撑、腹杆天窗上下挡，预制栏杆，零星构件的内容。

② 弧形梁按矩形梁相应项目人工乘系数 1.5 计算，增加木模 0.063 m³、圆钉 0.52 kg；定额中钢模板、零星卡具、钢支撑及回库修理费取消。

③ 零星构件适用于洗脸盆、水槽及体积小于 0.05 m³ 的小型构件。

（3）预应力构件：本部分收录了矩形梁、大型屋面板、F 形板、槽（肋）形板、网架板、大型多孔墙板、板厚 200 mm 以内墙板、板厚 200 mm 以外墙板、圆孔板、矩形檩条、平板和挑檐、天沟的内容。

2. 加工厂预制构件模板工程量计算规则

（1）除漏空花格窗、花格芯外，混凝土构件体积一律按施工图纸的几何尺寸以实体积计算，空腹构件应扣除空腹体积。

（2）漏空花格窗、花格芯按外围面积计算。

9.3.6　构筑物工程模板有关规定及工程量计算规则

1. 构筑物工程模板有关规定

（1）钢筋混凝土水塔、砖水塔基础采用毛石混凝土、混凝土基础时按烟囱相应项目执行。

（2）烟囱钢滑升模板项目均已包括烟囱筒身、牛腿、烟道口；水塔滑升模板均已包括直筒、门窗洞口等模板用量。

（3）倒锥壳水塔塔身钢滑升模板项目，也适用于一般水塔塔身滑升模板工程。

（4）用钢滑升模板施工的烟囱、水塔、贮仓使用的钢提升杆是按 $\phi25$ 一次性用量编制的，设计要求不同时，另行换算。施工是按无井架计算的，并综合了操作平台，不再计算脚手架和竖井架。

（5）贮水（油）池。

①本部分池底、池壁、池盖、无梁盖池柱、沉淀池水槽、壁基梁等分开计算。

②钢筋混凝土池壁高度超过 3.60 m，则每 10 m² 模板增加人工圆形壁 0.46 工日，矩形壁 0.29 工日。

③钢筋混凝土池盖高度超过 3.60 m，每 10 m² 模板人工乘系数 1.1，池盖中包括了进人孔及透气管的内容。

④无梁盖池柱子目包括了柱帽及柱座的内容。

⑤壁基梁指池壁与坡底或锥形底上口相衔接的池壁基础梁。

⑥沉淀池基础按水塔基础相应子目执行。水槽相连接的矩形梁按模板工程分部中的矩形梁子目计算。

（6）贮仓的圆形立壁按贮水（油）池圆形壁相应子目执行，贮仓的圆形漏斗按矩形漏斗模板乘系数 1.10 执行。

（7）钢筋混凝土现浇支架不分形状均执行本子目，支架操作台上的栏杆、扶梯应另按有关分部相应子目计算。

（8）钢筋混凝土烟道按地沟子目执行，当顶板为拱形时，组合钢模板扣除，周转木材增加 0.06 m³，人工增加 0.58 工日。

（9）栈桥。

①适用于现浇矩形柱、矩形连梁、有梁斜板栈桥，其超过 3.60 m 支撑按表 9-11 有关说明执行。

②栈桥分为高度 12 m 以内，20 m 以内和超过 20 m 每增加 2 m 这 3 种情况，其中超过 20 m 不足 2 m 的按增加 2 m 套子目，但模板面积按实际计算。

2. 构筑物工程模板工程量计算规则

1）烟囱

（1）烟囱基础：钢筋混凝土烟囱基础包括基础底板及筒座，筒座以上为筒身，烟囱基础按接触面积计算。

（2）混凝土烟囱筒身。

①不分方形、圆形，均按体积计算。圆筒壁周长不同时，可分段计算并取和。

②砖烟囱的钢筋混凝土圈梁和过梁，按接触面积计算，套用本章现浇钢筋混凝土构件的相应项目。

③烟囱的钢筋混凝土集灰斗（包括分隔墙、水平隔墙、柱、梁等）应按本章现浇钢筋混凝土构件相应项目计算、套用。

④烟道中的其他钢筋混凝土构件模板，应按本章相应钢筋混凝土构件的相应定额计算、套用。

⑤钢筋混凝土烟道，可按本章地沟定额计算，但架空烟道不能套用。

2）水塔

（1）基础：各种基础均以接触面积计算（包括基础底板和筒座），筒座以上为筒身，以下为基础。

（2）筒身。

①钢筋混凝土筒式塔身以筒座上表面或基础底板上表面为分界线；柱式塔身以柱脚与基础底板或梁交界处为分界线，与基础底板相连接的梁并入基础内计算。

②钢筋混凝土筒式塔身与水箱的分界是以水箱底部的圈梁为界，圈梁底以下为筒式塔身。水箱的槽底（包括圈梁）、塔顶、水箱（槽）壁工程量均应按接触面积计算。

③钢筋混凝土筒式塔身以接触面积计算。应扣除门窗面积，依附于筒身的过梁、雨篷、挑檐等工程量并入筒身面积内按筒式塔身计算；柱式塔身不分斜柱、直柱和梁，均按接触面积合并计算，按柱式塔身子目执行。

④钢筋混凝土、砖塔身内设置的钢筋混凝土平台、回廊以接触面积计算。

⑤砖砌筒身设置的钢筋混凝土圈梁以接触面积计算，按本章相应子目执行。

（3）塔顶及槽底。

①钢筋混凝土塔顶及槽底的工程量合并计算。塔顶包括顶板和圈梁；槽底包括底板、挑出斜壁和圈梁。回廊及平台另行计算。

②槽底不分平底、拱底，塔顶不分锥形、球形均按本定额执行。

（4）水槽内、外壁。

①与塔顶、槽底（或斜壁）相连系的圈梁之间的直壁为水槽内、外壁；设保温水槽的外保护壁为外壁；直接承受水侧压力的水槽壁为内壁。非保温水箱的水槽壁按内壁计算。

②水槽内、外壁以图示接触面积计算；依附于外壁的柱、梁等并入外壁面积中计算。

（5）倒锥形水塔。

①基础按相应水塔基础的规定计算，其筒身、水箱制作按混凝土的体积计算。

②环梁以混凝土接触面积计算。

③水箱提升按不同容积和不同的提升高度分别套用定额，以"座"计算。

3）贮水（油）池

（1）池底按图示尺寸的接触面积计算。池底为平底执行平底子目，平底体积应包括池壁下部的扩大部分；池底有斜坡者执行锥形底子目。

（2）池壁有壁基梁时，锥形底应算至壁基梁底面，池壁应从壁基梁上口开始，壁基梁应从锥形底上表面算至池壁下口；无壁基梁时锥形底算至坡上表面，池壁应从锥形底的上表面开始。

（3）无梁池盖柱的柱高应由池底上表面算至池盖的下表面，包括柱帽、柱座的模板面积。

（4）池壁应按圆形壁、矩形壁分别计算，高度不包括池壁上下处的扩大部分，无扩大部分时，高度自池底上表面（或壁基梁上表面）至池盖下表面。

（5）无梁盖应包括与池壁相连的扩大部分的面积；肋形盖应包括主、次梁及盖板部分的面积；球形盖应自池壁顶面以上，包括边侧梁的面积在内。

（6）沉淀池水槽系指池壁上的环形溢水槽及纵横、U形水槽，但不包括与水槽相连接的矩形梁；矩形梁可按现浇构件矩形梁定额计算。

4）贮仓

（1）矩形仓：分立壁和漏斗，各按不同厚度计算接触面积，立壁和漏斗按相互交点的水平线为分界线；壁上圈梁并入漏斗工程量内。基础、支撑漏斗的柱和柱间的连系梁分别按现浇构件的相应子目计算。

（2）圆筒仓。

①本计价定额适用于高度在30 m以下、仓壁厚度不变、上下断面一致、采用钢滑模施工工艺的圆形贮仓，如盐仓、粮仓、水泥库等。

②圆形仓工程量应分仓底板、顶板、仓壁三部分。底板、顶板按接触面积计算，仓壁按实际体积计算。

③圆形仓底板以下的钢筋混凝土柱、梁、基础按现浇构件的相应定额计算。

④仓顶板的梁与仓顶板合并计算，按仓顶板定额执行。

⑤仓壁高度应自仓壁底面算至顶板底面，扣除0.05 m² 以上的孔洞。

5）地沟及支架

（1）本计价定额适用于室外的方形（封闭式）、槽形（开口式）、阶梯形（变截面式）的地沟。底、壁、顶应分别按接触面积计算。

（2）沟壁与底的分界，以底板上表面为界。沟壁与顶的分界以顶板下表面为界。八字角部分的数量并入沟壁工程量内。

（3）地沟预制顶板按本章相应定额执行。

（4）支架均以接触面积计算（包括支架各组成部分），框架型或A字型支架应将柱、梁的体积合并计算；支架带操作平台者，其支架与操作台的体积亦合并计算。

（5）支架基础应按本章的相应定额计算。

6）栈桥

（1）柱、连系梁（包括斜梁）接触面积合并、肋梁与板的面积合并均按图示尺寸以接触面积计算。

（2）栈桥斜桥部分，不论板顶高度，均按板高在12 m以内子目执行。

（3）板顶高度超过20 m，每增加2 m仅指柱、连系梁（不包括有梁板）。

（4）栈桥柱、梁、板的混凝土浇捣脚手架按脚手架工程相应子目执行（工程量按相应规定）。

7）滑升模板

滑升模板均按混凝土体积计算。构件划分依照上述计算规则执行。

9.4 施 工 排 水 、 降 水

9.4.1 本节内容概述

本节内容包括：施工排水；施工降水。

施工排水包括：人工挖湿土、淤泥、流砂施工排水；基坑、地下室排水；强夯法加固地基坑内排水。

施工降水包括：轻型井点降水（安装、拆除、使用）；简易井点降水（安装、拆除、使用）；深井管井降水安装（深 20 m，每增减 1 m）；深井管井降水使用；深井管井降水拆除（深 20 m，每增减 1 m）。

9.4.2　有关规定

有关规定如下。

1）施工排水

（1）人工土方施工排水费用是在人工开挖湿土、淤泥、流砂等施工过程中的机械排放地下水费用。

（2）基坑排水费用是指地下常水位以下且基坑底面积超过 150 m² （两个条件同时具备）的土方开挖以后，在基础或地下室施工期间所发生的排水包干费用（不包括±0.00 以上有设计要求待框架、墙体完成以后再回填基坑土方期间的排水）。

（3）强夯法加固地基坑内排水费用是指击点坑内的积水排抽台班费用。

（4）机械土方工作面中的排水费用已包括在土方中，但地下水位以下的施工排水费用不包括，如发生，依据施工组织设计规定，排水人工、机械费用另行计算。

2）井点降水

（1）本章井点降水定额区分轻型与简易井点降水，降水过程中不需要使用粗砂过滤，用抽水设备接入钢管不通过过滤直接抽水的属于简易井点降水。

（2）井点降水项目适用于降水深度在 6 m 以内。井点降水使用时间按施工组织设计确定。井点降水材料使用摊销费中已包括井点拆除时材料损耗量。井点间距根据地质和降水要求由施工组织设计确定，一般轻型井点管间距为 1.2 m。

（3）井点降水成孔工程中产生的泥水处理及挖沟排水工作应另行计算。井点降水必须保证连续供电；在电源无保证的情况下，使用备用电源的费用另计，同时应扣除定额机械台班中的电费。

（4）井点降水中实际砂用量不同时应调整；实际采用的施工方案不同时可以调整；遇有天然水源可用的，不计水费。

（5）井点降水使用定额中 50 立管根为一套，累计根数不足一套按一套计算，定额单位为套天，一天按 24 h 计算。定额考虑为 50 立管（一般间距为 1.20 m）由一台射流井点泵降水，如遇特殊情况，应根据施工方案或甲乙双方认可的现场签证调整其台班含量。

（6）深井井点具有排水量大、降水深（15~50 m）、不受土质限制等特点，适用于地下水丰富，基坑深（>10 m），基坑占地面积大的工程地下降水。

（7）使用井点降水或深井管井降水的工程，不得再计取人工土方施工排水和基坑排水费用。

3）雨季排水

雨季的排雨水费用在措施项目冬雨季施工增加费中考虑。

9.4.3　工程量计算规则

工程量计算规则如下。

（1）人工土方施工排水不分土壤类别、挖土深度，按挖湿土工程量以体积计算。

（2）人工挖淤泥、流砂施工排水按挖淤泥、流砂工程量以体积计算。

（3）基坑、地下室排水按土方基坑的底面积计算。

（4）强夯法加固地基坑内排水，按强夯法加固地基工程量以面积计算。

（5）井点降水50根为一套，累计根数不足一套按一套计算，井点使用定额单位为套天，一天按24 h计算。井管的安装、拆除以"根"计算。

（6）深井管井降水安装、拆除按座计算，其深度以施工方案或甲乙双方认可的现场签证中实际滤水管埋设及拆除长度为准，使用按座天计算，一天按24 h计算。

【例9-15】 某三类建筑工程整板基础如图7-13所示，室外地面标高-0.30 m，地下常水位-1.10 m，采用人工挖土，土壤为三类土。用计价定额计算基础施工期间施工排水工程量、综合单价及合价。

分析：计算挖湿土的排水费用的同时可以计算基坑排水，但计算基坑排水要同时满足两个条件，一是地下常水位以下，二是基坑底面积超过150 m²，缺一不可。

【解】 （1）列项目：人工挖湿土排水（22-1）

（2）计算工程量：施工考虑不放坡、留工作面。

基坑底面积：$S=(3.6+4.5+3.6+2\times0.5-2\times0.3+2\times1)\times(5.4+2.4+2\times0.5-2\times0.3+2\times1)=143.82$ m²<150 m²

挖湿土：$S\times0.8=115.06$ m³

（3）套定额，计算结果如表9-16所示。

表9-16　计算结果

序号	定额编号	项目名称	计量单位	工程量	综合单价/元	合价/元
1	22-1	挖湿土施工排水	m³	115.06	12.97	1 492.33
合计						1 492.33

答：该施工排水合价为1 492.33元。

【例9-16】 某三类建筑工程，基坑采用轻型井点降水，基础形式同上例，采用60根井点管降水30天，计算施工降水工程量、综合单价和合价。

分析：采用基坑排水可以同时计算挖湿土的排水费用，采用井点降水不可以再计算挖湿土的排水费用。

【解】 （1）列项目：安装井点管（22-11）、拆除井点管（22-12）、井点降水（22-13）

（2）计算工程量：

安装、拆除井点管：60根

井点降水：2套×30天=60套天

（3）套定额，计算结果如表9-17所示。

表9-17　计算结果

序号	定额编号	项目名称	计量单位	工程量	综合单价/元	合价/元
1	22-11	安装井点管	10 根	6	783.61	4 701.66
2	22-12	拆除井点管	10 根	6	306.53	1 839.18
3	22-13	井点降水	套天	60	372.81	22 368.60
合计						28 909.44

答：该施工降水合价为28 909.44元。

9.5 建筑工程垂直运输

9.5.1 本节内容概述

本节内容包括：建筑物垂直运输；单独装饰工程垂直运输；烟囱、水塔、筒仓垂直运输；施工塔吊、电梯基础、塔吊及电梯与建筑物连接件。

建筑物垂直运输包括卷扬机施工和塔式起重机（简称塔吊）施工。

9.5.2 有关规定

1. 建筑物垂直运输

（1）本定额项目划分是以建筑物"檐高""层数"两个指标界定的，只要其中一个指标达到定额规定，即可套用该定额子目。

（2）"檐高"是指设计室外地坪至檐口的高度，突出主体建筑物顶的女儿墙、电梯间、楼梯间、水箱等不计入檐口高度以内；"层数"指地面以上建筑物的层数，地下室、地面以上部分净高小于 2.1 m 的半地下室不计入层数。

（3）一个工程，出现两个或两个以上檐口高度（层数），使用同一台垂直运输机械时，定额不作调整；使用不同垂直运输机械时，应依照国家工期定额，分别计算。

（4）本定额按卷扬机施工配两台卷扬机，塔式起重机施工配一台塔吊一台卷扬机（施工电梯）考虑。当建筑物垂直运输机械数量与定额不同时，可按比例调整定额含量。

①如仅采用塔式起重机施工，不采用卷扬机，塔式起重机台班含量按卷扬机含量取定，且檐口高度在 30 m 以上的单项工程另增加塔吊台班 0.09 台班/天，卷扬机扣除。

②如实际只使用一台卷扬机，不使用塔式起重机，执行卷扬机施工定额子目，卷扬机台班数量乘系数 0.50。

③如实际使用的塔式起重机型号与定额不一致，不予调整，仍按定额执行。

【例 9-17】 某三类现浇框架结构建筑工程，檐高 22 m，6 层，配备一台自升式塔式起重机（起重力矩 600 kN·m）和两台带塔卷扬机（牵引力 1 t，$H=40$ m）用于垂直运输，计算该垂直运输费的综合单价。

【解】 查 23-9，对机械数量进行换算。

综合单价 = 716.61 + 159.42 × 1.37 = 935.02 元/天

答：该垂直运输费的综合单价为 935.02 元/天。

（5）关于结构类型的规定。

①本定额中卷扬机施工考虑了砖混结构、现浇框架和预制排架 3 种结构类型；塔吊施工考虑了砖混结构、现浇框架、剪力墙结构和单独地下室工程 4 种结构类型。

②现浇框架系指柱、梁、板全部为现浇的钢筋混凝土框架结构。如部分现浇、部分预制，按现浇框架乘系数 0.96 计算。

③柱、梁、墙、板构件全部现浇的钢筋混凝土框筒结构、框剪结构按现浇框架执行；筒体结构按剪力墙（滑模施工）执行。

④预制屋架的单层厂房，不论柱为预制或现浇，按预制排架定额计算。

（6）关于工期的规定。

①本定额工作内容包括在江苏省调整后的国家工期定额内完成单位工程全部工程项目所需的垂直运输机械台班，不包括机械的场外运输、一次安装、拆卸、路基铺垫和轨道铺拆等费用。施工塔吊与电梯基础、施工塔吊和电梯与建筑物连接的费用单独计算。

②在计算定额工期时，未承包施工的打桩、挖土及内装阶段等的工期不扣除（定额中的消耗量中已经考虑打桩、挖土阶段未架设垂直运输机械的因素）。反映到定额中塔吊的台班含量小于1。

③单独地下室工程项目定额工期按不含打桩工期自基础挖土开始计算。多幢房屋下有整体连通地下室时，上部房屋分别套用对应单项工程工期定额，整体连通地下室按单独地下室工程执行。

（7）垂直运输高度小于3.60 m的单层建筑物、单独地下室和围墙，不计算垂直运输机械台班。

【例9-18】 A、B、C三栋楼，地下一层为连通地下室，地下室建筑面积为15 000 m²。已知设计室外地面至基础底板底面超过3.60 m，实际配置三台塔吊，地下室工期为252天，计算地下室部分垂直运输费。

分析：地下室部分工程类别为一类。整体连通地下室按单独地下室工程执行。

【解】 23-27 换：$0.81 \times 3 \times 777.96 \times (1+31\%+12\%) = 2\ 703.33$ 元/天

垂直运输费 $= 252 \times 2\ 703.33 = 681\ 239.16$ 元

答：该垂直运输费为681 239.16元。

（8）对于部分建筑物，由于单层建筑面积较小，实际两栋、三栋建筑物合用一台塔吊的情况，执行定额时，每栋房子垂直运输费工程量分别套用对应的工期定额，定额中的台班含量乘分摊系数。

①实际只使用塔吊，不使用卷扬机时，应按照本节（4）①规定处理，另外乘系数：（单独施工天数+与另外一栋同时施工天数×0.5+与另外两栋同时施工天数×1/3）/该单位工程国家工期定额天数。

②实际只使用卷扬机，不使用塔吊时，执行卷扬机施工定额子目，卷扬机台班数量×系数0.5×（单独施工天数+与另外一栋同时施工天数×0.5+与另外两栋同时施工天数×1/3）/该单位工程国家工期定额天数。

【例9-19】 A、B、C三栋6层带一层地下室建筑物，公用一台塔吊，各自配一台卷扬机，框架剪力墙结构，查工期定额三栋工期均为286天，已知三栋楼同时开工、竣工，工程类别为二类，计算A栋楼的垂直运输费。

分析：三栋楼同时开工、竣工，公用一台塔吊，塔吊台班含量按照平均分摊的原则，调整为 $0.523 \div 3 = 0.174$ 台班。

【解】 23-8 换：$(154.81+0.174 \times 511.46) \times (1+28\%+12\%) = 341.33$ 元/天

垂直运输费 $= 286 \times 341.33 = 97\ 620.38$ 元

答：该垂直运输费为97 620.38元。

【例9-20】 甲（檐口高度在30 m以内）、乙（檐口高度在20 m以内）两个砖混结构单项工程合用一台塔吊，不采用卷扬机，甲工程定额工期为350天，乙工程定额工期290天，合同工期甲工程为280天、乙工程为230天，甲工程比乙工程早开工20日。请计算甲、乙两个单项工程的定额塔吊台班数量。

　　分析：垂直运输费的工程量是定额工期，与合同工期无关。

　　【解】　甲工程应套用23-7子目，塔吊台班数量调整为：

$$0.827×(350-290+290×0.5)/350=0.484\ 台班/天$$

　　乙工程应套用23-6子目，塔吊台班数量调整为：

$$0.811×(290×0.5)/290=0.406\ 台班/天$$

　　答：甲工程的定额塔吊台班数量为0.484台班/天，乙工程的定额塔吊台班数量为0.406台班/天。

　　（9）预制混凝土平板、空心板、小型构件的吊装机械费用已包括在本定额中。

　　（10）混凝土构件，使用泵送混凝土浇筑者，卷扬机施工定额台班乘系数0.96；塔吊施工定额中的塔吊台班含量乘系数0.92。

　　（11）建筑物高度超过定额取定时，另行计算。

　　（12）采用履带式、轮胎式、汽车式起重机（除塔吊外）吊（安）装预制大型构件的工程，除按本章规定计算垂直运输费外，另按构件运输和安装工程有关规定计算构件吊（安）装费。

　　2. 单独装饰工程垂直运输

　　单独装饰工程垂直运输费区分不同施工机械（卷扬机或施工电梯）、垂直运输高度、层数和檐高，按定额工日分段计算。

　　3. 烟囱、水塔、筒仓垂直运输

　　烟囱、水塔、筒仓的"高度"指设计室外地坪至构筑物的顶面高度，突出构筑物主体顶的机房等高度，不计入构筑物高度内。

　　4. 施工塔吊、电梯基础、塔吊及电梯与建筑物连接件

　　（1）施工塔吊、电梯基础的内容仅作编制预算时使用，竣工结算时应按施工现场实际情况调整钢筋、铁件（包括连接件）、混凝土含量，其余不变。不做基础时不计算此费用。

　　（2）塔吊基础如遇下列情况，费用按施工方案另行计算：

　　①基础下面打桩者；

　　②基础做在楼板面、楼面下加固者。

　　（3）塔吊与建筑物连接件，当建筑物檐高超过20m以上时，每增10m高塔吊与建筑物连接铁件，另增铁件0.04t。

　　（4）施工电梯与建筑物连接铁件檐高超过30m时才计算，30m以上每增高10m按0.04t计算（计算高度=建筑物檐高）。

9.5.3　工程量计算规则

　　工程量计算规则如下。

　　（1）建筑物垂直运输机械台班用量，区分不同结构类型、檐口高度（层数）按国家工期定额套用单项工程工期以日历天计算。

　　（2）单独装饰工程垂直运输机械台班，区分不同施工机械、垂直运输高度、层数，按定额工日分别计算。

　　（3）烟囱、水塔、筒仓垂直运输台班，以"座"计算。超过定额规定高度时，按每增高1m定额项目计算。高度不足1m按1m计算。

　　（4）施工塔吊、电梯基础、塔吊及电梯与建筑物连接件，按施工塔吊及电梯的不同型号以"台"计算。

【例 9-21】 江苏省某教学楼工程，要求按照国家定额工期提前 15% 竣工。该工程无地下室，上部现浇框架结构 5 层，首层及每层建筑面积均为 1 200 m²，三类土、整板基础，檐口高度 17.90 m，使用泵送商品混凝土，配备 315 kN·m 塔式起重机、1 t 带塔卷扬机各一台。计算该工程合同工期和定额垂直运输费。

分析：混凝土构件，使用泵送混凝土浇筑者，塔式起重机施工定额中的塔式起重机台班含量乘系数 0.92。

【解】 （1）列项目：垂直运输费（23-8）

（2）计算工程量：

查《建筑安装工程工期定额》（TY01-89—2016）（参见本书第 4 章）得：

基础定额工期：1-11	51 天
上部定额工期：1-273	240 天
定额工期合计：	291 天
合同工期为：	291×0.85＝248 天

（3）套定额，计算结果如表 9-18 所示。

表 9-18　计算结果

序号	定额编号	项目名称	计量单位	工程量	综合单价/元	合价/元
1	23-8 换	垂直运输费	天	291	549.24	159 828.84
合计						159 828.84

注：23-8 换：578.56-267.49×0.08×1.37＝549.24 元/天

答：该工程合同工期为 248 天，定额垂直运输费 159 828.84 元。

【例 9-22】 如图 9-7 所示，江苏省某办公楼建筑物分三个单元，第一个单元共 20 层，檐口高度 62.7 m，建筑面积每层 300 m²；第二个单元共 18 层，檐口高度为 49.7 m，建筑面积每层 500 m²；第三个单元共 15 层，檐口高度 35.7 m，建筑面积每层 200 m²；有整体地下室一层，建筑面积 1 000 m²。三类土、整板基础，上部结构为现浇框架剪力墙结构，三个单元考虑使用同一台垂直运输机械，计算该工程垂直运输机械费。

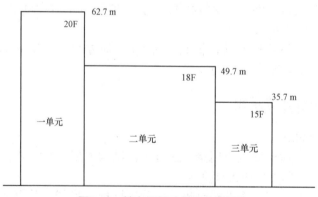

图 9-7　某办公楼建筑物立面图

分析：一个工程，出现两个或两个以上檐口高度（层数），使用同一台垂直运输机械时，定额不作调整；使用不同垂直运输机械时，应依照国家工期定额，分别计算。

【解】 （1）列项目：垂直运输费（23-12）

（2）计算工程量：

查《建筑安装工程工期定额》（TY01-89—2016）（参见本书第 4 章）得：

基础定额工期：1-25　　　　　　　　　　　　　　　　　　　　　80 天

上部总建筑面积为 300×20+500×18+200×15 = 18 000 m²

上部定额工期：1-253　　　　　　　　　　　　　　　　　　　　430 天

定额工期合计：　　　　　　　　　　　　　　　　　　　　　　　510 天

（3）套定额，计算结果如表 9-19 所示。

表 9-19　计算结果

序号	定额编号	项目名称	计量单位	工程量	综合单价/元	合价/元
1	23-12	垂直运输费	天	510	1 107.70	564 927.00
合计						564 927.00

答：该工程垂直运输费为 564 927.00 元。

9.6　场内二次搬运费

9.6.1　本节内容概述

本节内容包括：机动翻斗车二次搬运；单（双）轮车二次搬运。

9.6.2　有关规定

有关规定如下。

（1）场内二次搬运费的使用范围是现场堆放材料有困难，材料不能直接运到单位工程周边需再次中转，建设单位不能按正常合理的施工组织设计提供材料、构件堆放场地和临时设施用地的工程而发生的二次搬运费用。

（2）在执行本定额时，应以工程所发生的第一次搬运为准。

（3）水平运距的计算，分别以取料中心点为起点，以材料堆放中心为终点。超运距增加运距不足整数者，进位取整计算。

（4）运输道路 15% 以内的坡度已考虑，超过时另行处理。

（5）松散材料运输不包括做方，但要求堆放整齐。如需做方，则应另行处理。

（6）机动翻斗车最大运距为 600 m，单（双）轮车最大运距为 120 m，超过时应另行处理。

9.6.3　工程量计算规则

工程量计算规则如下。

（1）砂子、石子、毛石、块石、炉渣、石灰膏按堆积原方计算。

（2）混凝土构件及水泥制品按实体积计算。

（3）玻璃以标准箱计算。

（4）其他材料按表中计量单位计算。

【例 9-23】 某三类工程因施工现场狭窄，有 10 万块空心砖和 100 t 砂子发生二次搬运，采用人力双轮车运输，运距 100 m，计算该工程定额二次搬运费。

分析：双轮车二次搬运的基本运距为 60 m，增加运距 50 m，增加运距不足整数者，进位取整计算。

【解】 （1）列项目：空心砖二次搬运（24-31+24-32）、砂子二次搬运（24-43+24-44）

（2）计算工程量：

空心砖：10 万块；砂子：100 t。

（3）套定额，计算结果如表 9-20 所示。

表 9-20 计算结果

序号	定额编号	项目名称	计量单位	工程量	综合单价/元	合价/元
1	24-31+24-32	空心砖运距 100 m 以内	100 块	1 000	80.17	80 170.00
2	24-43+24-44	砂子运距 100 m 以内	t	100	20.05	2 005.00
合计						82 175.00

答：该工程定额二次搬运费为 82 175.00 元。

9.7 大型机械设备进出场及安拆费及定额附录内容介绍

1. 内容设置

本计价定额中没有大型机械设备进出场及安拆费的计算内容，该部分按江苏省施工机械台班单价表相关规定计算。

本计价定额由九个附录组成，附录名称及内容组成如下。

（1）附录一：混凝土及钢筋混凝土构件模板、钢筋含量表（①现浇构件；②现场预制构件；③加工厂预制构件；④构筑物）。

（2）附录二：机械台班预算单价取定表（①单项机械台班预算单价取定表；②综合机械台班预算单价取定表）。

（3）附录三：混凝土、特种混凝土配合比表。

包含：普通混凝土（①现浇混凝土、现场预制混凝土；②现浇、现场预制掺高效减水剂高强度混凝土；③现浇灌注桩混凝土；④加工厂预制混凝土）；防水混凝土；现场集中搅拌混凝土（①非泵送混凝土；②泵送混凝土；③泵送混凝土坍落度调整表）；特种混凝土［①石灰炉（矿）渣（保温用）混凝土；②泡沫加气混凝土］。

（4）附录四：砌筑砂浆、抹灰砂浆、其他砂浆配合比表。

（5）附录五：防腐耐酸砂浆配合比表。

（6）附录六：主要建筑材料预算价格取定表。

（7）附录七：抹灰分层厚度及砂浆种类表（①一般抹灰；②装饰抹灰；③镶贴块料面层；④天棚装饰）。

（8）附录八：主要材料、半成品损耗率取定表。

（9）附录九：常用钢材理论重量及形体公式计算表。

包括：型钢理论重量（①圆钢；②方钢；③螺栓）；砖砌大放脚折加高度表［①等高式（标准砖）砖墙基；②间隔式（标准砖）砖墙基；③等高式（标准砖）砖柱基大放脚四边折加高度表；④间隔式（标准砖）砖柱基大放脚四边折加高度表；⑤等高式八五砖砖墙基；⑥间隔式八五砖砖墙基；⑦等高式八五砖砖柱基四边大放脚体积表；⑧间隔式八五砖砖柱基四边大放脚体积表；⑨附墙砖垛两边大放脚每个垛增加体积表］；形体计算公式（①平面部分；②立体部分）。

2. 计算方法

（1）大型机械设备进出场及安拆费按不同机械分次计算。具体见 4.3.2.1 相关说明。

（2）附录内容主要是辅助定额子目的换算和工程量计算用。

9.7　其他措施项目

采用费率计算法，参见本书 5.1.2 的内容。

第10章　工程量清单计价模式概述

10.1　工程量清单计价的产生和发展

1. 颁布 2003 年清单计价规范

为了适应我国建设工程管理体制改革及建设市场发展的需要，规范建设工程各方的计价行为，进一步深化工程造价管理模式的改革，2003 年 2 月 17 日，原建设部以第 119 号公告发布了国家标准《建设工程工程量清单计价规范》GB 50500—2003（以下简称"03 规范"）。

2. 颁布 2008 年清单计价规范

"03 规范"的实施，为推行工程量清单计价，建立市场形成工程造价的机制奠定了基础。但是，"03 规范"主要侧重于工程招投标中的工程量清单计价，对工程合同签订、工程计量与价款支付、合同价款调整、索赔和竣工结算等方面缺乏相应的规定。为此，原建设部标准定额司从 2006 年开始，组织有关单位对"03 规范"的正文部分进行了修订。2008 年 7 月 9 日，住房和城乡建设部以第 63 号公告，发布了《建设工程工程量清单计价规范》GB 50500—2008（以下简称"08 规范"）。

3. 颁布 2013 年清单计价规范

"08 规范"实施以来，对规范工程实施阶段的计价行为起到了良好的作用，但由于附录没有修订，因此还存在有待完善的地方。同时在 2008—2012 年，工程建设领域与工程造价密切相关的事件及政策规定催生了 2013 版清单规范的诞生。

（1）《中华人民共和国社会保险法》的实施。

该法由中华人民共和国第十一届全国人民代表大会常务委员会第十七次会议于 2010 年10 月 28 日通过，自 2011 年 7 月 1 日起施行。国家建立基本养老保险、基本医疗保险、工伤保险、失业保险、生育保险等社会保险制度，保障公民在年老、疾病、工伤、失业、生育等情况下依法从国家和社会获得物质帮助的权利。

（2）《中华人民共和国建筑法》关于实行工伤保险，鼓励企业为从事危险作业的职工办理意外伤害保险的修订。

这次修订将建筑法中的第四十八条修改为："建筑施工企业应当依法为职工参加工伤保险缴纳工伤保险费。鼓励企业为从事危险作业的职工办理意外伤害保险，支付保险费。"自

2011 年 7 月 1 日施行。

（3）国家发改委、财政部关于取消工程定额测定费的规定，自 2009 年 1 月 1 日起停止征收。

（4）财政部开征地方教育附加等规费的变化。

《国务院关于进一步加大财政教育投入的意见》于 2011 年 6 月 29 日以国发〔2011〕22 号印发。该《意见》统一了内外资企业和个人教育费附加制度。文件规定，从 2010 年 12 月 1 日起统一内外资企业和个人城市维护建设税和教育费附加制度，教育费附加统一按增值税、消费税、营业税实际缴纳税额的 3% 征收。

全面开征地方教育费附加。各省（区、市）人民政府应根据《中华人民共和国教育法》的相关规定和《财政部关于统一地方教育附加政策有关问题的通知》（财综〔2010〕98 号）的要求，全面开征地方教育费附加。地方教育附加统一按增值税、消费税、营业税实际缴纳税额的 2% 征收。

（5）"206 号文"的修订工作。

2003 年，原建设部颁布了《建筑安装工程费用项目组成》（建标〔2003〕206 号文）。

2013 年 3 月，住房和城乡建设部和财政部联合印发了《建筑安装工程费用项目组成》（建标〔2013〕44 号文），对 206 号文的部分内容进行了修订。

因此，2009 年 6 月 5 日，标准定额司根据住房和城乡建设部《关于印发〈2009 年工程建设标准规范制定、修订计划〉的通知》（建标函〔2009〕88 号），发出《关于请承担〈建设工程工程量清单计价规范〉GB 50500—2008 修订工作任务的函》（建标造函〔2009〕44 号），组织有关单位全面开展"08 规范"的修订工作。

在标准定额司的领导下，通过主编、参编单位团结协作、共同努力，于 2012 年 6 月完成了《建设工程工程量清单计价规范》GB 50500—2013（简称"13 计价规范"）和《房屋建筑与装饰工程工程量计算规范》GB 50854—2013、《仿古建筑工程工程量计算规范》GB 50855—2013、《通用安装工程工程量计算规范》GB 50856—2013、《市政工程工程量计算规范》GB 50857—2013、《园林绿化工程工程量计算规范》GB 50858—2013、《矿山工程工程量计算规范》GB 50859—2013、《构筑物工程工程量计算规范》GB 50860—2013、《城市轨道交通工程工程量计算规范》GB 50861—2013、《爆破工程工程量计算规范》GB 50862—2013 等计算规范（简称"13 计算规范"）。

2012 年 12 月 25 日，住房和城乡建设部以第 1567~1576 号公告发布了"13 计价规范"和"13 计算规范"，并规定自 2013 年 7 月 1 日起实施。

10.2　"13 计价规范"的构成和规定

10.2.1　"13 计价规范"的构成

"13 计价规范"共包括 16 章和 11 个附录。

第 1 章总则，第 2 章术语，第 3 章一般规定，第 4 章工程量清单编制，第 5 章招标控制价，第 6 章投标报价，第 7 章合同价款约定，第 8 章工程计量，第 9 章合同价款调整，第 10 章合同价款期中支付，第 11 章竣工结算支付，第 12 章合同解除的价款结算与支付，第 13 章合同价款争议的解决，第 14 章工程造价鉴定，第 15 章工程计价资料与档案，第 16 章工程计价表格。

附录 A 物价变化合同价款调整方法。

附录 B 工程计价文件封面。

附录 C 工程计价文件扉页。

附录 D 工程计价总说明。

附录 E 工程计价汇总表。

附录 F 分部分项工程和措施项目计价表。

附录 G 其他项目计价表。

附录 H 规费、税金项目计价表。

附录 J 工程计量申请（核准）表。

附录 K 合同价款支付申请（核准）表。

附录 L 主要材料、工程设备一览表。

10.2.2 "13 计价规范"的规定

1. 总则

（1）为规范建设工程造价计价行为，统一建设工程计价文件的编制原则和计价方法，根据《中华人民共和国建筑法》《中华人民共和国合同法》《中华人民共和国招标投标法》等法律法规，编制本规范。

（2）本规范适用于建设工程发承包及实施阶段的计价活动。

（3）建设工程发承包及实施阶段的工程造价应由分部分项工程费、措施项目费、其他项目费、规费和税金组成。

（4）招标工程量清单、招标控制价、投标报价、工程计量、合同价款调整、合同价款结算与支付及工程造价鉴定等工程造价文件的编制与核对，应由具有专业资格的工程造价人员承担。

（5）承担工程造价文件的编制与核对的工程造价人员及其所在单位，应对工程造价文件的质量负责。

（6）建设工程发承包及实施阶段的计价活动应遵循客观、公正、公平的原则。

（7）建设工程发承包及实施阶段的计价活动，除应符合本规范外，尚应符合国家现行有关标准的规定。

2. 术语

（1）工程量清单：载明建设工程分部分项工程项目、措施项目、其他项目的名称和相应数量，以及规费、税金项目等内容的明细清单。

（2）招标工程量清单：招标人依据国家标准、招标文件、设计文件及施工现场实际情况编制的，随招标文件发布供投标报价的工程量清单，包括说明和表格。

（3）已标价工程量清单：构成合同文件组成部分的投标文件中已标明价格，经算术性错误修正且承包人已确认的工程量清单，包括其说明和表格。

（4）分部分项工程：单项或单位工程的组成部分，是按结构部位、路段长度及施工特点或施工任务将单项或单位工程划分为若干分部的工程，分项工程是分部工程的组成部分，是按不用施工方法、材料、工序及路段长度等将分部工程划分为若干个分项或项目的工程。

（5）措施项目：为完成工程项目施工，发生于该工程施工准备和施工过程中的技术、生活、安全、环境保护等方面的项目。

（6）项目编码：分部分项工程和措施项目清单名称的阿拉伯数字标识。

（7）项目特征：构成分部分项工程项目、措施项目自身价值的本质特征。

（8）综合单价：完成一个规定清单项目所需的人工费、材料和工程设备费、施工机具使用费、企业管理费、利润及一定范围内的风险费用。

（9）风险费用：隐含于已标价工程量清单综合单价中，用于化解承发包双方在工程合同中约定内容和范围内的市场价格波动风险的费用。

（10）工程成本：承包人为实施合同工程并达到质量标准，在确保安全施工的前提下，必须消耗或使用的人工、材料、工程设备、施工机械台班及其管理等方面发生的费用和按规定缴纳的规费和税金。

（11）单价合同：承发包双方约定以工程量清单及其综合单价进行合同价款计算、调整和确认的建设工程施工合同。

（12）总价合同：承发包双方约定以施工图及其预算和有关条件进行合同价款计算、调整和确认的建设工程施工合同。

（13）成本加酬金合同：承发包双方约定以施工工程成本再加合同约定酬金进行合同价款计算、调整和确认的建设工程施工合同。

（14）工程造价信息：工程造价管理机构根据调查和测算发布的建设工程人工、材料、工程设备、施工机械台班的价格信息，以及各类工程的造价指数、指标。

（15）工程造价指数：反映一定时期的工程造价相对于某一固定时期的工程造价变化程度的比值或比率，包括按单位或单项工程划分的造价指数，按工程造价构成要素划分的人工、材料、机械等价格指数。

（16）工程变更：合同工程实施过程中由发包人提出或由承包人提出经发包人批准的合同工程任何一项工作的增、减、取消或施工工艺、顺序、时间的改变；设计图纸的修改；施工条件的改变；招标工程量的错、漏从而引起合同条件的改变或工程量的增减变化。

（17）工程量偏差：承包人按照合同工程的图纸（含经发包人批准由承包人提供的图纸）实施，按照现行国家计算规范规定的工程量计算规则计算得到的完成合同工程项目应予计量的工程量与相应的招标工程量清单项目列出的工程量之间出现的量差。

（18）暂列金额：招标人在工程量清单中暂定并包括在合同价款中的一笔款项。用于工程合同签订时尚未确定或者不可预见的所需材料、工程设备、服务的采购，施工中可能发生的工程变更、合同约定调整因素出现时的合用价款调整及发生的索赔、现场签证确认等的费用。

（19）暂估价：招标人在工程量清单中提供的用于支付必然发生但暂时不能确定价格的材料、工程设备的单价及专业工程的金额。

（20）计日工：在施工过程中，承包人完成发包人提出的工程合同范围以外的零星项目或工作，按合同中约定的单价计价的一种方式。

（21）总承包服务费：总承包人为配合协调发包人进行的专业工程发包，对发包人自行采购的材料、工程设备等进行保管及施工现场管理、竣工资料汇总整理等服务所需的费用。

（22）安全文明施工费：在合同履行过程中，承包人按照国家法律、法规、标准等规定，为保证安全施工、文明施工，保护现场内外环境和搭拆临时设施等所采用的措施而发生的费用。

（23）索赔：在工程合同履行过程中，合同当事人一方因非己方的原因而遭受损失，按合同约定或法律法规规定应由对方承担责任，从而向对方提出补偿的要求。

（24）现场签证：发包人现场代表（或其授权的监理人、工程造价咨询人）与承包人现场代表就施工过程中涉及的责任时间所作的签认证明。

（25）提前竣工（赶工）费：承包人应发包人的要求而采取加快工程进度措施，使合同工程工期缩短，由此产生的应由发包人支付的费用。

（26）误期赔偿费：承包人未按照合同工程的计划进度施工，导致实际工期超过合同工期（包括经发包人批准的延长工期），承包人应向发包人赔偿损失的费用。

（27）不可抗力：承发包双方在工程合同签订时不能预见的，对其发生的后果不能避免，并且不能克服的自然灾害和社会性突发事件。

（28）工程设备：指构成或计划构成永久工程一部分的机电设备、金属结构设备、仪器装置及其他类似的设备和装置。

（29）缺陷责任期：指承包人对已交付使用的合同工程承担合同约定的缺陷修复责任的期限。

（30）质量保证金：承发包双方在工程合同中约定，从应付合同价款中预留，用以保证承包人在缺陷责任期内履行缺陷修复义务的金额。

（31）费用：承包人为履行合同所发生或将要发生的所有合理开支，包括管理费和应分摊的其他费用，但不包括利润。

（32）利润：承包人完成合同工程获得的盈利。

（33）企业定额：施工企业根据本企业的施工技术、机械装备和管理水平而编制的人工、材料和施工机械台班等的消耗标准。

（34）规费：根据国家法律、法规规定，由省级政府或省级有关权力部门规定施工企业必须缴纳的，应计入建筑安装工程造价的费用。

（35）税金：国家税法规定的应计入建筑安装工程造价内的营业税、城市维护建设税、教育费附加和地方教育附加。

（36）发包人：具有工程发包主体资格和支付工程价款能力的当事人及取得该当事人资格的合法继承人，本规范有时又称招标人。

（37）承包人：被发包人接受的具有工程施工承包主体资格的当事人及取得该当事人资格的合法继承人，本规范有时又称投标人。

（38）工程造价咨询人：取得工程造价咨询资质等级证书，接受委托从事建设工程造价咨询活动的当事人及取得该当事人资格的合法继承人。

（39）造价工程师：取得造价工程师注册证书，在一个单位注册、从事建设工程造价活动的专业人员。

（40）造价员：取得全国建设工程造价员资格证书，在一个单位注册，从事建设工程造价活动的专业人员。

（41）单价项目：工程量清单中以单价计价的项目，即根据合同工程图纸（含设计变更）和相关工程现行国家计算规范规定的工程量计算规则进行计量，与已标价工程量清单相应综合单价进行价款计算的项目。

（42）总价项目：工程量清单中以总价计价的项目，即此类项目在相关工程现行国家计算规范中无工程量计算规则，以总价（或计算基础乘费率）计算的项目。

（43）工程计量：承发包双方根据合同约定，对承包人完成合同工程的数量进行的计算和确认。

（44）工程结算：承发包双方根据合同约定，对合同工程在实施中、终止时、已完工后进行的合同价款计算、调整和确认，包括期中结算、终止结算、竣工结算。

（45）招标控制价：招标人根据国家或省级、行业建设主管部门颁发的有关计价依据和办法，以及拟定的招标文件和招标工程量清单，结合工程具体情况编制的招标工程的最高投标限价。

（46）投标价：投标人投标时响应招标文件要求所报出的对已标价工程量清单汇总后标明的总价。

（47）签约合同价（合同价款）：承发包双方在工程合同中约定的工程造价，即包括了分部分项工程费、措施项目费、其他项目费、规费和税金的合同总金额。

（48）预付款：在开工前，发包人按照合同约定，预先支付给承包人用于购买合同工程施工所需的材料、工程设备，以及组织施工机械和人员进场等的款项。

（49）进度款：在合同工程施工过程中，发包人按照合同约定对付款周期内承包人完成的合同价款给予支付的款项，也是合同价款期中结算支付。

（50）合同价款调整：在合同价款调整因素出现后，承发包双方根据合同约定，对合同价款进行变动的提出、计算和确认。

（51）竣工结算价：承发包双方依据国家有关法律、法规和标准规定，按照合同约定确定的，包括在履行合同过程中按合同约定进行的合同价款调整，是承包人按合同约定完成了全部承包工作后，发包人应付给承包人的合同总金额。

（52）工程造价鉴定：工程造价咨询人接受人民法院、仲裁机关委托，对施工合同纠纷案件中的工程造价争议，运用专门知识进行鉴别、判断和评定，并提供鉴定意见的活动。也称为工程造价司法鉴定。

10.2.3　一般规定

1. 计价方式

（1）使用国有资金投资的建设工程发承包，必须采用工程量清单计价。

（2）非国有资金投资的建设工程，宜采用工程量清单计价。

（3）不采用工程量清单计价的建设工程，应执行本规范除工程量清单等专门性规定外的其他规定。

（4）工程量清单应采用综合单价计价。

（5）措施项目中的安全文明施工费必须按国家或省级、行业建设主管部门的规定计算，不得作为竞争性费用。

（6）规费和税金必须按国家或省级、行业建设主管部门的规定计算，不得作为竞争性

费用。

2. 发包人提供材料和工程设备

（1）发包人提供的材料和工程设备（以下简称甲供材料）应在招标文件中按照本规范附录 L.1 的规定填写《发包人提供材料和工程设备一览表》，写明甲供材料的名称、规格、数量、单价、交货方式、交货地点等。

承包人投标时，甲供材料单价应计入相应项目的综合单价中，签约后，发包人应按合同约定扣除甲供材料款，不予支付。

（2）承包人应根据合同工程进度计划的安排，向发包人提交甲供材料交货的日期计划。发包人应按计划提供。

（3）发包人提供的甲供材料如规格、数量或质量不符合合同要求，或由于发包人原因发生交货日期延误、交货地点及交货方式变更等情况的，发包人应承担由此增加的费用和（或）工期延误，并应向承包人支付合理利润。

（4）承发包双方对甲供材料的数量发生争议不能达成一致的，应按照相关工程的计价定额同类项目规定的材料消耗量计算。

（5）若发包人要求承包人采购已在招标文件中确定为甲供材料的，材料价格应由承发包双方根据市场调查确定，并应另行签订补充协议。

3. 承包人提供材料和工程设备

（1）除合同约定的发包人提供的甲供材料外，合同工程所需的材料和工程设备应由承包人提供，承包人提供的材料和工程设备均应由承包人负责采购、运输和保管。

（2）承包人应按合同约定将采购材料和工程设备的供货人及品种、规格、数量和供货时间等提交发包人确认，并负责提供材料和工程设备的质量证明文件，满足合同约定的质量标准。

（3）对承包人提供的材料和工程设备经检测不符合合同约定的质量标准，发包人应立即要求承包人更换，由此增加的费用和（或）工期延误应由承包人承担。对发包人要求检测已具有合格证明的材料、工程设备，但经检测证明该项材料、工程设备符合合同约定的质量标准，发包人应承担由此增加的费用和（或）工期延误，并向承包人支付合理利润。

4. 计价风险

（1）建设工程发承包，必须在招标文件、合同中明确计价中的风险内容及其范围，不得采用无限风险、所有风险或类似语句规定计价中的风险内容及范围。

（2）由于下列因素出现，影响合同价款调整的，应由发包人承担：

①国家法律、法规、规章和政策发生变化；

②省级或行业建设主管部门发布的人工费调整，但承包人对人工费或人工单价的报价高于发布的除外；

③由政府定价或政府指导价管理的原材料等价格进行了调整。

（3）由于市场物价波动影响合同价款的，应由承发包双方合理分摊，按本规范附录 L.2 或 L.3 填写《承包人提供主要材料和工程设备一览表》作为合同附件；当合同中没有约定，承发包双方发生争议时，应按第 12 章的规定调整合同价款。

（4）由于承包人使用机械设备、施工技术及组织管理水平等自身原因造成施工费用增加的，应由承包人全部承担。

（5）当不可抗力发生，影响合同价款时，应按第 12 章的规定调整合同价款。

10.3 工程量清单编制规定

10.3.1 一般规定

一般规定如下。

（1）招标工程量清单应由具有编制能力的招标人或受其委托，具有相应资质的工程造价咨询人编制。

（2）招标工程量清单必须作为招标文件的组成部分，其准确性和完整性由招标人负责。

（3）招标工程量清单是工程量清单计价的基础，应作为标准招标控制价、投标报价、计算或调整工程量、索赔等的依据之一。

（4）招标工程量清单应以单位（项）工程为单位编制，应由分部分项工程项目清单、措施项目清单、其他项目清单、规费和税金项目清单组成。

（5）编制招标工程量清单的依据如下：

①"13 计价规范"和相关工程的国家计算规范；

②国家或省级、行业建设主管部门颁发的计价定额和方法；

③建设工程设计文件及相关资料；

④与建设工程有关的标准、规范、技术资料；

⑤拟定的招标文件；

⑥施工现场情况、地勘水文资料、工程特点及常规施工方案；

⑦其他相关资料。

10.3.2 分部分项工程项目清单规定

分部分项工程项目清单规定如下。

（1）分部分项工程项目清单必须载明项目编码、项目名称、项目特征、计量单位和工程量。

（2）分部分项工程项目清单必须根据相关工程现行国家计算规范规定的项目编码、项目名称、项目特征、计量单位和工程量计算规则进行编制。

10.3.3 措施项目清单的规定

措施项目清单的规定如下。

（1）措施项目清单必须根据相关工程现行国家计算规范的规定编制。

（2）措施项目清单应根据拟建工程的实际情况列项。

10.3.4 其他项目清单的规定

其他项目清单的规定如下。

（1）其他项目清单应按照下列内容列项：

①暂列金额；

②暂估价，包括材料暂估单价、工程设备暂估单价、专业工程暂估价；

③计日工；

④总承包服务费。

（2）暂列金额应根据工程特点按有关计价规定估算。

（3）暂估价中的材料、工程设备暂估单价应根据工程造价信息或参照市场价格估算，列出明细表；专业工程暂估价应分不同专业，按有关计价规定估算，列出明细表。

（4）计日工应列出项目名称、计量单位和暂估数量。

（5）总承包服务费应列出服务项目及其内容等。

（6）出现（1）中未列的项目时，应根据工程实际情况补充。

10.3.5 规费项目清单的规定

规费项目清单的规定如下。

（1）规费项目清单应按照下列内容列项：

①社会保险费：养老保险费、失业保险费、医疗保险费、工伤保险费、生育保险费；

②住房公积金；

③环境保护税。

（2）编制规费项目清单，出现第（1）条未列的项目时，应根据省级政府或省级有关部门的规定列项。

10.3.6 税金项目清单的规定

税金项目清单的规定如下。

（1）税金项目清单应包括下列内容：

①营业税；

②城市维护建设税；

③教育费附加；

④地方教育附加。

（2）编制税金项目清单，出现第（1）条未列的项目时，应根据税务部门的规定列项。

10.4 招标控制价编制规定

10.4.1 一般规定

一般规定如下。

（1）国有资金投资的建设工程招标，招标人必须编制招标控制价。

（2）招标控制价应由具有编制能力的招标人或受其委托具有相应资质的工程造价咨询人编制和复核。

（3）工程造价咨询人接受招标人委托编制招标控制价，不得再就同一工程接受投标人委托编制投标报价。

（4）招标控制价应根据 10.4.2 中第（1）条的规定编制，不得上调或下浮。

（5）当招标控制价超过批准的概算时，招标人应将其报原概算审批部门审核。

（6）招标人应在发布招标文件时公布招标控制价，同时应将招标控制价及有关资料报送工程所在地或有该工程管辖权的行业管理部门工程造价管理机构备查。

10.4.2　编制与复核

（1）招标控制价应根据下列依据编制与复核：

①本规范；

②国家或省级、行业建设主管部门颁发的计价定额和计价方法；

③建设工程设计文件及相关资料；

④拟定的招标文件及招标工程量清单；

⑤与建设项目相关的标准、规范、技术资料；

⑥施工现场情况、工程特点及常规施工方案；

⑦工程造价管理机构发布的工程造价信息；当工程造价信息没有发布时，参照市场价；

⑧其他的相关资料。

（2）综合单价中应包括招标文件中划分的应由投标人承担的风险范围及其费用。招标文件中没有明确的，如是工程造价咨询人编制，应提请招标人明确；如是招标人编制，应予明确。

（3）分部分项工程和措施项目中的单价项目，应根据拟定的招标文件和招标工程量清单项目中的特征描述及有关要求确定综合单价计算。

（4）措施项目中的总价项目应根据拟定的招标文件和常规施工方案按规定计价。

（5）其他项目应按下列规定计价：

①暂列金额应按招标工程量清单中列出的金额填写；

②暂估价中的材料、工程设备单价应按招标工程量清单中列出的单价计入综合单价；

③暂估价中的专业工程金额应按招标工程量清单中列出的金额填写；

④计日工应按招标工程量清单中列出的项目根据工程特点和有关计价依据确定综合单价计算；

⑤总承包服务费应根据招标工程量清单列出的内容和要求估算。

（6）规费和税金应按 10.2.2 中规定计算。

10.5　投标报价编制规定

10.5.1　一般规定

一般规定如下。

（1）投标报价应由投标人或受其委托具有相应资质的工程造价咨询人编制。

（2）投标人应依据 10.5.2 中第（1）条的规定自主确定投标报价。

（3）投标报价不得低于工程成本。

（4）投标人必须按工程量清单填报价格。项目编码、项目名称、项目特征、计量单位、工程量必须与招标工程量清单一致。

（5）投标人的投标报价高于招标控制的应予废标。

10.5.2　编制与复核

（1）投标报价应根据下列依据编制和复核：

① "13 计价规范"；

②国家或省级、行业建设主管部门颁发的计价办法；

③企业定额，国家或省级、行业建设主管部门颁发的计价定额和计价办法；

④招标文件、招标工程量清单及其补充通知、答疑纪要；

⑤建设工程设计文件及相关资料；

⑥施工现场情况、工程特点及投标时拟定的投标施工组织设计或施工方案；

⑦与建设项目相关的标准、规范等技术资料；

⑧市场价格信息或工程造价管理机构发布的工程造价信息；

⑨其他的相关资料。

（2）综合单价中应包括招标文件中划分的应由投标人承担的风险范围及其费用。招标文件中没有明确的，应提请招标人明确。

（3）分部分项工程和措施项目中的单价项目，应根据招标文件和招标工程量清单项目中的特征描述确定综合单价计算。

（4）措施项目中的总价项目金额应根据招标文件及投标时拟定的施工组织设计或施工方案按规定计价。

（5）其他项目应按下列规定报价：

①暂列金额应按招标工程量清单中列出的金额填写；

②材料、工程设备暂估价应按招标工程量清单中列出的单价计入综合单价；

③专业工程暂估价应按招标工程量清单中列出的金额填写；

④计日工应按招标工程量清单中列出的项目和数量，自主确定综合单价并计算计日工金额；

⑤总承包服务费根据招标工程量清单中列出的内容和提出的要求自主确定。

（6）规费和税金应按 10.2.2 中规定确定。

（7）招标工程量清单与计价表中列明的所有需要填写单价和合价的项目，投标人均应填写且只允许有一个报价。未填写单价和合价的项目，可视为此项费用已包含在已标价工程量清单中其他项目的单价和合价之中。当竣工结算时，此项目不得重新组价予以调整。

（8）投标总价应当与分部分项工程费、措施项目费、其他项目费、规费、税金的合计金额一致。

10.6　工程计价表格

10.6.1　工程计价表格组成

1. 附录 B　工程计价文件封面

B.1 招标工程量清单封面：封-1

B.2 招标控制价封面：封-2

B.3 投标总价封面：封-3

B.4 竣工结算书封面：封-4

B.5 工程造价鉴定意见书封面：封-5

2. 附录 C　工程计价文件扉页

C.1 招标工程量清单扉页：扉-1

C.2 招标控制价扉页：扉-2

C.3 投标总价扉页：扉-3

C.4 竣工结算总价扉页：扉-4

C.5 工程造价鉴定意见书扉页：扉-5

3. 附录 D　工程计价总说明：表-01

4. 附录 E　工程计价汇总表

E.1 建设项目招标控制价/投标报价汇总表：表-02

E.2 单项工程招标控制价/投标报价汇总表：表-03

E.3 单位工程招标控制价/投标报价汇总表：表-04

E.4 建设项目竣工结算汇总表：表-05

E.5 单项工程竣工结算汇总表：表-06

E.6 单位工程竣工结算汇总表：表-07

5. 附录 F　分部分项工程和措施项目计价表

F.1 分部分项工程和单价措施项目清单与计价表：表-08

F.2 综合单价分析表：表-09

F.3 综合单价调整表：表-10

F.4 总价措施项目清单与计价表：表-11

6. 附录 G　其他项目计价表

G.1 其他项目清单与计价汇总表：表-12

G.2 暂列金额明细表：表-12-1

G.3 材料（工程设备）暂估单价及调整表：表-12-2

G.4 专业工程暂估价及结算价表：表-12-3

G.5 计日工表：表-12-4

G.6 总承包服务费计价表：表-12-5

G.7 索赔与现场签证计价汇总表：表-12-6

G.8 费用索赔申请（核准）表：表-12-7

G.9 现场签证表：表-12-8

7. 附录 H　规费、税金项目计价表：表-13

8. 附录 J　工程计量申请（核准）表：表-14

9. 附录 K　合同价款支付申请（核准）表

K.1 预付款支付申请（核准）表：表-15

K.2 总价项目进度款支付分解表：表-16

K.3 进度款支付申请（核准）表：表-17

K.4 竣工结算款支付申请（核准）表：表-18

K.5 最终结清支付申请（核准）表：表-19

10. 附录 L　主要材料、工程设备一览表

L.1 发包人提供材料和工程设备一览表：表-20

L.2 承包人提供主要材料和工程设备一览表（适用于造价信息差额调整法）：表-21

L.3 承包人提供主要材料和工程设备一览表（适用于价格指数差额调整法）：表-22

10.6.2　计价表格使用规定

计价表格使用规定如下。

（1）工程计价表宜采用统一格式。各省、自治区、直辖市建设行政主管部门和行业建设主管部门可根据本地区、本行业的实际情况，在"13 计价规范"表格的基础上补充完善。

（2）工程计价表格的设置应满足工程计价的需要，方便使用。不同计价阶段对应计价表格种类如表 10-1 所示。

表 10-1　不同计价阶段对应计价表格种类

序号	表格名称	表格名称	表格编号	清单编制	招标控制价	投标报价	竣工结算
1	封面	招标工程量清单	封-1	√			
		招标控制价	封-2		√		
		投标总价	封-3			√	
		竣工结算书	封-4				√
		工程造价鉴定意见书	封-5				
2	扉页	招标工程量清单	扉-1	√			
		招标控制价	扉-2		√		
		投标总价	扉-3			√	
		竣工结算总价	扉-4				√
		工程造价鉴定意见书	扉-5				
3		工程计价总说明	表-01	√	√	√	√
4	工程计价汇总表	建设项目招标控制价/投标报价汇总表	表-02		√	√	
		单项工程招标控制价/投标报价汇总表	表-03		√	√	
		单位工程招标控制价/投标报价汇总表	表-04		√	√	
		建设项目竣工结算汇总表	表-05				√
		单项工程竣工结算汇总表	表-06				√
		单位工程竣工结算汇总表	表-07				√

续表

序号	表格名称	表格名称	表格编号	清单编制	招标控制价	投标报价	竣工结算
5	分部分项工程和措施项目计价表	分部分项工程和单价措施项目清单与计价表	表-08	√	√	√	√
		综合单价分析表	表-09		√	√	√
		综合单价调整表	表-10				√
		总价措施项目清单与计价表	表-11	√	√	√	√
6	其他项目计价表	其他项目清单与计价汇总表	表-12	√	√	√	√
		暂列金额明细表	表-12-1	√	√	√	√
		材料（工程设备）暂估单价及调整表	表-12-2	√	√	√	√
		专业工程暂估价及结算价表	表-12-3	√	√	√	√
		计日工表	表-12-4	√	√	√	√
		总承包服务费计价表	表-12-5	√	√	√	√
		索赔与现场签证计价汇总表	表-12-6				√
		费用索赔申请（核准）表	表-12-7				√
		现场签证表	表-12-8				√
7		规费、税金项目计价表	表-13	√	√	√	√
8		工程计量申请（核准）表	表-14				√
9	合同价款支付（核准）表	预付款支付申请（核准）表	表-15				√
		总价项目进度款支付分解表	表-16			√	√
		进度款支付申请（核准）表	表-17				√
		竣工结算款支付申请（核准）表	表-18				√
		最终结清支付申请（核准）表	表-19				√
10	主要材料、工程设备一览表	发包人提供材料和工程设备一览表	表-20	√	√	√	√
		承包人提供主要材料和工程设备一览表（适用于造价信息差额调整法）	表-21	√	√	√	√
		承包人提供主要材料和工程设备一览表（适用于价格指数差额调整法）	表-22	或√	或√	或√	或√

（3）工程量清单的编制应符合下列规定。

①工程量清单编制使用表格包括：封-1、扉-1、表-01、表-08、表-11、表-12（不含表12-6~表12-8）、表-13、表-20、表-21或表-22。

②扉页应按规定的内容填写、签字、盖章，由造价员编制的工程量清单应有负责审核的造价工程师签字、盖章。受委托编制的工程量清单，应由造价工程师签字、盖章及工程造价咨询人盖章。

③总说明应按下列内容填写。

a. 工程概况：建设规模、工程特征、计划工期、施工现场实际情况、自然地理条件、环境保护要求等。

b. 工程招标和专业工程发包范围。

c. 工程量清单编制依据。

d. 工程质量、材料、施工等的特殊要求。

e. 其他需要说明的问题。

（4）招标控制价、投标报价、竣工结算的编制应符合下列规定。

①使用表格。

a. 招标控制价使用表格包括：封-2、扉-2、表-01、表-02、表-03、表-04、表-08、表-09、表-11、表-12（不含表12-6~表12-8）、表-13、表-20、表-21或表-22。

b. 投标报价使用的表格包括：封-3、扉-3、表-01、表-02、表-03、表-04、表-08、表-09、表-11、表-12（不含表12-6~表12-8）、表-13、表-16、招标文件提供的表-20、表-21或表-22。

c. 竣工结算使用的表格包括：封-4、扉-4、表-01、表-05、表-06、表-07、表-08、表-09、表-10、表-11、表-12、表-13、表-14、表-15、表-16、表-17、表-18、表-19、表-20、表-21或表-22。

②扉页应按规定的内容填写、签字、盖章，除承包人自行编制的投标报价和竣工结算外，受委托编制的招标控制价、投标报价、竣工结算，由造价员编制的应有负责审核的造价工程师签字、盖章及工程造价咨询人盖章。

③总说明应按下列内容填写。

a. 工程概况：建设规模、工程特征、计划工期、合同工期、实际工期、施工现场及变化情况、施工组织设计的特点、自然地理条件、环境保护要求等。

b. 编制依据等。

（5）投标人应按招标文件的要求，附工程量清单综合单价分析表。

10.6.3 附工程计价表格样式

附工程计价表格样式如下。

附录 B 工程计价文件封面

B.1 招标工程量清单封面

| _____工程 |

招标工程量清单

招 标 人：_____
（单位盖章）

造价咨询人：_____
（单位盖章）

年　　月　　日

封-1

B. 2　招标控制价封面

_____工程

招标控制价

招　标　人：_____

（单位盖章）

造价咨询人：_____

（单位盖章）

年　　月　　日

封-2

B. 3　投标总价封面

_____工程

投标总价

投　标　人：_____

（单位盖章）

年　　月　　日

封-3

B.4 竣工结算书封面

_____工程

竣工结算书

发 包 人：_____

（单位盖章）

承 包 人：_____

（单位盖章）

造价咨询人：_____

（单位盖章）

年　　月　　日

封-4

B.5 工程造价鉴定意见书封面

_____工程

编号：×××〔2×××〕××号

工程造价鉴定意见书

造价咨询人：_____

（单位盖章）

年　　月　　日

封-5

附录 C 工程计价文件扉页

C.1 招标工程量清单扉页

_____工程

招标工程量清单

招 标 人：_____   造价咨询人：_____
　　　　　（单位盖章）　　　　　　　　　　　　　　（单位资质专用章）

法定代表人　　　　　　　　　　　　法定代表人
或其授权人：_____   或其授权人：_____
　　　　　（签字或盖章）　　　　　　　　　　　　　（签字或盖章）

编 制 人：_____   复 核 人：_____
　　　（造价人员签字盖专用章）　　　　　　　（造价工程师签字盖专用章）

编制时间：　年　月　日　　　　　　复核时间：　年　月　日

扉-1

C.2 招标控制价扉页

_____工程

招标控制价

招标控制价(小写)：_____
　　　　　(大写)：_____

招 标 人：_____   造价咨询人：_____
　　　　　（单位盖章）　　　　　　　　　　　　　（单位资质专用章）

法定代表人　　　　　　　　　　　　法定代表人
或其授权人：_____   或其授权人：_____
　　　　　（签字或盖章）　　　　　　　　　　　　（签字或盖章）

编 制 人：_____   复 核 人：_____
　　　（造价人员签字盖专用章）　　　　　　　（造价工程师签字盖专用章）

编制时间：　年　月　日　　　　　　复核时间：　年　月　日

扉-2

C.3 投标总价扉页

投 标 总 价

招 标 人： _____

工程名称： _____

投标总价(小写)： _____

（大写）： _____

投 标 人： _____

(单位盖章)

法定代表人

或其授权人： _____

(签字或盖章)

编 制 人： _____

(造价人员签字盖专用章)

时 间： 年 月 日

扉-3

C.4 竣工结算总价扉页

_____工程

竣工结算总价

签约合同价（小写）： _____ （大写）： _____

竣工结算价（小写）： _____ （大写）： _____

发 包 人： _____ 承 包 人： _____ 造价咨询人： _____

(单位盖章)　　　　　　　　(单位盖章)　　　　　　　　(单位资质专用章)

法定代表人 法定代表人 法定代表人

或其授权人： _____ 或其授权人： _____ 或其授权人： _____

(签字或盖章)　　　　　　　　(签字或盖章)　　　　　　　　(签字或盖章)

编 制 人： _____ 核 对 人： _____

(造价人员签字盖专用章)　　　　　　　　(造价工程师签字盖专用章)

编制时间： 年 月 日 核对时间： 年 月 日

扉-4

C.5　工程造价鉴定意见书扉页

_____工程

工程造价鉴定意见书

鉴定结论：

造价咨询人：_____
（盖单位章及资质专用章）

法定代表人：_____
（签字或盖章）

造价工程师：_____
（签字盖专用章）

年　　月　　日

扉-5

附录 D　工程计价总说明

总　说　明

工程名称：　　　　　　　　　　　　　　　　　　　　　　　　第　页　共　页

表-01

附录 E 工程计价汇总表

E.1 建设项目招标控制价/投标报价汇总表

工程名称：   第 页 共 页

序号	单项工程名称	金额（元）	其中		
			暂估价（元）	安全文明施工费（元）	规费（元）
	合 计				
注：本表适用于建设项目招标控制价或投标报价的汇总					

表-02

E.2 单项工程招标控制价/投标报价汇总表

工程名称：   第 页 共 页

序号	单位工程名称	金额（元）	其中		
			暂估价（元）	安全文明施工费（元）	规费（元）
	合 计				
注：本表适用于单项工程招标控制价或投标报价的汇总。暂估价包括分部分项工程中的暂估价和专业工程暂估价					

表-03

E.3　单位工程招标控制价/投标报价汇总表

工程名称：　　　　　　　　　　　　　标段：　　　　　　　　　　　　　第 页 共 页

序号	汇总内容	金额（元）	其中：暂估价（元）
1	分部分项工程		
1.1			
1.2			
1.3			
1.4			
1.5			
2	措施项目		
2.1	其中：安全文明施工费		
3	其他项目		
3.1	其中：暂列金额		
3.2	其中：专业工程暂估价		
3.3	其中：计日工		
3.4	其中：总承包服务费		
4	规费		
5	税金		
	招标控制价合计＝1+2+3+4+5		

注：本表适用于单位工程招标控制价或投标报价的汇总，如无单位工程划分，单项工程也使用本表汇总

表-04

E.4　建设项目竣工结算汇总表

工程名称：　　　　　　　　　　　　　　　　　　　　　　　　　　　　第 页 共 页

序号	单项工程名称	金额（元）	其中	
			安全文明施工费（元）	规费（元）
合　计				

表-05

E.5 单项工程竣工结算汇总表

工程名称：   第 页 共 页

序号	单位工程名称	金额（元）	其中	
			安全文明施工费（元）	规费（元）
合　计				

表-06

E.6 单位工程竣工结算汇总表

工程名称：   标段：   第 页 共 页

序号	汇总内容	金额（元）
1	分部分项工程	
1.1		
1.2		
1.3		
1.4		
1.5		
2	措施项目	
2.1	其中：安全文明施工费	
3	其他项目	
3.1	其中：暂列金额	
3.2	其中：专业工程暂估价	
3.3	其中：计日工	
3.4	其中：总承包服务费	
4	规费	
5	税金	
竣工结算总价合计＝1+2+3+4+5		
注：如无单位工程划分，单项工程也使用本表汇总		

表-07

附录 F 分部分项工程和措施项目计价表

F.1 分部分项工程和单价措施项目清单与计价表

工程名称：　　　　　　　　　　标段：　　　　　　　　　　　　　第 页 共 页

序号	项目编码	项目名称	项目特征描述	计量单位	工程量	金额（元）		
						综合单价	合价	其中：暂估价
本页小计								
合计								
注：为计取规费等的使用，可在表中增设其中："定额人工费"								

表-08

F.2 综合单价分析表

工程名称：　　　　　　　　　　　　　标段：　　　　　　　　　　　第　页　共　页

项目编码			项目名称				计量单位			
清单综合单价组成明细										
定额编号	定额项目名称	定额单位	数量	单价				合价			
				人工费	材料费	机械费	管理费和利润	人工费	材料费	机械费	管理费和利润
人工单价		小计									
元/工日		未计价材料费									
清单项目综合单价											

	主要材料名称、规格、型号		单位	数量	单价（元）	合价（元）	暂估单价（元）	暂估合价（元）
材料费明细								
	其他材料费							
	材料费小计							

注：1. 如不使用省级或行业建设主管部门发布的计价依据，可不填定额项目、编号等

　　2. 招标文件提供了暂估单价的材料，按暂估的单价填入表内"暂估单价"栏及"暂估合价"栏

表-09

F.3　综合单价调整表

工程名称：　　　　　　　　　　　标段：　　　　　　　　　　　第　页　共　页

序号	项目编码	项目名称	已标价清单综合单价（元）					调整后的综合单价（元）				
			综合单价	其中				综合单价	其中			
				人工费	材料费	机械费	管理费和利润		人工费	材料费	机械费	管理费和利润

造价工程师（签章）：　　发包人代表（签章）：　　　造价人员（签章）：　　承包人代表（签章）：

日期：　　　　　　　　　　　　　　　　　　　日期：

注：综合单价调整应附调整依据

表-10

F.4　总价措施项目清单与计价表

工程名称：　　　　　　　　　　标段：　　　　　　　　　　　第　页　共　页

序号	项目名称	计算基础	费率（%）	金额（元）	调整费率（%）	调整后金额（元）	备注
	安全文明施工费						
	夜间施工增加费						
	二次搬运费						
	冬雨季施工增加费						
	已完工程及设备保护						
	合计						

编制人（造价人员）：　　　　　　　　　　　　复核人（造价工程师）：

注：1. "计算基础"中安全文明施工费可为"定额基价""定额人工费"或"定额人工费+定额机械费"，其他项目可为"定额人工费"或"定额人工费+定额机械费"

2. 按施工方案计算的措施费，若无"计算基础"和"费率"的数值，也可只填"金额"数值，但应在备注栏说明施工方案出处或计算方法

表-11

附录 G　其他项目计价表

G.1　其他项目清单与计价汇总表

工程名称：　　　　　　　　　　　　　标段：　　　　　　　　　　　第　页　共　页

序号	项目名称	金额（元）	结算金额（元）	备注
1	暂列金额			明细详见表-12-1
2	暂估价			
2.1	材料（工程设备）暂估价/结算价	—		明细详见表-12-2
2.2	专业工程暂估价/结算价			明细详见表-12-3
3	计日工			明细详见表-12-4
4	总承包服务费			明细详见表-12-5
5	索赔与现场签证	—		明细详见表-12-6
	合计			

注：材料（工程设备）暂估单价进入清单项目综合单价，此处不汇总

表-12

G.2　暂列金额明细表

工程名称：　　　　　　　　　　　　　标段：　　　　　　　　　　　第　页　共　页

序号	项目名称	计量单位	暂定金额（元）	备注
1				
2				
3				
4				
5				
	合计			—

注：此表由招标人填写，如不能详列，也可只列暂定金额总额，投标人应将上述暂列金额计入投标总价中

表-12-1

G.3　材料（工程设备）暂估单价及调整表

工程名称：　　　　　　　　　　　　　标段：　　　　　　　　　　　第　页　共　页

序号	材料（工程设备）名称、规格、型号	计量单位	数量		暂估（元）		确认（元）		差额±（元）		备注
			暂估	确认	单价	合价	单价	合价	单价	合价	

注：此表由招标人填写"暂列单价"，并在备注栏说明暂估价的材料、工程设备拟用在哪些清单项目上，投标人应将上述材料、工程设备暂估单价计入工程量清单综合单价报价中

表-12-2

G.4 专业工程暂估价及结算价表

工程名称：　　　　　　　　　　标段：　　　　　　　　　　第 页 共 页

序号	工程名称	工程内容	暂估金额（元）	结算金额（元）	差额±（元）	备注
合计						

注：此表"暂估金额"由招标人填写，投标人应将"暂估金额"计入投标总价中。结算时按合同约定结算金额填写

表-12-3

G.5 计日工表

工程名称：　　　　　　　　　　标段　　　　　　　　　　第 页 共 页

编号	项目名称	单位	暂定数量	实际数量	综合单价（元）	合价	
						暂定	实际
一	人工						
1							
2							
3							
人工小计							
二	材料						
1							
2							
3							
4							
材料小计							
三	施工机械						
1							
2							
3							
4							
施工机械小计							
四、企业管理费和利润							
合计							

注：此表项目名称、暂定数量由招标人填写，编制招标控制价时，单价由招标人按有关计价规定确定；投标时，单价由投标人自主报价，按暂定数量计算合价计入投标总价中。结算时，按承发包双方确认的实际数量计算合价

表-12-4

G. 6　总承包服务费计价表

工程名称：　　　　　　　　　　　标段：　　　　　　　　　　　第　页　共　页

序号	项目名称	项目价值（元）	服务内容	计算基础	费率（%）	金额（元）
1	发包人发包专业工程					
2	发包人供应材料					
	合计	—	—		—	

表-12-5

G. 7　索赔与现场签证计价汇总表

工程名称：　　　　　　　　　　　标段：　　　　　　　　　　　第　页　共　页

序号	签证及索赔项目名称	计量单位	数量	单价（元）	合价（元）	索赔及签证依据
	本页小计	—	—	—		—
	合计	—	—	—		—
注：签证及索赔依据是指经双方认可的签证单和索赔依据的编号						

表-12-6

G.8　费用索赔申请（核准）表

工程名称：＿＿＿＿＿＿＿＿　　　标段：＿＿＿＿＿＿＿＿　　　编号：＿＿＿＿＿＿＿＿

致：＿＿＿＿＿＿＿＿＿＿＿＿＿＿＿＿＿＿＿＿＿＿＿＿＿＿＿＿＿＿（发包人全称）

　　根据施工合同条款＿＿＿＿＿＿＿＿条的约定，由于＿＿＿＿＿＿＿＿原因，我方要求索赔金额（大写）＿＿＿＿
＿＿＿＿＿，（小写＿＿＿＿＿＿＿），请予核准。

　　附：1. 费用索赔的详细理由和依据：

　　　　2. 索赔金额的计算：

　　　　3. 证明材料：

　　　　　　　　　　　　　　　　　　　　　　　　　　　　承包人（章）

造价人员＿＿＿＿＿＿＿＿　　承包人代表＿＿＿＿＿＿＿＿　　日　　期＿＿＿＿＿＿＿＿

复核意见： 　　根据施工合同条款＿＿＿＿条的约定，你方提出的费用索赔申请经复核： 　　□不同意此项索赔，具体意见见附件。 　　□同意此项索赔，索赔金额的计算，由造价工程师复核。 　　　　　　　　　　　监理工程师＿＿＿＿＿＿ 　　　　　　　　　　　日　　期＿＿＿＿＿＿	复核意见： 　　根据施工合同条款＿＿＿＿条的约定，你方提出的费用索赔申请经复核，索赔金额为（大写）＿＿＿＿＿＿， （小写＿＿＿＿＿＿＿）。 　　　　　　　　　　　造价工程师＿＿＿＿＿＿ 　　　　　　　　　　　日　　期＿＿＿＿＿＿

审核意见：

　　□不同意此项索赔。

　　□同意此项索赔，与本期进度款同期支付。

　　　　　　　　　　　　　　　　　　　　　　　　　　　　发包人（章）

　　　　　　　　　　　　　　　　　　　　　　　　　　　　发包人代表＿＿＿＿＿＿

　　　　　　　　　　　　　　　　　　　　　　　　　　　　日　　期＿＿＿＿＿＿

注：1. 在选择栏中的"□"内作标识"√"

　　2. 本表一式四份，由承包人填写，发包人、监理人、造价咨询人、承包人各存一份

表-12-7

G. 9　现场签证表

工程名称：　　　　　　　　　　标段：　　　　　　　　　　编号：

施工单位		日期	

致：_____（发包人全称）

　　　根据_____（指令人姓名）　年　月　日的口头指令或你方_____（或监理人）　年　月　日的书面通知，我方要求完成此项工作应支付价款金额为（大写）_____，（小写_____），请予核准。

　　　附：1. 签证事由及原因：

　　　　　2. 附图及计算式：

　　　　　　　　　　　　　　　　　　　　　　　　　　　　　承包人（章）

　　造价人员_____　　　承包人代表_____　　　日　　期_____

复核意见：	复核意见：
你方提出的此项签证申请经复核：	□此项签证按承包人中标的计日工单价计算，金额为
□不同意此项索赔，具体意见见附件。	（大写）_____元，（小写_____）。
□同意此项索赔，索赔金额的计算，由造价工程师	□此项签证因无计日工单价，金额为（大写）_____
复核。	_____元，（小写_____）。
监理工程师_____	造价工程师_____
日　　期_____	日　　期_____

审核意见：

□不同意此项签证。

□同意此项索赔，价款与本期进度款同期支付。

　　　　　　　　　　　　　　　　　　　　　　　　　　　　　发包人（章）

　　　　　　　　　　　　　　　　　　　　　　　　　　　　　发包人代表_____

　　　　　　　　　　　　　　　　　　　　　　　　　　　　　日　　期_____

注：1. 在选择栏中的"□"内作标识"√"

　　2. 本表一式四份，由承包人在收到发包人（监理人）的口头或书面通知后填写，发包人、监理人、造价咨询人、承包人各存一份

表-12-8

附录 H 规费、税金项目计价表

工程名称：　　　　　　　　　　标段：　　　　　　　　　　　　第 页 共 页

序号	项目名称	计算基础	计算基数	计算费率（％）	金额（元）
1	规费	定额人工费			
1.1	社会保险费	定额人工费			
（1）	养老保险费	定额人工费			
（2）	失业保险费	定额人工费			
（3）	医疗保险费	定额人工费			
（4）	工伤保险费	定额人工费			
（5）	生育保险费	定额人工费			
1.2	住房公积金	定额人工费			
1.3	环境保护税	按工程所在地环境保护部门收取标准，按实计入			
2	税金	分部分项工程费+措施项目费+其他项目费+规费−按规定不计税的工程设备金额			
合价					

编制人（造价人员）：　　　　　　　　　　　　　复核人（造价工程师）：

表-13

附录 J 工程计量申请（核准）表

工程名称：　　　　　　　　　　标段：　　　　　　　　　　　　第 页 共 页

序号	项目编码	项目名称	计量单位	承包人申报数量	发包人核实数量	发承包人确认数量	备注

承包人代表：　　　　监理工程师：　　　　　造价工程师：　　　　发包人代表：

日期：　　　　　　　日期　　　　　　　　　日期：　　　　　　　日期：

表-14

附录 K　合同价款支付申请（核准）表

K.1　预付款支付申请（核准）表

工程名称：　　　　　　　　　标段：　　　　　　　　　编号：

致：　　　　　　　　　　　　　　　　　　　　　　　　　　　　　（发包人全称）

　　我方根据施工合同的约定，现申请支付工程预付款额为（大写）＿＿＿＿＿＿，（小写＿＿＿＿＿＿＿），请予核准。

序号	名称	申请金额（元）	复核金额（元）	备注
1	已签约合同价款金额			
2	其中：安全文明施工费			
3	应支付的预付款			
4	应支付的安全文明施工费			
5	合计应支付的预付款			

承包人（章）

造价人员＿＿＿＿＿＿　　　承包人代表＿＿＿＿＿＿　　　日　期＿＿＿＿＿＿

复核意见：
　□与合同约定不相符，修改意见见附件。
　□与合同约定相符，具体金额由造价工程师复核。

监理工程师＿＿＿＿＿＿
日　期＿＿＿＿＿＿

复核意见：
　你方提出的支付申请经复核，应支付预付款金额为（大写）＿＿＿＿＿＿，（小写＿＿＿＿＿＿）。

造价工程师＿＿＿＿＿＿
日　期＿＿＿＿＿＿

审核意见：
　□不同意。
　□同意，支付时间为本表签发后的 15 天内。

发包人（章）
发包人代表＿＿＿＿＿＿
日　期＿＿＿＿＿＿

注：1. 在选择栏中的"□"内作标识"√"
　　2. 本表一式四份，由承包人填报，发包人、监理人、造价咨询人、承包人各存一份

表-15

K.2 总价项目进度款支付分解表

工程名称：　　　　　　　　　　标段：　　　　　　　　　　　　　　单位：元

序号	项目名称	总价金额	首次支付	二次支付	三次支付	四次支付	五次支付	
	安全文明施工费							
	夜间施工增加费							
	二次搬运费							
	社会保险费							
	住房公积金							
	合计							

编制人（造价人员）：　　　　　　　　　　　　　　复核人（造价工程师）：

注：1. 本表应由承包人在投标报价时根据发包人在招标文件明确的进度款支付周期与报价编写。签订合同时，承发包双方可就支付分解协商调整后作为合同附件

2. 单价合同使用本表，"支付"栏时间应与单价项目进度款支付周期相同

3. 总价合同使用本表，"支付"栏时间应与约定的工程计量周期相同

表-16

K.3 进度款支付申请（核准）表

工程名称： 标段： 编号：

致： _____（发包人全称）

我方于 _____ 至 _____ 期间已完成了 _____ 工作，根据施工合同的约定，现申请支付本周期的合同款额为（大写） _____ ，（小写 _____ ），请予核准。

序号	名称	实际金额 （元）	申请金额 （元）	复核金额 （元）	备注
1	累计已完成的合同价款				
2	累计已实际支付的合同价款				
3	本周期合计完成的合同价款				
3.1	本周期已完成单价项目的金额				
3.2	本周期应支付的总价项目的金额				
3.3	本周期已完成的计日工价款				
3.4	本周期应支付的安全文明施工费				
3.5	本周期应增加的合同价款				
4	本周期合计应扣减的金额				
4.1	本周期应抵扣的预付款				
4.2	本周期应扣减的金额				
5	本周期应支付的合同价款				

附：上述 3、4 详见附件清单

造价人员 _____ 承包人代表 _____

承包人（章）
日　　期 _____

复核意见：
□与实际施工情况不相符，修改意见见附件。
□与实际施工情况相符，具体金额由造价工程师复核。

监理工程师 _____
日　　期 _____

复核意见：
你方提出的支付申请经复核，本周期已完成合同款价款为（大写） _____ ，（小写 _____ ），本周期应支付金额为（大写） _____ ，（小写 _____ ）。

造价工程师 _____
日　　期 _____

审核意见：
□不同意。
□同意，支付时间为本表签发后的 15 天内。

发包人（章）
发包人代表 _____
日　　期 _____

注：1. 在选择栏中的"□"内作标识"√"
　　2. 本表一式四份，由承包人填报，发包人、监理人、造价咨询人、承包人各存一份

表-17

K.4 竣工结算款支付申请（核准）表

工程名称： 标段： 编号：

致： _____（发包人全称）

我于_____至_____期间已完成合同约定的工作，根据施工合同的约定，现申请支付竣工结算款额为（大写）_____，（小写_____），请予核准。

序号	名称	申请金额（元）	复核金额（元）	备注
1	竣工结算合同价款总额			
2	累计已实际支付的合同价款			
3	应预留的质量保证金			
4	应支付的竣工结算款金额			

承包人（章）

造价人员_____ 承包人代表_____ 日 期_____

复核意见：

□与实际施工情况不相符，修改意见见附件。

□与实际施工情况相符，具体金额由造价工程师复核。

监理工程师_____
日 期_____

复核意见：

你方提出的竣工结算款支付申请经复核，竣工结算款总额为（大写）_____，（小写_____），扣除前期支付及质量保证金后应支付金额为（大写）_____，（小写_____）。

造价工程师_____
日 期_____

审核意见：

□不同意。

□同意，支付时间为本表签发后的 15 天内。

发包人（章）
发包人代表_____
日 期_____

注：1. 在选择栏中的"□"内作标识"√"
2. 本表一式四份，由承包人填报，发包人、监理人、造价咨询人、承包人各存一份

表-18

K.5　最终结清支付申请（核准）表

工程名称：　　　　　　　　　　　　标段：　　　　　　　　　　　　编号：

致：＿＿＿＿＿＿＿＿＿＿＿＿＿＿＿＿＿＿＿＿＿＿＿＿＿＿＿＿＿＿＿＿＿＿（发包人全称）

　　我方于＿＿＿＿＿＿＿至＿＿＿＿＿＿＿期间已完成了缺陷修复工作，根据施工合同的约定，现申请支付最终结清合同款额为（大写）＿＿＿＿＿＿＿，（小写＿＿＿＿＿＿＿），请予核准。

序号	名称	申请金额（元）	复核金额（元）	备注
1	已预留的质量保证金			
2	应增加因发包人原因造成缺陷的修复金额			
3	应扣减承包人不修复缺陷、发包人组织修复的金额			
4	最终应支付的合同价款			

上述 3、4 详见附件清单。

　　　　　　　　　　　　　　　　　　　　　　　　　　承包人（章）

造价人员＿＿＿＿＿＿＿＿　承包人代表＿＿＿＿＿＿＿＿　日　期＿＿＿＿＿＿＿＿

复核意见： □与实际施工情况不相符，修改意见见附件。 □与实际施工情况相符，具体金额由造价工程师复核。 监理工程师＿＿＿＿＿ 日　期＿＿＿＿＿	复核意见： 　你方提出的支付申请经复核，最终应支付金额为（大写）＿＿＿＿＿＿，（小写＿＿＿＿＿＿）。 造价工程师＿＿＿＿＿ 日　期＿＿＿＿＿

审核意见：

　　□不同意。

　　□同意，支付时间为本表签发后的 15 天内。

　　　　　　　　　　　　　　　　　　　　　　　　　　发包人（章）

　　　　　　　　　　　　　　　　　　　　　　　　　　发包人代表＿＿＿＿＿

　　　　　　　　　　　　　　　　　　　　　　　　　　日　期＿＿＿＿＿

注：1. 在选择栏中的"□"内作标识"√"。如监理人已退场，监理工程师栏可空缺
　　2. 本表一式四份，由承包人填报，发包人、监理人、造价咨询人、承包人各存一份

表-19

附录 L　主要材料、工程设备一览表

L.1　发包人提供材料和工程设备一览表

工程名称：　　　　　　　　　　标段：　　　　　　　　　　第　页　共　页

序号	材料（工程设备）名称、规格、型号	单位	数量	单价（元）	交货方式	送达地点	备注

注：此表由招标人填写，供投标人在投标报价、确定总承包服务费时参考

表-20

L.2　承包人提供主要材料和工程设备一览表
（适用于造价信息差额调整法）

工程名称：　　　　　　　　　　标段：　　　　　　　　　　第　页　共　页

序号	名称、规格、型号	单位	数量	风险系数（%）	基准单价（元）	投标单价（元）	发承包人确认单价（元）	备注

注：1. 此表由招标人填写除"投标单价"栏的内容，投标人在投标时自主确定投标单价
　　2. 招标人应优先采用工程造价管理机构发布的单价作为基准单价，未发布的，通过市场调查确定其基准单价

表-21

L.3　承包人提供主要材料和工程设备一览表
（适用于价格指数差额调整法）

工程名称：　　　　　　　　　　标段：　　　　　　　　　　第　页　共　页

序号	名称、规格、型号	变值权重 B	基本价格指数 F_0	现行价格指数 F_t	备注
	定值权重 A		—	—	
	合计	1	—	—	

注：1. "名称、规格、型号""基本价格指数"栏由招标人填写，基本价格指数应首先采用工程造价管理机构发布的价格指数，可采用发布的价格代替。如人工、机械费也采用本法调整，由招标人在"名称"栏填写
　　2. "变值权重"栏由投标人根据该项人工、机械费和材料、工程设备价值在投标总报价中所占的比例填写，1减去其比例为定值权重
　　3. "现行价格指数"按约定的付款证书相关周期最后一天的前42天的各项价格指数填写，该指数应首先采用工程造价管理机构发布的价格指数。没有时，可采用发布的价格代替

表-22

第11章 房屋建筑与装饰工程工程量计算规范

11.1 "13 房屋建筑与装饰工程工程量计算规范"的构成和规定

11.1.1 "13 房屋建筑与装饰工程工程量计算规范"的构成

"13 房屋建筑与装饰工程工程量计算规范"共包括 4 章和 17 个附录，具体如下：

第 1 章总则，第 2 章术语，第 3 章工程计量，第 4 章工程量清单编制；

附录 A 土（石）方工程；

附录 B 地基处理与边坡支护工程；

附录 C 桩基工程；

附录 D 砌筑工程；

附录 E 混凝土及钢筋混凝土工程；

附录 F 金属结构工程；

附录 G 木结构工程；

附录 H 门窗工程；

附录 J 屋面及防水工程；

附录 K 保温、隔热、防腐工程；

附录 L 楼地面装饰工程；

附录 M 墙、柱面装饰与隔断、幕墙工程；

附录 N 天棚工程；

附录 P 油漆、涂料、裱糊工程；

附录 Q 其他装饰工程；

附录 R 拆除工程；

附录 S 措施项目。

11.1.2 "13 房屋建筑与装饰工程工程量计算规范"的规定

1. 总则

(1) 为规范房屋建筑与装饰工程造价计量行为，统一房屋建筑与装饰工程工程量计算规则、工程量的编制方法，制定本规范。

（2）本规范适用于工业与民用的房屋建筑与装饰工程发承包及实施阶段计价活动的工程量计量和工程量清单编制。

（3）房屋建筑与装饰工程计价，必须按本规范规定的工程量计算规则进行工程计量。

（4）房屋建筑与装饰工程计量活动，除应遵守本规范外，还应符合国家现行有关标准的规定。

2. 术语

（1）工程量计算：建设工程项目以工程设计图纸、施工组织设计或施工方案及有关技术经济文件为依据，按照相关工程国家标准的计算规则、计量单位等规定，进行工程数量的计算活动，在工程建设中简称工程计量。

（2）房屋建筑：在固定地点，为使用者或占用物提供庇护覆盖以进行生活、生产或其他活动的实体，可分为工业建筑与民用建筑。

（3）工业建筑：提供生产用的各种建筑物，如车间、厂区建筑、动力站、与厂房相连的生活间、厂区内的库房和运输设施等。

（4）民用建筑：非生产性的居住建筑和公共建筑，如住宅、办公楼、幼儿园、学校、食堂、影剧院、商店、体育馆、旅馆、医院、展览馆等。

3. 工程计量

（1）工程量计算除依据本规范各项规定外，还应依据以下文件：

①经审定通过的施工设计图纸及其说明；

②经审定通过的施工组织设计或施工方案；

③经审定通过的其他有关技术经济文件。

（2）工程实施过程中的计量应按照现行国家标准"13计价规范"的相关规定执行。

（3）本规范附录中有两个或两个以上计量单位的，应结合拟建工程项目的实际情况，确定其中一个为计量单位。同一工程项目的计量单位应一致。

（4）工程计量时每一项目汇总的有效位数应遵守下列规定：

①以t为单位，应保留小数点后三位数字，第四位小数四舍五入；

②以m、m^2、m^3、kg为单位，应保留小数点后两位数字，第三位小数四舍五入；

③以"个""件""根""组""系统"为单位，应取整数。

（5）本规范各项目仅列出了主要工作内容，除另有规定和说明外，应视为已经包括完成该项目所列或未列的全部工作内容。

（6）房屋建筑与装饰工程涉及电气、给排水、消防等安装工程的项目，按照现行国家标准《通用安装工程工程量计算规范》GB 50856—2013的相应项目执行；涉及仿古建筑工程的项目，按现行国家标准《仿古建筑工程工程量计算规范》GB 50855—2013的相应项目执行；涉及室外地（路）面、室外给排水等工程的项目，按现行国家标准《市政工程工程量计算规范》GB 50857—2013的相应项目执行；采用爆破法施工的石方工程按照现行国家标准《爆破工程工程量计算规范》GB 50862—2013的相应项目执行。

4. 工程量清单编制

1）一般规定

（1）编制工程量清单应依据：

①本规范和现行国家标准"13计价规范"；

②国家或省级、行业建设主管部门颁发的计价依据和办法;

③建设工程设计文件;

④与建设工程项目有关的标准、规范、技术资料;

⑤拟定的招标文件;

⑥施工现场情况、工程特点及常规施工方案;

⑦其他相关资料。

(2) 其他项目、规费和税金项目清单应按照现行国家标准"13 计价规范"的相关规定编制。

(3) 编制工程量清单出现附录中未包括的项目,编制人应做补充,并报省级或行业工程造价管理机构备案,省级或行业工程造价管理机构应汇总报住房和城乡建设部标准定额研究所。

补充项目的编码由本规范的代码01与B和三位阿拉伯数字组成,并应从01B001起顺序编制,同一招标工程的项目不得重码。

补充的工程清单需附有补充项目的名称、项目特征、计量单位、工程量计算规则、工作内容,不能计量的措施项目,需附有补充项目的名称、工作内容及包含范围。

2) 分部分项工程

(1) 工程量清单应根据附录规定的项目编码、项目名称、项目特征、计量单位和工程量计算规则进行编制。

(2) 工程量清单的项目编码,应采用 12 位阿拉伯数字表示,第 1~9 位应按附录的规定设置,第 10~12 位应根据拟建工程的工程量清单项目名称和项目特征设置,同一招标工程的项目编码不得有重码 (一般自 001 起顺序编制)。

(3) 工程量清单的项目名称应按附录的项目名称结合拟建工程的实际确定。

(4) 工程量清单项目特征应按附录中规定的项目特征,结合拟建工程项目的实际予以描述。

(5) 工程量清单中所列工程量应按附录中规定的工程量计算规则计算。

(6) 工程量清单的计量单位应按附录中规定的计量单位确定。

(7) 本规范现浇混凝土工程项目"工作内容"中包括模板工程的内容,同时又在措施项目中单列了现浇混凝土模板工程项目。对此,招标人应根据工程实际情况选用。若招标人在措施项目清单中未编列现浇混凝土模板项目清单,即表示现浇混凝土模板项目不单列,现浇混凝土工程项目的综合单价中应包括模板工程费用。

(8) 本规范对预制混凝土构件按现场制作编制项目,"工作内容"中包括模板工程,不再单列。若采用成品预制混凝土构件,则构件成品价 (包括模板、钢筋、混凝土等所有费用) 应计入综合单价中。

(9) 金属结构构件按产品编制项目,构件成品价应计入综合单价中,若采用现场预制,则包括制作的所有费用。

(10) 门窗 (橱窗除外) 按成品编制项目,门窗成品价应计入综合单价中。若采用现场制作,则包括制作的所有费用。

3) 措施项目

(1) 措施项目中列出了项目编码、项目名称、项目特征、计量单位、工程量计算规则的项目,编制工程量清单时,应按照本节"2) 分部分项工程"的规定执行。

（2）措施项目中仅列出项目编码、项目名称，未列出项目特征、计量单位和工程量计算规则的项目，编制工程量清单时，应按本规范"附录S措施项目"规定的项目编码、项目名称确定。

11.2 分部分项工程清单计价

11.2.1 土石方工程清单计价

11.2.1.1 本节内容概述

本节内容包括：A1土方工程；A2石方工程；A3回填。

A1土方工程包括：平整场地；挖一般土方；挖沟槽土方；挖基坑土方；冻土开挖；挖淤泥、流砂；挖管沟土方。

A2石方工程包括：挖一般石方；挖沟槽石方；挖基坑石方；挖管沟石方。

A3回填包括：回填方；余方弃置。

11.2.1.2 有关规定及工程量计算规则

1. 土方工程

（1）"平整场地"（010101001）项目适用于建筑场地在≤±300 mm的挖、填、运、找平。工程量按设计图示尺寸以建筑物首层建筑面积计算。

注意：平整场地中的"首层建筑面积"，计算方法是直接引入了《建筑工程建筑面积计算规范》GB/T 50353—2013，所涉及的相应规则均应作为平整场地的工程量计算规则。

（2）"挖一般土方"（010101002）项目适用于厚度>±300 mm的竖向布置挖土或山坡切土（是指设计室外地坪标高以上的挖土），以及超出"挖沟槽土方"和"挖基坑土方"规定范围的挖土，并包括指定范围内的土方运输。工程量按设计图示尺寸以体积计算。

注意：①由于地形起伏变化大，不能提供平均挖土厚度时应提供方格网法或断面法施工的设计文件。

②设计标高以下的填土应按"回填"项目编码列项。

（3）"挖沟槽土方"（010101003）项目适用于底宽≤7 m且底长>3倍底宽的沟槽挖土。

（4）"挖基坑土方"（010101004）项目适用于底长≤3倍底宽且底面积≤150 m²的基坑挖土。

"挖沟槽土方"和"挖基坑土方"项目适用于设计室外地坪标高以下的挖土，并包括指定范围内的土方运输。工程量按设计图示尺寸以基础垫层底面积乘挖土深度计算。同时，规范还规定，挖沟槽、基坑、一般土方因工作面和放坡增加的工作量（管沟工作面增加的工程量）是否并入各土方工程量中，应按各省、自治区、直辖市或行业建设主管部门的规定实施。对此，江苏省贯彻文件规定并入各土方工程量中，办理工程结算时，按经发包人认可的施工组织设计规定计算。编制工程量清单时，可按规范中的规定计算工作面和放坡工程量。

（5）"冻土开挖"（010101005）按设计图示尺寸开挖面积乘厚度以体积计算。

（6）"挖淤泥、流砂"（010101006）按设计图示位置、界限以体积计算。

（7）"管沟土方"（010101007）项目包括管沟土方开挖、回填，适用于管道、电缆沟及连接井等。按计量方式不同设置了两种工程量计算规则，一种是以长度计算，按设计图示以管道中心线长度计算；另一种是以体积计量，按设计图示管底垫层面积乘挖土深度计算；无管底垫层按管外径的水平投影面积乘挖土深度计算。不扣除各类井的长度，井的土方并入。

注意：在编制清单时，只能选择其中一种进行工程量计算。

2. 石方工程

（1）"挖一般石方"（010102001）工程量按设计图示尺寸以体积计算。

（2）"挖沟槽石方"（010102002）工程量按设计图示尺寸沟槽底面积乘挖石深度以体积计算。

（3）"挖基坑石方"（010102003）工程量按设计图示尺寸基坑底面积乘挖石深度以体积计算。

（4）"挖管沟石方"（010102004）工程量以米计量，按设计图示以管道中心线长度计算；工程量以体积计量，按设计图示截面积乘长度计算。

3. 回填

（1）"回填方"（010103001）项目适用于场地回填、室内回填和基础回填，并包括指定范围内的运输及取土回填的土方开挖。工程量按设计图示尺寸以体积计算。

①分三种计算方法：

a. 场地回填：回填面积乘平均回填厚度；

b. 室内回填：主墙间净面积乘回填厚度，不扣除间隔墙；

c. 基础回填：按挖方清单项目工程量减去自然地坪以下埋设的基础体积（包括基础垫层及其他构筑物。

②在进行项目特征描述时应注意以下几点：

a. 填方密实度要求，在无特殊要求情况下，项目特征可描述为满足设计和规范的要求；

b. 填方材料品种可以不描述，但应注明由投标人根据设计要求验方后可填入，并符合相关工程的质量规范要求；

c. 填方粒径要求，在无特殊要求情况下，项目特征可以不描述；

d. 若需买土回填，应在项目特征填方来源中描述，并注明买土方数量。

（2）"余方弃置"项目适用于余方点装料运输至弃置点。工程量按挖方清单项目工程量减利用回填方体积（正数）计算。

11.2.1.3　土石方共性问题的说明

（1）"平整场地"可能出现±30 cm 以内的全部是挖方或全部是填方，需外运土方或取（购）土回填时，在工程量清单项目中应描述弃土运距（或弃土地点）或取土运距（或取土地点），这部分的运输应包括在"平整场地"项目报价内；施工组织设计规定超面积平整场地时，超出部分面积的费用应包括在报价内。

（2）挖土（石）方平均厚度应按自然地面测量标高至设计地坪标高间的平均厚度确定。基础土（石）方开挖深度应按基础垫层底面积标高至交付施工场地标高确定，无交付施工场地标高时，应按自然地面标高确定。

（3）土方的分类同计价定额，若土壤类别不能准确划分，招标人可注明为综合，由投标人根据地勘报告决定报价。

（4）土（石）方体积应按挖掘前的天然密实体积计算，非天然密实土（石）方可按土石方体积折算系数表（同计价定额，见本书第 7 章内容）进行折算。

（5）土（石）方清单项目综合单价应包括指定范围内的土石方一次或多次运输、装卸及基底夯实、修理边坡、清理现场等全部施工工序。

弃土（碴）、取土运距可以不描述，但应注明由投标人根据施工现场实际情况自行考虑，决定报价。

（6）桩间挖土方工程量不扣除桩所占体积，并应在项目特征中加以描述。挖土方若需截桩头，应按桩基工程相关项目列项。

（7）挖方出现流砂、淤泥时，如设计不明确，在编制工程量清单时，其工程数量可为暂估量，结算时应根据实际情况由发包人与承包人双方现场签证确认工程量。

（8）管沟土（石）方项目适用于管道（给排水、工业、电力、通信）、光（电）缆沟［包括：人（手）孔、接口坑］及连接井（检查井）等。

（9）因地质情况变化或设计变更引起的土石方工程量的变更，由业主与承包人双方现场认证，依据合同条件进行调整。

11.2.1.4　土石方清单及计价示例

【例 11-1】　根据例 7-2、例 7-6 的题意，某建筑物的基础图如图 7-8 所示，一层建筑平面图如图 7-13 所示，基础垫层为非原槽浇筑，垫层支模，构造柱底标高为砖基础底面，防潮层 20 mm 厚，顶标高为 -0.06 m，现场土方堆积地距离基础 50 m，按"13 计算规范"以及江苏省贯彻文件规定计算土石方工程的分部分项清单。

分析：挖方清单项目工程量减利用回填方体积结果为负数，不设余方弃置清单，在回填清单项目特征填方来源中描述，并注明买土方数量。

【解】　（1）列项目：平整场地（010101001001）

挖沟槽土方（010101003001）

基础土方回填（010103001001）

室内回填（010103001003）

（2）计算工程量：

平整场地：$S = (8+2×0.12)×(6+2×0.12) = 51.42$ m²

挖沟槽土方体积（见例 7-2）$V_{土方} = 145.75$ m³

基础土方回填：①垫层 $V_{垫层} = 0.7×0.1×(2×14+6-0.7) = 2.33$ m³

②埋在土下砖基础（含构造柱）$V = 0.24×(2.5-0.3-0.1+0.066)×(2×14+6-0.24) = 17.55$ m³

③基础回填体积 $= 145.75-(2.33+17.55) = 125.87$ m³

外（内）运土：①室内回填体积（见例 7-6）$V = 4.47$ m³

②回填土总体积 $= 125.87+4.47 = 130.34$ m³

③余方 $V = 145.75-130.34×1.15 = -4.14$ m³ < 0

（3）工程量清单如表 11-1 所示。

表 11-1　工程量清单

序号	项目编码	项目名称	项目特征	计量单位	工程数量
1	010101001001	平整场地	1. 土壤类别：三类土 2. 弃土运距：5 m 3. 取土运距：5 m	m^2	51.42
2	010101003001	挖沟槽土方	1. 土壤类别：三类干土 2. 挖土深度：2.2 m 3. 弃土距离：50 m	m^3	145.75
3	010103001001	基础土方回填	1. 密实度要求：满足规范及设计 2. 填方材料品种：满足规范及设计 3. 填方粒径要求：满足规范及设计 4. 填方来源、运距：现场堆积土，运距50 m，土方不足部分外购	m^3	125.87
4	010103001003	室内回填	1. 密实度要求：满足规范及设计 2. 填方材料品种：满足规范及设计 3. 填方粒径要求：满足规范及设计 4. 填方来源、运距：购买，运距50 m	m^3	4.47

【例 11-2】　根据例 7-2、例 7-6、例 11-1 的题意，外购堆积期在一年以内的回填土单价 3 元/m^3（按天然密实体积计算，土方价格为运到地头的价格），现场土方开挖、运输采用人工开挖、单（双）轮车运输。请按 2014 计价定额计算土石方工程的分部分项清单综合单价。

【解】　（1）列项目：010101001001 平整场地（平整场地（1-98））

010101003001 挖沟槽土方（人工挖地槽干土（1-28）、人工运出土（1-92））

010103001001 基础土方回填（人工挖回填土（1-1）、人工运回土（1-92）、夯填基槽回填土（1-104）、购买土（补））

010103001003 室内回填（人工挖回填土（1-1）、人工运回土（1-92）、夯填地面回填土（1-102））

（2）计算工程量（见例 7-2、7-6、11-1）：

平整场地 1-98：$S=(8+2×0.12+2×2)×(6+2×0.12+2×2)=125.34\ m^2$

挖土、运土、回填土工程量同清单工程量。

（3）清单计价如表 11-2 所示。

表 11-2　清单计价

序号	项目编码	项目名称	计量单位	工程数量	金额/元	
					综合单价	合价
1	010101001001	平整场地	m^2	51.42	**14.66**	753.67
	1-98	平整场地	$10\ m^2$	12.534	60.13	753.67
2	010101003001	挖沟槽土方	m^3	145.75	**73.85**	10 763.64
	1-28	人工挖地槽干土	m^3	145.75	53.80	7 841.35
	1-92	人工运出土，运距50 m	m^3	145.75	20.05	2 922.29

续表

序号	项目编码	项目名称	计量单位	工程数量	金额/元	
					综合单价	合价
3	010103001001	基础土方回填	m³	125.87	**61.87**	7 787.41
	1-1	人工挖一类回填土	m³	125.87	10.55	1 327.93
	1-92	人工运回土，运距50 m	m³	125.87	20.05	2 523.69
	1-104	基槽回填土	m³	125.87	31.17	3 923.37
	补	购买回填土	m³	4.14	3	12.42
4	010103001003	室内回填	m³	4.47	**59.00**	263.73
	1-1	人工挖一类回填土	m³	4.47	10.55	47.16
	1-92	人工运回土，运距50 m	m³	4.47	20.05	89.62
	1-102	地面回填土	m³	4.47	28.40	126.95

答：土石方分部分项清单综合单价见表11-2中黑体显示。

11.2.2 地基处理与边坡支护清单计价

11.2.2.1 本节内容概述

本节内容包括：B1 地基处理；B2 基坑与边坡支护。

B1 地基处理包括：换填垫层；铺设土工合成材料；预压地基；强夯地基；振冲密实（不填料）；振冲桩（填料）；砂石桩；水泥粉煤灰碎石桩；深层搅拌桩；粉喷桩；夯实水泥土桩；高压喷射注浆桩；石灰桩；灰土（土）挤密桩；柱锤冲扩桩；注浆地基；褥垫层。

B2 基坑与边坡支护包括：地下连续墙；咬合灌注桩；原木桩；预制钢筋混凝土板桩；型钢桩；钢板桩；锚杆（锚索）；土钉；喷射混凝土、水泥砂浆；钢筋混凝土支撑；钢支撑。

11.2.2.2 有关规定及工程量计算规则

1. 地基处理

（1）"换填垫层"（010201001）主要适用于软弱地基的浅层处理。垫层材料多采用砂石、矿渣、灰土、黏性土及其他性能稳定、无侵蚀性的材料。工程量按设计图示尺寸以体积计算。

（2）"铺设土工合成材料"（010201002）按设计图示尺寸以面积计算。

（3）"预压地基"（010201003）、"强夯地基"（010201004）、"振冲密实（不填料）"（010201005）按设计图示处理范围以面积计算。即根据每个点位所代表的范围乘点数计算。

【例 11-3】 根据例 7-16 的题意，按"13 计算规范"计算地基处理工程的分部分项清单。

分析：强夯地基工程量根据每个点位所代表的范围乘以点数计算，也就是包括夯点面积和夯点间的面积，故只需求出地基处理的有效面积即可。

【解】 （1）列项目：隔点强夯地基（010201004001）

满夯强夯地基（010201004002）

（2）计算工程量：

隔点强夯地基、满夯强夯地基：$S = (2.3 + 12×1.5)×(2.3 + 12×1.5) = 412.09 \ m^2$

（3）工程量清单如表 11-3 所示。

表 11-3　工程量清单

序号	项目编码	项目名称	项目特征	计量单位	工程数量
1	010201004001	隔点强夯地基	夯击能量为 160 t·m，每坑击数为 4 击	m^2	412.09
2	010201004002	满夯强夯地基	夯击能量为 96 t·m，每坑击数为 4 击	m^2	412.09

【例 11-4】　根据例 7-16、例 11-3 的题意。请按 2014 计价定额计算强夯加固地基工程的分部分项清单综合单价。

【解】　（1）列项目：010201004001 隔点强夯地基（隔点强夯地基（2-4））

　　　　　　　　010201004002 满夯强夯地基（满夯强夯地基（2-2））

（2）计算工程量（见例 7-16）：

隔点强夯地基、满夯强夯地基：$S = 352.98 \ m^2$

（3）清单计价如表 11-4 所示。

表 11-4　清单计价

序号	项目编码	项目名称	计量单位	工程数量	综合单价	合价
1	010201004001	隔点强夯地基	m^2	412.09	**54.18**	22 328.13
	2-4	隔点强夯地基	$100 \ m^2$	3.53	6 325.25	22 328.13
2	010201004002	满夯强夯地基	m^2	412.09	**33.59**	13 841.98
	2-2	满夯强夯地基	$100 \ m^2$	3.53	3 921.24	13 841.98

金额/元列下分为综合单价、合价两列。

答：强夯地基工程分部分项清单综合单价见表 11-4 中黑体显示。

（4）"振冲桩（填料）（010201006）"工程量计算规则以不同计量方式区分为两种，一种以米计量，按设计图示尺寸以桩长计算；另一种以立方米计量，按设计桩截面乘桩长以体积计算。

（5）"砂石桩"（010201007）适用于各种成孔方式（振动沉管、锤击沉管等）的砂石灌注桩。工程量计算规则以不同计量方式区分为两种，一种以米计量，按设计图示尺寸以桩长（包括桩尖）计算；另一种以立方米计量，按设计桩截面乘桩长以体积计算。

砂石桩的砂石级配、密实系数均应包括在综合单价中。

（6）"水泥粉煤灰碎石桩"（010201008）工程量按设计图示尺寸以桩长（包括桩尖）计算。

（7）"深层搅拌桩"（010201009）是用水泥进行软土地基硬结，形成整体性和水稳定性的地基处理。工程量计算是按设计图示尺寸以桩长计算。

（8）"粉喷桩"（010201010）项目适用于水泥、生石灰粉等喷粉桩。工程量按设计图示尺寸以桩长计算。

（9）"夯实水泥土桩"（010201011）、"石灰桩"（010201013）按设计图示尺寸以桩长（包括桩尖）计算。

（10）"高压喷射注浆桩"（010201012）的注浆类型包括旋喷、摆喷、定喷，高压喷射注浆方法包括单管法、双重管法、三重管法。工程量按设计图示尺寸以桩长（包括桩尖）计算。

（11）"灰土（土）挤密桩"项目适用于各种成孔方式的灰土、石灰、水泥粉煤灰、碎石等挤密桩。工程量按设计图示尺寸以桩长（包括桩尖）计算。

灰土挤密桩的灰土级配、密实系数均应包括在综合单价中。

（12）"柱锤冲扩桩"（010201015）工程量按设计图示尺寸以桩长计算。

（13）"注浆地基"（010201016）工程量计算规则以不同计量方式区分为两种，一种以米计量，按设计图示尺寸以钻孔深度计算；另一种以立方米计量，按设计图示尺寸以加固体积计算。

（14）"褥垫层"（010201017）主要用于解决复合地基不均匀的地基处理，材料多采用级配砂石。工程量计算规则以不同计量方式区分为两种，一种以平方米计量，按设计图示尺寸以铺设面积计算；另一种以立方米计量，按设计图示尺寸以体积计算。

2. 基坑与边坡支护

（1）"地下连续墙"（010202001）项目适用于各种导墙使用的复合型地下连续墙工程。工程量按设计图示墙中心线长乘厚度乘槽深以体积计算。项目中的导槽、土方、废泥浆外运、泥浆池，由投标人考虑在地下连续墙综合单价内。

（2）"咬合灌注桩"（010202002）工程量计算规则以不同计量方式区分为两种，一种以米计量，按设计图示尺寸以桩长计算；另一种以根计量，按设计图示尺寸数量计算。

（3）"圆木桩"（010202003）、"预制钢筋混凝土板桩"（010202004）工程量计算规则以不同计量方式区分为两种，一种以米计量，按设计图示尺寸以桩长（包括桩尖）计算；另一种以根计量，按设计图示尺寸数量计算。

（4）"型钢桩"（010202005）适用于基坑支护。工程量计算规则以不同计量方式区分为两种，一种以吨计量，按设计图示尺寸以质量计算；另一种以根计量，按设计图示数量计算。

注意：在特征描述中应明确有无接桩，桩体是否拔出，如果不拔出钢板桩有无油漆保护等。

（5）"钢板桩"（010202006）适用于深基坑支护。工程量计算规则以不同计量方式区分为两种，一种以吨计量，按设计图示尺寸以质量计算；另一种以平方米计量，按设计图示墙中心线乘以桩长以面积计算。

注意：在特征描述中同样应明确是否拔出，如果不拔出钢板桩有无油漆保护等。

（6）"锚杆（锚索）"（010202007）项目适用于岩石高削坡混凝土支护挡墙和风化岩石混凝土、砂浆护坡。工程量计算规则以不同计量方式区分为两种，一种以米计量，按设计图示尺寸以钻孔深度计算；另一种以根计量，按设计图示数量计算。项目中的钻孔、布筋、锚杆安装、灌浆、张拉等搭设的施工平台搭拆费用，应列入综合单价内。

（7）"土钉"（010202008）适用于土层的锚固支护。土钉置入方法包括钻孔置入、打入或射入等。工程量计算同"锚杆（锚索）"。

（8）"喷射混凝土、水泥砂浆"（010202009）多用于护坡，可与多种支护方式形成复合支护。工程量按设计图示尺寸以面积计算。

（9）"钢筋混凝土支撑"（010202010）工程量按设计图示尺寸以体积计算。

（10）"钢支撑"（010202011）工程量按设计图示尺寸以质量计算。不扣除孔眼质量，焊条、铆钉、螺栓等不另增加质量。

11.2.2.3　地基处理与边坡支护工程共性问题的说明

（1）设计地层情况的项目特征，应根据岩土工程勘察报告按单位工程各地层所占比例（包括范围值）进行描述。对无法准确描述的地层情况，可注明由投标人根据岩土工程勘察报告自行决定报价。具体可采用以下方法处理：

①描述各类土石方的比例及范围值；

②分不同土石方类别分别列项；

③直接描述"详勘察报告"。

（2）项目特征中的桩长应包括桩尖，空桩长度＝孔深－桩长，孔深为自然地面至设计桩底的深度。

（3）为避免"空桩长度、桩长"的描述引起重新组价，可采用以下方法处理：

①描述"空桩长度、桩长"的范围值，或描述空桩长度、桩长所占比例及范围值；

②空桩部分单独列项。

（4）如采用泥浆护壁成孔，则工作内容包括土方、废泥浆外运；如采用沉管灌注成孔，则工作内容包括桩尖制作、安装。

（5）混凝土种类指清水混凝土、彩色混凝土等，如在同一地区既使用预拌（商品）混凝土，又允许现场搅拌混凝土时，也应注明。

（6）地下连续墙和喷射混凝土的钢筋网、咬合灌注桩的钢筋笼及钢筋混凝土支撑的钢筋制作、安装，按混凝土及钢筋混凝土分部相关项目列项。

（7）有未列出的基坑与边坡支护的排桩可按桩基工程相关项目列项。水泥土墙、坑内加固按地基处理相关项目列项。砖、石挡土墙、护坡按砌筑工程相关项目列项。混凝土挡土墙按混凝土及钢筋混凝土工程相关项目列项。

11.2.2.4　地基处理及边坡支护清单及计价示例

【例 11-5】　根据例 7-17 的题意，已知褥垫层总长 28 m，总宽 21 m，按"13 计算规范"列出该工程地基处理分部分项工程量清单。

【解】　（1）列项目：深层搅拌桩（010201009001）

褥垫层（010201017001）

截（凿）桩头（010301004001）

（2）计算工程量：

深层搅拌桩：$L = 5.5 \times 540 = 2970$ m

褥垫层：$V = 28 \times 21 \times 0.2 = 117.6$ m³

截（凿）桩头：540 根

（3）工程量清单如表 11-5 所示。

表 11-5　工程量清单

序号	项目编码	项目名称	项目特征	计量单位	工程数量
1	010201009001	深层搅拌桩	1. 地层情况：三类土 2. 空桩长度、桩长：1.6 m、5.5 m 3. 桩截面尺寸：φ500 mm 4. 水泥强度等级、掺量：42.5 级普通硅酸盐水泥，掺量为土重的 15%	m	2 970

序号	项目编码	项目名称	项目特征	计量单位	工程数量
2	010201017001	砂石褥垫层	1. 厚度：200 mm 2. 材料品种及比例：人工级配砂石（最大粒径30 mm），砂：碎石＝3：7	m³	117.6
3	010301004001	截（凿）桩头	1. 桩类型：深层搅拌桩 2. 桩头截面、高度：φ500 mm、0.5 m 3. 有无钢筋：无	根	540

【例11-6】 根据例7-17、例7-31、例11-5的题意，考虑桩头凿除，褥垫层用电动夯实机夯实，密实度90%，最大粒径30 mm的碎石单价为65元/t。请按2014计价定额计算地基处理工程的分部分项清单综合单价。

【解】 （1）列项目：010201009001 深层搅拌桩［单轴深层搅拌桩（2-10换）］

010201017001 砂石褥垫层［砂石垫层（4-107）］

010301004001 截（凿）桩头［凿桩头（3-92）］

（2）计算工程量（见例7-17、例11-5）：

搅拌桩工程量（见例7-17）＝3.14×0.25²×（5.5＋0.5）×540＝635.85 m³

褥垫层工程量（同清单工程量）＝117.6 m³

凿桩头工程量＝3.14×0.25²×0.5×540＝52.99 m³

（3）清单计价（见例7-17）如表11-6所示。

表11-6 清单计价

序号	项目编码	项目名称	计量单位	工程数量	金额/元	
					综合单价	合价
1	010201009001	深层搅拌桩	m	2 970	**54.33**	161 353.30
	2-10换	单轴深层搅拌桩	m³	635.85	253.76	161 353.30
2	010201017001	砂石褥垫层	m³	117.6	**204.54**	24 053.90
	4-107换	砂石垫层	m³	117.6	204.54	24 053.90
3	010301004001	截（凿）桩头	根	540	**8.16**	4 404.53
	3-92换	凿桩头	m³	52.99	83.12	4 404.53

注：3-92换：207.79×0.4＝83.12元/m³

答：地基处理部分分部分项清单综合单价见表11-6中黑体显示。

【例11-7】 根据例7-19的题意，地层自上而下情况为：①杂填土层：土质杂乱，无工程意义，不能作为地基使用，厚1.0～1.5 m；②粉质黏土层：层厚2.7～6.0 m，黄褐色，可塑，土质不均匀，含少量碎石，中等压塑性，干强度中等，韧性中等，工程性质较差，具有湿陷性；③粉土层：层厚1.8～5.0 m，褐黄色，稍湿，中密，土质均匀，含少量铁锰氧化物，夹粉质黏土层，局部夹有薄粉砂层，干强度低，韧性低，工程性质一般。不考虑土钉和喷射平台内容，按"13计算规范"列出该工程边坡支护分部分项工程量清单。

【解】 （1）列项目：010202008001 土钉

010202009001 喷射混凝土

010515003001 挂钢筋网

（2）计算工程量：

土钉：边坡长度方向一排土钉数量＝（19-1）÷0.9+1＝21 个

n＝21×4＝84 根

喷射混凝土（见例 7-14）：97.28 m^2

挂钢筋网：列数（19-2×0.015）÷0.45+1＝43；长度（4.34-0.3-2×0.015）×$\dfrac{\sqrt{5^2+1^2}}{5}$+1＝

5.09 m

行数$\left[（4.34-0.3-2×0.015）×\dfrac{\sqrt{5^2+1^2}}{5}+1\right]$÷0.45+1＝13；长度 18.97 m

总长度 43×5.09+13×18.97＝218.87+246.61＝165.48 m

质量 0.395 kg/m×465.48 m＝0.184 t

（3）工程量清单如表 11-7 所示。

表 11-7　工程量清单

序号	项目编码	项目名称	项目特征	计量单位	工程数量
1	010202008001	土钉	1. 地层情况：一、二类土 2. 钻孔深度：12 m 3. 钻孔直径：100 mm 4. 置入方法：钻孔置入 5. 杆体材料品种、规格、数量：1 根 HRB335，直径 22 mm 的钢筋 6. 浆液种类、强度等级：采用二次注浆，水泥选用 42.5 级普通硅酸盐水泥，一次注浆压力 0.4~0.8 MPa，二次注浆压力 1.2~1.5 MPa，注浆量不小于 40 L/m	根	84
2	010202009001	喷射混凝土	1. 部位：19 m 长边坡 2. 厚度：120 mm 3. 材料种类：喷射混凝土 4. 混凝土（砂浆）类别、强度等级：C20	m^2	97.28
3	010515003001	挂钢筋网	边坡满铺 10 mm×10 mm×0.9 mm 镀锌钢丝网，外挂直径 8 mm、间距 450 mm HPB300 钢筋网	t	0.184

【例 11-8】　根据例 7-19、例 11-7 的题意，请按 2014 计价定额计算边坡支护及钢筋工程的分部分项清单综合单价。

【解】　（1）列项目：010202008001 土钉［水平成孔（2-25）、钢筋制安（5-2）、一次注浆（2-26）、再次注浆（2-27）］

010202009001 喷射混凝土［喷射混凝土（2-28）］

010515003001 挂钢筋网［挂钢筋网（2-32）］

（2）计算工程量：

水平成孔（2-25）、一次注浆（2-26）、再次注浆（2-27）工程量（见例 7-9）＝1 008 m

钢筋制安（5-2）工程量（见例 7-9）＝3.880 8 t

喷射混凝土工程量（见例 7-9）＝97.28 m^2

挂钢筋网工程量（同例11-5清单工程量）= 0.184 t

（3）清单计价（见例7-19）如表11-8所示。

表11-8　清单计价

序号	项目编码	项目名称	计量单位	工程数量	金额/元	
					综合单价	合价
1	010202008001	土钉	根	84	**1 600.41**	134 434.08
	2-25	水平成孔	100 m	10.08	2 244.28	22 622.34
	5-2	钢筋制安	t	3.880 8	4 998.87	19 399.61
	2-26	一次注浆	100 m	10.08	5 246.47	52 884.42
	2-27	再次注浆	100 m	10.08	3 921.40	39 527.71
2	010202009001	喷射混凝土	m²	97.28	**118.17**	11 495.82
	2-28 换	喷射混凝土 120 mm	100 m²	0.972 8	11 817.25	11 495.82
3	010515003001	挂钢筋网	t	0.184	**10 989.13**	2 022.00
	2-32 换	挂钢筋网	100 m²	0.972 8	2 078.54	2 022.00

答：边坡支护部分分部分项清单综合单价见表11-8中黑体显示。

11.2.3　桩基工程清单计价

11.2.3.1　本节内容概述

本节内容包括：C1 打桩；C2 灌注桩。

C1 打桩包括：预制钢筋混凝土方桩；预制钢筋混凝土管桩；钢管桩；截（凿）桩头。

C2 灌注桩包括：泥浆护壁成孔灌注桩；沉管灌注桩；干作业成孔灌注桩；挖孔桩土（石）方；人工挖孔灌注桩；钻孔压浆桩；灌注桩后注浆。

11.2.3.2　桩基工程有关规定及工程量计算规则

1. 打桩

（1）"预制钢筋混凝土方桩"（010301001）、"预制钢筋混凝土管桩"（010301002）等项目的工程量计算规则分别不同计量方式设置了以米计量、以立方米计量和以根计量3种。

注意：同一份清单只能确定一种计量单位和工程量计算规则进行编制。另外，接桩已列入预制桩项目的工程内容，编制清单时，应在项目特征中明确接桩方式。

（2）"钢管桩"（010301003）工程量按不同计量单位设置了两种：第一种是以吨计量，按设计图示尺寸以质量计算；第二种是以根计量，按设计图示数量计算。

（3）"截（凿）桩头"（010301004）适用于本分部和地基处理与边坡支护工程分部所列桩的桩头截（凿）。工程量规则设置了两种：一种以立方米计量，按设计桩截面乘桩头长度以体积计算；另一种是以根计量，按设计图示数量计算。

2. 灌注桩

（1）"泥浆护壁成孔灌注桩"（010302001）是指在泥浆护壁条件下成孔，采用水下灌注混凝土的桩。其成孔方法包括冲击钻成孔、冲抓锥成孔、回旋钻成孔、潜水钻成孔、泥浆护壁的旋挖成孔等。工程量按不同计量单位设置了3种：第一种是以米计量，按设计图示尺寸以桩长（包括桩尖）计算；第二种是以立方米计量，按不同截面在桩长范围内以体积计算

（按设计图示尺寸以体积计算）；第三种是以根计算，按设计图示数量计算。

（2）"沉管灌注桩"（010302002）的沉管方法包括锤击沉管法、振动沉管法、振动冲击沉管法、内夯沉管法等。工程量同泥浆护壁成孔灌注桩。

（3）"干作业成孔灌注桩"（010302003）是指不用泥浆护壁和套管护壁的情况下，用钻机成孔后，下钢筋笼，灌注混凝土的桩，适用于地下水位以上的土层使用。其成孔方法包括螺旋钻成孔、螺旋钻成孔扩底、干作业的旋挖成孔等。工程量同泥浆护壁成孔灌注桩。

（4）"挖孔桩土（石）方"（010302004）主要适用于人工挖孔桩的成孔。工程量按设计图示尺寸（含护壁）截面积乘挖孔深度以体积计算。

注意：项目特征应明确设计要求的入岩深度。

（5）"人工挖孔灌注桩"（010302005）的工作内容包括混凝土护壁和桩芯制作。工程量计算规则分两种，一种以立方米计量，按桩芯混凝土体积计算；另一种是以根计量，按设计图示数量计算。

注意：采用砖砌护壁时，应按砌筑工程中相应项目列项。

（6）"钻孔压浆桩"（010302006）工程量计算规则分两种，一种以米计量，按设计图示尺寸以桩长计算；另一种是以根计量，按设计图示数量计算。

（7）"灌注桩后压浆"（010302007）工程量按设计图示以注浆孔数计算。

（8）桩的工程量计算规则中，桩长不包括超灌部分长度，超灌在清单综合单价中考虑。

11.2.3.3　共性问题的说明

（1）设计地层情况的项目特征，应根据岩土工程勘察报告按单位工程各地层所占比例（包括范围值）进行描述。对无法准确描述的地层情况，可注明由投标人根据岩土工程勘察报告自行决定报价。具体可采用以下方法处理：

①描述各类土石方的比例及范围值；

②分不同土石方类别分别列项；

③直接描述"详勘察报告"。

（2）预制钢筋混凝土方桩、预制钢筋混凝土管桩项目是以成品桩编制的，应包括成品桩购置费，如果采用现场预制，应包括现场预制桩的所有费用。

（3）打试桩和打斜桩应按相应项目单独列项，并在项目特征中注明试桩和斜桩（斜率）。试桩与打桩之间的间歇时间，机械在现场的停置，应包括在打试桩综合单价内。

（4）预制管桩桩顶与承台连接构造和灌注桩钢筋笼制作安装，在混凝土及钢筋混凝土中相关项目编码列项。

（5）项目特征中的桩长应包括桩尖，空桩长度＝孔深-桩长，孔深为自然地面至设计桩底的深度。

（6）为避免"空桩长度、桩长"的描述引起重新组价，可采用以下方法处理：

①描述"空桩长度、桩长"的范围值，或描述空桩长度、桩长所占比例及范围值；

②空桩部分单独列项。

（7）项目特征中的桩截面（桩径）、混凝土强度等级、桩类型等可直接用标准图代号或设计桩型进行描述。

（8）预制桩综合单价中应包括工作平台的搭拆费用。

（9）现浇桩的充盈量，应包括在综合单价内；泥浆护壁成孔灌注桩的综合单价中，包括了泥浆的搅拌运输，泥浆池、泥浆沟槽的砌筑、拆除内容。

（10）灌注桩项目中人工挖孔桩采用的护壁（如砖砌护壁、预制钢筋混凝土护壁、现浇钢筋混凝土护壁、钢模周转护壁、钢护筒护壁等），应包括在综合单价内。

（11）振动沉管、锤击沉管若使用预制钢筋混凝土桩尖，则应包括在综合单价内。

（12）爆扩桩扩大头的混凝土量，应包括在综合单价内。

11.2.3.4 桩基工程清单及计价示例

【例11-9】 根据例7-24的题意，预制桩尖高480 mm，按"13计算规范"列出桩基工程的工程量清单。

【解】 （1）列项目：沉管灌注桩（010302002001）

（2）计算工程量：振动沉管灌注桩20根

（3）工程量清单如表11-9所示。

表11-9 工程量清单

序号	项目编码	项目名称	项目特征	计量单位	工程数量
1	010302002001	振动沉管灌注桩	1. 地层情况：二类土厚8~10 m，三类土厚10~12 m 2. 空桩长度、桩长：1.8 m、18.48 m 3. 复打长度：全长 4. 桩直径：管外径426 5. 沉管方法：振动沉管 6. 桩尖类型：预制桩尖 7. 混凝土种类、强度等级：预拌混凝土C30	根	20

【例11-10】 根据例7-24、例11-9的题意，请按2014计价定额计算桩基工程的分部分项清单综合单价。

【解】 （1）列项目：010302002001沉管灌注桩（单打桩（3-55）、复打桩（3-55）、空沉管（3-55）、预制桩尖（补））

（2）计算工程量（见例7-24）：

单打工程量 $V_1 = n\pi r^2 h = 20 \times 3.14 \times 0.213^2 \times (18+2.4-0.6) = 56.41$ m³

复打工程量 $V_2 = 20 \times 3.14 \times 0.213^2 \times (18+0.25) = 52.00$ m³

空沉管工程量 $V_3 = 20 \times 3.14 \times 0.213^2 \times (2.4-0.6-0.25) = 4.42$ m³

预制桩尖工程量 $= 2 \times 20 = 40$ 个

（3）清单计价（见例7-24）如表11-10所示。

表11-10 清单计价

序号	项目编码	项目名称	计量单位	工程数量	综合单价	合价
1	010302002001	振动沉管灌注桩	根	20	**3 316.73**	66 334.55
	3-55 换	打振动沉管灌注桩15 m以上	m³	56.41	577.92	32 600.47
	3-55 换	复打沉管灌注桩15 m以上	m³	52.00	499.01	25 948.52
	3-55 换	空沉管	m³	4.42	132.48	585.56
	补	预制桩尖	个	40	180	7 200

答：桩基部分分部分项清单综合单价见表 11-10 中黑体显示。

11.2.4　砌筑工程清单计价

11.2.4.1　本节内容概述

本节内容包括：D.1 砖砌体；D.2 砌块砌体；D.3 石砌体；D.4 垫层；D.5 相关问题及说明。

D.1 砖砌体包括：砖基础；砖砌挖孔桩护壁；实心砖墙；多孔砖墙；空心砖墙；空斗墙；空花墙；填充墙；实心砖柱；多孔砖柱；砖检查井；零星砌砖；砖散水、地坪；砖地沟、明沟。

D.2 砌块砌体包括：砌块墙；砌块柱。

D.3 石砌体包括：石基础；石勒脚；石墙；石挡土墙；石柱；石栏杆；石护坡；石台阶；石坡道；石地沟、明沟。

D.4 垫层收录了一个非混凝土垫层的清单项目。

D.5 收录了两条说明内容。

11.2.4.2　砌筑工程有关规定及工程量计算规则

1. 砖砌体

（1）"砖基础"（010401001）项目适用于各种类型砖基础：柱基础、墙基础、管道基础等。

工程量按设计图示尺寸以体积计算，包括附墙垛基础宽出部分体积，扣除地梁（圈梁）、构造柱所占体积，不扣除基础大方脚 T 形接头处的重叠部分及嵌入基础内的钢筋、铁件、管道、基础砂浆防潮层和单个面积 0.3 m² 以内的孔洞所占面积，靠墙暖气沟的挑檐不增加。

基础长度：外墙中心线，内墙按净长线计算。砖基础与砖墙（身）的划分同"13 计价定额"。应注意：对基础类型应在工程量清单中进行描述。

（2）"砖砌挖孔桩护壁"（010401002）适用于人工挖孔桩。工程量按设计图示尺寸以体积计算。

（3）"实心砖墙"（010401003）、"多孔砖墙"（010401004）、"空心砖墙"（010401005）项目适用于各种类型砌块墙：外墙、内墙、围墙、双面混水墙、双面清水墙、单面清水墙、直形墙、弧形墙等。

工程量按设计图示尺寸以体积计算。扣除门窗洞口、过人洞、空圈、嵌入墙内的钢筋混凝土柱、梁、圈梁、挑梁、过梁及凹进墙内的壁龛、管槽、暖气槽、消火栓箱所占体积。不扣除梁头、板头、檩头、垫木、木楞头、沿椽木、木砖、门窗走头、砖墙内加固钢筋、木筋、铁件、钢管及单个面积 0.3 m² 以内的孔洞所占体积。凸出墙面的腰线、挑檐、压顶、窗台线、虎头砖、门窗套的体积亦不增加。凸出墙面的砖垛并入墙体体积内计算（同"13 计价定额"）。

①墙长度：外墙按中心线，内墙按净长计算。

②墙高度。

外墙：斜（坡）屋面无檐口天棚者算至屋面板底；有屋架且室内外均有天棚者算至屋架下弦底另加 200 mm；无天棚者算至屋架下弦底另加 300 mm，出檐宽度超过 600 mm 时按实砌高度计算；遇有钢筋混凝土楼板隔层者算至板顶（即不扣除压入墙身的板头），平屋面算至钢筋混凝土板底。

内墙：位于屋架下弦者，算至屋架下弦底；无屋架者算至天棚底另加100 mm；有钢筋混凝土楼板隔层者算至楼板底；有框架梁时算至梁底（同"13计价定额"）。

女儿墙：从屋面板上表面算至女儿墙顶面（如有混凝土压顶时算至压顶下表面）。

内、外山墙：按其平均高度计算。

框架间墙：部分内外墙按墙体净尺寸以体积计算。

围墙：高度算至压顶上表面（如有混凝土压顶时算至压顶下表面），围墙柱并入围墙体积内。

注意：

①省贯彻文件对内墙高度计算规则进行了调整，与计价定额规则同步，算至楼板隔层板底；

②女儿墙的砖压顶、围墙的砖压顶突出墙面部分不计算体积，压顶顶面凹进墙面的部分也不扣除（包括一般围墙的抽屉檐、棱角檐、仿瓦砖檐等）。

（4）"空斗墙"（010401006）项目适用于各种砌法的空斗墙。工程量按设计图示尺寸以空斗墙外形体积计算。墙角、内外墙交接处、门窗洞口立边、窗台砖、屋檐处的实砌部分体积并入空斗墙体积内。

注意：窗间墙、窗下墙、楼板下、梁头下等的实砌部分，按零星砌砖项目编码列项。

（5）"空花墙"（010401007）项目适用于各种类型空花墙。工程量按设计图示尺寸以空花部分外形体积计算，不扣除空洞部分体积。

注意：

①"空花部分的外形体积计算"应包括空花的外框；

②使用混凝土花格砌筑的空花墙，实砌墙体与混凝土花格分别计算工程量，混凝土花格按混凝土及钢筋混凝土预制构件相关项目编码列项。

（6）"填充墙"（010401008）按设计图示尺寸以填充墙外形体积计算。

（7）"实心砖柱"（010401009）、"多孔砖柱"（010401010）项目适用于各种类型砖柱：矩形柱、异形柱、圆柱、包柱等。工程量按设计图示尺寸以体积计算，扣除混凝土及钢筋混凝土梁垫、梁头、板头所占体积。

（8）"砖检查井"（010401011）项目适用于各类砖砌窨井、检查井等。工程量均按设计图示数量计算。

注意：井内的爬梯和混凝土构件按混凝土及钢筋混凝土工程相关项目编码列项。

（9）"零星砌砖"（010401012）项目适用于台阶、台阶挡墙、梯带、锅台、炉灶、蹲台、池槽、池槽腿、砖胎膜、花台、花池、楼梯栏板、阳台栏板、地垄墙、不大于0.3 m²的孔洞填塞等。其工程量视不同情况可分别按体积、面积、长度和个计算。一般情况下：

①砖砌梯带和台阶挡墙等工程量可按体积计算；

②台阶工程量可按水平投影面积计算（不包括梯带或台阶挡墙）；

③砖砌小便槽、地垄墙等可按长度计算；

④锅台、炉灶可按外形尺寸按个计算，以"长×宽×高"顺序标明外形尺寸；

⑤其他工程以体积计算。

框架外表面的镶贴砖部分，按零星项目编码列项。

（10）"砖散水、地坪"（010401013）项目适用于各种类型砖的散水和地坪铺设。工程量按设计图示尺寸以面积计算。

注意：本项目不仅仅是铺砖面层，而是包括了土方挖、运、填、垫层、铺砌砖等工作内容。

（11）"砖地沟、明沟"（010401014）工程量以米计量，按设计图示以中心线长度计算。

2. 砌块砌体

（1）"砌块墙"（010402001）项目适用于各种规格的砌块砌筑的各种类型的墙体。工程量按设计图示尺寸以体积计算。扣除门窗、洞口、嵌入墙内的钢筋混凝土柱、梁、圈梁、挑梁、过梁及凹进墙内的壁龛、管槽、暖气槽、消火栓箱所占体积，不扣除梁头、板头、檩头、垫木、木楞头、沿椽木、木砖、门窗走头、砖墙内加固钢筋、木筋、铁件、钢管及单个面积不大于 0.3 m² 的孔洞所占体积，凸出墙面的腰线、挑檐、压顶、窗台线、虎头砖、门窗套的体积不增加，凸出墙面的砖垛并入墙体体积内计算（同实心砖墙工程量计算规则）。

注意：

①砌块排列应上、下错缝搭砌，如因搭错缝长度满足不了规定的压搭要求，而设计了压砌钢筋网片措施，钢筋网片按金属结构工程的相关项目编码列项。如设计无规定，在编制清单时，应注明由投标人根据工程实际情况自行考虑。

②砌体垂直灰缝宽大于 30 mm，采用细石混凝土灌实。灌注的混凝土应按混凝土及钢筋混凝土工程相关项目编码列项。

（2）"砌块柱"（010402002）工程量按设计图示尺寸以体积计算，扣除混凝土及钢筋混凝土梁垫、梁头、板头所占体积。

3. 石砌体

（1）"石基础"（010403001）项目适用于各种规格（粗料石、细料石等）、各种材质（砂石、青石等）和各种类型（柱基、墙基、直形、弧形等）基础。工程量按设计图示尺寸以体积计算，包括附墙垛基础宽出部分体积，不扣除基础砂浆防潮层和单个面积不大于 0.3 m² 的孔洞所占体积，靠墙暖气沟的挑檐不增加体积。基础长度：外墙按中心线，内墙按净长线计算。

（2）"石勒脚"（010403002）、"石墙"（010403003）项目适用于各种规格（粗料石、细料石等）、各种材质（砂石、青石、大理石、花岗岩等）和各种类型（直形、弧形等）的勒脚和墙体。"石勒脚"工程量按设计图示尺寸以体积计算，扣除单个面积大于 0.3 m² 的孔洞所占体积。"石墙"工程量按设计图示尺寸以体积计算，扣除门窗、洞口、嵌入墙内的钢筋混凝土柱、梁、圈梁、挑梁、过梁及凹进墙内的壁龛、管槽、暖气槽、消火栓箱所占体积，不扣除梁头、板头、檩头、垫木、木楞头、沿椽木、木砖、门窗走头、砖墙内加固钢筋、木筋、铁件、钢管及单个面积不大于 0.3 m² 的孔洞所占体积，凸出墙面的腰线、挑檐、压顶、窗台线、虎头砖、门窗套的体积不增加，凸出墙面的砖垛并入墙体体积内计算（工程量计算规则同实心砖墙）。

注意：石基础、石勒脚、石墙的划分与砖墙不同。

石基础、石勒脚、石墙的划分：基础与勒脚应以设计室外地坪为界。勒脚与墙身应以设计室内地面为界。石围墙内外地坪标高不同时，应以较低地坪标高为界，以下为基础；内外标高之差为挡土墙时，挡土墙以上为墙身。

（3）"石挡土墙"（010403004）项目适用于各种规格（粗料石、细料石、块石、毛石、卵石等）、各种材质（砂石、青石、石灰石等）和各种类型（直形、弧形、台阶形等）挡土墙。工程量按设计图示尺寸以体积计算。

（4）"石柱"（010403005）项目适用于各种规格、各种石质、各种类型的石柱。工程量按设计图示尺寸以体积计算。

注意：工程量应扣除混凝土梁头、板头和梁垫所占体积。

（5）"石栏杆"（010403006）项目适用于无雕饰的一般石栏杆。工程量按设计图示以长度计算。

（6）"石护坡"（010403007）项目适用于各种石质和各种石料（粗料石、细料石、块石、毛石、卵石等）的护坡。工程量按设计图示尺寸以体积计算。

（7）"石台阶"（010403008）项目包括石梯带（垂带），不包括石梯膀。工程量按设计图示尺寸以体积计算。

注意：石梯膀按石挡土墙项目编码。

石梯带：在石梯（台阶）的两侧（或一侧）、与石梯斜度完全一致的石梯封头的条石。

石梯膀：石梯（台阶）的两侧面，形成的两直角三角形部分（古建筑中称"象眼"）。石梯膀的工程量以石梯带下边线为斜边，与地坪相交的直线为一直角边，石梯与平台相交的垂线为另一直角边，形成一个三角形，三角形面积乘砌石的宽度为石梯膀的工程量。

（8）"石坡道"（010403009）工程量按设计图示以水平投影面积计算。

（9）"石地沟、明沟"（010403010）工程量按设计图示以中心线长度计算。

4. 垫层

（1）"垫层"（010404001）适用于除混凝土垫层外的各种垫层。

（2）除混凝土垫层按本规范混凝土及钢筋混凝土部分编码列项外，没有包括垫层要求的清单项目应按本清单子目编码列项。

（3）工程量按设计图示尺寸以体积计算。以长度计算时，外墙基础垫层按外墙中心线长度计算，内墙基础垫层按净长计算。

注意：项目特征中应明确各类垫层的材料种类、厚度、配合比。

11.2.4.3 砌筑工程共性问题的说明

（1）规范对标准砖、标准砖墙体尺寸和厚度分别作了明确规定。标准砖尺寸为240 mm×115 mm×53 mm。标准砖墙计算厚度如表11-11所示。

表11-11 标准砖墙计算厚度

砖数（厚度）	1/4	1/2	3/4	1	1.5	2	2.5	3
计算厚度/mm	53	115	180	240	365	490	615	740

（2）砌体内加筋的制作、安装按混凝土及钢筋混凝土工程相关项目编码列项。

（3）附墙烟囱、通风道、垃圾道应按设计图示尺寸以体积（扣除孔洞所占体积）计算并入所依附的墙体体积内。当设计规定孔洞内需抹灰时，应按墙、柱面装饰中零星抹灰项目编码列项。

（4）"实心砖墙"项目中墙内砖平璇、砖拱璇、砖过梁的体积不扣除，应包括在综合单价内。

（5）砖砌体勾缝按墙、柱面装饰中零星抹灰项目编码列项。

（6）"石基础"项目包括剔打石料天、地座荒包等全部工序及搭拆简易起重架等应全部计入报价内。

（7）"石勒脚""石墙"项目中石料天、地座打平、拼缝打平、打扁口等工序包括在报价内。

（8）"石挡土墙"项目综合单价应注意：

①变形缝、泄水孔、压顶抹灰等应包括在项目内。

②挡土墙若有滤水层要求的应包括在综合单价内。

③搭、拆简易起重架应包括在综合单价内。

（9）施工图设计标注做法见标注图集时，应在项目特征描述中注明标注图集的编码、页号及节点大样。

11.2.4.4　砌筑工程清单及计价示例

【例11-11】　根据例7-2、例7-28题意，按"13计算规范"列出砖基础部分的工程量清单。

【解】　（1）列项目：砖基础（010401001001）

混凝土垫层（010501001001）

（2）计算工程量：

基础体积（见例7-28）= 18.45 m^3

垫层：横断面面积 $S=0.7×0.1=0.07$ m^2

垫层长度 $L=（8+6）×2+（6-0.7）=33.30$ m

垫层体积 $V=S×L=0.07×33.30=2.331$ m^3

（3）工程量清单如表11-12所示。

表11-12　工程量清单

序号	项目编码	项目名称	项目特征	计量单位	工程数量
1	010401001001	砖基础	1. 砖品种、规格、强度等级：混凝土实心砖、240 mm×115 mm×53 mm、MU10 2. 基础类型：条形基础 3. 砂浆强度等级：M5水泥砂浆 4. 防潮层种类：2 cm厚防水砂浆	m^3	18.45
2	010501001001	混凝土垫层	1. 混凝土种类：预拌泵送混凝土 2. 混凝土强度等级：C20 3. 沟槽要求：原土打底夯	m^3	2.331

【例11-12】　根据例7-2、例7-28、例11-11的题意，请按2014计价定额计算砖基础部分的分部分项清单综合单价。

【解】　（1）列项目：010401001001砖基础（砖基础（4-1）、砖基础超深增加（补）、防水砂浆防潮层（4-52））

010501001001混凝土垫层（原土打底夯（1-100）、混凝土垫层（6-178））

（2）计算工程量：

砖基础工程量（见例7-28）：18.45 m^3

砖基础超深增加工程量：18.45-（1.8-0.06）×33.76×0.24+1.044÷2.34×（1.8-0.06）= 5.13 m^3

防水砂浆防潮层工程量：0.24×33.30-1.044÷2.34=7.55 m^2

原土打底夯工程量：$1.3×(14×2+6-1.3)=42.51$ m²

（3）清单计价如表11-13所示。

表11-13　清单计价

序号	项目编码	项目名称	计量单位	工程数量	金额/元	
					综合单价	合价
1	010401001001	砖基础	m³	18.45	**414.65**	7 650.28
	4-1	M5水泥砂浆砖基础	m³	18.45	406.25	7 495.31
	补	砖基础超深增加费	m³	5.13	4.61	23.65
	4-52	2 cm防水砂浆防潮层	10 m²	0.755	173.94	131.32
2	010501001001	混凝土垫层	m³	2.331	**449.79**	1 048.47
	1-100	原土打底夯	10 m²	4.251	15.08	64.11
	6-178换	预拌混凝土垫层	m³	2.331	422.29	984.36

注：补：$0.041×82×1.37=4.61$ 元/m³

6-178换：$409.10-333.94+1.015×342.00=422.29$ 元/m³

答：砖基础部分分部分项清单综合单价见表11-13中黑体显示。

11.2.5　混凝土及钢筋混凝土工程清单计价

11.2.5.1　本节内容概述

本节内容包括：E.1现浇混凝土基础；E.2现浇混凝土柱；E.3现浇混凝土梁；E.4现浇混凝土墙；E.5现浇混凝土板；E.6现浇混凝土楼梯；E.7现浇混凝土其他构件；E.8后浇带；E.9预制混凝土柱；E.10预制混凝土梁；E.11预制混凝土屋架；E.12预制混凝土板；E.13预制混凝土楼梯；E.14其他预制构件；E.15钢筋工程；E.16螺栓、铁件；E.17相关问题及说明。

E.1现浇混凝土基础包括：垫层；带形基础；独立基础；满堂基础；桩承台基础；设备基础。

E.2现浇混凝土柱包括：矩形柱；构造柱；异形柱。

E.3现浇混凝土梁包括：基础梁；矩形梁；异形梁；圈梁；过梁；弧形、拱形梁。

E.4现浇混凝土墙包括：直形墙；弧形墙；短肢剪力墙；挡土墙。

E.5现浇混凝土板包括：有梁板；无梁板；平板；拱板；薄壳板；栏板；天沟（檐沟）、挑檐板；雨篷、悬挑板、阳台板；空心板；其他板。

E.6现浇混凝土楼梯包括：直行楼梯；弧形楼梯。

E.7现浇混凝土其他构件包括：散水、坡道；室外地坪；电缆沟、地沟；台阶；扶手、压顶；化粪池、检查井；其他构件。

E.8后浇带收录了后浇带一个子目。

E.9预制混凝土柱包括：矩形柱；异形柱。

E.10预制混凝土梁包括：矩形梁；异形梁；过梁；拱形梁；鱼腹式吊车梁；其他梁。

E.11预制混凝土屋架包括：折线型；组合；薄腹；门式钢架；天窗架。

E.12预制混凝土板包括：平板；空心板；槽形板；网架板；折线板；带肋板；大型板；沟盖板、井盖板、井圈。

E. 13 预制混凝土楼梯包括楼梯一个子目。

E. 14 其他预制构件包括：垃圾道、通风道、烟道；其他构件。

E. 15 钢筋工程包括：现浇构件钢筋；预制构件钢筋；钢筋网片；钢筋笼；先张法预应力钢筋；后张法预应力钢筋；预应力钢丝；预应力钢绞线；支撑钢筋（铁马）；声测管。

E. 16 螺栓、铁件包括：螺栓；预埋铁件；机械连接。

E. 17 收录了两条说明内容。

11. 2. 5. 1　有关规定及工程量计算规则

1. 现浇混凝土基础

（1）"垫层"（010501001）只适用于混凝土垫层。工程量按设计图示尺寸以体积计算。不扣除伸入承台的桩头所占体积。以长度计算时，外墙基础垫层按外墙中心线长度计算，内墙基础垫层按净长计算。

（2）"带形基础"（010501002）项目适用于各种带形基础，包括墙下的板式基础、浇筑在一字排桩上面的带形基础。工程量按设计图示尺寸以体积计算，不扣除伸入承台的桩头所占体积。

注意：工程量不扣除浇入带形基础体积内的桩头所占体积。有肋带形基础与无肋带形基础应分开列项，并注明肋高。

（3）"独立基础"（010501003）项目适用于块体柱基、杯基、柱下的板式基础、壳体基础、电梯井基础等。工程量按设计图示尺寸以体积计算，不扣除伸入承台的桩头所占体积。

（4）"满堂基础"（010501004）项目适用于地下室的箱式基础底板（柱、梁、墙、板另外分别编码列项）、筏式基础等。工程量按设计图示尺寸以体积计算，不扣除伸入承台的桩头所占体积。

（5）"桩承台基础"（010501005）项目适用于各种布桩形式的承台。工程量按设计图示尺寸以体积计算，不扣除伸入承台的桩头所占体积。

（6）"设备基础"（010501006）项目适用于设备的块体基础、框架基础等。工程量按设计图示尺寸以体积计算，不扣除伸入承台的桩头所占体积。"设备基础"项目采用的螺栓孔灌浆包括在报价内。

注意：框架式基础中的柱、梁、墙、板应分别按混凝土及钢筋混凝土工程相关项目编码列项。

2. 现浇混凝土柱

"构造柱"（010502002）是设置墙体中先砌墙后浇筑混凝土的柱，是为提高建筑物的稳定性和抗震性能而设置的。"矩形柱"（010502001）、"异型柱"（010502003）项目适用于其他各种类型柱。工程量按设计图示尺寸以体积计算。

1）柱高

（1）有梁板的柱高，应按自柱基上表面（或楼板上表面）至上一层楼板上表面之间的高度计算。

（2）无梁板的柱高，应按自柱基上表面（或楼板上表面）至柱帽下表面之间的高度计算。

（3）框架柱的柱高，应按自柱基上表面至柱顶的高度计算。

（4）构造柱按全高计算，嵌接墙体部分（马牙槎）并入柱身体积。

（5）依附柱上的牛腿和升板的柱帽，并入柱身体积计算。

2）应注意的事项

（1）单独的薄壁柱根据其截面形状确定，以异形柱或矩形柱编码列项。薄壁柱，也称隐蔽柱（也有的习惯称为"暗柱"），在框剪结构中，隐藏在墙体中的钢筋混凝土柱，抹灰后不再有柱的痕迹。

（2）柱帽的工程量计算在无梁板体积内。

（3）混凝土柱上的钢牛腿按规范金属结构工程中零星钢构件编码列项。

3. 现浇混凝土梁

"基础梁"（010503001）、"矩形梁"（010503002）、"异形梁"（010503003）、"圈梁"（010503004）、"过梁"（010503005）、"弧形、拱形梁"（010503006）等各种梁项目，工程量按设计图示尺寸以体积计算，伸入墙内的梁头、梁垫并入梁体积内，梁长：梁与柱连接时，梁长算至柱侧面；主梁与次梁连接时，次梁长算至主梁侧面。

4. 现浇混凝土墙

（1）"直形墙"（010504001）、"弧形墙"（010504002）项目也适用于电梯井。工程量按设计图示尺寸以体积计算，扣除门窗洞口及单个面积大于 0.3 m^2 的孔洞所占体积，墙垛及突出墙面部分并入墙体体积计算。

（2）"短肢剪力墙"（010504003）是指截面厚度不大于 300 mm，各肢截面高度与厚度之比的最大值大于 4 但不大于 8 的剪力墙。工程量计算规则同直形墙。

注意：各肢截面高度与厚度之比的最大值不大于 4 的剪力墙按柱项目编码列项，各肢截面高度与厚度之比的最大值大于 8 的按直形墙项目编码列项。

（3）"挡土墙"（010504004）工程量计算规则同直形墙。

5. 现浇混凝土板

（1）"有梁板"（010505001）、"无梁板"（010505002）、"平板"（010505003）、"拱板"（010505004）、"薄壳板"（010505005）、"栏板"（010505006）等板项目，工程量按设计图示尺寸以体积计算，不扣除单个面积不大于 0.3 m^2 的柱、垛及孔洞所占体积。有梁板（包括主、次梁与板）按梁、板体积之和计算，无梁板按板和柱帽体积之和计算，各类板伸入墙内的板头并入板体积计算，薄壳板的肋、基梁并入薄壳体积内计算。

现浇有梁板是指现浇密肋板、井字梁板（即由同一平面内相互正交、斜交的梁与板所组成的结构构件）。

混凝土板采用浇筑复合高强薄型空心管时，其工程量应扣除空心管所占体积，复合高强薄型空心管应包括在报价内。采用轻质材料浇筑在有梁板内，轻质材料应包括在报价内。

（2）"天沟（檐沟）、挑檐板"（010505007）、"其他板"（010505010）工程量按设计图示尺寸以体积计算。

（3）"雨篷、悬挑板、阳台板"（010505008）工程量按设计图示尺寸以墙外部分体积计算，包括伸出墙外的牛腿和雨篷反挑檐的体积。

（4）"空心板"（010505009）是指现浇钢筋混凝土空心板。工程量是按设计图示尺寸计算（即空心板工程量计算时，扣除空心部分的体积）。

6. 现浇混凝土楼梯

"直形楼梯"（010506001）、"弧形楼梯"（010506002）的工程量设置了两种：一种是以平方米计量，按设计图示尺寸以水平投影面积计算，不扣除宽度不大于 500 mm 的楼梯井，伸入墙内部分不计算（同计价定额工程量计算规则）；另一种是以立方米计量，按设计图示尺寸以体积计算。

　　注意：单跑楼梯的工程量计算与之相同，单跑楼梯如无中间休息平台时，应在工程量清单中进行描述。

　　7. 现浇混凝土其他构件

　　（1）"散水、坡道"（010507001）、"室外地坪"（010507002）工程量按设计图示尺寸以面积计算，不扣除单个不大于 0.3 m² 的孔洞所占面积。

　　（2）"散水、坡道"项目需抹灰时，应包括在报价内。

　　（3）"电缆沟、地沟"（010507003）工程量按设计图示以中心线长度计算。

　　（4）"台阶"（010507004）的工程量设置了两种：一种是以平方米计量，按设计图示尺寸以水平投影面积计算；另一种是以立方米计量，按设计图示尺寸以体积计算。

　　注意：架空式混凝土台阶按现浇楼梯相应项目编码列项。

　　（5）"扶手、压顶"（010507005）的工程量设置了两种：一种是以米计量，按设计图示的中心线延长米计算；另一种是以立方米计量，按设计图示尺寸以体积计算。

　　（6）"化粪池、检查井"（010507006）工程量设置了两种：一种是以立方米计量，按设计图示尺寸以体积计算；另一种是以座计量，按设计图示数量计算。

　　注意：这里的工程量计算规则比"砖检查井"多了一项以体积计算的规定。

　　（7）"其他构件"（010507007）项目适用于小型池槽、垫块、门框等。工程量计算是以立方米计量，按设计图示尺寸以体积计算。

　　8. 后浇带

　　"后浇带"（010508001）项目适用于梁、墙、板的后浇带。工程量按设计图示尺寸以体积计算。

　　9. 预制构件

　　各类预制混凝土构件的工程量除了按体积计算外，还可以按构件数量计算，但必须描述单件体积。

　　10. 钢筋工程

　　（1）"现浇构件钢筋"（010515001）、"预制构件钢筋"（010515002）、"钢筋网片"（010515003）、"钢筋笼"（010515004）工程量按设计图示钢筋（网）长度（面积）乘以单位理论质量计算。

　　注意：江苏省贯彻文件规定了钢筋搭接、锚固长度按照满足设计图示（规范）的最小值计入钢筋清单工程量中。

　　（2）"先张法预应力钢筋"（010515005）、"后张法预应力钢筋"（010515006）、"预应力钢丝"（010515007）、"预应力钢绞线"（010515008）工程量按设计图示钢筋长度乘单位理论质量计算。另外，预应力钢筋（钢丝）不同的锚固方式对应不同的长度增加值（同计价定额工程量计算规定）。

　　（3）"支撑钢筋（铁马）"（010515009）是指现浇构件中固定位置的支撑钢筋、双层钢筋用的"铁马"。工程量按钢筋长度乘单位理论质量计算。

　　注意：在编制工程量清单时，如果设计未明确，其工程数量可为暂估量，结算时按现场签证数量计算。

　　（4）"声测管"（010515010）工程量按设计图示尺寸以质量计算。

　　11. 螺栓、铁件

　　（1）"螺栓"（010516001）、"预埋铁件"（010516002）工程量按设计图示尺寸以质量计算。

（2）"机械连接"（010516003）工程量按数量计算。

11.2.5.3 共性问题的说明

（1）使用预拌混凝土或现场搅拌混凝土在项目特征描述时应注明。

（2）混凝土种类指清水混凝土、彩色混凝土等，如在同一地区既使用预拌（商品）混凝土，又允许现场搅拌混凝土时，也应注明。

（3）如为毛石混凝土基础，项目特征应描述毛石所占比例。

（4）现浇挑檐、天沟板、雨篷、阳台与板（包括屋面板、楼板）连接时，以外墙外边线为分界线；与圈梁（包括其他梁）连接时，以梁外边线为分界线。外边线以外为挑檐、天沟、雨篷或阳台。

（5）现浇构件中伸出构件的锚固钢筋应并入钢筋工程量内。除设计（包括规范规定）标明的搭接外，其他施工搭接不计算工程量，在综合单价中综合考虑。

（6）招标人在编制钢筋清单项目时，根据工程的具体情况，可按照计价定额的项目划分将不同种类、规格的钢筋分别编码。

（7）"支撑钢筋（铁马）""螺栓""预埋铁件""机械连接"项目，在编制工程量清单时，如果设计未明确，其工程数量可为暂估量，结算时按现场签证数量计算。

（8）预制构件项目特征内的安装高度，不需要每个构件都注上标高和高度，而是要求选择关键部位注明，以便投标人选择吊装机械和垂直运输机械。

预制构件的吊装机械（除塔式起重机）包括在项目内，塔式起重机应列入措施项目费。

（9）招标人在措施项目清单中未编列现浇混凝土模板项目清单，即模板与支架工程不再单列，按混凝土及钢筋混凝土实体项目执行，综合单价中应包含模板及支架。

（10）预制混凝土及钢筋混凝土构件，本规范按现场制作编制项目，工作内容中包括模板制作、安装、拆除，不再单列，钢筋按预制构件钢筋项目编码列项。若是成品构件，钢筋和模板工程均不再单列，综合单价中包括钢筋和模板的费用。

（11）购入的商品构配件以商品价进入报价。

（12）滑模的提升设备（如千斤顶、液压操作台等）应列在模板及支撑费内。

（13）钢筋的制作、安装、运输损耗由投标人考虑在报价内。

11.2.5.4 混凝土及钢筋混凝土工程清单及计价示例

【例 11-13】 根据例 7-42 题意，按"13 计算规范"列出现浇框架柱、梁、板混凝土及钢筋混凝土工程的工程量清单。

【解】 （1）列项目：现浇矩形柱（010502001001）

现浇有梁板（010505001001）

ϕ12 以内现浇构件钢筋（010515001001）

ϕ25 以内现浇构件钢筋（010515001002）

（2）计算工程量（钢筋用含钢量计算）：

现浇矩形柱（见例 7-42）：9.22 m^3

现浇有梁板（见例 7-42）：18.86 m^3

ϕ12 以内现浇构件钢筋工程量：$0.038 \times 9.22 + 0.03 \times 18.86 = 0.916$ t

ϕ25 以内现浇构件钢筋工程量：$0.088 \times 9.22 + 0.07 \times 18.86 = 2.132$ t

（3）工程量清单如表 11-14 所示。

表 11-14　工程量清单

序号	项目编码	项目名称	项目特征	计量单位	工程数量
1	010502001001	现浇矩形柱	1. 混凝土种类：预拌混凝土泵送 2. 混凝土强度等级：C30	m³	9.22
2	010505001001	现浇有梁板	1. 混凝土种类：预拌混凝土泵送 2. 混凝土强度等级：C30	m³	18.67
3	010515001001	现浇构件钢筋	φ12 以内 HPB235 级钢筋	t	0.916
4	010515001002	现浇构件钢筋	φ12~φ25HRB335 级钢筋	t	2.132

【例 11-14】　根据例 7-42、例 9-10、例 11-13 的题意，在混凝土清单中考虑模板费用，请按 2014 计价定额计算现浇框架柱、梁、板混凝土及钢筋混凝土工程的分部分项清单综合单价。

【解】　（1）列项目：010502001001 现浇矩形柱（现浇商品混凝土矩形柱（6-190）、

矩形柱组合钢模板（21-26 换））

010505001001 现浇有梁板（现浇商品混凝土有梁板（6-207）、

有梁板组合钢模板（21-56 换））

010515001001 现浇构件钢筋（现浇构件 φ12 以内钢筋（5-1））

010515001002 现浇构件钢筋（现浇构件 φ25 以内钢筋（5-2））

（2）计算工程量：

现浇柱混凝土（见例 7-42）：9.22 m³

现浇有梁板混凝土（见例 7-42）：18.86 m³

现浇柱模板（见例 9-10）：87.72 m²

现浇有梁板模板（见例 9-10）：170.96 m²

φ12 以内现浇构件钢筋工程量（同清单）：0.916 t

φ25 以内现浇构件钢筋工程量（同清单）：2.132 t

（3）清单计价如表 11-15 所示。

表 11-15　清单计价

序号	项目编码	项目名称	计量单位	工程数量	综合单价	合价
					金额/元	
1	010502001001	现浇矩形柱	m³	9.22	**1 159.99**	10 695.08
	6-190	C30 矩形柱	m³	9.22	488.12	4 500.47
	21-26 换	矩形柱组合钢模板	10 m²	8.772	706.18	6 194.61
2	010505001001	现浇有梁板	m³	18.86	**958.10**	18 069.86
	6-207	C30 有梁板	m³	18.86	461.46	8 703.13
	21-56 换	C30 有梁板组合钢模板	10 m²	17.096	547.89	9 366.73
3	010515001001	现浇构件钢筋	t	0.916	**5 507.12**	5 044.52
	5-1 换	φ12 以内钢筋	t	0.916	5 507.12	5 044.52
4	010515001002	现浇构件钢筋	t	2.132	**5 020.41**	10 703.51
	5-2 换	φ12~φ25	t	2.132	5 020.41	10 703.51

注：5-1 换：5470.72+0.03×885.60×1.37=5507.12 元/t

5-2 换：4998.87+0.03×523.98×1.37=5020.41 元/t

答：现浇框架柱、梁、板混凝土及钢筋混凝土工程部分分部分项清单综合单价见表11-15中黑体显示。

11.2.6 金属结构工程清单计价

11.2.6.1 本节内容概述

本节内容包括：F.1 钢网架；F.2 钢屋架、钢托架、钢桁架、钢架桥；F.3 钢柱；F.4 钢梁；F.5 钢板楼板、墙板；F.6 钢构件；F.7 金属制品；F.8 相关问题及说明。

F.1 钢网架只有一个清单项目。

F.2 钢屋架、钢托架、钢桁架、钢架桥包括：钢屋架；钢托架；钢桁架；钢架桥。

F.3 钢柱包括：实腹钢柱；空腹钢柱；钢管桩。

F.4 钢梁包括：钢梁；钢吊车梁。

F.5 钢板楼板、墙板包括：钢板楼板；钢板墙板。

F.6 钢构件包括：钢支撑、钢拉条；钢檩条；钢天窗架；钢挡风架；钢墙架；钢平台；钢走道；钢梯；钢护栏；钢漏斗；钢板天沟；钢支架；零星钢构件。

F.7 金属制品包括：成品空调金属百叶护栏；成品栅栏；成品雨篷；金属网栏；砌块墙钢丝网加固；后浇带金属网。

F.8 相关问题及说明包括两条内容。

11.2.6.2 有关规定及工程量计算规则

1. 钢网架

"钢网架"（010601001）项目适用于一般钢网架和不锈钢网架。不论节点形式（球形节点、板式节点等）和节点连接方式（焊接、丝结）如何，均使用该项目。工程量按设计图示尺寸以质量计算，不扣除孔眼的质量，焊条、铆钉等不另增加质量。

注意：本分部仅这里的钢螺栓的质量要计算。

钢网架在地面组装后的整体提升、倒锥壳水箱在地面就位预制后的提升设备（如液压千斤顶及操作台等）应列在措施项目（垂直运输费）内。

2. 钢屋架、钢托架、钢桁架、钢架桥

（1）"钢屋架"（010602001）项目适用于一般钢屋架和轻钢屋架、冷弯薄壁型钢屋架等。工程量按设计图示尺寸以质量计算，不扣除孔眼的质量，焊条、铆钉、螺栓等不另增加质量。也可以按设计图纸数量（榀）计算。

（2）以榀计量，按标准图设计的应注明标准图代号，按非标准图设计的项目特征必须描述单榀屋架的质量。

（3）"钢托架"（010602002）、"钢桁架"（010602003）、"钢架桥"（010602004）工程量按设计图示尺寸以质量计算，不扣除孔眼的质量，焊条、铆钉、螺栓等不另增加质量。

3. 钢柱

（1）"实腹钢柱"（010603001）类型指十字、T、L、H 形等，"空腹钢柱"（010603002）类型指箱形、格构等。项目工程量按设计图示尺寸以质量计算，不扣除孔眼的质量，焊条、铆钉、螺栓等不另增加质量，依附在钢柱上的牛腿及悬臂梁等并入钢柱工程量内。

（2）"钢管柱"项目工程量按设计图示尺寸以质量计算，不扣除孔眼的质量，焊条、铆钉、螺栓等不另增加质量，钢管柱上的节点板、加强环、内衬管、牛腿等并入钢管柱工程量内。

（3）"钢管柱"项目中钢管混凝土柱的盖板、底板、穿心板、横隔板、加强环、明牛腿、暗牛腿应包括在报价内。

4. 钢梁

"钢梁"（010604001）、"钢吊车梁"（010604002）类型指 H、L、T 形，箱形，格构式等。工程量按设计图示尺寸以质量计算，不扣除孔眼的质量，焊条、铆钉、螺栓等不另增加质量，吊车梁的制动梁、制动板、制动桁架、车挡并入钢吊车梁工程量内。

5. 钢板楼板、墙板

（1）"钢板楼板"（010605001）项目适用于钢板楼板，也适用于现浇混凝土楼板，使用压型钢板作永久性模板，并与混凝土叠合后组成共同受力的构件。工程量按设计图示尺寸以铺设水平投影面积计算。不扣除单个面积小于 0.3 m^2 的柱、垛及孔洞所占面积。

（2）"钢板墙板"（010605002）工程量按设计图示尺寸以铺挂展开面积计算。不扣除单个面积小于 0.3 m^2 的梁、孔洞所占面积，包角、包边、窗台泛水等不另加面积。

6. 钢构件

（1）"钢支撑、钢拉条"（010606001）、"钢檩条"（010606002）、"钢天窗架"（010606003）、"钢挡风架"（010606004）、"钢墙架"（010606005）、"钢平台"（010606006）、"钢走道"（010606007）、"钢梯"（010606008）、"钢护栏"（010606009）、"钢支架"（010606012）、"零星钢构件"（010606013）工程量按设计图示尺寸以质量计算。不扣除孔眼的质量，焊条、铆钉、螺栓等不另增加质量。

（2）钢墙架项目包括墙架柱、墙架梁和连接杆件。

（3）钢支撑、钢拉条类型指单式、复式；钢檩条类型指型钢式、格构式；钢漏斗形式指方形、圆形；天沟形式指矩形或半圆形沟。

（4）加工铁件等小型构件，按零星钢构件项目编码列项。

（5）"钢漏斗"（010606010）、"钢板天沟"（010606011）工程量按设计图示尺寸以质量计算。不扣除孔眼的质量，焊条、铆钉、螺栓等不另增加质量。依附漏斗或天沟的型钢并入漏斗或天沟工程量内。

7. 金属制品

（1）"成品空调金属百叶护栏"（010607001）、"成品栅栏"（010607002）工程量按设计图示尺寸以框外围展开面积计算。

（2）"成品雨篷"（010607003）有两种计算规则，一以米计量，按设计图示接触边以米计算；二以平方米计量，按设计图示尺寸以展开面积计算。

（3）"金属网栏"（010607004）按设计图示尺寸以框外围展开面积计算。

（4）"砌块墙钢丝网加固"（010607005）也适用于抹灰钢丝网加固、"后浇带金属网"（010607006）工程量按设计图示尺寸以面积计算。

11.2.6.3　共性问题的说明

（1）金属构件的切边，不规则及多边形钢板发生的损耗在综合单价中考虑。

（2）钢构件刷油漆包括在综合单价内。

（3）钢构件的拼装台的搭拆和材料摊销应列入措施项目费。

（4）钢构件需探伤（包括射线探伤、超声波探伤、磁粉探伤、金相探伤、着色探伤、荧光探伤等）的，费用应包括在报价内。

（5）项目特征中防火要求是指耐火极限。

（6）混凝土包裹型钢组成的柱、梁，将混凝土填入薄壁圆形钢管内形成组合结构的钢管混凝土柱，钢板楼板上浇筑钢筋混凝土，其混凝土和钢筋混凝土应按混凝土及钢筋混凝土工程中相关项目编码列项。

11.2.6.4 金属结构工程清单及计价示例

【例11-15】 根据例7-47题意，按"13计算规范"列出金属结构工程的工程量清单。

【解】 （1）列项目：钢栏杆（010606009001）

（2）计算工程量：

栏杆质量0.104 t（见例7-47）

（3）工程量清单如表11-16所示。

表11-16 工程量清单

序号	项目编码	项目名称	项目特征	计量单位	工程数量
1	010606009001	钢栏杆	1. 钢材品种、规格：采用方钢管，立柱30 mm×30 mm×1.5 mm，横杆50 mm×50 mm×3 mm，立柱与预埋60 mm×60 mm×1 mm钢板焊接连接 2. 油漆遍数、种类：刷一遍红丹防锈漆 3. 防水要求：薄型防火涂料（1 h）	t	0.104

【例11-16】 根据例7-47、例11-15的题意，请按2014计价定额计算金属结构工程的分部分项清单综合单价。

【解】 （1）列项目：010606009001 钢栏杆（栏杆制作（7-42）、栏杆安装（8-149）、金属面刷防火涂料（17-145））

（2）计算工程量：

钢栏杆制作（含一遍防锈漆）、安装工程量：0.104 t（见例7-47）

钢栏杆防火涂料工程量：横杆 $4×0.05×6=1.2$ m²

立柱 $4×0.03×3×19=6.84$ m²

合计 $(1.2+6.84)×1.02$（小型构件）$=8.20$ m²

（3）清单计价如表11-17所示。

表11-17 清单计价

序号	项目编码	项目名称	计量单位	工程数量	金额/元	
					综合单价	合价
1	010606009001	钢栏杆	t	0.104	**11 993.37**	1 247.31
	7-42	方钢管栏杆制作	t	0.104	7 314.20	760.68
	8-149	钢栏杆安装	t	0.104	1 503.43	156.36
	17-145	金属面刷防火涂料	10 m²	0.820	402.77	330.27

答：该钢栏杆工程的清单综合单价为表11-17中黑体所示。

11.2.7　木结构工程清单计价

11.2.7.1　本节内容概述

本节内容包括：G.1 木屋架；G.2 木构件；G.3 屋面木基层。

G.1 木屋架包括：木屋架；钢木屋架。

G.2 木构件包括：木柱；木梁；木檩；木楼梯；其他木构件。

G.3 屋面木基层只包括屋面木基层一个子目。

11.2.7.2　有关规定及工程量计算规则

1. 木屋架

（1）"木屋架"（010701001）项目适用于各种方木、圆木屋架。工程量设置两种计算方法：一种以榀计量，按设计图示数量计算；另一种以立方米计量，按图示的规格尺寸以体积计算。

注意：以榀计量，按标准图设计的应注明标准图代号，非标准设计的项目特征应按规定予以描述。（下同）

（2）"木屋架"项目中与屋架相连接的挑檐木应包括在木屋架综合单价内；钢夹板构件、连接螺栓应包括在综合单价内。

（3）"钢木屋架"（010701002）项目适用于各种方木、圆木的钢木组合屋架。工程量按设计图示数量（榀）计算。

（4）"钢木屋架"项目中的钢拉杆（下弦拉杆）、受拉腹杆、钢夹板、连接螺栓应包括在综合单价内。

2. 木构件

（1）"木柱"（010702001）"木梁"（010702002）项目适用于建筑物各部位的柱、梁。工程量按设计图示尺寸以体积计算。

（2）"木柱""木梁"项目中的接地、嵌入墙内部分的防腐应包括在综合单价内。

（3）"木檩"（010702003）主要用于屋面。工程量计算规则设置了两种：一种以立方米计量，按设计图示尺寸以体积计算；另一种以米计量，按设计图示尺寸以长度计算。

（4）"木楼梯"（010702004）项目适用于楼梯和爬梯。工程量按设计图示尺寸以水平投影面积计算。不扣除宽度不大于 300 mm 的楼梯井，伸入墙内部分不计算。

注意：楼梯应描述楼梯形式，楼梯栏杆（栏板）、扶手，应按装饰工程中相关项目编码列项。

（5）"木楼梯"项目中防滑条应包括在综合单价内。

（6）"其他木构件"（010702005）项目适用于斜撑，传统民居的垂花、花芽子、封檐板、博风板等构件。工程量按设计图示尺寸以体积或长度计算。

注意：计量单位的确定可以参照计价定额相应项目，以长度计算时项目特征必须描述构件规格。

3. 屋面木基层

"屋面木基层"（010703001）工程量按设计图示尺寸以斜面积计算，不扣除房上烟囱、风帽底座、风道、小气窗、斜沟等所占面积，小气窗的出檐部分不增加面积。

注意：望板应明确企口、错口、平口等接缝形式。项目特征中应明确刷防护涂料种类，并列入综合单价。

11.2.7.3　共性问题的说明

（1）原木构件设计规定梢径时，应按原木材积计算表计算体积。

（2）屋架的跨度应以上、下弦中心线两交点之间的距离计算。带气楼的屋架和马尾、折角以及正交部分的半屋架，按相关屋架项目编码列项。

（3）设计规定使用干燥木材时，干燥损耗及干燥费应包括在综合单价内。

（4）木材的出材率应包括在综合单价内。

（5）木结构有防虫要求时，防虫药剂应包括在综合单价内。

11.2.7.4　木结构工程清单及计价示例

【例11-17】　根据例7-50题意，按"13计算规范"列出木结构工程的工程量清单。

【解】　（1）列项目：木檩条（010702003001）

屋面木基层（010703001001）

三角木（010702005001）

封檐板（010702005002）

博风板（010702005003）

（2）计算工程量（见例7-50）：

木檩条（见例7-50）：4.39 m³

屋面木基层（见例7-50）：185.26 m²

三角木、封檐板（见例7-50）：33.68 m

博风板工程量：23.09-1=22.09 m

（3）工程量清单如表11-18所示。

表 11-18　工程量清单

序号	项目编码	项目名称	项目特征	计量单位	工程数量
1	010702003001	木檩条	1. 构件规格尺寸：方木檩条断面120 mm×180 mm 2. 木材种类：杉木 3. 刨光要求：不需刨光	m³	4.39
2	010703001001	屋面木基层	1. 椽子断面及椽距：40 mm×60 mm@400 mm 2. 挂瓦条断面及距离：30 mm×30 mm@330 mm 3. 刨光要求：不需刨光	m²	185.26
3	010702005001	三角木	1. 木材种类：杉木 2. 构件规格：60 mm×75 mm 对开 3. 刨光要求：不需刨光	m	33.68
4	010702005002	封檐板	1. 木材种类：杉木 2. 构件规格：断面200 mm×20 mm 3. 刨光要求：露面部分刨光 4. 防护材料种类：清漆三遍	m	33.68
5	010702005003	博风板	1. 木材种类：杉木 2. 构件规格：断面200 mm×20 mm 3. 刨光要求：露面部分刨光 4. 防护材料种类：清漆三遍	m	22.09

【例 11-18】　根据例 7-50、例 11-17 的题意，请按 2014 计价定额计算木结构工程的分部分项清单综合单价。

【解】　（1）列项目：010702003001 木檩条（方木檩条（9-42））

010703001001 屋面木基层（橡子及挂瓦条（9-52））

010702005001 三角木（檩条上钉三角木（9-55））

010702005002 封檐板（封檐板（9-59）、清漆三遍（17-23））

010702005003 博风板（博风板（9-59）、清漆三遍（17-23））

（2）计算工程量：

木檩条、屋面木基层、三角木、封檐板工程量：同清单工程量

博风板工程量（见例 7-50）：23.09 m

封檐板清漆工程量：33.68×1.74＝58.60 m

博风板清漆工程量：22.09×1.74＝38.44 m

（3）清单计价如表 11-19 所示。

表 11-19　清单计价

序号	项目编码	项目名称	计量单位	工程数量	金额/元	
					综合单价	合价
1	010702003001	木檩条	m³	4.39	**2 149.96**	9 438.32
	9-42	方木檩条	m³	4.39	2 149.96	9 438.32
2	010703001001	屋面木基层	m²	185.26	**21.25**	3 936.59
	9-52 换	橡子及挂瓦条	10 m²	18.526	212.49	3 936.59
3	010702005001	三角木	m	33.68	**4.55**	153.38
	9-55 换	檩条上钉三角木	10 m	3.368	45.54	153.38
4	010702005002	封檐板	m	33.68	**39.36**	1 325.77
	9-59 换	封檐板、博风板 200 mm×20 mm	10 m	3.368	139.49	469.80
	17-23	清漆三遍	10 m	5.860	146.07	855.97
5	010702005003	博风板	m	22.09	**34.00**	883.57
	9-59 换	封檐板、博风板 200 mm×20 mm	10 m	2.309	139.49	322.08
	17-23	清漆三遍	10 m	3.844	146.07	561.49

答：该木结构工程的清单综合单价为表 11-19 中黑体所示。

11.2.8　门窗工程清单计价

11.2.8.1　本节内容概述

本节内容包括：H.1 木门；H.2 金属门；H.3 金属卷帘（闸）门；H.4 厂库房大门、特种门；H.5 其他门；H.6 木窗；H.7 金属窗；H.8 门窗套；H.9 窗台板；H.10 窗帘、窗帘盒、窗帘轨。

H.1 木门包括：木质门；木质门带套；木质连窗门；木质防火门；木门框；门锁安装。

H.2 金属门包括：金属（塑钢）门；彩板门；钢质防火门；防盗门。

H.3 金属卷帘（闸）门包括：金属卷帘（闸）门；防火卷帘（闸）门。

H.4 厂库房大门、特种门包括：木板大门；钢木大门；全钢板大门；防护铁丝门；金属格栅门；钢质花饰大门；特种门。

H.5 其他门包括：电子感应门；旋转门；电子对讲门；电动伸缩门；全玻自由门；镜面不锈钢饰面门；复合材料门。

H.6 木窗包括：木质窗；木飘（凸）窗；木橱窗；木纱窗。

H.7 金属窗包括：金属（塑钢、断桥）窗；金属防火窗；金属百叶窗；金属纱窗；金属格栅窗；金属（塑钢、断桥）橱窗；金属（塑钢、断桥）飘窗；彩板窗；复合材料窗。

H.8 门窗套包括：木门窗套；木筒子板；饰面夹板筒子板；金属门窗套；石材门窗套；门窗木贴脸；成品木门窗套。

H.9 窗台板包括：木窗台板；铝塑窗台板；金属窗台板；石材窗台板。

H.10 窗帘、窗帘盒、窗帘轨包括：窗帘；木窗帘盒；饰面夹板、塑料窗帘盒；铝合金窗帘盒；窗帘轨。

11.2.8.2 有关规定及工程量计算规则

1. 木门

（1）"木质门"（010801001）应区分镶板木门、企口木板门、实木装饰门、胶合板门、夹板装饰门、木纱门、全玻门（带木质扇框）、木质半玻门（带木质扇框）等项目，分别编码列项。玻璃、百叶面积占其门扇面积一半以内者应为半玻门或半百叶门，超过一半时应为全玻门或全百叶门。工程量有两种计算方法：一种以"樘"计量，按设计图示数量计算；一种以平方米计量，按设计图示洞口尺寸以面积计算。

（2）"木质门带套"（010801002）、"木质连窗门"（010801003）、"木质防火门"（010501004）工程量计算规则同木质门。木质门带套计量按洞口尺寸以面积计算时，不包括门套的面积，但门套应计算在综合单价中。

（3）"木门框"（010801005）用于单独制作安装木门框。工程量有两种计算方法：一种以"樘"计量，按设计图示数量计算；一种以米计量，按设计图示框的中心线以延长米计算。

（4）"门锁安装"的工程量按设计图示数量以"个（套）"计算。

（5）木门的清单中包括了五金安装的内容。木门五金应包括折页、插销、门碰珠、弓背拉手、搭机、木螺钉、弹簧折页（自动门）、管子拉手（自由门、地弹门）、地弹簧（地弹门）、角铁、门轧头（地弹门、自由门）等，不包括门锁。

2. 金属门

（1）"金属（塑钢）门"（010802001）、"彩板门"（010802002）、"钢质防火门"（010802003）、"防盗门"（010802004）工程量有两种计算方法：一种按设计图示数量以"樘"计算；一种以平方米计量，按设计图示洞口尺寸以面积计算。

（2）"金属（塑钢）门"应区分金属平开门、金属推拉门、金属地弹门、全玻门（带金属扇框）、金属半玻门（带扇框）等项目，分别编码列项。

（3）铝合金门五金包括地弹簧、门锁、拉手、门插、门铰、螺钉等。

（4）金属门五金包括L形执手插锁（双舌）、执手锁（单舌）、门轧头、地锁、防盗门机、门眼（猫眼）、门碰珠、电子锁（磁卡锁）、闭门器、装饰拉手等。

3. 金属卷帘（闸）门

金属卷帘（闸）门（010803001）、防火卷帘（闸）门（010803002）工程量有两种计算方法：一种按设计图示数量以"樘"计算；一种以平方米计量，按设计图示洞口尺寸以面积计算。

4. 厂库房大门、特种门

（1）"木板大门"（010804001）、"钢木大门"（010804002）、"全钢板大门"（010804003）、"金属格栅门"（010804005）、"特种门"（010804007）工程量有两种计算方法：一种按设计图示数量以"樘"计算；一种以平方米计量，按设计图示洞口尺寸以面积计算。

（2）"防护铁丝门"（010804004）、"钢质花饰大门"（010804006）工程量有两种计算方法：一种按设计图示数量以"樘"计算；一种以平方米计量，按设计图示门框或扇以面积计算。

（3）特种门应区分冷藏门、冷冻间门、保温门、变电室门、隔声门、防射线门、人防门、金库门等项目分别编码列项。

（4）钢木大门项目的钢骨架制作安装包括在综合单价内。

5. 其他门

"电子感应门"（010805001）、"旋转门"（010805002）、"电子对讲门"（010805003）、"电动伸缩门"（010805004）、"全玻自由门"（010805005）、"镜面不锈钢饰面门"（010805006）、"复合材料门"（010805007）工程量有两种计算方法：一种按设计图示数量以"樘"计算；一种以平方米计量，按设计图示洞口尺寸以面积计算。

6. 木窗

（1）"木质窗"（010806001）应区分木百叶窗、木组合窗、木天窗、木固定窗、木装饰空花窗等项目，分别编码列项。工程量有两种计算方法：一种按设计图示数量以"樘"计算；一种以平方米计量，按设计图示洞口尺寸以面积计算。

（2）"木飘（凸）窗"（010806002）、"木橱窗"（010806003）工程量有两种计算方法：一种按设计图示数量以"樘"计算，项目特征必须描述框截面及外围展开面积；一种以平方米计量，按设计图示尺寸以框外围展开面积计算。

（3）"木纱窗"（010806004）工程量有两种计算方法：一种按设计图示数量以"樘"计算；一种以平方米计量，按框的外围尺寸以面积计算。

（4）木窗五金包括折页、插销、风钩、木螺钉、滑轮滑轨（推拉窗）等。

7. 金属窗

（1）"金属（塑钢、断桥）窗"（010807001）、"金属防火窗"（010807002）、"金属百叶窗"（010807003）、"金属格栅窗"（010807005）工程量有两种计算方法：一种按设计图示数量以"樘"计算；一种以平方米计量，按设计图示洞口尺寸以面积计算。

（2）"金属纱窗"（010807004）工程量有两种计算方法：一种按设计图示数量以"樘"计算；一种以平方米计量，按框的外围尺寸以面积计算。

（3）"金属（塑钢、断桥）橱窗"（010807006）、"金属（塑钢、断桥）飘窗"（010807007）工程量有两种计算方法：一种按设计图示数量以"樘"计算，项目特征必须描述框外围展开面积；一种以平方米计量，按设计图示尺寸以框外围展开面积计算。

（4）"彩板窗"（010807008）、"复合材料窗"（010807009）工程量有两种计算方法：一种按设计图示数量以"樘"计算；一种以平方米计量，按设计图示洞口尺寸或框外围以面积计算。

（5）金属窗五金包括折页、螺钉、执手、卡锁、铰拉、风撑、滑轮、滑轨、拉把、拉手、角码、牛角制等。

8. 门窗套

（1）"木门窗套"（010808001）、"木筒子板"（010808002）、"饰面夹板筒子板"（010808003）、"金属门窗套"（010808004）、"石材门窗套"（010808005）、"成品木门窗套"（010808007）工程量有三种计算方法：一以"樘"计量，按设计图示数量计算；二以平方米计量，按设计图示尺寸以展开面积计算；三以米计量，按设计图示中心以延长米计算。

（2）"门窗木贴脸"（010808006）工程量有两种计算方法：一以"樘"计量，按设计图示数量计算；二以米计量，按设计图示中心以延长米计算。

（3）以米计量，项目特征必须描述门窗套展开宽度、筒子板及贴脸宽度。

（4）木门窗套适用于单独门窗套的制作、安装。

9. 窗台板

"木窗台板"（010809001）、"铝塑窗台板"（010809002）、"金属窗台板"（010809003）、"石材窗台板"（010809004）工程量按设计图示尺寸以展开面积计算。

10. 窗帘、窗帘盒、窗帘轨

（1）"窗帘"（010810001）工程量有两种计算方法：一是以米计量，按设计图示尺寸以成活后长度计算；二是以平方米计量，按图示尺寸以成活后展开面积计算。

（2）"木窗帘盒"（010810002）、"饰面夹板、塑料窗帘盒"（010810003）、"铝合金窗帘盒"（010810004）、"窗帘轨"（010810005）工程量按设计图示尺寸以长度计算。

（3）窗帘若是双层，则项目特征必须描述每层材质。窗帘以米计量，项目特征必须描述窗帘高度和宽。

（4）窗帘盒与轨分开单列项目。

11.2.8.3　共性问题的说明

（1）以樘计量，项目特征必须描述洞口尺寸（门窗套展开宽度）；以平方米计算，项目特征可不描述洞口尺寸（门窗套展开宽度）。

（2）以平方米计量，无设计图示洞口尺寸，按门框、扇外围以面积计算。

（3）门窗工程项目特征根据施工图"门窗表"表现形式和内容，均增补门代号及洞口尺寸，同时取消与此重复的内容，如类型、品种、规格等。

（4）木门窗、金属门窗需要油漆，单独执行油漆章节。

（5）门窗框与洞口之间缝隙的填塞，应包括在报价内。

（6）门窗工程（除个别门窗外）均以成品木门窗考虑，在工作内容栏中取消"制作"的工作内容。

（7）防护材料分防火、防腐、防虫、防潮、耐磨、耐老化等材料，应根据清单项目要求计价。

11.2.8.4　门窗工程清单及计价示例

【例 11-19】　根据例 8-24 的题意，已知亮子采用 3 mm 平板玻璃，请按"13 计算规范"列出门窗工程的工程量清单。

【解】　（1）列项目：镶板木门（010801001001）

门锁安装（010801006001）

（2）计算工程量：

镶板木门、木门油漆工程量：10 樘

（3）工程量清单如表 11-20 所示。

表 11-20　工程量清单

序号	项目编码	项目名称	项目特征	计量单位	工程数量
1	010801001001	镶板木门	1. 门代号及洞口尺寸：M-1（900 mm×2 700 mm） 2. 镶嵌玻璃品种、厚度：平板玻璃、3 mm 3. 木材材质：杉木	樘	10
2	010801006001	门锁安装	1. 锁品种：锌合金球形执手锁 2. 规格：170 mm×50 mm	个	10

【例 11-20】　根据例 8-24、例 11-19 的题意，请按 2014 计价定额计算木结构工程的分部分项清单综合单价。

【解】　（1）列项目：010801001001 镶板木门（门框制作（16-161）、门扇制作（16-162）、门框安装（16-163）、门扇安装（16-164）、五金配件（16-339））

010801006001 门锁安装（执手锁（16-312））

（2）计算工程量（见例 8-24）：

门框制作安装、门扇制作安装工程量：24.3 m²

五金配件、执手锁工程量：10 樘（个）

（3）清单计价如表 11-21 所示。

表 11-21　清单计价

序号	项目编码	项目名称	计量单位	工程数量	综合单价	合价
					金额/元	
1	010801001001	镶板木门	樘	10	**495.93**	4 959.25
	16-161 换	门框制作	10 m²	2.43	637.04	1 548.01
	16-162	门扇制作	10 m²	2.43	814.24	1 978.60
	16-163	门框安装	10 m²	2.43	63.45	154.18
	16-164	门扇安装	10 m²	2.43	229.20	556.96
	16-339	五金配件	樘	10	72.15	721.50
2	010801006001	门锁安装	个	10	**96.34**	963.40
	16-312	执手锁	个	10	96.34	963.40

答：镶板木门的清单综合单价为表 11-21 中黑体所示。

11.2.9　屋面及防水工程清单计价

11.2.9.1　本节内容概述

本节内容包括：J.1 瓦、型材屋面及其他屋面；J.2 屋面防水及其他；J.3 墙面防水、防潮；J.4 楼（地）面防水、防潮。

J.1 瓦、型材屋面及其他屋面包括：瓦屋面；型材屋面；阳光板屋面；玻璃钢屋面；膜结构屋面。

J.2 屋面防水及其他包括：屋面卷材防水；屋面涂膜防水；屋面刚性层；屋面排水管；屋面排（透）气管；屋面（廊、阳台）泄（吐）水管；屋面天沟、檐沟；屋面变形缝。

J.3 墙面防水、防潮包括：墙面卷材防水；墙面涂膜防水；墙面砂浆防水（防潮）；墙面变形缝。

J.4 楼（地）面防水、防潮包括：楼（地）面卷材防水；楼（地）面涂膜防水；楼（地）面砂浆防水（防潮）；楼（地）面变形缝。

11.2.9.2　有关规定及工程量计算规则

1. 瓦、型材及其他屋面

（1）"瓦屋面"（010901001）项目适用于小青瓦、平瓦、筒瓦等；"型材屋面"（010901002）项目适用于压型钢板、金属压型夹芯板等。工程量按设计图示尺寸以斜面积计算。不扣除房上烟囱、风帽底座、风道、小气窗、斜沟等所占面积，小气窗的出檐部分不增加面积。

注意：瓦屋面在木基层上铺瓦，项目特征不必描述黏结层砂浆的配合比，瓦屋面铺防水层，按 J.2 屋面防水及其他相关项目列项。"瓦屋面"项目中不包括檩条、椽子、木屋面板、顺水条、挂瓦条等，该部分内容按木结构中檩条和木基层项目编码列项。"型材屋面"的金属檩条及骨架、螺栓、挂钩等应包括在综合单价内。

（2）"阳光板屋面"（010901003）、"玻璃钢屋面"（010901004）工程量按设计图示尺寸以斜面积计算，不扣除面积小于 0.3 m² 孔洞所占面积。"阳光板屋面""玻璃钢屋面"的骨架制作、安装、运输、刷漆等应包括在综合单价内。

（3）"膜结构屋面"（010901005）项目适用于膜布屋面。工程量按设计图示尺寸以需要覆盖的水平面积计算。"膜结构屋面"项目中支撑和拉固膜布的钢柱、拉杆、金属网架、钢丝绳、锚固的锚头等应包括在综合单价内。

（4）型材屋面、阳光板屋面、玻璃钢屋面的柱、梁、屋架，按金属结构工程、木结构工程中相关项目编码列项。

（5）支撑柱的钢筋混凝土的柱基、锚固的钢筋混凝土基础及地脚螺栓等按混凝土及钢筋混凝土相关项目编码列项。

2. 屋面防水及其他

（1）"屋面卷材防水"（010902001）、"屋面涂膜防水"（010902002）工程量按设计图示尺寸以面积计算。斜屋面（不包括平屋面找坡）按斜屋面计算，平屋面按水平投影面积计算；不扣除房上烟囱、风帽底座、风道、屋面小气窗和斜沟所占面积；屋面的女儿墙、伸缩缝和天窗等处的弯起部分，并入屋面工程量内。

注意：

①各类垫层、水泥砂浆找平层、细石混凝土找平层、保温层不包括在内，檐沟、天沟的卷材防水层应并入屋面防水工程量内。

②"屋面卷材防水"项目综合单价组价时，基层处理（清理修补、刷基层处理剂）等应包括在综合单价内；屋面防水搭接及附加层用量不另行计算，在综合单价中考虑；浅色、

反射涂料保护层、绿豆砂保护层、细砂、云母及蛭石保护层应包括在综合单价内。

③"屋面涂膜防水"项目综合单价组价时，基层处理（清理修补、刷基层处理剂）等应包括在综合单价内；增强材料应包括在综合单价内；搭接及附加层材料应包括在综合单价内；浅色、反射涂料保护层、绿豆砂保护层、细砂、云母、蛭石保护层应包括在综合单价内。

（2）"屋面刚性层"（010902003）项目适用于细石混凝土、补偿收缩（微膨胀）混凝土、块体混凝土、预应力混凝土和钢纤维混凝土刚性防水屋面。工程量按设计图示尺寸以面积计算，不扣除房上烟囱、风帽底座、风道等所占面积。

注意：无筋刚性层不描述钢筋项目特征，檐沟、天沟的刚性防水层应并入屋面防水工程量内。"屋面刚性防水"项目中的嵌缝材料、泛水、变形缝部位的防水卷材、密封材料、背衬材料、沥青麻丝等应包括在综合单价内。

（3）"屋面排水管"（010902004）项目适用于各种排水管材（PVC 管、玻璃钢管、铸铁管等）。工程量按设计图示尺寸以长度计算。如设计未标注尺寸，以檐口至设计室外散水上表面垂直距离计算。

注意：排水管、雨水口、箅子板、水斗等应包括在综合单价内。埋设管卡箍、裁管、接嵌缝应包括在综合单价内。

（4）"屋面排（透）气管"（010902005）适用于各种材质的管材，包括管件和配件安装固定。工程量按设计图示尺寸以长度计算。

（5）"屋面（廊、阳台）泄（吐）水管"（010902006）工程量按设计图示数量计算。

（6）"屋面天沟、檐沟"（010902007）项目适用于玻璃钢天沟、镀锌铁皮天沟、塑料檐沟、镀锌铁皮檐沟、玻璃钢檐沟等。工程量按设计图示尺寸以面积计算。铁皮和卷材天沟按展开面积计算。

注意：天沟、沿沟固定卡件、支撑件应包括在综合单价内。天沟、沿沟的接缝、嵌缝材料应包括在综合单价内。

（7）"屋面变形缝"（010902008）工程量按设计图示以长度计算。

3. 墙面防水、防潮

（1）"墙面卷材防水"（010903001）、"墙面涂膜防水"（010903002）、"墙面砂浆防水（防潮）"（010903003）项目适用于基础、墙面等部位的防水。工程量按设计图示尺寸以面积计算。

注意：砖砌保护墙等应按相关项目编码列项。墙面的防水卷材搭接及附加层用量不另行计算，在综合单价中考虑。

（2）"墙面变形缝"（010903004）工程量按设计图示以长度计算。

4. 楼（地）面防水、防潮

（1）"楼（地）面卷材防水"（010904001）、"楼（地）面涂膜防水"（010904002）、"楼（地）面砂浆防水（防潮）"（010904003）项目适用于楼面、地面等部位的防水。工程量按设计图示尺寸以面积计算。

注意：楼地面防水，按主墙间净空面积计算，扣除突出地面的构筑物、设备基础等所占面积，不扣除间壁墙及单个面积不大于 0.3 m² 的柱、垛、烟囱和孔洞所占面积。楼地面防水，反水高度不大于 300 mm 的算作地面防水，反水高度大于 300 mm 的按墙面防水计算。"砂浆防水（防潮）"的外加剂应包括在综合单价内。

（2）"楼（地）面变形缝"（010904004）工程量按设计图示以长度计算。

11.2.9.3　共性问题的说明

（1）屋面混凝土垫层按现浇混凝土基础相关项目列项，屋面、平面找平层按楼地面装饰工程"平面砂浆找平层"项目编码列项；立面砂浆找平层、墙面找平层按墙柱面工程相关项目编码列项；保温找坡层按保温隔热防腐工程相关项目编码列项。

（2）"屋面变形缝""墙面变形缝""楼地面变形缝"项目适用于屋面、基础、墙体、楼地面等部位的抗震缝、温度缝（伸缩缝）、沉降缝。工程量按设计图示以长度计算。

注意：墙面变形缝做双面时，工程量乘系数2。"变形缝"项目中的止水带安装、盖板制作、安装应包括在综合单价内。

11.2.9.4　屋面及防水工程清单及计价示例

【例11-21】　根据例7-51的题意，请按"13计算规范"列出屋面及防水工程的工程量清单。

【解】　（1）列项目：瓦屋面（010901001001）

（2）计算工程量：

瓦屋面工程量（见例7-51）：189.46 m²

（3）工程量清单如表11-22所示。

表11-22　工程量清单

序号	项目编码	项目名称	项目特征	计量单位	工程数量
1	010901001001	瓦屋面	瓦品种、规格：黏土平瓦 420 mm×332 mm，长向搭接 75 mm，宽向搭接 32 mm；黏土脊瓦 432 mm×228 mm，长向搭接 75 mm	m²	189.46

【例11-22】　根据例7-51、例11-21的题意，请按2014计价定额计算屋面及防水工程的分部分项清单综合单价。

【解】　（1）列项目：010901001001 瓦屋面（铺黏土瓦（10-1）、铺黏土脊瓦（10-2））

（2）计算工程量（见例7-55）：

瓦屋面面积=189.46 m²

脊瓦长度=16.98 m

（3）清单计价如表11-23所示

表11-23　清单计价

序号	项目编码	项目名称	计量单位	工程数量	金额/元	
					综合单价	合价
1	010901001001	瓦屋面	m²	189.46	**34.48**	6 531.75
	10-1 换	铺黏土平瓦	10 m²	18.946	331.92	6 288.56
	10-2 换	铺脊瓦	10 m	1.698	143.22	243.19

答：该瓦屋面的清单综合单价为表11-23中黑体所示。

11.2.10　保温、隔热、防腐工程清单计价

11.2.10.1　本节内容概述

本节内容包括：K.1 保温、隔热；K.2 防腐面层；K.3 其他防腐。

K.1 保温、隔热包括：保温隔热屋面；保温隔热天棚；保温隔热墙面；保温柱、梁；保

温隔热楼地面；其他保温隔热。

K. 2 防腐面层包括：防腐混凝土面层；防腐砂浆面层；防腐胶泥面层；玻璃钢防腐面层；聚氯乙烯板面层；块料防腐面层；池、槽块料防腐面层。

K. 3 其他防腐包括：隔离层；砌筑沥青浸渍砖；防腐涂料。

11. 2. 10. 2　有关规定

1. 保温、隔热

（1）"保温隔热屋面"（011001001）项目适用于各种材料的屋面保温隔热。工程量按设计图示尺寸以面积计算，扣除面积大于 0. 3 m² 孔洞及占位面积。

注意：屋面保温隔热层上的防水层应按屋面防水项目单独列项。屋面保温隔热的找坡应包括在综合单价内。

（2）"保温隔热天棚"（011001002）项目适用于各种材料的下贴式或吊顶上搁置式的保温隔热的天棚。工程量按设计图示尺寸以面积计算，扣除面积大于 0. 3 m² 柱、垛、孔洞所占面积，与天棚相连的梁按展开面积计算，并入天棚工程量内。

注意：柱帽保温隔热应并入天棚工程量内。保温隔热材料需加药物防虫剂时，应在清单中进行描述。"保温隔热天棚"项目下贴式需底层抹灰时，应包括在综合单价内。

（3）"保温隔热墙面"（011001003）项目适用于建筑物外墙、内墙保温隔热工程。工程量按设计图示尺寸以面积计算，扣除门窗洞口及面积大于 0. 3 m² 梁、孔洞所占面积；门窗洞口侧壁及与墙相连的柱需做保温时，并入保温墙体工程量内。项目特征描述应列出保温层的主要做法，铺网、抹抗裂砂浆等。

注意：外墙内保温和外保温的面层应包括在综合单价内。外墙内保温的内墙保温踢脚线应包括在综合单价内。外墙外保温、内保温、内墙保温的基层抹灰或刮腻子应包括在综合单价内。

（4）"保温柱、梁"（011001004）适用于不与墙、天棚相连的独立柱、梁。工程量按设计图示以面积计算。

①柱按设计图示柱断面保温层中心线展开长度乘以保温层高度计算，扣除面积大于 0. 3 m² 梁所占面积。

②梁按设计图示梁断面保温层中心线展开长度乘保温层长度以面积计算。

（5）"保温隔热楼地面"（011001005）工程量按设计图示尺寸以面积计算，扣除面积大于 0. 3 m² 柱、垛、孔洞所占面积。门洞、空圈、暖气包槽、壁龛的开口部分不增加面积。

（6）"其他保温隔热"（011001006）工程量按设计图示尺寸以展开面积计算。扣除面积大于 0. 3 m² 孔洞及占位面积。池槽保温隔热应按其他保温隔热项目编码列项。

2. 防腐面层

（1）"防腐混凝土面层"（011002001）、"防腐砂浆面层"（011002002）、"防腐胶泥面层"（011002003）项目适用于平面或立面的水玻璃混凝土、水玻璃砂浆、水玻璃胶泥、沥青混凝土、沥青砂浆、沥青胶泥、树脂砂浆、树脂胶泥及聚合物水泥砂浆等防腐工程。工程量计算按设计图示尺寸以面积计算。

①平面防腐：扣除凸出地面的构筑物、设备基础及面积大于 0. 3 m² 孔洞、柱、垛等所占面积，门洞、空圈、暖气包槽、壁龛的开口部分不增加面积。

②立面防腐：扣除门、窗、洞口所占面积，门、窗、洞口侧壁、垛等突出部分按展开面积并入墙面积内。

注意：因各种防腐材料具有价格上的差异，所以清单项目中必须列出混凝土、砂浆、胶泥的材料种类，如水玻璃混凝土、沥青混凝土等。如遇池槽防腐，池底和池壁可合并列项，也可分为池底面积和池壁防腐面积，分别列项。

（2）"玻璃钢防腐面层"（0110002004）项目适用于树脂胶料与增强材料（如玻璃纤维丝、布、玻璃纤维表面毡、玻璃纤维短切毡或涤纶布、涤纶毡、丙纶布、丙纶毡等）复合塑制而成的玻璃钢防腐。工程量计算按设计图示尺寸以面积计算（具体计算同防腐混凝土面层）。

注意：项目名称应描述构成玻璃钢、树脂和增强材料名称，如环氧酚醛（树脂）玻璃钢、酚醛（树脂）玻璃钢、环氧煤焦油（树脂）玻璃钢、环氧呋喃（树脂）玻璃钢、不饱和聚酯（树脂）玻璃钢等，以及增强材料玻璃纤维布、毡、涤纶布毡等。应描述防腐部位和立面、平面。

（3）"聚氯乙烯板面层"（0110002005）项目适用于地面、墙面的软、硬聚氯乙烯板防腐工程。工程量计算按设计图示尺寸以面积计算（具体计算同防腐混凝土面层）。聚氯乙烯板的焊接应包括在综合单价内。

（4）"块料防腐面层"（0110002006）项目适用于地面、基础的各类块料防腐工程。工程量计算按设计图示尺寸以面积计算（具体计算同防腐混凝土面层）。

注意：防腐蚀块料粘贴部位（地面、基础）应在清单项目中进行描述。防腐蚀块料的规格、品种（瓷板、铸石板、天然石板等）应在清单项目中进行描述。

（5）"池、槽块料防腐面层"（0110002007）适用于各类池槽防腐工程。工程量按设计图示尺寸以展开面积计算。

3. 其他防腐

（1）"隔离层"（011003001）项目适用于楼地面的沥青类、树脂玻璃钢类防腐工程隔离层。工程量按设计图示尺寸以面积计算。

①平面防腐：扣除突出地面的构筑物、设备基础及面积大于 0.3 m² 孔洞、柱、垛等所占面积，门洞、空圈、暖气包槽、壁龛的开口部分不增加面积。

②立面防腐：扣除门、窗、洞口所占面积，门、窗、洞口侧壁、垛等突出部分按展开面积并入墙面积内。

（2）"砌筑沥青浸渍砖"（011003002）项目特征中的浸渍砖砌法指平砌、立砌。工程量按设计图示尺寸以体积计算。

（3）"防腐涂料"（011003003）项目适用于建筑物、构筑物及钢结构的防腐。工程量按设计图示尺寸以面积计算（工程量计算同隔离层）。

注意：项目特征应对涂刷基层（混凝土、抹灰面）、涂料底漆层、中间漆层、面漆涂刷（或刮）遍数进行描述。"防腐涂料"项目需刮腻子时应包括在综合单价内。

11.2.10.3 共性问题的说明

（1）保温隔热装饰面层按装饰工程的相关项目编码列项，找平层按楼地面装饰工程"平面砂浆找平层"或墙柱面装饰面层"立面砂浆找平层"项目编码列项。

（2）防腐踢脚线按楼地面装饰工程"踢脚线"项目编码列项。

（3）保温隔热方式指内保温、外保温、夹心保温。

（4）防腐工程中需酸化处理时应包括在综合单价内。

（5）防腐工程中的养护应包括在综合单价内。

11.2.10.4　保温、隔热、防腐工程清单及计价示例

【例 11-23】　某工程 SBS 改性沥青卷材防水屋面平面图如图 11-1 所示，其屋面层自下而上的做法：120 mm 厚钢筋混凝土板；20 mm 厚 1：3 水泥砂浆找平层（无分格缝）；1：12 水泥珍珠岩找坡 2%，最薄处 30 mm；15 mm 厚 1：3 水泥砂浆找平层反边高 300 mm（有分格缝）；SBS 基层处理剂；加热烤铺，贴 3 mm 厚 SBS 改性沥青防水卷材一道（反边高 300 mm）；20 mm 厚 1：2.5 水泥砂浆找平层反边高 300 mm（有分格缝）。采用油膏嵌缝，砂浆使用中砂为拌合料，未列项目不计。根据以上资料按"13 计算规范"列出屋面找平层、防水及保温工程的工程量清单。

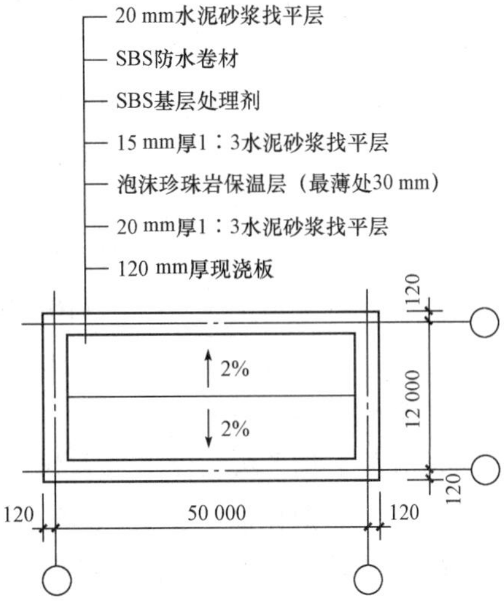

图 11-1　屋面平面图

【解】　（1）列项目：屋面保温层下部砂浆找平层（011101006001）

屋面保温（011001001001）

屋面保温层上部砂浆找平层（011101006002）

屋面卷材防水（010902001001）

屋面卷材防水层上部砂浆找平层（011101006003）

（2）计算工程量：

屋面保温、屋面保温层下部砂浆找平层：$S=(50-2×0.12)×(12-2×0.12)=585.18 \text{ m}^2$

屋面卷材防水、屋面保温层上部砂浆找平层、屋面卷材防水层上部砂浆找平层：$S=585.18+(50-2×0.12+12-2×0.12)×2×0.3=622.09 \text{ m}^2$

（3）工程量清单如表 11-24 所示。

表 11-24　工程量清单

序号	项目编码	项目名称	项目特征	计量单位	工程数量
1	011101006001	保温层下找平层	1. 找平层厚度、砂浆配合比：20 mm 厚 1：3 水泥砂浆找平层 2. 有无分格缝、嵌缝材料：无	m²	585.18
2	011001001001	屋面保温	1. 材料品种：1：12 水泥珍珠岩 2. 保温厚度：最薄处 30 mm	m²	585.18
3	011101006002	保温层上找平层	1. 找平层厚度、砂浆配合比：15 mm 厚 1：3 水泥砂浆找平层 2. 有无分格缝、嵌缝材料：有、油膏嵌缝	m²	622.09
4	010902001001	SBS 卷材防水	1. 卷材品种、规格、厚度：3 mm 厚 SBS 改性沥青防水卷材 2. 防水层数：一道 3. 防水层做法：卷材底刷冷底子油、加热烤铺	m²	622.09
5	011101006003	防水层上找平层	1. 找平层厚度、砂浆配合比：20 mm 厚 1：2.5 水泥砂浆找平层 2. 有无分格缝、嵌缝材料：有、油膏嵌缝	m²	622.09

【例11-24】 根据例11-23的题意，请按2014计价定额计算屋面找平层、防水及保温工程的分部分项清单综合单价。

【解】 （1）列项目：011101006001屋面保温层下部砂浆找平层（水泥砂浆找平层（13-15））

011001001001屋面保温（水泥珍珠岩（11-6））

011101006002屋面保温层上部砂浆找平层（水泥砂浆找平层（10-72））

010902001001屋面卷材防水（热熔满铺SBS卷材（10-32））

011101006003屋面卷材防水层上部砂浆找平层（水泥砂浆找平层（10-72））

（2）计算工程量：

保温层下找平层、保温层上找平层、卷材防水、防水层上找平层工程量同清单工程量。

屋面保温工程量 $=585.18×0.03+585.18×(6-0.12)×2\%÷2=21.00$ m³

（3）清单计价如表11-25所示。

表11-25　清单计价

序号	项目编码	项目名称	计量单位	工程数量	金额/元	
					综合单价	合价
1	011101006001	保温层下找平层	m²	585.18	**13.07**	7 647.13
	13-15	水泥砂浆找平层	10 m²	58.518	130.68	7 647.13
2	011001001001	屋面保温	m²	585.18	**13.14**	7 691.46
	11-6 换	1:12 水泥珍珠岩	m³	21.00	366.26	7 691.46
3	011101006002	保温层上找平层	m²	622.09	**13.25**	8 242.69
	10-72 换 1	水泥砂浆找平层	10 m²	62.209	132.50	8 242.69
4	010902001001	SBS 卷材防水	m²	622.09	**43.46**	27 036.03
	10-32	热熔满铺 SBS 卷材	10 m²	62.209	434.60	27 036.03
5	011101006003	防水层上找平层	m²	622.09	**17.13**	10 657.65
	10-72 换 2	水泥砂浆找平层	10 m²	62.209	171.32	10 657.65

注：11-6 换：$356.69-244.35+1.02×248.94=366.26$ 元/m³

10-72 换 1：$166.19-33.69=132.50$ 元/10 m²

10-72 换 2：$166.19-48.41+0.202×265.07=171.32$ 元/10 m²

答：该屋面找平层、防水及保温工程的清单综合单价为表中黑体所示。

【例11-25】 根据例7-53的题意，请按"13计算规范"列出防腐工程的工程量清单。

【解】 （1）列项目：耐酸池平面防腐面层（011002007001）、耐酸池立面防腐面层（011002007002）

（2）计算工程量（见例7-53）：

平面防腐块料工程量：135.00 m²

立面防腐块料工程量：121.61 m²

（3）工程量清单如表11-26所示。

表 11-26 工程量清单

序号	项目编码	项目名称	项目特征	计量单位	工程数量
1	011002007001	平面耐酸瓷砖	1. 防腐部位：池底 2. 块料品种、规格：230 mm×113 mm×65 mm 耐酸瓷砖 3. 找平层：25 mm 耐酸沥青砂浆 4. 结合层：6 mm 耐酸沥青胶泥 5. 勾缝：树脂胶泥勾缝，缝宽 3 mm	m²	135.00
2	011002007002	立面耐酸瓷砖	1. 防腐部位：池壁 2. 块料品种、规格：230 mm×113 mm×65 mm 耐酸瓷砖 3. 找平层：25 mm 耐酸沥青砂浆 4. 结合层：6 mm 耐酸沥青胶泥 5. 勾缝：树脂胶泥勾缝，缝宽 3 mm	m²	121.61

【例 11-26】 根据例 7-53、例 11-25 的题意，请按 2014 计价定额计算防腐工程的分部分项清单综合单价。

【解】 （1）列项目：011002007001 耐酸池平面防腐面层（池底耐酸砂浆（11-64-11-65）、池底贴耐酸瓷砖（11-159））

011002007002 耐酸池立面防腐面层（池壁耐酸砂浆（11-64-11-65）、池壁贴耐酸瓷砖（11-159））

（2）计算工程量：

池底耐酸砂浆、池底耐酸瓷砖工程量：$15.0 \times 9.0 = 135.00 \ m^2$

池壁耐酸砂浆工程量：$(15.0 + 9.0) \times 2 \times (3.0 - 0.35 - 0.025) = 126.00 \ m^2$

池壁耐酸瓷砖：$121.61 \ m^2$

（3）清单计价如表 11-27 所示。

表 11-27 清单计价

序号	项目编码	项目名称	计量单位	工程数量	综合单价	合价
1	011002007001	池底贴耐酸瓷砖	m²	135.00	**453.40**	61 209.01
	11-64-11-65	耐酸沥青砂浆 25 mm	10 m²	13.50	926.75	12 511.13
	11-159	池底贴耐酸瓷砖	10 m²	13.5	3 607.25	48 697.88
2	011002007002	池壁贴耐酸瓷砖	m²	121.60	**501.63**	60 998.42
	11-64-11-65	耐酸沥青砂浆 25 mm	10 m²	12.60	926.75	11 677.05
	11-159 换	池壁贴耐酸瓷砖	10 m²	12.161	4 055.70	49 321.37

答：该防腐工程的清单综合单价为表 11-27 中黑体所示。

11.2.11 楼地面工程工程量清单的编制

11.2.11.1 本节内容概述

本节内容包括：L.1 整体面层及找平层；L.2 块料面层；L.3 橡塑面层；L.4 其他块料

面层；L.5 踢脚线；L.6 楼梯面层；L.7 台阶装饰；L.8 零星装饰项目。

L.1 整体面层及找平层包括：水泥砂浆楼地面；现浇水磨石楼地面；细石混凝土楼地面；菱苦土楼地面；自流坪楼地面；平面砂浆找平层。

L.2 块料面层包括：石材楼地面；碎石材楼地面；块料楼地面。

L.3 橡塑面层包括：橡胶板楼地面；橡胶板卷材楼地面；塑料板楼地面；塑料卷材楼地面。

L.4 其他块料面层包括：地毯楼地面；竹、木（复合）地板；金属复合地板；防静电活动地板。

L.5 踢脚线包括：水泥砂浆踢脚线；石材踢脚线；块料踢脚线；塑料板踢脚线；木质踢脚线；金属踢脚线；防静电踢脚线。

L.6 楼梯面层包括：石材楼梯面层；块料楼梯面层；拼碎块料面层；水泥砂浆楼梯面层；现浇水磨石楼梯面层；地毯楼梯面层；木板楼梯面层；橡胶板楼梯面层；塑料板楼梯面层。

L.7 台阶装饰包括：石材台阶面；块料台阶面；拼碎块料台阶面；水泥砂浆台阶面；现浇水磨石台阶面；剁假石台阶面。

L.8 零星装饰项目包括：石材零星项目；拼碎石材零星项目；块料零星项目；水泥砂浆零星项目。

11.2.11.2　有关规定与工程量计算规则

1. 整体面层

（1）水泥砂浆楼地面（011101001）、现浇水磨石楼地面（011101002）、细石混凝土楼地面（011101003）、菱苦土楼地面（011101004）、自流坪楼地面（011101005）工程量按设计图示尺寸以面积计算。扣除凸出地面构筑物、设备基础、室内铁道、地沟等所占面积，不扣除间壁墙和 0.3 m^2 以内的柱、垛、附墙烟囱及孔洞所占面积，门洞、空圈、暖气包槽、壁龛的开口部分不增加面积。

注意：水泥砂浆楼地面项目特征中的面层做法指的是拉毛还是提浆压光。间壁墙指墙厚小于 120 mm 的墙。楼地面混凝土垫层另按混凝土及钢筋混凝土工程中的垫层项目编码列项，除混凝土外的其他材料垫层按砌筑工程中垫层项目编码列项。计算规范的计算规则是"不扣除间壁墙和 0.3 m^2 以内的柱、垛、附墙烟囱及孔洞所占面积"；计价定额则为"不扣除柱、垛、间壁墙及面积在 0.3 m^2 以内的孔洞面积"。

（2）平面砂浆找平层（011101006）只适用于仅做找平层的平面抹灰。工程量按设计图示尺寸以面积计算。

2. 块料面层

石材楼地面（011102001）、碎石材楼地面（011102002）、块料楼地面（011102003）工程量按设计图示尺寸以面积计算。门洞、空圈、暖气包槽、壁龛的开口部分并入相应的工程量内。

3. 橡塑面层

橡胶板楼地面（011103001）、橡胶板卷材楼地面（011103002）、塑料板楼地面（011103003）、塑料卷材楼地面（011103004）工程量按设计图示尺寸以面积计算。门洞、空圈、暖气包槽、壁龛的开口部分并入相应的工程量内。

注意：涉及找平层，另按 L.1 中找平层项目编码列项。

4. 其他块料面层

地毯楼地面（011104001）、竹、木（复合）地板（011104002）、金属复合地板（011104003）、

防静电活动地板（011104004）工程量按设计图示尺寸以面积计算。门洞、空圈、暖气包槽、壁龛的开口部分并入相应的工程量内。

5. 踢脚线

水泥砂浆踢脚线（011105001）、石材踢脚线（011105002）、块料踢脚线（011105003）、塑料板踢脚线（011105004）、木质踢脚线（011105005）、金属踢脚线（011105006）、防静电踢脚线（011105007）工程量有两种计算方法：一是以平方米计量，按设计图示长度乘高度以面积计算；二是以米计量，按延长米计算。

6. 楼梯装饰

石材楼梯面层（011106001）、块料楼梯面层（011106002）、拼碎块料面层（011106003）、水泥砂浆楼梯面层（011106004）、现浇水磨石楼梯面层（011106005）、地毯楼梯面层（011106006）、木板楼梯面层（011106007）、橡胶板楼梯面层（011106008）、塑料板楼梯面层（011106009）工程量按设计图示尺寸以楼梯（包括踏步、休息平台及500 mm 以内的楼梯井）水平投影面积计算。楼梯与楼地面相连时，算至梯口梁内侧边沿；无梯口梁者，算至最上一层踏步边沿加 300 mm。

注意：

（1）计价定额中不论是整体还是块料面层楼梯均包括踢脚线在内，而计算规范未明确，在实际操作中为便于计算，可参照计价定额把楼梯踢脚线合并在楼梯内报价，但在楼梯清单的项目特征一栏应把踢脚线描绘在内，在计价时不要漏掉。

（2）计算规范中关于楼梯的计算不管是块料面层还是整体面层，均按水平投影面积计算，包括500 mm 以内的楼梯井宽度；而计价定额中就区分块料面层和整体面层采用不同的计算规则，整体面层按楼梯水平投影面积计算，块料面层按实铺面积计算。虽然计价定额中整体面层也是按楼梯水平投影面积计算，与计算规范仍有区别：楼梯井范围不同，规范是500 mm 为控制指标，计价表以 200 mm 为界限；楼梯与楼地面相连时计算规范规定只算至楼梯梁内侧边缘，计价表规定应算至楼梯梁外侧面。

7. 台阶装饰

石材台阶面（011107001）、块料台阶面（011107002）、拼碎块料台阶面（011107003）、水泥砂浆台阶面（011107004）、现浇水磨石台阶面（011107005）、剁假石台阶面（011107006）工程量按设计图示尺寸以台阶（包括最上层踏步边沿加 300 mm）水平投影面积计算。

8. 零星装饰项目

石材零星项目（011108001）、拼碎石材零星项目（011108002）、块料零星项目（011108003）、水泥砂浆零星项目（011108004）的工程量按设计图示尺寸以面积计算。

注意： 楼梯、台阶牵边和侧面镶贴块料面层，0.5 m² 以内少量分散的楼地面镶贴块料面层，应按零星装饰项目编码列项。

11.2.11.3　共性问题的说明

（1）在描述碎石材项目的面层材料特征时可不用描述规格、颜色。

（2）石材、块料与粘结材料的结合面刷防渗材料的种类在防护材料种类中描述。

（3）工作内容中的磨边指施工现场磨边。

11.2.11.4　楼地面工程清单及计价示例

【例 11-27】　根据例 8-4 的题意，请按"13 计算规范"列出楼地面工程的工程量清单。

【解】　（1）列项目：块料地面（011102003001）

块料踢脚线（011105003001）

块料台阶面（011107002001）

（2）计算工程量：

块料楼地面工程量（见例8-4）：660.06 m²

块料踢脚线工程量（见例8-4）：145.44 m

块料台阶面工程量：1.8×3×0.3＝1.62 m²

（3）工程量清单如表11-28所示。

表11-28　工程量清单

序号	项目编码	项目名称	项目特征	计量单位	工程数量
1	011102003001	同质地砖楼地面	1. 找平层厚度、砂浆配合比：20 mm厚1：3 水泥砂浆 2. 结合层厚度、砂浆配合比：5 mm 厚1：2 水泥砂浆 3. 面层品种、规格、颜色：500 mm×500 mm 镜面同质地砖、米黄色 4. 酸洗打蜡要求：酸洗打蜡	m²	660.06
2	011105003001	同质地砖踢脚线	1. 找平层厚度、砂浆配合比：20 mm厚1：3 水泥砂浆 2. 结合层厚度、砂浆配合比：5 mm 厚1：2 水泥砂浆 3. 面层品种、规格、颜色：500 mm×500 mm 镜面同质地砖、米黄色	m	145.44
3	011107002001	同质地砖台阶面	1. 找平层厚度、砂浆配合比：20 mm厚1：3 水泥砂浆 2. 结合层厚度、砂浆配合比：5 mm 厚1：2 水泥砂浆 3. 面层品种、规格、颜色：500 mm×500 mm 镜面同质地砖、米黄色 4. 酸洗打蜡要求：酸洗打蜡	m²	1.62

【例11-28】　根据例8-4、例11-27的题意，请按2014计价定额计算楼地面工程的分部分项清单综合单价。

【解】　（1）列项目：

011102003001 块料地面（地砖地面（13-83）、地面酸洗打蜡（13-110））

011105003001 块料踢脚线（地砖踢脚线（13-95））

011107002001 块料台阶面（台阶地砖面（13-93）、台阶酸洗打蜡（13-111））

（2）计算工程量（见例8-4）：

地砖地面、台阶地砖面、踢脚线、酸洗打蜡工程量同清单工程量

台阶地砖面工程量（见例8-4）：2.43 m²

（3）清单计价如表11-29所示。

表 11-29　清单计价

序号	项目编码	项目名称	计量单位	工程数量	金额/元	
					综合单价	合价
1	011102003001	同质地砖楼地面	m²	660.06	**195.43**	128 998.16
	13-83 换	地面 500 mm×500 mm 镜面同质砖	10 m²	66.006	1 897.32	125 234.50
	13-110	地面酸洗打蜡	10 m²	66.006	57.02	3 763.66
2	011105003001	同质地砖踢脚线	m	145.44	**34.31**	4 989.61
	13-95 换	地砖踢脚线 150 mm	10 m	14.544	343.07	4 989.61
3	011107002001	同质地砖台阶面	m²	1.62	**344.91**	558.76
	13-93 换	台阶地砖面	10 m²	0.243	2 219.94	539.45
	13-111	台阶酸洗打蜡	10 m²	0.243	79.47	19.31

答：该楼地面工程的清单综合单价为表 11-29 中黑体所示。

11.2.12　墙、柱面工程工程量清单的编制

11.2.12.1　本节内容概述

本节内容包括：M.1 墙面抹灰；M.2 柱（梁）面抹灰；M.3 零星抹灰；M.4 墙面块料面层；M.5 柱（梁）面镶贴块料；M.6 镶贴零星块料；M.7 墙饰面；M.8 柱（梁）饰面；M.9 幕墙；M.10 隔断。

M.1 墙面抹灰包括：墙面一般抹灰；墙面装饰抹灰；墙面勾缝；立面砂浆找平层。

M.2 柱（梁）面抹灰包括：柱、梁面一般抹灰；柱、梁面装饰抹灰；柱、梁面砂浆找平；柱面勾缝。

M.3 零星抹灰包括：零星项目一般抹灰；零星项目装饰抹灰；零星项目砂浆找平。

M.4 墙面块料面层包括：石材墙面；拼碎石材墙面；块料墙面；干挂石材钢骨架。

M.5 柱（梁）面镶贴块料包括：石材柱面；块料柱面；拼碎块柱面；石材梁面；块料梁面。

M.6 镶贴零星块料包括：石材零星项目；块料零星项目；拼碎块零星项目。

M.7 墙饰面包括：墙面装饰板；墙面装饰浮雕。

M.8 柱（梁）饰面包括：柱（梁）面装饰；成品装饰柱。

M.9 幕墙包括：带骨架幕墙；全玻（无框玻璃）幕墙。

M.10 隔断包括：木隔断；金属隔断；玻璃隔断；塑料隔断；成品隔断；其他隔断。

11.2.12.2　有关规定与工程量计算规则

1. 墙面抹灰

（1）墙面一般抹灰（011201001）、墙面装饰抹灰（011201002）、墙面勾缝（011201003）、立面砂浆找平层（011201004）工程量按设计图示尺寸以面积计算。扣除墙裙、门窗洞口及单个面积 0.3 m² 以外的孔洞面积，不扣除踢脚线、挂镜线和墙与构件交接处的面积，门窗洞口和孔洞的侧壁及顶面不增加面积。附墙柱、梁、垛、烟囱侧壁并入相应的墙面面积内。

其中：外墙抹灰面积按外墙垂直投影面积计算。外墙裙抹灰面积按其长度乘高度计算。内墙抹灰面积按主墙间的净长乘高度计算，无墙裙的，高度按室内楼地面至天棚底面计算；有墙裙的，高度按墙裙顶至天棚底面计算（有吊顶天棚的内墙面抹灰，抹至吊顶以上部分在综合单价中考虑）。内墙裙抹灰面按内墙净长乘高度计算。飘窗凸出外墙增加的抹灰工程量并入外墙工程量内。

注意：外墙面计价定额中规定"门窗洞口、空圈的侧壁、顶面及垛应按结构展开面积并入墙面抹灰中计算"。

（2）立面砂浆找平层项目适用于仅做找平层的立面抹灰。

2. 柱面抹灰

（1）柱、梁面一般抹灰（011202001）、柱、梁面装饰抹灰（011202002）、柱、梁面砂浆找平（011202003）、柱面勾缝（011202004）中的柱面工程量按设计图示柱断面周长（结构断面周长）乘高度以面积计算；梁面工程量按设计图示梁断面周长乘长度以面积计算。

（2）砂浆找平项目适用于仅做找平层的柱（梁）面抹灰。

3. 零星抹灰

零星项目一般抹灰（011203001）、零星项目装饰抹灰（011203002）、零星项目砂浆找平（011203003）工程量按设计图示尺寸以面积计算。

4. 墙面块料面层

（1）石材墙面（011204001）、拼碎石材墙面（011204002）、块料墙面（011204003）工程量按镶贴表面积计算。

（2）干挂石材钢骨架（011204004）工程量按设计图示以质量计算。

（3）项目特征中的安装方式可表述为砂浆或粘结剂粘贴、挂贴、干挂等，不论哪种安装方式，都要详细描述与组价相关的内容。

5. 柱（梁）面镶贴块料

石材柱面（011205001）、块料柱面（011205002）、拼碎块柱面（011205003）、石材梁面（011205004）、块料梁面（011205005）工程量按镶贴表面积计算。

6. 镶贴零星块料

石材零星项目（011206001）、块料零星项目（011206002）、拼碎块零星项目（011206003）工程量按镶贴表面积计算。

7. 墙饰面

（1）墙面装饰板（011207001）按设计图示墙净长乘净高以面积计算。扣除门窗洞口及单个 0.3 m^2 以上的孔洞所占面积。

（2）墙面装饰浮雕（011207002）工程量按设计图示尺寸以面积计算。

8. 柱（梁）饰面

（1）柱（梁）面装饰（011208001）按设计图示饰面外围尺寸（建筑尺寸）以面积计算。柱帽、柱墩并入相应柱饰面工程量内。

（2）成品装饰柱（011208002）工程量有两种计算方法：一是以根计量，按设计数量计算；二是以米计量，按设计长度计算。

9. 幕墙

（1）带骨架幕墙（011209001）工程量按设计图示框外围尺寸以面积计算。与幕墙同种材质的窗所占面积不扣除。

（2）全玻（无框玻璃）幕墙（011209002）工程量按设计图示尺寸以面积计算。带肋全玻幕墙按展开面积计算（玻璃肋的工程量应合并在玻璃幕墙工程量内计算）。

10. 隔断

（1）木隔断（011210001）、金属隔断（011210002）按设计图示框外围尺寸以面积计算。不扣除单个小于 0.3 m² 的孔洞所占面积；浴厕侧门的材质与隔断相同时，门的面积并入隔断面积内。

（2）玻璃隔断（011210003）、塑料隔断（011210004）、其他隔断（011210006）工程量按设计图示框外围尺寸以面积计算。不扣除单个小于 0.3 m² 的孔洞所占面积。

（3）成品隔断（011210005）工程量有两种计算方法：一是以平方米计量，按设计图示框外围尺寸以面积计算；二是以间计量，按设计间的数量计算。

11.2.12.3　共性问题的说明

（1）在描述碎石材项目的面层材料特征时可不用描述规格、颜色。

（2）石材、块料与粘结材料的结合面刷防渗材料的种类在防护材料种类中描述。

（3）抹石灰砂浆、水泥砂浆、混合砂浆、聚合物水泥砂浆、麻刀石灰浆、石膏灰浆等按一般抹灰列项；水刷石、斩假石、干粘石、假面砖等按装饰抹灰列项。

（4）小于 0.5 m² 的少量分散的抹灰、镶贴块料面层按对应的零星项目编码列项。

（5）干挂石材、幕墙的钢骨架按 M4 中干挂石材钢骨架项目编码列项。

（6）项目特征中的嵌缝材料指嵌缝砂浆、嵌缝油膏、密封胶封水材料等。

（7）项目特征中的防护材料指石材等防碱背涂处理剂和面层防酸涂剂等。

（8）项目特征中的基层材料指面层内的底板材料，如木墙裙、木护墙、模板隔墙等，在龙骨上粘贴或铺钉一层加强面层的底板。

（9）关于阳台、雨篷的抹灰：在计算规范中无一般阳台、雨篷抹灰列项，可参照计价定额中有关阳台、雨篷粉刷的计算规则，以水平投影面积计算，并以补充清单编码的形式列入 M1 墙面抹灰中，并在项目特征一栏详细描述该粉刷部位的砂浆厚度（包括打底、面层）及砂浆的配合比。

（10）装饰板墙面：计算规范中集该项目的龙骨、基层、面层于一体，采用一个计算规则，而计价定额中不同的施工工序甚至同一施工工序但做法不同其计算规则都不一样。在进行清单计价时，要根据清单的项目特征，罗列完整全面的定额子目，并根据不同子目各自的计算规则调整相应工程量，最后才能得出该清单项目的综合单价。

（11）柱（梁）面装饰：计算规范中不分矩形柱、圆柱均为一个项目，其柱帽、柱墩并入柱饰面工程量内；计价定额分矩形柱、圆柱分别设子目，柱帽、柱墩也单独设子目，工程量也单独计算。

11.2.12.4　墙、柱面工程清单及计价示例

【例 11-29】　根据例 8-12 的题意，请按"13 计算规范"列出墙柱面工程的工程量清单。

【解】　（1）列项目：外墙一般抹灰（011201001001）

　　　　　　　　内墙一般抹灰（011201001002）

　　　　　　　　柱面一般抹灰（011202001001）

（2）计算工程量：

外墙一般抹灰：$(45.24+15.24)\times2\times3.8-1.2\times1.5\times8-1.2\times2=44.848$ m²

内墙一般抹灰：$[(45-0.24+15-0.24)\times2+8\times0.24]\times3.5-1.2\times1.5\times8-1.2\times2=$ 406.56 m²

柱面抹水泥砂浆：$3.1416\times0.6\times3.5\times2=13.19$ m²

（3）工程量清单如表11-30所示。

表11-30　工程量清单

序号	项目编码	项目名称	项目特征	计量单位	工程数量
1	011201001001	外墙一般抹灰	1. 墙体类型：综合 2. 底层厚度、砂浆配合比：12 mm 厚1：3水泥砂浆找平 3. 面层厚度、砂浆配合比：8 mm 厚1：2.5水泥砂浆抹面 4. 嵌缝材料：3 mm 玻璃条分隔嵌缝	m²	44.848
2	011201001002	内墙一般抹灰	1. 墙体类型：综合 2. 底层厚度、砂浆配合比：15 mm 厚1：1：6混合砂浆找平 3. 面层厚度、砂浆配合比：5 mm 厚1：0.3：3混合砂浆抹面	m²	406.56
3	011202001001	柱面一般抹灰	1. 柱体类型：直径600 mm圆柱 2. 底层厚度、砂浆配合比：12 mm 厚1：3水泥砂浆找平 3. 面层厚度、砂浆配合比：8 mm 厚1：2.5水泥砂浆抹面	m²	13.19

【例11-30】　根据例8-12、例11-29的题意，请按2014计价定额计算墙柱面工程的分部分项清单综合单价。

【解】　（1）列项：011201001001 外墙一般抹灰（外墙抹水泥砂浆（14-8）、外墙玻璃条嵌缝（14-76））

011201001002 内墙一般抹灰（内墙抹混合砂浆（14-38））

011202001001 柱面一般抹灰（柱面抹水泥砂浆（14-22））

（2）计算工程量（见例8-12）：

外墙外表面抹水泥砂浆：446.30 m²

墙面嵌缝：459.65 m²

外墙内表面抹混合砂浆：406.56 m²

柱面抹水泥砂浆：13.19 m²

（3）清单计价如表11-31所示。

表 11-31　清单计价

序号	项目编码	项目名称	计量单位	工程数量	金额/元	
					综合单价	合价
1	011201001001	外墙一般抹灰	m²	448.48	**31.26**	14 017.68
	14-8	外墙抹水泥砂浆	10 m²	44.63	254.64	11 364.58
	14-76	外墙玻璃条嵌缝	10 m²	45.965	57.72	2 653.10
2	011201001002	内墙一般抹灰	m²	406.56	**21.00**	8 535.73
	14-38	内墙抹混合砂浆	10 m²	40.656	209.95	8 535.73
3	011202001001	柱面一般抹灰	m²	13.19	**38.23**	504.19
	14-22	柱面抹水泥砂浆	10 m²	1.319	382.25	504.19

答：该墙柱面工程的清单综合单价为表 11-31 中黑体所示。

11.2.13　天棚工程工程量清单的编制

11.2.13.1　本节内容概述

本节内容包括：N.1 天棚抹灰；N.2 天棚吊顶；N.3 采光天棚；N.4 天棚其他装饰。

N.1 天棚抹灰只有天棚抹灰一个内容。

N.2 天棚吊顶包括：吊顶天棚；格栅吊顶；吊筒吊顶；藤条造型悬挂吊顶；织物软雕吊顶；装饰网架吊顶。

N.3 采光天棚只有采光天棚一个内容。

N.4 天棚其他装饰包括：灯带（槽）；送风口、回风口。

11.2.13.2　有关规定与工程量计算规则

1. 天棚抹灰

（1）天棚抹灰（011301001）工程量按设计图示尺寸以水平投影面积计算。不扣除间壁墙、垛、柱、附墙烟囱、检查口和管道所占的面积，带梁天棚的梁两侧抹灰面积并入天棚面积内，板式楼梯底面抹灰按斜面积计算，锯齿形楼梯底板抹灰按展开面积计算。

注意：计价定额的楼梯部分抹灰工程量是按投影面积乘系数计算。

（2）天棚抹灰项目特征中的基层类型是指混凝土现浇板、预制混凝土板、木板条等。

2. 天棚吊顶

（1）吊顶天棚（011302001）工程量按设计图示尺寸以水平投影面积计算。天棚面中的灯槽及跌级、锯齿形、吊挂式、藻井式天棚面积不展开计算。不扣除间壁墙、检查口、附墙烟囱、柱垛和管道所占面积，扣除单个大于 0.3 m² 的孔洞、独立柱及与天棚相连的窗帘盒所占的面积。

（2）格栅吊顶（011302002）、吊筒吊顶（011302003）、藤条造型悬挂吊顶（011302004）、织物软雕吊顶（011302005）、装饰网架吊顶（011302006）工程量按设计图示尺寸以水平投影面积计算。

（3）格栅吊顶面层适用于木格栅、金属格栅、塑料格栅等。

（4）吊筒吊顶适用于木（竹）质吊筒、金属吊筒、塑料吊筒及圆形、矩形、扁钟形吊筒等。

（5）天棚吊顶计算规范中集该项目的吊筋、龙骨、基层、面层于一体，采用一个计算规则，计价定额中分别设置不同子目且计算规则都不一样。

3. 采光天棚

（1）采光天棚（011303001）工程量按框外围展开面积计算。

（2）采光天棚的骨架不包括在清单内容中，应单独按金属结构工程相关项目编码列项。

4. 天棚其他装饰

（1）灯带（槽）（011304001）工程量按设计图示尺寸以框外围面积计算。

（2）送风口、回风口（011304002）按设计图示数量计算，适用于金属、塑料、木质风口。

11.2.13.3　共性问题的说明

（1）采光天棚和天棚设保温、隔热、吸声层时，应按建筑工程中防腐、隔热、保温工程中相关项目编码列项。

（2）天棚的检查孔、天棚内的检修走道等应包括在报价内。

（3）天棚吊顶的平面、跌级、锯齿形、阶梯形、吊挂式、藻井式及矩形、弧形、拱形等应在清单项目中进行描述。

（4）天棚装饰刷油漆、涂料及裱糊，按油漆、涂料、裱糊章节相关项目编码列项。

（5）项目特征中的龙骨中距指相邻龙骨中线之间的距离，基层材料指底板或面层背后的加强材料。

11.2.13.4　天棚工程清单及计价示例

【例 11-31】 根据例 8-19 的题意，请按"13 计算规范"列出天棚工程的工程量清单。

【解】（1）列项目：天棚吊顶（011302001001）

（2）计算工程量：

天棚吊顶工程量：$(45-0.24) \times (15-0.24) = 660.66 \text{ m}^2$

（3）工程量清单如表 11-32 所示。

表 11-32　工程量清单

序号	项目编码	项目名称	项目特征	计量单位	工程数量
1	011302001001	天棚吊顶	1. 吊顶形式、吊杆规格、高度：凹凸型，$\phi 6 \text{ mm}$ 吊杆，300 mm、500 mm 两种高度 2. 龙骨材料种类、规格、中距：装配式 U 形（不上人型）轻钢龙骨 400 mm×600 mm 3. 面层材料、种类、规格：龙牌纸面石膏板 1 200 mm×3 000 mm×9.5 mm	m²	660.66

【例 11-32】 根据例 8-19、例 11-31 的题意，请按 2014 计价定额计算天棚工程的分部分项清单综合单价。

【解】（1）列项目：011302001001 天棚吊顶（吊筋（15-33）、吊筋（15-33）、复杂型轻钢龙骨（15-8）、纸面石膏板（15-46））

（2）计算工程量（见例 8-19）：

吊筋 1 工程量：286.98 m²

吊筋 2 工程量：373.68 m²

轻钢龙骨工程量：660.66 m²

纸面石膏板工程量：826.74 m²

（3）清单计价如表11-33所示。

表11-33　清单计价

序号	项目编码	项目名称	计量单位	工程数量	金额/元	
					综合单价	合价
1	011302001001	天棚吊顶	m²	660.66	**107.29**	70 882.98
	15-33 换1	吊筋 $h=0.3$ m	10 m²	28.698	47.98	1 376.93
	15-33 换2	吊筋 $h=0.5$ m	10 m²	37.368	50.72	1 895.30
	15-8	复杂型轻钢龙骨 500 mm×500 mm	10 m²	66.066	639.87	42 273.65
	15-46	纸面石膏板	10 m²	82.674	306.47	25 337.10

答：天棚吊顶的清单综合单价为表11-33中黑体所示。

11.2.14　油漆、涂料、裱糊工程工程量清单的编制

11.2.14.1　本节内容概述

本节内容包括：P.1 门油漆；P.2 窗油漆；P.3 木扶手及其他板条线条油漆；P.4 木材面油漆；P.5 金属面油漆；P.6 抹灰面油漆；P.7 喷刷涂料；P.8 裱糊。

P.1 门油漆包括：木门油漆；金属门油漆。

P.2 窗油漆包括：木窗油漆；金属窗油漆。

P.3 木扶手及其他板条线条油漆包括：木扶手油漆；窗帘盒油漆；封檐板、顺水板油漆；挂衣板、黑板框油漆；挂镜线、窗帘棍、单独木线油漆。

P.4 木材面油漆包括：木护墙、木墙裙油漆；窗台板、筒子板、盖板、门窗套、踢脚线油漆；清水板条天棚、檐口油漆；木方格吊顶天棚油漆；吸音板墙面、天棚面油漆；暖气罩油漆；其他木材面油漆；木间壁、木隔断油漆；玻璃间壁露明墙筋油漆；木栅栏、木栏杆（带扶手）油漆；衣柜、壁柜油漆；梁柱饰面油漆；零星木装修油漆；木地板油漆；木地板烫硬蜡面。

P.5 金属面油漆只有金属面油漆一个内容。

P.6 抹灰面油漆包括：抹灰面油漆；抹灰线条油漆；满刮腻子。

P.7 喷刷涂料包括：墙面喷刷涂料；天棚喷刷涂料；空花格、栏杆刷涂料；线条刷涂料；金属构件刷防火涂料；木材构件喷刷防火涂料。

P.8 裱糊包括：墙纸裱糊；织锦缎裱糊。

11.2.14.2　有关规定与工程量计算规则

1. 门油漆

（1）木门油漆（011401001）、金属门油漆（011401002）工程量有两种计算方法：一是以"樘"计量，按设计图示数量计量；二是以平方米计量，按设计图示洞口尺寸以面积计算。

（2）木门油漆应区分木大门、单层木门、双层（一玻一纱）木门、双层（单裁口）木门、全玻自由门、半玻自由门、装饰门及有框门或无框门等项目，分别编码列项。

（3）金属门油漆应区分平开门、推拉门、钢制防火门等项目，分别编码列项。

2. 窗油漆

（1）木窗油漆（011402001）、金属窗油漆（011402001）工程量有两种计算方法：一是以"樘"计量，按设计图示数量计量；二是以平方米计量，按设计图示洞口尺寸以面积计算。

（2）木窗油漆应区分单层木窗、双层（一玻一纱）木窗、双层框扇（单裁口）木窗、双层框三层（二玻一纱）木窗、单层组合窗、双层组合窗、木百叶窗、木推拉窗等项目，分别编码列项。

（3）金属窗油漆应区分平开窗、推拉窗、固定窗、组合窗、金属格栅窗等项目，分别编码列项。

3. 木扶手及其他板条、线条油漆

（1）木扶手油漆（011403001），窗帘盒油漆（011403002），封檐板、顺水板油漆（011403003），挂衣板、黑板框油漆（011403004），挂镜线、窗帘棍、单独木线油漆（011403005）工程量按设计图示尺寸以长度计算。

（2）木扶手应区分带托板与不带托板分别编码列项，若是木栏杆带扶手，木扶手不应单独列项，应包含在木栏杆油漆中。

（3）楼梯木扶手工程量按中心线斜长计算，弯头长度应计算在扶手长度内。

（4）博风板工程量按中心线斜长计算，有大刀头的每个大刀头增加长度 50 cm。博风板是悬山或歇山屋顶山墙处沿屋顶斜坡钉在桁头之板，大刀头是博风板头的一种，形似大刀。

4. 木材面油漆

（1）木护墙、木墙裙油漆（011404001），窗台板、筒子板、盖板、门窗套、踢脚线油漆（011404002），清水板条天棚、檐口油漆（011404003），木方格吊顶天棚油漆（011404004），吸音板墙面、天棚面油漆（011404005），暖气罩油漆（011404006），其他木材面油漆（011404007）工程量按设计图示尺寸以面积计算。

（2）木间壁、木隔断油漆（011404008），玻璃间壁露明墙筋油漆（011404009），木栅栏、木栏杆（带扶手）油漆（011404010）工程量按设计图示尺寸以单面外围面积计算。

（3）衣柜、壁柜油漆（011404011），梁柱饰面油漆（011404012）、零星木装修油漆（011404013）工程量按设计图示尺寸以油漆部分展开面积计算。

（4）木地板油漆（011404014）、木地板烫硬蜡面（011404015）工程量按设计图示尺寸以面积计算。空洞、空圈、暖气包槽、壁龛的开口部分并入相应的工程量内。

5. 金属面油漆

金属面油漆（011405001）工程量有两种计算方法：一是以吨计量，按设计图示尺寸以质量计算；二是以平方米计量，按设计展开面积计算。

6. 抹灰面油漆

（1）抹灰面油漆（011406001）、满刮腻子（011406003）工程量按设计图示尺寸以面积计算。

（2）腻子种类分石膏油腻子（熟桐油、石膏粉、适量色粉）、胶腻子（大白、色粉、羧甲基纤维素）、漆片腻子（漆片、酒精、石膏粉、适量色粉）、油腻子（矾石粉、桐油、脂肪酸、松香）等。

（3）抹灰线条油漆（011406002）工程量按设计图示尺寸以长度计算。

7. 喷刷涂料

（1）墙面刷喷涂料（011407001）、天棚喷刷涂料（011407002）工程量按设计图示尺寸以面积计算。

（2）空花格、栏杆刷涂料（011407003）工程量按设计图示尺寸以单面外围面积计算，应注意其展开面积工料消耗应包括在报价内。

（3）线条刷涂料（011407004）工程量按设计图示尺寸以长度计算。

（4）金属构件刷防火涂料（011407005）工程量有两种计算方法：一是以吨计量，按设计图示尺寸以质量计算；二是以平方米计量，按设计展开面积计算。

（5）木材构件喷刷防火涂料（011407006）工程量以平方米计量，按设计图示尺寸以面积计算。

8. 裱糊

墙纸裱糊（011408001）、织锦缎裱糊（011408002）工程量按设计图示尺寸以面积计算。

11.2.14.3 共性问题的说明

（1）以面积计算，项目特征可不必描述洞口尺寸。

（2）连窗门可按门油漆项目编码列项。

（3）有关项目中已包括油漆、涂料的不再单独按本章列项。

（4）抹灰面油漆和刷涂料中包括刮腻子，但又单独列有满刮腻子项目，此项目只适用于仅做满刮腻子的项目，不得将抹灰面油漆和刷涂料中刮腻子单独分出执行满刮腻子项目。

（5）工程量以面积计算的油漆、涂料项目，线角、线条、压条等不展开，这部分的油漆、涂料面的工料消耗应包括在报价内。

11.2.14.4 油漆、涂料、裱糊工程清单及计价示例

【例 11-33】 根据例 8-27 的题意，请按"13 计算规范"列出油漆、涂料、裱糊工程的工程量清单。

【解】 （1）列项目：天棚面乳胶漆（011407002001）

（2）计算工程量（见例 8-27）：

天棚面乳胶漆工程量：826.74 m²

（3）工程量清单如表 11-34 所示。

表 11-34 工程量清单

序号	项目编码	项目名称	项目特征	计量单位	工程数量
1	011407002001	天棚面乳胶漆	1. 基层类型：石膏板面 2. 喷刷涂料部位：天棚纸面石膏板面 3. 腻子种类：901 胶白水泥腻子 4. 刮腻子要求：满批三遍 5. 涂料品种、喷刷遍数：乳胶漆三遍 6. 防护：天棚板缝自粘胶带	m²	826.74

【例 11-34】 根据例 8-27、例 11-33 的题意，请按 2014 计价定额计算油漆、涂料、裱糊工程的分部分项清单综合单价。

【解】 （1）列项目：011407002001 天棚面乳胶漆（天棚自粘胶带 17-175、天棚面满批腻子、乳胶漆各三遍 17-177）

（2）计算工程量（同清单工程量）：

（3）清单计价如表 11-35 所示。

表 11-35　清单计价

序号	项目编码	项目名称	计量单位	工程数量	金额/元	
					综合单价	合价
1	011407002001	天棚面乳胶漆	m²	826.74	**33.89**	28 022.27
	17-175	天棚板缝贴自粘胶带	10 m	70	77.11	5 397.70
	17-177 换	满批腻子、乳胶漆各三遍	10 m²	82.674	273.66	22 624.57

答：天棚面乳胶漆的清单综合单价为表 11-35 中黑体所示。

11.2.15　其他装饰工程工程量清单的编制

11.2.15.1　本节内容概述

本节内容包括：Q.1 柜类、货架；Q.2 压条、装饰线；Q.3 扶手、栏杆、栏板装饰；Q.4 暖气罩；Q.5 浴厕配件；Q.6 雨篷、旗杆；Q.7 招牌、灯箱；Q.8 美术字。

Q.1 柜类、货架包括：柜台；酒柜；衣柜；存包柜；鞋柜；书柜；厨房壁柜；木壁柜；厨房低柜；厨房吊柜；矮柜；吧台背柜；酒吧吊柜；酒吧台；展台；收银台；试衣间；货架；书架；服务台。

Q.2 压条、装饰线包括：金属装饰线；木质装饰线；石材装饰线；石膏装饰线；镜面玻璃线；铝塑装饰线；塑料装饰线；GRC 装饰线。

Q.3 扶手、栏杆、栏板装饰包括：金属扶手、栏杆、栏板；硬木扶手、栏杆、栏板；塑料扶手、栏杆、栏板；GRC 栏杆、扶手；金属靠墙扶手；硬木靠墙扶手；塑料靠墙扶手；玻璃栏杆。

Q.4 暖气罩包括：饰面板暖气罩；塑料板暖气罩；金属暖气罩。

Q.5 浴厕配件包括：洗漱台；晒衣架；帘子杆；浴缸拉手；卫生间扶手；毛巾杆（架）；毛巾环；卫生纸盒；肥皂盒；镜面玻璃；镜箱。

Q.6 雨篷、旗杆包括：雨篷吊挂饰面；金属旗杆；玻璃雨篷。

Q.7 招牌、灯箱包括：平面、箱式招牌；竖式标箱；灯箱；信报箱。

Q.8 美术字包括：泡沫塑料字；有机玻璃字；木质字；金属字；吸塑字。

11.2.15.2　有关规定与工程量计算规则

1. 柜类、货架

（1）柜台（011501001）、酒柜（011501002）、衣柜（011501003）、存包柜（011501004）、鞋柜（011501005）、书柜（011501006）、厨房壁柜（011501007）、木壁柜（011501008）、厨房低柜（011501009）、厨房吊柜（011501010）、矮柜（011501011）、吧台背柜（011501012）、酒

吧吊柜（011501013）、酒吧台（011501014）、展台（011501015）、收银台（011501016）、试衣间（011501017）、货架（011501018）、书架（011501019）、服务台（011501020）工程量有三种计算方法：一是以"个"计量，按设计图示数量计量；二是以米计量，按实合价图示尺寸以延长米计算；三是以立方米计量，按设计图示尺寸以体积计算。

（2）厨房壁柜和厨房吊柜以嵌入墙内为壁柜，以支架固定在墙上的为吊柜。

（3）项目特征中的台柜的规格以能分离的成品单体长、宽、高来表示，如一个组合书柜上下两部分，下部为独立的矮柜，上部为敞开式的书柜，可以上、下两部分标注尺寸。

（4）台柜项目，应按设计图纸或说明，包括台柜、台面材料（石材、皮革、金属、实木等）、内隔板材料、连接件、配件等，均应包括在报价内。

2. 压条、装饰线

金属装饰线（011502001）、木质装饰线（011502002）、石材装饰线（011502003）、石膏装饰线（011502004）、镜面玻璃线（011502005）、铝塑装饰线（011502006）、塑料装饰线（011502007）、GRC 装饰线（011502008）工程量按设计图示以长度计算。

3. 扶手、栏杆、栏板装饰

金属扶手、栏杆、栏板（011503001），硬木扶手、栏杆、栏板（011503002），塑料扶手、栏杆、栏板（011503003），GRC 栏杆、扶手（011503004），金属靠墙扶手（011503005），硬木靠墙扶手（011503006），塑料靠墙扶手（011503007），玻璃栏杆（011503008）工程量按设计图示以扶手中心线长度（包括弯头长度）计算。

注意：楼梯栏杆计算规范的计算是按实际展开长度计算，计价定额中则规定"楼梯踏步部分即楼梯段板的斜长部分的栏杆与扶手应按水平投影长度乘系数 1.18 计算"。

4. 暖气罩

饰面板暖气罩（0115004001）、塑料板暖气罩（0115004002）、金属暖气罩（0115004003）按设计图示尺寸以垂直投影面积（不展开）计算。

5. 浴厕配件

（1）洗漱台（011505001）项目适用于石质（天然石材、人造石材等）、玻璃等。工程量有两种计算方法：一是按设计图示尺寸以台面外接矩形面积计算，不扣除孔洞、挖弯、削角所占面积，挡板、吊沿板面积并入台面面积内；二是按设计图示数量计算。

（2）洗漱台现场制作、切割、磨边等人工、机械的费用应包括在报价内。

（3）晒衣架（0115004002）、帘子杆（0115004003）、浴缸拉手（0115004004）、卫生间扶手（0115004005）、毛巾杆（架）（0115004006）、毛巾环（0115004007）、卫生纸盒（0115004008）、肥皂盒（0115004009）、镜箱（011505011）按设计图示数量以"个""套"或"副"计算。

（4）镜面玻璃（011505010）按设计图示尺寸以边框外围面积计算。

6. 雨篷、旗杆

（1）雨篷吊挂饰面（011506001）、玻璃雨篷（011506003）按设计图示尺寸以水平投影面积计算。

（2）金属旗杆（011506002）按设计图示数量以"根"计算。

（3）旗杆的砌砖或混凝土台座，台座的饰面可按相关附录的章节另行编码列项，也可纳入旗杆价内。

（4）项目特征中的旗杆高度是指旗杆台座上表面至杆顶的尺寸（包括球珠）。

7. 招牌、灯箱

（1）平面、箱式招牌（011507001）按设计图示尺寸以正立面边框外围面积计算。复杂形的凹凸造型部分不增加面积。

（2）竖式标箱（011507002）、灯箱（011507003）、信报箱（011507004）按设计图示数量以"个"计算。

8. 美术字

（1）泡沫塑料字（011508001）、有机玻璃字（011508002）、木质字（011508003）、金属字（011508004）、吸塑字（011508005）按设计图示数量以"个"计算。

（2）美术字不分字体、按大小规格分类。字体规格以字的外接矩形长、宽和字的厚度表示。固定方式指粘贴、焊接及铁钉、螺栓、铆钉固定等方式。

11.2.15.3 共性问题的说明

（1）柜类、货架、涂刷配件、雨篷、旗杆、招牌、灯箱、美术字等单件项目，工作内容中包括了"刷油漆"，主要考虑整体性。不得单独将油漆分离，单列油漆清单项目；本部分其他项目，工作内容中没有包括"刷油漆"，可单独按油漆、涂料、裱糊工程相应项目编码列项。

（2）压条、装饰线项目已包括在门扇、墙柱面、天棚等项目内的，不再单独列项。

（3）凡栏杆、栏板含扶手的项目，不得单独将扶手进行编码列项。

（4）镜面玻璃和灯箱等的基层材料是指玻璃背后的衬垫材料，如胶合板、油毡等。

（5）装饰线和美术字的基层类型是指装饰线、美术字依托体的材料，如砖墙、木墙、石墙、混凝土墙、墙面抹灰、钢支架等。

11.2.15.4 其他装饰工程清单及计价示例

【例11-35】 根据例8-28的题意，请按"13计算规范"列出其他装饰工程的工程量清单。

【解】 （1）列项：011502002001 15 mm×15 mm 阴角线、
　　　　　　　　　　011502002002 60 mm×60 mm 阴角线

（2）计算工程量（见例8-28）：

15 mm×15 mm 阴角线工程量：83.04 m

60 mm×60 mm 阴角线工程量：119.04 m

（3）工程量清单如表11-36所示。

表11-36　工程量清单

序号	项目编码	项目名称	项目特征	计量单位	工程数量
1	011502002001	成品阴角线	1. 基层类型：石膏板面 2. 线条材料品种、规格、颜色：15 mm×15 mm 红松阴角线，成品 3. 防护材料种类：清漆三遍	m	83.04
2	011502002002	成品阴角线	1. 基层类型：石膏板面 2. 线条材料品种、规格、颜色：60 mm×60 mm 红松阴角线，成品 3. 防护材料种类：清漆三遍	m	119.04

【例 11-36】 根据例 8-28、例 11-35 的题意，请按 2014 计价定额计算其他装饰工程的分部分项清单综合单价。

【解】 （1）列项：011502002001 阴角线 15 mm×15 mm（15 mm×15 mm 阴角线（18-19）、清漆三遍（17-23））

011502002002 阴角线 60 mm×60 mm（60 mm×60 mm 阴角线（18-21）、清漆三遍（17-23））

（2）计算工程量（见例 8-28）：

15 mm×15 mm 阴角线工程量：83.04 m

60 mm×60 mm 阴角线工程量：119.04 m

15 mm×15 mm 阴角线油漆工程量：83.04×0.35＝29.06 m

60 mm×60 mm 阴角线油漆工程量：119.04×0.35＝41.66 m

（3）清单计价如表 11-37 所示。

表 11-37　清单计价

序号	项目编码	项目名称	计量单位	工程数量	金额/元	
					综合单价	合价
1	011502002001	阴角线	m	83.04	**11.34**	941.62
	18-19 换	15 mm×15 mm 红松阴角线	100 m	0.8304	622.76	517.14
	17-23	清漆三遍	10 m	2.906	146.07	424.48
2	011502002002	阴角线	m	119.04	**14.78**	1 759.29
	18-21	60 mm×60 mm 红松阴角线	100 m	1.1904	966.70	1 150.76
	17-23	清漆三遍	10 m	4.166	146.07	608.53

答：该其他装饰工程的清单综合单价为表 11-37 中黑体所示。

11.2.16　拆除工程工程量清单的编制

1. 本节内容概述

本节内容包括：R.1 砖砌体拆除；R.2 混凝土及钢筋混凝土构件拆除；R.3 木构件拆除；R.4 抹灰层拆除；R.5 块料面层拆除；R.6 龙骨及饰面拆除；R.7 屋面拆除；R.8 铲除油漆涂料裱糊面；R.9 栏杆栏板、轻质隔断隔墙拆除；R.10 门窗拆除；R.11 金属构件拆除；R.12 管道及卫生洁具拆除；R.13 灯具、玻璃拆除；R.14 其他构件拆除；R.15 开孔（打洞）。

2. 有关说明

本部分为新增内容，适用于房屋工程的维修、加固、二次装修前的拆除，不适用于房屋的整体拆除。本书不作详细介绍。

11.3 措施项目清单计价

本节内容包括：S.1 脚手架工程；S.2 混凝土模板及支架（撑）；S.3 垂直运输；S.4 超

高施工增加；S.5 大型机械设备进出场及安拆；S.6 施工排水、降水；S.7 安全文明施工及其他措施项目。其中，S.1~S.6 为单价措施项目内容，S.7 为总价措施项目内容。

11.3.1 脚手架工程

1. 本节内容概述

本节内容包括：综合脚手架；单项脚手架。

单项脚手架包括：外脚手架；里脚手架；悬空脚手架；挑脚手架；满堂脚手架；整体提升架；外装饰吊篮；电梯井脚手架。

2. 有关规定及工程量计算规则

（1）"综合脚手架"指整个房屋建筑结构及装饰施工常用的各种脚手架的总体。规范规定其适用于能够按"建筑面积计算规则"计算建筑面积的建筑工程脚手架，不适用于房屋加层、构筑物及附属工程脚手架。工程量按建筑面积计算。

注意：使用综合脚手架时，不得再列出外脚手架、里脚手架等单项脚手架。特征描述要明确建筑结构形式和檐口高度。

（2）"外脚手架"指沿建筑物外墙外围搭设的脚手架。常用于外墙砌筑、外装饰灯项目的施工。工程量是按服务对象的垂直投影面积计算。

（3）"里脚手架"指沿室内墙边等搭设的脚手架。常用于内墙砌筑、室内装饰灯项目的施工，工程量计算同外脚手架。

（4）"悬空脚手架"多用于脚手板下需要留有空间的平顶抹灰、勾缝、刷浆等施工所搭设。工程量是按搭设的水平投影面积计算，不扣除柱、垛所占面积。

（5）"挑脚手架"主要用于采用里脚手架砌外墙的外墙面局部装饰（檐口、腰线、花饰等）施工所搭设。工程量按搭设长度乘以搭设层数以延长米计算。

（6）"满堂脚手架"指在工作面范围内满设的脚手架，多用于室内净空较高的天棚抹灰、吊顶等施工所搭设。工程量是按搭设的水平投影面积计算。

（7）"整体提升架"多用于高层建筑外墙施工。工程量按所服务对象的垂直投影面积计算，应注意整体提升架已包括 2 m 高的防护架体设施。

（8）"外装饰吊篮"用于外装饰，工程量按所服务对象的垂直投影面积计算。

（9）"电梯井脚手架"项目特征需要描述电梯井高度。工作内容包括：搭设拆除脚手架、安全网；铺、翻脚手板。工程量按设计图示数量以"座"计算。

3. 共性问题的说明

（1）同一建筑物有不同檐高时，按建筑物竖向切面分别按不同檐高编列清单项目。

（2）脚手架材质可以不描述，但应注明由投标人根据实际情况按照《建筑施工扣件式钢管脚手架安全技术规程》JGJ130、《建筑施工附着升降脚手架管理暂行规定》等规范自行确定。

4. 脚手架工程清单及计价示例

【例 11-37】　根据例 9-6 的题意，请按"13 计算规范"列出脚手架工程的工程量清单。

【解】　（1）列项目：011701001001 综合脚手架

（2）计算工程量：

综合脚手架工程量：45.4×15.4＝699.16 m²

（3）工程量清单如表 11-38 所示。

表 11-38　工程量清单

序号	项目编码	项目名称	项目特征	计量单位	工程数量
1	011701001001	综合脚手架	1. 建筑结构形式：框架结构 2. 檐口高度：8.50 m	m²	699.16

【例 11-38】　根据例 9-6、例 11-37 的题意，请按 2014 计价定额计算脚手架工程的分部分项清单综合单价。

【解】　（1）列项目：011701001001 综合脚手架（综合脚手架（20-3+20-4×0.5）、混凝土浇捣满堂脚手架（20-21））

（2）计算工程量（见例 9-6）：

综合脚手架工程量：45.4×15.4＝699.16 m²

混凝土浇捣脚手架工程量：45.0×15.0＝675.0 m²

（3）清单计价如表 11-39 所示。

表 11-39　清单计价

序号	项目编码	项目名称	计量单位	工程数量	综合单价	合价
1	011701001001	综合脚手架	m²	699.16	**89.34**	62 462.08
	20-3+20-4×0.5	综合脚手架	1 m² 建筑面积	699.16	83.66	58 491.73
	20-21×0.3	混凝土浇捣脚手架	10 m²	67.5	58.52	3 970.35

答：该脚手架工程的清单综合单价为表 11-39 中黑体所示。

11.3.2　混凝土模板及支架（撑）

1. 本节内容概述

本节内容包括：基础；矩形柱；构造柱；异形柱；基础梁；矩形梁；异形梁；圈梁；过梁；弧形、拱形梁；直形墙；弧形墙；短肢剪力墙、电梯井壁；有梁板；无梁板；平板；拱板；薄壳板；空心板；其他板；栏板；天沟、檐沟；雨篷、悬挑板、阳台板；楼梯；其他现浇构件；电缆沟、地沟；台阶；扶手；散水；后浇带；化粪池；检查井。

2. 有关规定及工程量计算规则

（1）"各类基础、柱、梁、墙、板"等主要构件均为按模板与混凝土构件的接触面积计算。

①现浇混凝土墙、板单孔面积不大于 0.3 m² 的不予扣除，洞侧壁模板亦不增加；单孔面积大于 0.3 m² 时应予扣除，洞侧壁模板面积并入墙、板工程量内计算。

②现浇框架分别按梁、板、柱有关规定计算；附墙柱、暗梁、暗柱并入墙工程量内计算。

③柱、梁、墙、板相互连接的重叠部分，均不计算模板面积。

④构造柱按图示外露部分计算模板面积，锯齿形按锯齿形最宽面计算模板宽度。

（2）"雨篷、悬挑板、阳台板"工程量以设计图示尺寸按外挑部分的水平投影面积计算，挑出墙外的悬臂梁及板边不另计算。

（3）"楼梯"工程量按楼梯（包括休息平台、平台梁、斜梁和楼层板的连接梁）的水平投影面积计算，不扣除宽度不大于 500 mm 的楼梯井所占面积，楼梯踏步、踏步板、平台梁等侧面模板不另计算，伸入墙内部分也不增加。

3. 共性问题的说明

（1）本部分只适用于单列而且以面积计量的项目，若不单列且以体积计量的模板工程计入综合单价中。

（2）个别混凝土项目规范未列的措施项目，如垫层等，按混凝土及钢筋混凝土项目执行，其综合单价中包括模板及支撑。

（3）原槽浇灌的混凝土基础，不计算模板。

（4）采用清水模板，应在项目特征中注明。

（5）现浇混凝土梁、板支撑高度超过 3.6 m 时，项目特征应描述支撑高度。

4. 混凝土模板及支架（撑）工程清单及计价示例

【例 11-39】 根据例 9-9 的题意，请按"13 计算规范"列出混凝土模板及支架（撑）工程的工程量清单。

【解】 （1）列项目：011702001001 独立基础模板

（2）计算工程量（见例 9-9）：

条形基础模板工程量：27.36 m²

（3）工程量清单如表 11-40 所示。

表 11-40　工程量清单

序号	项目编码	项目名称	项目特征	计量单位	工程数量
1	011702001001	基础模板	基础类型：条形基础	m²	27.36

【例 11-40】 根据例 9-9、例 11-39 的题意，请按 2014 计价定额计算混凝土模板及支架（撑）工程的分部分项清单综合单价。

【解】 （1）列项目：011702001001 条形基础模板（有梁式带形基础复合模板（21-6））

（2）计算工程量（同清单工程量）。

（3）清单计价如表 11-41 所示。

表 11-41　清单计价

序号	项目编码	项目名称	计量单位	工程数量	金额/元	
					综合单价	合价
1	011702001001	基础模板	m²	27.36	**57.09**	1 562.04
	21-6	有梁式带形基础复合模板	10 m²	2.736	570.92	1 562.04

答：该混凝土模板及支架（撑）工程的清单综合单价为表 11-41 中黑体所示。

11.3.3　垂直运输

1. 本节内容概述

本部分共一个项目：垂直运输（011703001）。

2. 有关规定及工程量计算规则

（1）垂直运输指施工工期在合理工期内所需的垂直运输机械。工程量计算规则设置了两种：一种是按建筑面积计算，另一种是按施工工期日历天数计算。江苏省贯彻文件明确施工工程日历天为定额工期。

（2）项目特征要求描述的建筑物檐口高度是指设计室外地坪至檐口滴水的高度（平屋面指屋面板板底高度），突出主体建筑物屋顶的电梯机房、楼梯出口间、水箱间、瞭望塔、排烟机房等不计入檐口高度。

（3）同一建筑物有不同檐高时，按建筑物的不同檐高做纵向分割，分别计算建筑面积，以不同檐高分别编码列项。

3. 垂直运输清单及计价示例

【**例 11-41**】　根据例 9-21 的题意，请按"13 计算规范"列出垂直运输的工程量清单。

【**解**】　（1）列项目：011703001001 垂直运输

（2）计算工程量（见例 9-21）：

定额工期：291 天

（3）工程量清单如表 11-42 所示。

表 11-42　工程量清单

序号	项目编码	项目名称	项目特征	计量单位	工程数量
1	011703001001	垂直运输	1. 建筑物建筑类型及结构形式：教学楼、框架结构 2. 地下室建筑面积：1 200 m² 3. 建筑物檐口高度、层数：17.90 m、5 层	天	291

【**例 11-42**】　根据例 9-21、例 11-41 的题意，请按 2014 计价定额计算垂直运输的分部分项清单综合单价。

【**解**】　（1）列项目：011703001001 垂直运输（垂直运输费（23-8））

（2）计算工程量（同清单工程量）。

（3）清单计价如表 11-43 所示。

表 11-43　清单计价

序号	项目编码	项目名称	计量单位	工程数量	金额/元	
					综合单价	合价
1	011703001001	垂直运输	天	291	**549.24**	159 828.84
	23-8 换	垂直运输费	天	291	549.24	159 828.84

答：该垂直运输的清单综合单价为表 11-43 中黑体所示。

11.3.4　超高施工增加

1. 本节内容概述

本部分共一个项目：超高施工增加（011704001）。

2. 有关规定及工程量计算规则

（1）单层建筑物檐口高度超过 20 m，多层建筑物超过 6 层时，可按超高部分的建筑面积计算超高施工增加。

（2）计算层数时，地下室不计入层数。

（3）同一建筑物有不同檐高时，可按不同高度的建筑面积分别计算建筑面积，以不同檐高分别编码列项。

（4）江苏省贯彻文件为了增加规则的操作适用性，补充规定超高施工增加适用于建筑物檐高超过 20 m 或超过 6 层时，工程量按超过 20 m 部分与超过 6 层部分建筑面积中的较大值计算。

3. 超高施工增加清单及计价示例

【例 11-43】 根据例 9-3 的题意，请按"13 计算规范"及江苏省贯彻文件解释列出超高施工增加的工程量清单。

【解】 （1）列项目：011704001001 主楼超高施工增加

011704001002 附楼超高施工增加

（2）计算工程量（见例 9-3）：

主楼超高工程量：$(19-5) \times 1\ 200 = 16\ 800\ m^2$

附楼超高工程量：$1\ 600\ m^2$

（3）工程量清单如表 11-44 所示。

表 11-44　工程量清单

序号	项目编码	项目名称	项目特征	计量单位	工程数量
1	011704001001	主楼超高施工增加	1. 建筑物建筑类型及结构形式：教学楼、框架结构　2. 建筑物檐口高度、层数：60.30 m、19 层	m^2	16 800
2	011704001002	附楼超高施工增加	1. 建筑物建筑类型及结构形式：教学楼、框架结构　2. 建筑物檐口高度、层数：20.30 m、6 层	m^2	1 600

【例 11-44】 根据例 9-3、例 11-43 的题意，请按 2014 计价定额计算超高施工增加的分部分项清单综合单价。

【解】 （1）列项目：011704001001 主楼超高施工增加（整层超高费（19-5）、层高超高费（19-5）、每米增高超高费（19-5））

011704001002 附楼超高施工增加（每米增高超高费（19-1））

（2）计算工程量（见例 9-3）：

主楼整层超高费工程量：$(19-6) \times 1\ 200 = 15\ 600\ m^2$

主楼层高超高工程量（超高 0.40 m）：$1\ 200\ m^2$

主楼每米增高工程量（增高 0.30 m）：$1\ 200\ m^2$

附楼每米增高工程量（增高 0.30 m）：$1\ 600\ m^2$

（3）清单计价如表 11-45 所示。

表 11-45　清单计价

序号	项目编码	项目名称	计量单位	工程数量	金额/元	
					综合单价	合价
1	011704001001	主楼超高施工增加	m²	16 800	**72.89**	1 224 540.00
	19-5	建筑物高度 20-30 m 以内超高	m²	15 600	77.66	1 211 496.00
	19-5 换×0.4	层高超高 0.4 m 的超高费	m²	1 200	6.21	7 452.00
	19-5 换×0.3	增高 0.3 m 的超高费	m²	1 200	4.66	5 592.00
2	011704001002	附楼超高施工增加	m²	1 600	**1.76**	2 816.00
	19-1 换×0.3	增高 0.3 m 的超高费	m²	1 600	1.76	2 816.00

答：该超高施工增加的清单综合单价为表 11-45 中黑体所示。

11.3.5　大型机械设备进出场及安拆

1. 本节内容概述

本部分共一个项目：大型机械设备进出场及安拆（011705001）。

2. 有关规定及工程量计算规则

大型机械设备进出场及安拆是指各类大型机械设备在进入工地和退出工地时所发生的运输费和安装拆卸费用等。工程量是按使用机械设备的数量计算。

注意：项目特征应注明机械设备名称和规格型号。

11.3.6　施工排水、降水

1. 本节内容概述

本节内容包括：成井；排水、降水。

2. 有关规定及工程量计算规则

（1）"成井"（011706001）项目特征需对成井方式、地层情况、直径等进行描述，工程量以按设计图示尺寸按钻孔深度计算。

（2）"排水、降水"（011706002）是指管道安拆、抽水、值班及设备维修等，工程量按排、降水日历天数计算。

（3）相应专项设计不具备时，可按暂估量计算。

11.3.7　安全文明施工及其他措施项目（总价措施项目）

1. 本节内容概述

本节内容包括：安全文明施工（011707001）；夜间施工（011707002）；非夜间施工照明（011707003）；二次搬运（011707004）；冬雨季施工（011707005）；地上、地下设施、建筑物的临时保护设施（011707006）；已完工程及设备保护（011707007）。

2. 有关规定及工程量计算规则

由于影响措施项目设置的因素太多，S.7 中未能一一列出，江苏省费用定额中对措施项目进行了补充和完善，供招标人列项和投标人报价参考用。具体增加了临时设施费（011707008）、赶工措施费（011707009）、工程按质论价（011707010）、住宅分户验收（011707011）、建筑工人实名制费用（011707012）、特殊施工降效费（011707013）、协管费（011707014）、智慧工地费用（011707015）、新冠疫情常态化防控费（011707016）。

本书第5章具体介绍了其中八个费用的内容和计算方法。没有介绍的是特殊施工降效费，该费用可视为是第5章中的特殊条件下施工增加费。

特殊施工降效费用工作内容及包含范围：由于施工场地非封闭式，施工受行车、行人的干扰导致的人工、机械降效以及为了行车、行人安全发生的防护设施（不包括防护通道）与疏导人员费用；为了不干扰住户的正常作息时间，每天的施工时长缩短而增加的施工降效。

第12章 工程计量、合同价款的调整与支付

12.1 工程合同价款的约定

工程合同价款的约定如下。

（1）实行招标的工程合同价款应在中标通知书发出之日起30日内，由承发包双方依据招标文件和中标人的投标文件在书面合同中约定。合同约定不得违背招标、投标文件中关于工期、造价、质量等方面的实质性内容。招标文件与中标人投标文件不一致的地方，应以投标文件为准。

（2）不实行招标的工程合同价款，在承发包双方认可的工程价款基础上，由承发包双方在合同中约定。

（3）实行工程量清单计价的工程，宜采用单价合同；建设规模较小、技术难度较低，工期较短，且施工图设计已审查批准的建设工程可采用总价合同；紧急抢险、救灾及施工技术特别复杂的建设工程可采用成本加酬金合同。

（4）承发包双方应在合同条款中对下列事项进行约定：

①预付工程款的数额、支付时间及抵扣方式；

②安全文明施工措施的支付计划，使用要求等；

③工程计量与支付工程进度款的方式、数额及时间；

④工程价款的调整因素、方法、程序、支付及时间；

⑤施工索赔与现场签证的程序、金额确认与支付时间；

⑥承担计价风险的内容、范围以及超出约定内容、范围的调整办法；

⑦工程竣工价款结算编制与核对、支付及时间；

⑧工程质量保证金的数额、预留方式及时间；

⑨违约责任以及发生合同价款争议的解决方法及时间；

⑩与履行合同、支付价款有关的其他事项等。

（5）合同中按（4）的要求约定或约定不明的，当承发包双方在合同履行中发生争议时由双方协商确定；当协商不能达成一致时，按"13计价规范"的规定执行。

12.2 工 程 计 量

12.2.1 一般规定

一般规定如下。

（1）工程量必须按照相关工程现行国家计算规范规定的工程量计算规则计算。

（2）工程计量可选择按月或按形象进度分段计量，具体计量周期应在合同中约定。

（3）因承包人原因造成的超出合同工程范围施工或返工的工程量，发包人不予计量。

（4）成本加酬金合同应按单价合同的规定计量。

12.2.2 单价合同的计量

单价合同的计量如下。

（1）工程量必须以承包人完成合同工程应予计量的工程量确定。

（2）施工中进行工程计量，当发现招标工程量清单中出现缺项、工程量偏差或因工程变更引起工程量增减时，应按承包人在履行合同义务中完成的工程量计算。

（3）承包人应当按照合同约定的计量周期和时间向发包人提交当期已完工程量报告。发包人应在收到报告后7天内核实，并将核实计量结果通知承包人。发包人未按约定时间内进行核实的，承包人提交的计量报告中所列的工程量应视为承包人实际完成的工程量。

（4）发包人认为需要进行现场计量核实时，应在计量前24 h通知承包人，承包人应为计量提供便利条件并派人参加。当双方均同意核实结果时，双方应在上述记录上签字确认。承包人收到通知后不派人参加计量，视为认可发包人的计量核实结果。发包人不按照约定时间通知承包人，致使承包人未能派人参加计量，计量核实结果无效。

（5）当承包人认为发包人核实后的计量结果有误时，应在收到计量结果通知后的7天内向发包人提出书面意见，并应附上其认为正确的计量结果和详细的计算资料。发包人收到书面意见后，应在7天内对承包人的计量结果进行复核后通知承包人。承包人对复核计量结果仍有异议的，按照合同约定的争议解决办法处理。

（6）承包人完成已标价工程量清单中每个项目的工程量并经发包人核实无误后，承发包双方应对每个项目的历次计量报表进行汇总，以核实最终结算工程量，并应在汇总表上签字确认。

12.2.3 总价合同的计量

总价合同的计量如下。

（1）采用工程清单方式招标形成的总价合同，其工程量应按照单价合同的规定计算。

（2）采用经审定批准的施工图纸及其预算方式发包形成的总价合同，除按照工程变更规定的工程量增减外，总价合同各项目的工程量应为承包人用于结算的最终工程量。

（3）总价合同约定的项目计量应以合同工程经审定批准的施工图纸为依据，承发包双方应在合同中约定工程计量的形象目标或时间节点进行计量。

（4）承包人应在合同约定的每个计量周期内对已完成的工程进行计量，并向发包人提交达到工程形象目标完成的工程量和有关计量资料的报告。

（5）发包人应在收到报告后 7 天内对承包人提交的上述资料进行复核，以确定实际完成的工程量和工程形象目标。对其有异议的，应通知承包人进行共同复核。

12.3　合同价款的调整

12.3.1　一般规定

一般规定如下。

（1）下列事项（但不限于）发生，承发包双方应当按照合同约定调整合同价款：

①法律法规变化；

②工程变更；

③项目特征不符；

④工程量清单缺项；

⑤工程量偏差；

⑥计日工；

⑦物价变化；

⑧暂估价；

⑨不可抗力；

⑩提前竣工（赶工补偿）；

⑪误期赔偿；

⑫索赔；

⑬现场签证；

⑭暂列金额；

⑮承发包双方约定的其他调整事项。

（2）出现合同价款调增事项（不含工程量偏差、计日工、现场签证、索赔）后的 14 天内，承包人应向发包人提交合同价款调增报告并附上相关资料；承包人在 14 天内未提交合同价款调增报告的，应视为承包人对该事项不存在调整价款请求。

（3）出现合同价款调减事项（不含工程量偏差、索赔）后的 14 天内，发包人应向承包人提交合同价款调减报告并附相关资料；发包人在 14 天内未提交合同价款调减报告的，应视为发包人对该事项不存在调整价款请求。

（4）发（承）包人应在收到承（发）包人合同价款调增（减）报告及相关资料之日起 14 天内对其核实，予以确认的应书面通知承（发）包人。当有疑问时，应向承（发）包人提出协商意见。发（承）包人在收到合同价款调增（减）报告之日起 14 天内未确认也未提出协商意见的，应视为承（发）包人提交的合同价款调增（减）报告已被发（承）包人认可。发（承）包人提出协商意见的，承（发）包人应在收到协商意见后的 14 天内对其核实，予以确认的应书面通知发（承）包人。承（发）包人在收到发（承）包人的协商意见后 14 天内既不确认也未提出不同意见的，应视为发（承）包人提出的意见已被承（发）包人认可。

（5）发包人与承包人对合同价款调整的不同意见不能达成一致的，只要对承发包双方履约不产生实质影响，双方就继续履行合同义务，直到其按照合同约定的争议解决方式得到处理。

（6）经承发包双方确认调整的合同价款，作为追加（减）合同价款，应与工程进度款或结算款同期支付。

12.3.2 法律法规变化

（1）招标工程以投标截止日前28天、非招标工程以合同签订前28天为基准日，其后因国家的法律、法规、规章和政策发生变化引起工程造价增加变化的，承发包双方应按照省级或行业建设主管部门或其授权的工程造价管理机构据此发布的规定调整合同价款。

【例12-1】 某中亚国家水利枢纽工程项目，是由我国某央企集团公司承建的工程，工程建设总工期46个月，主要建筑物包括大坝及水电站，主要用途是供水和发电，其中供水为主要用途。合同总价约为14 900万美元，其中包括约2 030万美元的机电设备、金属结构、大坝观测仪器、试验设备供货。根据招标文件规定，在该国境内外的任何进出口环节的税费都将由承包商承担，业主协助承包商办理进出口有关手续。该工程于2001年2月1日颁发招标文件，2001年5月29日为提交投标书的截止时间。

2002年3月15日，工程正式开工，此时承包商发现：根据该国海关总署最新下发的规定，从2002年4月1日起，以前各部委关于减免税的文件一律作废，所有进口物资全部按最新颁布的海关税表上分项设定的税率计征关税和商业利润税。对比招标文件中规定的税率，按此新规定征税的税率将从原来的2%上升到20%，并且从2001年4月1日起，计税的美元兑换该国货币的汇率也将从1∶175 5上升至1∶426 1，经计算，由于该国海关进出口法律以及汇率的改变，承包商将面临高达近2 000 000美元的损失。对此承包商提出价款调整，要求业主补偿税率及汇率损失。

请问：承包商的税率和汇率损失的补偿要求合理吗？为什么？

【解】 （1）工程于2001年2月1日颁发招标文件，2001年5月29日为提交投标书的截止时间，由此可计算出基准日期为2001年5月1日。在此日期之前的法律法规变化风险由承包商承担，在此日期之后的法律法规变化风险由发包方承担。

（2）汇率变化从2001年4月1日起，在基准日期前，该风险由承包方承担；税率变化从2002年4月1日起，在基准日期后，该风险由发包方承担。

结果：发包人同意税率因法律改变应进行调整，并书面通知同意进行补偿，但汇率调整不予认可。

（2）因承包人原因导致工期延误的，按本节（1）中规定的调整时间，在合同工程原定竣工时间之后，合同价款调增的不予调整，合同价款调减的予以调整。

12.3.3 工程变更

（1）因工程变更引起已标价工程量清单项目或其工程数量发生变化时，应按照下列规定调整。

①已标价工程量清单中有适用于变更工程项目的，应采用该项目的单价；但当工程变更导致该清单项目的工程数量发生变化，且工程量偏差超过15%时，该项目单价应按照12.3.6中第（2）条的规定调整。

②已标价工程量清单中没有适用但有类似于变更工程项目的，可在合理范围内参照类似项目的单价。

③已标价工程量清单中没有适用也没有类似于变更工程项目的，应由承包人根据变更工程资料、计量规则和计价办法、工程造价管理机构发布的信息价格和承包人报价浮动率提出变更工程项目的单价，并应报发包人确认后调整。承包人报价浮动率可按下列公式计算：

招标工程：承包人报价浮动率 $L = (1-$ 中标价/招标控制价$) \times 100\%$

非招标工程：承包人报价浮动率 $L = (1-$ 报价/施工图预算$) \times 100\%$

【例 12-2】　某工程招标控制价为 8 413 949 元，中标人的投标报价为 7 972 282 元，施工过程中，屋面防水采用 PE 高分子防水卷材（1.5 mm），清单项目中无类似项目，工程造价管理机构发布有：该卷材单价为 18 元/m²，定额人工费为 3.78 元/m²，除卷材外的其他材料费为 0.65 元/m²，管理费和利润为 1.13 元/m²。

计算：该工程的报价浮动率和确定卷材防水的综合单价。

【解】　报价浮动率 $L = (1-$ 中标价/招标控制价$) \times 100\%$

$\qquad = (1-7\ 972\ 282/8\ 413\ 949) \times 100\% = 5.25\%$

卷材防水的综合单价 $= (3.78+18+0.65+1.13) \times (1-5.25\%)$

$\qquad = 23.56 \times 94.75\% = 22.32$ 元

答：该工程的报价浮动率为 5.25%，PE 卷材防水的综合单价确定为 22.32 元/m²。

④已标价工程量清单中没有适用也没有类似于变更工程项目，且工程造价管理机构发布的信息价格缺价的，应由承包人根据变更工程资料、计量规则、计价办法和通过市场调查等确定有合法依据的市场价格提出变更工程项目的单价，并应报告发包人确认后调整。

（2）工程变更引起施工方案改变并使措施项目发生变化时，承包人提出调整措施项目费的，应事先将拟实施的方案提交发包人确认，并应详细说明与原方案措施项目相比的变化情况。拟实施的方案经承发包双方确认后执行，并应按照下列规定调整措施项目费。

①安全文明施工费应按照实际发生变化的措施项目依据国家或省级、行业建设主管部门的规定计算。

②采用单价计算的措施项目费，应按照实际发生变化的措施项目，按本节（1）的规定确定单价。

③按总价（或系数）计算的措施项目费，按照实际发生变化的措施项目调整，但应考虑承包人报价浮动因素，即调整金额按照实际调整金额乘以本节（1）中规定的承包人报价浮动率计算。

如果承包人未事先将拟实施的方案提交给发包人确认，则应视为工程变更不引起措施项目费的调整或承包人放弃调整措施项目费的权利。

（3）当发包人提出的工程变更因非承包人原因删减了合同中的某项原定工作或工程，致使承包人发生的费用或（和）得到的收益不能被包括在其他已支付或应支付的项目中，也未被包含在任何替代的工作或工程中时，承包人有权提出并应得到合理的费用及利润补偿。

12.3.4　项目特征不符

（1）发包人在招标工程量清单中对项目特征的描述，应被认为是准确的和全面的，并且与实际施工要求相符合。承包人应按照发包人提供的招标工程量清单，根据项目特征描述的内容及有关要求实施合同工程，直到项目被改变为止。

（2）承包人应按照发包人提供的设计图纸实施合同工程，若在合同履行期间出现设计图纸（含设计变更）与招标工程量清单任一项目的特征描述不符，且该变化引起该项目工程造价增减变化的，应按照实际施工的项目特征，按 12.3.3 中相关条款的规定重新确定相应工程量清单项目的综合单价，并调整合同价款。

12.3.5　工程量清单缺项

（1）合同履行期间，由于招标工程量清单中缺项，新增分部分项工程清单项目的，应按照 12.3.3 中第（1）条的规定确定单价，并调整合同价款。

（2）新增分部分项工程清单项目后，引起措施项目发生变化的，应按照 12.3.3 中第 2 条的规定，在承包人提交的实施方案被发包人批准后调整合同价款。

（3）由于招标工程量清单中措施项目缺项，承包人应将新增措施项目实施方案提交发包人批准后，按照 12.3.3 中第（1）和（2）条规定调整合同价款。

12.3.6　工程量偏差

（1）合同履行期间，当应予计算的实际工程量与招标工程量清单出现偏差，且满足本节第（2）、（3）条规定时，承发包双方应调整合同价款。

（2）对于任一招标工程量清单项目，当因本节规定的工程量偏差和 12.3.3 中规定的工程变更等原因导致工程量偏差超过 15% 时，可进行调整。当工程量增加 15% 以上时，增加部分的工程量的综合单价应予调低；当工程量减少 15% 以上时，减少后剩余部分的工程量的综合单价应予调高。

（3）当工程量出现本节第（2）条的变化，且该变化引起相关措施项目相应发生变化时，按系数或单一总价方式计价的，工程量增加的措施项目费调增，工程量减少的措施项目费调减。

【例 12-3】　某工程项目，合同中基础工程土方为 100 000 m³，分部分项工程量清单综合单价为 10 元/m³，土方开挖时进行工程变更，加深基坑，使得土方工程量为 108 000 m³，请问：变更后的土方清单综合单价及相应的措施项目费用应如何确定？为什么？

【解】　该工程为工程量增加，1.15×100 000＝115 000 m³＞108 000 m³，变更工程土方量没有达到核定要求重新确定单价的标准。

答：对于变更的土方工程综合单价，仍为原综合单价即 10 元/m³。措施项目费不变。

【例 12-4】　某工程项目，合同中基础工程土方为 100 000 m³，分部分项工程量清单综合单价为 10 元/m³，土方开挖时进行工程变更，加深基坑，使得土方工程量为 120 000 m³，请问：变更后的土方清单综合单价及相应的措施项目费用应如何确定？为什么？

【解】　该工程为工程量增加，1.15×100 000＝115 000 m³＜120 000 m³，需要重新确定单价的工程量为 120 000－115 000＝5 000 m³。

答：对于 115 000 m³ 的土方工程综合单价，仍为原综合单价即 10 元/m³。超标的 5 000 m³ 土方工程综合单价应比 10 元/m³ 低。相应的措施项目费应以 120 000 m³ 为基准确定，因此在原来措施项目费的基础上调增。

【例 12-5】　某工程项目，合同中基础工程土方为 100 000 m³，分部分项工程量清单综合单价为 10 元/m³，土方开挖时进行工程变更，减小了基坑的开挖深度，使得土方工程量为 80 000 m³，请问：变更后的土方清单综合单价及相应的措施项目费用应如何确定？为什么？

【解】 该工程为工程量减少，$0.85 \times 100\,000 = 85\,000\ \text{m}^3 > 80\,000\ \text{m}^3$，需要重新确定单价的工程量为 $80\,000\ \text{m}^3$。

答： 减少后剩余的 $80\,000\ \text{m}^3$ 土方工程综合单价应比 10 元/m^3 高。相应的措施项目费应以 $80\,000\ \text{m}^3$ 为基准确定，因此在原来措施项目费的基础上调减。

12.3.7　计日工

（1）发包人通知承包人以计日工方式实施的零星工作，承包人应予执行。

（2）采用计日工计价的任何一项变更工作，在该项变更的实施过程中，承包人应按合同约定提交下列报表和有关凭证送发包人复核：

①工作名称、内容和数量；

②投入该工作所有人员的姓名、工种、级别和耗用工时；

③投入该工作的材料名称、类别和数量；

④投入该工作的施工设备型号、台数和耗用台时；

⑤发包人要求提交的其他材料和凭证。

（3）任一计日工项目持续进行时，承包人应在该项工作实施结束后的 24 h 内向发包人提交有计日工记录汇总的现场签证报告一式三份。发包人在收到承包人提交现场签证报告后的 2 天内予以确认并将其中一份返还给承包人，作为计日工计价和支付的依据。发包人逾期未确认也未提出修改意见的，应视为承包人提交的现场签证报告已被发包人认可。

（4）任一计日工项目实施结束后，承包人应按照确认的计日工现场签证报告核实该类项目的工程数量，并应根据核实的工程数量和承包人已标价工程量清单中的计日工单价计算，提出应付价款；已标价工程量清单汇总没有该类计日工单价的，由承发包双方按 12.3.3 节的规定商定计日工单价计算。

（5）每个支付期末，承包人应按照 12.4 节的规定向发包人提交本期间所有计日工记录的签证汇总表，并应说明本期间自己认为有权得到的计日工金额，调整合同价款，列入进度款支付。

12.3.8　物价变化

（1）合同履行期间，因人工、材料、工程设备、机械台班价格波动影响合同价款时，应根据合同约定，按以下两种方法之一调整合同价款。

①价格指数调整价格差额。

a. 价格调整公式。因人工、材料和工程设备、施工机械台班价格波动影响合同价格时，根据招标人提供的 L.3 的表-22，并由投标人在投标函附录中的价格指数和权重表约定的疏浚，应按下式计算差额并调整合同价款：

$$\Delta P = P_0 \left[A + \left(B_1 \cdot \frac{F_{t1}}{F_{01}} + B_2 \cdot \frac{F_{t2}}{F_{02}} + B_3 \cdot \frac{F_{t3}}{F_{03}} + \cdots + B_n \cdot \frac{F_{tn}}{F_{0n}} \right) - 1 \right]$$

式中，ΔP——需调整的价格差额；

P_0——约定的付款证书中承包人应得到的已完成工程量的金额，此项金额应不包括价格调整、不计质量保证金的扣留和支付、预付款的支付和扣回；约定的变更及其他金额已按现行价格计价的，也不计在内；

A——定值权重（即不调部分的权重）；

B_1、B_2、B_3、$\cdots$、B_n——各可调因子的变值权重（即可调部分的权重），为各可调因子在投标函投标总报价中所占的比例；

F_{t1}、F_{t2}、F_{t3}、$\cdots$、F_{tn}——各可调因子的现行价格指数，指约定的付款证书相关周期最后一天的前42天的各可调因子的价格指数；

F_{01}、F_{02}、F_{03}、$\cdots$、F_{0n}——各可调因子的基本价格指数，指基准日期的各可调因子的价格指数。

以上价格调整公式中的各可调因子、定值和变值权重，以及基本价格指数及其来源在投标函附录价格指数和权重表中约定。价格指数应首先采用工程造价管理机构提供的价格指数，缺乏上述价格指数时，可采用工程造价管理机构提供的价格代替。

b. 暂时确定调整差额。在计算调整差额时得不到现行价格指数的，可暂用上一次价格指数计算，并在以后的付款中再按实际价格指数进行调整。

c. 权重的调整。约定的变更导致原定合同中的权重不合理时，由承包人和发包人协商后进行调整。

d. 承包人工期延误后的价格调整。由于承包人原因未在约定的工期内竣工的，对原约定竣工日期后继续施工的工程，在使用本节的价格调整公式时，应采用原约定竣工日期与实际竣工日期的两个价格指数中较低的一个作为现行价格指数。

e. 若可调因子包括了人工在内，则不适用单项调差的规定。

【例12-6】 某工程约定采用价格指数法调整合同价款，具体约定如表12-1所示，本期完成合同价款为1 584 629.37元，其中：已按现行价格计算的计日工价款5 600元，承发包双方确认应增加的索赔金额2 135.87元。请用价格调整公式计算应调整的合同价款差额。

表12-1　承包人提供主要材料和工程设备一览表

（适用于价格指数差额调整法）

工程名称：　　　　　　　　标段：　　　　　　　　　　　　第 页 共 页

序号	名称、规格、型号	变值权重 B	基本价格指数 F_0	现行价格指数 F_t	备注
1	人工费	0.18	110%	121%	
2	钢材	0.11	4 000 元/t	4 320 元/t	
3	预拌混凝土 C30	0.16	340 元/m³	357 元/m³	
4	页岩砖	0.05	300 元/千块	318 元/千块	
5	机械费	0.08	100%	100%	
	定值权重 A	0.42	—	—	
	合计	1	—	—	

【解】 （1）本期完成合同价款应扣除已按现行价格计算的计日工价款和确认的索赔金额：

$$1\ 584\ 629.37 - 5\ 600 - 2\ 135.87 = 1\ 576\ 893.50\ 元$$

（2）采用公式计算：

$$\Delta P = P_0\left[A+\left(B_1 \cdot \frac{F_{t1}}{F_{01}}+B_2 \cdot \frac{F_{t2}}{F_{02}}+B_3 \cdot \frac{F_{t3}}{F_{03}}+\cdots+B_n \cdot \frac{F_{tn}}{F_{0n}}\right)-1\right]$$

$$=1\,576\,893.50\times\left[0.42+\left(0.18\times\frac{121}{110}+0.11\times\frac{4\,320}{4\,000}+0.16\times\frac{357}{340}+0.05\times\frac{318}{300}+0.08\times\frac{100}{100}\right)-1\right]$$

$$=1\,576\,893.50\times\left[0.42+\left(0.198+0.118\,8+0.168+0.053+0.08\right)-1\right]$$

$$=1\,576\,893.50\times0.\,0\,378$$

$$=59\,606.57 \text{ 元}$$

答：本期应增加合同价款 59 606.57 元。

【例 12-7】　上例中人工费按照 10.2.3 中第 4 条的（2）中的②进行单项调差，其余不变，请用价格调整公式计算应调整的合同价款差额。

【解】　（1）本期完成合同价款应扣除已按现行价格计算的计日工价款和确认的索赔金额：

$$1\,584\,629.37-5\,600-2\,135.87=1\,576\,893.50 \text{ 元}$$

（2）定值权重为 0.42+0.18＝0.60，采用公式计算：

$$\Delta P = P_0\left[A+\left(B_1 \cdot \frac{F_{t1}}{F_{01}}+B_2 \cdot \frac{F_{t2}}{F_{02}}+B_3 \cdot \frac{F_{t3}}{F_{03}}+\cdots+B_n \cdot \frac{F_{tn}}{F_{0n}}\right)-1\right]$$

$$=1\,576\,893.50\times\left[0.60+\left(0.11\times\frac{4\,320}{4\,000}+0.16\times\frac{357}{340}+0.05\times\frac{318}{300}+0.08\times\frac{100}{100}\right)-1\right]$$

$$=1\,576\,893.50\times\left[0.60+\left(0.118\,8+0.168+0.053+0.08\right)-1\right]$$

$$=1\,576\,893.50\times0.\,0\,198$$

$$=31\,222.49 \text{ 元}$$

答：本期应增加合同价款 31 222.49 元。

②造价信息调整价格差价。

a. 施工期内，因人工、材料和工程设备、施工机械台班价格波动影响合同价格时，人工、机械使用费按照国家或省、自治区、直辖市建设行政管理部门、行业建设管理部门或其授权的工程造价管理机构发布的人工成本信息、机械台班单价或机械使用费系数进行调整；需要进行价格调整的材料，其单价和采购数应由发包人复核，发包人确认需调整的材料单价及数量，作为调整合同价款差额的依据。

b. 人工单价发生变化且复核发包人承担的风险条件时，承发包双方应按省级或行业建设主管部门或其授权的工程造价管理机构发布的人工成本文件调整合同价款。

c. 材料、工程设备价格变化按照发包人提供的 L.2 的表-21，由承发包双方约定的风险范围按下列规定调整合同价款。

承包人投标报价中材料单价低于基准单价：施工期间材料单价涨幅以基准单价为基础超过合同约定的风险幅度值，或者材料单价跌幅以投标报价为基础超过合同约定的风险幅度值时，其超过部分按实际调整。

承包人投标报价材料单价高于基准单价：施工期间材料单价跌幅以基准单价为基础超过合同约定的风险幅度值，或者材料单价涨幅以投标报价为基础超过合同约定的风险幅度值时，其超过部分按实际调整。

承包人投标报价中材料单价等于基准单价：施工期间材料单价涨、跌幅以基准单价为基础超过合同约定的风险幅度值时，其超过部分按实际调整。

承包人应在采购材料前将采购数量和新的材料单价报送发包人核对，确认用于本合同工程时，发包人应确认采购材料的数量和单价。发包人在收到承包人报送的确认资料后3个工作日不予答复的视为已经认可，作为调整合同价款的依据。如果承包人未报经发包人核对即自行采购材料，再报发包人确认调整合同价款的，如发包人不同意，则不作调整。

d. 施工机械台班单价或施工机械使用费发生变化超过省级或行业建设主管部门或其授权的工程造价管理机构规定的范围时，按其规定调整合同价款。

【例12-8】 某工程采用预拌混凝土（由承包人提供）所需品种如表12-2所示，在施工期间，采购预拌混凝土时，其单价分别为C20：327元/m³，C25：335元/m³，C30：345元/m³，请问哪些材料的单价需要调整？

表12-2 承包人提供主要材料和工程设备一览表
（适用于造价信息差额调整法）

工程名称：　　　　　　　　　　标段：　　　　　　　　　　　　第 页 共 页

序号	名称、规格、型号	单位	数量	风险系数/%	基准单价/元	投标单价/元	发承包人确认单价/元	备注
1	预拌混凝土 C20	m³	25	≤5	310	308	309.50	
2	预拌混凝土 C25	m³	560	≤5	323	325	325	
3	预拌混凝土 C30	m³	3 120	≤5	340	340	340	

【解】（1）C20：投标单价低于基准价，按基准价为基础计算风险系数（327÷310−1）×100%＝5.45%＞5%，单价应调整，调整为308＋310×0.45%＝309元/m³。

（2）C25：投标单价高于基准价，按投标单价为基础计算风险系数（335÷325−1）×100%＝3.08%＜5%，单价不予调整。

（3）C30：投标单价等于基准价，按基准价为基础计算风险系数（345÷340−1）×100%＝1.39%＜5%，单价不予调整。

答：预拌混凝土 C20 的单价需要调整，其余不需要调整。

（2）承包人采购材料和工程设备的，应在合同中约定主要材料、工程设备价格变化的范围和幅度；当没有约定，且材料、工程设备单价变化超过5%时，超过部分的价格应按照本节第（1）点的方法计算调整材料、工程设备费。

（3）发生合同工程工期延误的，应按照下列规定确定合同履行期的价格调整：

①因非承包人原因导致工期延误的，计划进度日期后续工程的价格，应采用计划进度日期与实际进度日期两者的较高者；

②因承包人原因导致工期延误的，计划进度日期后续工程的价格，应采用计划进度日期与实际进度日期两者的较低者。

（4）发包人供应材料和工程设备的，不适用本节第（1）、（2）条规定，应由发包人按照实际变化调整，列入合同工程的工程造价内。

12.3.9　暂估价

（1）发包人在招标工程量清单中给定暂估价的材料、工程设备属于依法必须招标的，应由承发包双方以招标的方式选择供应商，确定价格，并应以此为依据取代暂估价，调整合同价款。

（2）发包人在招标工程量清单中给定暂估价的材料、工程设备不属于依法必须招标的，应由承包人按照合同约定采购，经发包人确认单价后取代暂估价，调整合同价款。

（3）发包人在工程量清单中给定暂估价的专业工程不属于依法必须招标的，应按照12.3.3 节相应的条款的规定确定专业工程价款，并应以此为依据取代专业工程暂估价，调整合同价款。

（4）发包人在招标工程量清单中给定暂估价的专业工程，依法必须招标的，应当由承发包双方依法组织招标选择专业分包人，并接受有管辖权的建设工程招标投标管理机构的监督，还应符合下列要求。

①除合同另有约定外，承包人不参加投标的专业工程发包招标，应由承包人作为招标人，但拟定的招标文件、评标工作、评标结果应报送发包人批准。与组织招标工作有关的费用应当被认为已经包括在承包人的签约合同价（投标总报价）中。

②承包人参加投标的专业工程发包招标，应由发包人作为招标人，与组织招标工作有关的费用由发包人承担。同等条件下，应优先选择承包人中标。

③应以专业工程发包中标价为依据取代专业工程暂估价，调整合同价款。

12.3.10　不可抗力

（1）因不可抗力时间导致的人员伤亡、财产损失及其费用增加，承发包双方应按下列原则分别承担并调整合同价款合同工期：

①合同工程本身的损害、因工程损害导致第三方人员伤亡和财产损失以及运至施工场地用于施工的材料和待安装的设备的损害，应由发包人承担；

②发包人、承包人人员伤亡应由其所在单位负责，并应承担相应费用；

③承包人的施工机械设备损坏及停工损失，应由承包人承担；

④停工期间，承包人应发包人要求留在施工场地的必要的管理人员及保卫人员的费用应由发包人承担；

⑤工程所需清理、修改费用，应由发包人承担。

（2）不可抗力解除后复工的，若不能按期竣工，应合理延长工期。发包人要求赶工的，赶工费用应由发包人承担。

（3）因不可抗力解除合同的，应按照达成的协议办理结算和支付合同价款。

12.3.11　提前竣工（赶工补偿）

（1）招标人应依据相关工程的工期定额合理计算工期，压缩的工期天数不得超过定额工期的 20%，超过者，应在招标文件中明示增加赶工费用。

（2）发包人要求合同工期提前竣工的，应征得承包人同意后与承包人商定采取加快工程进度的措施，并应修订合同工程进度计划。发包人应承担承包人由此增加的提前竣工（赶工补偿）费用。

（3）承发包双方应在合同中约定提前竣工每日历天应补偿额度，此项费用应作为增加合同价款列入竣工结算文件中，应与竣工结算款一并支付。

12.3.12　误期赔偿

（1）承包人未按照合同约定施工，导致实际进度迟于计划进度的，承包人应加快进度，实现合同工期。

合同工期发生误期，承包人应赔偿发包人由此造成的损失，并应按照合同约定向发包人支付误期赔偿费。即使承包人支付误期赔偿费，也不能免除承包人按照合同约定应承担的任何责任和应履行的任何义务。

（2）承发包双方应在合同工约定误期赔偿费，并应明确每日历天应赔额度。误期赔偿费应列入竣工结算文件中，并应在结算款中扣除。

（3）在工程竣工之前，合同工程内的某单项（位）工程已通过了竣工验收，且该单项（位）工程接受证书中表明的竣工日期并未延误，而是合同工程的其他部分产生了工期延误时，误期赔偿费应按照已颁发工程接受证书的单项（位）工程造价占合同价款的比例幅度予以扣减。

12.3.13　索赔

（1）当合同一方向另一方提出索赔时，应有正当的索赔理由和有效证据，并应符合合同的有关约定。

（2）根据合同约定，承包人认为非承包人原因发生的事件造成了承包人的损失，应按下列程序向发包人提出索赔。

①承包人应在知道或应当知道索赔事件发生后28天内，向发包人提交索赔意向通知书，说明发生索赔事件的事由。承包人逾期未发出索赔意向通知书的，丧失索赔的权利。

②承包人应在发出索赔意向通知书后28天内，向发包人正式提交索赔通知书。索赔通知书应详细说明索赔理由和要求，并应附必要的记录和证明材料。

③索赔事件具有连续影响的，承包人应继续提交延续索赔通知，说明连续影响的实际情况和记录。

④在索赔事件影响结束后的28天内，承包人应向发包人提交最终索赔通知书，说明最终索赔要求，并应附必要的记录和证明材料。

（3）承包人索赔应按下列程序处理：

①发包人收到承包人的索赔通知书后，应及时查验承包人的记录和证明材料；

②发包人应在收到索赔通知书或有关索赔的进一步证明材料后的28天内，将索赔处理结果答复承包人，如果发包人逾期未作出答复，视为承包人索赔要求已被发包人认可；

③承包人接受索赔处理结果的，索赔款项应作为增加合同价款，在当期进度款中进行支付；承包人不接受索赔处理结果的，应按合同约定的争议解决方式办理。

（4）承包人要求赔偿时，可以选择下列一项或几项方式获得赔偿：

①延长工期；

②要求发包人支付实际发生的额外费用；

③要求发包人支付合理的逾期利润；

④要求发包人按合同的约定支付违约金。

（5）当承包人的费用索赔与工期索赔要求相关联时，发包人在作出费用索赔的批准决定时，应结合工程延期，综合作出费用赔偿和工期延期的决定。

（6）承发包双方在按合同约定办理了竣工结算后，应被认为承包人已无权再提出竣工结算前所发生的任何索赔。承包人在提交的最终结清申请中，只限于提出竣工结算后的索赔，提出索赔的期限应自承发包双方最终结清时终止。

（7）根据合同约定，发包人认为由于承包人的原因造成发包人的损失，宜按承包人索赔的程序进行索赔。

（8）发包人要求赔偿时，可以选择下列一项或几项方式获得赔偿：

①延长质量缺陷修复期限；

②要求承包人支付实际发生的额外费用；

③要求承包人按合同的约定支付违约金。

（9）承包人应付给发包人的索赔金额可从拟支付给承包人的合同价款中扣除，或由承包人以其他方式支付给发包人。

12.3.14　现场签证

（1）承包人应发包人要求完成合同以外的零星项目、非承包人责任事件等工作的，发包人应及时以书面形式向承包人发出指令，并应提供所需的相关资料；承包人在收到指令后，应及时向发包人提出现场签证要求。

（2）承包人应在收到发包人指令后的 7 天内向发包人提交现场签证报告，发包人应在收到现场签证报告后的 48 h 内对报告内容进行核实，予以确认或提出修改意见。发包人在收到承包人现场签证报告后的 48 h 内未确认也未提出修改意见的，应视为承包人提交的现场签证报告已被发包人认可。

（3）现场签证的工作如已有相应的计日工单价，现场签证中应列明完成该类项目所需的人工、材料、工程设备和施工机械台班的数量。如现场签证的工作没有相应的计日工单价，应在现场签证报告中列明完成该签证工作所需的人工、材料设备和施工机械台班的数量及单价。

（4）合同工程发生现场签证事项，未经发包人签证确认，承包人便擅自施工的，除非征得发包人书面同意，否则发生的费用应由承包人承担。

（5）现场签证工作完成后的 7 天内，承包人应按照现场签证内容计算价款，报送发包人确认后，作为增加合同价款，与进度款同期支付。

（6）在施工过程中，当发现合同工程内容因场地条件、地质水文、发包人要求等不一致时，承包人应提供所需的相关资料，并提交发包人签证认可，作为合同价款调整的依据。

12.3.15　暂列金额

（1）已签约合同价中的暂列金额应由发包人掌握使用。

（2）发包人按照 12.3.1~12.3.14 节的规定支付后，暂列金额余额应归发包人所有。

12.4　合同价款期中支付

12.4.1　预付款

（1）承包人应将预付款专用于合同工程。

（2）包工包料工程的预付款的支付比例不得低于签约合同价（扣除暂列金额）的10%，不宜高于签约合同价（扣除暂列金额）的30%。

（3）承包人应在签订合同或向发包人提供与预付款等额的预付款保函后向发包人提交预付款支付申请。

（4）发包人应在收到支付申请的7天内进行核实，向承包人发出预付款支付证书，并在签发支付证书后的7天内向承包人支付预付款。

（5）发包人没有按合同约定按实支付预付款的，承包人可催告发包人支付；发包人在预付款期满后的7天内仍未支付的，承包人可在付款期满后的第8天起暂停施工。发包人应承担由此增加的费用和延误的工期，并应向承包人支付合理利润。

（6）预付款应从每一个支付期应支付给承包人的工程进度款中扣回，直到扣回的金额达到合同约定的预付款金额为止。

（7）承包人的预付款保函的担保金额根据预付款扣回的数额相应递减，但在预付款全部扣回之前一直保持有效。发包人应在预付款扣完后的14天内将预付款保函退还给承包人。

12.4.2　安全文明施工费

（1）安全文明施工费包括的内容和使用范围，应符合国家有关文件和计算规范的规定。

（2）发包人应在开工后的28天内预付不低于当年施工进度计划的安全文明施工费总额的60%，其余部分应按照提前安排的原则进行分解，并应与进度款同期支付。

（3）发包人没有按时支付安全文明施工费的，承包人可催告发包人支付；发包人在付款期满后的7天内仍未支付的，若发生安全事故，发包人应承担相应责任。

（4）承包人对安全文明施工费应专款专用，在财务账目中应单独列项备查，不得挪作他用，否则发包人有权要求其限期改正；逾期未改正的，造成的损失和延误的工期应由承包人承担。

12.4.3　进度款

（1）承发包双方应按照合同约定的时间、程序和方法，根据工程计量结果，办理其中价款结算，支付进度款。

（2）进度款支付周期应与合同约定的工程计量周期一致。

（3）已标价工程量清单中的单价项目，承包人应按工程计量确认的工程量与综合单价计算；综合单价发生调整的，以承发包双方确认调整的综合单价计算进度款。

（4）已标价工程量清单中的总价项目，承包人应按合同中约定的进度款支付分解，分别列入进度款支付申请中的安全文明施工费和本周期应支付的总价项目的金额中。

（5）发包人提供的加工材料金额，应按照发包人签约提供的单价和数量从进度款支付中扣除，列入本周期应扣减的金额中。

（6）承包人现场签证和得到发包人确认的索赔金额应列入本周期应增加的金额中。

（7）进度款的支付比例按照合同约定中的结算价款总额计，不低于60%，不高于90%。

（8）承包人应在每个计量周期到期后的7天内向发包人提交已完工程进度款支付申请一式四份，详细说明此周期认为有权得到的数额，包括分包人已完工程的价款。支付申请应包括下列内容：

①累计已完成的合同价款。

②累计已实际支付的合同价款。

③本周期合计完成的合同价款。

a. 本周期已完成单价项目的金额；

b. 本周期应支付的总价项目的金额；

c. 本周期已完成的计日工价款；

d. 本周期应支付的安全文明施工费；

e. 本周期应增加的金额。

④本周期合计应扣减的金额：

a. 本周期应扣回的预付款；

b. 本周期应扣减的金额。

⑤本周期设计应支付的合同价款。

（9）发包人应在收到承包人进度款支付申请后的 14 天内，根据计量结果和合同约定对申请内容予以核实，确认后向承包人出具进度款支付证书。若承发包双方对部分清单项目的计量结果出现争议，发包人应对无争议部分的工程计量结果向承包人出具进度款支付证书。

（10）发包人应在签发进度款支付证书后的 14 天内，按照支付证书列明的金额向承包人支付进度款。

（11）若发包人逾期未签发进度款支付证书，则视为承包人提交的进度款支付申请已被发包人认可，承包人可向发包人发出催告付款的通知。发包人应在收到通知后的 14 天内，按照承包人支付申请的金额向承包人支付进度款。

（12）发包人未按本节（9）~（11）条的规定支付进度款的，承包人可催告发包人支付，并有权获得延期支付的利息；发包人在付款期满后的 7 天内仍未支付的，承包人可在付款期满后的第 8 天起暂停施工。发包人应承担由此增加的费用和延误的工期，向承包人支付合理利润，并应承担违约责任。

（13）发现已签发的任何支付证书有错、漏或重复的数额，发包人有权予以修正，承包人也有权提出修正申请。经承发包双方复核同意修正的，应在本次到期的进度款中支付或扣除。

12.5　竣工结算与支付

12.5.1　一般规定

（1）工程完工后，承发包双方必须在合同约定时间内办理工程竣工结算。

（2）工程竣工结算应由承包人或受其委托具有相应资质的工程造价咨询人编制，并应由发包人或受其委托具有相应资质的工程造价咨询人核对。

（3）当承发包双方或一方对工程造价咨询人出具的竣工结算文件有异议时，可向工程造价管理机构投诉，申请对其进行执业质量鉴定。

（4）工程造价管理机构对投诉的竣工结算文件进行质量鉴定，宜按工程造价鉴定的相关规定进行。

（5）竣工结算办理完毕，发包人应将竣工结算文件报送工程所在地或由该工程管辖权的行业管理部门的工程造价管理机构备案，竣工结算文件应作为工程竣工验收资料备案、交付使用的必备文件。

12.5.2 编制与复核

（1）工程竣工结算应根据下列依据编制和复核：

①"13计价规范"；

②工程合同；

③承发包双方实施过程中已确认的工程量及其结算的合同价款；

④承发包双方实施过程中已确认调整后追加（减）的合同价款；

⑤建设工程设计文件及相关资料；

⑥投标文件；

⑦其他依据。

（2）分部分项工程和措施项目中的单价项目应依据承发包双方确认的工程量与已标价工程量清单的综合单价计算；发生调整的，应以承发包双方确认调整的综合单价计算。

（3）措施项目中的总价项目应依据已标价工程量清单的项目和金额计算；发生调整的，应以承发包双方确认调整的金额计算，其中安全文明施工费应按国家或省级、行业建设主管部门的规定计算，不得作为竞争性费用。

（4）其他项目应按下列规定计价：

①计日工应按发包人实际签证确认的事项计算；

②暂估价应按12.3.9节的规定计算；

③总承包服务费应依据已标价工程量清单金额计算，发生调整的，应以承发包双方确认调整的金额计算；

④索赔费用应依据承发包双方确认的索赔事项和金额计算；

⑤现场签证费用应依据承发包双方签证资料确认的金额计算；

⑥暂列金额应减去合同价款调整（包括索赔、现场签证）金额计算，如有余额归发包人。

（5）规费和税金必须按国家或省级、行业建设主管部门的规定计算。规费中的工程排污费应按工程所在地环境保护部门规定的标准缴纳后按实列入。

（6）承发包双方在合同工程实施过程中已经确认的工程计量结果和合同价款，在竣工结算办理中应直接进入结算。

12.5.3 竣工结算

（1）合同工程完工后，承包人应在经承发包双方确认的合同工程期中价款结算的基础上汇总编制完成竣工结算文件，应在提交竣工验收申请的同时向发包人提交竣工结算文件。

承包人未在合同约定的时间内提交竣工结算文件，经发包人催告后14天内仍未提交或没有明确答复的，发包人有权根据已有资料编制竣工结算文件，作为办理竣工结算和支付结算款的依据，承包人应予以认可。

（2）发包人应在收到承包人提交的竣工结算文件后的28天内核对。发包人经核实，认可承包人还应进一步补充资料和修改结算文件，应在上述时限内向承包人提出核实意见，承包人在收到核实意见后的 28 天内应按照发包人提出的合理要求补充资料，修改竣工结算文件，并应再次提交给发包人复核后批准。

（3）发包人应在收到承包人再次提交的竣工结算文件中的 28 天内予以复核，将复核结果通知承包人，并应遵守下列规定：

①发包人、承包人对复核结果无异议的，应在 7 天内在竣工结算文件上签字确认，竣工结算完毕；

②发包人或承包人对复核结果认为有误的，无异议部分按照本节第（1）条规定办理不完全竣工结算；有异议部分由承发包双方协商解决；协商不成的，应按照合同约定的争议解决方式处理。

（4）发包人在收到承包人竣工结算文件后的 28 天内，不核对竣工结算或未提出核对意见的，应视为承包人提交的竣工结算文件已被发包人认可，竣工结算办理完毕。

（5）承包人在收到发包人提出的核实意见后的 28 天内，不确认也未提出异议的，应视为发包人提出的核实意见已被承包人认可，竣工结算办理完毕。

（6）发包人委托工程造价咨询人核对竣工结算的，工程造价咨询人应在 28 天内核对完毕，核对结论与承包人竣工结算文件不一致的，应提交给承包人复核；承包人应在 14 天内将同意核对结论或不同意见的说明提交工程造价咨询人。工程造价咨询人收到承包人提出的异议后，应再次复核，复核无异议的，应按本节第（3）条第①款的规定办理，复核后仍有异议的，按本节第（3）条第②款规定办理。

承包人逾期未提出书面异议的，应视为工程造价咨询人核对的竣工结算文件已经被承包人认可。

（7）对发包人或发包人委托的工程造价咨询人指派的专业人员与承包人指派的专业人员经核对后无异议并签名确认的竣工结算文件，除非发承包人能提出具体、详细的不同意见，否则发承包人都应在竣工结算文件上签名确认，如其中一方拒不签认，按下列规定办理：

①若发包人拒不签认，承包人可不提供竣工验收备案资料，并有权拒绝与发包人或其上级部门委托的工程造价咨询人重新核对竣工结算文件；

②若承包人拒不签认，发包人要求办理竣工验收备案，则承包人不得拒绝提供竣工验收资料，否则，由此造成的损失，承包人承担相应责任。

（8）合同工程竣工结算核对完成，承发包双方签字确认后，发包人不得要求承包人与另一个或多个工程造价咨询人重新核对竣工结算。

（9）发包人对工程质量有异议，拒绝办理工程竣工结算的，已竣工验收或已竣工未验收但实际投入使用的工程，其质量争议按该工程保修合同执行，竣工结算按合同约定办理；已竣工未验收且未实际投入使用的工程及停工、停建工程的质量争议，双方应就有争议的部分委托有资质的检测鉴定机构进行检测，并应根据检测结果确定解决方案，或按工程质量监督机构的处理决定执行后办理竣工结算，无争议部分的竣工结算按合同约定办理。

12.5.4　结算款支付

（1）承包人应根据办理的竣工结算文件向发包人提交竣工结算款支付申请。申请包括下列内容：

①竣工结算合同价款总额；

②累计已实际支付的合同价款；

③应预留的质量保证金；

④实际应支付的竣工结算款金额。

（2）发包人应在收到承包人提交竣工结算支付申请后7天内予以核实，向承包人签发竣工结算支付证书。

（3）发包人签发竣工结算支付正式后的14天内，应按照竣工结算支付证书列明的金额向承包人支付结算款。

（4）发包人在收到承包人提交的竣工结算款支付申请后7天内不予核实，不向承包人签发竣工结算支付证书的，视为承包人的竣工结算款支付申请已被发包人认可；发包人应在收到承包人提交的竣工结算款支付申请7天后的14天内，按照承包人提交的竣工结算款支付申请列明的金额向承包人支付结算款。

（5）发包人未按本节（3）、（4）条规定支付竣工结算款的，承包人可催告发包人支付，并有权获得延迟支付的利息。发包人在竣工结算支付证书签发后或者在收到承包人提交的竣工结算款支付申请7天后的56天内仍未支付的，除法律另有规定外，承包人可与发包人协商将该工程折价，也可直接向人民法院申请将该工程依法拍卖。承包人应就该工程折价或拍卖的价款优先受偿。

12.5.5 质量保证金

（1）发包人应按照合同约定的质量保证金比例从结算款中预留质量保证金。

（2）承包人未按照合同约定履行属于自身责任的工程缺陷修改义务的，发包人有权从质量保证金中扣除缺陷修复的各项支出。经查验，工程缺陷属于发包人原因造成的，应由发包人承担查验和缺陷修改的费用。

（3）在合同约定的缺陷责任期终止后，发包人应按照12.6中的规定，将剩余的质量保证金返还给承包人。

12.5.6 最终结清

（1）缺陷责任期终止后，承包人应按照合同约定向发包人提交最终结清支付申请。发包人对最终结清支付申请有异议的，有权要求承包人进行修正和提供补充资料。承包人修正后，应再次向发包人提交修正后的最终结清支付申请。

（2）发包人应在收到最终结清支付申请后的14天内予以核实，并应向承包人签发最终结清支付证书。

（3）发包人应在签发最终结清支付证书后的14天内，按照最终结清支付证书列明的金额向承包人支付最终结算款。

（4）发包人未在约定的时间内核实，又未提出具体意见的，应视为承包人提交的最终结清支付申请已被发包人认可。

（5）发包人未按期最终结清支付的，承包人可催告发包人支付，并有权获得延迟支付的利息。

（6）最终结清时，承包人被预留的质量保证金不足以抵减发包人工程缺陷修复费用的，承包人应承担不足部分的补偿责任。

（7）承包人对发包人支付的最终结清款有异议的，应按照合同约定的争议解决方式处理。

12.6 合同价款争议的解决

12.6.1　监理或造价工程师暂定

（1）若发包人和承包人之间就工程质量、进度、价款支付与扣除、工期延期、索赔、价款调整等发生任何法律上、经济上或技术上的争议，首先应根据已签订合同的规定，提交合同约定职责范围内的总监理工程师或造价工程师解决，并应抄送另一方。总监理工程师或造价工程师在收到此提交件后 14 天内应将暂定结果通知发包人和承包人。承发包双方对暂定结果认可的，应以书面形式予以确认，暂定结果成为最终决定。

（2）承发包双方在收到总监理工程师或造价工程师的暂定结果通知之后的 14 天内未对暂定结果予以确认也未提出不同意见的，应视为承发包双方已认可该暂定结果。

（3）承发包双方或一方不同意暂定结果的，应以书面形式向总监理工程师或造价工程师提出，说明自己认为正确的结果，同时抄送另一方，此时该暂定结果成为争议。在暂定结果对承发包双方当事人履约产生实质影响的前提下，承发包双方应实施该结果，直到按照承发包双方认可的争议解决办法被改变为止。

12.6.2　管理机构的解释或认定

（1）合同价款争议发生后，承发包双方可就工程计价依据的争议已书面形式提请工程造价管理机构对争议以书面文件进行解释或认定。

（2）工程造价管理机构应在收到申请的 10 个工作日内就承发包双方提请的争议问题进行解释或认定。

（3）承发包双方或一方在收到工程造价管理机构书面解释或认定后仍可按照合同约定的争议解决方式提请仲裁或诉讼。除工程造价管理机构的上级管理部门作出了不同的介绍或认定，或在仲裁裁决或法院判决汇总不予采信的外，工程造价管理机构作出的书面解释或认定应为最终结果，并应对承发包双方均有约束力。

12.6.3　协商和解

（1）合同价款争议发生后，承发包双方任何时候都可以进行协商。协商达成一致的，双方应签订书面和解协议，和解协议对承发包双方均有约束力。

（2）如果协商不能达成一致协议，发包人或承包人都可以按合同约定的其他方式解决争议。

12.6.4　调解

（1）承发包双方应在合同中约定或在合同签订后共同约定争议调解人，负责双方在合同履行过程中发生争议的调解。

（2）合同履行期间，承发包双方可协议调换或终止任何调解人，但发包人或承包人都不能单独采取行动。除非双方另有协议，否则在最终结清支付证书生效后，调解人的任期应立即终止。

（3）如果承发包双方发生了争议，任何一方可将该争议以书面形式提交调解人，并将副本抄送另一方，委托调解人调解。

（4）承发包双方应按照调解人提出的要求，给调解人提供所需要的资料、现场进入权及相应设施。调解人应被视为不是在进行仲裁人的工作。

（5）调解人应在收到调解委托后28天内或由调解人建议并经承发包双方认可的其他期限内提出调解书，承发包双方接受调解书的，经双方签字后作为合同的补充文件，对承发包双方均有约束力，双方都应立即遵照执行。

（6）当承发包双方中任一方对调解人的调解书有异议时，应在收到调解书后28天内向另一方发出异议通知，并应说明争议的事项和理由。但除非并直到调解书在协商和解或仲裁裁决、诉讼判决中作出修改，或合同已经解除，否则承包人应继续按照合同实施工程。

（7）当调解人已就争议事项向承发包双方提交了调解书，而任一方在收到调解书后28天内均未发出表示异议的通知时，调解书对承发包双方应均有约束力。

12.6.5　仲裁、诉讼

（1）承发包双方的协商和解或调解均未达成一致意见，其中的一方已就此争议事项根据合同约定的仲裁协议申请仲裁，应同时通知另一方。

（2）仲裁可在竣工之前或之后进行，但发包人、承包人、调解人各自的义务不得因在工程实施期间进行仲裁而有所改变。当仲裁是在仲裁机构要求停止施工的情况下进行时，承包人应对合同工程采取保护措施，由此增加的费用应由败诉方承担。

（3）在12.6.1~12.6.4规定的期限之内，暂定或和解协议或调解书已经有约束力的情况下，当发承包中一方未能遵守暂定或和解协议或调解书时，另一方可在不损害他可能具有的任何其他权利的情况下，将未能遵守暂定或不执行和解协议或调解书达成的事项提交仲裁。

（4）发包人、承包人在履行合同时发生争议，双方不愿和解、调解或者和解、调解不成，又没有达成仲裁协议的，可依法向人民法院提起诉讼。

参 考 文 献

[1] 中华人民共和国住房和城乡建设部，中华人民共和国国家质量监督检验检疫总局. GB 50500—2013 建设工程工程量清单计价规范 ［S］. 北京：中国计划出版社，2013.

[2] 中华人民共和国住房和城乡建设部，中华人民共和国国家质量监督检验检疫总局. GB 50854—2013 房屋建筑与装饰工程工程量计算规范 ［S］. 北京：中国计划出版社，2013.

[3] 中华人民共和国住房和城乡建设部，中华人民共和国国家质量监督检验检疫总局. GB/T 50353—2013 建设工程建筑面积计算规范 ［S］. 北京：中国计划出版社，2014.

[4] 中华人民共和国住房和城乡建设部. TY 01-89—2016 建筑安装工程工期定额 ［S］. 北京：中国计划出版社，2016.

[5] 江苏省住房和城乡建设厅. 江苏省建筑与装饰工程计价定额（上、下册）［S］. 南京：江苏凤凰科学技术出版社，2014.

[6] 江苏省住房和城乡建设厅. 江苏省建筑工程费用定额 ［S］. 南京：江苏凤凰科学技术出版社，2014.

[7] 中国建筑标准设计研究院. 16G101-1 混凝土结构施工图平面整体表示方法制图规则和构造详图（现浇混凝土框架、剪力墙、梁、板）［S］. 北京：中国计划出版社，2016.

[8] 江苏省建设工程造价管理总站. 建筑与装饰工程技术与计价 ［M］. 南京：江苏凤凰科学技术出版社，2014.

[9] 江苏省建设工程造价管理总站. 工程造价基础理论 ［M］. 南京：江苏凤凰科学技术出版社，2014.

[10] 规范编制组. 2013 建设工程计价计量规范辅导 ［M］. 北京：中国计划出版社，2013.

[11] 江苏省工程建设标准定额总站. 《江苏省建设工程单位估价表》《江苏省建筑工程综合预算定额》2001 年版编制说明 ［M］. 南京：河海大学出版社，2002.

[12] 中国建设工程造价管理协会. 建筑工程建筑面积计算规范图解 ［M］. 北京：中国计划出版社，2009.

[13] 唐明怡，石志锋. 建筑工程造价 ［M］. 北京：北京理工大学出版社，2016.